U0135364

开源 .NET 生态软件开发

C# 11 和 .NET 7
入门与跨平台开发
(第 7 版)

[美] 马克·J. 普莱斯(Mark J. Price)　著

叶伟民　　　　　　　　　　　　译

清华大学出版社

北　京

北京市版权局著作权合同登记号　图字: 01-2023-1356

Copyright © 2022 Packt Publishing. First published in the English language under the title C# 11 and .NET 7 Modern Cross-Platform Development Fundamentals: Start Building Websites and Services with ASP.NET Core 7, Blazor, and EF Core 7, Seventh Edition(9781803237800).

图书在版编目(CIP)数据

C# 11 和.NET 7 入门与跨平台开发: 第 7 版 / (美)马克·J. 普莱斯(Mark J. Price) 著; 叶伟民译. —北京: 清华大学出版社，2024.2
(开源.NET 生态软件开发)
书名原文: C# 11 and .NET 7 – Modern Cross-Platform Development Fundamentals—7th Edition
ISBN 978-7-302-65328-8

Ⅰ. ①C… Ⅱ. ①马…②叶… Ⅲ. ①C 语言—程序设计 ②计算机网络—程序设计 Ⅳ. ①TP312.8 ②TP393.09

中国国家版本馆 CIP 数据核字(2024)第 015041 号

责任编辑: 王　军
装帧设计: 孔祥峰
责任校对: 成凤进
责任印制: 杨　艳

出版发行: 清华大学出版社
　　　　　网　　址: https://www.tup.com.cn, https://www.wqxuetang.com
　　　　　地　　址: 北京清华大学学研大厦 A 座　　　　邮　　编: 100084
　　　　　社 总 机: 010-83470000　　　　　　　　　　邮　　购: 010-62786544
　　　　　投稿与读者服务: 010-62776969, c-service@tup.tsinghua.edu.cn
　　　　　质 量 反 馈: 010-62772015, zhiliang@tup.tsinghua.edu.cn
印 装 者: 三河市东方印刷有限公司
经　　销: 全国新华书店
开　　本: 170mm×240mm　　印　　张: 41　　　字　　数: 1129 千字
版　　次: 2024 年 2 月第 1 版　　印　　次: 2024 年 2 月第 1 次印刷
定　　价: 158.00 元

产品编号: 100941-01

译 者 序

　　我因为掌握了一些新技术而生活得很不错，从而整个冬季都得以在三亚度过。所以在我看来，比别人更早掌握新技术是改变自己命运、摆脱经济困境的方法之一。

　　前几年，在东莞.NET 俱乐部举办的一场活动中，有人问我，大多数企业为稳妥起见，不会采用最新一代的技术，那么，学习新技术的意义是什么？

　　我是这样回答的：没错，事实的确如此。为了稳妥，企业所用技术一般会落后一两代，但是也只会落后一两代。如果一直不学习，就会慢慢从落后一两代变成落后三代、四代，这样不知不觉就落后了十年，慢慢就会被时代淘汰。

　　例如，最近我和特斯拉、汇丰、渣打等大型外企的朋友交流，发现这些大企业基本上都把项目从.NET Framework 等传统技术迁移到新一代的.NET 技术了，这个具有普遍性的事实再次印证了我上面的观点。

　　这也是本书的意义所在。本书很可能是市面上最新的.NET 技术图书了。当然，为了能让读者尽快阅读到本书，加上译者本身水平也有限，本书错漏在所难免，请多多包涵。在我过往翻译的图书中，的确有读者指出了少量译文错误，这些读者有一部分后来成了我的朋友和我其他译作和著作的试读者。所以如果你在阅读本书时发现书中内容有错漏，敬请指正，我将不胜感激。

叶伟民

2023 年 12 月

译者简介

叶伟民

拥有 19 年.NET 软件开发经验

《.NET 内存管理宝典》等 6 本书的译者

《精通 Neo4j》一书作者之一

广州.NET 俱乐部主席

全国各地.NET 社区名录维护者之一

广州神机妙算大数据科技有限公司 CEO

美国硅谷海归

作 者 简 介

      Mark J. Price 是一位拥有 20 多年 C#编程经验的微软认证技术专家，他专注于 C#编程以及构建 Azure 云解决方案。自 1993 年以来，Mark 已通过了 80 多次微软编程考试，他特别擅长传道授业。从 2001 年到 2003 年，Mark 在美国雷德蒙德全职为微软编写官方课件。当 C#还处于 alpha 版本时，他的团队就为 C#编写了第一个培训教程。在微软任职期间，他为培训师上课，指导微软认证培训师快速掌握 C#和.NET。Mark 职业生涯中的大部分时间都在培训各类学生，从 16 岁的新人到 70 岁的退休人员，其中大部分是专业开发人员。Mark 拥有计算机科学学士学位。

审校者简介

Dave Brock 是一位开发主管，具有架构、设计和开发分布式、云原生应用程序的经验。他从 DePaul University 获得了软件工程硕士学位。Dave 关注微软的技术，如.NET 和 Azure，并在自己的网站上撰写关于微软技术的文章。由于对社区做出的贡献，他已经两次获得微软 MVP 奖项。他居住在威斯康星州的麦迪逊市，当没有审校图书时，他喜欢跑步、远足和演奏音乐。他是一位骄傲的父亲，有两个非常优秀的孩子 Emma 和 Colin。

前　　言

有些 C#书籍长达数千页，旨在全面介绍 C#编程语言、.NET 库和应用程序模型(如网站、服务、桌面应用和移动应用)。

本书与众不同，内容简洁清晰、行文流畅，每个主题都配有实际动手演练项目。进行总体叙述的广度是以牺牲一定深度为代价的，但如果愿意，你就会发现许多主题都值得进一步探索。

本书也是一本循序渐进的学习指南，可用于通过跨平台的.NET 学习现代 C#实践，并简要介绍 Web 开发的基础知识，以及可以使用它们构建的网站和服务。本书最适合 C#和.NET 初学者阅读，也适合学过 C#但感觉在过去几年自身技术已落伍的程序员阅读。

如果有使用旧版本 C#语言的经验，那么可以在 2.1 节查看介绍新语言特性的表格，并直接跳到相应的部分阅读。

如果有使用较旧版本的.NET 库的经验，那么可以在 7.1 节查看介绍新库特性的表格，并直接跳到相应的部分阅读。

本书将指出 C#和.NET 的一些优缺点，让你在同事面前留下深刻的印象，并快速提高工作效率。本书的解释不会事无巨细，以免因放慢速度导致读者感到无聊，而是假设读者足够聪明，能够自行对一些初、中级程序员需要了解的主题进行搜索和解释。

本书内容

第 1 章介绍如何设置开发环境，并通过 C#和.NET，使用 Visual Studio 2022 或 Visual Studio Code 创建最简单的应用程序。对于简化的控制台应用程序，将使用 C# 9 中引入的顶级程序功能。在 C# 10 及更高版本中，默认项目模板使用了顶级程序功能。为了学习如何编写简单的语言构造和库特性，在一个在线小节中介绍了.NET Interactive Notebooks 的使用。该章还介绍了可以从哪里寻求帮助，以及与我联系的方法，以便在某个问题上获得帮助，或者向我提供反馈，使我能够在 GitHub 存储库或将来的印刷版本中改进本书。

第 2 章介绍 C#的版本，并通过一些表介绍各个版本的新特性，然后解释 C#日常用来为应用程序编写源代码的语法和词汇。特别是，该章将讲述如何声明和处理不同类型的变量，还将展示 C# 11 中的原始字符串字面值特性多么有用。

第 3 章讨论如何使用操作符对变量执行简单的操作，包括比较、编写决策，C# 7 到 C# 11 中的模式匹配，以及重复语句块和类型之间的转换。该章还介绍在不可避免地发生错误时，如何编写防御性代码来处理这些错误。

第 4 章讲述如何遵循 Don't Repeat Yourself (不要重复自己，DRY)原则，使用命令式和函数式风格编写可重用的函数。你将学习使用调试工具来跟踪和删除 bug，利用热加载在应用程序运行过程中进行修改，在执行代码时监视代码以诊断问题，以及在将代码部署到生产环境之前严格测试代码，以删除 bug 并确保稳定性和可靠性。

第 5 章讨论类可以拥有的所有不同类别的成员，包括存储数据的字段和执行操作的方法。涉及面向对象编程(Object-Oriented Programming，OOP)概念，如聚合和封装。你将学习一些语言特性，比如元组语法支持和 out 变量，运算符和局部函数，默认的字面值和推断出的元组名称，以及如何使用 C# 9 中引入的 record 关键字、init-only 属性和 with 表达式来定义和使用不可变类型。还将介绍 C# 11 引入的 required 关键字，它可以帮助避免过度使用构造函数来控制初始化。

第 6 章解释如何使用 OOP 从现有类型派生出新的类型。你将学习如何定义委托和事件，如何实现关于基类和派生类的接口，如何覆盖类型成员以及使用多态性，如何创建扩展方法，如何在继承层次结构中的类之间进行转换，以及 C# 8 中引入的可空引用类型带来的巨大变化，并且在C# 10 及更高版本中使其成为了默认类型。你还将学习分析器如何帮助你编写更好的代码。

第 7 章介绍.NET 的版本，并给出一些表来说明哪些版本引入了一些新特性，然后介绍与.NET Standard 兼容的.NET 类型以及它们与 C#的关系。你将学习如何在任何受支持的操作系统(Windows、macOS 和 Linux 变体)上编写和编译代码。你将学习如何打包、部署和分发自己的应用程序和库。

第 8 章讨论允许代码执行的实际任务的类型，例如操作数字和文本、在集合中存储项和使用网络(在线小节)。 还将学习正则表达式，让正则表达式变得更容易编写的一些改进方法，以及在.NET 7 中，如何使用源代码生成器来提高它们的性能。

第 9 章讨论与文件系统的交互、对文件和流的读写、文本编码、诸如 JSON 和 XML 的序列化格式，还涉及改进的功能以及 System.Text.Json 类的性能问题。

第 10 章解释如何使用名为 Entity Framework Core (EF Core)的 ORM 技术来读写关系数据库，如 Microsoft SQL Server 和 SQLite。了解如何使用数据库优先模型定义映射到数据库中现有表的实体模型，以及如何定义可以在运行时创建表和数据库的 Code First 模型(在线小节)。

第 11 章介绍 LINQ。LINQ 扩展语言增加了处理条目序列、筛选、排序，以及将它们投影到不同输出的能力。介绍.NET 6 中新引入的 LINQ 方法，如 TryGetNonEnumeratedCount 和 DistinctBy，以及.NET 7 中新引入的 LINQ 方法，如 Order 和 OrderDescending。你将了解 LINQ to XML 的特殊功能。该章的一个在线小节介绍了如何使用并行 LINQ (PLINQ)提高效率。

第 12 章介绍可以使用 C#和.NET 构建的 Web 应用程序的类型。该章还将通过构建 EF Core 模型来表示虚构组织 Northwind 的数据库。Northwind 数据库将贯穿用于本书的剩余部分。最后，介绍了常用的 Web 技术。

第 13 章介绍在服务器端通过 ASP.NET Core 使用现代 HTTP 架构构建网站的基础知识。你将学习如何实现一种 ASP.NET Core 特性(Razor Pages)，从而简化为小型网站创建动态网页的过程，还将学习如何构建 HTTP 请求和响应管道，以及如何在网站项目中启用 HTTP/3。

第 14 章讨论程序员团队如何利用 ASP.NET Core MVC 以一种易于进行单元测试和管理的方式构建大型、复杂的网站。你将了解启动配置、身份验证、路由、模型、视图和控制器。还将了解一种.NET 社区热切期盼并最终在 ASP.NET Core 7 中实现的特性：输出缓存。

第 15 章解释如何使用 ASP.NET Core Web API 构建后端 REST 体系结构 Web 服务。讨论如何使用 OpenAPI 记录和测试它们，以及如何使用工厂实例化的 HTTP 客户端正确地使用它们。该章介绍 ASP.NET Core 6 中引入的最小 API，这种 API 减少了实现简单 Web 服务时需要的代码行数。

第 16 章介绍如何使用 Blazor 构建 Web 用户界面组件，这些组件既可以在服务器端执行，又可以在 Web 浏览器中执行。该章还讨论 Blazor 服务器和 Blazor WebAssembly 的区别，以及如何构建能够更容易地在这两种托管模型之间进行切换的组件。

结语针对进一步学习 C#和.NET 提供了一些选项。

附录 A 中提供了各章练习的解决方案(在线提供)。

要做的准备工作

可在许多平台上使用 Visual Studio Code 和命令行工具开发和部署 C#和.NET 应用程序，包括 Windows、macOS 和各种 Linux 发行版。只需要一个支持 Visual Studio Code 和互联网连接的操作系统就可以学习本书的内容。

如果更喜欢在 Windows 或 macOS 上使用 Visual Studio 2022，或者使用像 JetBrains Rider 这样的第三方工具，那么也可以使用。

下载示例代码、彩色图片、附录 A

本书代码可通过扫描封底的二维码进行下载，也可从 GitHub 存储库中获取。书中的一些屏幕截图和图表用彩色效果可能更佳，为此，我们专门制作了一份 PDF 文件，读者可通过封底二维码下载该文件。另外，本书在线提供的附录 A 给出了各章练习的答案，读者也可通过扫描封底的二维码进行下载。

目　　录

第1章　C#与.NET 入门 ·················1
1.1　设置开发环境 ·····················2
　1.1.1　选择适合学习的工具和应用
　　　　程序类型 ························3
　1.1.2　跨平台部署 ·····················5
　1.1.3　下载并安装 Visual Studio 2022 for
　　　　Windows ·······················5
　1.1.4　下载并安装 Visual Studio Code ·······6
1.2　理解.NET ···························8
　1.2.1　理解.NET Framework ·············8
　1.2.2　理解 Mono、Xamarin 和 Unity
　　　　项目 ··························9
　1.2.3　理解.NET Core ···················9
　1.2.4　了解走向.NET 的过程 ·············9
　1.2.5　了解.NET 支持 ··················10
　1.2.6　现代.NET 的区别 ················12
　1.2.7　了解.NET Standard ···············13
　1.2.8　本书使用的.NET 平台和工具 ········14
　1.2.9　Apps and Services with .NET 7 中
　　　　涵盖的主题 ····················15
　1.2.10　理解中间语言 ·················15
　1.2.11　比较.NET 技术 ················15
1.3　使用 Visual Studio 2022 构建
　　控制台应用程序 ··················16
　1.3.1　使用 Visual Studio 2022 管理
　　　　多个项目 ·····················16
　1.3.2　使用 Visual Studio 2022
　　　　编写代码 ·····················16
　1.3.3　使用 Visual Studio 编译和
　　　　运行代码 ·····················17
　1.3.4　理解顶级程序 ·················19
　1.3.5　使用 Visual Studio 2022 添加
　　　　第二个项目 ····················21

1.4　使用 Visual Studio Code 构建
　　控制台应用程序 ··················22
　1.4.1　使用 Visual Studio Code 管理
　　　　多个项目 ·····················22
　1.4.2　使用 Visual Studio Code
　　　　编写代码 ·····················22
　1.4.3　使用 dotnet CLI 编译和
　　　　运行代码 ·····················25
　1.4.4　使用 Visual Studio Code 添加
　　　　第二个项目 ····················26
1.5　使用.NET Interactive Notebook
　　探索代码 ·······················27
1.6　检查项目的文件夹和文件 ···········28
　1.6.1　了解常见的文件夹和文件 ·········28
　1.6.2　理解 GitHub 中的解决方案代码 ·····28
1.7　充分利用本书的 GitHub 存储库 ·······29
　1.7.1　对本书提出问题 ···············29
　1.7.2　反馈 ························29
　1.7.3　从 GitHub 存储库下载解决
　　　　方案代码 ·····················30
　1.7.4　在 Visual Studio Code 和命令行中
　　　　使用 Git ·····················30
1.8　寻求帮助 ·······················31
　1.8.1　阅读微软文档 ·················31
　1.8.2　获取关于 dotnet 工具的帮助 ·······31
　1.8.3　获取类型及其成员的定义 ·········32
　1.8.4　在 Stack Overflow 上寻找答案 ·····34
　1.8.5　使用谷歌搜索答案 ··············34
　1.8.6　订阅官方的.NET 博客 ············35
　1.8.7　观看 Scott Hanselman 的视频 ······35
　1.8.8　本书的配套图书 ···············35
1.9　实践和探索 ·····················35
　1.9.1　练习 1.1：测试你掌握的知识 ·······36

1.9.2 练习 1.2：使用浏览器在任何
地方练习 C# ·········36
1.9.3 练习 1.3：探索主题 ·········36
1.9.4 练习 1.4：探索现代NET 的主题·····37
1.10 本章小结 ·········37

第 2 章 C#编程基础 ·········38
2.1 介绍 C# ·········38
2.1.1 理解语言版本和特性 ·········38
2.1.2 了解 C#标准 ·········42
2.1.3 了解 C#编译器版本 ·········43
2.2 理解 C#语法和词汇 ·········45
2.2.1 显示编译器版本 ·········45
2.2.2 了解 C#语法 ·········46
2.2.3 语句 ·········46
2.2.4 注释 ·········47
2.2.5 块 ·········47
2.2.6 语句和块的示例 ·········48
2.2.7 了解 C#词汇表 ·········48
2.2.8 将编程语言与人类语言进行
比较 ·········48
2.2.9 改变 C#语法的配色方案 ·········49
2.2.10 如何编写正确的代码 ·········49
2.2.11 导入名称空间 ·········50
2.2.12 动词表示方法 ·········53
2.2.13 名词表示类型、变量、字段和
属性 ·········54
2.2.14 揭示 C#词汇表的范围 ·········54
2.3 使用变量 ·········56
2.3.1 命名和赋值 ·········57
2.3.2 字面值 ·········57
2.3.3 存储文本 ·········57
2.3.4 存储数字 ·········60
2.3.5 存储实数 ·········61
2.3.6 存储布尔值 ·········64
2.3.7 存储任何类型的对象 ·········64
2.3.8 动态存储类型 ·········65
2.3.9 声明局部变量 ·········66
2.3.10 获取和设置类型的默认值 ·········68
2.4 深入研究控制台应用程序 ·········69

2.4.1 向用户显示输出 ·········69
2.4.2 从用户那里获取文本输入 ·········72
2.4.3 简化控制台的使用 ·········73
2.4.4 获取用户的重要输入 ·········74
2.4.5 向控制台应用程序传递参数 ·········74
2.4.6 使用参数设置选项 ·········76
2.4.7 处理不支持 API 的平台 ·········78
2.5 理解 async 和 await ·········79
2.6 实践和探索 ·········80
2.6.1 练习 2.1：测试你掌握的知识 ·······81
2.6.2 练习 2.2：测试你对数字
类型的了解 ·········81
2.6.3 练习 2.3：练习数字大小和
范围 ·········81
2.6.4 练习 2.4：探索主题 ·········82
2.7 本章小结 ·········82

第 3 章 控制程序流程、转换类型和
处理异常 ·········83
3.1 操作变量 ·········83
3.1.1 一元算术运算符 ·········84
3.1.2 二元算术运算符 ·········85
3.1.3 赋值运算符 ·········86
3.1.4 逻辑运算符 ·········86
3.1.5 条件逻辑运算符 ·········87
3.1.6 按位和二元移位运算符 ·········88
3.1.7 其他运算符 ·········90
3.2 理解选择语句 ·········90
3.2.1 使用 if 语句进行分支 ·········90
3.2.2 模式匹配与 if 语句 ·········91
3.2.3 使用 switch 语句进行分支 ·········92
3.2.4 模式匹配与 switch 语句 ·········94
3.2.5 使用 switch 表达式简化
switch 语句 ·········95
3.3 理解迭代语句 ·········96
3.3.1 while 循环语句 ·········96
3.3.2 do 循环语句 ·········97
3.3.3 for 循环语句 ·········97
3.3.4 foreach 循环语句 ·········98
3.3.5 在数组中存储多个值 ·········99

3.4 类型转换 105
3.4.1 隐式和显式地转换数字 105
3.4.2 使用 System.Convert 类型
进行转换 107
3.4.3 圆整数字 107
3.4.4 控制圆整规则 108
3.4.5 从任何类型转换为字符串 108
3.4.6 从二进制对象转换为字符串 109
3.4.7 将字符串转换为数字或
日期和时间 110
3.5 处理异常 111
3.6 检查溢出 115
3.6.1 使用 checked 语句抛出溢出
异常 115
3.6.2 使用 unchecked 语句禁用编译时
溢出检查 116
3.7 实践和探索 117
3.7.1 练习 3.1：测试你掌握的知识 118
3.7.2 练习 3.2：探索循环和溢出 118
3.7.3 练习 3.3：实践循环和运算符 118
3.7.4 练习 3.4：实践异常处理 119
3.7.5 练习 3.5：测试你对运算符的
认识程度 119
3.7.6 练习 3.6：探索主题 119
3.8 本章小结 120

第4章 编写、调试和测试函数 121
4.1 编写函数 121
4.1.1 理解顶级程序和函数 121
4.1.2 乘法表示例 123
4.1.3 简述实参与形参 125
4.1.4 编写带返回值的函数 126
4.1.5 将数字从序数转换为基数 128
4.1.6 用递归计算阶乘 129
4.1.7 使用 XML 注释解释函数 132
4.1.8 在函数实现中使用 lambda 133
4.2 在开发过程中进行调试 135
4.2.1 在调试期间使用 Visual Studio Code
集成终端 135
4.2.2 创建带有故意错误的代码 136

4.2.3 设置断点并开始调试 137
4.2.4 使用调试工具栏进行导航 139
4.2.5 调试窗口 140
4.2.6 单步执行代码 140
4.2.7 自定义断点 141
4.3 在开发期间进行热重载 142
4.3.1 使用 Visual Studio 2022 进行
热重载 143
4.3.2 使用 Visual Studio Code 和命令行
进行热重载 143
4.4 在开发和运行时进行日志记录 144
4.4.1 理解日志记录选项 144
4.4.2 使用 Debug 和 Trace 类型 144
4.4.3 配置跟踪侦听器 146
4.4.4 切换跟踪级别 147
4.4.5 记录有关源代码的信息 152
4.5 单元测试 153
4.5.1 理解测试类型 153
4.5.2 创建需要测试的类库 154
4.5.3 编写单元测试 156
4.6 在函数中抛出和捕获异常 158
4.6.1 理解使用错误和执行错误 158
4.6.2 在函数中通常抛出异常 158
4.6.3 理解调用堆栈 159
4.6.4 在哪里捕获异常 162
4.6.5 重新抛出异常 162
4.6.6 实现 tester-doer 模式 163
4.7 实践和探索 164
4.7.1 练习 4.1：测试你掌握的知识 164
4.7.2 练习 4.2：使用调试和单元测试
练习函数的编写 165
4.7.3 练习 4.3：探索主题 165
4.8 本章小结 165

第5章 使用面向对象编程技术构建
自己的类型 166
5.1 面向对象编程 166
5.2 构建类库 167
5.2.1 创建类库 167
5.2.2 在名称空间中定义类 168

5.2.3 理解成员···················169

5.2.4 实例化类···················169

5.2.5 导入名称空间以使用类型·······170

5.2.6 理解对象···················172

5.3 在字段中存储数据···············173

5.3.1 定义字段···················173

5.3.2 理解访问修饰符·············174

5.3.3 设置和输出字段值···········174

5.3.4 使用 enum 类型存储值········175

5.3.5 使用 enum 类型存储多个值····176

5.4 使用集合存储多个值············177

5.4.1 理解泛型集合···············178

5.4.2 使字段成为静态字段·········178

5.4.3 使字段成为常量·············179

5.4.4 使字段只读·················180

5.4.5 使用构造函数初始化字段·····181

5.5 编写和调用方法···············182

5.5.1 从方法返回值···············182

5.5.2 使用元组组合多个返回值·····182

5.5.3 定义参数并将参数传递给方法·185

5.5.4 重载方法···················186

5.5.5 传递可选参数和命名参数·····186

5.5.6 控制参数的传递方式·········188

5.5.7 理解 ref 返回···············189

5.5.8 使用 partial 关键字拆分类····189

5.6 使用属性和索引器控制访问······190

5.6.1 定义只读属性···············190

5.6.2 定义可设置的属性···········191

5.6.3 要求在实例化期间设置属性···193

5.6.4 定义索引器·················195

5.7 有关方法的详细介绍············196

5.7.1 使用方法实现功能···········196

5.7.2 使用运算符实现功能·········199

5.7.3 使用局部函数实现功能·······201

5.8 模式匹配和对象···············202

5.8.1 定义飞机乘客···············202

5.8.2 C# 9 及后续版本对模式匹配
做了增强·····················203

5.9 使用记录·····················204

5.9.1 init-only 属性···············204

5.9.2 理解记录···················205

5.9.3 记录中的位置数据成员·······206

5.10 实践和探索··················206

5.10.1 练习 5.1：测试你掌握的
知识·······················207

5.10.2 练习 5.2：探索主题········207

5.11 本章小结····················207

第 6 章 实现接口和继承类··········208

6.1 建立类库和控制台应用程序······208

6.2 使用泛型安全地重用类型········210

6.2.1 使用非泛型类型·············210

6.2.2 使用泛型类型···············211

6.3 触发和处理事件···············212

6.3.1 使用委托调用方法···········212

6.3.2 定义和处理委托·············213

6.3.3 定义和处理事件·············215

6.4 实现接口·····················216

6.4.1 公共接口···················216

6.4.2 排序时比较对象·············216

6.4.3 使用单独的类比较对象·······220

6.4.4 隐式和显式的接口实现·······221

6.4.5 使用默认实现定义接口·······222

6.5 使用引用类型和值类型
管理内存······················223

6.5.1 定义引用类型和值类型·······223

6.5.2 如何在内存中存储引用
类型和值类型·················224

6.5.3 类型的相等性···············225

6.5.4 定义 struct 类型·············226

6.5.5 使用 record struct 类型······228

6.5.6 释放非托管资源·············228

6.5.7 确保调用 Dispose 方法·······229

6.6 使用空值·····················230

6.6.1 使值类型可为空·············230

6.6.2 了解与 null 相关的缩略词····232

6.6.3 理解可空引用类型···········232

6.6.4 控制可空性警告检查特性·····232

6.6.5 声明非可空变量和参数·······233

6.6.6 检查 null····················235

6.7　从类继承·······················237
　　6.7.1　扩展类以添加功能·······237
　　6.7.2　隐藏成员···············237
　　6.7.3　覆盖成员···············238
　　6.7.4　从抽象类继承···········239
　　6.7.5　防止继承和覆盖·········240
　　6.7.6　理解多态···············241
6.8　在继承层次结构中进行类型
　　　转换·······················242
　　6.8.1　隐式类型转换···········242
　　6.8.2　显式类型转换···········242
　　6.8.3　避免类型转换异常·······243
6.9　继承和扩展.NET 类型·········244
　　6.9.1　继承异常···············244
　　6.9.2　无法继承时扩展类型·····246
6.10　编写更好的代码············248
　　6.10.1　将警告视为错误·······248
　　6.10.2　了解警告波···········250
　　6.10.3　使用分析器编写更好的代码···251
　　6.10.4　抑制警告·············254
　　6.10.5　修改代码·············254
6.11　实践和探索················257
　　6.11.1　练习 6.1：测试你掌握的知识······257
　　6.11.2　练习 6.2：练习创建继承
　　　　　　层次结构·············257
　　6.11.3　练习 6.3：探索主题···258
6.12　本章小结··················258

第 7 章　打包和分发.NET 类型·······259
7.1　.NET 7 简介·················259
　　7.1.1　.NET Core 1.0·········260
　　7.1.2　.NET Core 1.1·········260
　　7.1.3　.NET Core 2.0·········260
　　7.1.4　.NET Core 2.1·········260
　　7.1.5　.NET Core 2.2·········261
　　7.1.6　.NET Core 3.0·········261
　　7.1.7　.NET Core 3.1·········261
　　7.1.8　.NET 5.0·············261
　　7.1.9　.NET 6.0·············262
　　7.1.10　.NET 7.0············262

7.1.11　使用.NET 5 及后续版本
　　　　　提高性能··············262
7.1.12　检查.NET SDK 以进行更新···262
7.2　了解.NET 组件···············263
　　7.2.1　程序集、NuGet 包和名称空间···263
　　7.2.2　微软.NET SDK 平台·····264
　　7.2.3　理解程序集中的名称空间和
　　　　　类型··················264
　　7.2.4　NuGet 包·············265
　　7.2.5　理解框架·············265
　　7.2.6　导入名称空间以使用类型···266
　　7.2.7　将 C#关键字与.NET 类型
　　　　　相关联················266
　　7.2.8　使用.NET Standard 在旧平台
　　　　　之间共享代码···········268
　　7.2.9　理解不同 SDK 中类库的默认
　　　　　设置··················269
　　7.2.10　创建.NET Standard 2.0 类库···270
　　7.2.11　控制.NET SDK·······270
7.3　发布用于部署的代码··········271
　　7.3.1　创建要发布的控制台应用程序···271
　　7.3.2　理解 dotnet 命令·······273
　　7.3.3　获取关于.NET 及其环境的
　　　　　信息··················274
　　7.3.4　管理项目·············274
　　7.3.5　发布自包含的应用程序···275
　　7.3.6　发布单文件应用·········276
　　7.3.7　使用 app trimming 系统减小
　　　　　应用程序的大小·········277
7.4　反编译.NET 程序集··········278
　　7.4.1　使用 Visual Studio 2022 的 ILSpy
　　　　　扩展进行反编译·········278
　　7.4.2　使用 Visual Studio 2022 查看
　　　　　源链接················283
　　7.4.3　不能在技术上阻止反编译···283
7.5　为 NuGet 分发打包自己的库···284
　　7.5.1　引用 NuGet 包·········284
　　7.5.2　为 NuGet 打包库·······285
　　7.5.3　使用工具探索 NuGet 包···289
　　7.5.4　测试类库包···········290

7.6 从.NET Framework 移植到
现代.NET ···············290
  7.6.1 能移植吗 ···············291
  7.6.2 应该移植吗 ···············291
  7.6.3 .NET Framework 和现代.NET
的区别 ···············292
  7.6.4 .NET 可移植性分析器 ···············292
  7.6.5 .NET 升级助手 ···············292
  7.6.6 使用非.NET Standard 类库 ···············292
7.7 使用预览特性 ···············294
  7.7.1 需要预览特性 ···············294
  7.7.2 使用预览特性 ···············294
7.8 实践和探索 ···············295
  7.8.1 练习 7.1：测试你掌握的知识 ···············295
  7.8.2 练习 7.2：探索主题 ···············295
  7.8.3 练习 7.3：探索 PowerShell ···············295
7.9 本章小结 ···············296

第8章 使用常见的.NET 类型 ···············297
8.1 处理数字 ···············297
  8.1.1 处理大的整数 ···············298
  8.1.2 处理复数 ···············298
  8.1.3 理解四元数 ···············299
  8.1.4 为游戏和类似应用程序生成
随机数 ···············299
8.2 处理文本 ···············300
  8.2.1 获取字符串的长度 ···············300
  8.2.2 获取字符串中的字符 ···············301
  8.2.3 拆分字符串 ···············301
  8.2.4 获取字符串的一部分 ···············301
  8.2.5 检查字符串的内容 ···············302
  8.2.6 连接、格式化和其他的
字符串成员 ···············302
  8.2.7 高效地连接字符串 ···············304
8.3 模式匹配与正则表达式 ···············304
  8.3.1 检查作为文本输入的数字 ···············304
  8.3.2 改进正则表达式的性能 ···············305
  8.3.3 正则表达式的语法 ···············305
  8.3.4 正则表达式示例 ···············306

8.3.5 拆分使用逗号分隔的复杂
字符串 ···············307
8.3.6 激活正则表达式语法着色 ···············308
8.3.7 使用源生成器提高正则
表达式的性能 ···············311
8.4 在集合中存储多个对象 ···············312
  8.4.1 所有集合的公共特性 ···············313
  8.4.2 通过确保集合的容量来
提高性能 ···············314
  8.4.3 理解集合的选择 ···············314
  8.4.4 使用列表 ···············317
  8.4.5 使用字典 ···············319
  8.4.6 使用队列 ···············320
  8.4.7 集合的排序 ···············322
  8.4.8 使用专门的集合 ···············322
  8.4.9 使用不可变集合 ···············323
  8.4.10 集合的最佳实践 ···············323
8.5 使用 Span、索引和范围 ···············324
  8.5.1 通过 Span 高效地使用内存 ···············324
  8.5.2 用索引类型标识位置 ···············324
  8.5.3 使用 Range 类型标识范围 ···············325
  8.5.4 使用索引、范围和 Span ···············325
8.6 使用网络资源 ···············326
  8.6.1 使用 URI、DNS 和 IP 地址 ···············326
  8.6.2 ping 服务器 ···············327
8.7 实践和探索 ···············328
  8.7.1 练习 8.1：测试你掌握的知识 ···············328
  8.7.2 练习 8.2：练习正则表达式 ···············329
  8.7.3 练习 8.3：练习编写扩展方法 ···············329
  8.7.4 练习 8.4：探索主题 ···············329
8.8 本章小结 ···············330

第9章 处理文件、流和序列化 ···············331
9.1 管理文件系统 ···············331
  9.1.1 处理跨平台环境和文件系统 ···············331
  9.1.2 管理驱动器 ···············333
  9.1.3 管理目录 ···············334
  9.1.4 管理文件 ···············335
  9.1.5 管理路径 ···············336
  9.1.6 获取文件信息 ···············337

9.1.7 控制处理文件的方式·······338
9.2 用流来读写······338
9.2.1 理解抽象和具体的流·······338
9.2.2 写入文本流······340
9.2.3 写入 XML 流······342
9.2.4 压缩流······344
9.2.5 使用 tar 存档文件······346
9.2.6 读写 tar 条目······350
9.3 编码和解码文本······350
9.3.1 将字符串编码为字节数组·····351
9.3.2 对文件中的文本进行编码
和解码······353
9.3.3 使用随机访问句柄读写文本·····353
9.4 序列化对象图······354
9.4.1 序列化为 XML······354
9.4.2 生成紧凑的 XML······356
9.4.3 反序列化 XML 文件······357
9.4.4 用 JSON 序列化······358
9.4.5 高性能的 JSON 处理······359
9.5 控制处理 JSON 的方式······360
9.5.1 用于处理 HTTP 响应的新的
JSON 扩展方法······363
9.5.2 从 Newtonsoft 迁移到
新的 JSON······363
9.6 实践和探索······363
9.6.1 练习 9.1：测试你掌握的知识·····363
9.6.2 练习 9.2：练习序列化为 XML·····364
9.6.3 练习 9.3：探索主题······364
9.7 本章小结······365

第 10 章 使用 Entity Framework Core
处理数据······366
10.1 理解现代数据库······366
10.1.1 理解旧的实体框架······367
10.1.2 理解 Entity Framework Core······367
10.1.3 理解数据库优先和代码优先·····368
10.1.4 EF Core 7 的性能改进······368
10.1.5 使用 EF Core 创建控制台
应用程序······368
10.1.6 使用示例关系数据库······368

10.1.7 使用 SQLite······369
10.1.8 为 SQLite 创建 Northwind
示例数据库······370
10.1.9 使用 SQLiteStudio 管理
Northwind 示例数据库······371
10.1.10 为 SQLite 使用轻量级的
ADO.NET 提供程序······373
10.1.11 为 Windows 使用
SQL Server······373
10.2 设置 EF Core······373
10.2.1 选择 EF Core 数据库提供
程序······373
10.2.2 连接到数据库······374
10.2.3 定义 Northwind 数据库
上下文类······374
10.3 定义 EF Core 模型······375
10.3.1 使用 EF Core 约定定义模型·····375
10.3.2 使用 EF Core 注解特性定义
模型······376
10.3.3 使用 EF Core Fluent API 定义
模型······377
10.3.4 为 Northwind 表构建 EF Core
模型······377
10.3.5 向 Northwind 数据库上下文类
添加表······380
10.3.6 安装 dotnet-ef 工具······380
10.3.7 使用现有数据库搭建模型······381
10.3.8 自定义逆向工程模板······384
10.3.9 配置约定前模型······384
10.4 查询 EF Core 模型······385
10.4.1 过滤结果中返回的实体······387
10.4.2 过滤和排序产品······389
10.4.3 获取生成的 SQL······390
10.4.4 记录 EF Core······391
10.4.5 使用 Like 进行模式匹配······393
10.4.6 在查询中生成随机数······394
10.4.7 定义全局过滤器······395
10.5 使用 EF Core 加载模式······396
10.5.1 使用 Include 扩展方法立即
加载实体······396

10.5.2 启用延迟加载 ·············· 396
10.5.3 使用 Load 方法显式加载
实体 ······················· 397
10.6 使用 EF Core 修改数据 ········ 399
10.6.1 插入实体 ················· 399
10.6.2 更新实体 ················· 402
10.6.3 删除实体 ················· 403
10.6.4 更高效的更新和删除 ······ 404
10.6.5 池化数据库环境 ··········· 407
10.7 使用事务 ····················· 407
10.7.1 使用隔离级别控制事务 ···· 408
10.7.2 定义显式事务 ············· 408
10.8 定义 Code First EF Core 模型 ····· 409
10.9 实践和探索 ··················· 409
10.9.1 练习 10.1：测试你掌握的
知识 ······················· 409
10.9.2 练习 10.2：练习使用不同的
序列化格式导出数据 ······· 410
10.9.3 练习 10.3：探索主题 ······ 410
10.9.4 练习 10.4：探索 NoSQL
数据库 ····················· 410
10.10 本章小结 ···················· 410

第 11 章 使用 LINQ 查询和操作数据 ······· 411
11.1 为什么使用 LINQ ·············· 411
11.2 编写 LINQ 表达式 ············· 412
11.2.1 LINQ 的组成 ·············· 412
11.2.2 使用 Enumerable 类构建 LINQ
表达式 ····················· 412
11.2.3 理解延迟执行 ············· 414
11.2.4 使用 Where 扩展方法
过滤实体 ··················· 415
11.2.5 以命名方法为目标 ········· 417
11.2.6 通过删除委托的显式实例化来
简化代码 ··················· 417
11.2.7 以 lambda 表达式为目标 ··· 418
11.2.8 实体的排序 ··············· 418
11.2.9 按项自身排序 ············· 419
11.2.10 使用 var 或指定类型
声明查询 ················· 419

11.2.11 根据类型进行过滤 ········ 420
11.2.12 使用 LINQ 处理集合和 bag ····· 421
11.3 使用 LINQ 与 EF Core ········· 422
11.3.1 构建 EF Core 模型 ········· 423
11.3.2 序列的过滤和排序 ········· 425
11.3.3 将序列投影到新的类型中 ····· 427
11.3.4 连接和分组序列 ··········· 429
11.3.5 聚合序列 ················· 431
11.3.6 小心使用 Count ··········· 433
11.3.7 使用 LINQ 分页 ··········· 435
11.4 使用语法糖美化 LINQ 语法 ····· 438
11.5 使用带有并行 LINQ 的
多个线程 ···················· 439
11.6 创建自己的 LINQ 扩展方法 ····· 439
11.7 使用 LINQ to XML ············ 442
11.7.1 使用 LINQ to XML
生成 XML ················· 442
11.7.2 使用 LINQ to XML
读取 XML ················· 443
11.8 实践和探索 ··················· 444
11.8.1 练习 11.1：测试你掌握的
知识 ······················· 444
11.8.2 练习 11.2：练习使用 LINQ
进行查询 ··················· 445
11.8.3 练习 11.3：探索主题 ······ 445
11.9 本章小结 ····················· 446

第 12 章 使用 ASP.NET Core 进行
Web 开发 ······················ 447
12.1 理解 ASP.NET Core ··········· 447
12.1.1 经典 ASP.NET 与现代
ASP.NET Core 的对比 ······ 448
12.1.2 使用 ASP.NET Core 构建
网站 ······················· 449
12.1.3 构建 Web 服务和其他服务 ····· 450
12.2 ASP.NET Core 的新特性 ······· 450
12.2.1 ASP.NET Core 1.0 ········· 451
12.2.2 ASP.NET Core 1.1 ········· 451
12.2.3 ASP.NET Core 2.0 ········· 451
12.2.4 ASP.NET Core 2.1 ········· 451

12.2.5　ASP.NET Core 2.2 ················· 451

12.2.6　ASP.NET Core 3.0 ················· 452

12.2.7　ASP.NET Core 3.1 ················· 452

12.2.8　Blazor WebAssembly 3.2 ········· 452

12.2.9　ASP.NET Core 5.0 ················· 452

12.2.10　ASP.NET Core 6.0 ··············· 453

12.2.11　ASP.NET Core 7.0 ··············· 453

12.3　结构化项目 ································· 453

12.4　建立实体数据模型供本书
剩余部分章节使用 ·················· 454

12.4.1　使用 SQLite 创建实体
模型类库 ····················· 455

12.4.2　使用 SQL Server 创建实体
模型类库 ····················· 462

12.4.3　测试类库 ······················ 465

12.5　了解 Web 开发 ··························· 466

12.5.1　HTTP ··························· 466

12.5.2　使用 Google Chrome 浏览器
发出 HTTP 请求 ··············· 468

12.5.3　了解客户端 Web 开发技术 ····· 470

12.6　实践和探索 ······························ 470

12.6.1　练习 12.1：测试你掌握的
知识 ··························· 470

12.6.2　练习 12.2：了解 Web 开发中
常用的缩写 ··················· 471

12.6.3　练习 12.3：探索主题 ········· 471

12.7　本章小结 ································· 471

第 13 章　使用 ASP.NET Core Razor Pages
构建网站 ····························· 472

13.1　了解 ASP.NET Core ··················· 472

13.1.1　创建空的 ASP.NET Core
项目 ··························· 472

13.1.2　测试和保护网站 ·············· 474

13.1.3　控制托管环境 ················· 478

13.1.4　使网站能够提供静态内容 ····· 479

13.2　了解 ASP.NET Core Razor
Pages ································· 481

13.2.1　启用 Razor Pages ············· 481

13.2.2　给 Razor Pages 添加代码 ····· 482

13.2.3　通过 Razor Pages 使用
共享布局 ····················· 483

13.2.4　使用后台代码文件与
Razor Pages ·················· 485

13.3　使用 Entity Framework Core 与
ASP.NET Core ······················ 487

13.3.1　将 Entity Framework Core
配置为服务 ··················· 487

13.3.2　使用 Razor Pages 操作数据 ··· 489

13.3.3　将依赖服务注入
Razor Pages 中 ··············· 490

13.4　使用 Razor 类库 ······················ 491

13.4.1　禁用 Visual Studio Code 的
Compact Folders 功能 ········· 491

13.4.2　创建 Razor 类库 ············· 492

13.4.3　实现分部视图以显示单个
员工 ··························· 494

13.4.4　使用和测试 Razor 类库 ······· 495

13.5　配置服务和 HTTP 请求管道 ········· 496

13.5.1　了解端点路由 ················· 496

13.5.2　配置端点路由 ················· 496

13.5.3　查看项目中的端点路由配置 ··· 496

13.5.4　配置 HTTP 管道 ············· 498

13.5.5　总结关键的中间件扩展方法 ··· 499

13.5.6　可视化 HTTP 管道 ··········· 499

13.5.7　实现匿名内联委托作为
中间件 ······················· 500

13.5.8　启用对请求解压缩的支持 ····· 501

13.6　启用 HTTP/3 支持 ···················· 502

13.7　实践和探索 ····························· 504

13.7.1　练习 13.1：测试你掌握的
知识 ··························· 504

13.7.2　练习 13.2：练习建立数据
驱动的网页 ··················· 504

13.7.3　练习 13.3：练习为控制台
应用程序构建 Web 页面 ······· 504

13.7.4　练习 13.4：探索主题 ········· 505

13.8　本章小结 ································· 505

第 14 章　使用 MVC 模式构建网站 ············506
　14.1　设置 ASP.NET Core MVC
　　　　网站··506
　　　14.1.1　创建 ASP.NET Core MVC
　　　　　　　网站 ···································506
　　　14.1.2　为 SQL Server LocalDB 创建
　　　　　　　认证数据库 ····················507
　　　14.1.3　探索默认的 ASP.NET Core MVC
　　　　　　　网站 ···································509
　　　14.1.4　启动 MVC 网站项目 ············510
　　　14.1.5　了解访问者注册 ··················511
　　　14.1.6　查看 MVC 网站项目结构 ······511
　　　14.1.7　回顾 ASP.NET Core Identity
　　　　　　　数据库 ·······························513
　14.2　探索 ASP.NET Core MVC
　　　　网站··514
　　　14.2.1　ASP.NET Core MVC 的
　　　　　　　初始化 ·······························514
　　　14.2.2　MVC 的默认路由 ················516
　　　14.2.3　理解控制器和操作 ··············517
　　　14.2.4　理解视图搜索路径约定 ········520
　　　14.2.5　使用依赖服务进行记录 ········520
　　　14.2.6　实体和视图模型 ··················521
　　　14.2.7　视图 ···································523
　　　14.2.8　理解如何使用标记助手
　　　　　　　避开缓存 ····························525
　14.3　自定义 ASP.NET Core MVC
　　　　网站··526
　　　14.3.1　自定义样式 ························526
　　　14.3.2　设置类别图像 ·····················526
　　　14.3.3　Razor 语法和表达式 ············526
　　　14.3.4　定义类型化视图 ··················527
　　　14.3.5　使用路由值传递参数 ············530
　　　14.3.6　模型绑定程序 ·····················532
　　　14.3.7　验证模型 ····························535
　　　14.3.8　使用 HTML 辅助方法定义
　　　　　　　视图 ···································537
　　　14.3.9　使用标记助手定义视图 ········538
　　　14.3.10　跨功能过滤器 ···················538
　　　14.3.11　使用输出缓存 ···················543

　14.4　查询数据库和使用显示模板 ······547
　14.5　使用异步任务提高可伸缩性·······550
　14.6　实践与探索··551
　　　14.6.1　练习 14.1：测试你掌握的
　　　　　　　知识 ···································551
　　　14.6.2　练习 14.2：通过实现类别详细
　　　　　　　信息页面练习实现 MVC ······552
　　　14.6.3　练习 14.3：理解和实现异步
　　　　　　　操作方法以提高可伸缩性·······552
　　　14.6.4　练习 14.4：对 MVC 控制器
　　　　　　　进行单元测试 ····················552
　　　14.6.5　练习 14.5：探索主题 ··········552
　14.7　本章小结···552

第 15 章　构建和消费 Web 服务················554
　15.1　使用 ASP.NET Core Web API
　　　　构建 Web 服务·································554
　　　15.1.1　理解 Web 服务缩写词 ··········554
　　　15.1.2　理解 Web API 的 HTTP 请求
　　　　　　　和响应 ·······························555
　　　15.1.3　创建 ASP.NET Core Web API
　　　　　　　项目 ···································556
　　　15.1.4　检查 Web 服务的功能 ··········559
　　　15.1.5　为 Northwind 示例数据库
　　　　　　　创建 Web 服务 ··················560
　　　15.1.6　为实体创建数据存储库 ········562
　　　15.1.7　实现 Web API 控制器 ··········565
　　　15.1.8　配置客户存储库和 Web API
　　　　　　　控制器 ·······························566
　　　15.1.9　指定问题的细节 ··················570
　　　15.1.10　控制 XML 序列化 ············570
　15.2　解释和测试 Web 服务 ··················571
　　　15.2.1　使用浏览器测试 GET 请求······571
　　　15.2.2　使用 REST Client 扩展测试
　　　　　　　HTTP 请求 ························572
　　　15.2.3　理解 Swagger ·····················575
　　　15.2.4　使用 Swagger UI 测试请求 ····575
　　　15.2.5　启用 HTTP 日志记录 ············578
　　　15.2.6　W3CLogger 支持记录额外的
　　　　　　　请求头····························580

15.3 使用HTTP 客户端消费
Web 服务 ······················580
　15.3.1 了解 HttpClient 类 ········580
　15.3.2 使用 HttpClientFactory 配置
　　　　 HTTP 客户端 ·············581
　15.3.3 在控制器中以 JSON 格式
　　　　 获取客户 ··············581
　15.3.4 启动多个项目 ··········583
　15.3.5 启动 Web 服务和 MVC 客户端
　　　　 项目 ················585
15.4 为 Web 服务实现高级功能 ·······586
15.5 使用最小 API 构建 Web 服务 ·····586
　15.5.1 测试最小天气服务 ·······588
　15.5.2 向 Northwind 网站主页添加
　　　　 天气预报 ·············588
15.6 实践和探索 ···············591
　15.6.1 练习 15.1：测试你掌握的
　　　　 知识 ················591
　15.6.2 练习 15.2：练习使用 HttpClient
　　　　 创建和删除客户 ········591
　15.6.3 练习 15.3：探索主题 ······591
15.7 本章小结 ···············591

第 16 章　使用 Blazor 构建用户界面 ······592
16.1 理解 Blazor ··············592
　16.1.1 JavaScript ··············592
　16.1.2 Silverlight——使用插件的
　　　　 C#和.NET ···········593
　16.1.3 WebAssembly——Blazor 的
　　　　 目标 ················593
　16.1.4 理解 Blazor 托管模型 ····593
　16.1.5 理解 Blazor 组件 ·······594
　16.1.6 比较 Blazor 和 Razor ····594
16.2 比较 Blazor 项目模板 ·········595
　16.2.1 Blazor 服务器项目模板 ····595
　16.2.2 理解到页面组件的 Blazor
　　　　 路由 ················600

　16.2.3 运行 Blazor 服务器项目模板 ······603
　16.2.4 查看 Blazor WebAssembly
　　　　 项目模板 ·············604
16.3 使用 Blazor 服务器构建组件 ·····608
　16.3.1 定义和测试简单的 Blazor
　　　　 服务器组件 ···········608
　16.3.2 将组件转换成可路由的
　　　　 页面组件 ·············609
　16.3.3 将实体放入组件 ········610
　16.3.4 为 Blazor 组件抽象服务 ···613
　16.3.5 使用 EditForm 组件定义表单 ····615
　16.3.6 构建共享的客户详细信息
　　　　 组件 ················615
　16.3.7 构建创建、编辑和删除客户的
　　　　 组件 ················617
　16.3.8 测试客户组件 ·········619
16.4 使用 Blazor WebAssembly 构建
组件 ···················619
　16.4.1 为 Blazor WebAssembly 配置
　　　　 服务器 ··············620
　16.4.2 为 Blazor WebAssembly 配置
　　　　 客户端 ··············622
　16.4.3 测试 Blazor WebAssembly 组件
　　　　 和服务 ··············624
16.5 改进 Blazor WebAssembly
应用程序 ················626
16.6 实践和探索 ··············626
　16.6.1 练习 16.1：测试你掌握的
　　　　 知识 ················626
　16.6.2 练习 16.2：通过创建乘法表
　　　　 组件进行练习 ········627
　16.6.3 练习 16.3：通过创建国家
　　　　 导航项进行练习 ·······627
　16.6.4 练习 16.4：探索主题 ·····628
16.7 本章小结 ···············628

第 17 章　结语 ················629

第**1**章

C#与.NET 入门

本章的目标是建立开发环境，让你了解现代.NET、.NET Core、.NET Framework、Mono、Xamarin 和.NET Standard 之间的异同，使用各种代码编辑器通过 C# 11 和.NET 7 创建尽可能简单的应用程序。另外，本章还指出了寻求帮助的方式。

本书的 GitHub 存储库包含了解决方案，这些解决方案为所有代码任务和 Notebook 使用了完整的应用项目，GitHub 存储库的地址为 https://github.com/markjprice/cs11dotnet7。

只需要按下.(点)键或在上面的链接中将.com 更改为.dev，即可将 GitHub 存储库更改为使用 GitHub Codespaces 的、基于 Visual Studio Code 的实时编辑器，如图 1.1 所示。

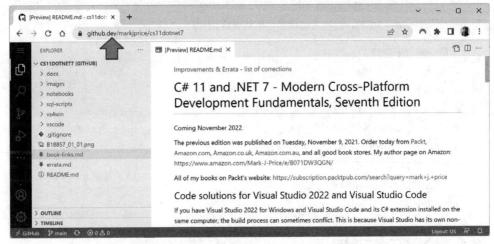

图 1.1　用于实时编辑本书的 GitHub 存储库的 GitHub Codespaces

 注意:
我们提供了一个 PDF 文件，其中包含本书中使用的屏幕截图和图表的彩色版本。可以扫描本节封底的二维码下载此 PDF 文件。

完成本书的编码任务时，在浏览器中运行的 Visual Studio Code 非常适合与读者选择的代码编辑器一起运行。若有必要，可以比较自己的代码与解决方案代码，并轻松地复制和粘贴需要的部分。

> **注意：**
> 读者不需要使用或者了解 Git，就能获得本书的解决方案代码。通过链接 https://github.com/markjprice/cs11dotnet7/archive/refs/heads/main.zip，可以直接下载包含所有代码解决方案的一个 ZIP 文件，然后将该 ZIP 文件解压到本地文件系统中。

本书用"现代.NET"来指代.NET 7 及其前身，如.NET 5 和.NET 6(来自.NET Core)。用"旧.NET"这个术语来指代.NET Framework、Mono、Xamarin 和.NET 标准。现代.NET 是这些传统平台和标准的统一体。

在第 1 章后，本书可以分为三大部分：第一大部分介绍 C#语言的语法和词汇；第二大部分介绍.NET 中用于构建应用程序功能的可用类型；第三大部分介绍可以使用 C#和.NET 构建的一些常见的跨平台网站、服务和浏览器应用程序。

大多数人学习复杂主题的最佳方式是模仿和重复，而不是阅读关于理论的详细解释。因此，本书不会对每一步都做详细解释，而是编写一些代码，然后观察代码的运行。

你不需要立即知道所有细节。随着时间的推移，你将学会创建自己的应用程序，你所获得的知识将超越任何书籍所能教你的。

借用 1755 年版《英语词典》的作者 Samuel Johnson 的话来说，我犯了"一些愚蠢的错误，书中有一些可笑的荒谬之处，这些错误和荒谬之处是任何综合性作品都无法避免的。"我对这些问题负全部责任，希望你能理解我面临的挑战；为了解决这些问题，我所编写的这本书涉及一些快速发展的技术(如 C#和.NET)，而读者可以用它们构建应用程序。

本章涵盖以下主题：

- 设置开发环境
- 理解.NET
- 使用 Visual Studio 2022 构建控制台应用程序
- 使用 Visual Studio Code 构建控制台应用程序
- 使用.NET Interactive Notebook 探索代码
- 检查项目的文件夹和文件
- 充分利用本书的 GitHub 存储库
- 寻求帮助

1.1　设置开发环境

在开始编程前，需要准备一款针对 C#的代码编辑器。微软提供了一系列代码编辑器和集成开发环境(Integrated Development Environment，IDE)，包括：

- Visual Studio 2022 for Windows
- Visual Studio 2022 for Mac
- Visual Studio Code (用于 Windows、macOS 或 Linux)
- Visual Studio Code for the Web
- GitHub Codespaces

第三方已经创建了自己的 C#代码编辑器，如 JetBrains Rider。

1.1.1　选择适合学习的工具和应用程序类型

学习 C#和.NET 最好的工具和应用程序类型是什么?

在学习时，最好使用能够帮助编写代码和配置，但不会隐藏实际情况的工具。IDE 提供了易用的图形用户界面，但它们到底在底层做了些什么工作呢? 一个更接近实际操作、更基本的代码编辑器也可为编写代码提供帮助，在学习过程中效果更好。

话虽如此，可以认为最好的工具是已经熟悉的工具，或者团队用作日常开发工具的工具。出于这个原因，希望读者可以自由选择任何 C#代码编辑器或 IDE 来完成本书中的编码任务，包括 Visual Studio Code、Visual Studio for Windows、Visual Studio for Mac，甚至 JetBrains Rider。

第 1 章详细说明了如何在 Visual Studio 2022 for Windows 和 Visual Studio Code 中创建多个项目。之后，给出了与所有工具一起工作的项目名称和通用说明，以便你使用自己喜欢的任何工具。

为学习 C#语言构造和许多.NET 库，最好编写不会因不必要的代码而分心的应用程序。例如，不需要仅仅为了学习如何编写 switch 语句而创建整个 Windows 桌面应用程序或网站。

因此，学习第 1~11 章中的 C#和.NET 主题的最好方法是构建控制台应用程序。此后，在第 12~16 章，将构建网站、服务和 Web 浏览器应用程序。

1. .NET Interactive Notebooks 扩展的优缺点

Visual Studio Code 的另一个好处是引入了.NET Interactive Notebooks 扩展(注意，已被更名为 Polyglot Notebooks)。这个扩展为编写代码片段提供了一个简单、安全的地方，可用于实验和学习的目的。例如，数据科学家使用 Notebooks 分析和可视化数据。学生使用它们学习如何编写小段代码，从而熟悉语言构造和探索 API。

.NET Interactive Notebooks 能够创建一个简单的 Notebook 文件，混合了 Markdown 的"单元格"(格式丰富的文本)和 C#以及其他相关语言代码，如 PowerShell、F#和 SQL(用于数据库)。

然而，.NET Interactive Notebooks 确实存在一些限制:

- 无法用于创建网站、服务和应用。
- 无法读取用户输入，例如，不能使用 ReadLine 或 ReadKey。
- 不能将参数传递给它们。
- 不允许定义自己的名称空间。
- 没有任何调试工具(但将来会有)。

2. 使用 Visual Studio Code 进行跨平台开发

可以选择的最现代、最轻量级的代码编辑器是 Visual Studio Code，这也是唯一一个来自微软的跨平台代码编辑器。Visual Studio Code 可以运行在所有常见的操作系统中，包括 Windows、macOS 和许多 Linux 发行版，如 Red Hat Enterprise Linux (RHEL)和 Ubuntu。

Visual Studio Code 是现代跨平台开发代码的优秀选择，因为它提供了一个广泛的、不断增长的扩展集来支持除 C#外的多种语言。

Visual Studio Code 是跨平台的、轻量级的，可安装在所有平台上(应用程序将被部署到这些平台上)，可以快速修复 bug，等等。选择 Visual Studio Code 意味着开发者可以使用跨平台代码编辑器来开发跨平台应用程序。

Visual Studio Code 对 Web 开发提供了强大的支持,尽管它目前对移动和桌面开发的支持很弱。ARM 处理器支持 Visual Studio Code,这样就可以在 Apple Silicon 计算机和 Raspberry Pi 上进行开发。

Visual Studio Code 也是目前最流行的集成开发环境,根据 Stack Overflow 在 2021 年所做的调查,超过 70%的专业开发者选择了它。

3. 使用 GitHub Codespaces 进行云开发

GitHub Codespaces 是一个基于 Visual Studio Code 的完全配置的开发环境,可以在云环境中运行,并通过任何 Web 浏览器访问。它支持 Git 存储库、扩展和内置命令行界面,因此可以从任何设备进行编辑、运行和测试。

4. 使用 Visual Studio for Mac 进行通用开发

Microsoft Visual Studio 2022 for Mac 版可以创建大多数类型的应用程序,包括控制台应用程序、网站、Web 服务、桌面应用程序和移动应用程序。

要为苹果操作系统(如 iOS)编译应用程序,以便在 iPhone 和 iPad 等设备上运行,就必须有 Xcode。Xcode 只能在 macOS 上运行。

5. 使用 Visual Studio for Windows 进行通用开发

Microsoft Visual Studio 2022 for Windows 可以创建大多数类型的应用程序,包括控制台应用程序、网站、Web 服务、桌面应用程序和移动应用程序。尽管可以使用 Visual Studio 2022 for Windows 及其 Xamarin 扩展来编写跨平台移动应用程序,但仍需要 macOS 和 Xcode 编译它。

Visual Studio for Windows 只能在 Windows 7 SP1 或更新版本上运行。必须在 Windows 10 或 Windows 11 上运行它才能创建通用 Windows 平台(Universal Windows Platform,UWP)应用程序,这些应用程序是从微软商店安装的,并在沙箱中运行,以保护计算机。

6. 我使用了什么

为了编写和测试本书的代码,使用的硬件如下:
- HP Spectre(英特尔)Notebook 计算机
- Apple Silicon Mac mini (M1)台式计算机
- Raspberry Pi 400 (ARM v8)台式计算机

使用的软件如下:
- Visual Studio Code
  - Apple Silicon Mac mini (M1)台式计算机上的 macOS 操作系统
  - HP Spectre(英特尔)笔记本计算机上的 Windows 11
  - Raspberry Pi 400 台式计算机上的 Ubuntu 64
- Visual Studio 2022 for Windows
  - HP Spectre(英特尔)Notebook 计算机上的 Windows 11
- Visual Studio 2022 for Mac
  - Apple Silicon Mac mini (M1)台式计算机上的 macOS 操作系统

希望读者可以访问各种各样的硬件和软件,因为明白了平台的差异可以加深对开发挑战的理解，不过上述任何一个组合足以学习 C#和.NET 的基础知识并了解如何构建实际的应用程序和网站。

> **更多信息：**
> 可以通过阅读我在以下链接撰写的文章，了解如何在安装了 Ubuntu Desktop 64 位的 Raspberry Pi 400 上使用 C#和.NET 编写代码：
> https://github.com/markjprice/cs11dotnet7/tree/main/docs/raspberry-pi-ubuntu64。

1.1.2　跨平台部署

为开发选择的代码编辑器和操作系统并不会限制代码的部署位置。

.NET 7 支持以下部署平台。

- **Windows：** Windows 7 SP1 或更新版本，Windows 8.1 或更新版本，Windows 10 版本 1607 或更新版本，Windows 11 版本 22000 或更新版本、Windows Server 2012 R2 SP1 或更新版本，Nano Server 版本 1809 或更新版本。
- **macOS：** macOS Catalina 版本 10.15 或更新版本。
- **Linux：** Alpine Linux 3.15 或更新版本，CentOS 7 或更新版本，Debian 10 或更新版本，Fedora 33 或更新版本，openSUSE 15 或更新版本，Red Hat Enterprise Linux (RHEL) 7 或更新版本，SUSE Enterprise Linux 12 SP2 或更新版本，Ubuntu 18.04 或更新版本。注意，现在 Ubuntu 22.04 中已经包含了.NET 6，可以阅读以下链接来了解更多信息：https://devblogs.microsoft.com/dotnet/dotnet-6-is-now-in-ubuntu-2204/。
- **Android：** API 21 或更新版本。
- **iOS：** 10.0 或更新版本。

在.NET 5 及后续版本中支持 Windows ARM 64 意味着可以在微软 Surface Pro X 等 Windows ARM 设备上进行开发和部署，但在 Apple M1 Mac 上使用 Parallels 和 Windows 11 ARM 虚拟机进行开发的速度是前者的两倍！

> **更多信息：**
> 通过以下链接可以了解最新支持的操作系统和版本：https://github.com/dotnet/core/blob/main/release-notes/7.0/supported-os.md。

1.1.3　下载并安装 Visual Studio 2022 for Windows

许多专业微软开发人员在日常开发工作中使用 Visual Studio 2022 for Windows。即使选择使用 Visual Studio Code 来完成本书中的编码任务，也可能需要熟悉 Visual Studio 2022 for Windows。只有当使用一个工具编写了一定数量的代码后，才能真正判断这个工具能否满足你的需求。

如果没有 Windows 计算机，那么可以跳过本节，继续学习下一节，在 macOS 或 Linux 操作系统中下载并安装 Visual Studio Code。

自 2014 年 10 月以来，微软已经为学生、开源贡献者和个人免费提供了专业的、高质量的 Visual Studio for Windows 版本。它被称为社区版。任何版本都适合本书。如果尚未安装，现在就安装它。

(1) 从以下链接下载 Microsoft Visual Studio 2022 17.4 或更新版本(用于 Windows)：https://visualstudio.microsoft.com/downloads/。

(2) 启动安装程序。

(3) 在 Workloads 选项卡上，选择以下内容：

- ASP.NET and web development
- .NET desktop development(它包括 Console Apps)

(4) 在 Individual components 选项卡的 Code tools 部分，选择以下内容：

- Git for Windows

(5) 单击 Install 并等待安装程序获取选定的软件并安装。

(6) 安装完成后，单击 Launch。

(7) 第一次运行 Visual Studio 时，系统会提示登录。如果你有微软账户，就使用该账户。如果没有微软账户，就通过以下链接注册一个新的账户：https://signup.live.com/。

(8) 第一次运行 Visual Studio 时，系统会提示配置环境。对于 Development Settings，选择 Visual C#。对于颜色主题，我选择了 Blue，但你可以选择任何你喜欢的颜色。

(9) 如果想自定义键盘快捷键，可导航到 Tools|Options…，然后选择 Keyboard 部分。

Microsoft Visual Studio for Windows 键盘快捷键

本书避免显示键盘快捷键，因为它们通常是自定义的。如果它们在代码编辑器中是一致的且经常使用，本书将尝试展示它们。若想识别和定制键盘快捷键，可访问如下链接了解相关信息：https://docs.microsoft.com/en-us/visualstudio/ide/identifying-and-customizing-keyboard-shortcutsin-visual-studio。

1.1.4 下载并安装 Visual Studio Code

在过去几年，Visual Studio Code 得到了极大改进，它的受欢迎程度让微软公司感到惊喜。如果读者很勇敢，喜欢挑战，那么有一个内部版可用，这是下一个版本的每日构建版。

即使计划只使用 Visual Studio 2022 for Windows 进行开发，也建议下载并安装 Visual Studio Code 并尝试使用它完成本章的编码任务，然后决定是否坚持在本书的剩余部分只使用 Visual Studio 2022。

现在，可下载并安装 Visual Studio Code、.NET SDK、C#和.NET Interactive Notebooks 扩展，步骤如下。

(1) 从以下链接下载并安装 Visual Studio Code 的稳定版本或内部版本：https://code.visualstudio.com/。

更多信息：
如果需要有关安装 Visual Studio Code 的更多帮助，可通过以下链接阅读官方安装指南：https://code.visualstudio.com/docs/setup/setup-overview。

(2) 从以下链接下载并安装.NET SDK 6.0 和 7.0：https://www.microsoft.com/net/download。

更多信息：
为了充分学习如何控制.NET SDK，需要安装多个版本。.NET 6.0 和.NET 7.0 是目前支持的两个版本。虽然.NET 6.0 不是最新版本，但它是最新的长期支持(Long-Term Support，LTS)版本，所以这是安装它的另一个好理由。

（3）要安装 C#扩展，必须先启动 Visual Studio Code 应用程序。

（4）在 Visual Studio Code 中，单击 Extensions 图标或导航到 View｜Extensions。

（5）C#扩展是最流行的扩展之一，在列表的顶部应该能够看到它；也可以在搜索框中输入 C#。

（6）单击 Install，等待下载和安装支持包。

（7）在搜索框中输入.NET Interactive(注意，已更名为 Polyglot Notebooks)，找到.NET Interactive Notebooks 扩展。

（8）单击 Install 并等待它安装。

1. 安装其他扩展

本书后续章节将使用更多 Visual Studio Code 扩展，如果想现在安装它们，可参照表 1-1。

表 1.1　本书用到的其他扩展

扩展名和标识符	说明
C# for Visual Studio Code （由 OmniSharp 提供支持） ms-dotnettools.csharp	提供 C#编辑支持。包括语法高亮，智能感知，Go To Definition，查找所有引用，对.NET 的调试支持，以及在 Windows、macOS 和 Linux 中对 csproj 项目的支持
.NET Interactive Notebooks ms-dotnettools.dotnet-interactive-vscode	这个扩展增加了在 Visual Studio Code Notebook 中使用.NET Interactive 的支持。它依赖于 Jupyter 扩展(ms-toolsai.jupyter)，Jupyter 扩展又有自己的依赖项
MSBuild 项目工具 tintoy.msbuild-project-tools	为 MSBuild 项目文件提供智能感知功能，包括<PackageReference>元素的自动完成
REST Client humao.rest-client	发送 HTTP 请求并在 Visual Studio Code 中直接查看响应
ilspy-vscode icsharpcode.ilspy-vscode	反编译 MSIL 程序集——支持现代.NET、.NET Framework、.NET Core 和.NET Standard

2. 使用命令行管理 Visual Studio Code 扩展

可以在命令行或终端安装 Visual Studio Code 扩展，如表 1.2 所示。

表 1.2　安装 Visual Studio Code 的命令及说明

命令	说明
code --list-extensions	列举已安装的扩展
code --install-extension <extension-id>	安装指定的扩展
code --uninstall-extension <extension-id>	卸载指定的扩展

例如，要安装 C#扩展，可以在命令行或终端输入下面的命令：

```
code --install-extension ms-dotnettools.csharp
```

> **更多信息：**
> 我创建了一个 PowerShell 脚本，用于安装前面的表中列出的所有 Visual Studio Code 扩展。你可以通过下面的链接找到这个脚本：https://github.com/markjprice/cs11dotnet7/ blob/main/vscode/Scripts/install-vs-code-extensions.ps1。

3. 理解 Microsoft Visual Studio Code 版本

微软公司几乎每个月都会发布 Visual Studio Code 的新特性版本，并且会更频繁地发布 bug 修复版本。例如：

- 1.64.0 版，2022 年 2 月发布的新特性版本。
- 1.64.1 版，2021 年 8 月发布的 bug 修复版本。

本书使用的是 1.71.0 版，是 2022 年 9 月发布的新特性版本，但是 Visual Studio Code 版本不如稍后安装的 C# for Visual Studio Code 扩展版本重要。

C#扩展虽然不是必需的，但它提供了输入时的智能感知、代码导航和调试等功能，因此十分有必要安装。所以安装和更新它非常方便，以支持最新的 C#语言特性。

4. Microsoft Visual Studio Code 快捷键

本书将避免显示用于"创建新文件"等任务的键盘快捷键，因为它们在不同的操作系统中通常是不同的。书中显示键盘快捷键的情景是需要重复按下相应键时，例如调试时；这些快捷键也尽可能在操作系统之间保持一致。

如果想为 Visual Studio Code 定制键盘快捷键，可访问如下链接来学习如何定制：
https://code.visualstudio.com/docs/getstarted/keybindings。

建议根据使用的操作系统下载一份 PDF 格式的操作系统快捷键。

- Windows：https://code.visualstudio.com/shortcuts/keyboard-shortcuts-windows.pdf。
- macOS：https://code.visualstudio.com/shortcuts/keyboard-shortcuts-macos.pdf。
- Linux：https://code.visualstudio.com/shortcuts/keyboard-shortcuts-linux.pdf。

1.2　理解.NET

.NET 7、.NET Core、.NET Framework 和 Xamarin 是相关的，它们是开发人员用来构建应用程序和服务的平台。本节将介绍这些.NET 概念。

1.2.1　理解.NET Framework

.NET Framework 开发平台包括公共语言运行库(Common Language Runtime，CLR)和基类库(Base Class Library，BCL)，前者负责管理代码的执行，后者提供了丰富的类库来构建应用程序。

微软公司最初设计.NET Framework 是为了使应用具有跨平台的可能性，但是微软公司在实现过程中，发现这一平台在 Windows 上工作得最好。

自.NET Framework 4.5.2 成为 Windows 操作系统的官方组件以来，由于组件与父产品的支持相同，因此 4.5.2 及后续版本的组件遵循其所在 Windows 操作系统的生命周期策略。.NET Framework 已经安装在超过 10 亿台计算机上，所以对它的改动必须尽可能少。即使是修复 bug 也会导致问题，所以更新频率很低。

对于.NET Framework 4.0 或更新版本，在计算机中，为.NET Framework 编写的所有应用程序都共享相同版本的 CLR 以及存储在全局程序集缓存(Global Assembly Cache，GAC)中的库，如果其中一些应用程序需要特定版本以保证兼容性，就会出问题。

最佳实践:
实际上，.NET Framework 仅适用于 Windows，因为是旧平台，所以不建议使用它创建新的应用程序。

1.2.2 理解 Mono、Xamarin 和 Unity 项目

一些第三方开发了名为 Mono 项目的 .NET Framework 实现。Mono 是跨平台的，但是它远远落后于.NET Framework 的官方实现。

Mono 作为 Xamarin 移动平台以及 Unity 等跨平台游戏开发平台的基础，已经找到了自己的价值所在。

微软公司在 2016 年收购了 Xamarin，并在 Visual Studio 中免费提供曾经昂贵的 Xamarin 扩展。微软公司将只能创建移动应用程序的 Xamarin Studio 开发工具更名为 Visual Studio for Mac，并赋予它创建其他类型的应用程序(如控制台应用程序和 Web 服务)的能力。

有了 Visual Studio 2022 for Mac，微软公司就能将 Xamarin Studio 编辑器的部分功能替换为 Visual Studio 2022 for Windows 的部分功能，以提供更接近的体验和性能。Visual Studio 2022 for Mac 也被重写为一个真正的本地 macOS UI 应用程序，以提高可靠性并与 macOS 的内置辅助技术一起工作。

1.2.3 理解.NET Core

如今，我们生活在真正跨平台的世界里，现代移动技术和云计算的发展使得 Windows 作为操作系统变得不那么重要了。正因为如此，从 2015 年开始，微软公司一直致力于将.NET 从它与 Windows 的紧密联系中分离出来。在将.NET Framework 重写为真正跨平台的同时，微软公司也利用这次机会重构并删除了不再被认为核心的主要部分。

这个新的、现代化的产品一开始被命名为.NET Core，其中包括名为 CoreCLR 的 CLR 跨平台实现和名为 CoreFX 的流畅 BCL。

微软公司负责.NET 的项目经理 Scott Hunter 认为：".NET Core 客户中有 40%是全新的平台开发人员，这正是我们想要的结果。我们想引进新人。"

.NET Core 的变化很快，因为可以与应用程序并行部署，所以.NET Core 可以频繁地更改，因为这些更改不会影响同一台计算机上的其他.NET Core 应用程序。微软公司对.NET Core 和现代.NET 所做的大多数改进都无法轻易添加到.NET Framework 中。

1.2.4 了解走向.NET 的过程

在 2020 年 5 月的 Microsoft Build 开发者大会上，.NET 团队宣布，.NET 的统一化延迟了。他们说，将会在 2020 年 11 月 10 日发布.NET 5，它会将除移动平台的所有.NET 平台统一起来。直到 2021 年 11 月发布的.NET 6，统一的.NET 平台才支持移动设备。但是，在 2021 年 9 月，他们

宣布将.NET MAUI 延迟 6 个月，这是他们针对移动和桌面应用开发提供的新的、跨平台的平台。.NET MAUI 最终在 2022 年 5 月发布公众可用(General Availability，GA)版本。从以下链接可阅读关于 MAUI 的公告：https://devblogs.microsoft.com/dotnet/introducing-dotnet-maui-one-codebase-manyplatforms/。

.NET Core 已重命名为.NET，主版本号则跳过了数字 4，以免与.NET Framework 4.x 混淆。微软公司计划每年 11 月发布主版本，就像苹果在每年 9 月发布 iOS 的主版本一样。

表 1.3 显示了现代.NET 的重要版本是什么时候发布的，计划什么时候发布未来的版本，以及本书的各个版本使用的是哪个.NET 版本。

表 1.3　对比.NET 的不同版本

.NET 版本	发布日期	本书的版本	本书英文版的出版日期
.NET Core RC1	2015 年 11 月	第 1 版	2016 年 3 月
.NET Core 1.0	2016 年 6 月		
.NET Core 1.1	2016 年 11 月		
.NET Core 1.0.4 和.NET Core 1.1.1	2017 年 3 月	第 2 版	2017 年 3 月
.NET Core 2.0	2017 年 8 月		
.NET Core for UWP in Windows 10 Fall Creators Update	2017 年 10 月	第 3 版	2017 年 11 月
.NET Core 2.1 (LTS)	2018 年 5 月		
.NET Core 2.2 (Current)	2018 年 12 月		
.NET Core 3.0 (Current)	2019 年 9 月	第 4 版	2019 年 10 月
.NET Core 3.1 (LTS)	2019 年 12 月		
Blazor WebAssembly 3.2 (Current)	2020 年 5 月		
.NET 5.0 (Current)	2020 年 11 月	第 5 版	2020 年 11 月
.NET 6.0 (LTS)	2021 年 11 月	第 6 版	2021 年 11 月
.NET 7.0 (Standard)	2022 年 11 月	第 7 版	2022 年 11 月
.NET 8.0 (LTS)	2023 年 11 月	第 8 版	2023 年 11 月
.NET 9.0 (Standard)	2024 年 11 月	第 9 版	2024 年 11 月
.NET 10.0 (LTS)	2025 年 11 月	第 10 版	2025 年 11 月

了解 Blazor WebAssembly 的版本

.NET Core 3.1 包含了用于构建 Web 组件的 Blazor 服务器。微软公司也曾计划在该版本中包含 Blazor WebAssembly，但被推迟了。Blazor WebAssembly 后来作为.NET Core 3.1 的可选附加组件发布。我把它包含在上表中，是因为它被版本化为 3.2，以便从.NET Core 3.1 的 LTS 中排除。

1.2.5　了解.NET 支持

.NET 版本可以是长期支持的(LTS)版本，也可以是标准支持的版本，即以前的"当前(Current)版本"，还可以是预览的(Preview)版本。下面解释了这 3 种版本：

- LTS 版本是稳定的，在其生命周期中很少需要更新。对于不打算频繁更新的应用程序，这是不错的选择。LTS 版本将在 GA 版本发布后的 3 年内受到微软支持，或下一个 LTS 版本发布后的 1 年内受到支持(以二者中较长的为准)。

- Standard 或 Current 版本包含可根据反馈进行更改的功能。对于正在积极开发的应用程序，这是很好的选择，因为它们提供了最新的改进。Standard 版本将在 GA 版本发布后的 18 个月内受到微软公司支持，或下一个 Standard 或 LTS 版本发布后的 6 个月内受到支持(以二者中较长的为准)。
- Preview 版本用于公众测试。对于想要使用最新技术的有冒险精神的程序员，或者想要及早了解新的语言特性、库和应用平台的编程图书作者来说，这是很好的选择。微软公司不为 Preview 版本提供支持，但是 Preview 或 Release Candicate(RC)版本可能被宣布为 Go Live(上线)，这意味着微软公司会在生产环境中为它们提供支持。

.NET 在整个生命周期中，都要接受安全性和可靠性方面的关键补丁。必须更新最新的补丁才能获得支持。例如，如果系统运行的是 1.0.0 版本，但微软公司已发布了 1.0.1 版本，就需要安装 1.0.1 版本来获得支持。

更多信息:
End of support 或 End of life(结束支持)指的是在这个日期之后，微软公司不再提供 bug 修复、安全更新和技术帮助。

为了帮助你更好地理解 Standard/Current 和 LTS 版本，使用色条对它们进行直观的表示是很有帮助的。对于 LTS 版本，使用 3 年长的黑色条；对于 Standard/Current 版本，使用可变长度的灰色条，其结尾的网纹表示在发布新的主版本或小版本后，对它们继续提供支持的 6 个月时间，如图 1.2 所示。

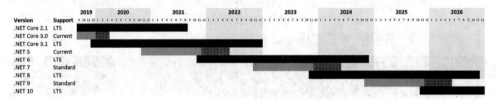

图 1.2 Standard 和 LTS 版本的支持时间

例如，如果使用.NET 5.0 创建项目，而微软公司在 2021 年 11 月 8 日发布了.NET 6.0，就需要在 2022 年 5 月 8 日之前将项目升级到.NET 6.0，这样才能获得.NET 的更新和修复，并得到微软公司的支持。

如果需要微软公司的长期支持，那么现在选择.NET 6.0(直到.NET 8.0 发布)，即使微软公司已发布了.NET 7.0 也是如此。这是因为.NET 7.0 是 Standard 版本，因此它将先于.NET 6.0 失去支持。只要记住，即使使用 LTS 版本，也必须升级到 bug 修复版本，如.NET 6.0.9 和.NET SDK 6.0.401(它们发布于 2022 年 9 月 13 日)，因为微软公司每个月都会发布更新。

在本书英文版于 2022 年 11 月出版时，除了下面列出的版本(按停止支持的日期排序)，其他.NET Core 和现代.NET 版本都已走到了尽头:

- .NET Core 3.1 于 2022 年 12 月 3 日停止支持。
- .NET 7.0 将于 2024 年 5 月 14 日停止支持。
- .NET 6.0 将于 2024 年 11 月 12 日停止支持。

更多信息：
通过访问以下链接，可以了解当前支持的.NET 版本，以及它们将在什么时候停止支持：https://github.com/dotnet/core/blob/main/releases.md。

1. 了解.NET Runtime 和.NET SDK 版本

.NET Runtime 版本控制遵循语义版本控制。也就是说，主版本表示非常大的更改，次版本表示新特性，而补丁版本表示 bug 的修复。

.NET SDK 版本控制不遵循语义版本控制。主版本号和次版本号与匹配的运行时版本绑定。补丁版本遵循的约定指明了.NET SDK 的主版本和次版本，如表 1.4 所示。

表 1.4 .NET SDK 版本不遵循语义版本控制

变更	运行时	SDK
初始版本	7.0.0	7.0.100
SDK bug 修复	7.0.0	7.0.101
运行时和 SDK bug 修复	7.0.1	7.0.102
SDK 新特性	7.0.1	7.0.200

2. 列举和删除.NET 的版本

.NET Runtime 更新与主版本(如 7.x 版)兼容。.NET SDK 的更新版本保留了构建适用于旧版运行时的应用程序的能力，这使得安全删除旧版.NET 成为可能。

执行以下命令后，就可以看到目前安装了哪些 SDK 和运行时：

```
dotnet --list-sdks
dotnet --list-runtimes
dotnet --info
```

在 Windows 上，可使用 App & features 部分删除.NET SDK。

在 macOS 或 Windows 上，可使用 dotnet-core-uninstall 工具删除.NET SDK。这个工具默认没有安装。

例如，在编写本书第 4 版时，笔者每个月都执行以下命令：

```
dotnet-core-uninstall remove --all-previews-but-latest --sdk
```

1.2.6 现代.NET 的区别

与单一的传统.NET Framework 相比，现代的.NET 是模块化的，是开源的，微软公司决定在开放中加以改进。微软公司在改进现代.NET 的性能方面付出了特别多的努力。

现代.NET 比.NET Framework 的最新版本要小，因为非跨平台的旧技术已被移除。例如，Windows Forms 和 Windows Presentation Foundation (WPF) 可用于构建 GUI 应用程序，但它们与 Windows 生态系统紧密相连，因此已从 macOS 和 Linux 的.NET 中移除。

1. Windows 桌面开发

现代.NET 的一大特性就是支持使用 Windows Desktop Pack 运行旧的 Windows 窗体和 WPF 应用程序；Windows Desktop Pack 是.NET Core 3.1 或更新版本的 Windows 版本附带的组件，这也就是它比用于 macOS 和 Linux 的 SDK 更大的原因。如有必要，可对旧的 Windows 桌面应用做一些小的改动；还可以为现代.NET 重新构建应用程序，以利用新的特性和性能改进。本书不讨论 Windows 桌面开发。

2. Web 开发

ASP.NET Web Forms 和 Windows Communication Foundation (WCF) 是旧的 Web 应用开发和服务技术，现在很少有开发人员选择在新的开发项目中使用它们，所以它们也从现代.NET 中被移除。相反，开发人员更喜欢使用 ASP.NET MVC、ASP.NET Web API、SignalR 和 gRPC。这些技术已经重组并结合成一个运行在现代.NET 上的新产品，名为 ASP.NET Core。

第 12~16 章将介绍 Web 开发技术。

> **更多信息：**
> 一些.NET Framework 开发人员对现代.NET 中没有 ASP.NET Web Forms、WCF 和 Windows Workflow (WF) 感到非常失望，并且希望微软公司能改变这一状况。一些开源项目支持将 WCF 和 WF 迁移到现代.NET。可通过以下链接阅读更多相关内容：https://devblogs.microsoft.com/dotnet/supporting-the-community-with-wf-and-wcf-oss-projects/。CoreWCF 1.0 于 2022 年 4 月发布：https://devblogs.microsoft.com/dotnet/corewcfv1-released/。以下链接提供一个使用了 Blazor Web Forms 组件的开源项目：https://github.com/FritzAndFriends/BlazorWebFormsComponents。

3. 数据库开发

Entity Framework 6 是一种对象-关系映射技术，用于处理存储在关系数据库(如 Oracle 和 Microsoft SQL Server)中的数据。多年来，Entity Framework 一直背负着沉重的包袱，因此这一跨平台 API 被精简了，并将支持非关系数据库(如 Azure Cosmos DB)，微软公司将之重命名为 Entity Framework Core，详见第 10 章。

如果现有的应用程序使用旧的 Entity Framework，那么可以知道，.NET Core 3.0 或更新版本支持 Entity Framework 6.3。

1.2.7　了解.NET Standard

2019 年，.NET 的情况是，微软公司控制着三个.NET 平台分支，如下所示。
- .NET Core：用于跨平台和新应用程序。
- .NET Framework：用于旧应用程序。
- Xamarin：用于移动应用程序。

以上每种.NET 平台都有优点和缺点，它们都是针对不同的场景设计的。这导致如下问题：开发人员必须学习三个.NET 平台，每个.NET 平台都有令人讨厌的怪癖和限制。

因此，微软公司定义了.NET Standard，这是所有.NET 平台都可以实现的一套 API 规范，用于指示兼容性级别。例如，与.NET Standard 1.4 兼容的平台表明提供基本的支持。

在.NET Standard 2.0 及后续版本中,微软公司已将这三个.NET 平台融合到现代的最低标准,这使开发人员可以更容易地在任何类型的.NET 之间共享代码。

在.NET Core 2.0 及后续版本中,微软公司增加了许多缺失的 API,开发人员需要将你为.NET Framework 编写的旧代码移植到跨平台的.NET Core 中。有些 API 已经实现了,但会抛出异常,指示开发人员不应该实际使用它们! 这通常是由于运行.NET 的操作系统不同而导致的。第 2 章将介绍如何处理这些特定于平台的异常。

理解.NET Standard 只是一种标准是很重要的。你不能安装.NET Standard,就像不能安装 HTML5 一样。要使用 HTML5,就必须安装实现了 HTML5 标准的 Web 浏览器。

要使用.NET Standard,就必须安装实现了.NET Standard 规范的.NET 平台。.NET Standard 2.1 是由.NET Core 3.0、Mono 和 Xamarin 实现的。C# 8.0 的一些特性需要.NET Standard 2.1,.NET Framework 4.8 没有实现.NET Standard 2.1。

随着.NET 5 和更新版本的发布,对.NET Standard 的需求大大减少,因为有了适用于所有平台(包括移动平台)的.NET。现代.NET 有一个基类库和两个运行时: CoreCLR 针对服务器或桌面场景(如网站和 Windows 桌面应用)进行了优化,Mono 运行时针对资源有限的移动和 Web 浏览器应用进行了优化。

2021 年 8 月,Stephen Toub(软件工程师合作伙伴,.NET 方向)撰写了文章 "Performance Improvements in .NET 6." 在这篇文章中关于 Blazor 和 Mono 的部分,他写道:

运行时自身被编译为 WASM,下载到浏览器,并用于执行应用程序及其依赖的库代码。对于.NET 来说,运行时实际上有好几种。在.NET 6 中,针对各种.NET 应用模型(无论是控制台应用、ASP.NET Core 应用、Blazor WASM 还是移动应用)的所有.NET 核心库都来自 dotnet/runtime 中的共同来源,但 dotnet/runtime 中实际上有 coreclr 和 mono 两种运行时实现。

更多信息:

从以下链接可以阅读关于这两个运行时的更多信息: https://devblogs.microsoft.com/dotnet/performance-improvements-in-net-6/#blazor-and-mono。

即使是现在,为.NET Framework 创建的应用程序和网站仍需要得到支持,因此,理解如何创建.NET Standard 2.0 类库很重要,这些类库要向后兼容旧的.NET 平台。

更多信息:

.NET Standard 现在已正式成为遗留技术。不会再有新的.NET Standard 版本,所以它的 GitHub 存储库已被封存,从以下推文可以了解更多信息: https://twitter.com/dotnet/status/1569725004690128898。

1.2.8 本书使用的.NET 平台和工具

本书的第 1 版写于 2016 年 3 月,作者主要关注.NET Core 功能,但对于.NET Core 还没有实现重要或有用的功能,作者使用了.NET Framework,因为那时还没有发布.NET Core 1.0 的最终版本。书中的大多数例子都使用了 Visual Studio 2015,只是简单地展示了 Visual Studio Code。

本书的第 2 版(几乎)完全清除了所有.NET Framework 代码示例，以便读者能够关注真正跨平台运行的.NET Core 1.1 示例，并且.NET Core 1.1 是 LTS 版本。

本书的第 3 版完成了转换，所有代码都是完全使用.NET Core 2.0 编写的。但是，由于要为 Visual Studio Code 和 Visual Studio 2017 中的所有任务提供详细的指令，因此增加了复杂性。

在本书的第 4 版中，除了最后两章，只展示如何使用 Visual Studio Code 编写代码示例，从而延续这一趋势。第 20 章需要使用运行在 Windows 10 上的 Visual Studio，第 21 章则需要使用运行在 macOS 上的 Visual Studio。

在本书的第 5 版中，原来的第 20 章变成了在线附录 B，以便为介绍 Blazor 的新内容腾出空间。Blazor 项目可以使用 Visual Studio Code 创建。

在第 6 版中，第 19 章已更新，以展示如何使用 Visual Studio 2022 和.NET MAUI(Multi-platform App UI，多平台应用程序 UI)创建移动和桌面跨平台应用程序。

在这个第 7 版中，作者重新让本书关注语言、库和 Web 开发 3 个领域的基础知识。读者能够为书中的所有示例使用 Visual Studio Code，但也可使用自己选择的其他任何代码编辑器。

1.2.9　Apps and Services with .NET 7 中涵盖的主题

作者的新书 *Apps and Services with .NET 7* 中涵盖了以下主题。

- 数据：SQL Server、Azure Cosmos DB。
- 库：日期、时间、时区和国际化；反射和源代码生成器；用于图片处理、日志、映射和生成 PDF 文件的第三方库；性能基准测试和多任务等。
- 服务：gRPC、OData、GraphQL、Azure Functions、SignalR、Minimal Web API。
- 用户界面：ASP.NET Core、Blazor WebAssembly、.NET MAUI。

1.2.10　理解中间语言

dotnet CLI 工具使用的 C#编译器(名为 Roslyn)会将 C#源代码转换成中间语言(Intermediate Language，IL)代码，并将 IL 存储在程序集(DLL 或 EXE 格式的文件)中。IL 代码语句就像汇编语言指令，由.NET 的虚拟机 CoreCLR 执行。

在运行时，CoreCLR 从程序集中加载 IL 代码，再由 JIT 编译器将 IL 代码编译成本机 CPU 指令，最后由机器上的 CPU 执行。

以上两步编译过程带来的好处是，微软公司能为 Linux、macOS 以及 Windows 创建 CLR。在编译过程中，相同的 IL 代码能够在各个地方运行，因为编译过程的第二步将为本地操作系统和 CPU 指令集生成代码。

不管源代码是用哪种语言(如 C#、Visual Basic 或 F#)编写的，所有.NET 应用程序都会为存储在程序集中的指令使用 IL 代码。使用微软和其他公司提供的反汇编工具(如.NET 反编译工具 ILSpy)可以打开程序集并显示 IL 代码。

1.2.11　比较.NET 技术

表 1.5 对.NET 技术进行了总结和比较。

表 1.5　比较.NET 技术

.NET 技术	说明	驻留的操作系统
现代.NET	现代特性集，完全支持 C# 8 到 C# 11，支持移植现有应用程序，可用于创建新的桌面、移动和 Web 应用程序及服务。可以支持旧的.NET 平台	Windows、macOS、Linux、Android、iOS、Tizen
.NET Framework	旧的特性集，提供有限的 C# 8.0 支持，不支持 C# 9 到 C# 11，用于维护现有的应用程序	只用于 Windows
Xamarin	用于移动和桌面应用程序	Android、iOS 和 macOS

1.3　使用 Visual Studio 2022 构建控制台应用程序

本节的目的是展示如何使用 Visual Studio 2022 for Windows 构建控制台应用程序。

如果没有 Windows 计算机，或你想想使用 Visual Studio Code，那么可以跳过这一节，因为代码是相同的，只是工具体验不同。

1.3.1　使用 Visual Studio 2022 管理多个项目

Visual Studio 2022 有一个名为"解决方案"的概念，允许同时打开和管理多个项目。我们将使用一个解决方案来管理本章创建的两个项目。

1.3.2　使用 Visual Studio 2022 编写代码

开始编写代码吧!

(1) 启动 Visual Studio 2022。

(2) 在 Start 窗口中，单击 Create a new project。

(3) 在 Create a new project 对话框中，在 Search for templates 框中输入 console，并选择 Console App，确保选择 C#项目模板而不是其他语言，如 Visual Basic 或 C++，并且项目模板是跨平台的，而不是只针对 Windows 的.NET Framework，如图 1.3 所示。

图 1.3　为现代跨平台.NET 选择 Console App 项目模板

(4) 单击 Next 按钮。

(5) 在 Configure your new project 对话框中，为项目名称输入 HelloCS，为位置输入 C:\cs11dotnet7，为解决方案名称输入 Chapter01。

(6) 单击 Next 按钮。

(7) 在 Additional information 对话框的 Target Framework 下拉列表中，注意.NET 的短期支持和长期支持版本的选择，然后选择.NET 6.0 或.NET 7.0。对于本章的项目，我们不需要任何.NET 7 特定的功能。

> **更多信息：**
> 如果缺少.NET SDK 版本，可以从以下链接安装它们：https://dotnet.microsoft.com/en-us/download/dotnet。

(8) 保持 Do not use top-level statement 复选框的未选中状态，然后单击 Create。

(9) 如果未显示代码，就在 Solution Explorer 中，双击以打开名为 Program.cs 的文件，请注意 Solution Explorer 显示了 HelloCS 项目，如图 1.4 所示。

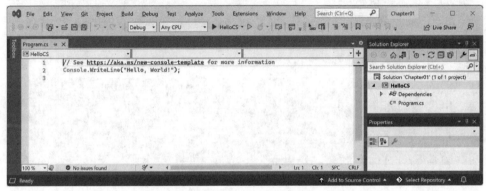

图 1.4 在 Visual Studio 2022 中编辑 Program.cs 文件

(10) 注意，Program.cs 的代码只包含一个注释和一条语句，因为它使用了 C# 9 中引入的顶级程序特性，如下面的代码段所示：

```
// See https://aka.ms/new-console-template for more information
Console.WriteLine("Hello, World!");
```

> **更多信息：**
> 如代码中的注释所述，从以下链接可以阅读关于这个模板的更多信息：https://aka.ms/new-console-template。

(11) 在 Program.cs 中，修改第 2 行，以便写入控制台的文本是 Hello, C#!

> **更多信息：**
> 读者必须查看或者键入的所有代码示例和命令都以纯文本形式显示，如步骤(10)中所示。你不需要从图 1.4 那样的屏幕截图中阅读代码或命令，因为在纸上显示时，屏幕截图中的代码不够清晰。

1.3.3 使用 Visual Studio 编译和运行代码

下一个任务是编译并运行代码，步骤如下。

(1) 在 Visual Studio 中，导航到 Debug | Start Without Debugging。

最佳实践：

在 Visual Studio 2022 中启动一个项目时，可以选择是否附加调试器。如果不需要调试，则最好不要附加调试器，因为附加调试器需要更多资源，从而会拖慢所有东西。而且，附加调试器后，只能启动一个项目。如果你想运行一个以上的项目，每个项目都附加调试器，就必须启动 Visual Studio 的多个实例。在工具栏中，单击绿色的空心三角形按钮，可以直接启动项目，而不进行调试；单击绿色实心三角形按钮，可以在调试模式下启动项目。

(2) 控制台窗口的输出将显示应用程序的运行结果，如图 1.5 所示。

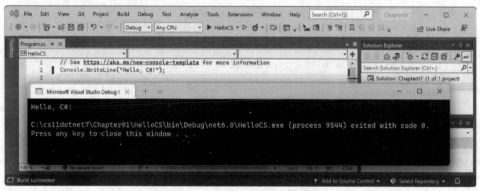

图 1.5　在 Windows 上运行控制台应用程序

(3) 按任意键关闭控制台窗口并返回 Visual Studio。

(4) 可以选择关闭 Properties 窗格，为 Solution Explorer 留出更多纵向空间。

(5) 双击 HelloCS 项目，打开它的项目文件。注意，取决于你在创建项目时选择的 SDK 版本，HelloCS.csproj 项目文件会显示这个控制台应用程序针对的是 net6.0 还是 net7.0，如图 1.6 所示。

(6) 在 Solution Explorer 工具栏中，切换 Show All Files 按钮，注意编译器生成的 bin 和 obj 文件夹是可见的，如图 1.6 所示。

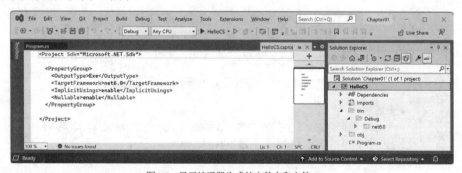

图 1.6　显示编译器生成的文件夹和文件

理解编译器生成的文件夹和文件

前面创建了两个编译器生成的文件夹，分别为 obj 和 bin。你不需要查看这些文件夹或了解它们的文件(但如果你感到好奇，可以查看它们)。

注意，编译器需要创建临时文件夹和文件来完成工作。可以删除这些文件夹及其文件，下一次"构建"或运行项目的时候会自动重建它们。开发人员经常删除这些临时文件夹和文件来"清理"项目。Visual Studio 甚至在 Build 菜单上有一个名为 Clean Solution 的命令，它可以删除一些临时文件。Visual Studio Code 的等效命令是 dotnet clean。下面简单描述这两个文件夹中包含的内容：

- obj 文件夹为每个源代码文件包含一个已编译的目标文件。这些对象还没有被链接到最终的可执行文件。
- bin 文件夹包含应用程序或类库的二进制可执行文件，相关内容详见第 7 章。

1.3.4 理解顶级程序

如果你见过以前的.NET 项目，可能会期望看到更多的代码，哪怕只是为了输出一条简单的消息。这里的代码很少，是因为在针对.NET 6 及更新版本时，编译器会自动编写一些代码。

如果你使用.NET SDK 5.0 或更早版本创建这个项目，或者如果你选中了 Do not use top-level statements 复选框，那么 Program.cs 文件将包含更多语句，如下所示：

```
using System; // Not needed in .NET 6 or later.

namespace HelloCS
{
  class Program
  {
    static void Main(string[] args)
    {
      Console.WriteLine("Hello, World!");
    }
  }
}
```

在.NET SDK 或更新版本的编译期间，所有用于定义名称空间、Program 类及其 Main 方法的样板代码都会自动生成并封装我们编写的语句。这使用了一种称为顶级程序的功能，.NET 5 中已经引入该功能，但直到.NET 6，微软才更新了控制台应用程序的项目模板，在默认情况下使用顶级程序。

关于顶级程序，需要记住的要点包括：

- 项目中只能有一个这样的文件。
- 任何 using 语句仍然必须放在文件的顶部。
- 如果你声明任何类或其他类型，必须把它们放到文件底部。
- 尽管在显式定义时，必须使用 Main 这个方法名称，但当编译器创建该方法时，会将其命名为<Main>$。

文件顶部的 using System;语句用于导入 System 名称空间。这将启用 Console.WriteLine 语句。为什么我们不需要把它导入项目中呢？

1. 隐式导入名称空间

诀窍在于，仍然需要导入 System 名称空间，但现在使用 C# 10 和.NET 6 中引入的特性就可以完成了。如下所示：

(1) 在 Solution Explorer 中，依次展开 obj 文件夹、Debug 文件夹和 net6.0(或 net7.0)文件夹，打开文件 HelloCS.GlobalUsings.g.cs。

(2) 注意，这个文件是由编译器为面向.NET 6 或更新版本的项目自动创建的，它使用了 C# 10 中引入的一个叫作全局名称空间导入的特性，该特性导入了一些常用的名称空间，如 System，以便在所有代码文件中使用，代码如下所示：

```
// <autogenerated />
global using global::System;
global using global::System.Collections.Generic;
global using global::System.IO;
global using global::System.Linq;
global using global::System.Net.Http;
global using global::System.Threading;
global using global::System.Threading.Tasks;
```

第 2 章将详细解释这个特性。现在请注意.NET 5 和.NET 6 之间的一个重大变化是，许多项目模板(如控制台应用程序的模板)使用新的语言特性来隐藏实际发生的事情。

(3) 在 Solution Explorer 中，单击 Show All Files 按钮隐藏 bin 和 obj 文件夹。

第 2 章将详细解释隐式导入特性。现在请注意.NET 5 和.NET 6 之间的一个重大变化：许多项目模板(如控制台应用程序的模板)使用新的 SDK 和语言特性来隐藏实际发生的事情。

2. 通过抛出异常显示隐藏的代码

现在来看看隐藏的代码是如何写入的：

(1) 在 Program.cs 中输出消息的语句之后，添加一条语句来抛出一个异常，如下面的代码所示：

```
throw new Exception();
```

(2) 在 Visual Studio 中，导航到 Debug | Start Without Debugging(不要在调试模式下启动项目，否则异常会被调试器捕获)。

(3) 控制台窗口的输出将显示运行程序的结果，可以看到编译器定义了一个隐藏的 Program 类，其中包含一个名为<Main>$的方法，它有一个名为 args 的参数，用于传入实参，如图 1.7 所示。

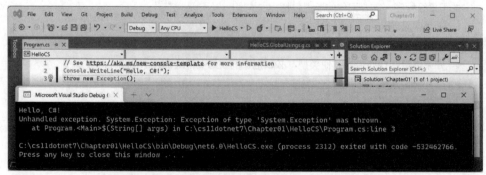

图 1.7 通过抛出异常来揭示隐藏的 Program.<Main>$方法

(4) 按任意键关闭控制台应用的窗口，返回到 Visual Studio。

1.3.5　使用 Visual Studio 2022 添加第二个项目

在解决方案中添加第二个项目，探索如何管理多个项目。

(1) 在 Visual Studio 中，导航到 File | Add | New Project。

(2) 在 Add a new project 对话框，在 Recent project templates 中选择 Console Application [C#]，然后单击 Next 按钮。

(3) 在 Configure your new project 对话框中，输入项目名称 AboutMyEnvironment，保留位置为 C:\cs11dotnet7\Chapter01，然后单击 Next 按钮。

(4) 在 Additional information 对话框中，选择.NET 6.0 或.NET 7.0，然后单击 Create 按钮。

(5) 在 AboutMyEnvironment 项目中，修改 Program.cs 文件中的语句，输出当前目录以及操作系统的版本，如下面突出显示的代码所示：

```
// See https://aka.ms/new-console-template for more information
Console.WriteLine(Environment.CurrentDirectory);
Console.WriteLine(Environment.OSVersion.VersionString);
```

(6) 在 Solution Explorer 中，右击 Chapter01 解决方案，选择 Set Startup Projects…，设置 Current selection，然后单击 OK。

(7) 在 Solution Explorer 中，单击 AboutMyEnvironment 项目(或该项目中的任意文件或文件夹)，注意 Visual Studio 会以粗体显示项目名称，指出 AboutMyEnvironment 现在是启动项目。

(8) 导航到 Debug | Start Without Debugging，运行 AboutMyEnvironment 项目，并注意结果，如图 1.8 所示。

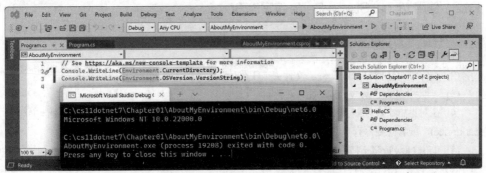

图 1.8　在 Windows 11 上，在包含两个项目的 Visual Studio 解决方案中运行一个顶级程序

更多信息：

Windows 11 只是一种品牌宣传。它的正式主版本号仍然是 10! 但是，它的补丁版本是 22000 或更高版本。

(9) 按任意键关闭控制台应用的窗口，返回到 Visual Studio。

> **注意：**
> 当使用 Visual Studio 2022 for Windows 运行控制台应用程序时，会从 <projectname>\bin\Debug\net7.0 或 net6.0 文件夹中执行该应用。在后续章节中使用文件系统时，记住这一点很重要。当使用 Visual Studio Code 时，或者更准确地说，使用 dotnet CLI 时，行为是不同的，后面将介绍这一点。

1.4 使用 Visual Studio Code 构建控制台应用程序

本节的目标是展示如何使用 Visual Studio Code 和 dotnet 命令行(CLI)构建控制台应用程序。

如果不想尝试 Visual Studio Code 或.NET Interactive Notebooks，那么请随意跳过此节和下一节，然后继续 1.1.3 节。

本节中的指令和屏幕截图都是针对 Windows 的，但是相同的操作也适用于 macOS 和 Linux 发行版的 Visual Studio Code。

主要区别在于本机命令行操作，比如在 Windows、macOS 和 Linux 上，删除文件时使用的命令和路径就可能不同。幸运的是，dotnet 命令行工具在所有平台上都是相同的。

1.4.1 使用 Visual Studio Code 管理多个项目

Visual Studio Code 有一个名为工作区的概念，允许同时打开和管理多个项目。我们将使用工作区来管理本章创建的两个项目。

1.4.2 使用 Visual Studio Code 编写代码

下面开始编写代码吧!

(1) 启动 Visual Studio Code。

(2) 确保没有任何打开的文件、文件夹或工作区。

(3) 导航到 File | Save Workspace As....

(4) 在对话框中，导航到 Windows 上的 C:驱动器，macOS 上的用户文件夹(我的文件夹名为 markjprice)，或者想要保存项目的任何目录或驱动器。

(5) 单击 New Folder 按钮，并将文件夹命名为 cs11dotnet7(如果你完成了 Visual Studio 2022 的部分，那么该文件夹已经存在)。

(6) 在 cs11dotnet7 文件夹中，创建一个名为 Chapter01-vscode 的新文件夹。

(7) 在 Chapter01-vscode 文件夹中，将工作区保存为 Chapter01.code-workspace。

(8) 导航到 File | Add Folder to Workspace…或单击 Add Folder 按钮。

(9) 在 Chapter01-vscode 文件夹中，创建一个名为 HelloCS 的新文件夹。

(10) 选择 HelloCS 文件夹并单击 Add 按钮。

(11) 看到对话框询问是否信任这个文件夹中的文件的作者时，单击 Yes 按钮，如图 1.9 所示。

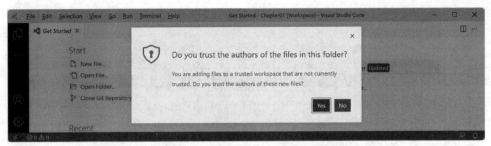

图 1.9 在 Visual Studio Code 中信任文件夹

(12) 在菜单栏中，注意指出了 Restricted Mode 的蓝色条，在这里单击 Manage 按钮。

(13) 在 Workspace Trust 选项卡中，单击 Trust 按钮，如图 1.10 所示。

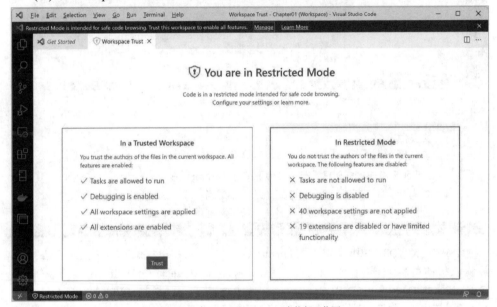

图 1.10 在 Visual Studio Code 中信任工作区

> **注意：**
> 在将来使用 Visual Studio Code 时，如果某个功能看起来有问题，可能是因为你的工作区或文件夹处于受限模式。可以在 Workspace Trust 窗口中向下滚动，手动管理你当前信任哪些文件夹或工作区。

(14) 关闭 Workspace Trust 选项卡。

(15) 导航到 View | Terminal。

(16) 在 TERMINAL 中，确保位于 HelloCS 文件夹中，然后使用 dotnet 命令行工具创建一个新的控制台应用程序，如下所示：

```
dotnet new console
```

注意：
dotnet new console 命令默认情况下针对的是最新版本的 .NET SDK。要针对一个不同的版本，可以使用 -f 开关指定目标框架，如下面的命令指定了目标框架为 .NET 6.0：

```
dotnet new console -f net6.0
```

(17) dotnet 命令行工具在当前文件夹中创建了一个新的 Console App 项目，并且 EXPLORER 窗口显示了创建的两个文件 HelloCS.csproj 和 Program.cs，以及 obj 文件夹，如图 1.11 所示。

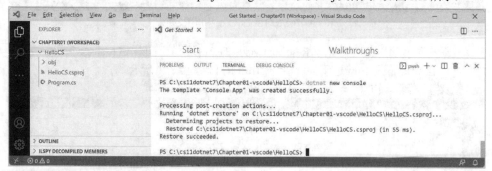

图 1.11　EXPLORER 窗口将显示已创建了两个文件和一个文件夹

更多信息：
默认情况下，项目的名称将匹配文件夹的名称。前面的 dotnet new console 命令在 HelloCS 文件夹中创建了一个名为 HelloCS.csproj 的项目文件。如果你想同时创建文件夹和项目，可以使用 -o 开关。例如，如果你在 Chapter01-vscode 文件夹中，想要创建一个名为 HelloCS 的子文件夹和项目，可以输入下面的命令：

```
dotnet new console -o HelloCS
```

(18) 在 EXPLORER 中，单击名为 Program.cs 的文件，在编辑器窗口中打开它。起初，如果安装 C# 扩展时没有这样做，或者它们需要更新，那么 Visual Studio Code 可能不得不下载并安装 C# 依赖项，如 OmniSharp、.NET Core Debugger 和 Razor Language Server。Visual Studio Code 将在 Output 窗口中显示进度，最终显示消息 Finished，如下所示：

```
Installing C# dependencies...
Platform: win32, x86_64
Downloading package 'OmniSharp for Windows (.NET 4.6 / x64)' (36150
KB).................. Done!
Validating download...
Integrity Check succeeded.
Installing package 'OmniSharp for Windows (.NET 4.6 / x64)'
Downloading package '.NET Core Debugger (Windows / x64)' (45048
KB).................. Done!
Validating download...
Integrity Check succeeded.
Installing package '.NET Core Debugger (Windows / x64)'
Downloading package 'Razor Language Server (Windows / x64)' (52344
KB).................. Done!
Installing package 'Razor Language Server (Windows / x64)'
Finished
```

　　上述输出来自 Windows 上的 Visual Studio Code。在 macOS 或 Linux 上运行时，输出略有不同，但将下载和安装对应操作系统的等效组件。

　　(19) 名为 obj 和 bin 的文件夹将被创建，若看到一个通知指出需要的资产(asset)不见了，则单击 Yes 按钮，如图 1.12 所示。

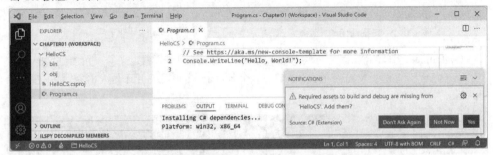

图 1.12　警告消息指出需要添加所需的构建和调试资产

　　如果通知在你与之交互之前就消失了，那么可以单击状态栏右下角的铃声图标，再次显示它。

　　(20) 几秒钟后，创建另一个名为.vscode 的文件夹，其中包含一些文件，Visual Studio Code 使用这些文件来提供调试期间的智能感知功能，详见第 4 章。

　　(21) 在 Program.cs 中，修改第 2 行，以便写入控制台的文本是 Hello, C#!

最佳实践：
导航到 File | Auto Save，从而省去每次重新构建应用程序之前都要保存的麻烦。

1.4.3　使用 dotnet CLI 编译和运行代码

　　下一个任务是编译和运行代码。

　　(1) 导航到 View | Terminal 并输入以下命令：

```
dotnet run
```

　　(2) TERMINAL 窗口中的输出将显示运行应用程序的结果，如图 1.13 所示。

图 1.13　运行第一个控制台应用程序的输出

　　(3) 在 Program.cs 中输出消息的语句的后面，添加一条语句抛出一个异常，如下面的代码所示：

```
throw new Exception();
```

(4) 导航到 View | Terminal，输入下面的命令：

```
dotnet run
```

 注意：
在 TERMINAL 中，可以按上下方向键遍历之前执行的命令，按左右方向键编辑命令，最后按 Enter 键运行命令。

(5) Terminal 窗口的输出将显示运行程序的结果，可以看到编译器定义了一个隐藏的 Program 类，其中包含一个名为<Main>$的方法，它有一个名为 args 的参数，用于传入实参，如下面的输出所示：

```
Hello, C#!
    at Program.<Main>$(String[] args) in C:\cs11dotnet7\Chapter01-vscode\
HelloCS\Program.cs:line 3
```

1.4.4　使用 Visual Studio Code 添加第二个项目

在工作区中添加第二个项目，以探索如何管理多个项目。

(1) 在 Visual Studio Code 中，导航到 File | Add Folder to Workspace...。

(2) 在 Chapter01-vscode 文件夹中，使用 New Folder 按钮创建一个名为 AboutMyEnvironment 的新文件夹，选择它，然后单击 Add 按钮。

(3) 当被询问是否信任文件夹时，单击 Yes 按钮。

(4) 导航到 Terminal | New Terminal，在显示的下拉列表中，选择 AboutMyEnvironment。或者，在 EXPLORER 中，右击 AboutMyEnvironment 文件夹，然后选择 Open in Integrated Terminal。

(5) 在 TERMINAL 中，确认位于 AboutMyEnvironment 文件夹，然后输入命令创建一个新的控制台应用程序，如下所示：

```
dotnet new console
```

 最佳实践：
在 TERMINAL 中输入命令时要小心。在输入可能具有破坏性的命令之前，请保处于正确的文件夹中！这就是在发出创建新控制台应用程序的命令之前为 AboutMyEnvironment 创建一个新终端的原因。

(6) 导航到 View | Command Palette。

(7) 输入 omni，然后在出现的下拉列表中选择 OmniSharp: Select Project。

(8) 在两个项目的下拉列表中，选择 AboutMyEnvironment 项目，当出现提示时，单击 Yes 按钮添加需要调试的资产。

 最佳实践：
为了启用调试和其他有用的功能，如代码格式化和 Go To Definition，必须告诉 OmniSharp，你正在 Visual Studio Code 中开发哪个项目。可通过单击状态栏左侧火焰图标右边的项目/文件夹快速切换活动项目。

(9) 在 EXPLORER 的 AboutMyEnvironment 文件夹中，选择 Program.cs，然后更改现有语句

以输出当前目录和操作系统版本字符串，代码如下所示：

```
Console.WriteLine(Environment.CurrentDirectory);
Console.WriteLine(Environment.OSVersion.VersionString);
```

(10) 在 TERMINAL 中输入命令运行程序，如下所示：

```
dotnet run
```

(11) 注意 TERMINAL 窗口的输出，如图 1.14 所示。

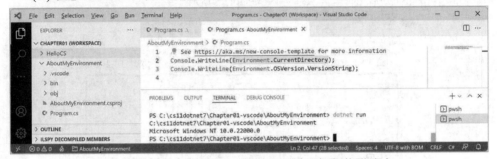

图 1.14　在 Visual Studio Code 工作区中运行带有两个项目的顶级程序

> **注意：**
> 当使用 Visual Studio Code 运行控制台应用程序时，或者更准确地说，使用 dotnet 命令行来运行时，会从<projectname>文件夹中执行该应用程序。当使用 Visual Studio 2022 for Windows 时，会从<projectname>\bin\Debug\net7.0 或 net6.0 文件夹中执行该应用程序。在后面的章节中使用文件系统时，记住这一点很重要。

如果在 macOS Big Sur 上运行这个程序，环境操作系统会有所不同，如下所示：

```
Unix 11.2.3
```

1.5　使用.NET Interactive Notebook 探索代码

这是本章的一个附加小节，可以在线阅读，网址为 https://github.com/markjprice/cs11dotnet7/blob/main/docs/bonus/notebooks.md。

为本书中的代码使用.NET Interactive Notebook

后面的章节中不会给出使用 Notebook 的明确说明，但本书的 GitHub 存储库在适当的时候提供了解决方案 Notebook。我猜想很多读者想要为第 1~11 章介绍的语言和库功能运行预先创建的 Notebook，他们想要看到实际操作，而不需要编写完整的应用程序：

https://github.com/markjprice/cs11dotnet7/tree/main/notebooks

1.6　检查项目的文件夹和文件

本章创建了两个项目：HelloCS 和 AboutMyEnvironment。

Visual Studio Code 使用工作区文件管理多个项目。Visual Studio 2022 使用解决方案文件管理多个项目。你可能还创建了一个.NET Interactive Notebook。

创建完项目后，将得到一个文件夹结构和一些文件，后续章节中的项目将具有相似的文件夹结构和文件，只不过项目的数量不只是两个，如图 1.15 所示。

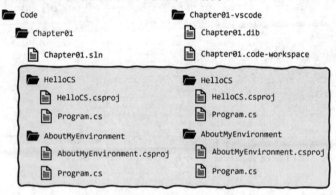

图 1.15　本章中两个项目的文件夹结构和文件

1.6.1　了解常见的文件夹和文件

尽管.code-workspace 和 .sln 文件是不同的，但项目文件夹和文件(如 HelloCS 和 AboutMyEnvironment)对于 Visual Studio 2022 和 Visual Studio Code 是相同的。这意味着如果愿意，可以混合使用这两种代码编辑器。

- 在 Visual Studio 2022 中，打开解决方案，导航到 File | Add Existing Project...，添加由另一个工具创建的项目文件。
- 在 Visual Studio Code 中，打开工作区，导航到 File | Add Folder to Workspace...，添加由另一个工具创建的项目文件夹。

> **最佳实践：**
> 虽然源代码是相同的，如.csproj 和.cs 文件，但 bin 和 obj 文件夹是由编译器自动生成的。文件版本可能不匹配，这就会出错。如果想在 Visual Studio 2022 和 Visual Studio Code 中打开相同的项目，则可以删除临时的 bin 和 obj 文件夹，然后在另一个代码编辑器中打开项目。这是在本章的解决方案中为 Visual Studio Code 创建另一个文件夹的原因。

1.6.2　理解 GitHub 中的解决方案代码

本书的 GitHub 存储库中的解决方案代码包括 Visual Studio Code、Visual Studio 2022 和.NET Interactive Notebook 文件的单独文件夹。

- Visual Studio 2022 解决方案：https://github.com/markjprice/cs11dotnet7/tree/main/vs4win

- Visual Studio Code 解决方案：https://github.com/markjprice/cs11dotnet7/tree/main/vscode
- .NET Interactive Notebook 解决方案：https://github.com/markjprice/cs11dotnet7/tree/main/notebooks

最佳实践：

可随时温习本章内容，回顾如何在所选的代码编辑器中创建和管理多个项目。GitHub
存储库提供了 4 种代码编辑器(Visual Studio 2022 for Windows、Visual Studio Code、
Visual Studio 2022 for Mac 和 JetBrains Rider)的步骤说明，以及附加的截图：
https://github.com/markjprice/cs11dotnet7/blob/main/docs/code-editors/。

1.7　充分利用本书的 GitHub 存储库

Git 是一种常用的源代码管理系统。GitHub 是一个公司、网站和桌面应用程序，它使 Git 管
理更容易。微软在 2018 年收购了 GitHub，所以它将继续与微软的工具进行更紧密的整合。

我为本书创建了一个 GitHub 库，用它来做以下事情。

- 保存图书的解决方案代码，可在出版后进行维护。
- 提供额外的材料来扩展本书，比如勘误表的修正、微小的改进、有用的链接列表，以及纸
  质书中无法容纳的较长文章。
- 如果读者有关于本书的问题，可通过这个存储库与我联系。

1.7.1　对本书提出问题

如果困惑于本书的任何说明，或者发现正文或者解决方案中存在代码错误，请在 GitHub 存储
库中提出问题。

(1) 使用喜欢的浏览器导航到以下链接：https://github.com/markjprice/cs11dotnet7/issues。

(2) 单击 New Issue。

(3) 输入尽可能多的细节，以帮助诊断问题。例如：

- 对于图中的错误，请提供页码和小节标题。
- 操作系统，如 Windows 11(64 位)或 macOS Big Sur 11.2.3 版本。
- 硬件，如英特尔、Apple Silicon 或 ARM CPU。
- 代码编辑器，如 Visual Studio 2022、Visual Studio Code 等，包括版本号在内。
- 相关的、必要的、尽可能详明的代码和配置。
- 描述预期行为和所经历的行为。
- 截图(可以把图片文件拖放到问题输入框中)。

我不能总是立即对问题给出答复。但我希望所有读者都能通过本书获得成功，所以我很乐意
在力所能及的范围内帮助读者。

1.7.2　反馈

如果你想为我提供关于本书的更加一般性的反馈，可以向我发邮件。另外，GitHub 存储库中
的 README.md 页面上有一些调查的链接。你可以匿名提供反馈。如果想得到回复，可以提供一
个电子邮件地址；我只会用这个邮箱地址进行回复。

我喜欢听读者说他们喜欢本书的哪些内容，关于改进的建议，以及他们是如何使用 C#和.NET 的。不要害羞，请联系我!

提前感谢你的深思熟虑和建设性反馈意见。

1.7.3 从 GitHub 存储库下载解决方案代码

我使用 GitHub 存储各个章节中实用的、详细的编码示例和章末练习的解决方案。你将在以下链接中找到该存储库：https://github.com/markjprice/cs11dotnet7。

建议将前面的链接添加到书签中。

如果想在不使用 Git 的情况下下载所有解决方案文件，请单击 Code 按钮，然后选择 Download ZIP，如图 1.16 所示。

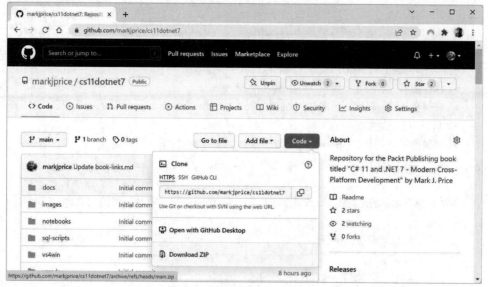

图 1.16　将存储库下载为 ZIP 文件

最佳实践：
最好将代码解决方案克隆或下载到一个短的文件夹路径中，如 C:\cs11dotnet7\或 C:\book\，以避免构建过程生成的文件超出最大路径长度。还应该避免特殊字符(如 #)，例如，不要使用 C:\C# projects\。对于简单的控制台应用项目，这个文件夹名称可能不会造成问题，但一旦你开始添加自动生成代码的功能，就可能遇到奇怪的问题。应该让文件夹的名称保持简短。

1.7.4 在 Visual Studio Code 和命令行中使用 Git

Visual Studio Code 支持 Git，但需要使用操作系统的 Git 安装，所以必须先安装 Git 2.0 或更新版本。

可通过以下链接安装 Git：https://git-scm.com/download。

如果喜欢使用图形用户界面，可从以下链接下载 GitHub Desktop：https://desktop.github.com。

更多信息：
并不需要使用 Git，或者了解关于 Git 的任何信息，就可以获得本书的解决方案代码。
通过访问下面的链接，可直接下载一个 ZIP 压缩文件，然后将其解压到本地文件系
统中：https://github.com/markjprice/cs11dotnet7/archive/refs/heads/main.zip。

克隆本书解决方案代码存储库

下面克隆本书解决方案代码存储库。在接下来的步骤中，将使用 Visual Studio Code 终端，但
也可在任何命令提示符或终端窗口中输入命令。

(1) 在用户文件夹或 Documents 文件夹中创建名为 Repos-vscode 的文件夹，也可在希望存储
Git 存储库的任何地方创建该文件夹。

(2) 在 Visual Studio Code 中打开 Repos-vscode 文件夹。

(3) 导航到 View | Terminal，输入以下命令：

```
git clone https://github.com/markjprice/cs11dotnet7.git
```

注意：
备份各个章节的所有解决方案需要一分钟左右的时间，所以请耐心等待。

1.8　寻求帮助

本节主要讨论如何在网络上查找关于编程的高质量信息。

1.8.1　阅读微软文档

关于微软开发工具和平台帮助的权威资源是 Microsoft Docs，参见 https://docs.microsoft.com/。

1.8.2　获取关于 dotnet 工具的帮助

在命令行，可以向 dotnet 工具请求有关 dotnet 命令的帮助。

(1) 要在浏览器窗口中打开 dotnet new 命令的官方文档，请在命令行或 Visual Studio Code 终
端输入以下命令：

```
dotnet help new
```

(2) 要在命令行中获得帮助输出，可使用-h 或--help 标志，命令如下所示。

```
dotnet new console -h
```

(3) 部分输出如下：

```
Console App (C#)
Author: Microsoft
Description: A project for creating a command-line application that can
run on .NET Core on Windows, Linux and macOS
Options:
  -f|--framework. The target framework for the project.
```

```
                net7.0          - Target net7.0
                net6.0          - Target net6.0
                net5.0          - Target net5.0
                netcoreapp3.1. - Target netcoreapp3.1
             Default: net7.0
   --langVersion   Sets langVersion in the created project file
             text - Optional

   --no-restore If specified, skips the automatic restore of the
project on create.
             bool - Optional
             Default: false

To see help for other template languages (F#, VB), use --language option:
   dotnet new console -h --language F#
```

1.8.3　获取类型及其成员的定义

代码编辑器最有用的特性之一是 Go To Definition。它在 Visual Studio Code 和 Visual Studio 2022 中可用。它将通过读取已编译程序集中的元数据，或者从源链接加载元数据，以显示类型或成员的公共定义。

有些工具(如.NET 反编译工具 ILSpy)甚至可将元数据和 IL 代码反向工程化为 C#或另一种语言。

下面看看如何使用 Go To Definition 特性:

(1) 在 Visual Studio 2022 或 Visual Studio Code 中打开 Chapter01 解决方案/工作区。

(2) 打开 HelloCS 项目，在 Program.cs 的底部输入以下语句，声明一个名为 z 的整型变量:

```
int z;
```

(3) 单击 int 内部，右击并从弹出的菜单中选择 Go To Definition。

(4) 在新出现的代码窗口中，可以看到 int 数据类型是如何定义的，如图 1.17 所示。

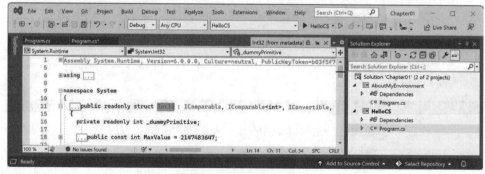

图 1.17　int 数据类型的元数据

可以看到，int 数据类型具有以下特点:

- 是用 struct 关键字定义的
- 在 System.Runtime 程序集中
- 在 System 名称空间中

- 被命名为 Int32
- 是 System.Int32 的别名
- 实现了 IComparable 等接口
- 最大值和最小值为常数
- 拥有 Parse 等方法

最佳实践:

当尝试在 Visual Studio Code 中使用 Go To Definition 特性时,有时会看到错误消息,指出没有找到定义。这是因为 C#扩展不知道当前项目。要修正这个错误,可导航到 View | Command Palette,输入 Omni 并选择 Omni Sharp: Select Project,然后选择要使用的正确项目。

现在,Go To Definition 特性似乎不是很有用,因为你还不知道这些术语的含义。

等到阅读完本书的第一部分(包括第 2~6 章),你就会对这个特性有足够的了解,使用它时也会变得非常顺手。

(5) 在代码编辑器窗口中,向下滚动,找到带单个 string 参数的 Parse 方法,如下面的代码所示:

```
public static int Parse(string s)
```

(6) 展开代码,查看描述这个方法的注释,如图 1.18 所示。

更多信息:

图 1.23 显示了从包含注释的元数据生成的代码。Visual Studio 2022 也可能显示来自不包含注释的源链接的代码。

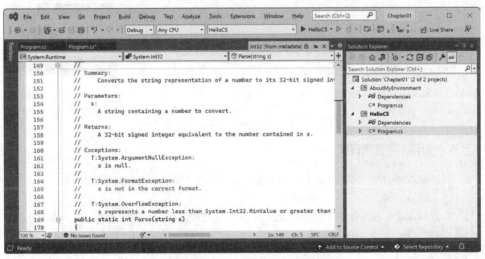

图1.18 带单个 string 参数的 Parse 方法的注释

在注释中,微软记录了以下内容:
- 描述方法的摘要。

- 参数，比如可以传递给方法的 string 值。
- 方法的返回值，包括它的数据类型。
- 如果调用这个方法，可能会发生三个异常，包括 ArgumentNullException、FormatException 和 OverflowException。现在，我们知道了可以在 try 语句中封装对这个方法的调用，并且知道了要捕获哪些异常。

你可能已经迫不及待地想要了解这一切意味着什么!

再忍耐一会儿。本章差不多结束了，第 2 章将深入介绍 C#语言的细节。下面我们再看看还可从哪里寻求帮助。

1.8.4 在 Stack Overflow 上寻找答案

Stack Overflow 是最受欢迎的第三方网站，可以在上面找到编程难题的答案。Stack Overflow 非常受欢迎，像 DuckDuckGo 这样的搜索引擎提供了一种特殊的方式来编写搜索该网站的查询。具体执行步骤如下。

(1) 启动喜欢的 Web 浏览器。

(2) 进入 DuckDuckGo.com，输入以下查询，并注意搜索结果，如图 1.19 所示。

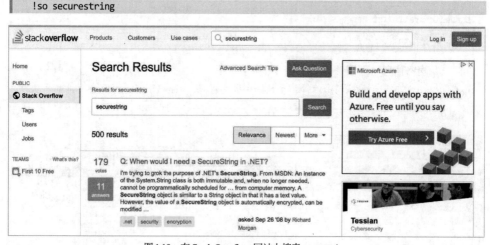

图 1.19 在 Stack Overflow 网站上搜索 securestring

1.8.5 使用谷歌搜索答案

可使用谷歌提供的高级搜索选项，以增大找到答案的可能性。具体执行步骤如下。

(1) 导航到谷歌。

(2) 使用简单的谷歌查询搜索关于 garbage collection(垃圾回收)的信息。请注意，你可能会先看到一堆与本地区垃圾回收服务相关的广告，然后才能看到维基百科针对垃圾回收在计算机科学领域的定义。

(3) 可通过将搜索结果限制在有用的站点(如 Stack Overflow)、删除我们可能不关心的语言(如 C++、Rust 和 Python)或显式地添加 C#和.NET 来改进搜索功能，如下所示:

```
garbage collection site:stackoverflow.com +C# -Java
```

1.8.6　订阅官方的.NET 博客

要跟上.NET 的最新动态，值得订阅的优秀博客就是.NET 工程团队编写的官方.NET 博客，网址为 https://devblogs.microsoft.com/dotnet/。

1.8.7　观看 Scott Hanselman 的视频

来自微软的 Scott Hanselman 在 YouTube 上有一个很好的频道，网址为 http://computerstufftheydidntteachyou.com/。

我建议每个从事计算机工作的人关注这个频道。

1.8.8　本书的配套图书

我撰写了另外一本图书，帮助你在学习旅途中继续前行，所以可以把它作为本书的配套图书。

本书针对 Web 开发，介绍了 C#、.NET 和 ASP.NET Core 的基础知识。第二本书介绍了更加具体的主题，如在关系数据库和云数据库中管理数据，以及使用 Minimal API、OData、GraphQL、gRPC、SignalR 和 Azure Functions 构建服务。你将学习如何使用 ASP.NET Core、Blazor 和.NET MAUI 为网站、桌面应用和移动应用构建图形用户界面，如图 1.20 所示。

1. C#语言，包括新的 C# 11 特性、面向对象编程以及调试和单元测试

2. .NET 库，包括数字、文本和集合，文件 I/O，以及使用 EF Core 7 处理数据

3. 使用 ASP.NET Core 7 和 Blazor 开发网站和 Web 服务

1. 介绍更多的.NET 库，如国际化、多任务和安全性

2. 使用 SQL Server 和 Azure Cosmos DB 介绍更多关于数据的知识

3. 使用 Minimal Web API、OData、GraphQL、gRPC、SignalR 和 Azure Functions 介绍更多关于服务的知识

4. 使用 ASP.NET Core MVC、Razor、Blazor 和.NET MAUI 介绍更多关于图形用户界面的知识

基础知识　　　　　　　　　　　　　　　　　　　　实际应用

图 1.20　学习 C#和.NET 的配套图书

第一本书最好按顺序逐章阅读，因为它介绍基础知识，打造基本技能。

第二本书可以像阅读食谱那样阅读，所以如果你对构建 gRPC 服务特别感兴趣，可以先阅读该章。但第 2 章(介绍了 SQL Server)是一个例外，因为该章的一个编码任务介绍了如何在其他多个章节使用的类库中创建一个 EF Core 模型。

要查看我在 Packt 出版的所有图书的列表，可以访问下面的链接：

https://subscription.packtpub.com/search?query=mark+j.+price

Amazon 上也有类似的列表，当然你也可以在其他图书网站上搜索我的图书：

https://www.amazon.com/Mark-J-Price/e/B071DW3QGN/

1.9　实践和探索

现在尝试回答一些问题，从而测试自己对知识的理解程度，获得一些实际操作经验，并对本

章涉及的主题进行更深入的研究。

1.9.1 练习 1.1：测试你掌握的知识

试着回答以下问题，记住，虽然大多数答案可在本章中找到，但你需要进行一些在线研究或编写一些代码来回答其他问题：

(1) Visual Studio 2022 比 Visual Studio Code 更好吗？

(2) .NET 5 和更新版本比.NET Framework 更好吗？

(3) .NET Standard 是什么？为什么它很重要？

(4) 为什么程序员可使用不同的语言(如 C#和 F#)编写运行在.NET 上的应用程序？

(5) 什么是顶级程序?如何访问命令行参数？

(6) .NET 控制台应用程序的入口点方法是什么？如果你没有使用顶级程序特性，应该如何显式地声明它？

(7) 在编译和执行 C#源代码时，应在命令行输入什么？

(8) 使用.NET Interactive Notebook 编写 C#代码有什么好处？

(9) 可在哪里寻找关于 C#关键字的帮助？

(10) 可在哪里寻找常见编程问题的解决方案？

> **提示：**
> 可从 GitHub 存储库的 README 文件中的链接下载附录 A(英文版)：
> https://github.com/markjprice/cs11dotnet7。

1.9.2 练习 1.2：使用浏览器在任何地方练习 C#

不需要下载并安装 Visual Studio Code，甚至不需要 Visual Studio 2022 for Windows 或 Visual Studio 2022 for Mac 就可以编写 C#代码。可以在以下任何链接开始在线编码：

- Visual Studio Code for Web：https://vscode.dev/
- SharpLab：https://sharplab.io/
- C# Online Compiler | .NET Fiddle：https://dotnetfiddle.net/
- W3Schools C# Online Compiler：https://www.w3schools.com/cs/cs_compiler.php

1.9.3 练习 1.3：探索主题

撰写一本书是一段精心策划的历程。笔者试图在印刷书中找到适当的主题平衡。我所写的其他内容可以在本书的 GitHub 存储库中找到。

相信本书涵盖了 C#和.NET 开发人员应该拥有或知道的所有基本知识和技能。一些较长的例子可在微软文档或第三方作者的文章中找到，本书提供了相关的链接。

请通过以下网页了解本章所涵盖主题的更多详情：

https://github.com/markjprice/cs11dotnet7/blob/main/book-links.md#chapter-1---helloc-welcome-net

1.9.4　练习 1.4：探索现代.NET 的主题

微软使用 Blazor 创建了一个网站，显示了现代.NET 的主要主题：https://themesof.net/。

1.10　本章小结

本章主要内容：
- 设置了开发环境。
- 讨论了现代.NET、.NET Core、.NET Framework、Xamarin 和.NET Standard 之间的异同。
- 使用带.NET SDK 的 Visual Studio 2022 for Windows 和 Visual Studio Code，在解决方案或工作区中创建了一些简单的控制台应用程序。
- 使用.NET Interactive Notebook 执行代码段。
- 学习如何从 GitHub 存储库下载本书的解决方案代码。
- 最重要的是，学会了如何寻求帮助。

第 2 章将学习 C#。

第2章

C#编程基础

本章主要介绍 C#编程语言的基础知识。你将学习如何使用 C#语法编写语句，还将了解一些几乎每天都会用到的常用词汇。除此之外，到本章结束时，你将对在计算机内存中临时存储和处理信息充满信心。

本章涵盖以下主题：

- 介绍 C#
- 理解 C#语法和词汇
- 使用变量
- 进一步探索控制台应用程序
- 理解 async 和 await

2.1 介绍 C#

本书的这一部分是关于 C#语言的——每天用来编写应用程序源代码的语法和词汇。

编程语言与人类语言有很多相似之处，但有一点除外：在编程语言中，可以自己创建单词！

在 Seuss 博士于 1950 年撰写的 *If I Ran the Zoo*(《若我管理动物园》)一书中，他写道：

然后，为了让他们看看，我要前往 Kar-Troo，带回一个 It-Kutch、一个 Preep、一个 Proo、一个 Nerkle、一个 Nerd，还有一个 Seersucker!

2.1.1 理解语言版本和特性

本书的这一部分主要是为初学者编写的，因此涵盖了所有开发人员都需要知道的基本主题，从声明变量到存储数据，再到如何自定义数据类型。

本节涵盖 C#语言从版本 1 到最新版本 11 的所有特性。

如果你对较旧版本的 C#有些熟悉，并且有兴趣了解最新版本的新特性，下面列出了该语言的版本及其重要的新特性，以及可以了解它们的章节编号和主题标题，以方便你阅读。

1. 项目 COOL

在 C#首次发布前，其代号为 COOL(类似 C 的面向对象语言)。

2. C# 1

C# 1 于 2002 年 2 月发布，其中包含静态类型的面向对象现代编程语言的所有重要特性，本书第 2~6 章将介绍这些特性。

3. C# 1.2

C# 1.2 与 Visual Studio .NET 2003 一起发布，其中包含一些小的改进，如 foreach 语句末尾的自动处理功能。

4. C# 2

C# 2 于 2005 年发布，其重点是使用泛型实现强数据类型，以提高代码的性能、减少类型错误，其中包含的主题如表 2.1 所示。

表 2.1　C# 2 中包含的主题

特性	涉及的章节	主题
可空的值类型	第 6 章	使值类型为空
泛型	第 6 章	通过泛型使类型的可重用性更好

5. C# 3

C# 3 于 2007 年发布，其重点是使用 LINQ(Language Integrated Queries)、匿名类型和 lambda 表达式等相关特性支持声明式编程，其中包含的主题如表 2.2 所示。

表 2.2　C# 3 中包含的主题

特性	涉及的章节	主题
隐式类型的局部变量	第 2 章	推断局部变量的类型
LINQ	第 11 章	所有的主题详见第 11 章

6. C# 4

C# 4 于 2010 年发布，其重点是利用 F#和 Python 等动态语言改进互操作性，其中包含的主题如表 2.3 所示。

表 2.3　C# 4 中包含的主题

特性	涉及的章节	主题
动态类型	第 2 章	存储动态类型
命名/可选参数	第 5 章	可选参数和命名参数

7. C# 5

C# 5 于 2012 年发布，其重点是简化异步操作支持，从而在编写类似于同步语句的语句时自动实现复杂的状态机，其中包含的主题如表 2.4 所示。

表 2.4　C# 5 中包含的主题

特性	涉及的章节	主题
简化的异步任务	第 2 章	理解 async 和 await

8. C# 6

C# 6 于 2015 年发布，专注于对 C# 语言的细微改进，其中包含的主题如表 2.5 所示。

表 2.5　C# 6 中包含的主题

特性	涉及的章节	主题
静态导入	第 2 章	简化了控制台的使用
内插字符串	第 2 章	向用户显示输出
表达式体成员	第 5 章	定义只读属性

9. C# 7.0

C# 7.0 于 2017 年 3 月发布，其重点是添加了功能语言特性，如元组和模式匹配，以及对语言的细微改进，其中包含的主题如表 2.6 所示。

表 2.6　C# 7.0 中包含的主题

特性	涉及的章节	主题
二进制字面值和数字分隔符	第 2 章	存储整数
模式匹配	第 3 章	利用 if 语句进行模式匹配
out 变量	第 5 章	控制参数的传递方式
元组	第 5 章	将多个值与元组组合在一起
局部函数	第 6 章	定义局部函数

10. C# 7.1

C# 7.1 于 2017 年 8 月发布，其重点是对 C# 语言做了细微改进，其中包含的主题如表 2.7 所示。

表 2.7　C# 7.1 中包含的主题

特性	涉及的章节	主题
async Main	第 2 章	改进对控制台应用程序的响应
默认字面值表达式	第 5 章	使用默认字面值设置字段
推断元组元素的名称	第 5 章	推断元组名称

11. C# 7.2

C# 7.2 于 2017 年 11 月发布，其重点是对 C# 语言做了细微改进，其中包含的主题如表 2.8 所示。

表 2.8　C# 7.2 中包含的主题

特性	涉及的章节	主题
数字字面值中的前导下画线	第 2 章	存储整数
非尾随命名参数	第 5 章	可选参数和命名参数
private protected 访问修饰符	第 5 章	理解访问修饰符
可以使用元组类型测试==和!=	第 5 章	比较元组

12. C# 7.3

C# 7.3 于 2018 年 5 月发布，主要关注以性能为导向的安全代码，并且改进了 ref 变量、指针和 stackalloc。这些都是高级功能，大多数开发人员都很少使用，因此本书不涉及它们。

13. C# 8

C# 8 于 2019 年 9 月发布，主要关注 C#中与空处理相关的重大变化，其中包含的主题如表 2.9 所示。

表 2.9　C# 8 中包含的主题

特性	涉及的章节	主题
switch 表达式	第 3 章	使用 switch 表达式简化 switch 语句
可空引用类型	第 6 章	使引用类型可空
默认的接口方法	第 6 章	了解默认的接口方法

14. C# 9

C# 9 于 2020 年 11 月发布，关注记录类型、模式匹配的细化以及极简代码(Minimal-Code)控制台应用程序，其中包含的主题如表 2.10 所示。

表 2.10　C# 9 中包含的主题

特性	涉及的章节	主题
极简代码控制台应用程序	第 1 章	顶级程序
Target-typed new	第 2 章	使用 Target-typed new 实例化对象
改进的模式匹配	第 5 章	与对象的模式匹配
记录	第 5 章	处理记录

15. C# 10

C# 10 于 2021 年 11 月发布，主要关注那些将常见场景中所需代码量最小化的特性，其中包含的主题如表 2.11 所示。

表 2.11　C# 10 中包含的主题

特性	涉及的章节	主题
导入全局名称空间	第 2 章	导入名称空间
常量字符串字面值	第 2 章	使用内插字符串进行格式化

(续表)

特性	涉及的章节	主题
文件范围的名称空间	第 5 章	简化名称空间声明
记录结构	第 6 章	使用记录结构类型
ArgumentNullException.ThrowIfNull	第 6 章	检查方法参数是否为空

16. C# 11

C# 11 发布于 2022 年 11 月，主要关注那些简化代码的特性，其中包含的主题如表 2.12 所示。

表 2.12　C# 11 中包含的主题

特性	涉及的章节	主题
原始字符串字面值	第 2 章	理解原始字符串字面值
内插字符串表达式中的换行符	第 2 章	使用内插字符串进行格式化
需要的属性	第 5 章	要求在实例化期间设置属性

2.1.2　了解 C# 标准

多年来，微软已经向标准组织提交了一些 C# 版本，如表 2.13 所示。

表 2.13　C# 标准

C# 版本	ECMA 标准	ISO/IEC 标准
1.0	ECMA-334:2003	ISO/IEC 23270:2003
2.0	ECMA-334:2006	ISO/IEC 23270:2006
5.0	ECMA-334:2017	ISO/IEC 23270:2018

更多信息

C# 6 的 ECMA 标准仍然是一个草案，添加 C# 7 特性的工作正在进行中。微软是在 2014 年将 C# 开源。可通过如下链接阅读 C# 的 ECMA 标准文档：https://www.ecma-international.org/publications-and-standards/standards/ecma-334/。

比 ECMA 标准更实用的是一些公共的 GitHub 库，它们可以使 C# 和相关技术的工作尽可能开放，如表 2.14 所示。

表 2.14　公共的 GitHub 库

说明	链接
C# 语言设计	https://github.com/dotnet/csharplang
编译器实现	https://github.com/dotnet/roslyn
描述语言的标准	https://github.com/dotnet/csharpstandard

2.1.3　了解 C#编译器版本

.NET 语言编译器(对于 C#、Visual Basic 也称为 Roslyn)和 F#的独立编译器是作为.NET SDK 的一部分发布的。要使用特定版本的 C#，就必须安装对应版本的.NET SDK，如表 2.15 所示。

表 2.15　不同 C#版本对应的.NET SDK 版本

.NET SDK 版本	Roslyn 编译器	默认的 C#版本
1.0.4	2.0~2.2	7.0
1.1.4	2.3 和 2.4	7.1
2.1.2	2.6 和 2.7	7.2
2.1.200	2.8~2.10	7.3
3.0	3.0~3.4	8.0
5.0	3.8	9.0
6.0	4.0	10.0
7.0	4.4	11.0

创建类库时，可选择以.NET Standard 和现代.NET 版本为目标。它们具有默认的 C#语言版本，如表 2.16 所示。

表 2.16　选择目标版本

.NET Standard	C#
2.0	7.3
2.1	8.0

更多信息：
虽然必须安装最低版本的.NET SDK 才能访问特定的编译器版本，但书中所创建的项目可以针对较旧版本的.NET，且仍然可以使用现代编译器版本。例如，如果安装了.NET 7 SDK 或更高版本，就可在以.NET Core 3.0 为目标的控制台应用程序中使用 C#11 语言特性。

1. 如何输出 SDK 版本

下面看看有哪些可用的.NET SDK 和 C#语言编译器版本。

(1) 在 Windows 上，启动 Windows Terminal 或命令提示符。在 macOS 上，启动 Terminal。

(2) 要确定可以使用哪个版本的.NET SDK，请输入以下命令：

```
dotnet --version
```

(3) 注意，撰写本书时使用的版本是 7.0.100，这表明它是 SDK 的初始版本，没有任何 bug 或新特性，输出如下：

```
7.0.100
```

2. 启用特定的语言版本编译器

一些开发工具，如 Visual Studio 和 dotnet 命令行接口，都假设你希望在默认情况下使用 C# 语言编译器的最新主版本。所以在 C# 8.0 发布之前，C# 7.0 是最新主版本，于是默认使用 C# 7.0。要使用 C# 次版本(如 C# 7.1、C# 7.2、C# 7.3)中的改进，就必须在项目文件中添加配置元素 <LangVersion>，如下所示：

```
<LangVersion>7.3</LangVersion>
```

在 C# 11 和 .NET 7.0 之后，如果微软发布了 C# 11.1 编译器，并且希望使用 C# 11.1 的新语言特性，就必须在项目文件中添加配置元素，如下所示：

```
<LangVersion>11.1</LangVersion>
```

<LangVersion>的潜在取值如表 2.17 所示。

表 2.17   <LangVersion>的潜在取值

潜在取值	说明
7、7.1、7.2、7.3、8、9、10、11	如果已经安装了特定的版本，就使用相应的编译器
latestmajor	使用最高的主版本，例如，2019 年 8 月发布的 C# 7.0、2019 年 10 月发布的 C# 8、2020 年 11 月发布的 C# 9、2021 年 11 月发布的 C# 10、2022 年 11 月发布的 C# 11
latest	使用最高的主版本和最高的次版本，例如，2017 年发布的 C# 7.2、2018 年发布的 C# 7.3、2019 年发布的 C# 8、2023 年上半年可能发布的 C# 11.1
preview	使用可用的最高预览版本，例如，2022 年 7 月发布的 C# 11，其中也会附带安装.NET 7.0 Preview 6

创建新项目后，就可以编辑.csproj 文件并添加<LangVersion>元素了，如以下高亮显示的代码行所示：

```
<Project Sdk="Microsoft.NET.Sdk">
  <PropertyGroup>
    <OutputType>Exe</OutputType>
    <TargetFramework>net7.0</TargetFramework>
    <LangVersion>preview</LangVersion>
  </PropertyGroup>
</Project>
```

切换.NET 6 的 C#编译器

.NET 6 是一个 LTS 版本，因此微软必须支持继续使用.NET 6 比.NET 7 长六个月的开发人员。在 2022 年 2 月发布的.NET SDK 6.0.200 及更高版本中，可以将 C#语言版本设置为 preview 版本，以探索 C# 11 的特性。我希望 2022 年 11 月 8 日与.NET SDK 7.0.100 一起发布的任何版本(可能是.NET SDK 6.0.500)，默认使用 C#10 编译器，除非明确将语言版本设置为 C# 11，如下面高亮显示的代码行所示：

```
<Project Sdk="Microsoft.NET.Sdk">

  <PropertyGroup>
```

```
  <OutputType>Exe</OutputType>
    <TargetFramework>net6.0</TargetFramework>
    <ImplicitUsings>enable</ImplicitUsings>
    <Nullable>enable</Nullable>
    <LangVersion>11</LangVersion>
  </PropertyGroup>

</Project>
```

如果项目以 net7.0 为目标(若已安装了.NET 7 SDK，则默认情况下是以 net7.0 为目标)，那么默认语言将是 C# 11，因此不需要显式地进行设置。

最佳实践:
如果尚未安装 Visual Studio Code，请安装名为 MSBuild 项目工具的 Visual Studio Code 扩展。安装后，系统即可在你编辑.csproj 文件时提供智能感知功能，包括轻松添加具有适当值的<LangVersion>元素。

2.2　理解 C#语法和词汇

要学习简单的 C#语言特性，可以使用.NET Interactive Notebooks，它不要求创建任何类型的应用程序。

要学习其他 C#语言特性，需要创建一个应用程序。最简单的应用程序类型是控制台应用程序。

本章先介绍 C#的语法和词汇的基础，将创建多个控制台应用程序，每个应用程序都显示了C#语言的相关特性。

2.2.1　显示编译器版本

我们首先编写显示编译器版本的代码。

(1) 如果你已完成了第 1 章，就已有了 cs11dotnet7 文件夹。如果没有，就需要创建它。

(2) 使用喜欢的代码编辑器创建一个新的控制台应用程序，如下所示。

- 项目模板：Console App [C#] / console
- 项目文件和文件夹：Vocabulary
- 工作区/解决方案文件和文件夹：Chapter02

最佳实践:
如果忘记了如何创建工作区或者没有完成前一章，那么可以回顾第 1 章中创建具有多个项目的工作区/解决方案的分步说明。

(3) 打开 Program.cs 文件，在文件顶部的注释下添加一条语句，将 C#版本显示为错误，代码如下所示：

```
#error version
```

(4) 运行控制台应用程序。

- 在 Visual Studio Code 中，在终端中输入命令 dotnet run。

- 在 Visual Studio 2022 中，导航到 Debug | Start Without Debugging。当提示继续并运行上一次成功构建的控制台应用程序时，单击 No 按钮。

(5) 注意，编译器版本和语言版本显示为编译器错误消息编号 CS8304，如图 2.1 所示。

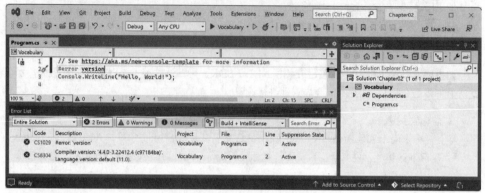

图 2.1　显示 C#语言版本的编译器错误

(6) Visual Studio Code 中的 PROBLEMS 窗口或 Visual Studio 中的 Error List 窗口内的错误消息显示编译器版本为 '4.0.0…'，语言版本为 default (11.0)。

(7) 注释掉导致错误的语句，代码如下所示：

```
// #error version
```

(8) 注意，编译器错误消息消失了。

2.2.2　了解 C#语法

C#语法包括语句和块。要描述代码，可以使用注释。

 最佳实践：
注释不应该是对代码进行文档化的唯一方式。为变量和函数选择合理的名称、编写单元测试和创建实际的文档是对代码进行说明的其他方法。

2.2.3　语句

在英语中，人们使用句点来表示句子的结束。一个句子可由多个单词和短语组成，单词的顺序是语法的一部分。例如，在英语短语 "the black cat" 中，形容词 black 在名词 cat 之前；而在法语语法中，与 "the black cat" 含义相同的短语为 "le chat noir"，其形容词 noir 跟在名词 chat 的后面。从这里可以看出，单词的顺序很重要。

C#用分号表示语句的结束。C#语句可由多个变量和表达式组成。例如，在下面的 C#语句中，totalPrice 是变量，而 subtotal + salesTax 是表达式：

```
var totalPrice = subtotal + salesTax;
```

以上表达式由一个名为 subtotal 的操作数、运算符+和另一个名为 salesTax 的操作数组成。操作数和运算符的顺序很重要。

2.2.4　注释

注释是对代码进行文档化的主要方法，可增加对代码工作原理的理解，可供其他开发人员阅读，甚至在几个月后可供你自己阅读。

更多信息：
在第 4 章中，将学习如何使用 XML 注释生成网页，以对代码进行文档化。

可使用双斜杠//添加注释来解释代码。通过插入//，编译器将忽略//后面的所有内容，直到行尾，如下所示：

```
// sales tax must be added to the subtotal
var totalPrice = subtotal + salesTax;
```

要编写多行注释，请在注释的开头使用/*，在结尾使用*/，如下所示：

```
/*
This is a
multi-line comment.
*/
```

虽然/* */最常用于多行注释，但它也可用于语句中间的注释，如以下代码所示：

```
var totalPrice = subtotal /* for this item */ + salesTax;
```

最佳实践：
设计良好的代码，包括带有命名良好的参数和类封装的函数签名，在某种程度上可以是自文档化的。当发现自己写了太多的注释和解释代码时，就问问自己：可以重写这段代码(也就是重构)，使它更容易理解，而不需要长注释吗？

可使用代码编辑器的一些命令方便地添加和删除注释字符，如下所示：
- Visual Studio 2022 for Windows：导航到 Edit | Advanced | Comment Selection 或 Uncomment Selection。
- Visual Studio Code：导航到 Edit | Toggle Line Comment 或 Toggle Block Comment。

最佳实践：
可通过在代码语句之前或之后添加描述性文本来注释代码。可通过在语句之前或语句周围添加注释字符来注释掉代码，从而使语句处于非活动状态。取消注释意味着删除注释字符。

2.2.5　块

在英语中，换行表示一个新的段落。C#用花括号{}表示代码块。

块以声明开始，以指示要定义的内容。例如，块可以定义许多语言结构的开始和结束，包括名称空间、类、方法或 foreach 这样的语句。

在本章及后续章节中将介绍更多关于名称空间、类和方法的知识，但现在仅简要介绍其中的一些概念：

- 名称空间包含类型(如类)，将它们分组在一起。
- 类包含对象的成员(包括方法)。
- 方法中的语句实现对象可以执行的操作。

2.2.6 语句和块的示例

在未使用顶级程序功能的简单控制台应用程序中，我在语句和块中添加了一些注释，如下所示：

```
using System; // a semicolon indicates the end of a statement

namespace Basics
{ // an open brace indicates the start of a block
  class Program
  {
    static void Main(string[] args)
    {
        Console.WriteLine("Hello World!"); // a statement
    }
  }
} // a close brace indicates the end of a block
```

2.2.7 了解 C#词汇表

C#词汇表由关键字、符号字符和类型组成。

本书中一些预定义的保留关键字包括 using、namespace、class、static、int、string、double、bool、if、switch、break、while、do、for、foreach、and、or、not、record 和 init。

一些符号字符可能包括"、'、+、-、*、/、%、@和$。

还有其他一些上下文关键字，它们仅在特定上下文中具有特定含义。然而，这仍然意味着 C#语言中只有大约 100 个实际的关键字。

最佳实践：

C#关键字都以小写字母形式表示。虽然可以在类型名称中使用小写字母来表示自己的名称，但也不应该这样做。在 C# 11 及后续版本中，如果这样做，编译器将发出警告，如下所示：

```
Warning CS8981 The type name 'person' only contains lowercased
ascii characters. Such names may become reserved for the
language.
```

2.2.8 将编程语言与人类语言进行比较

英语有超过 250 000 个不同的单词，那么 C#为什么只有大约 100 个关键字呢？此外，如果 C#的单词量仅为英语单词量的 0.0416%，那么为什么 C#会如此难学呢？

人类语言和编程语言之间的一个关键区别是：开发人员需要能够定义具有新含义的新"单词"。除了 C#语言中的大约 100 个关键字，本书还将介绍其他开发人员定义的数十万个"单词"

中的一些，你将学习如何定义自己的"单词"。

全世界的程序员都必须学习英语，因为大多数编程语言使用的都是英语单词，比如 namespace 和 class。有些编程语言使用其他人类语言，如阿拉伯语，但这类情况很少见。如果感兴趣，下面这段 YouTube 视频展示了一种阿拉伯语编程语言：https://youtu.be/dkO8cdwf6v8。

2.2.9　改变 C#语法的配色方案

默认情况下，Visual Studio 2022 和 Visual Studio Code 将 C#关键字显示为蓝色，以使它们更容易与其他代码区分。这两个工具都允许自定义配色方案。

在 Visual Studio 2022 中：

(1) 导航到 Tools | Options。

(2) 在 Options 对话框的 Environment 部分，选择 Fonts and Colors，再选择要自定义的显示项。也可以搜索该部分，而不采用浏览的方式进行选择。

在 Visual Studio Code 中：

(1) 导航到 File | Preferences | Color Theme (它在 macOS 的 Code 菜单上)。

(2) 选择一个颜色主题。作为参考，我将使用 Light+(default light)颜色主题，以便屏幕截图在印刷的书中看起来效果更好。

2.2.10　如何编写正确的代码

像记事本这样的纯文本编辑器并不能帮助写出正确的英语文章。同样，记事本也不能帮助写出正确的 C#代码。

微软的 Word 软件可以帮助写英语文章，Word 软件会用红色波浪线来强调拼写错误，比如 icecream 应该是 ice-cream 或 ice cream；而用蓝色波浪线强调语法错误，比如句子应该使用大写的首字母。

类似的，Visual Studio 2022 和 Visual Studio Code 的 C#扩展可通过突出显示拼写错误(比如方法名 WriteLine 中的 L 应该大写)和语法错误(比如语句必须以分号结尾)来帮助编写 C#代码。

C#扩展不断地监视输入的内容，并通过彩色波浪线高亮显示问题来提供反馈，这与 Word 软件类似。

下面看看具体的实现步骤。

(1) 在 Program.cs 中，将 WriteLine 方法中的 L 改为小写。

(2) 删除语句末尾的分号。

(3) 在 Visual Studio Code 中导航到 View | Problems，或在 Visual Studio 中导航到 View | Error List，注意，红色波浪线出现在错误代码的下方，具体细节显示在 PROBLEMS 窗格中，如图 2.2 所示(说明：本书为黑白印刷，彩色效果可参考在线资源，后面类似情形不再单独说明)。

(4) 修改两处编码错误。

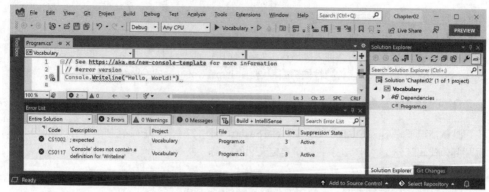

图 2.2　Error List 窗口显示两个编译错误

2.2.11　导入名称空间

System 是一个名称空间，类似于类型的地址。要指出某人的确切位置，可以用 Oxford.HighStreet. BobSmith，它告诉我们在牛津市的大街上寻找一个叫 Bob Smith 的人。

System.Console.WriteLine 告诉编译器在 System 名称空间的 Console 类型中查找 WriteLine 方法。为了简化代码，.NET 6.0 之前的每个版本的控制台应用程序项目模板都在代码文件的顶部添加了一条语句，告诉编译器始终在 System 名称空间中查找没有加上名称空间前缀的类型，如下所示：

```
using System; // import the System namespace
```

我们称这种操作为导入名称空间。导入名称空间的效果是，名称空间中的所有可用类型都对程序可用，而不需要输入名称空间前缀，在编写代码时名称空间将以智能感知的方式显示。

.NET Interactive Notebook 会自动导入大多数名称空间。

隐式和全局导入名称空间

传统上，每个需要导入名称空间的.cs 文件都必须首先使用 using 语句来导入这些名称空间。对于 System 和 System.Linq 这样的名称空间，几乎所有的.cs 文件都需要，所以每个.cs 文件的前几行通常要包含几个 using 语句，如下面的代码所示：

```
using System;
using System.Linq;
using System.Collections.Generic;
```

当使用 ASP.NET Core 创建网站和服务时，每个文件都需要导入几十个名称空间。

C# 10 引入了一个新的关键字组合，.NET SDK 6 引入了一种新的项目设置，一起使用它们可以简化公共名称空间的导入。

global using 关键字组合意味着只需要在一个.cs 文件中导入一个名称空间，它将在所有.cs 文件中都可用。可以把 global using 语句放到 Program.cs 文件中，但建议为这些语句创建一个单独的文件，命名为 GlobalUsings.cs，代码如下所示：

```
global using System;
global using System.Linq;
global using System.Collections.Generic;
```

最佳实践:
开发人员习惯了这个新的 C#特性后, 希望这个文件的命名约定能成为标准。正如所见, 相关的.NET SDK 功能就使用了类似的命名约定。

任何以.NET 6.0 或更高版本为目标并因此使用 C# 10 及更高版本编译器的项目都会在 obj\Debug\net7.0 文件夹中生成一个<ProjectName>.GlobalUsings.g.cs 文件, 以隐式地全局导入一些公共名称空间, 如 System。隐式导入的名称空间的具体列表取决于所面向的 SDK, 如表 2.18 所示。

表 2.18　隐式导入的名称空间

SDK	隐式导入的名称空间
Microsoft.NET.Sdk	System
	System.Collections.Generic
	System.IO
	System.Linq
	System.Net.Http
	System.Threading
	System.Threading.Tasks
Microsoft.NET.Sdk.Web	等同于 Microsoft.NET.Sdk
	System.Net.Http.Json
	Microsoft.AspNetCore.Builder
	Microsoft.AspNetCore.Hosting
	Microsoft.AspNetCore.Http
	Microsoft.AspNetCore.Routing
	Microsoft.Extensions.Configuration
	Microsoft.Extensions. DependencyInjection
	Microsoft.Extensions.Hosting
	Microsoft.Extensions.Logging
Microsoft.NET.Sdk.Worker	等同于 Microsoft.NET.Sdk
	Microsoft.Extensions.Configuration
	Microsoft.Extensions. DependencyInjection
	Microsoft.Extensions.Hosting
	Microsoft.Extensions.Logging

下面看看当前自动生成的隐式导入文件。

(1) 如果使用的是 Visual Studio 2022, 就在 Solution Explorer 中选择 Vocabulary 项目, 单击 Show All Files 切换按钮, 注意编译器生成的 bin 和 obj 文件夹现在是可见的。

(2) 依次展开 obj 文件夹、Debug 文件夹和 net7.0 文件夹, 然后打开文件 Vocabulary.Global-Usings.g.cs。

更多信息：

Vocabulary.GlobalUsings.g.cs 文件的命名约定是<ProjectName>.GlobalUsings.g.cs。注意 g 代表 generated(生成的)，它用于与开发人员编写的代码文件区分开。

(3) 记住，这个文件是编译器为面向.NET 6.0 的项目自动创建的，并导入了一些常用的名称空间，包括 System.Threading，代码如下所示：

```
// <autogenerated />
global using global::System;
global using global::System.Collections.Generic;
global using global::System.IO;
global using global::System.Linq;
global using global::System.Net.Http;
global using global::System.Threading;
global using global::System.Threading.Tasks;
```

(4) 关闭 Vocabulary.GlobalUsings.g.cs 文件。

(5) 在 Solution Explorer 中，选择项目，然后向项目文件添加其他条目，以控制隐式导入哪些名称空间，如下面高亮显示的代码所示：

```
<Project Sdk="Microsoft.NET.Sdk">

  <PropertyGroup>
    <OutputType>Exe</OutputType>
    <TargetFramework>net7.0</TargetFramework>
    <Nullable>enable</Nullable>
    <ImplicitUsings>enable</ImplicitUsings>
  </PropertyGroup>

  <ItemGroup>
    <Using Remove="System.Threading" />
    <Using Include="System.Numerics" />
  </ItemGroup>

</Project>
```

更多信息：

<ItemGroup>与<ImportGroup>不同。务必要正确使用！还要注意，项目组或条目组中元素的顺序无关紧要。例如，<Nullable>可以在<ImplicitUsings>之前或之后。

(6) 将所做的更改保存到项目文件中。

(7) 依次展开 obj 文件夹、Debug 文件夹和 net7.0 文件夹，然后打开文件 Vocabulary.Global-Usings.g.cs。

(8) 注意，该文件现在导入 System.Numerics(而非 System.Threading)，如下面高亮显示的代码所示：

```
// <autogenerated />
global using global::System;
global using global::System.Collections.Generic;
global using global::System.IO;
```

```
global using global::System.Linq;
global using global::System.Net.Http;
global using global::System.Numerics;
global using global::System.Threading.Tasks;
```

(9) 关闭 Vocabulary.Globalusings.g.cs 文件。

可通过完全删除项目文件中的<ImplicitUsings>元素或将其值改为 disable 来禁用所有为 SDK 隐式导入的名称空间特性，如下面的代码所示：

```
<ImplicitUsings>disable</ImplicitUsings>
```

如果正在使用的是 Visual Studio 2022，则可以在用户界面中控制项目设置，方法如下：

(1) 在 Solution Explorer 中，右击 Vocabulary 项目并选择 Properties。

(2) 单击 Build 选项，注意默认情况下打开的是 General 部分。

(3) 向下滚动窗口，并注意控制可空性和隐式导入的部分，如图 2.3 所示。

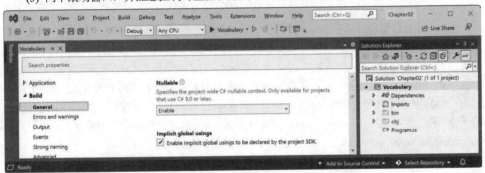

图 2.3　在 Visual Studio 2022 用户界面中控制项目设置

(4) 关闭项目属性。

2.2.12　动词表示方法

在英语中，动词是表示动作或行动的词，如 run 和 jump。在 C#中，动作或行动被称为方法。C#有成千上万个方法可用。在英语中，动词的写法取决于动作发生的时间。例如，jump 的过去进行时是 was jumping，现在时是 jumps，过去时是 jumped，将来时是 will jump。

在 C#中，像 WriteLine 这样的方法会根据操作的细节改变调用或执行的方式。这称为重载，第 5 章将详细讨论有关重载的内容。但现在考虑以下示例：

```
// Outputs the current line terminator string.
// By default, this is a carriage-return and line feed.
Console.WriteLine();

// Outputs the greeting and the current line terminator string.
Console.WriteLine("Hello Ahmed");

// Outputs a formatted number and date and the current line terminator string.
Console.WriteLine("Temperature on {0:D} is {1}°C.", DateTime.Today, 23.4);
```

> **更多信息：**
> 当本书中显示的代码段没有编号的分步说明时，我并不期望你输入代码，因为它们不在合适的上下文中，可能无法执行。

另一个不同的类比是：有些单词的拼写相同，但根据上下文有不同的含义。

2.2.13 名词表示类型、变量、字段和属性

在英语中，名词是指事物的名称。例如，Fido 是一只狗的名字。单词 dog 告诉我们 Fido 是什么类型的动物，所以为了让 Fido 去拿球，我们会喊它的名字。

在 C#中，其等价物是类型、变量、字段和属性。例如：

- Animal 和 Car 是类型；也就是说，它们是用来对事物进行分类的名词。
- Head 和 Engine 可能是字段或属性，它们是属于 Animal 和 Car 的名词。
- Fido 和 Bob 是变量，也就是说，它们是指代特定对象的名词。

有成千上万种类型可用于 C#，但是注意，这里并没有说"C#中有成千上万种类型"。这种差别很细微，但很重要。C#语言只有一些类型关键字，如 string 和 int。严格来说，C#没有定义任何类型。类似于 string(看起来像是类型)的关键字是别名，它们表示运行 C#的平台所提供的类型。

你要知道，C#不能单独存在；毕竟，C#是一种运行在不同.NET 变体上的语言。理论上，可以为 C#编写使用不同平台和底层类型的编译器。实际上，C#的平台是.NET，.NET 为 C#提供了成千上万种类型，包括 System.Int32(int 类型映射的 C#关键字别名)以及许多更复杂的类型，如 System.Xml.Linq.XDocument。

注意，术语 type(类型)与 class(类)很容易混淆。你有没有玩过室内游戏《二十个问题》？在这个游戏中，任何东西都可以归类为动物、蔬菜或矿物。在 C#中，每种类型都可以归类为类、结构体、枚举、接口或委托。第 6 章将解释这些相关内容。例如，C#关键字 string 是类，而 int 是结构体。因此，最好使用术语 type 指代它们。

2.2.14 揭示 C#词汇表的范围

我们知道，C#中有大约 100 个关键字，但是有多少类型呢？下面编写一些代码，以便找出简单的控制台应用程序中有多少类型(及方法)可用于 C#。

现在不用担心代码是如何工作的，但要知道此处使用了一种叫作反射(reflection)的技术。执行以下步骤：

(1) 删除 Program.cs 文件中所有的现有语句。

(2) 在 Program.cs 文件的顶部导入 System.Reflection 名称空间，代码如下：

```
using System.Reflection;
```

> **最佳实践：**
> 在本项目中，可以使用隐式导入和 global using 特性为所有.cs 文件导入 System.Reflection 名称空间，但由于只有一个文件，因此最好在需要的文件中导入名称空间。

(3) 编写语句，获取编译后的控制台应用程序，并遍历它可以访问的所有类型，输出每个类型的名称及其所包含的方法的数量，如以下代码所示：

```
Assembly? myApp = Assembly.GetEntryAssembly();

if (myApp == null) return; // quit the app

// Loop through the assemblies that my app references
foreach (AssemblyName name in myApp.GetReferencedAssemblies())
{
    // Load the assembly so we can read its details
    Assembly a = Assembly.Load(name);

    // declare a variable to count the number of methods
    int methodCount = 0;

    // Loop through all the types in the assembly
    foreach (TypeInfo t in a.DefinedTypes)
    {
        // add up the counts of methods
        methodCount += t.GetMethods().Count();
    }

    // output the count of types and their methods
    Console.WriteLine(
        "{0:N0} types with {1:N0} methods in {2} assembly.",
        arg0: a.DefinedTypes.Count(),
        arg1: methodCount,
        arg2: name.Name);
}
```

> **更多信息：**
> N0 是大写 N，后跟数字零，而不是大写的 N 后跟大写字母 O。它的意思是"用零(0)位小数来格式化数字(N)。"

(4) 运行上述命令后，输出如下，其中显示了在 OS 上运行时，在最简单的应用程序中可用的类型和方法的实际数量。这里显示的类型和方法的数量会根据使用的操作系统而有所不同，如下所示：

```
// Output on Windows
0 types with 0 methods in System.Runtime assembly.
44 types with 645 methods in System.Console assembly.
106 types with 1,126 methods in System.Linq assembly.
```

```
// Output on macOS
0 types with 0 methods in System.Runtime assembly.
57 types with 701 methods in System.Console assembly.
103 types with 1,094 methods in System.Linq assembly.
```

> **更多信息：**
>
> 为什么 System.Runtime 程序集不包含任何类型?这个程序集比较特殊，因为它只包含类型转发器(type-forwarder)而不包含实际类型。类型转发器表示在.NET 之外或出于其他高级原因而实现的类型。

(5) 在导入名称空间后，在文件顶部添加语句来声明一些变量，如下所示：

```
using System.Reflection;

// declare some unused variables using types
// in additional assemblies
System.Data.DataSet ds;
HttpClient client;
```

通过声明要在其他程序集中使用类型的变量，应用程序将加载这些程序集，从而允许代码查看其中的所有类型和方法。编译器会警告存在未使用的变量，但这不会阻止代码的运行。

(6) 再次运行控制台应用程序并查看结果，结果应该如下所示：

```
// Output on Windows
0 types with 0 methods in System.Runtime assembly.
383 types with 6,854 methods in System.Data.Common assembly.
456 types with 4,590 methods in System.Net.Http assembly.
44 types with 645 methods in System.Console assembly.
106 types with 1,126 methods in System.Linq assembly.
// Output on macOS
0 types with 0 methods in System.Runtime assembly.
376 types with 6,763 methods in System.Data.Common assembly.
522 types with 5,141 methods in System.Net.Http assembly.
57 types with 701 methods in System.Console assembly.
103 types with 1,094 methods in System.Linq assembly.
```

现在，你应该可以更好地理解为什么学习 C#是一大挑战，因为有太多的类型和方法需要学习。方法只是类型可以拥有的成员的一种类别，而其他程序员正在不断地定义新类型和成员!

2.3 使用变量

所有应用程序都要处理数据。数据都是先输入，再处理，最后输出。

数据通常来自文件、数据库或用户输入，可以临时放入变量中，这些变量存储在运行的程序的内存中。当程序结束时，内存中的数据会丢失。数据通常被输出到文件和数据库中，也会输出到屏幕或打印机。当使用变量时，首先应该考虑它在内存中占了多少空间，其次考虑它的处理速度有多快。

可通过选择合适的类型来控制变量。可将简单的常见类型(如 int 和 double)视为不同大小的存储盒，其中较小的存储盒占用的内存较少，但处理速度可能没有那么快。例如，在 64 位操作系统中添加 16 位数字的速度，可能不如添加 64 位数字的速度快。这些盒子有的可能堆放在附近，有的可能被扔到更远的一大堆盒子里。

2.3.1 命名和赋值

事物都有命名约定，最好遵循这些约定，如表 2.19 所示。

表 2.19 命名约定

命名约定	示例	适用场景
驼峰样式	cost、orderDetail、dateOfBirth	局部变量、私有字段
标题样式	String、Int32、Cost、DateOfBirth、Run	类型、非私有字段以及其他成员(如方法)

> **更多信息：**
> 有些 C#程序员喜欢在私有字段的名称前加下画线，例如，使用_dateOfBirth 而非 dateOfBirth。私有成员的命名并没有被正式定义，因为它们在类外是不可见的，所以这两种命名方式都是有效的。我的偏好是不带下画线。

> **最佳实践：**
> 遵循一组一致的命名约定，将使代码更容易被其他开发人员理解(以及将来自己理解)。

下面的代码块显示了一个声明已命名的局部变量并使用=符号为之赋值的示例。注意，可使用 C# 6.0 中引入的关键字 nameof 输出变量的名称：

```
// let the heightInMetres variable become equal to the value 1.88
double heightInMetres = 1.88;
Console.WriteLine($"The variable {nameof(heightInMetres)} has the value
{heightInMetres}.");
```

> **警告：**
> 在上面的代码中，用双引号括起来的消息因为本书篇幅的原因发生了换行，当你在代码编辑器中输入类似这样的语句时，请将它们全部输到一行中。

2.3.2 字面值

给变量赋值时，赋予的经常(但不总是)是字面值。什么是字面值呢？字面值是表示固定值的符号。数据类型的字面值有不同的表示法，接下来将列举使用字面符号为变量赋值的示例。

2.3.3 存储文本

对于一些文本，比如单个字母(如 A)，可存储为 char 类型。

> **最佳实践：**
> 实际上，事情可能比这更复杂。埃及象形文字 A002 (U+13001)需要两个 System.Char 值(称为代理对)，即\uD80C 和\uDC01 来表示它。不要始终假设一个字符等于一个字母，否则可能在代码中引入难以察觉的错误。

字符在字面值的两边使用单引号来赋值，也可直接赋予函数调用的返回值，如下所示：

```
char letter = 'A'; // assigning literal characters
char digit = '1';
char symbol = '$';
char userChoice = GetSomeKeystroke(); // assigning from a fictitious function
```

对于另一些文本，比如多个字母(如 Bob)，可存储为 string 类型，并在字面值的两边使用双引号进行赋值，也可直接赋予函数调用的返回值，如下所示：

```
string firstName = "Bob"; // assigning literal strings
string lastName = "Smith";
string phoneNumber = "(215) 555-4256";

// assigning a string returned from the string class constructor
string horizontalLine = new('-', count: 74); // 74 hyphens

// assigning a string returned from a fictitious function
string address = GetAddressFromDatabase(id: 563);

// assigning an emoji by converting from Unicode
string grinningEmoji = char.ConvertFromUtf32(0x1F600);
```

要在 Windows 的命令行中输出表情符号，必须使用 Windows 终端，因为命令提示符不支持表情符号，并将输出编码设置为使用 UTF-8，如以下代码所示：

```
Console.OutputEncoding = System.Text.Encoding.UTF8;
string grinningEmoji = char.ConvertFromUtf32(0x1F600);
Console.WriteLine(grinningEmoji);
```

理解逐字字符串

在字符串变量中存储文本时，可以包括转义序列，转义序列使用反斜杠表示特殊字符，如制表符和换行符，如下所示：

```
string fullNameWithTabSeparator = "Bob\tSmith";
```

但如果是在 Windows 上存储文件的路径，并且路径中有文件夹的名称以 t 开头，如下所示：

```
string filePath = "C:\televisions\sony\bravia.txt";
```

那么编译器将把\t 转换成制表符，这显然是错误的!

逐字字符串必须加上@符号作为前缀，如下所示：

```
string filePath = @"C:\televisions\sony\bravia.txt";
```

原始字符串字面值

在 C# 11 中引入了原始字符串字面值特性，利用该特性可以方便地输入任意文本，而不必转义内容。该特性使定义包含其他语言(如 XML、HTML 或 JSON)的字面值变得容易。

原始字符串字面值以三个或更多个双引号字符开始和结束，如以下代码所示：

```
string xml = """
            <person age="50">
                <first_name>Mark</first_name>
            </person>
            """;
```

为什么要使用三个或更多个双引号字符？这适用于以下情况：如果内容本身需要有三个双引号字符，那么可以使用四个双引号字符来指示内容的开始和结束。如果内容本身需要有四个双引号字符，那么可以使用五个双引号字符来指示内容的开始和结束。以此类推。

在前面的代码中，XML 缩进了 13 个空格。编译器会查看最后三个或更多个双引号字符，然后自动从原始字符串字面值内的所有内容中删除该缩进级别。因此，代码将不再像定义代码时那样缩进，而是与左边距对齐，如以下代码所示：

```
<person age="50">
    <first_name>Mark</first_name>
</person>
```

原始内插字符串字面值

可将使用花括号{}的内插字符串与原始字符串字面值相混合。通过在字面值的开头添加一定数量的美元符号，可指定指示替换表达式的花括号的数量。任何小于此值的花括号都被视为原始内容。

例如，如果想定义 JSON，单花括号将被视为普通花括号，但两个美元符号告诉编译器，任意两个花括号都表示替换的表达式值，如以下代码所示：

```
var person = new { FirstName = "Alice", Age = 56 };

string json = $$"""
                {
                    "first_name": "{{person.FirstName}}",
                    "age": {{person.Age}},
                    "calculation", "{{{ 1 + 2 }}}"
                }
                """;

Console.WriteLine(json);
```

上面的代码将生成以下 JSON 文档：

```
{
    "first_name": "Alice",
    "age": 56,
    "calculation", "{3}"
}
```

美元符号的数量告诉编译器需要多少个花括号才能将某内容识别为插值表达式。

有关存储文本的总结

下面进行总结。

● 字面字符串：用双引号括起来的一些字符。它们可使用转义字符\t 作为制表符。要表示反斜杠，请使用两个:\\。

- 原始字符串字面值:包含在三个或更多双引号字符中的字符。
- 逐字字符串:以@为前缀的字面字符串,以禁用转义字符,因此反斜杠就是反斜杠。它还允许字符串值跨越多行,因为空白字符被视为空白,而不是编译器的指令。
- 内插字符串:以$为前缀的字面字符串,以支持嵌入的格式化变量,详见本章后面的内容。

2.3.4 存储数字

数字是希望进行算术运算(如乘法)的数据。例如,电话号码不是数字。要决定是否应该将变量存储为数字,请考虑是需要对数字执行算术运算,还是包含圆括号或连字符等非数字字符,以便将数字格式化为(414)555-1234。在后一种情况下,数字是字符序列,因此应该存储为字符串。

数字可以是自然数,如 42,用于计数;也可以是负数,如 -42(也称为整数);另外,还可以是实数,如 3.9(带有小数部分),在计算中称为单精度浮点数或双精度浮点数。

下面探讨数字。

(1) 使用喜欢的代码编辑器将名为 Numbers 的新控制台应用程序添加到 Chapter02 工作区/解决方案:

- 在 Visual Studio Code 中,选择 Numbers 作为活动的 OmniSharp 项目。当看到弹出的警告消息指示所需的资产丢失时,单击 Yes 添加它们。
- 在 Visual Studio 2022 中,将启动项目设置为当前选择。

(2) 在 Program.cs 中,删除现有代码,然后输入语句声明一些使用不同数据类型的数字变量,如下所示:

```
// unsigned integer means positive whole number or 0
uint naturalNumber = 23;

// integer means negative or positive whole number or 0
int integerNumber = -23;

// float means single-precision floating point
// F suffix makes it a float literal
float realNumber = 2.3F;

// double means double-precision floating point
// double is the default type for a number value with a decimal point .
double anotherRealNumber = 2.3; // double literal
```

1. 存储整数

计算机把所有东西都存储为位。位的值不是 0 就是 1。这就是所谓的二进制数字系统。人类使用的是十进制数字系统。

十进制数字系统也称为以 10 为基数的系统,意思是有 10 个数位,从 0 到 9。虽然十进制数字系统是人类最常用的数字基数系统,但其他一些数字基数系统在科学、工程和计算领域也很受欢迎。二进制数字系统以 2 为基数,也就是说只有两个数位:0 和 1。

表 2.20 显示了计算机如何存储数字 10。注意其中 8 和 2 所在的列,对应的值是 1,所以 8+2=10。

表 2.20　计算机如何存储数字 10

128	64	32	16	8	4	2	1
0	0	0	0	1	0	1	0

十进制数字 10 在二进制中表示为 00001010。

使用数字分隔符提高可读性

C# 7.0 及更高版本中的两处改进是使用下画线_作为数字分隔符以及支持二进制字面值。可以在数字字面值(包括十进制、二进制和十六进制表示法)中插入下画线，以提高可读性。例如，可以将十进制数字 100 000 写成 1_000_000。甚至可以使用印度常见的 2/3 分组：10_00_000。

使用二进制或十六进制记数法

二进制记数法以 2 为基数，只使用 1 和 0，数字字面值的开头是 0b。十六进制记数法以 16 为基数，使用的是 0～9 和 A～F，数字字面值的开头是 0x。

2. 探索整数

下面输入一些代码，列举一些例子。

(1) 在 Program.cs 中，输入如下语句，使用下画线分隔符声明一些数字变量：

```
// three variables that store the number 2 million
int decimalNotation = 2_000_000;
int binaryNotation = 0b_0001_1110_1000_0100_1000_0000;
int hexadecimalNotation = 0x_001E_8480;

// check the three variables have the same value
// both statements output true
Console.WriteLine($"{decimalNotation == binaryNotation}");
Console.WriteLine($"{decimalNotation == hexadecimalNotation}");
```

(2) 运行代码，注意结果表明三个数字是相同的，如下所示：

```
True
True
```

计算机总是可以使用 int 类型及其兄弟类型(如 long 和 short)精确地表示整数。

2.3.5　存储实数

计算机并不能始终精确地表示浮点数，也就是十进制数或非整数。float 和 double 类型分别使用单精度和双精度浮点数存储实数。

大多数编程语言都实现了 IEEE 浮点运算标准。IEEE 754 是 IEEE(Institute of Electrical and Electronics Engineers)于 1985 年制定的浮点运算技术标准。

表 2.21 显示了计算机如何用二进制记数法表示数字 12.75。注意其中 8、4、1/2、1/4 所在的列，对应的值是 1，所以 8+4+1/2+1/4=12.75。

表 2.21   计算机如何存储数字 12.75

128	64	32	16	8	4	2	1	.	1/2	1/4	1/8	1/16
0	0	0	0	1	1	0	0	.	1	1	0	0

十进制数字 12.75 在二进制中表示为 00001100.1100。可以看到，数字 12.75 可以用位精确地表示。但有些数字不能用位精确地表示，稍后将探讨这个问题。

1. 编写代码以探索数字的大小

C#提供的名为 sizeof() 的操作符可返回类型在内存中使用的字节数。有些类型有名为 MinValue 和 MaxValue 的成员，它们分别返回可以存储在类型变量中的最小值和最大值。现在，我们将使用这些特性创建一个控制台应用程序来研究数字类型。

(1) 在 Program.cs 的内部输入如下语句，显示三种数字数据类型的大小：

```
Console.WriteLine($"int uses {sizeof(int)} bytes and can store numbers in
the range {int.MinValue:N0} to {int.MaxValue:N0}.");
Console.WriteLine($"double uses {sizeof(double)} bytes and can store
numbers in the range {double.MinValue:N0} to {double.MaxValue:N0}.");
Console.WriteLine($"decimal uses {sizeof(decimal)} bytes and can store
numbers in the range {decimal.MinValue:N0} to {decimal.MaxValue:N0}.");
```

更多信息：

放在双引号中的字符串值必须在一行中输入(此处受限于纸面宽度而换行)，否则将出现编译错误。

(2) 运行代码并查看输出，结果如图 2.4 所示。

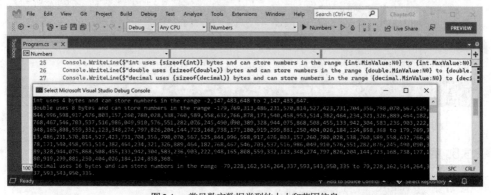

图 2.4   常见数字数据类型的大小和范围信息

int 变量使用 4 字节的内存，可以存储至多 20 亿的正数或负数。double 变量使用 8 字节的内存，因而可以存储更大的值！decimal 变量使用 16 字节的内存，虽然可存储较大的数字，却不像 double 类型那么大。

你可能会问，为什么 double 变量能比 decimal 变量存储更大的数字，却只占用一半的内存空间呢？现在就去找出答案吧！

2. 比较 double 和 decimal 类型

现在，编写一些代码来比较 double 和 decimal 值。尽管代码不难理解，但我们现在不必担心语法。

(1) 输入语句，声明两个 double 变量，将它们相加并与预期结果进行比较，然后将结果写入控制台，如下所示：

```
Console.WriteLine("Using doubles:");
double a = 0.1;
double b = 0.2;
if (a + b == 0.3)
{
    Console.WriteLine($"{a} + {b} equals {0.3}");
}
else
{
    Console.WriteLine($"{a} + {b} does NOT equal {0.3}");
}
```

(2) 运行代码并查看结果，如下所示：

```
Using doubles:
0.1 + 0.2 does NOT equal 0.3
```

在使用逗号作为小数分隔符的地区中，结果看起来会略有不同，如下面的输出所示：

```
0,1 + 0,2 does NOT equal 0,3
```

double 类型不能保证值是精确的，因为有些数字(如 0.1)不能表示为浮点值。

根据经验，应该只在准确性不重要时使用 double 类型，特别是在比较两个数字的相等性时。例如，当测量一个人的身高时，只会使用大于或小于来比较值，而不会使用等于。

上述问题可通过计算机如何存储数字 0.1 或 0.1 的倍数来说明。要用二进制表示 0.1，计算机需要在 1/16 列存储 1、在 1/32 列存储 1、在 1/256 列存储 1、在 1/512 列存储 1，以此类推，参见表 2.22，于是小数中的数字 0.1 是 0.00011001100110011…。

表 2.22　数字 0.1 的存储

4	2	1	.	1/2	1/4	1/8	1/16	1/32	1/64	1/128	1/256	1/512	1/1024	1/2048
0	0	0	.	0	0	0	1	1	0	0	1	1	0	0

最佳实践：

永远不要使用==来比较两个 double 值。在第一次海湾战争期间，美国爱国者导弹系统在计算时使用了 double 值，这种不精确性导致导弹无法跟踪和拦截来袭的伊拉克飞毛腿导弹，28 名士兵因此被杀。

(1) 复制并粘贴之前编写的语句(使用了 double 变量)。

(2) 修改语句，使用 decimal 并将变量重命名为 c 和 d，如下所示：

```
Console.WriteLine("Using decimals:");
decimal c = 0.1M; // M suffix means a decimal literal value
```

```
decimal d = 0.2M;

if (c + d == 0.3M)
{
    Console.WriteLine($"{c} + {d} equals {0.3M}");
}
else
{
    Console.WriteLine($"{c} + {d} does NOT equal {0.3M}");
}
```

(3) 运行代码并查看结果，输出如下所示：

```
Using decimals:
0.1 + 0.2 equals 0.3
```

decimal 类型是精确的，因为这种类型可以将数字存储为大的整数并移动小数点。例如，可以将 0.1 存储为 1，然后将小数点左移一位。再如，可将 12.75 存储为 1275，然后将小数点左移两位。

最佳实践：

对整数使用 int 类型进行存储，而对不会与其他值做比较的实数使用 double 类型进行存储。可以对 double 值进行小于或大于比较，等等。decimal 类型适用于货币、CAD 绘图、通用工程以及任何对实数的准确性要求较高的场合。

float 类型和 double 类型有一些有用的特殊值：NaN 表示非数字(例如，除以 0 的结果)，Epsilon 是可以存储在 float 或 double 里的最小正数，PositiveInfinity 和 NegativeInfinity 表示无穷大的正值和负值。它们也有检查这些特殊值的方法，如 IsInfinity 和 IsNan。

2.3.6 存储布尔值

布尔值只能是如下两个字面值中的一个：true 或 false。

```
bool happy = true;
bool sad = false;
```

它们最常用于分支和循环。不需要完全理解它们，因为第 3 章会详细介绍它们。

2.3.7 存储任何类型的对象

有一种名为 object 的特殊类型，这种类型可以存储任何数据，但这种灵活性是以混乱的代码和可能较差的性能为代价的。由于这两个原因，你应该尽可能避免使用 object 类型。下面的步骤展示了在需要时如何使用对象类型。

(1) 使用喜欢的代码编辑器将一个名为 Variables 的新控制台应用程序添加到 Chapter02 工作区/解决方案中。

- 在 Visual Studio Code 中，选择 Variables 作为活动的 OmniSharp 项目。当看到弹出的警告消息指示所需的资产丢失时，单击 Yes 添加它们。

(2) 在 Program.cs 中，删除现有的语句，之后输入语句以声明并使用 object 类型的变量，如下所示：

```
object height = 1.88; // storing a double in an object
object name = "Amir"; // storing a string in an object
Console.WriteLine($"{name} is {height} metres tall.");

int length1 = name.Length; // gives compile error!
int length2 = ((string)name).Length; // tell compiler it is a string
Console.WriteLine($"{name} has {length2} characters.");
```

(3) 运行代码，注意第四条语句不能编译，因为编译器不知道 name 变量的数据类型，如图 2.5 所示。

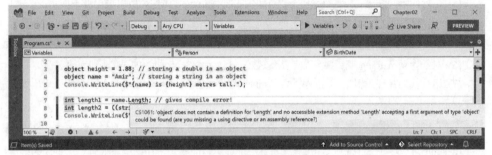

图 2.5　对象类型没有 Length 属性

(4) 在无法编译的语句开头添加双斜杠，以 "注释掉" 语句，使其处于非活动状态。

(5) 再次运行代码，注意，如果程序员显式地告诉编译器该 object 变量包含一个字符串(使用前缀 string)，编译器就可以访问字符串的长度，如下所示：

```
Amir is 1.88 metres tall.
Amir has 4 characters.
```

从 C#的第一个版本开始，object 类型就已经可用了，但是 C# 2.0 及更新的版本有一个更好的选择，叫作泛型，详见第 6 章。泛型提供了我们想要的灵活性，但不会带来性能开销。

2.3.8　动态存储类型

还有一种名为 dynamic 的特殊类型，可用于存储任何类型的数据，并且灵活性相比 object 类型更高，代价是性能下降了。dynamic 关键字是在 C# 4.0 中引入的。但与 object 变量不同的是，存储在 dynamic 变量中的值可以在没有显式进行强制转换的情况下调用成员。下面使用 dynamic 类型。

(1) 添加语句声明一个动态变量，然后相继分配一个字符串字面值、一个整数值、一个整数值数组，如下面的代码所示：

```
// storing a string in a dynamic object
// string has a Length property
dynamic something = "Ahmed";

// int does not have a Length property
// something = 12;
// an array of any type has a Length property
// something = new[] { 3, 5, 7 };
```

(2) 添加一条语句，输出动态变量的长度，代码如下所示：

```
// this compiles but would throw an exception at run-time
// if you later stored a data type that does not have a
// property named Length
Console.WriteLine($"Length is {something.Length}");
```

(3) 运行代码，注意字符串值确实有一个 Length 属性，如下所示：

```
Length is 5
```

(4) 对于为 something 变量赋 int 值 12 的语句，取消其注释。

(5) 运行代码并注意运行时错误，因为 int 确实没有 Length 属性，所以输出如下所示：

```
Unhandled exception. Microsoft.CSharp.RuntimeBinder.
RuntimeBinderException: 'int' does not contain a definition for 'Length'
```

(6) 对于为 something 变量赋整数数组(该数组包含元素 3、5 和 7)的语句，取消其注释。

(7) 运行代码并注意输出，因为包含三个 int 值的数组确实有一个 Length 属性，所以输出如下
所示：

```
Length is 3
```

dynamic 类型存在的限制是，代码编辑器不能显示智能感知来帮助编写代码。这是因为编译
器在构建期间不能对类型进行检查。而 CLR 会在运行时检查成员；如果缺少成员，则抛出异常。

异常是指示在运行时出错的一种方式。第 3 章将详细介绍它们，并说明如何处理它们。

2.3.9　声明局部变量

局部变量是在方法中声明的，仅在方法执行期间存在。一旦方法返回，分配给任何局部变量
的内存都会被释放。

严格地说，值类型会被释放，而引用类型必须等待垃圾收集。第 6 章将介绍值类型和引用类
型之间的区别。

1. 指定局部变量的类型

下面进一步探讨使用特定类型和类型推断声明的局部变量。

- 输入如下语句，使用特定类型声明一些局部变量并对它们进行赋值：

```
int population = 67_000_000; // 67 million in UK
double weight = 1.88; // in kilograms
decimal price = 4.99M; // in pounds sterling
string fruit = "Apples"; // strings use double-quotes
char letter = 'Z'; // chars use single-quotes
bool happy = true; // Booleans have value of true or false
```

根据代码编辑器和颜色方案，在每个变量名称的下方会显示绿色的波浪线，并突出显示其文
本颜色，以警告这个变量虽然已被赋值，但它的值从未使用过。

2. 推断局部变量的类型

在 C# 3 及后续版本中，可以使用 var 关键字来声明局部变量。编译器将从赋值操作符=之后
的值来推断类型。

没有小数点的字面数字可推断为 int 类型，除非添加了后缀，如以下列表所述：

- L：推断为 long
- UL：推断为 ulong
- M：推断为 decimal
- D：推断为 double
- F：推断为 float

带有小数点的字面数字可推断为 double 类型，除非添加了 M 后缀(这种情况下，可推断为 decimal 类型)或 F 后缀(这种情况下，则推断为 float 类型)。

双引号用来指示 string 变量，单引号用来指示 char 变量，true 和 false 值则被推断为 bool 类型。

(1) 修改前面的语句以使用 var 关键字，如下所示：

```
var population = 67_000_000; // 67 million in UK
var weight = 1.88; // in kilograms
var price = 4.99M; // in pounds sterling
var fruit = "Apples"; // strings use double-quotes
var letter = 'Z'; // chars use single-quotes
var happy = true; // Booleans have value of true or false
```

(2) 将鼠标悬停在每个 var 关键字上，注意代码编辑器会显示一个工具提示，其中包含推断出的类型的相关信息。

(3) 在 Program.cs 文件的顶部，导入用于处理 XML 的名称空间，以使用该名称空间中的类型声明一些变量，如下面的代码所示：

```
using System.Xml;
```

最佳实践：

如果使用的是.NET Interactive Notebooks，那么在编写主代码的代码单元格之上的单独单元格中添加 using 语句。然后单击 Execute Cell 以确保已导入名称空间。之后它们就可用于后续的代码单元格中。

(4) 在前面的语句下，添加如下语句创建一些新对象：

```
// good use of var because it avoids the repeated type
// as shown in the more verbose second statement
var xml1 = new XmlDocument(); // C# 3 and later
XmlDocument xml2 = new XmlDocument(); // all C# versions

// bad use of var because we cannot tell the type, so we
// should use a specific type declaration as shown in
// the second statement
var file1 = File.CreateText("something1.txt");
StreamWriter file2 = File.CreateText("something2.txt");
```

最佳实践：

尽管使用 var 关键字很方便，但一些开发人员避免使用它，以使代码阅读者更容易理解所使用的类型。就我个人而言，我只在类型明显时才使用它。例如，在前面的代码语句中，第一个语句在说明 xml 变量的类型方面和第二个语句一样清楚，但更短。然而，第三条语句在显示 file 变量的类型方面并不清楚，因此第四个语句更合适，因为它显示了类型是 StreamWriter。

3. 使用面向类型的 new 实例化对象

在 C# 9 中，微软引入了另一种用于实例化对象的语法，称为面向类型的 new(target-typed new)。当实例化对象时，可以先指定类型，再使用 new，而不必重复写出类型，如下所示：

```
XmlDocument xml3 = new(); // target-typed new in C# 9 or later
```

如果有一个需要设置字段或属性的类型，那么可以推断该类型，如下面的代码所示：

```
// In Program.cs
Person kim = new();
kim.BirthDate = new(1967, 12, 26); // instead of: new DateTime(1967, 12, 26)

// In a separate Person.cs file or at the bottom of Program.cs
class Person
{
    public DateTime BirthDate;
}
```

这种实例化对象的方法对于数组和集合特别有用，因为通常它们包含多个相同类型的对象，如以下代码所示：

```
List<Person> people = new()
{
  new() { FirstName = "Alice" },
  new() { FirstName = "Bob" },
  new() { FirstName = "Charlie" }
};
```

本书的第 3 章和第 8 章将分别介绍有关数组和集合的知识。

最佳实践：
尽量使用面向类型的 new 来实例化对象，除非必须使用 C# 9 版本之前的编译器。本书的其余部分使用了面向类型的 new。如果你发现任何我错过的示例，请让我知道!

2.3.10 获取和设置类型的默认值

除了 string，大多数基本类型都是值类型，这意味着它们必须有值。可以使用 default()操作符并将类型作为参数传递来确定类型的默认值。可以使用 default 关键字指定类型的默认值。

string 类型是引用类型。这意味着 string 变量包含的是值的内存地址而不是值本身。引用类型的变量可以有空值；空值是字面值，表示变量尚未引用任何东西。空值是所有引用类型的默认值。

第 6 章将介绍关于值类型和引用类型的更多知识。

下面探讨类型的默认值。

(1) 添加如下语句，显示 int、bool、DateTime 和 string 类型的默认值：

```
Console.WriteLine($"default(int) = {default(int)}");
Console.WriteLine($"default(bool) = {default(bool)}");
Console.WriteLine($"default(DateTime) = {default(DateTime)}");
Console.WriteLine($"default(string) = {default(string)}");
```

(2) 运行代码并查看结果，输出如下所示(注意你的日期和时间的输出格式可能不同，如果不是在英国运行它，空值输出为一个空字符串，如下所示：

```
default(int) = 0
default(bool) = False
default(DateTime) = 01/01/0001 00:00:00
default(string) =
```

(3) 添加语句声明 number，赋值，然后将其重置为默认值，如下面的代码所示：

```
int number = 13;
Console.WriteLine($"number has been set to: {number}");
number = default;
Console.WriteLine($"number has been reset to its default: {number}");
```

(4) 运行代码并查看结果，如下所示：

```
number has been set to: 13
number has been reset to its default: 0
```

2.4　深入研究控制台应用程序

前面已创建并使用了基本的控制台应用程序，下面更深入地研究它们。

控制台应用程序是基于文本的，在命令行中运行。它们通常执行需要编写脚本的简单任务，例如，编译文件或加密配置文件的一部分。

同样，它们也可通过传递过来的参数来控制自己的行为。

这方面的典型例子是，可使用 F#语言创建一个新的控制台应用程序，并使用指定的名称而不是当前文件夹的名称，如以下的命令行所示：

```
dotnet new console -lang "F#" --name "ExploringConsole"
```

2.4.1　向用户显示输出

控制台应用程序执行的两个最常见的任务是写入和读取数据。前者使用 WriteLine 方法输出数据，但是，如果不希望行末有回车符(例如，如果以后想继续在该行末编写更多的文本)，那么可以使用 Write 方法。

1. 使用编号的位置参数进行格式化

生成格式化字符串的一种方法是使用编号的位置参数(numbered positional argument)。

诸如 Write 和 WriteLine 的方法就支持这一特性，对于不支持这一特性的方法，可以使用 string 类型的 Format 方法对 string 参数进行格式化。

下面开始格式化。

(1) 使用喜欢的代码编辑器向 Chapter02 工作区/解决方案新添加一个名为 Formatting 的 Console App/console 项目。

在 Visual Studio Code 中，选择 Formatting 作为活动的 OmniSharp 项目。

(2) 在 Program.cs 中，删除现有的语句并添加如下语句，声明一些数值变量并将它们写入控制台：

```
int numberOfApples = 12;
decimal pricePerApple = 0.35M;
Console.WriteLine(
  format: "{0} apples cost {1:C}",
  arg0: numberOfApples,
  arg1: pricePerApple * numberOfApples);

string formatted = string.Format(
  format: "{0} apples cost {1:C}",
  arg0: numberOfApples,
  arg1: pricePerApple * numberOfApples);

//WriteToFile(formatted); // writes the string into a file
```

WriteToFile 方法是不存在的，这里只是用来说明这种思想。

Write、WriteLine 和 Format 方法最多可以有 4 个编号的参数，分别为 arg0、arg1、arg2 和 arg3。如果需要传递 4 个以上的值，则无法命名它们，如以下代码所示：

```
// Four parameter values can use named arguments.
Console.WriteLine(
  format: "{0} {1} lived in {2}, {3}.",
  arg0: "Roger", arg1: "Cevung",
  arg2: "Stockholm", arg3: "Sweden");

// Five or more parameter values cannot use named arguments.
Console.WriteLine(
  format: "{0} {1} lived in {2}, {3} and worked in the {4} team at {5}.",
  "Roger", "Cevung", "Stockholm", "Sweden", "Education", "Optimizely");
```

最佳实践：
一旦对格式化字符串更熟悉，就应该停止对参数进行命名，例如，停止使用 format:、arg0:和 arg1:。前面的代码使用一种非规范的样式来显示 0 和 1 的来源。

2. 使用内插字符串进行格式化

C# 6.0 及后续版本有一个方便的特性，叫作内插字符串(interpolated strings)。以$为前缀的字符串可以在变量或表达式的名称两边使用花括号，从而输出变量或表达式在字符串中相应位置的当前值，以下步骤演示了这一点。

(1) 在 Program.cs 文件的底部输入如下语句：

```
// The following statement must be all on one line.
Console.WriteLine($"{numberOfApples} apples cost {pricePerApple *
numberOfApples:C}");
```

(2) 运行代码并查看结果，部分输出如下所示：

```
12 apples costs £4.20
```

对于短格式的字符串，内插字符串更容易阅读。但对于本书中的代码示例，一行代码需要跨越多行显示，这可能比较棘手。本书的许多代码示例将使用编号的位置参数，不过 C# 11 中的一个改进支持在内插表达式所导致的"空隙"中进行换行,如以下代码所示。

```
Console.WriteLine($"{numberOfApples} apples cost {pricePerApple
                                            *
                                            numberOfApples:C}");
```

避免内插字符串的另一个原因是不能从资源文件中读取它们并本地化。

在 C# 10 之前,字符串常量只能通过连接(使用+运算符)来组合,代码如下所示:

```
private const string firstname = "Omar";
private const string lastname = "Rudberg";
private const string fullname = firstname + " " + lastname;
```

在 C# 10 中,现在可以使用内插字符串(前缀为$),代码如下所示:

```
private const string fullname = $"{firstname} {lastname}";
```

这种方式只适用于组合字符串常量值,不适合处理其他类型,比如需要在运行时转换数据类型的数字。

3. 理解格式字符串

可以在逗号或冒号之后使用格式字符串对变量或表达式进行格式化。

N0 格式的字符串表示有千位分隔符且没有小数点的数字,而 C 格式的字符串表示货币。货币格式由当前线程决定。

例如,如果在英国的个人计算机上运行这段代码,会得到英镑,此时将逗号作为千位分隔符;但如果在德国的个人计算机上运行这段代码,会得到欧元,此时将圆点作为千位分隔符。

格式项的完整语法如下:

```
{ index [, alignment ] [ : formatString ] }
```

每个格式项都有一个对齐选项,这在输出值表时非常有用,其中一些值可能需要在字符宽度内左对齐或右对齐。值的对齐处理的是整数。正整数右对齐,负整数左对齐。

例如,为了输出一张水果表以及每类水果有多少个,你可能希望将名称左对齐到某一长度为10 个字符的列中,并将格式化为数字的计数值右对齐到另一长度为 6 个字符的列中,列的小数位数为0。

(1) 在 Program.cs 文件底部输入如下语句:

```
string applesText = "Apples";
int applesCount = 1234;
string bananasText = "Bananas";
int bananasCount = 56789;

Console.WriteLine(
  format: "{0,-10} {1,6}",
  arg0: "Name",
  arg1: "Count");
Console.WriteLine(
  format: "{0,-10} {1,6:N0}",
  arg0: applesText,
  arg1: applesCount);
Console.WriteLine(
```

```
format: "{0,-10} {1,6:N0}",
arg0: bananasText,
arg1: bananasCount);
```

(2) 运行代码，注意对齐后的效果和数字格式，输出如下所示：

```
Name      Count
Apples    1,234
Bananas  56,789
```

2.4.2 从用户那里获取文本输入

可以使用 ReadLine 方法从用户那里获取文本输入。ReadLine 方法会等待用户输入一些文本，此后用户每次按 Enter 键时，用户输入的任何内容都将作为字符串值返回。

> **最佳实践：**
> 如果在本节中使用的是.NET Interactive Notebooks，那么请注意，它不支持使用 Console.ReadLine()从控制台读取输入。相反，必须设置字面值，如下面的代码所示: string? firstName = "Gary";。这通常会更快，因为只需要改变字符串字面值，并单击 Execute Cell 按钮，而不是每次想输入不同的字符串值时，都必须重新启动控制台应用程序。

下面获取用户的输入。

(1) 输入如下语句，询问用户的姓名和年龄，然后输出用户输入的内容：

```
Console.Write("Type your first name and press ENTER: ");
string firstName = Console.ReadLine();

Console.Write("Type your age and press ENTER: ");
string age = Console.ReadLine();

Console.WriteLine($"Hello {firstName}, you look good for {age}.");
```

默认情况下，在.NET 6 及后续版本中，启用了可空性检查，因此 C#编译器会给出两个警告，因为 ReadLine 方法可能返回空值而不是字符串值。

(2) 对于 firstName 变量，在字符串之后追加一个?。这告诉编译器，我们可能期望一个 null 值，所以它不必发出警告。如果该变量为 null，那么当稍后用 WriteLine 输出时，将返回 null 值，这种情况是可行的。如果我们要访问 firstName 变量的任何成员，那么需要处理它为空的情况。

(3) 对于 firstName 变量，在语句末尾的分号之前追加一个!。这称为 null-forgiving 操作符，因为它告诉编译器，在这种情况下，ReadLine 不会返回 null，因此可以停止显示警告。我们现在有责任确保这一点。幸运的是，Console 类型的 ReadLine 实现总是返回一个字符串，即使它只是一个空字符串值。

> **更多信息：**
> 目前已有两种常见的方法可处理编译器中的可空性警告。将在第 6 章更详细地介绍可空性以及如何处理它。

(4) 运行代码，输入姓名和年龄，输出如下所示：

```
Type your name and press ENTER: Gary
Type your age and press ENTER: 34
Hello Gary, you look good for 34.
```

2.4.3　简化控制台的使用

在 C# 6.0 及后续版本中，using 语句不仅可用于导入名称空间，还可通过导入静态类进一步简化代码。这样，就不需要在整个代码中输入 Console 类型名。

1. 为单个文件导入静态类型

可使用代码编辑器的查找和替换功能删除之前编写的 Console 类型。

(1) 在 Program.cs 文件的顶部添加一条语句，静态导入 System.Console 类型，如下所示：

```
using static System.Console;
```

(2) 在代码中选择第一个 Console.，确保选择了单词 Console 之后的句点。

(3) 在 Visual Studio 中，导航到 Edit | Find and Replace | Quick Replace，或在 Visual Studio Code 中导航到 Edit | Replace。注意出现了叠加对话框，输入想要的内容以替换 Console.，如图 2.6 所示。

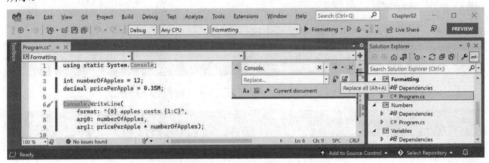

图 2.6　使用 Visual Studio 中的 Replace 功能简化代码

(4) 保持 Replace 框为空，单击 Replace all 按钮(Replace 输入框右侧的两个按钮中的第二个按钮)，然后单击其右上角的关闭按钮关闭 Replace 提示框。

(5) 运行控制台应用程序，注意其行为与之前相同。

2. 为项目中的所有代码文件导入静态类型

与其只为一个代码文件静态导入 Console 类，不如为项目中的所有代码文件都导入 Console 类：

(1) 删除静态导入 System.Console 的语句。

(2) 打开 Formatting.csproj，在<PropertyGroup>部分之后，添加一个新的<ItemGroup>部分，以使用隐式的 usings .NET SDK 功能静态导入 System.Console，如以下代码所示：

```
<ItemGroup>
    <Using Include="System.Console" Static="true" />
</ItemGroup>
```

(3) 运行控制台应用程序，注意其行为与之前相同。

最佳实践：
今后，对于为本书创建的所有控制台应用程序项目，请添加上面的代码部分，以简化在所有 C# 文件中使用 Console 类所需要编写的代码。

2.4.4 获取用户的重要输入

可以使用 ReadKey 方法从用户那里获取重要输入。ReadKey 方法会等待用户输入内容，然后用户按下某个键或某个组合键，用户输入的任何内容都将作为 ConsoleKeyInfo 值返回。

不能使用.NET Interactive Notebooks 来执行 ReadKey 方法的调用，但是如果已创建了一个控制台应用程序，那么研究一下按键的读取。

(1) 输入如下语句，要求用户按任意组合键，然后输出相关信息：

```
Write("Press any key combination: ");
ConsoleKeyInfo key = ReadKey();
WriteLine();
WriteLine("Key: {0}, Char: {1}, Modifiers: {2}",
  arg0: key.Key,
  arg1: key.KeyChar,
  arg2: key.Modifiers);
```

(2) 运行代码，按 K 键并注意结果，输出如下所示：

```
Press any key combination: k
Key: K, Char: k, Modifiers: 0
```

(3) 运行代码，按住 Shift 键并按 K 键，然后注意结果，输出如下所示：

```
Press any key combination: K
Key: K, Char: K, Modifiers: Shift
```

(4) 运行代码，按 F12 键并注意结果，输出如下所示：

```
Press any key combination:
Key: F12, Char: , Modifiers: 0
```

在 Visual Studio Code 的终端窗口中运行控制台应用程序时，一些按键组合将被代码编辑器捕获，然后由控制台应用程序处理。例如，在 Visual Studio Code 中，按下 Ctrl +Shift + X 组合键将激活边栏中的 Extensions 视图。要完全测试此控制台应用程序，请在项目文件夹中打开命令提示符或终端，并从命令提示符或终端中运行控制台应用程序。

2.4.5 向控制台应用程序传递参数

当运行控制台应用程序时，经常想通过传递参数来改变它的行为。例如，使用 dotnet 命令行工具可以传递新项目模板的名称，如以下命令所示：

```
dotnet new console
dotnet new mvc
```

如何获得可能传递给控制台应用程序的任何参数？

在.NET 6.0 之前的每个版本中，控制台应用程序项目模板都很明显，代码如下所示：

```
using System;

namespace Arguments
{
  class Program
  {
    static void Main(string[] args)
    {
      Console.WriteLine("Hello World!");
    }
  }
}
```

　　string[] args 参数是在 Program 类的 Main 方法中声明和传递的。它们是用于向控制台应用程序传递参数的数组，但在顶级程序中，如.NET 6.0 及后续版本的控制台应用程序项目模板所使用的那样，Program 类及其 Main 方法，以及 args 数组的声明都是隐藏的。诀窍在于必须知道它仍然存在。

　　命令行参数由空格分隔。其他字符(如连字符和冒号)被视为参数值的一部分。

　　要在实参值中包含空格，请将实参值放在单引号或双引号中。

　　假设我们希望能够在命令行中输入前景色和背景色的名称以及终端窗口的大小。为此，可从 args 数组中读取颜色和数字，而 args 数组总是被传递给控制台应用程序的 Main 方法。

　　(1) 使用喜欢的代码编辑器将一个新的名为 Arguments 的 Console App/console 项目添加到 Chapter02 工作区/解决方案中。不能使用.NET Interactive Notebook，因为无法向其传递参数。

　　在 Visual Studio Code 中，选择 Arguments 作为活动的 OmniSharp 项目。

　　(2) 打开 Arguments.csproj，在<PropertyGroup>部分的后面，添加一个新的<ItemGroup>部分，以使用隐式的 usings .NET SDK 功能为所有 C#文件静态导入 System.Console 类型，如以下标记所示：

```
<ItemGroup>
  <Using Include="System.Console" Static="true" />
</ItemGroup>
```

最佳实践：
记住，在所有项目中，可使用隐式的 usings .NET SDK 功能静态地导入 System.Console 类型以简化代码，因为这些指令不会每次都重复。

　　(3) 在 Program.cs 文件中，删掉现有的语句，然后添加一条语句以输出传递给应用程序的参数的数量，如下所示：

```
WriteLine($"There are {args.Length} arguments.");
```

　　(4) 运行控制台应用程序并查看结果，输出如下所示：

```
There are 0 arguments.
```

　　如果使用的是 Visual Studio 2022，则执行以下操作。

　　(1) 导航到 Project|Arguments Properties。

　　(2) 选择 Debug 选项卡，单击 Open debug launch profiles UI，并在 Command line arguments 框

中输入如下参数：firstarg second-arg third:arg "fourth arg"，如图 2.7 所示。

图 2.7 在 Visual Studio 项目属性中输入命令行参数

(3) 关闭 Launch Profiles 窗口。

(4) 运行控制台应用程序。

如果使用的是 Visual Studio Code，则执行以下操作。

在终端中，在 dotnet run 命令后输入一些参数，如下所示：

```
dotnet run firstarg second-arg third:arg "fourth arg"
```

对于以上两个编码工具：

(1) 注意输出结果显示有 4 个参数，如下所示：

```
There are 4 arguments.
```

(2) 在 Program.cs 文件中，要枚举或迭代(也就是循环遍历)这 4 个参数的值，请在输出数组长度后添加以下语句：

```
foreach (string arg in args)
{
WriteLine(arg);
}
```

(3) 再次运行代码，注意输出结果显示了这 4 个参数的详细信息，如下所示：

```
There are 4 arguments.
firstarg
second-arg
third:arg
fourth arg
```

2.4.6 使用参数设置选项

现在，这些参数将允许用户为输出窗口选择背景色和前景色，并指定光标的大小。光标大小可以是从 1(表示光标单元格底部的一行)到 100(表示光标单元格高度的百分比)的整数值。

我们已静态导入了 System.Console 类。它具有 ForegroundColor、BackgroundColor 和 CursorSize 等属性，现在只需使用它们的名称即可设置这些属性，而不必加上前缀 Console。

System 名称空间已导入，这样编译器才知道 ConsoleColor 和 Enum 类型：

(1) 添加语句以警告用户，如果这 3 个参数未输入完毕就解析它们并使用它们设置控制台窗口的颜色和光标的大小，系统将发出警告，如下所示：

```
if (args.Length < 3)
{
  WriteLine("You must specify two colors and cursor size, e.g.");
  WriteLine("dotnet run red yellow 50");
  return; // stop running
}

ForegroundColor = (ConsoleColor)Enum.Parse(
  enumType: typeof(ConsoleColor),
  value: args[0],
  ignoreCase: true);

BackgroundColor = (ConsoleColor)Enum.Parse(
  enumType: typeof(ConsoleColor),
  value: args[1],
  ignoreCase: true);

CursorSize = int.Parse(args[2]);
```

 提示：
要注意编译器给出的警告，对 CursorSize 的设置仅能在 Windows 上进行。

- 在 Visual Studio 2022 中，导航到 Project | Arguments Properties，并将参数更改为 red yellow 50。运行控制台应用程序，注意光标的大小是原来的一半，窗口的颜色也发生了变化，如图 2.8 所示。

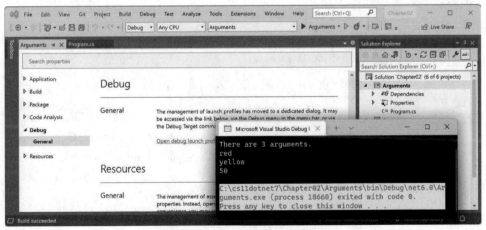

图 2.8　在 Windows 上设置颜色和光标的大小

- 在 Visual Studio Code 中，运行带参数的代码，设置前景色为红色，背景色为黄色，光标大小为50%，如以下命令所示：

```
dotnet run red yellow 50
```

在 macOS 上，将看到一个未处理的异常，如图2.9所示。

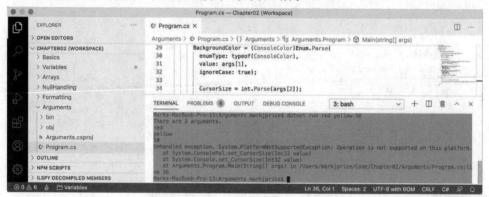

图2.9　在不支持的 macOS 上出现了未处理的异常

虽然编译器没有给出错误或警告，但是在运行时，一些 API 调用可能在某些平台上失败。虽然在 Windows 上运行的控制台应用程序可以更改光标的大小，但在 macOS 上不能，如果尝试这样做，它会发出抱怨。

2.4.7　处理不支持 API 的平台

如何解决这个问题呢？可以使用异常处理程序。第3章将介绍关于 try-catch 语句的更多细节，所以现在只需要输入代码。

(1) 修改代码，将更改光标大小的代码行封装到 try 语句中，如下所示：

```
try
{
  CursorSize = int.Parse(args[2]);
}
catch (PlatformNotSupportedException)
{
  WriteLine("The current platform does not support changing the size of
the cursor.");
}
```

(2) 如果在 macOS 上运行代码，注意异常会被捕获，并向用户显示一条友好的消息。

处理操作系统差异的另一种方法是使用 System 名称空间的 OperatingSystem 类，如下所示：

```
if (OperatingSystem.IsWindows())
{
  // execute code that only works on Windows
}
else if (OperatingSystem.IsWindowsVersionAtLeast(major: 10))
{
  // execute code that only works on Windows 10 or later
}
```

```
else if (OperatingSystem.IsIOSVersionAtLeast(major: 14, minor: 5))
{
  // execute code that only works on iOS 14.5 or later
}
else if (OperatingSystem.IsBrowser())
{
  // execute code that only works in the browser with Blazor
}
```

OperatingSystem 类提供了与其他常见操作系统(如 Android、iOS、Linux、macOS 甚至浏览器)相同的方法，这对 Blazor Web 组件很有用。

处理不同平台的第三种方法是使用条件编译语句。

有 4 个预处理指令可以控制条件编译：#if、#elif、#else 和#endif。

使用#define 定义符号，如下所示：

```
#define MYSYMBOL
```

许多符号会自动定义，如表 2.23 所示。

表 2.23　会自动定义的符号

目标框架	符号
.NET Standard	NETSTANDARD2_0 和 NETSTANDARD2_1 等
现代.NET	NET7_0、NET7_0_ANDROID、NET7_0_IOS、NET7_0_WINDOWS 等

然后可以编写只针对指定平台编译的语句，代码如下所示：

```
#if NET7_0_ANDROID
// compile statements that only works on Android
#elif NET7_0_IOS
// compile statements that only works on iOS
#else
// compile statements that work everywhere else
#endif
```

2.5　理解 async 和 await

C# 5 引入了两个关键字来简化 Task 类型的使用：async 和 await。它们在以下方面特别有用：

- 为图形用户界面(GUI)实现多任务处理。
- 提高 Web 应用程序和 Web 服务的可伸缩性。
- 在与文件系统、数据库和远程服务交互时防止阻塞调用，所有这些工作都需要很长时间才能完成。

第 14 章将探讨 async 和 await 关键字如何提高网站的可伸缩性。但是现在，我们先通过示例来学习如何在控制台应用程序中使用它们，然后讨论它们在 Web 项目中的实际应用。

提高控制台应用程序的响应能力

控制台应用程序存在的限制是，只能在标记为 async 的方法中使用 await 关键字，C# 7 及更早版本不允许将 Main 方法标记为 async！幸运的是，C# 7.1 中引入的新特性之一就是在 Main 方法中支持 async 关键字。

(1) 使用自己喜欢的代码编辑器在 Chapter02 解决方案/工作区中添加一个新的 Console App/console 项目，命名为 AsyncConsole。

如果使用的是 Visual Studio Code，可选择 AsyncConsole 作为活动的 OmniSharp 项目。

(2) 打开 AsyncConsole.csproj，在<PropertyGroup>部分的后面，添加一个新的<ItemGroup>部分，使用隐式的 Usings .NET SDK 特性静态导入 System.Console，代码如下所示：

```
<ItemGroup>
  <Using Include="System.Console" Static="true" />
</ItemGroup>
```

(3) 在 Program.cs 文件中，删除现有语句，添加语句，创建一个 HttpClient 实例，向苹果公司的主页发出请求并输出有多少字节，代码如下所示：

```
HttpClient client = new();

HttpResponseMessage response =
  await client.GetAsync("http://www.apple.com/");
WriteLine("Apple's home page has {0:N0} bytes.",
  response.Content.Headers.ContentLength);
```

(4) 导航到 Build | Build AsyncConsole，注意该项目已成功构建。

> **注意：**
>
> 在.NET 5 和更早的版本中，会看到一条错误消息，输出如下所示：
>
> ```
> Program.cs(14,9): error CS4033: The 'await' operator can
> only be used within an async method. Consider marking
> this method with the 'async' modifier and changing its
> return type to 'Task'. [/Users/markjprice/Code/ Chapter02/
> AsyncConsole/AsyncConsole.csproj]
> ```
>
> 必须将 async 关键字添加到 Main 方法中，并将其返回类型由 void 更改为 Task。在.NET 6 及后续版本中，控制台应用程序项目模板使用顶级程序特性自动定义了一个包含异步<Main>$方法的 program 类。

(5) 运行代码并查看结果，可能会显示不同的字节数，因为苹果公司经常更改其主页，输出如下所示：

```
Apple's home page has 40,252 bytes.
```

2.6 实践和探索

可以通过回答一些问题来测试自己对知识的理解程度，进行一些实践，并深入探索本章涵盖的主题。

2.6.1　练习 2.1：测试你掌握的知识

为了得到这些问题的最佳答案，需要自己做一些研究。我希望你"跳出书本进行思考"，所以本书故意不提供所有问题的答案。

我们希望你养成去别处寻求帮助的好习惯，本书遵循"授人以渔"的原则。

(1) 在 C#文件中输入什么语句可以发现编译器和语言版本?

(2) C#中的两种注释类型是什么?

(3) 逐字字符串和内插字符串之间的区别是什么?

(4) 为什么在使用 float 和 double 值时要小心?

(5) 如何确定像 double 这样的类型在内存中使用多少字节?

(6) 什么时候应该使用 var 关键字?

(7) 创建诸如 XmlDocument 类的实例的最新方法是什么?

(8) 为什么在使用动态类型时要小心?

(9) 如何右对齐格式字符串?

(10) 什么字符可分隔控制台应用程序的参数?

> **提示：**
> 可以从 GitHub 存储库的 README 中的链接下载附录 A 的英文版：https://github.com/markjprice/cs11dotnet7。

2.6.2　练习 2.2：测试你对数字类型的了解

请问，下列"数字"应选择什么类型?

- 一个人的电话号码
- 一个人的身高
- 一个人的年龄
- 一个人的工资
- 一本书的 ISBN
- 一本书的定价
- 一本书的运输重量
- 一个国家的人口
- 宇宙中恒星的数量
- 英国每个中小企业的员工人数(每个企业最多 5 万名员工)

2.6.3　练习 2.3：练习数字大小和范围

在 Chapter02 解决方案/工作区中，创建一个名为 Ch02Ex03Numbers 的控制台应用程序项目，输出以下每种数字类型使用的内存字节数，以及它们可能具有的最小值和最大值：sbyte、byte、short、ushort、int、uint、long、ulong、float、double 和 decimal。

运行控制台应用程序，结果应该如图 2.10 所示。

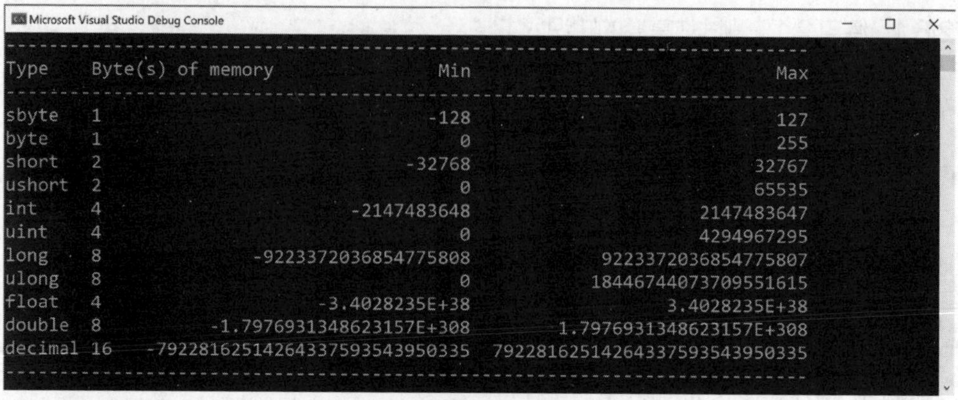

```
Microsoft Visual Studio Debug Console                                    —    □    ×
----------------------------------------------------------------------------------
Type     Byte(s) of memory                Min                          Max
----------------------------------------------------------------------------------
sbyte    1                               -128                          127
byte     1                                  0                          255
short    2                             -32768                        32767
ushort   2                                  0                        65535
int      4                        -2147483648                   2147483647
uint     4                                  0                   4294967295
long     8               -9223372036854775808          9223372036854775807
ulong    8                                  0         18446744073709551615
float    4                      -3.4028235E+38               3.4028235E+38
double   8            -1.7976931348623157E+308      1.7976931348623157E+308
decimal  16 -79228162514264337593543950335  79228162514264337593543950335
----------------------------------------------------------------------------------
```

图 2.10　输出数字类型大小的结果

作为奖励练习，为.NET 5 中引入的 System.Half 类型输出一行结果。

所有练习的代码解决方案都可通过以下链接从 GitHub 存储库下载或复制：
https://github.com/markjprice/cs11dotnet7。

2.6.4　练习 2.4：探索主题

可通过以下链接阅读本章所涉及主题的更多细节：

https://github.com/markjprice/cs11dotnet7/blob/main/book-links.md#chapter-2---speaking-c

2.7　本章小结

本章主要内容：

- 声明具有指定类型或推断类型的变量。
- 对数字、文本和布尔值使用一些内置类型。
- 在数字类型之间进行选择。
- 在控制台应用程序中控制输出格式。

第 3 章中将学习运算符、分支、循环、类型转换，以及如何处理异常。

第**3**章

控制程序流程、转换类型和处理异常

本章主要介绍一些编码实践，其中包括编写代码对变量执行简单操作、做出决策、执行模式匹配、重复执行语句或代码块、使用数组存储多个值、将变量或表达式值从一种类型转换为另一种类型、处理异常以及在数字变量中检查溢出。

本章涵盖以下主题：

- 操作变量
- 理解选择语句
- 理解迭代语句
- 在数组中存储多个值
- 类型转换
- 处理异常
- 检查溢出

3.1 操作变量

运算符可将简单的操作(如加法和乘法)应用于操作数(如变量和字面值)。它们通常返回一个新值，该值是操作的结果，可以赋给变量。

大多数运算符是二元的，这意味着它们可以处理两个操作数，如下所示：

```
var resultOfOperation = firstOperand operator secondOperand;
```

二元运算符的例子包括加法和乘法，如下面的代码所示：

```
int x = 5;
int y = 3;
int resultOfAdding = x + y;
int resultOfMultiplying = x * y;
```

有些运算符是一元的，也就是说，它们只能作用于一个操作数，并且可用于这个操作数之前或之后，如下所示：

```
var resultOfOperationAfter = onlyOperand operator;
var resultOfOperationBefore = operator onlyOperand;
```

一元运算符可用于递增操作以及检索类型或类型大小(以字节为单位)，如下所示：

```
int x = 5;
int postfixIncrement = x++;
int prefixIncrement = ++x;
Type theTypeOfAnInteger = typeof(int);
string nameOfVariable = nameof(x);
int howManyBytesInAnInteger = sizeof(int);
```

三元运算符则作用于三个操作数，如下面的伪代码所示：

```
var resultOfOperation = firstOperand firstOperator
    secondOperand secondOperator thirdOperand;
```

3.1.1 一元算术运算符

有两个常用的一元运算符，它们可用于递增(++)和递减(--)数字。下面通过一些示例来说明它们的工作方式。

(1) 如果完成了前面的章节，那么应该已经有了 cs11dotnet7 文件夹。如果没有，就创建 cs11dotnet7 文件夹。

(2) 使用自己喜欢的编码工具创建一个新项目，如下所示。

- 项目模板：Console App/console
- 项目文件和文件夹：Operators
- 工作区/解决方案文件和文件夹：Chapter03

(3) 打开 Operators.csproj，在<PropertyGroup>部分之后，添加一个新的<ItemGroup>部分，使用 implicit usings .NET SDK 功能为所有 C#文件静态导入 System.Console 类型，如以下标记所示：

```
<ItemGroup>
    <Using Include="System.Console" Static="true" />
</ItemGroup>
```

(4) 在 Program.cs 文件中，删除现有语句，然后声明两个名为 a 和 b 的整型变量，将 a 的值设置为 3，在将结果赋给 b 的同时递增 a，然后输出它们的值，如以下代码所示：

```
int a = 3;
int b = a++;
WriteLine($"a is {a}, b is {b}");
```

(5) 在运行控制台应用程序前，问自己一个问题：当输出时，b 的值是多少？考虑到这一点后，运行代码，并将预测结果与实际结果进行比较，如以下输出所示：

```
a is 4, b is 3
```

变量 b 的值为 3，因为++运算符在赋值后执行；这称为后缀运算符。如果需要在赋值前递增，那么可以使用前缀运算符。

(6) 复制并粘贴语句，然后修改它们以重命名变量，并使用前缀运算符，如以下代码所示：

```
int c = 3;
int d = ++c; // increment c before assigning it
WriteLine($"c is {c}, d is {d}");
```

(7) 重新运行代码并注意观察结果，输出如下所示：

```
a is 4, b is 3
c is 4, d is 4
```

最佳实践：
由于递增、递减运算符与赋值运算符在前缀和后缀方面容易让人混淆，Swift 编程语言的设计者决定在 Swift 3 中取消对递增、递减运算符的支持。建议在 C#中不要将 ++和--运算符与赋值运算符=结合使用。可将操作作为单独语句执行。

3.1.2 二元算术运算符

递增和递减运算符是一元算术运算符。其他算术运算符通常是二元的，允许对两个数字执行算术运算。

(1) 添加如下语句，对两个整型变量 e 和 f 进行声明并赋值，然后对这两个变量执行 5 种常见的二元算术运算：

```
int e = 11;
int f = 3;
WriteLine($"e is {e}, f is {f}");
WriteLine($"e + f = {e + f}");
WriteLine($"e - f = {e - f}");
WriteLine($"e * f = {e * f}");
WriteLine($"e / f = {e / f}");
WriteLine($"e % f = {e % f}");
```

(2) 运行代码并注意观察结果，输出如下所示：

```
e is 11, f is 3
e + f = 14
e - f = 8
e * f = 33
e / f = 3
e % f = 2
```

为了了解将除法/和取模%运算符应用到整数时的情况，需要回顾一下小学课程。假设有 11 颗糖果和 3 名小朋友。如何把这些糖果分给这些小朋友呢？可以给每个小朋友分 3 颗糖果，还剩下两颗。剩下的两颗糖果是模数，也称余数。如果有 12 颗糖果，那么每个小朋友正好可以分得 4 颗，所以余数是 0。

(3) 添加如下语句，声明名为 g 的 double 变量并赋值，以显示整数和整数相除同整数和实数相除的差别：

```
double g = 11.0;
WriteLine($"g is {g:N1}, f is {f}");
WriteLine($"g / f = {g / f}");
```

(4) 运行代码并注意观察结果，输出如下所示：

```
g is 11.0, f is 3
g / f = 3.6666666666666665
```

如果第一个操作数是浮点数，比如变量g的值为11.0，那么除法运算也将返回一个浮点数(如

3.6666666666665)而不是整数。

3.1.3 赋值运算符

前面已使用了最常用的赋值运算符=。

为了使代码更简洁，可以把赋值运算符和算术运算符等其他运算符结合起来，如下所示：

```
int p = 6;
p += 3; // equivalent to p = p + 3;
p -= 3; // equivalent to p = p - 3;
p *= 3; // equivalent to p = p * 3;
p /= 3; // equivalent to p = p / 3;
```

3.1.4 逻辑运算符

逻辑运算符对布尔值进行操作，因此它们返回 true 或 false。下面研究一下用于操作两个布尔值的二元逻辑运算符。

(1) 使用自己喜欢的编码工具，将一个名为 BooleanOperators 的新的 Console App/console 添加到 Chapter03 工作区/解决方案中。

- 在 Visual Studio Code 中，选择 BooleanOperators 作为活动的 OmniSharp 项目。当看到弹出消息指出所需的资源缺失时，单击 Yes 添加它们。
- 在 Visual Studio 2022 中，将当前选择的解决方案设置为启动项目。

最佳实践：

记得使用 implicit usings .NET SDK 功能为所有的 C#文件静态导入 System.Console 类型。

(2) 在 Program.cs 文件中，删除现有语句，然后添加语句以声明两个布尔变量，它们的值分别为 true 和 false，然后输出真值表，显示应用 AND、OR 和 XOR(exclusive OR)逻辑运算符之后的结果，如以下代码所示：

```
bool a = true;
bool b = false;
WriteLine($"AND | a    | b           ");
WriteLine($"a   | {a & a,-5}    | {a & b,-5} ");
WriteLine($"b   | {b & a,-5}    | {b & b,-5} ");
WriteLine();
WriteLine($"OR  | a    | b ");
WriteLine($"a   | {a | a,-5} | {a | b,-5} ");
WriteLine($"b   | {b | a,-5} | {b | b,-5} ");
WriteLine();
WriteLine($"XOR | a    | b ");
WriteLine($"a   | {a ^ a,-5}    | {a ^ b,-5} ");
WriteLine($"b   | {b ^ a,-5}    | {b ^ b,-5} ");
```

(3) 运行代码并注意观察结果，输出如下所示：

```
AND    | a    | b
a      | True | False
```

```
b         | False  | False

OR        | a      | b
a         | True   | True
b         | True   | False

XOR       | a      | b
a         | False  | True
b         | True   | False
```

对于 AND 逻辑运算符&，如果结果为 true，那么两个操作数都必须为 true。对于 OR 逻辑运算符|，如果结果为 true，那么两个操作数中至少有一个为 true。对于 XOR 逻辑运算符^，如果结果为 true，那么任何一个操作数都可以为 true (但不能两个同时为 true)。

3.1.5　条件逻辑运算符

条件逻辑运算符类似于逻辑运算符，但需要使用两个符号而不是一个符号。例如，需要使用 && 而不是&，以及使用||而不是|。

第 4 章将详细介绍函数，但是现在需要简单介绍一下函数以解释条件逻辑运算符(也称为短路布尔运算符)。

函数会执行语句，然后返回一个值。这个值可以是布尔值，如 true，从而可在布尔操作中使用。下面举例说明如何使用条件逻辑运算符。

(1) 在 Program.cs 文件底部编写语句，以声明一个函数，用于向控制台写入消息并返回 true，如以下代码所示：

```
static bool DoStuff()
{
    WriteLine("I am doing some stuff.");
    return true;
}
```

最佳实践：
如果使用的是.NET Interactive Notebooks，那么在一个单独的代码单元格中编写 DoStuff 函数，然后执行它，使其上下文可用于其他代码单元格。

(2) 在前面的 WriteLine 语句之后，对 a 和 b 变量以及调用 DoStuff 函数的结果执行&运算，代码如下所示：

```
WriteLine();
WriteLine($"a & DoStuff() = {a & DoStuff()}");
WriteLine($"b & DoStuff() = {b & DoStuff()}");
```

(3) 运行代码，查看结果，注意 DoStuff 函数被调用了两次，一次是为变量 a，另一次是为变量 b，输出如下所示：

```
I am doing some stuff.
a & DoStuff() = True
I am doing some stuff.
b & DoStuff() = False
```

(4) 复制并粘贴步骤(2)中的三条语句，并将代码中的&运算符改为&&运算符，如下所示：

```
WriteLine();
WriteLine($"a && DoStuff() = {a && DoStuff()}");
WriteLine($"b && DoStuff() = {b && DoStuff()}");
```

(5) 运行代码，查看结果，注意 DoStuff 函数在与变量 a 合并时会运行，但与变量 b 合并时不会运行。因为变量 b 为 false，结果为 false，所以不需要执行 DoStuff 函数，输出如下所示：

```
I am doing some stuff.
a && DoStuff() = True
b && DoStuff() = False // DoStuff function was not executed!
```

最佳实践：

你现在可以明白为什么将条件逻辑运算符描述为短路布尔运算符了。它们可以使应用程序更高效，但会在假定函数总是被调用的情况下引入一些微妙的 bug。当与会引起副作用的函数结合使用时，避免使用它们是最安全的。

3.1.6 按位和二元移位运算符

按位运算符影响的是数字中的位。二元移位运算符相比传统运算符能更快地执行一些常见的算术运算。

下面研究按位和二元移位运算符。

(1) 使用自己喜欢的编码工具在 Chapter03 工作区/解决方案中添加一个新的 Console App/console 项目，名为 BitwiseAndShiftOperators。

● 在 Visual Studio Code 中，选择 BitwiseAndShiftOperators 作为活动的 OmniSharp 项目。当看到弹出的警告消息指出所需的资源缺失时，单击 Yes 按钮添加它们。

(2) 在 Program.cs 文件中，删除现有语句，然后键入如下语句，声明两个整型变量，其值分别为 10 和 6，然后输出应用 AND、OR 和 XOR 按位运算符后的结果：

```
int a = 10; // 00001010
int b = 6; // 00000110

WriteLine($"a = {a}");
WriteLine($"b = {b}");
WriteLine($"a & b = {a & b}"); // 2-bit column only e.g. 00000010
WriteLine($"a | b = {a | b}"); // 8, 4, and 2-bit columns e.g. 00001110
WriteLine($"a ^ b = {a ^ b}"); // 8 and 4-bit columns e.g. 00001100
```

(3) 运行代码并注意观察结果，输出如下所示：

```
a = 10
b = 6
a & b = 2
a | b = 14
a ^ b = 12
```

(4) 在 Program.cs 文件中，添加语句，应用左移运算符将变量 a 的位移动三列，将 a 乘以 8，将变量 b 的位右移一列，并输出结果，如下所示：

```
// 01010000 left-shift a by three bit columns
WriteLine($"a << 3 = {a << 3}");

// multiply a by 8
WriteLine($"a * 8 = {a * 8}");

// 00000011 right-shift b by one bit column
WriteLine($"b >> 1 = {b >> 1}");
```

(5) 运行代码并注意观察结果，输出如下所示：

```
a << 3 = 80
a * 8 = 80
b >> 1 = 3
```

结果为 80 是因为其中的位向左移动了三列，所以 1 位移到了 64 位列和 16 位列，64 + 16 = 80。这相当于乘以 8，但 CPU 可以更快地执行位移位(bit-shift)。结果为 3 是因为 b 中的 1 位被移到了 2 位列和 1 位列中。

最佳实践：

记住，当操作整数值时，&和|符号是按位运算符，而当操作布尔值(如 true 和 false) 时，&和|符号是逻辑运算符。

可通过将整数值转换为包含 0 和 1 的二进制字符串来演示操作。

(1) 在 Program.cs 文件的底部，添加一个函数，将整数值转换为不超过 8 个 0 和 1 的二进制 (Base2)字符串，如下所示：

```
static string ToBinaryString(int value)
{
    return Convert.ToString(value, toBase: 2).PadLeft(8, '0');
}
```

(2) 在该函数之上添加语句，输出 a、b 和各种位运算符的结果，代码如下所示：

```
WriteLine();
WriteLine("Outputting integers as binary:");
WriteLine($"a =      {ToBinaryString(a)}");
WriteLine($"b =      {ToBinaryString(b)}");
WriteLine($"a & b = {ToBinaryString(a & b)}");
WriteLine($"a | b = {ToBinaryString(a | b)}");
WriteLine($"a ^ b = {ToBinaryString(a ^ b)}");
```

(3) 运行代码并注意观察结果，如下所示：

```
Outputting integers as binary:
a =      00001010
b =      00000110
a & b = 00000010
a | b = 00001110
a ^ b = 00001100
```

3.1.7 其他运算符

处理类型时，nameof 和 sizeof 是十分常用的运算符。

- nameof 运算符以字符串值的形式返回变量、类型或成员的短名称(没有名称空间)，这在输出异常消息时非常有用。
- sizeof 运算符返回简单类型的字节大小，这对于确定数据存储的效率很有用。

例如：

```
int age = 50;
WriteLine($"The {nameof(age)} variable uses {sizeof(int)} bytes of memory.");
```

还有其他很多运算符。例如，变量与其成员之间的点称为成员访问运算符(member access operator)，函数或方法名末尾的圆括号称为调用运算符(invocation operator)，示例如下：

```
int age = 50;

// How many operators in the following statement?
char firstDigit = age.ToString()[0];

// There are four operators:
// = is the assignment operator
// . is the member access operator
// () is the invocation operator
// [] is the indexer access operator
```

3.2 理解选择语句

每个应用程序都需要能从选项中进行选择，并沿着不同的代码路径进行分支。C#中的两个选择语句是 if 和 switch。可对所有代码使用 if 语句，但是 switch 语句可以在一些常见的场景中简化代码，例如当一个变量有多个值，而每个值都需要进行不同的处理时。

3.2.1 使用 if 语句进行分支

if 语句通过计算布尔表达式来确定要执行哪个分支。如果布尔表达式的结果为 true，就执行 if 语句块，否则执行 else 语句块。if 语句可以嵌套。

if 语句也可与其他 if 语句以及 else if 分支语句结合使用，如下所示：

```
if (expression1)
{
    // runs if expression1 is true
}
else if (expression2)
{
    // runs if expression1 is false and expression2 if true
}
else if (expression3)
{
    // runs if expression1 and expression2 are false
    // and expression3 is true
```

```
}
else
{
    // runs if all expressions are false
}
```

每个 if 语句的布尔表达式都独立于其他语句，而不像 switch 语句那样需要引用单个值。

下面编写一些代码来研究 if 语句。

(1) 使用自己喜欢的编码工具将一个名为 SelectionStatements 的新的 Console App/console 项目添加到 Chapter03 工作区/解决方案中。

● 在 Visual Studio Code 中，选择 SelectionStatements 作为活动的 OmniSharp 项目。

(2) 在 Program.cs 文件中，删除现有语句，然后添加语句检查密码是否至少为 8 个字符，代码如下所示：

```
string password = "ninja";

if (password.Length < 8)
{
  WriteLine("Your password is too short. Use at least 8 characters.");
}
else
{
  WriteLine("Your password is strong.");
}
```

(3) 运行代码并注意观察结果，如下面的输出所示：

```
Your password is too short. Use at least 8 characters.
```

if 语句为什么应总是使用花括号

由于每个语句块中只有一条语句，因此在编写前面的代码时可以不使用花括号，如下所示：

```
if (password.Length < 8)
  WriteLine("Your password is too short. Use at least 8 characters.");
else
  WriteLine("Your password is strong.");
```

应该避免使用这种风格的 if 语句，因为可能会引入严重的缺陷。例如，苹果的 iPhone iOS 操作系统中就存在臭名昭著的#gotofail 缺陷。

2012 年 9 月，在苹果的 iOS 6 发布了 18 个月后，其 SSL(Secure Sockets Layer，安全套接字层)加密代码出现了漏洞，这意味着任何用户在运行 iOS 6 设备上的 Web 浏览器 Safari 时，如果试图连接到安全的网站，如银行网站，将得不到适当的安全保护，因为不小心跳过了一项重要检查。

不能仅仅因为可以省去花括号就真的这样做。没有了它们，代码不会 "更有效率"；相反，代码的可维护性会更差，而且可能更危险。

3.2.2 模式匹配与 if 语句

模式匹配是 C# 7.0 及其后续版本引入的一个特性。if 语句可将 is 关键字与局部变量声明结合起来使用，从而使代码更安全。

(1) 添加如下语句。这样，如果存储在变量 o 中的值是 int 类型，就将值赋给局部变量 i，然后可以在 if 语句中使用局部变量 i。这比使用变量 o 更安全，因为可以确定 i 是 int 类型的变量。

```
// add and remove the "" to change the behavior
object o = "3";
int j = 4;

if (o is int i)
{
  WriteLine($"{i} x {j} = {i * j}");
}
else
{
  WriteLine("o is not an int so it cannot multiply!");
}
```

(2) 运行代码并查看结果，输出如下所示：

```
o is not an int so it cannot multiply!
```

(3) 删除值 3 两边的双引号字符，从而使变量 o 中存储的值是 int 类型而不是 string 类型。

(4) 重新运行代码并查看结果，输出如下所示：

```
3 x 4 = 12
```

3.2.3　使用 switch 语句进行分支

switch 语句与 if 语句不同，因为前者会对单个表达式与多个可能的 case 语句进行比较。每个 case 语句都与单个表达式相关。每个 case 部分必须以如下内容结尾：

- break 关键字(如下面代码中的 case 1)。
- 或者 goto case 关键字(如下面代码中的 case 2)。
- 或者没有语句(如下面代码中的 case 3)。
- 或者引用命名标签的 goto 关键字(如下面代码中的 case 5)
- 或者 return 关键字，以退出当前函数(下面的代码中未显示这种情况)。

下面编写一些代码来研究 switch 语句。

(1) 为 switch 语句键入代码。应该注意，倒数第二个语句是一个可以跳转到的标签，第一个语句生成 1~6 的随机数(代码中的数字 7 是排他上限)。switch 语句分支基于这个随机数的值，如下所示：

```
int number = Random.Shared.Next(1, 7);
WriteLine($"My random number is {number}");

switch (number)
{
  case 1:
    WriteLine("One");
    break; // jumps to end of switch statement
  case 2:
    WriteLine("Two");
    goto case 1;
```

```
    case 3: // multiple case section
    case 4:
      WriteLine("Three or four");
      goto case 1;
    case 5:
      goto A_label;
    default:
      WriteLine("Default");
      break;
} // end of switch statement
WriteLine("After end of switch");
A_label:
WriteLine($"After A_label");
```

最佳实践:

可以使用 goto 关键字跳转到另一个 case 或标签。goto 关键字并不为大多数程序员所接受，但在某些情况下，这是一种很好的代码逻辑解决方案。请谨慎使用 goto 关键字。

(2) 多次运行代码，以查看对于不同的随机数会发生什么，输出示例如下:

```
// first random run
My random number is 4
Three or four
One
After end of switch
After A_label

// second random run
My random number is 2
Two
One
After end of switch
After A_label

// third random run
My random number is 6
Default
After end of switch
After A_label

// fourth random run
My random number is 1
One
After end of switch
After A_label

// fifth random run
My random number is 5
After A_label
```

最佳实践：
用于生成随机数的 Random 类包含一个 Next 方法，该方法允许指定一个包含下限和一个排他上限并且可生成一个伪随机数。与创建一个非线程安全的 Random 新实例不同，自.NET 6 以来，可使用线程安全的 Shared 实例，这样任何线程都可并发使用它。

3.2.4 模式匹配与 switch 语句

与 if 语句一样，switch 语句在 C# 7.0 及后续版本中支持模式匹配。case 值不再必须是字面值，还可以是模式。

在 C# 7.0 及后续版本中，基于类的子类型可以对代码进行更简洁的分支，并声明和分配局部变量以安全地使用它。此外，case 语句可以包含 when 关键字以执行更具体的模式匹配。

下面的示例使用具有不同属性的动物的自定义类层次结构与 switch 语句进行模式匹配。

提示：
第 5 章将介绍有关类定义的更多细节。目前，通过阅读代码应该对类的定义有一个大致的概念。

(1) 在 SelectionStatements 项目中，导航到 Project | Add Class…，输入文件名 Animals.cs，然后单击 Add 按钮。

(2) 在 Animals.cs 文件中定义如下三个类：一个基类和两个继承类。

```
class Animal // This is the base type for all animals.
{
  public string? Name;
  public DateTime Born;
  public byte Legs;
}

class Cat : Animal // This is a subtype of animal.
{
  public bool IsDomestic;
}

class Spider : Animal // This is another subtype of animal.
{
  public bool IsPoisonous;
}
```

(3) 在 Program.cs 文件中，添加语句以声明一个可为空的 animal 数组，然后根据每个动物的类型和属性显示一条消息，代码如下所示：

```
Animal?[] animals = new Animal?[]
{
  new Cat { Name = "Karen", Born = new(year: 2022, month: 8, day: 23),
    Legs = 4, IsDomestic = true },
  null,
  new Cat { Name = "Mufasa", Born = new(year: 1994, month: 6, day: 12) },
  new Spider { Name = "Sid Vicious", Born = DateTime.Today,
```

```
    IsPoisonous = true},
  new Spider { Name = "Captain Furry", Born = DateTime.Today }
};

foreach (Animal? animal in animals)
{
  string message;

  switch (animal)
  {
    case Cat fourLeggedCat when fourLeggedCat.Legs == 4:
      message = $"The cat named {fourLeggedCat.Name} has four legs.";
      break;
    case Cat wildCat when wildCat.IsDomestic == false:
      message = $"The non-domestic cat is named {wildCat.Name}.";
      break;
    case Cat cat:
      message = $"The cat is named {cat.Name}.";
      break;
    default: // default is always evaluated last
      message = $"The animal named {animal.Name} is a {animal.GetType().
      Name}.";
      break;
    case Spider spider when spider.IsPoisonous:
      message = $"The {spider.Name} spider is poisonous. Run!";
      break;
    case null:
      message = "The animal is null.";
      break;
  }
  WriteLine($"switch statement: {message}");
}
```

(4) 运行代码并注意，名为 animals 的数组被声明为 Animal?类型，因而可以是 Animal 的任何子类型，如 Cat 或 Spider。在上面这段代码中，创建了四个具有不同属性的不同类型的 Animal 实例和一个空实例，因此结果将是每个动物都有五条描述消息，如以下输出所示：

```
switch statement: The cat named Karen has four legs.
switch statement: The animal is null.
switch statement: The non-domestic cat is named Mufasa.
switch statement: The Sid Vicious spider is poisonous. Run!
switch statement: The animal named Captain Furry is a Spider.
```

3.2.5　使用 switch 表达式简化 switch 语句

在 C# 8.0 或后续版本中，可以使用 switch 表达式简化 switch 语句。

大多数 switch 语句都非常简单，但是它们需要大量的输入。switch 表达式的设计目的是简化需要输入的代码，同时仍然表达相同的意图。所有 case 子句都将返回一个值以设置单个变量。switch 表达式使用=>表示返回值。

下面使用一个 switch 表达式实现前面使用 switch 语句的代码，这样就可以比较这两种风格了。

(1) 在 Program.cs 文件中，在 foreach 循环内的底部，添加如下语句，以根据动物的类型和属性使用 switch 表达式设置消息：

```
message = animal switch
{
  Cat fourLeggedCat when fourLeggedCat.Legs == 4
    => $"The cat {fourLeggedCat.Name} has four legs.",
  Cat wildCat when wildCat.IsDomestic == false
    => $"The non-domestic cat is named {wildCat.Name}.",
  Cat cat
    => $"The cat is named {cat.Name}.",
  Spider spider when spider.IsPoisonous
    => $"The {spider.Name} spider is poisonous. Run!",
  null
    => "The animal is null.",

  _
    => $"The animal named {animal.Name} is a {animal.GetType().Name}."
};
WriteLine($"switch expression: {message}");
```

> **更多信息：**
> switch 表达式和 switch 语句的主要区别是去掉了 case 和 break 关键字。下画线字符
> 用于表示默认的返回值。

(2) 运行代码，注意结果与之前相同，如下所示：

```
switch statement: The cat named Karen has four legs.
switch expression: The cat named Karen has four legs.
switch statement: The animal is null.
switch expression: The animal is null.
switch statement: The non-domestic cat is named Mufasa.
switch expression: The non-domestic cat is named Mufasa.
switch statement: The Sid Vicious spider is poisonous. Run!
switch expression: The Sid Vicious spider is poisonous. Run!
switch statement: The animal named Captain Furry is a Spider.
switch expression: The animal named Captain Furry is a Spider.
```

3.3 理解迭代语句

当条件为 true(while 和 for 语句)时，迭代语句会重复执行语句块，或为集合(foreach 语句)中的
每一项重复执行语句块。具体使用哪种循环语句则取决于解决逻辑问题的易理解性和个人偏好。

3.3.1 while 循环语句

while 循环语句会对布尔表达式求值，并在布尔表达式的值为 true 时继续循环。下面研究迭代
语句：

(1) 使用自己喜欢的编码工具在 Chapter03 工作区/解决方案中添加一个新的 Console
App/console 项目，名为 IterationStatements。

- 在 Visual Studio Code 中，选择 IterationStatements 作为活动的 OmniSharp 项目。

(2) 在 Program.cs 文件中，删除现有语句，然后添加语句定义 while 语句，当整数变量的值小于 10 时循环，代码如下所示：

```
int x = 0;
while (x < 10)
{
  WriteLine(x);
  x++;
}
```

(3) 运行代码并查看结果，结果应该是数字 0～9，如下所示：

```
0
1
2
3
4
5
6
7
8
9
```

3.3.2　do 循环语句

do 循环语句与 while 循环语句类似，只不过布尔表达式是在语句块的底部而不是顶部进行检查的，这意味着语句块总是至少执行一次。

(1) 输入以下语句，定义一个 do 循环：

```
string? password;
do
{
  Write("Enter your password: ");
  password = ReadLine();
}
while (password != "Pa$$w0rd");
WriteLine("Correct!");
```

(2) 运行代码，注意程序将重复提示输入密码，直到输入的密码正确为止，如下所示：

```
Enter your password: password
Enter your password: 12345678
Enter your password: ninja
Enter your password: correct horse battery staple
Enter your password: Pa$$w0rd
Correct!
```

(3) 作为一项额外的挑战，可添加语句，使用户在显示错误消息之前只能尝试输入密码 10 次。

3.3.3　for 循环语句

for 循环语句与 while 循环语句类似，只是更简洁。for 循环语句结合了如下表达式：

● 初始化表达式(可选)，它在循环开始时执行一次。

- 条件表达式(可选)，它在循环开始后的每次迭代中执行，以检查循环是否应该继续。如果该表达式返回 true 或者缺失，循环将再次执行。
- 迭代器表达式(可选)，它在每个循环的底部语句中执行，经常用于递增计数器变量。

for 循环语句通常与整数计数器一起使用，下面通过代码进行说明。

(1) 输入如下 for 循环语句，输出数字 1～10：

```
for (int y = 1; y <= 10; y++)
{
WriteLine(y);
}
```

(2) 运行代码并查看结果，结果应该是输出数字 1～10。

3.3.4 foreach 循环语句

foreach 循环语句与前面的三种循环语句稍有不同。foreach 循环语句用于对序列(如数组或集合)中的每一项执行语句块。序列中的每一项通常是只读的，如果在循环期间修改序列结构，如添加或删除某项，将抛出异常。

请尝试下面的示例：

(1) 输入语句创建一个字符串变量数组，然后输出每个字符串变量的长度，如下所示：

```
string[] names = { "Adam", "Barry", "Charlie" };
foreach (string name in names)
{
WriteLine($"{name} has {name.Length} characters.");
}
```

(2) 运行代码并查看结果，输出如下所示：

```
Adam has 4 characters.
Barry has 5 characters.
Charlie has 7 characters.
```

理解 foreach 循环语句的内部工作原理

在创建表示多个项(如数组或集合)的任何类型时都应该确保程序员能够使用 foreach 语句枚举该类型的项。

从技术角度看，foreach 循环语句适用于符合以下规则的任何类型：

- 类型必须有一个名为 GetEnumerator 的方法，该方法返回一个对象。
- 返回的这个对象必须有一个名为 Current 的属性和一个名为 MoveNext 的方法。
- MoveNext 方法必须更改 Current 的值，如果有更多的项要枚举，则返回 true，否则返回 false。

有两个名为 IEnumerable 和 IEnumerable<T>的接口，它们正式定义了这些规则，但是从技术角度看，编译器不需要类型来实现这些接口。

编译器会将前一个例子中的 foreach 语句转换成如下伪代码：

```
IEnumerator e = names.GetEnumerator();

while (e.MoveNext())
{
```

```
string name = (string)e.Current; // Current is read-only!
WriteLine($"{name} has {name.Length} characters.");
}
```

由于使用了迭代器及其只读的 Current 属性，因此 foreach 循环语句中声明的变量不能用于修改当前项的值。

3.3.5　在数组中存储多个值

当需要存储同一类型的多个值时，可以声明数组。例如，当需要在 string 数组中存储四个名称时，就可以这样做。

1. 使用一维数组

下面的代码可用来为存储四个字符串值的数组分配内存。首先在索引位置 0～3 存储字符串值(通常，数组的索引值是从 0 开始计数的，因此最后一项的索引值比数组长度小 1)。

可以将一维数组可视化为如表 3.1 所示的形式。

表 3.1　一维数组的可视化形式

0	1	2	3
Kate	Jack	Rebecca	Tom

最佳实践:

不要假设所有数组的索引值的计数都是从 0 开始的。.NET 中最常见的数组类型是 szArray，这是一种一维的零索引数组，它们使用正常的[]语法。但是.NET 中也有 mdArray，这是一种多维数组，它们不必有一个为 0 的下界。这种数组很少使用，但你应该知道它们的存在。

然后，使用 for 语句循环遍历数组中的每一项。

下面是使用数组的详细步骤。

(1) 使用自己喜欢的编码工具在 Chapter03 工作区/解决方案中添加一个新的 Console App/console 项目，名为 Arrays。

- 在 Visual Studio Code 中，选择 Arrays 作为活动的 OmniSharp 项目。当弹出的警告消息指出所需的资源缺失时，单击 Yes 按钮添加它们。

(2) 在 Program.cs 文件中，删除现有语句，然后添加语句以声明和使用字符串数组，代码如下所示:

```
string[] names; // can reference any size array of strings

// allocating memory for four strings in an array
names = new string[4];

// storing items at index positions
names[0] = "Kate";
names[1] = "Jack";
names[2] = "Rebecca";
names[3] = "Tom";
```

```
// Looping through the names
for (int i = 0; i < names.Length; i++)
{
  // output the item at index position i
  WriteLine(names[i]);
}
```

(2) 运行代码并注意观察结果，输出如下所示：

```
Kate
Jack
Rebecca
Tom
```

在分配内存时，数组的大小总是固定的，因此需要在实例化数组之前确定该数组要存储多少项。三步定义数组的另一种方法是使用数组初始化器语法：

(1) 在 for 循环之前，添加如下一条语句，以声明、分配内存并实例化类似数组的值：

```
string[] names2 = new[] { "Kate", "Jack", "Rebecca", "Tom" };
```

(2) 将 for 循环更改为使用 names2，运行控制台应用程序，注意结果是一样的。

使用 new[ ]语法为数组分配内存时，花括号中至少要有一个项，以便编译器推断出数据类型。

2. 使用多维数组

一维数组仅能用于存储一行字符串值(或任何其他数据类型)，但如果我们想要存储一个值网格、一个立方体或者更高的维度，该怎么办呢？

可以将字符串值的二维数组(也就是网格)可视化为如表 3.2 所示的形式。

表3.2　二维数组的可视化形式

	0	1	2	3
0	Alpha	Beta	Gamma	Delta
1	Anne	Ben	Charlie	Doug
2	Aardvark	Bear	Cat	Dog

下面介绍如何使用多维数组：

(1) 在 Program.cs 文件的底部，添加语句以声明和实例化字符串值的二维数组，如以下代码所示：

```
string[,] grid1 = new[,] // two dimensions
{
    { "Alpha", "Beta", "Gamma", "Delta" },
    { "Anne", "Ben", "Charlie", "Doug" },
    { "Aardvark", "Bear", "Cat", "Dog" }
};
```

(2) 可以使用一些有用的方法发现此数组的下限和上限，如以下代码所示：

```
WriteLine($"Lower bound of the first dimension is: {grid1.
GetLowerBound(0)}");
```

```
WriteLine($"Upper bound of the first dimension is: {grid1.
GetUpperBound(0)}");
WriteLine($"Lower bound of the second dimension is: {grid1.
GetLowerBound(1)}");
WriteLine($"Upper bound of the second dimension is: {grid1.
GetUpperBound(1)}");
```

(3) 运行代码并注意观察结果，输出如下所示：

```
Lower bound of the first dimension is: 0
Upper bound of the first dimension is: 2
Lower bound of the second dimension is: 0
Upper bound of the second dimension is: 3
```

(4) 然后，可以使用嵌套的 for 语句中的这些值来循环字符串值，代码如下所示：

```
for (int row = 0; row <= grid1.GetUpperBound(0); row++)
{
    for (int col = 0; col <= grid1.GetUpperBound(1); col++)
    {
        WriteLine($"Row {row}, Column {col}: {grid1[row, col]}");
    }
}
```

(5) 运行代码并注意观察结果，输出如下所示：

```
Row 0, Column 0: Alpha
Row 0, Column 1: Beta
Row 0, Column 2: Gamma
Row 0, Column 3: Delta
Row 1, Column 0: Anne
Row 1, Column 1: Ben
Row 1, Column 2: Charlie
Row 1, Column 3: Doug
Row 2, Column 0: Aardvark
Row 2, Column 1: Bear
Row 2, Column 2: Cat
Row 2, Column 3: Dog
```

实例化多维数组时必须为它的每一行和每一列都提供值，否则将得到编译错误。如果需要对缺失的字符串值进行指示，请使用 string.Empty。或者如果可以使用 string?[]来声明数组是可空的字符串值，也可以对缺失的值使用 null。

如果无法使用数组初始化语法，可能是因为正在从文件或数据库加载值，此时可以将数组维度的声明和内存的分配与值的分配分开，代码如下所示：

```
// alternative syntax
string[,] grid2 = new string[3,4]; // allocate memory

grid2[0, 0] = "Alpha"; // assign values
grid2[0, 1] = "Beta";
// and so on
grid2[2, 3] = "Dog";
```

在声明维度的大小时，指定的是长度，而不是上限。表达式 new string[3,4]表示数组在其第一维度(0)中可以包含 3 个元素，上限为 2，而数组在其第二维度(1)中可以包含 4 个元素，上限为 3。

3. 使用锯齿数组

如果需要一个多维数组，但每个维度中存储的元素数量不同，那么可以定义一个数组的数组，也称为锯齿数组(jagged array)。

数组对于临时存储多个项很有用，但是在动态添加和删除项时，集合是更灵活的选择。现在不需要担心集合，第 8 章会讨论它们。

可以将锯齿数组可视化为如表 3.3 所示的形式。

表 3.3　锯齿数组的可视化形式

0	0	1	2	
	Alpha	Beta	Gamma	
1	0	1	2	3
	Anne	Ben	Charlie	Doug
2	0	1		
	Aardvark	Bear		

下面介绍如何使用锯齿数组：

(1) 在 Program.cs 文件的底部，添加语句以声明和实例化字符串值的数组的数组，如以下代码所示：

```
string[][] jagged = new[] // array of string arrays
{
  new[] { "Alpha", "Beta", "Gamma" },
  new[] { "Anne", "Ben", "Charlie", "Doug" },
  new[] { "Aardvark", "Bear" }
};
```

(2) 可以使用一些有用的方法发现此数组的下限和上限，如以下代码所示：

```
WriteLine("Upper bound of array of arrays is: {0}",
  jagged.GetUpperBound(0));

for (int array = 0; array <= jagged.GetUpperBound(0); array++)
{
  WriteLine("Upper bound of array {0} is: {1}",
    arg0: array,
    arg1: jagged[array].GetUpperBound(0));
}
```

(3) 运行代码并注意观察结果，输出如下所示：

```
Upper bound of array of arrays is: 2
Upper bound of array 0 is: 2
Upper bound of array 1 is: 3
Upper bound of array 2 is: 1
```

(4) 然后，可以使用嵌套的 for 语句中的这些值来循环字符串值，代码如下所示：

```
for (int row = 0; row <= jagged.GetUpperBound(0); row++)
{
  for (int col = 0; col <= jagged[row].GetUpperBound(0); col++)
  {
    WriteLine($"Row {row}, Column {col}: {jagged[row][col]}");
  }
}
```

(5) 运行代码并注意观察结果，输出如下所示：

```
Row 0, Column 0: Alpha
Row 0, Column 1: Beta
Row 0, Column 2: Gamma
Row 1, Column 0: Anne
Row 1, Column 1: Ben
Row 1, Column 2: Charlie
Row 1, Column 3: Doug
Row 2, Column 0: Aardvark
Row 2, Column 1: Bear
```

4. 列表模式匹配与数组

本章前面介绍了单个对象如何支持针对其类型和属性的模式匹配。模式匹配也可用于数组和集合。

列表模式匹配适用于具有公共 Length 或 Count 属性且具有使用 int 或 System.Index 参数的索引器的任何类型。你将在第 5 章学习索引器。

当在同一 switch 表达式中定义多个列表模式时，必须对它们进行排序，以便更具体的模式最先出现，否则编译器会抱怨，指出更通用的模式会匹配所有更具体的模式，使更具体的模式无法访问。

表 3.4 显示了列表模式匹配的示例，假设有一个 int 值列表。

表 3.4 列表模式匹配示例及说明

示例	说明
[]	匹配空数组或集合
[..]	将数组或集合与任意数量的项(包含 0)匹配，所以如果同时使用[]和[..]，[..]必须在[]之后
[1, 2]	将包含两个项的列表与相应值完全匹配
[_]	将列表与任何单项匹配
[int item1]或[var item1]	将列表与任何单项匹配。可通过引用 item1 来使用返回表达式中的值
[_, _]	将列表与任意两项匹配
[var item1, var item2]	将列表与任意两项匹配。可通过引用 item1 和 item2 来使用返回表达式中的值
[_, _, _]	将列表与任意三项匹配
[var item1, ..]	将列表与一个或多个项匹配。可通过引用 item1 来引用其返回表达式中第一项的值
[var firstItem, .., var lastItem]	将列表与两个或多个项匹配。可通过引用 firstItem 和 lastItem 来引用其返回表达式中的第一项和最后一项的值
[.., var lastItem]	将列表与一个或多个项匹配。可通过引用 lastItem 来引用其返回表达式中最后一项的值

下面查看一些代码。

(1) 在 Program.cs 的底部，添加语句以定义一些 int 值数组，然后将它们传递给一个方法，该方法根据最匹配的模式返回描述性文本，代码如下所示：

```
int[] sequentialNumbers = new int[] { 1, 2, 3, 4, 5, 6, 7, 8, 9, 10 };
int[] oneTwoNumbers = new int[] { 1, 2 };
int[] oneTwoTenNumbers = new int[] { 1, 2, 10 };
int[] oneTwoThreeTenNumbers = new int[] { 1, 2, 3, 10 };
int[] primeNumbers = new int[] { 2, 3, 5, 7, 11, 13, 17, 19, 23, 29 };
int[] fibonacciNumbers = new int[] { 0, 1, 1, 2, 3, 5, 8, 13, 21, 34, 55,
89 };
int[] emptyNumbers = new int[] { };
int[] threeNumbers = new int[] { 9, 7, 5 };
int[] sixNumbers = new int[] { 9, 7, 5, 4, 2, 10 };

WriteLine($"{nameof(sequentialNumbers)}:
{CheckSwitch(sequentialNumbers)}");
WriteLine($"{nameof(oneTwoNumbers)}: {CheckSwitch(oneTwoNumbers)}");
WriteLine($"{nameof(oneTwoTenNumbers)}:
{CheckSwitch(oneTwoTenNumbers)}");
WriteLine($"{nameof(oneTwoThreeTenNumbers)}:
{CheckSwitch(oneTwoThreeTenNumbers)}");
WriteLine($"{nameof(primeNumbers)}: {CheckSwitch(primeNumbers)}");
WriteLine($"{nameof(fibonacciNumbers)}:
{CheckSwitch(fibonacciNumbers)}");
WriteLine($"{nameof(emptyNumbers)}: {CheckSwitch(emptyNumbers)}");
WriteLine($"{nameof(threeNumbers)}: {CheckSwitch(threeNumbers)}");
WriteLine($"{nameof(sixNumbers)}: {CheckSwitch(sixNumbers)}");

static string CheckSwitch(int[] values) => values switch
{
  [] => "Empty array",
  [1, 2, _, 10] => "Contains 1, 2, any single number, 10.",
  [1, 2, .., 10] => "Contains 1, 2, any range including empty, 10.",
  [1, 2] => "Contains 1 then 2.",
  [int item1, int item2, int item3] =>
  $"Contains {item1} then {item2} then {item3}.",
  [0, _] => "Starts with 0, then one other number.",
  [0, ..] => "Starts with 0, then any range of numbers.",
  [2, .. int[] others] => $"Starts with 2, then {others.Length} more
  numbers.",
  [..] => "Any items in any order.",
};
```

(2) 运行代码并注意观察结果，输出如下所示：

```
sequentialNumbers: Contains 1, 2, any range including empty, 10.
oneTwoNumbers: Contains 1 then 2.
oneTwoTenNumbers: Contains 1, 2, any range including empty, 10.
oneTwoThreeTenNumbers: Contains 1, 2, any single number, 10.
primeNumbers: Starts with 2, then 9 more numbers.
fibonacciNumbers: Starts with 0, then any range of numbers.
emptyNumbers: Empty array
threeNumbers: Contains 9 then 7 then 5.
sixNumbers: Any items in any order.
```

提示：

可通过链接 https://learn.microsoft.com/en-us/dotnet/csharp/language-reference/operators/patterns#list-patterns 学习有关列表模式匹配的更多知识。

5. 数组小结

表 3.5 使用略微不同的语法声明了不同类型的数组。

表 3.5 使用略微不同的语法声明不同类型的数组

数组类型	声明语法
一维数组	datatype[]，如 string[]
二维数组	string[,]
三维数组	string[,,]
十维数组	string[,,,,,,,,,]
数组的数组，也称为锯齿数组	string[][]
数组的数组的数组	string[][][]

数组对于临时存储多个项很有用，但在动态添加和删除项时，集合是更灵活的选项。若对集合不太了解，现在不必担心，我们将在第 8 章介绍它。

最佳实践：

如果不是动态添加和删除项，那么应该使用数组，而不是类似 List <T>的集合。

3.4 类型转换

我们常常需要在不同类型之间转换变量的值。例如，数据通常在控制台中以文本形式输入，因此它们最初存储在 string 类型的变量中，但随后需要将它们转换为日期/时间、数字或其他数据类型，具体取决于它们的存储和处理方式。

有时需要在数字类型之间进行转换，例如在整数和浮点数之间进行转换，然后才执行计算。

转换也称为强制类型转换，分为隐式的和显式的两种。隐式的强制类型转换是自动进行的，并且是安全的，这意味着不会丢失任何信息。

显式的强制类型转换必须手动执行，因为可能会丢失一些信息，如数字的精度。通过进行显式的强制类型转换，可以告诉 C#编译器，我们理解并接受这种风险。

3.4.1 隐式和显式地转换数字

将 int 变量隐式转换为 double 变量是安全的，因为不会丢失任何信息，如下所示。

(1) 使用自己喜欢的编码工具在 Chapter03 工作区/解决方案中添加一个新的 Console App/console 项目，名为 CastingConverting。

- 在 Visual Studio Code 中，选择 CastingConverting 作为活动的 OmniSharp 项目。

(2) 在 Program.cs 文件中，删除现有语句，然后输入语句，声明一个 int 变量和一个 double 变量并赋值，然后在给 double 变量 b 赋值时，隐式地转换 int 变量 a 的值，代码如下所示：

```
int a = 10;
double b = a; // an int can be safely cast into a double
WriteLine(b);
```

(3) 输入语句，声明一个 int 变量和一个 double 变量并赋值，然后在给 int 变量赋值时，隐式地转换 double 变量的值，代码如下所示：

```
double c = 9.8;
int d = c; // compiler gives an error for this line
WriteLine(d);
```

(4) 运行代码并注意错误消息，如下面的输出所示：

```
Error: (6,9): error CS0266: Cannot implicitly convert type 'double' to
'int'. An explicit conversion exists (are you missing a cast?)
```

此错误消息也将出现在 Visual Studio Error List 或 Visual Studio Code PROBLEMS 窗口中。

不能隐式地将 double 变量强制转换为 int 变量，因为它可能不安全，并可能丢失数据，比如小数点后的值。必须在要转换的 double 类型的两边使用一对圆括号，才能显式地将 double 变量转换为 int 变量，这对圆括号是强制类型转换运算符(cast operator)。即使这样，也必须注意小数点后的部分将自动删除，因为我们选择了执行显式的强制类型转换。

(5) 修改变量 d 的赋值语句，如下所示：

```
int d = (int)c;
WriteLine(d); // d is 9 losing the .8 part
```

(6) 运行代码并查看结果，输出如下所示：

```
10
9
```

在较大整数和较小整数之间转换时，必须执行类似的操作。再次提醒，可能会丢失信息，因为任何太大的值都将以意想不到的方式复制并解释二进制位。

(7) 输入如下语句，声明一个 64 位的 long 变量并将它赋给一个 32 位的 int 变量，这两个变量都使用一个可以工作的小值和一个不能工作的大值：

```
long e = 10;
int f = (int)e;
WriteLine($"e is {e:N0} and f is {f:N0}");

e = long.MaxValue;
f = (int)e;
WriteLine($"e is {e:N0} and f is {f:N0}");
```

(8) 运行代码并查看结果，输出如下所示：

```
e is 10 and f is 10
e is 9,223,372,036,854,775,807 and f is -1
```

(9) 将变量 e 的值修改为很大的值，如下所示：

```
e = 5_000_000_000;
```

(10) 运行代码并查看结果，输出如下所示：

```
e is 5,000,000,000 and f is 705,032,704
```

3.4.2　使用 System.Convert 类型进行转换

仅能在相似的类型之间进行转换，例如，在 byte、int 和 long 等整数之间，或在类及其子类之间进行转换。不能将 long 类型转换为 string 类型或将 byte 类型转换为 DateTime 类型。

代替使用强制类型转换运算符的另一种方法是使用 System.Convert 类型。System.Convert 类型可以转换为所有的 C#数值类型，也可以转换为布尔值、字符串、日期和时间值。

下面编写一些代码。

(1) 在 Program.cs 文件的顶部静态导入 System.Convert 类，如下所示：

```
using static System.Convert;
```

(2) 在 Program.cs 的底部添加如下语句，以声明 double 变量 g 并为之赋值，将变量 g 的值转换为整数，然后将这两个值写入控制台：

```
double g = 9.8;
int h = ToInt32(g); // a method of System.Convert
WriteLine($"g is {g} and h is {h}");
```

(3) 运行代码并查看结果，输出如下所示：

```
g is 9.8 and h is 10
```

> **提示：**
> 强制转换(casting)和转换(converting)之间的一个重要区别是，转换将 double 值 9.8 圆整为 10，而不是去掉小数点后的部分。

3.4.3　圆整数字

可以看出，强制类型转换运算符会将实数的小数部分去掉，而使用 System.Convert 方法，则会向上或向下圆整。然而，圆整规则是什么？

理解默认的圆整规则

如果小数部分是 0.5 或更大，则向上圆整；如果小数部分比 0.5 小，则向下圆整。

下面探索 C#是否遵循相同的规则。

(1) 添加如下语句，以声明一个 double 数组并赋值，将其中的每个 double 值转换为整数，然后将结果写入控制台：

```
double[] doubles = new[]
  { 9.49, 9.5, 9.51, 10.49, 10.5, 10.51 };

foreach (double n in doubles)
{
```

```
  WriteLine($"ToInt32({n}) is {ToInt32(n)}");
}
```

(2) 运行代码并查看结果，输出如下所示：

```
ToInt32(9.49) is 9
ToInt32(9.5) is 10
ToInt32(9.51) is 10
ToInt32(10.49) is 10
ToInt32(10.5) is 10
ToInt32(10.51) is 11
```

C#中的圆整规则略有不同：

- 如果小数部分小于 0.5，则向下圆整。
- 如果小数部分大于 0.5，则向上圆整。
- 如果小数部分等于 0.5，那么在非小数部分是奇数的情况下向上圆整，在非小数部分是偶数的情况下向下圆整。

以上规则又称为"银行家的圆整法"，以上规则之所以受青睐，是因为可通过上下圆整的交替来减少偏差。遗憾的是，其他编程语言(如 JavaScript)使用的是默认的圆整规则。

3.4.4 控制圆整规则

可使用 Math 类的 Round 方法来控制圆整规则。

(1) 添加如下语句，使用"远离 0"的圆整规则(也称为向上圆整)来圆整每个 double 值，然后将结果写入控制台：

```
foreach (double n in doubles)
{
  WriteLine(format:
    "Math.Round({0}, 0, MidpointRounding.AwayFromZero) is {1}",
    arg0: n,
    arg1: Math.Round(value: n, digits: 0,
         mode: MidpointRounding.AwayFromZero));
}
```

(2) 运行代码并查看结果，输出如下所示：

```
Math.Round(9.49, 0, MidpointRounding.AwayFromZero) is 9
Math.Round(9.5, 0, MidpointRounding.AwayFromZero) is 10
Math.Round(9.51, 0, MidpointRounding.AwayFromZero) is 10
Math.Round(10.49, 0, MidpointRounding.AwayFromZero) is 10
Math.Round(10.5, 0, MidpointRounding.AwayFromZero) is 11
Math.Round(10.51, 0, MidpointRounding.AwayFromZero) is 11
```

最佳实践：
对于使用的每种编程语言，需要检查圆整规则。它们可能不会以你期望的方式工作！

3.4.5 从任何类型转换为字符串

最常见的转换是从任何类型转换为字符串变量，以便输出人类可读的文本，因此所有类型都提供了从 System.Object 类继承的 ToString 方法。

ToString 方法可将任何变量的当前值转换为文本表示形式。有些类型不能合理地表示为文本，因此它们返回其名称空间和类型名称。

下面将一些类型转换为字符串。

(1) 输入如下语句以声明一些变量，将它们转换为字符串表示形式，并将它们写入控制台：

```
int number = 12;
WriteLine(number.ToString());
bool boolean = true;
WriteLine(boolean.ToString());
DateTime now = DateTime.Now;
WriteLine(now.ToString());
object me = new();
WriteLine(me.ToString());
```

(2) 运行代码并查看结果，输出如下所示：

```
12
True
08/28/2022 17:33:54
System.Object
```

3.4.6　从二进制对象转换为字符串

对于将要存储或传输的二进制对象(如图像或视频)，有时不想发送原始位，因为不知道如何解释那些位，例如通过网络协议传输或由另一个操作系统读取及存储的二进制对象。

最安全的做法是将二进制对象转换成安全的字符串，程序员称之为 Base64 编码。

Convert 类型提供了一对方法——ToBase64String 和 FromBase64String，用于执行这种转换。下面介绍这对方法的实际应用。

(1) 添加如下语句，创建一个字节数组，在其中随机填充字节值，将格式良好的每个字节写入控制台，然后将相同的字节转换为 Base64 编码并写入控制台：

```
// allocate array of 128 bytes
byte[] binaryObject = new byte[128];

// populate array with random bytes
Random.Shared.NextBytes(binaryObject);

WriteLine("Binary Object as bytes:");
for(int index = 0; index < binaryObject.Length; index++)
{
  Write($"{binaryObject[index]:X} ");
}
WriteLine();

// convert to Base64 string and output as text
string encoded = ToBase64String(binaryObject);
WriteLine($"Binary Object as Base64: {encoded}");
```

默认情况下，如果采用十进制记数法，就会输出一个 int 值。可以使用:X 这样的格式，通过十六进制记数法对值进行格式化。

(2) 运行代码并查看结果，输出如下所示：

```
Binary Object as bytes:
B3 4D 55 DE 2D E BB CF BE 4D E6 53 C3 C2 9B 67 3 45 F9 E5 20 61 7E 4F 7A
81
EC 49 F0 49 1D 8E D4 F7 DB 54 AF A0 81 5 B8 BE CE F8 36 90 7A D4 36 42
4 75 81 1B AB 51 CE 5 63 AC 22 72 DE 74 2F 57 7F CB E7 47 B7 62 C3 F4 2D
61 93 85 18 EA 6 17 12 AE 44 A8 D B8 4C 89 85 A9 3C D5 E2 46 E0 59 C9 DF
10 AF ED EF 8AA1 B1 8D EE 4A BE 48 EC 79 A5 A 5F 2F 30 87 4A C7 7F 5D C1
D
26 EE
Binary Object as Base64: s01V3i0Ou8++TeZTw8KbZwNF
+eUgYX5PeoHsSfBJHY7U99tU
r6CBBbi+zvg2kHrUNkIEdYEbq1HOBWOsInLedC9Xf8vnR7diw/
QtYZOFGOoGFxKuRKgNuEyJha k81eJG4FnJ3xCv7e+KobGN7kq+SO x5pQpfLzCHSsd/
XcENJu4=
```

3.4.7 将字符串转换为数字或日期和时间

还有一种十分常见的转换是将字符串转换为数字或日期和时间。

ToString 方法的作用与 Parse 方法相反。只有少数类型有 Parse 方法，包括所有的数字类型和 DateTime。

下面介绍 Parse 方法的实际应用。

(1) 添加如下语句，从字符串中解析出整数以及日期和时间，然后将结果写入控制台：

```
int age = int.Parse("27");
DateTime birthday = DateTime.Parse("4 July 1980");
WriteLine($"I was born {age} years ago.");
WriteLine($"My birthday is {birthday}.");
WriteLine($"My birthday is {birthday:D}.");
```

(2) 运行代码并查看结果，输出如下所示：

```
I was born 27 years ago.
My birthday is 04/07/1980 00:00:00.
My birthday is 04 July 1980.
```

默认情况下，日期和时间输出为短日期和时间格式。可以使用诸如 D 的格式代码，仅输出使用了长日期格式的日期部分。

最佳实践：

可参阅使用标准日期和时间格式说明符的内容，链接如下所示：https://docs. microsoft.com/en-us/dotnet/standard/base-types/standard-date-and-time-format-strings#table-of-format-specifiers。

1. 使用 Parse 方法存在的错误

Parse 方法存在的问题是：如果字符串不能转换，就会报错。

(1) 输入如下语句，尝试将一个包含字母的字符串解析为整型变量：

```
int count = int.Parse("abc");
```

(2) 运行代码并查看结果，输出如下所示：

```
Unhandled Exception: System.FormatException: Input string was not in a
correct format.
```

与前面的异常消息一样，你会看到堆栈跟踪。本书未介绍堆栈跟踪，因为它们会占用太多的篇幅。

2. 使用 TryParse 方法避免异常

为了避免错误，可以使用 TryParse 方法。TryParse 方法将尝试转换输入的字符串，如果可以转换，则返回 true，否则返回 false。异常是一种相对昂贵的操作，因此应尽可能避免。

out 关键字是必要的，从而允许 TryParse 方法在转换时设置 count 变量。

下面介绍 TryParse 方法的实际应用。

(1) 将 int count 声明替换为使用 TryParse 方法的语句，并要求用户输入鸡蛋的数量，如下所示：

```
Write("How many eggs are there? ");
string? input = ReadLine(); // or use "12" in notebook

if (int.TryParse(input, out int count))
{
  WriteLine($"There are {count} eggs.");
}
else
{
  WriteLine("I could not parse the input.");
}
```

(2) 运行代码，输入 12 并查看结果，输出如下所示：

```
How many eggs are there? 12
There are 12 eggs.
```

(3) 运行代码，输入 twelve(或者在笔记本中将字符串值改为 "twelve")，查看结果，输出如下所示：

```
How many eggs are there? twelve
I could not parse the input.
```

还可以使用 System.Convert 类型的方法将字符串转换为其他类型；但与 Parse 方法一样，如果不能进行转换，这里也会报错。

3.5 处理异常

前面介绍了在转换类型时发生错误的几种情况。当出现错误时，一些语言会返回错误代码。.NET 使用的异常比具有多种用途的返回值更丰富，而且只用于故障报告。当发生这种情况时，会抛出运行时异常。

其他系统可能使用有多种用途的返回值。例如，如果返回值是一个正数，它可能表示表中的行数，或者如果返回值为一个负数，它可能表示一些错误代码。

当抛出异常时，线程被挂起，如果调用代码定义了 try-catch 语句，那么它就有机会处理异常。如果当前方法没有处理它，则让调用当前方法的方法来处理，以此类推，直到调用堆栈的最外层。

可以看出，控制台应用程序或.NET Interactive Notebooks 的默认行为是输出关于异常的消息(包括堆栈跟踪)，然后停止运行代码，终止应用程序。这比允许代码在潜在损坏的状态下继续执行更合适。代码应该只捕获和处理它理解并能够正确修复的异常。

> **最佳实践：**
> 一定要避免编写可能会抛出异常的代码，这可通过执行 if 语句检查来实现，但有时也可能做不到。有时最好允许异常被调用代码的高级组件捕获。相关内容详见第 4 章。

将容易出错的代码封装到 try 块中

当知道某个语句可能导致错误时，就应该将其封装到 try 块中。例如，从文本到数字的解析可能会导致错误。只有当 try 块中的语句抛出异常时，才会执行 catch 块中的任何语句。我们不必在 catch 块中做任何事情。

(1) 使用自己喜欢的编码工具将一个名为 HandlingExceptions 的新的 Console App/console 项目添加到 Chapter03 工作区/解决方案中。

在 Visual Studio Code 中，选择 HandlingExceptions 作为活动的 OmniSharp 项目。

(2) 键入语句以提示用户输入年龄，然后将年龄写入控制台，代码如下所示：

```
WriteLine("Before parsing");
Write("What is your age? ");
string? input = ReadLine(); // or use "49" in a notebook
try
{
  int age = int.Parse(input);
  WriteLine($"You are {age} years old.");
}
catch
{
}
WriteLine("After parsing");
```

可以看到以下编译器消息：Warning CS8604 Possible null reference argument for parameter 's' in 'int int.Parse(string s)'。

默认情况下，在新的.NET 6 项目中，微软默认启用了可空引用类型，所以会出现更多类似这样的编译器警告。在生产代码中，应该添加代码来检查是否为空，并适当地处理这种可能性。本书中不会包含这些 null 检查，因为代码示例的设计不是为了达到产品质量，到处都是 null 检查会使代码混乱，并占用有价值的页面。

本书的代码示例中包含数百个潜在的 null 变量示例。对于书中的代码示例，忽略这些警告是安全的。只有在编写自己的生产代码时才需要类似的警告。有 null 空处理的内容详见第 6 章。

在本示例中，输入不可能是空的，因为用户必须按下 Enter 键才能返回 ReadLine，返回值是一个空字符串。

(1) 要禁用编译器警告，请将 input 更改为 input!。表达式后面的感叹号! 被称为 null 容忍运算符(null-forgiving operator)，用于禁用编译器警告。这个容忍运算符在运行时不起作用。如果表达式在运行时的求值结果为 null(可能是通过其他方式对它赋值)，就会导致抛出异常。

上面这段代码包含两条消息，分别在解析之前和解析之后显示，以帮助你清楚地理解代码中的流程。当示例代码变得更复杂时，这将特别有用。

(2) 运行代码，输入 49，然后查看结果，输出如下所示：

```
Before parsing
What is your age? 49
You are 49 years old.
After parsing
```

(3) 运行代码，输入 Kermit，然后查看结果，输出如下所示：

```
Before parsing
What is your age? Kermit
After parsing
```

当执行代码时，异常被捕获，不会输出默认消息和堆栈跟踪，控制台应用程序继续运行。这比默认行为更好，但是查看发生的错误的类型可能更有用。

最佳实践：
永远不要在生产代码中使用这样的空 catch 语句，因为它会"吞掉"异常并隐藏潜在的问题。如果不能或不想正确地处理异常，至少应该记录异常，或者重新抛出异常，以便更高级的代码可以作出决定。有关记录异常的内容详见第 4 章。

1. 捕获所有异常

要获取可能发生的任何类型的异常信息，可以为 catch 块声明类型为 System.Exception 的变量。

(1) 向 catch 块中添加如下异常变量声明，并通过该声明将有关异常的信息写入控制台：

```
catch (Exception ex)
{
    WriteLine($"{ex.GetType()} says {ex.Message}");
}
```

(2) 运行代码，再次输入 Kermit，然后查看结果，输出如下所示：

```
Before parsing
What is your age? Kermit
System.FormatException says Input string was not in a correct format.
After parsing
```

2. 捕获特定异常

现在，在知道发生了哪种特定类型的异常后，就可以捕获这种类型的异常，并定制想要显示给用户的消息以改进代码。

(1) 保留现有的 catch 块，在上方为格式异常类型添加另一个新的 catch 块，如下所示(相关代码已加粗显示)：

```
catch (FormatException)
{
  WriteLine("The age you entered is not a valid number format.");
}
catch (Exception ex)
{
  WriteLine($"{ex.GetType()} says {ex.Message}");
}
```

(2) 运行代码，再次输入 Kermit，然后查看结果，输出如下所示：

```
Before parsing
What is your age? Kermit
The age you entered is not a valid number format.
After parsing
```

之所以保留前面的那个 catch 块，是因为可能会发生其他类型的异常。

(3) 运行代码，输入 9876 543210，查看结果，输出如下所示：

```
Before parsing
What is your age? 9876543210
System.OverflowException says Value was either too large or too small for
an Int32.
After parsing
```

可以为这种类型的异常添加另一个 catch 块。

(4) 保留现有的 catch 块，为溢出异常类型添加新的 catch 块，如下面加粗显示的代码所示：

```
catch (OverflowException)
{
  WriteLine("Your age is a valid number format but it is either too big
or small.");
}
catch (FormatException)
{
  WriteLine("The age you entered is not a valid number format.");
}
```

(5) 运行代码，输入 9876543210，然后查看结果，输出如下所示：

```
Before parsing
What is your age? 9876543210
Your age is a valid number format but it is either too big or small.
After parsing
```

异常的捕获顺序很重要。正确的顺序与异常类型的继承层次结构有关。第 5 章将介绍继承。但是，不用太担心——如果以错误的顺序捕获异常，编译器会报错。

最佳实践：

应避免过度捕获异常。通常应该允许它们向上传播调用堆栈，以便在更加了解相关处理逻辑的情况下对其进行处理。详见第 4 章。

3. 用过滤器捕获异常

还可以使用 when 关键字向 catch 语句添加过滤器，代码如下所示：

```
Write("Enter an amount: ");
string amount = ReadLine()!;
if (string.IsNullOrEmpty(amount)) return;

try
{
    decimal amountValue = decimal.Parse(amount);
    WriteLine($"Amount formatted as currency: {amountValue:C}");
}
catch (FormatException) when (amount.Contains("$"))
{
  WriteLine("Amounts cannot use the dollar sign!");
}
catch (FormatException)
{
  WriteLine("Amounts must only contain digits!");
}
```

3.6 检查溢出

如前所述，在数字类型之间进行强制类型转换(例如，将 long 变量强制转换为 int 变量)时，可能会丢失信息。如果类型中存储的值太大，就会发生溢出现象。

3.6.1 使用 checked 语句抛出溢出异常

checked 语句告诉.NET，要在发生溢出时抛出异常，而不是允许它静默地发生；出于性能原因，默认情况下会这样做。

下面把 int 类型的变量 x 的初始值设置为 int 类型所能存储的最大值减 1。然后，将变量 x 递增几次，每次递增时都输出值。一旦超出最大值，就会溢出到最小值，并从最小值继续递增。下面介绍 checked 语句的实际应用。

(1) 使用自己喜欢的编码工具，在 Chapter03 工作区/解决方案中添加一个新的 Console App/console 项目，名为 CheckingForOverflow。

在 Visual Studio Code 中，选择 CheckingForOverflow 作为活动的 OmniSharp 项目。

(2) 在 Program.cs 文件中，删除现有语句，然后输入如下语句，以声明 int 类型变量 x 并赋值为 int 类型所能存储的最大值减 1，然后将 x 递增三次，并且每次递增时都把值写入控制台：

```
int x = int.MaxValue - 1;
WriteLine($"Initial value: {x}");
x++;
WriteLine($"After incrementing: {x}");
x++;
WriteLine($"After incrementing: {x}");
x++;
WriteLine($"After incrementing: {x}");
```

(3) 运行代码并查看结果，显示值以静默方式溢出并换行为较大的负值，如下面的输出所示：

```
Initial value: 2147483646
After incrementing: 2147483647
After incrementing: -2147483648
After incrementing: -2147483647
```

(4) 现在，通过使用 checked 语句块封装语句让编译器发出溢出警告，如下面的代码所示：

```
checked
{
    int x = int.MaxValue - 1;
    WriteLine($"Initial value: {x}");
    x++;
    WriteLine($"After incrementing: {x}");
    x++;
    WriteLine($"After incrementing: {x}");
    x++;
    WriteLine($"After incrementing: {x}");
}
```

(5) 运行代码并查看结果，其中显示了有关检查溢出并引发异常的信息，如下面的输出所示：

```
Initial value: 2147483646
After incrementing: 2147483647
Unhandled Exception: System.OverflowException: Arithmetic operation
resulted in an overflow.
```

(6) 与任何其他异常一样，应该将这些语句封装在 try 块中，并为用户显示更友好的错误消息，如下所示：

```
try
{
    // previous code goes here
}
catch (OverflowException)
{
    WriteLine("The code overflowed but I caught the exception.");
}
```

(7) 运行代码并查看结果，输出如下所示：

```
Initial value: 2147483646
After incrementing: 2147483647
The code overflowed but I caught the exception.
```

3.6.2 使用 unchecked 语句禁用编译时溢出检查

上一节介绍了运行时的默认溢出行为，以及如何使用 checked 语句来更改该行为。本节介绍编译时溢出行为以及如何使用 unchecked 语句更改该行为。

相关关键字是 unchecked。此关键字关闭编译器在代码块内执行的溢出检查。下面看看如何实现这一点。

(1) 在前面语句的末尾输入下面的语句。编译器不会编译这条语句，因为编译器知道会发生溢出：

```
int y = int.MaxValue + 1;
```

(2) 将鼠标指针悬停在错误上，注意编译时检查将显示为错误消息，如图 3.1 所示。

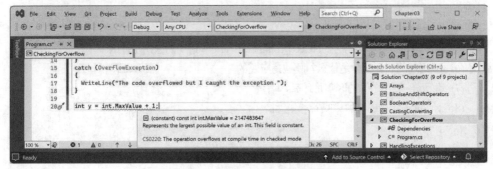

图 3.1　PROBLEMS 窗口中显示的编译时检查结果

(3) 要禁用编译时检查，请将语句封装在 unchecked 块中，将 y 的值写入控制台，递减 y，然后重复，如下所示：

```
unchecked
{
  int y = int.MaxValue + 1;
  WriteLine($"Initial value: {y}");
  y--;
  WriteLine($"After decrementing: {y}");
  y--;
  WriteLine($"After decrementing: {y}");
}
```

(4) 运行代码并查看结果，输出如下所示：

```
Initial value: -2147483648
After decrementing: 2147483647
After decrementing: 2147483646
```

当然，我们很少希望像这样显式地关闭编译时检查，因为我们允许发生溢出。但是，也许在某个场景中，我们需要显式地关闭溢出检查。

3.7　实践和探索

你可以通过回答一些问题来测试自己对知识的理解程度，进行一些实践，并深入探索本章涵盖的主题。

3.7.1 练习 3.1：测试你掌握的知识

回答以下问题：

(1) 将 int 类型的变量除以 0，会发生什么？

(2) 将 double 类型的变量除以 0，会发生什么？

(3) 当 int 类型的变量溢出时，也就是当把 int 类型的变量设置为超出 int 类型所能存储的最大值时，会发生什么？

(4) x = y++;和 x = ++y;的区别是什么？

(5) 当在循环语句中使用时，break、continue 和 return 语句的区别是什么？

(6) for 语句的三个部分是什么？哪些是必需的？

(7) 运算符=和==之间的区别是什么？

(8) 下面的语句会通过编译吗？

```
for ( ; ; );
```

(9) 下画线_在 switch 表达式中表示什么？

(10) 对象必须实现哪个接口才能使用 foreach 循环语句来枚举？

3.7.2 练习 3.2：探索循环和溢出

如果执行下面这段代码会出现什么问题？

```
int max = 500;
for (byte i = 0; i < max; i++)
{
  WriteLine(i);
}
```

在 Chapter03 文件夹中创建一个名为 Ch03Ex02LoopsAndOverflow 的控制台应用程序，然后输入前面的代码。运行该控制台应用程序并查看输出，会出现什么问题？

可通过添加什么代码(不要更改前面的任何代码)来警告所出现的问题？

3.7.3 练习 3.3：实践循环和运算符

FizzBuzz 是一款小游戏，能让小朋友学习除法。玩家轮流递增计数，用 Fizz 代替任何能被 3 整除的数字，用 Buzz 代替任何能被 5 整除的数字，用 FizzBuzz 代替任何能被 3 和 5 同时整除的数字。

在 Chapter03 文件夹中创建一个名为 Ch03Ex03FizzBuzz 的控制台应用程序，用于模拟 FizzBuzz 游戏，计数到 100，输出结果如图 3.2 所示。

图 3.2 模拟 FizzBuzz 游戏输出

3.7.4 练习 3.4：实践异常处理

在 Chapter03 文件夹中创建一个名为 Ch03Ex04Exceptions 的控制台应用程序，要求用户输入范围为 0~255 的两个数字，然后用第一个数字除以第二个数字。

```
Enter a number between 0 and 255: 100
Enter another number between 0 and 255: 8
100 divided by 8 is 12
```

编写异常处理程序以捕获抛出的任何错误，输出如下所示：

```
Enter a number between 0 and 255: apples
Enter another number between 0 and 255: bananas
FormatException: Input string was not in a correct format.
```

3.7.5 练习 3.5：测试你对运算符的认识程度

执行下列语句后，x 和 y 的值各是多少？在 Chapter03 文件夹中创建一个名为 Ch03Ex05Operators 的控制台应用程序以测试你的假设：

(1) 递增和加法运算符：

```
x = 3;
y = 2 + ++x;
```

(2) 二进制移位运算符

```
x = 3 << 2;
y = 10 >> 1;
```

(3) 按位运算符

```
x = 10 & 8;
y = 10 | 7;
```

3.7.6 练习 3.6：探索主题

可通过以下链接阅读关于本章所涉及主题的更多细节：https://github.com/markjprice/cs11dotnet7/blob/main/book-links.md#chapter-3---controlling-flow-converting-types-and-handling-exceptions

3.8　本章小结

本章主要内容：

- 如何使用运算符执行简单的任务。
- 如何使用分支和循环语句实现逻辑。
- 如何使用一维和多维数组。
- 类型转换。
- 捕获异常。

现在，你已准备好学习如何通过定义函数来重用代码块，如何将值传入代码块并获取值，以及如何使用调试和测试工具跟踪代码中的 bug 并消除它们！

第4章
编写、调试和测试函数

本章介绍如何编写函数来重用代码，调试开发过程中的逻辑错误，在运行时记录异常，以及对代码进行单元测试以消除 bug，并确保稳定性和可靠性。

本章涵盖以下主题：

- 编写函数
- 在开发过程中进行调试
- 在开发过程中进行热重载
- 在开发过程中和运行时记录日志
- 进行单元测试
- 在函数中抛出和捕获异常

4.1 编写函数

编程的一条基本原则是"不要重复自己"(Don't Repeat Yourself，DRY)。

编程时，如果发现自己一遍又一遍地编写同样的语句，就应把这些语句转换成函数。函数就像完成一项小任务的微型程序。例如，可以编写一个函数来计算营业税，然后在财会类应用程序的许多地方重用该函数。

与程序一样，函数通常也有输入和输出。它们有时被描述为黑盒，在黑盒的一端输入一些原材料，在另一端生成制造的物品。函数一旦创建，就不需要考虑它们是如何工作的。

4.1.1 理解顶级程序和函数

从第 1 章我们了解到，自.NET 6 以来，控制台应用程序的默认项目模板使用了 C# 9 中引入的顶级程序功能。

一旦开始编写函数，就应该了解这些函数如何处理编译器自动生成的 Program 类及其<Main>$方法，这一点很重要。

在 Program.cs 文件中，可以编写语句来导入类、调用其方法、定义并调用函数，如以下代码所示：

```
using static System.Console;
```

```
WriteLine("Hello, World!");

DoSomething(); // call the function

void DoSomething() // define a function
{
  WriteLine("Doing something!");
}
```

编译器会自动生成包含<Main>$函数的 Program 类，然后将你的语句和函数移到<Main>$
函数中，并重命名该函数，如以下代码所示：

```
using static System.Console;

partial class Program
{
  static void <Main>$(String[] args)
  {
    WriteLine("Hello, World!");

    <<Main>$>g__DoSomething|0_0(); // call the function

    void <<Main>$>g__DoSomething|0_0() // define a local function
    {
      WriteLine("Doing something!");
    }
  }
}
```

为了让编译器知道各语句所应在的合适位置，必须遵循以下一些规则：

- 导入语句(using)必须位于 Program.cs 文件的顶部。
- <Main>$函数中的语句必须位于 Program.cs 文件的中间。
- 函数必须位于 Program.cs 文件的底部。它们将成为局部函数。

最后一个规则很重要，因为局部函数有一定的局限性，相关内容将在本章后面介绍。

> **提示：**
> 你将看到一些 C#关键字，如 static 和 partial，这些关键字将在第 5 章正式介绍。

更合适的方式是在一个单独的文件中定义函数，并将其作为 Program 类的静态成员进行添加，
如以下代码所示：

```
// in a file named Program.Functions.cs
partial class Program
{
  static void DoSomething() // define a non-local static function
  {
    WriteLine("Doing something!");
  }
}

// in the Program.cs file
using static System.Console;
```

```
WriteLine("Hello, World!");

DoSomething(); // call the function
```

编译器定义了一个包含<Main>$函数的 Program 类，并将你的语句移到<Main>$函数中，然后将该函数作为 Program 类的成员进行合并，如以下突出显示的代码所示：

```
using static System.Console;

partial class Program
{
  static void <Main>$(String[] args)
  {
    WriteLine("Hello, World!");
    DoSomething(); // call the function
  }

  static void DoSomething() // define a function
  {
    WriteLine("Doing something!");
  }
}
```

> **最佳实践：**
> 在一个单独的文件中创建将在 Program.cs 中调用的任何函数，并在 partial Program 类中手动定义它们。这将把它们合并到与<Main>$方法同级别的自动生成的 Program 类中，而不是将它们作为<Main>$方法中的局部函数。

4.1.2　乘法表示例

可以十分简便地生成某个数字的乘法表，比如 7 乘法表：

```
1 x 7 = 7
2 x 7 = 14
3 x 7 = 21
...
10 x 7 = 70
11 x 7 = 77
12 x 7 = 84
```

你在前面的章节中已学习了 for 循环语句，所以当存在规则模式时，比如包含 12 行的 7 的乘法表，for 循环语句就可用于生成重复的输出行，如下所示：

```
for (int row = 1; row <= 12; row++)
{
  Console.WriteLine($"{row} x 7 = {row * 7}");
}
```

但是，我们不想仅仅输出包含 12 行的 7 的乘法表，而希望程序更灵活一些，输出任意数字的任意大小的乘法表。为此，可以创建乘法表函数。

编写乘法表函数

下面创建用于输出数字 0~255 任意大小的乘法表的函数(但默认为 12 行)。

(1) 使用自己喜欢的编码工具创建一个新的项目，如下所示：

- 项目模板：Console App/console
- 项目文件和文件夹：WritingFunctions
- 工作区/解决方案文件和文件夹：Chapter04

(2) 打开 WritingFunctions.csproj，在<PropertyGroup>部分之后，添加一个新的<ItemGroup>部分，使用 implicit usings .NET SDK 功能为所有 C#文件静态导入 System.Console，如以下标记所示：

```
<ItemGroup>
  <Using Include="System.Console" Static="true" />
</ItemGroup>
```

(3) 将一个新的名为 Program.Functions.cs 的类文件添加到项目中。

- 在 Visual Studio 2022 中，导航到 Project | Add Class...，键入名称，然后单击 Add 按钮。
- 在 Visual Studio Code 中，单击 New File...按钮。

(4) 在 Program.Functions.cs 中，编写语句在 partial Program 类中定义一个名为 TimesTable 的函数，代码如下所示：

```
partial class Program
{
  static void TimesTable(byte number, byte size = 12)
  {
    WriteLine($"This is the {number} times table with {size} rows:");
    for (int row = 1; row <= size; row++)
    {
      WriteLine($"{row} x {number} = {row * number}");
    }
    WriteLine();
  }
}
```

在上述代码中，请注意下列事项：

- TimesTable 必须有一个 byte 值作为 number 参数传递给它。
- TimesTable 可选择将 byte 值作为 size 的参数传递给它。如果未传递值，则默认为 12。
- TimesTable 是一个静态方法，因为它由静态方法<Main>$调用。
- TimesTable 不向调用者返回值，因此在其名称之前使用 void 关键字进行声明。
- TimesTable 使用 for 语句输出传递给它的行数等于 size 的数字的乘法表。

(5) 在 Program.cs 中，删除现有语句，然后调用 TimesTable 函数。为 number 参数传入一个 byte 值，如 6，代码如下所示：

```
TimesTable(7);
```

(6) 运行代码，然后查看结果，输出如下所示：

```
This is the 7 times table with 12 rows:
1 x 7 = 7
2 x 7 = 14
3 x 7 = 21
```

```
4 x 7 = 28
5 x 7 = 35
6 x 7 = 42
7 x 7 = 49
8 x 7 = 56
9 x 7 = 63
10 x 7 = 70
11 x 7 = 77
12 x 7 = 84
```

(7) 设置 size 参数的值为 20，代码如下所示：

```
TimesTable(7, 20);
```

(8) 运行控制台应用程序，确认乘法表现在有 12 行。

> **最佳实践：**
> 如果函数有一个或多个参数，而仅仅传递值可能不能提供明确易懂的含义，那么可
> 以选择指定参数的名称及其值，代码如下所示：
>
> ```
> TimesTable((number: 7, size: 10))
> ```

(9) 将传入 TimesTable 函数的数字更改为 0~255 的其他 byte 值，并确认输出的乘法表是正确的。

(10) 注意，如果试图传递一个非字节数字，如 int、double 或 string，将返回一个错误，如下面的输出所示：

```
Error: (1,12): error CS1503: Argument 1: cannot convert from 'int' to
'byte'
```

4.1.3　简述实参与形参

通常，大多数开发人员会交替使用实参(argument)和形参(parameter)。严格地说，这两个术语有着特殊而微妙的不同含义。但就像一个人既可以是父母，也可以是医生一样，这两个术语通常可应用于同一情景。

形参是函数定义中的变量。例如，startDate 是 Hire 函数的一个形参，代码如下所示：

```
void Hire(DateTime startDate)
{
    // implementation
}
```

调用方法时，实参是传入方法参数中的数据。例如，当把变量作为实参传递给 Hire 函数时，代码如下所示：

```
DateTime when = new(year: 2022, month: 11, day: 8);
Hire(when);
```

你可能更希望在传递实参时指定形参的名称，如以下代码所示：

```
DateTime when = new(year: 2022, month: 11, day: 8);
Hire(startDate: when);
```

当调用 Hire 函数时，startDate 是形参，when 是实参。

提示：
如果阅读过微软的官方文档，就会发现其中交替使用了短语 "命名实参和可选实参" 与 "命名形参和可选形参"，如以下链接中所示：https://learn.microsoft.com/en-us/dotnet/csharp/programming-guide/classes-and-structs/named-and-optional-arguments。

这变得复杂起来，因为一个对象既可以作为形参也可以作为实参，具体取决于上下文。例如，在 Hire 函数实现中，startDate 参数可以作为实参传递给另一个函数，如 SaveToDatabase，如以下代码所示：

```
void Hire(DateTime startDate)
{
    ...
    SaveToDatabase(startDate, employeeRecord);
    ...
}
```

对事物进行命名是计算中最困难的部分之一。一个典型的例子是对 C# 中最重要的函数 Main 的形参的命名。下面的代码定义了一个名为 args 的形参，其中的 args 就是 "arguments" 的简称：

```
static void Main(String[] args)
{
    ...
}
```

总之，形参定义了函数的输入，而实参在调用函数时被传递给函数。

最佳实践：
请试着根据上下文正确地使用这两个术语，但如果其他开发人员 "误用" 了它们，则不要太过学究气。我必须在本书中使用 "形参" 和 "实参" 这两个术语上千次。我敢肯定，有时我的用法也不准确。如果是这样，请不要让我知道。

4.1.4 编写带返回值的函数

前面编写的函数虽然能够执行操作(循环并写入控制台)，却没有返回值。假设需要计算销售税或附加税(value-added tax，VAT)。在欧洲，附加税的税率从瑞士的 8% 到匈牙利的 27% 不等。在美国，州销售税从俄勒冈州的 0% 到加州的 8.25% 不等。

更多信息：
税率一直在变化，而且根据许多因素而变化。本示例中不需要使用精确的值。

下面实现一个函数，计算世界各地不同地区的税收。

(1) 在 Program.Functions.cs 中，编写一个名为 CalculateTax 的函数，如下所示。

```
partial class Program
{
```

```
...

static decimal CalculateTax(
  decimal amount, string twoLetterRegionCode)
{
  decimal rate = 0.0M;

  switch (twoLetterRegionCode)
  {
    case "CH": // Switzerland
      rate = 0.08M;
      break;
    case "DK": // Denmark
    case "NO": // Norway
      rate = 0.25M;
      break;
    case "GB": // United Kingdom
    case "FR": // France
      rate = 0.2M;
      break;
    case "HU": // Hungary
      rate = 0.27M;
      break;
    case "OR": // Oregon
    case "AK": // Alaska
    case "MT": // Montana
      rate = 0.0M;
      break;
    case "ND": // North Dakota
    case "WI": // Wisconsin
    case "ME": // Maine
    case "VA": // Virginia
      rate = 0.05M;
      break;
    case "CA": // California
      rate = 0.0825M;
      break;
    default: // most US states
      rate = 0.06M;
      break;
  }
  return amount * rate;
}
}
```

在前面的代码中，请注意以下几点。

- CalculateTax 函数有两个参数：名为 amount 的参数表示花费的金额，名为 twoLetterRegionCode 的参数表示所在区域。
- CalculateTax 函数使用 switch 语句执行计算，然后将所欠的销售税或附加税以 decimal 值的形式返回。因此，可在函数名之前声明返回值的数据类型。

(2) 注释掉 TimesTable 方法调用并调用 CalculateTax 方法，传递金额(如 149)和有效地区代码(如 FR)的值，如下所示：

```
decimal taxToPay = CalculateTax(amount: 149, twoLetterRegionCode: "FR");
WriteLine($"You must pay {taxToPay} in tax.");
```

(3) 运行代码并查看结果，输出如下所示：

```
You must pay 29.8 in tax.
```

可以使用{taxToPay:C}将 taxToPay 输出格式化为货币，但它将使用本地的格式来决定如何格式化货币符号和小数。例如，我在英国的花费是 29.80 英镑。

CalculateTax 函数有什么问题吗？如果用户输入的代码是 fr 或 UK，会发生什么？如何重写函数加以改进？使用 switch 表达式代替 switch 语句会更清楚吗？

4.1.5 将数字从序数转换为基数

用来计数的数字称为基数，如 1、2 和 3；而用于排序的数字是序数，如第 1、第 2、第 3。下面创建一个函数，用它把序数转换为基数。

(1) 在 Program.Functions.cs 中，编写一个名为 CardinalToOrdinal 的函数，将作为基数的 int 类型值转换为序数字符串值，例如，将 1 转换为 1st，将 2 转换为 2nd，等等，代码如下所示。

```csharp
static string CardinalToOrdinal(int number)
{
  int lastTwoDigits = number % 100;

  switch (lastTwoDigits)
  {
    case 11: // special cases for 11th to 13th
    case 12:
    case 13:
      return $"{number:N0}th";
    default:
      int lastDigit = number % 10;

      string suffix = lastDigit switch
      {
        1 => "st",
        2 => "nd",
        3 => "rd",
        _ => "th"
      };

      return $"{number:N0}{suffix}";
  }
}
```

在上述代码中，请注意下列事项。

- CardinalToOrdinal 函数有一个名为 number 的 int 类型参数，输出为一个 string 类型的返回值。
- switch 语句用于处理输入为 11、12 和 13 的特殊情况。
- switch 表达式用于处理所有其他情况：如果最后一个数字是 1，就使用 st 作为后缀；如果最后一个数字是 2，就使用 nd 作为后缀；如果最后一个数字是 3，就使用 rd 作为后缀；如果最后一个数字是除了 1、2、3 的其他数字，就使用 th 作为后缀。

(2) 在 Program.Functions.cs 中，编写一个名为 RunCardinalToOrdinal 的函数，该函数使用 for

语句从 1 循环到 150，对每个数字调用 CardinalToOrdinal 函数，并将返回的字符串写入控制台，用空格字符进行分隔，代码如下所示：

```
static void RunCardinalToOrdinal()
{
    for (int number = 1; number <= 150; number++)
    {
        Write($"{CardinalToOrdinal(number)} ");
    }
    WriteLine();
}
```

(3) 在 Program.cs 中，注释掉 CalculateTax 语句，并调用 RunCardinalToOrdinal 方法，代码如下所示：

```
RunCardinalToOrdinal();
```

(4) 运行控制台应用程序并查看结果，输出如下所示：

```
1st 2nd 3rd 4th 5th 6th 7th 8th 9th 10th 11th 12th 13th 14th 15th 16th
17th 18th 19th 20th 21st 22nd 23rd 24th 25th 26th 27th 28th 29th 30th
31st 32nd 33rd 34th 35th 36th 37th 38th 39th 40th 41st 42nd 43rd 44th
45th 46th 47th 48th 49th 50th 51st 52nd 53rd 54th 55th 56th 57th 58th
59th 60th 61st 62nd 63rd 64th 65th 66th 67th 68th 69th 70th 71st 72nd
73rd 74th 75th 76th 77th 78th 79th 80th 81st 82nd 83rd 84th 85th 86th
87th 88th 89th 90th 91st 92nd 93rd 94th 95th 96th 97th 98th 99th 100th
101st 102nd 103rd 104th 105th 106th 107th 108th 109th 110th 111th 112th
113th 114th 115th 116th 117th 118th 119th 120th 121st 122nd 123rd 124th
125th 126th 127th 128th 129th 130th 131st 132nd 133rd 134th 135th 136th
137th 138th 139th 140th 141st 142nd 143rd 144th 145th 146th 147th 148th
149th 150th
```

(5) 在 RunCardinalToOrdinal 函数中，将最大值更改为 1500。

(6) 运行控制台应用程序并查看结果，部分输出如下所示：

```
1,480th 1,481st 1,482nd 1,483rd 1,484th 1,485th 1,486th 1,487th 1,488th
1,489th 1,490th 1,491st 1,492nd 1,493rd 1,494th 1,495th 1,496th 1,497th
1,498th 1,499th 1,500th
```

4.1.6　用递归计算阶乘

5 的阶乘是 120，因为阶乘的计算方法是将起始数乘以比自身小 1 的数，然后乘以比第二个数小 1 的数，以此类推，直到数字被减为 1。例如，$5 \times 4 \times 3 \times 2 \times 1 = 120$。

仅能为非负整数(如 0、1、2、3 等)定义阶乘函数，其定义如下：

```
0! = 1
n! = n × (n – 1)!, for n ⊖ { 1, 2, 3, ... }
```

5 的阶乘可以写为：5!，这里的感叹号读作 bang，所以是 5! = 120。bang 用在阶乘的上下文中十分形象，因为其大小增长得非常快，就像爆炸一样。

下面编写 Factorial 函数，计算作为参数传递给它的 int 型整数的阶乘。这里使用一种称为递归的巧妙技术，这意味着需要在 Factorial 函数的实现中直接或间接地调用自身。

(1) 在 Program.Functions.cs 中，编写一个名为 Factorial 的函数，代码如下所示：

```
static int Factorial(int number)
{
  if (number < 0)
  {
    throw new ArgumentException(message:
      $"The factorial function is defined for non-negative integers
      only. Input: {number}",
      paramName: nameof(number));
  }
  else if (number == 0)
  {
    return 1;
  }
  else
  {
    return number * Factorial(number - 1);
  }
}
```

和以前一样，上述代码中有如下几个值得注意的地方。

- 如果输入参数 number 为负数，那么 Factorial 函数抛出异常。
- 如果输入参数 number 为 0，那么 Factorial 函数返回 1。
- 如果输入参数 number 大于 1，那么 Factorial 函数将该数乘以 Factorial 函数调用自身的结果，并传递比该数小 1 的数，这便形成了函数的递归调用。

更多信息：

递归虽然智能，但也会导致一些问题，比如由于函数调用太多而导致堆栈溢出。因为内存用于在每次调用函数时存储数据，所以程序最终会使用大量的内存。在像 C# 这样的编程语言中，迭代是一种更实用的解决方案，尽管那么简洁。可访问 https://en.wikipedia.org/wiki/Recursion_(computer_science)#Recursion_versus_iteration 以了解更多相关信息。

(2) 在 Program.Functions.cs 中，编写一个名为 RunFactorial 的函数，它使用 for 语句输出数字从 1 到 15 的阶乘，在循环内部调用 Factorial 函数，然后输出结果，使用代码 N0 进行格式化，这意味着数字格式使用千位分隔符与零位小数分隔符，代码如下所示：

```
static void RunFactorial()
{
  for (int i = 1; i <= 15; i++)
  {
    WriteLine($"{i}! = {Factorial(i):N0}");
  }
}
```

(3) 注释掉 RunCardinalToOrdinal 方法调用，并调用 RunFactorial 函数。
(4) 运行代码并查看结果，输出如下所示：

```
1! = 1
2! = 2
```

```
3! = 6
4! = 24
5! = 120
6! = 720
7! = 5,040
8! = 40,320
9! = 362,880
10! = 3,628,800
11! = 39,916,800
12! = 479,001,600
13! = 1,932,053,504
14! = 1,278,945,280
15! = 2,004,310,016
```

在上面的输出中，数字溢出现象虽然并不明显，但 13 及更大数字的阶乘将溢出 int 类型的存储范围，因为结果太大了。例如，12!是 479 001 600，不到 5 亿，而能够存储到 int 变量中的最大正数约为 20 亿；再如，13!是 6 227 020 800，大约 62 亿，当存储到 32 位的整型变量中时，一定会溢出，但编译器没有给出任何提示。

当数字溢出发生时，应该怎么做呢？当然，通过使用 64 位的 long 变量代替 32 位的 int 变量，就可以解决 13!和 14!的存储问题，但很快会再次发生溢出。

这里的重点是让你知晓数字会溢出以及如何处理溢出，而不是如何计算高于 12 的阶乘！

(1) 修改 Factorial 函数以检查溢出，如下面突出显示的代码所示：

```
checked // for overflow
{
    return number * Factorial(number - 1);
}
```

(2) 修改 RunFactorial 函数，将起始数字改为-2，并在调用 Factorial 函数时处理溢出和其他异常，如下面突出显示的代码所示：

```
static void RunFactorial()
{
  for (int i = -2; i <= 15; i++)
  {
    try
    {
      WriteLine($"{i}! = {Factorial(i):N0}");
    }
    catch (OverflowException)
    {
      WriteLine($"{i}! is too big for a 32-bit integer.");
    }
    catch (Exception ex)
    {
      WriteLine($"{i}! throws {ex.GetType()}: {ex.Message}");
    }
  }
}
```

(3) 运行代码并查看结果，输出如下所示：

```
-2! throws System.ArgumentException: The factorial function is defined
for non-negative integers only. Input: -2 (Parameter 'number')
-1! throws System.ArgumentException: The factorial function is defined
for non-negative integers only. Input: -1 (Parameter 'number')
0! = 1
1! = 1
2! = 2
3! = 6
4! = 24
5! = 120
6! = 720
7! = 5,040
8! = 40,320
9! = 362,880
10! = 3,628,800
11! = 39,916,800
12! = 479,001,600
13! is too big for a 32-bit integer.
14! is too big for a 32-bit integer.
15! is too big for a 32-bit integer.
```

4.1.7 使用 XML 注释解释函数

默认情况下，当调用 CardinalToOrdinal 这样的函数时，代码编辑器将显示带有基本信息的工具提示，如图 4.1 所示。

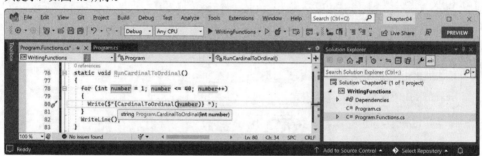

图 4.1　显示默认简单方法签名的工具提示

下面通过添加额外的信息来改进工具提示。

(1) 若使用的是带有 C#扩展的 Visual Studio Code，应该导航到 View｜Command Palette｜Preferences: Open Settings (UI)，然后搜索 formatOnType，并确保它处于启用状态。C# XML 文档注释是 Visual Studio 2022 的内置功能。

(2) 在位于 CardinalToOrdinal 函数上方的那些行的行首输入三个斜杠，从而将它们扩展为 XML 注释并识别出该函数只有一个名为 number 的参数，代码如下所示。

```
/// <summary>
///
/// </summary>
/// <param name="number"></param>
/// <returns></returns>
```

(3) 为 CardinalToOrdinal 函数的 XML 文档注释输入适当的信息。添加摘要并描述 CardinalToOrdinal 函数的输入参数和返回值，如下面突出显示的代码所示：

```
/// <summary>
/// Pass a 32-bit integer and it will be converted into its ordinal
equivalent.
/// </summary>
/// <param name="number">Number as a cardinal value e.g. 1, 2, 3, and so
on.</param>
/// <returns>Number as an ordinal value e.g. 1st, 2nd, 3rd, and so on.</
returns>
```

(4) 现在，当调用 CardinalToOrdinal 函数时，你将看到更多细节，如图 4.2 所示。

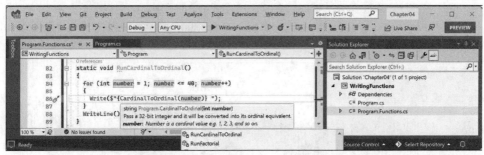

图 4.2　通过工具提示显示更详细的方法签名

值得强调的是，此功能主要用于将注释转换为文档的工具，如 Sandcastle，可通过以下链接了解更多信息：https://github.com/EWSoftware/SHFB。输入代码或鼠标悬停在函数名上时出现的工具提示是次要功能。

局部函数不支持 XML 注释，因为局部函数不能在声明它们的成员之外使用，因此从它们生成文档毫无意义。遗憾的是，这也意味着不会出现工具提示，不过局部函数仍然有用，但 Visual Studio 2022 和 Visual Studio Code 都没有意识到这一点。

最佳实践：
可将 XML 文档注释添加到除局部函数的所有函数中。

4.1.8　在函数实现中使用 lambda

F#是以强类型函数为首选函数的微软编程语言，与 C#代码一样，F#代码也会先被编译成 IL，然后由.NET 执行。函数式语言由 lambda 演算发展而来，lambda 是一种仅基于函数的计算系统。代码看起来更像是数学函数而不是菜谱中的步骤。

函数式语言的一些重要属性如下。

- **模块化：** 在 C#中定义函数的好处同样适用于函数式语言——能够将大的复杂代码库分解成小的代码片段。
- **不变性：** C#中的变量不存在了。函数内的任何数据都不能再更改。但可从现有数据创建新的数据。这样可以减少错误。
- **可维护性：** 代码变得更清晰明了。

自 C# 6 以来，微软一直致力于为该语言添加一些特性，以支持更多的功能。例如，微软在 C# 7 中添加了元组和模式匹配，在 C# 8 中添加了非空引用类型并改进了模式匹配，在 C# 9 中添加了记录——一种不可变的对象。

从 C# 6 版本开始，微软增加了对 expression-bodied 函数成员的支持。在 C#中，lambda 使用 => 字符来表示函数的返回值。下面来看一个例子。

斐波那契数列总是从 0 和 1 开始。然后，按照将前两个数字相加的规则生成其余数字，如下所示：

```
0 1 1 2 3 5 8 13 21 34 55 ...
```

上面序列中的下一项是 34+55，即 89。

下面使用斐波那契数列来说明命令式函数和声明式函数的区别。

(1) 在 Program.Functions.cs 中，编写一个名为 FibImperative 的函数，它将以命令式风格编写，代码如下所示：

```csharp
static int FibImperative(int term)
{
  if (term == 1)
  {
    return 0;
  }
  else if (term == 2)
  {
    return 1;
  }
  else
  {
    return FibImperative(term - 1) + FibImperative(term - 2);
  }
}
```

(2) 在 Program.Functions.cs 中，编写一个名为 RunFibImperative 的函数，它在从 1 到 30 的 for 循环语句中调用 FibImperative 函数，代码如下所示：

```csharp
static void RunFibImperative()
{
  for (int i = 1; i <= 30; i++)
  {
    WriteLine("The {0} term of the Fibonacci sequence is {1:N0}.",
      arg0: CardinalToOrdinal(i),
      arg1: FibImperative(term: i));
  }
}
```

(3) 在 Program.cs 文件中，注释掉其他方法调用，然后调用 RunFibImperative 函数。

(4) 运行代码并查看结果，输出如下所示：

```
The 1st term of the Fibonacci sequence is 0.
The 2nd term of the Fibonacci sequence is 1.
The 3rd term of the Fibonacci sequence is 1.
The 4th term of the Fibonacci sequence is 2.
The 5th term of the Fibonacci sequence is 3.
```

```
The 6th term of the Fibonacci sequence is 5.
The 7th term of the Fibonacci sequence is 8.
...
The 28th term of the Fibonacci sequence is 196,418.
The 29th term of the Fibonacci sequence is 317,811.
The 30th term of the Fibonacci sequence is 514,229.
```

(5) 在 Program.Functions.cs 中，编写一个名为 FibFunctional 的函数，它将以声明式风格编写，代码如下所示：

```
static int FibFunctional(int term) =>
  term switch
  {
    1 => 0,
    2 => 1,
    _ => FibFunctional(term - 1) + FibFunctional(term - 2)
  };
```

(6) 在 Program.Functions.cs 中，在 for 语句中编写一个调用 FibFunctional 函数的函数，该 for 语句从 1 循环到 30，如下所示：

```
static void RunFibFunctional()
{
  for (int i = 1; i <= 30; i++)
  {
    WriteLine("The {0} term of the Fibonacci sequence is {1:N0}.",
        arg0: CardinalToOrdinal(i),
        arg1: FibFunctional(term: i));
  }
}
```

(7) 在 Program.cs 文件中，注释掉 RunFibImperative 方法调用，然后调用 RunFibFunctional 函数。

(8) 运行代码并查看结果，输出与步骤(4)中的相同。

4.2 在开发过程中进行调试

本节介绍如何在开发过程中调试问题。必须使用具有调试工具的代码编辑器(如 Visual Studio 2022 或 Visual Studio Code)。在撰写本书时，不能使用.NET Interactive Notebooks 来调试代码，但预计将来会添加这一功能。

更多信息：
为 Visual Studio Code 设置 OmniSharp 调试器可能比较棘手。本书包含了对最常见问题的说明。若有困难，请参考以下链接中的信息：https://github.com/OmniSharp/omnisharp-vscode/blob/master/debugger.md。

4.2.1 在调试期间使用 Visual Studio Code 集成终端

默认情况下，OmniSharp 将控制台设置为在调试期间使用内部控制台，而不允许进行类似从

ReadLine 方法输入文本这样的交互。

为了改善体验，我们可以更改这种默认设置以使用集成终端：

(1) 在任何想要设置断点和单步执行代码的项目中，在.vscode 文件夹中打开 launch.json 文件。

(2) 将 console 设置从 internalConsole 更改为 integratedTerminal，如以下部分配置中突出显示的代码所示：

```
{
  "version": "0.2.0",
  "configurations": [
    {
      ...
      "console": "integratedTerminal",
      ...
    }
  ]
}
```

4.2.2　创建带有故意错误的代码

下面先创建一个带有故意错误的控制台应用程序以探索调试功能，然后使用代码编辑器中的调试器工具进行跟踪和修复。

(1) 使用自己喜欢的编码工具在 Chapter04 工作区/解决方案中添加一个新的 Console App/console 项目，命名为 Debugging。

- 在 Visual Studio Code 中，选择 Debugging 作为活动的 OmniSharp 项目。当看到弹出的警告消息指出所需的资源缺失时，单击 Yes 按钮添加它们。
- 在 Visual Studio 2022 中，将解决方案的启动项目设置为当前选择项。

(2) 修改 Debugging.csproj，为所有代码文件静态导入 System.Console。

(3) 在 Program.cs 文件中，添加一个故意带有错误的函数，代码如下所示：

```
double Add(double a, double b)
{
  return a * b; // deliberate bug!
}
```

(4) 在 Add 函数上面，编写语句，声明和设置一些变量，然后使用有错误的函数将它们相加，代码如下所示：

```
double a = 4.5;
double b = 2.5;
double answer = Add(a, b);

WriteLine($"{a} + {b} = {answer}");
WriteLine("Press ENTER to end the app.");
ReadLine(); // wait for user to press ENTER
```

(5) 运行控制台应用程序并查看结果，输出如下所示：

```
4.5 + 2.5 = 11.25
Press ENTER to end the app.
```

但是等等，这里有错误发生！4.5 加上 2.5 的结果应该是 7 而不是 11.25！下面使用调试工具来查找和消除该错误。

4.2.3　设置断点并开始调试

断点允许我们标记想要暂停的代码行,以检查程序状态并找到错误。

1. 使用 Visual Studio 2022

下面设置一个断点,然后使用 Visual Studio 2022 开始调试。

(1) 单击声明变量 a 的语句(第 1 行)。

(2) 导航到 Debug | Toggle Breakpoint 或按 F9 功能键。然后,有个红色的圆圈将出现在左侧的空白栏中,表示设置了断点,如图 4.3 所示。

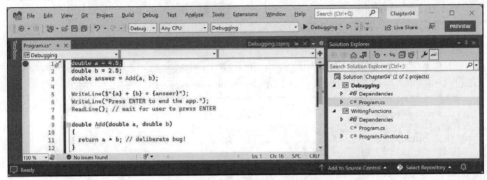

图 4.3　使用 Visual Studio 2022 设置断点

可使用相同的操作关闭断点,还可在页边的空白处单击以打开和关闭断点,或者右击以查看更多选项,如删除、禁用或编辑现有断点。

(3) 导航到 Debug | Start Debugging 或按 F5 功能键。Visual Studio 会启动控制台应用程序,然后在遇到断点时暂停。这就是所谓的中断模式。这时会出现名为 Locals(显示局部变量的当前值)、Watch 1(显示已定义的任何 Watch 表达式)、Call Stack、Exception Settings 和 Immediate Window 的额外窗口。Debugging 工具栏也会出现。接下来要执行的代码行将以黄色高亮显示,边栏上一个黄色箭头会指向该行,如图 4.4 所示。

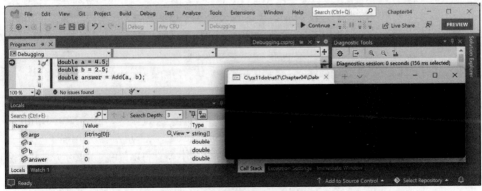

图 4.4　Visual Studio 2022 中的中断模式

如果不想学习如何使用 Visual Studio Code 开始调试,那么可以跳过下一节并继续到标题为"使用调试工具栏进行导航"一节。

2. 使用 Visual Studio Code

下面设置一个断点，然后使用 Visual Studio Code 开始调试。

(1) 单击声明变量 a 的语句(第 1 行)。

(2) 导航到 Run | Toggle Breakpoint 或按 F9 功能键。左边的边距栏中会出现一个红色的圆圈，表示设置了断点。

可通过相同的操作关闭断点，也可在页边空白处左击以切换断点的开启和关闭。可以右击以查看更多选项，例如删除、编辑或禁用现有断点；或在断点还不存在时添加断点、条件断点或日志点。

日志点也称为跟踪点，表明要记录一些信息，而不必在那个点上实际停止执行代码。

(3) 导航到 View | Run，或者在左侧导航栏中单击 Run and Debug 图标(三角形的 play 按钮和"bug")。

(4) 在 RUN AND DEBUG 窗口的顶部，单击 Start Debugging 按钮(绿色三角形的 play 按钮)右侧的下拉菜单，选择其中的.NET Core Launch(console)(Debugging)，如图 4.5 所示。

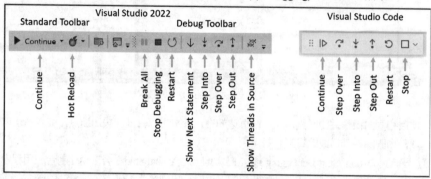

图 4.5　使用 Visual Studio Code 选择要调试的项目

最佳实践：
如果在 Debugging 项目的下拉列表中没有看到选项，那是因为该项目没有要调试的所需资源。这些资源存储在.vscode 文件夹中。要为项目创建.vscode 文件夹，导航到 View | Command Palette，选择 OmniSharp: Select Project，然后选择 Debugging 项目。几秒钟后，当出现提示 "Required assets to build and debug are missing from 'Debugging'. Add them?" ('Debugging'调试中缺少构建和调试所需的资源。添加它们吗？)时，单击 Yes 按钮以添加缺失的资源。

(5) 在 RUN AND DEBUG 窗口的顶部，单击 Start Debugging 按钮(绿色三角形的 Play 按钮)，或导航到 Run | Start Debugging，或按 F5 功能键。Visual Studio Code 会启动控制台应用程序，然后在遇到断点时暂停。这就是所谓的中断模式。接下来要执行的代码行将以黄色高亮显示，边栏上会一个黄色块指向该行，如图 4.6 所示。

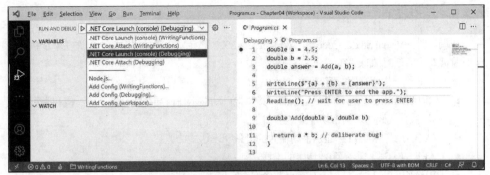

图 4.6　Visual Studio Code 中的中断模式

4.2.4　使用调试工具栏进行导航

Visual Studio Code 显示了一个带有按钮的浮动工具栏，以方便访问调试功能。Visual Studio 2022 在其 Standard 工具栏中有两个与调试相关的按钮，用于启动或继续调试，以及热重载对运行中代码的更改。另外，还有一个单独的 Debug 工具栏用于其余工具。

Visual Studio 2022 和 Visual Studio Code 中的调试工具栏如图 4.7 所示。

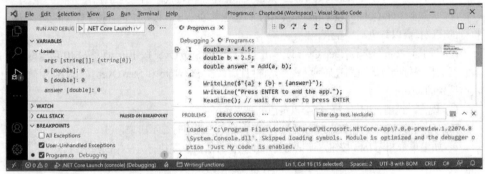

图 4.7　Visual Studio 2022 和 Visual Studio Code 中的调试工具栏

- Start/Continue/F5：此按钮与上下文相关，用于启动项目或继续从当前位置运行项目，直到项目结束或到达断点。
- Hot Reload：此按钮将重载已编译的代码更改，而不需要重启应用程序。
- Break All：此按钮将中断正在运行的应用程序中的下一行可用代码。
- Stop Debugging/Stop/Shift + F5(红色方块)：此按钮将停止调试会话。
- Restart/Ctrl 或 Cmd + Shift + F5(圆形箭头)：此按钮将停止程序，然后立即重启程序并再次连接调试器。
- Show Next Statement：此按钮将当前光标移到要执行的下一条语句。
- Step Into/F11、 Step Over/F10、Step Out/Shift + F11 (蓝色箭头加蓝点)：这些按钮将以不同的方式逐一执行代码语句，稍后讲述。
- Show Threads in Source：此按钮允许你检查和处理正在调试的应用程序。

4.2.5 调试窗口

在调试时，Visual Studio Code 和 Visual Studio 2022 都会显示额外的窗口，允许在单步执行代码时监视有用的信息(如变量)。

下面列出了一些最有用的窗口。

- VARIABLES：该窗口包括 Locals，其中将自动显示任何局部变量的名称、值和类型。在单步执行代码时，请密切注意该窗口。
- WATCH 或 Watch 1：显示手动输入的变量和表达式的值。
- CALL STACK：显示函数调用的堆栈。
- BREAKPOINTS：显示所有断点并允许对它们进行更好的控制。

在中断模式下，在编辑区域的底部也有一个有用的窗口。

- DEBUG CONSOLE 或 Immediate Window：支持与代码进行实时交互。例如，可通过输入变量的名称来询问程序的状态，还可通过输入 1+2 并按回车键来询问诸如"1+2 等于什么？"的问题。

4.2.6 单步执行代码

下面探讨使用 Visual Studio 或 Visual Studio Code 单步执行代码的一些方法。

(1) 导航到 Run/Debug | Step Into 或单击工具栏中的 Step Into 按钮，也可按 F11 功能键。单步执行的代码行会以黄色高亮显示。

(2) 导航到 Run/Debug | Step Over 或单击工具栏中的 Step Over 按钮，也可按 F10 功能键。单步执行的代码行会以黄色高亮显示。现在，你可以看到，Step Into 和 Step Over 按钮的使用效果是没有区别的。

(3) 现在，调用 Add 方法的行会以黄色高亮显示。

Step Into 和 Step Over 按钮之间的区别会在执行方法调用时显示出来。

- 如果单击 Step Into 按钮，调试器将单步执行方法，以便执行方法中的每一行。
- 如果单击 Step Over 按钮，整个方法将一次执行完毕，不会跳过方法而不执行。

(4) 单击 Step Into 按钮进入方法内部。

(5) 如果将鼠标指针悬停在代码编辑窗口中的 a 或 b 参数上，将会出现显示当前值的工具提示。

(6) 选择表达式 a * b，右击这个表达式，然后选择 Add to Watch 或 Add Watch。表达式 a * b 将被添加到 WATCH 窗口中，在将 a 与 b 相乘后，显示结果 11.25。

(7) 在 WATCH 或 Watch 1 窗口中，右击表达式，选择 Remove Expression 或 Delete Watch。

(8) 通过在 Add 函数中将*更改为+来修复这个错误。

(9) 单击圆形箭头、Restart 按钮或按 Ctrl 或 Cmd + Shift + F5 组合键，停止调试、重新编译并重新调试。

(10) 单步执行函数，尽管现在需要花一分钟时间来留意计算是否正确，方法是单击 Continue 按钮或按 F5 功能键。

(11) 使用 Visual Studio Code，注意，当调试期间写入控制台时，输出显示在 DEBUG CONSOLE 窗口而不是 TERMINAL 窗口中，如图 4.8 所示。

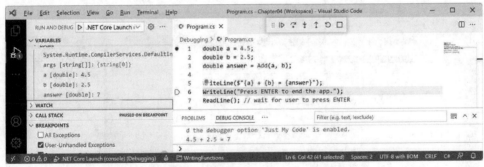

图 4.8 在调试期间写入 DEBUG CONSOLE

4.2.7 自定义断点

我们很容易就能生成更复杂的断点。

(1) 如果仍在调试，请单击调试工具栏中的 Stop 按钮或导航到 Run/Debug | Stop Debugging，也可按 Shift + F5 组合键。

(2) 导航到 Run | Remove All Breakpoints 或 Debug | Remove All Breakpoints。

(3) 单击输出答案的 WriteLine 语句。

(4) 按 F9 功能键或导航到 Run/Debug | Toggle Breakpoint 以设置断点。

(5) 右击断点，为代码编辑器选择合适的菜单:

- 在 Visual Studio Code 中，选择 Edit Breakpoint…
- 在 Visual Studio 2022 中，选择 Conditions…

(6) 输入一个表达式(例如，answer 变量必须大于 9)，然后按回车键接受该输入，并注意表达式的值必须为 true，以便激活断点，如图 4.9 所示。

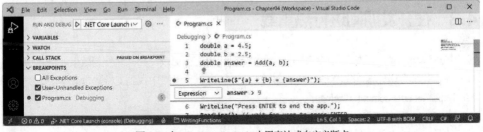

图 4.9 在 Visual Studio Code 中用表达式自定义断点

(7) 开始调试并注意没有遇到断点。

(8) 停止调试。

(9) 编辑断点或其条件并将表达式更改为小于 9。

(10) 开始调试并注意到达断点。

(11) 停止调试。

(12) 编辑断点或它的条件(在 Visual Studio 2022 中单击 Add condition)，并选择 Hit Count，然后输入一个数字，如 3，这意味着必须击中断点三次才能激活它，如图 4.10 所示。

(13) 将鼠标指针悬停在断点的红色圆圈上以查看摘要，如图 4.11 所示。

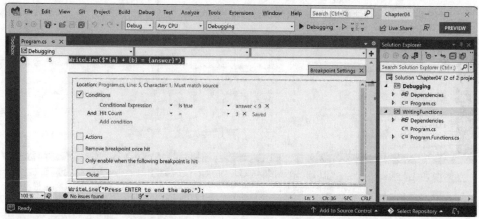

图 4.10　在 Visual Studio 2022 中使用表达式和 Hit Count 自定义断点

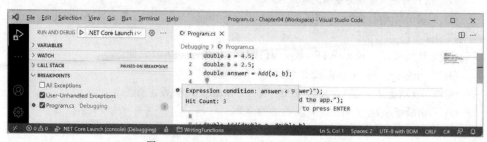

图 4.11　Visual Studio Code 中自定义断点的摘要

前面使用一些调试工具修复了错误，并且介绍了用于设置断点的一些高级工具。

4.3　在开发期间进行热重载

热重载功能允许开发人员在应用程序运行时对代码进行更改，并立即看到效果。这对于快速修复 bug 非常有用。热重载也称为"编辑并继续"。可在以下链接中找到支持热重载的更改类型列表：https://aka.ms/dotnet/hot-reload。

在.NET 6 发布之前，微软的一位高级员工试图将该功能仅用于 Visual Studio，这引发了争议。幸运的是，微软内部的开源团队成功推翻了这一决定。热重载也可使用命令行工具。

下面介绍热重载的实际应用：

(1) 使用自己喜欢的编码工具在 Chapter04 工作区/解决方案中添加一个新的 Console App/console 项目，命名为 HotReloading。

在 Visual Studio Code 中，选择 HotReloading 作为活动的 OmniSharp 项目。当看到弹出的警告消息指示所需的资源缺失时，单击 Yes 按钮添加它们。

(2) 修改 HotReloading.csproj，为所有的代码文件静态导入 System.Console。

(3) 在 Program.cs 中，删除现有语句，然后每两秒向控制台写入一条消息，代码如下所示：

```
/* Visual Studio: run the app, change the message, click Hot Reload
button.
```

```
* Visual Studio Code: run the app using dotnet watch, change the
message. */

while (true)
{
  WriteLine("Hello, Hot Reload!");
  await Task.Delay(2000);
}
```

4.3.1 使用 Visual Studio 2022 进行热重载

如果使用的是 Visual Studio，热重载会被内置到用户界面中：

(1) 在 Visual Studio 中，启动控制台应用程序，注意每两秒就会输出一条消息。

(2) 将 Hello 更改为 Goodbye，导航到 Debug | Apply Code Changes 或单击工具栏中的 Hot Reload 按钮，注意，不必重启控制台应用程序即可应用更改。

(3) 下拉 Hot Reload 按钮菜单并选择 Hot Reload on File Save 菜单项，如图 4.12 所示。

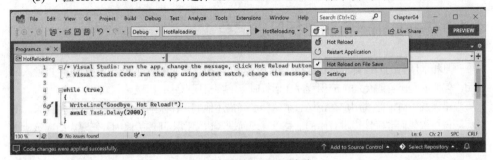

图 4.12 更改 Hot Reload 选项

(4) 再次更改消息，保存文件，注意控制台应用程序已自动更新。

4.3.2 使用 Visual Studio Code 和命令行进行热重载

如果使用的是 Visual Studio Code，必须在启动控制台应用程序时发出特殊命令以激活热重载功能。

(1) 在 Visual Studio Code 的 TERMINAL 中，使用 dotnet watch 命令启动控制台应用程序，注意热重载功能已激活，输出如下所示：

```
dotnet watch 🔥 Hot reload enabled. For a list of supported edits, see
https://aka.ms/dotnet/hot-reload.
  💡 Press "Ctrl + R" to restart.

dotnet watch 🖊 Building...
Determining projects to restore...
All projects are up-to-date for restore.
HotReloading -> C:\cs11dotnet7\Chapter04\HotReloading\bin\Debug\net7.0\
HotReloading.dll
dotnet watch 🚀 Started
Hello, Hot Reload!
Hello, Hot Reload!
```

```
Hello, Hot Reload!
```

(2) 在 Visual Studio Code 中，将 Hello 更改为 Goodbye，注意不必重启控制台应用程序，几秒钟后就会应用所做的更改，输出如下所示：

```
Hello, Hot Reload!
 dotnet watch ⊘ File changed: .\Program.cs.
Hello, Hot Reload!
Hello, Hot Reload!
dotnet watch 🔥 Hot reload of changes succeeded.
Goodbye, Hot Reload!
Goodbye, Hot Reload!
```

(3) 按下 Ctrl + C 组合键，停止运行控制台应用程序，输出如下所示：

```
Goodbye, Hot Reload!
dotnet watch ⏻ Shutdown requested. Press Ctrl+C again to force exit.
```

4.4 在开发和运行时进行日志记录

一旦相信所有的 bug 都已从代码中清除了，就可以编译发布版本并部署应用程序，以便人们使用。但 bug 是不可避免的，应用程序在运行时可能会出现意外的错误。

当错误发生时，终端用户在记忆、承认和准确描述他们正在做的事情方面实在不太擅长，所以不应该指望他们准确地提供有用的信息以重现问题，进而指出问题的原因并修复。而应该检测代码，这意味着要把感兴趣的事件记录下来。

最佳实践：
可在整个应用程序中添加代码以记录正在发生的事情(特别是在发生异常时)，这样就可以查看日志，并使用它们来跟踪和修复问题。第 10 章和第 14 章会再次讨论日志记录，但日志记录是一个庞大的主题，所以本书只能涵盖基本知识。

4.4.1 理解日志记录选项

.NET 包括一些内置的方法来添加日志记录功能。本书将介绍基本知识。但是，在日志记录领域，第三方已创建了丰富的、强大的解决方案生态系统，这些解决方案扩展了微软提供的功能。我无法给出具体的建议，因为最佳的日志框架取决于需求。但下面列出了一些常见的方法：

- Apache log4net
- NLog
- Serilog

4.4.2 使用 Debug 和 Trace 类型

使用 Debug 和 Trace 类型可将简单的日志记录添加到代码中。在更详细地研究它们之前，看看如下概述：

- Debug 类型用于添加在开发过程中编写的日志。

● Trace 类型用于添加在开发和运行时编写的日志。

前面介绍了如何使用 Console 类型及其 WriteLine 方法将输出写入控制台窗口。此外，还有一对类型，名为 Debug 和 Trace，它们在写入位置方面能够提供更大的灵活性。

Debug 和 Trace 类型可以将输出写入任何跟踪侦听器。跟踪侦听器是一种类型，可以配置为在调用 WriteLine 时，将输出写入自己喜欢的任何位置。.NET 提供了几个跟踪侦听器，包括一个输出到控制台的侦听器，甚至可通过继承 TraceListener 类型来创建自己的跟踪侦听器。

写入默认的跟踪侦听器

跟踪侦听器 DefaultTraceListener 可自动配置并将输出写入 Visual Studio Code 的 DEBUG CONSOLE 窗口(或 Visual Studio 的 Debug 窗口)，也可使用代码手动配置其他跟踪侦听器。

下面介绍跟踪侦听器的实际应用。

(1) 使用自己喜欢的编码工具在 Chapter04 工作区/解决方案中添加一个新的 Console App/console 项目，命名为 Instrumenting。

在 Visual Studio Code 中，选择 Instrumenting 作为活动的 OmniSharp 项目。当看到弹出的警告消息指出所需的资源缺失时，单击 Yes 按钮添加它们。

(2) 在 Program.cs 文件中，删除现有语句并导入 System.Diagnostics 名称空间，代码如下所示：

```
using System.Diagnostics;
```

(3) 在 Program.cs 文件中，在 Debug 和 Trace 类中编写一条消息，如下所示：

```
Debug.WriteLine("Debug says, I am watching!");
Trace.WriteLine("Trace says, I am watching!");
```

(4) 在 Visual Studio 中，导航到 View | Output，并确保选中了 Show output from: Debug。

(5) 开始调试 Instrumenting 控制台应用程序，并注意 Visual Studio Code 中的 DEBUG CONSOLE 或 Visual Studio 2022 中的 Output 窗口显示了两条消息，与其他调试信息混合在一起，比如加载的程序集 DLL，如图 4.13 和图 4.14 所示。

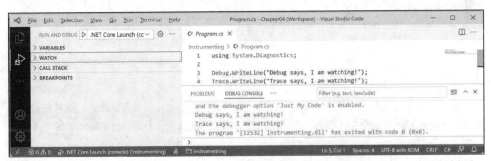

图 4.13　Visual Studio Code 的 DEBUG CONSOLE 显示了两条蓝色的消息(可扫描封底二维码，下载并查看彩图)

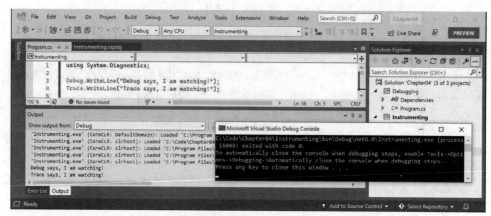

图 4.14　Visual Studio 2022 的 Output 窗口显示 Debug 输出，包括两条消息

4.4.3　配置跟踪侦听器

现在，配置另一个跟踪侦听器以写入文本文件。

(1) 在 Debug 和 Trace 调用 WriteLine 之前添加一条语句，从而在桌面上新建一个文本文件并将其传入一个新的跟踪侦听器。跟踪侦听器知道如何写入文本文件，并启用自动刷新缓冲区功能，如下所示：

```
string logPath = Path.Combine(Environment.GetFolderPath(
    Environment.SpecialFolder.DesktopDirectory), "log.txt");

Console.WriteLine($"Writing to: {logPath}");

TextWriterTraceListener logFile = new(File.CreateText(logPath));

Trace.Listeners.Add(logFile);

// text writer is buffered, so this option calls
// Flush() on all listeners after writing
Trace.AutoFlush = true;
```

最佳实践：

表示文件的任何类型通常都会实现缓冲区功能来提高性能。数据不是立即写入文件，而是写入内存中的缓冲区，并且只有在缓冲区满后才将数据写入文件。这种行为在调试时可能会令人困惑，因为我们不能马上看到结果！启用 AutoFlush 意味着每次写入后会自动调用 Flush 方法。

(2) 运行控制台应用程序的发布配置。

- 在 Visual Studio Code 中，在 Instrumenting 项目的 TERMINAL 窗口中输入以下命令，注意什么也没有发生：

```
dotnet run --configuration Release
```

- 在 Visual Studio 2022 的标准工具栏中，在 Solution Configurations 下拉列表中选择 Release，然后导航到 Debug | Start Without Debugging，如图 4.15 所示。

图 4.15　在 Visual Studio 中选择 Release 配置

(3) 在桌面上打开名为 log.txt 的文件，注意其中包含这样一条消息：Trace says, I am watching!。

(4) 运行控制台应用程序的调试配置：

● 在 Visual Studio Code 中，在 Instrumenting 项目的 TERMINAL 窗口中输入以下命令：

```
dotnet run --configuration Debug
```

● 在 Visual Studio 的标准工具栏中，在 Solution Configurations 下拉列表中选择 Debug，然后导航到 Debug | Start Debugging。

(6) 在桌面上，打开名为 log.txt 的文件，注意其中包含两条消息："Debug says, I am watching!" 和 "Trace says, I am watching!"，如图 4.16 所示。

图 4.16　在 Visual Studio Code 中打开 log.txt

最佳实践：

当使用 Debug 配置运行时，Debug 和 Trace 都是活动的，并被写入任何跟踪侦听器。当使用 Release 配置运行时，只有 Trace 被写入任何跟踪侦听器。因此，可以在整个代码中自由使用 Debug.WriteLine 调用，因为它知道在构建应用程序的发布版本时，将自动删除这些调用，因此不会影响性能。

4.4.4 切换跟踪级别

即使在发布后，Trace.WriteLine 调用仍然留在代码中。所以，如果能很好地控制它们的输出时间，那就太好了，而这正是跟踪开关(trace switch)的作用。

跟踪开关的值可以是数字或单词。例如，数字 3 可以替换为单词 Info，如表 4.1 所示。

表 4.1　跟踪开关的值

数字	单词	说明
0	Off	不会输出任何东西
1	Error	只输出错误
2	Warning	输出错误和警告
3	Info	输出错误、警告和信息
4	Verbose	输出所有级别

下面研究一下如何使用跟踪开关。你需要添加一些 NuGet 包以支持从 JSON appsettings 文件中加载配置设置。

1. 在 Visual Studio 2022 中将包添加到项目中

Visual Studio 有一个用于添加包的图形用户界面。

(1) 在 Solution Explorer 中，右击 Instrumenting 项目并选择 Manage NuGet Packages。

(2) 选择 Browse 选项卡。

(3) 在搜索框中输入 Microsoft.Extensions.Configuration。

(4) 选择每个 NuGet 包并单击 Install 按钮，如图 4.17 所示。

- Microsoft.Extensions.Configuration
- Microsoft.Extensions.Configuration.Binder
- Microsoft.Extensions.Configuration.FileExtensions
- Microsoft.Extensions.Configuration.Json

图 4.17　使用 Visual Studio 2022 安装 NuGet 包

最佳实践：
还有用于从 XML 文件、INI 文件、环境变量和命令行加载配置的包。应使用最合适的技术来设置项目中的配置。

2. 在 Visual Studio Code 中将包添加到项目中

Visual Studio Code 没有提供将 NuGet 包添加到项目的机制，因此我们将使用命令行工具。

(1) 导航到 Instrumenting 项目的 TERMINAL 窗口。

(2) 输入以下命令：

```
dotnet add package Microsoft.Extensions.Configuration
```

(3) 输入以下命令：

```
dotnet add package Microsoft.Extensions.Configuration.Binder
```

(4) 输入以下命令：

```
dotnet add package Microsoft.Extensions.Configuration.FileExtensions
```

(5) 输入以下命令：

```
dotnet add package Microsoft.Extensions.Configuration.Json
```

更多信息

dotnet add package 在项目文件中添加一个对 NuGet 包的引用。它将在构建过程中被下载。dotnet add reference 将项目到项目的引用添加到项目文件中。如果需要，在构建过程中将编译所引用的项目。

3. 审核项目包

添加 NuGet 包后，可在项目文件中看到引用。

(1) 打开 Instrumenting.csproj，并注意在\<ItemGroup\>部分添加了 NuGet 包，如以下标记中突出显示的代码所示：

```xml
<Project Sdk="Microsoft.NET.Sdk">

  <PropertyGroup>
    <OutputType>Exe</OutputType>
    <TargetFramework>net7.0</TargetFramework>
    <Nullable>enable</Nullable>
    <ImplicitUsings>enable</ImplicitUsings>
  </PropertyGroup>

  <ItemGroup>
  <PackageReference
    Include="Microsoft.Extensions.Configuration"
    Version="7.0.0" />
  <PackageReference
    Include="Microsoft.Extensions.Configuration.Binder"
    Version="7.0.0" />
  <PackageReference
    Include="Microsoft.Extensions.Configuration.FileExtensions"
    Version="7.0.0" />
  <PackageReference
    Include="Microsoft.Extensions.Configuration.Json"
    Version="7.0.0" />
  </ItemGroup>

</Project>
```

(2) 在 Instrumenting 项目文件夹中添加一个名为 appsettings.json 的文件。

(3) 在 appsettings.json 中，使用 Level 值定义一个名为 PacktSwitch 的设置，代码如下所示：

```json
{
  "PacktSwitch": {
    "Level": "Info"
  }
}
```

(4) 在 Visual Studio 2022 的 Solution Explorer 中，右击 appsettings.json，选择 Properties，然后在 Properties 窗口中，将 Copy to Output Directory 更改为 Copy if newer。这是必要的，因为 Visual Studio Code 在项目文件夹中运行控制台应用程序，Visual Studio 在 Instrumenting\bin\Debug\net7.0 或 Instrumenting\bin\Release\net7.0 中运行控制台应用程序。

(5) 在 Program.cs 文件的顶部，导入 Microsoft.Extensions.Configuration 名称空间，代码如下所示：

```
using Microsoft.Extensions.Configuration;
```

(6) 在 Program.cs 文件的末尾添加一些语句，以创建一个配置构建器。它在当前文件夹中查找名为 appsettings.json 的文件，构建配置，创建跟踪开关，通过绑定到配置来设置其级别，然后输出四个跟踪开关级别，代码如下所示：

```
Console.WriteLine("Reading from appsettings.json in {0}",
  arg0: Directory.GetCurrentDirectory());

ConfigurationBuilder builder = new();

builder.SetBasePath(Directory.GetCurrentDirectory());

builder.AddJsonFile("appsettings.json",
    optional: true, reloadOnChange: true);

IConfigurationRoot configuration = builder.Build();

TraceSwitch ts = new(
  displayName: "PacktSwitch",
  description: "This switch is set via a JSON config.");

configuration.GetSection("PacktSwitch").Bind(ts);

Trace.WriteLineIf(ts.TraceError, "Trace error");
Trace.WriteLineIf(ts.TraceWarning, "Trace warning");
Trace.WriteLineIf(ts.TraceInfo, "Trace information");
Trace.WriteLineIf(ts.TraceVerbose, "Trace verbose");

Console.ReadLine();
```

(7) 在 Bind 语句上设置一个断点。

(8) 开始调试 Instrumenting 控制台应用程序。

(9) 在 VARIABLES 或 Locals 窗口中，展开 ts 变量表达式，注意它的 Level 是 Off，它的 TraceError、TraceWarning 等都是 false，如图 4.18 所示。

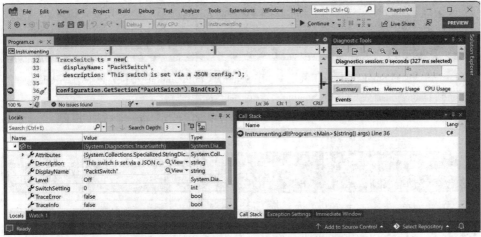

图4.18 在 Visual Studio 2022 中查看跟踪开关变量属性

(10) 单击 Step Into 或 Step Over 按钮或按 F11 或 F10 功能键进入 Bind 方法的调用，注意 ts 变量监视表达式更新到 Info 级别。

(11) 单步执行对 Trace.WriteLineIf 的四个调用，并注意所有级别直到 Info 都写入 DEBUG CONSOLE 或 Output - Debug 窗口，但不是 Verbose 窗口，如图4.19 所示。

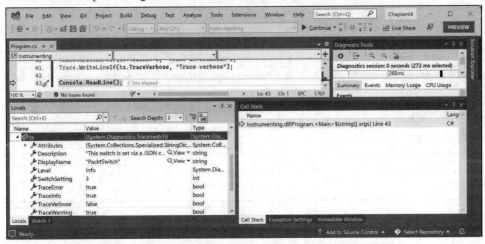

图4.19 Visual Studio Code 中 DEBUG CONSOLE 显示的不同跟踪级别

(12) 停止调试。

(13) 修改 appsettings.json，将级别设置为2，表示警告，如下面的 JSON 文件所示：

```json
{
  "PacktSwitch": {
    "Level": "2"
  }
}
```

(14) 保存更改。

(15) 在 Visual Studio Code 中，通过在 Instrumenting 项目的 TERMINAL 窗口中输入以下命令来运行控制台应用程序：

```
dotnet run --configuration Release
```

(16) 在 Visual Studio 的标准工具栏中，在 Solution Configurations 下拉列表中选择 Release，然后导航到 Debug | Start Without Debugging，运行控制台应用程序。

(17) 打开名为 log.txt 的文件，注意这一次，只有跟踪错误和警告级别是 4 个潜在跟踪级别的输出，如下面的文本文件所示：

```
Trace says, I am watching!
Trace error
Trace warning
```

如果没有传递参数，则默认跟踪开关级别为 Off(0)，因此不输出任何开关级别。

4.4.5 记录有关源代码的信息

当把源代码写入日志时，通常希望包含源代码文件的名称、方法的名称和行号。在 C# 10 及更高版本中，甚至可将作为参数传递给函数的任何表达式作为字符串值，以便记录它们。

通过用特殊属性装饰函数参数，可以从编译器获得所有这些信息，如表 4.2 所示。

表 4.2　函数参数及其说明

参数示例	说明
[CallerMemberName] string member = ""	将字符串参数 member 设置为一个方法或属性的名称，该方法或属性执行的方法定义了这个参数
[CallerFilePath] string filepath = ""	将字符串参数 filepath 设置为源代码文件的名称，该文件中的语句执行定义此参数的方法
[CallerLineNumber] int line = 0	将 int 参数 line 设置为源代码文件中一条语句的行号，该行语句执行的方法定义了这个参数
[CallerArgumentExpression(nameof(argumentExpression))] string expression = ""	将字符串参数 expression 设置为已被传递给参数 argumentExpression 的表达式

必须为这些参数指定默认值，使其成为可选参数。

下面看看一些代码：

(1) 在 Instrumenting 项目中，添加一个名为 Program.Methods.cs 的类文件，并修改其内容以定义函数 LogSourceDetails，该函数使用 4 个特殊属性来记录有关调用代码的信息，代码如下所示：

```
using System.Diagnostics; // Trace
using System.Runtime.CompilerServices; // [Caller...] attributes

partial class Program
{
    static void LogSourceDetails(
        bool condition,
        [CallerMemberName] string member = "",
```

```
    [CallerFilePath] string filepath = "",
    [CallerLineNumber] int line = 0,
    [CallerArgumentExpression(nameof(condition))] string expression = "")
{
    Trace.WriteLine(string.Format(
      "[{0}]\n {1} on line {2}. Expression: {3}",
      filepath, member, line, expression));
}
}
```

(2) 在 Program.cs 文件中，在调用底部的 Console.ReadLine()之前，添加语句，声明并设置一个变量，该变量将在传递给函数 LogSourceDetails 的表达式中使用，如以下突出显示的代码所示：

```
Trace.WriteLineIf(ts.TraceVerbose, "Trace verbose");

int unitsInStock = 12;
LogSourceDetails(unitsInStock > 10);

Console.ReadLine();
```

> **更多信息：**
> 在这个场景中，我们只是编造了一个表达式。而在实际项目中，该表达式可能由用户在选择用户界面以查询数据库时动态生成。

(3) 在不进行调试的情况下运行该控制台应用程序，按 Enter 键并关闭该程序，然后打开 log.txt文件并记录结果，输出如下所示：

```
[C:\cs11dotnet7\Chapter04\Instrumenting\Program.cs]
  <Main>$ on line 44. Expression: unitsInStock > 10
```

4.5　单元测试

修复代码中的 bug 所要付出的代价很昂贵。开发过程中发现错误的时间越早，修复成本就越低。

单元测试是在开发过程的早期发现 bug 的好方法。一些开发人员甚至遵循这样的原则：程序员应该在编写代码之前创建单元测试，这称为测试驱动开发(Test-Driven Development，TDD)。

微软提供了专有的单元测试框架，名为 MSTest；还有一个名为 NUnit 的框架。但在此将使用免费、开源的第三方单元测试框架 xUnit.net。xUnit 是由创建 NUnit 的同一团队创建的，但他们修正了他们之前犯的错误。xUnit 更具可扩展性，并且有更好的社区支持。

4.5.1　理解测试类型

单元测试只是众多测试类型中的一种，测试类型及其说明如表 4.3 所示。

表4.3　测试类型

测试类型	说明
单元	测试最小的代码单元，通常是一个方法或函数。单元测试是在一个代码单元上执行的，如果需要的话，可通过对它们进行模拟从而与依赖项隔离开来。每个单元应该有多个测试：一些具有典型的输入和预期的输出，一些使用极端的输入值来测试边界，一些使用故意错误的输入来测试异常处理
集成	测试较小的单元和较大的组件是否作为一个单独的软件一起工作。有时涉及与没有源代码的外部组件集成
系统	测试运行软件的整个系统环境
性能	测试软件的性能；例如，代码必须在不到 20 毫秒的时间内向访问者返回一个充满数据的 Web 页面
加载	测试软件在保持所需性能的同时可以处理多少请求，例如，一个网站有 10 000 个并发访问者
用户接受度	测试用户是否能够愉快地使用软件完成工作

4.5.2　创建需要测试的类库

首先创建一个需要测试的函数。我们将在类库项目中创建它。类库是代码包，可以被其他.NET 应用程序分发和引用。

(1) 使用自己喜欢的编码工具将一个新的 Class Library/classlib 项目添加到 Chapter04 工作区/解决方案中，命名为 CalculatorLib。在此，将创建大约十几个新的控制台应用程序项目，并将它们添加到 Visual Studio 2022 解决方案或 Visual Studio Code 工作区中。添加 Class Library/classlib 时的唯一区别是要选择不同的项目模板。其余步骤与添加 Console App/console 项目相同。为方便起见，下面在 Visual Studio 2022 和 Visual Studio Code 中重复了这些步骤。

- 在 Visual Studio 2022 中：

① 导航到 File | Add | New Project。

② 在 Add a new project 对话框的 Recent project templates 中，选择 Class Library[C#]，然后单击 Next 按钮。

③ 在 Configure your new project 对话框的 Project name 中，输入 CalculatorLib 作为项目名称，保留路径为 C:\cs11dotnet7\Chapter04，然后单击 Next 按钮。

④ 在 Additional information 对话框中，选择.NET 7.0，然后单击 Create 按钮。

- 在 Visual Studio Code 中：

① 导航到 File | Add Folder to Workspace…。

② 在 Chapter04 文件夹中，单击 New Folder 按钮，创建一个名为 CalculatorLib 的新文件夹，选中该文件夹，然后单击 Add 按钮。

③ 当提示是否信任该文件夹时，单击 Yes 按钮。

④ 导航到 Terminal | New Terminal，然后在出现的下拉列表中，选择 CalculatorLib。

⑤ 在 TERMINAL 中，确认当前位于 CalculatorLib 文件夹中，然后输入命令创建新的类库，如以下命令所示：

```
dotnet new console
```

⑥ 导航到 View | Command Palette，然后选择 OmniSharp: Select Project。

⑦ 在下拉列表中，选择 CalculatorLib 项目，当出现提示时，单击 Yes 按钮添加调试所需的资源。

(2) 在 CalculatorLib 项目中，将名为 Class1.cs 的文件重命名为 Calculator.cs.

(3) 修改 Calculator.cs 文件以定义 Calculator 类(带有故意的错误!)，代码如下所示：

```
namespace CalculatorLib
{
  public class Calculator
  {
    public double Add(double a, double b)
    {
      return a * b;
    }
  }
}
```

(4) 编译类库项目：

- 在 Visual Studio 2022 中，导航到 Build | Build CalculatorLib。
- 在 Visual Studio Code 的 TERMINAL 中，输入命令 dotnet build。

(5) 使用自己喜欢的编码工具将一个新的 xUnit Test Project [C#] / xunit 添加到 Chapter04 工作区/解决方案，命名为 CalculatorLibUnitTests。

(6) 向 CalculatorLib 项目中添加项目引用：

- 如果使用的是 Visual Studio 2022，在 Solution Explorer 中选择 CalculatorLibUnitTests 项目，导航到 Project | Add Project Reference…，选中复选框以选择 CalculatorLib 项目，然后单击 OK 按钮。
- 如果使用的是 Visual Studio Code，请使用 dotnet add reference 命令或单击名为 CalculatorLibUnitTests.csproj 的文件，修改配置以添加 ItemGroup 部分，其中包含对 CalculatorLib 项目的引用，如下面突出显示的代码所示：

```
<Project Sdk="Microsoft.NET.Sdk">

  <PropertyGroup>
    <TargetFramework>net7.0</TargetFramework>
    <ImplicitUsings>enable</ImplicitUsings>
    <Nullable>enable</Nullable>
    <IsPackable>false</IsPackable>
  </PropertyGroup>

  <ItemGroup>
   <PackageReference Include="Microsoft.NET.Test.Sdk"
   Version="17.0.0" />
   <PackageReference Include="xunit" Version="2.4.1" />
   <PackageReference Include="xunit.runner.visualstudio"
   Version="2.4.3">
     <IncludeAssets>runtime; build; native; contentfiles;
       analyzers; buildtransitive</IncludeAssets>
     <PrivateAssets>all</PrivateAssets>
   </PackageReference>
   <PackageReference Include="coverlet.collector" Version="3.1.0">
     <IncludeAssets>runtime; build; native; contentfiles;
```

```
    analyzers; buildtransitive</IncludeAssets>
      <PrivateAssets>all</PrivateAssets>
    </PackageReference>
  </ItemGroup>

  <ItemGroup>
    <ProjectReference
      Include="..\CalculatorLib\CalculatorLib.csproj" />
    </ItemGroup>

</Project>
```

(8) 构建 CalculatorLibUnitTests 项目。

4.5.3 编写单元测试

良好的单元测试包含如下三部分。

- Arrange：这部分为输入和输出声明和实例化变量。
- Act：这部分执行想要测试的单元。在我们的例子中，这意味着调用要测试的方法。
- Assert：这部分对输出进行断言。断言是一种信念，如果不为真，则表示测试失败。例如，当计算 2 加 2 时，期望结果是 4。

现在为 Calculator 类编写单元测试。

(1) 将文件 UnitTest1.cs 重命名为 CalculatorUnitTests.cs，然后打开它。

(2) 在 Visual Studio Code 中，将类重命名为 CalculatorUnitTests(Visual Studio 在重命名文件时会提示你重命名类)。

(3) 导入 CalculatorLib 名称空间。

(4) 修改 CalculatorUnitTests 类，使其拥有两个测试方法，分别用于计算 2 加 2 以及 2 加 3，代码如下所示：

```
using CalculatorLib;

namespace CalculatorLibUnitTests
{
    public class CalculatorUnitTests
    {
        [Fact]
        public void TestAdding2And2()
        {
            // arrange
            double a = 2;
            double b = 2;
            double expected = 4;
            Calculator calc = new();
            // act
            double actual = calc.Add(a, b);
            // assert
            Assert.Equal(expected, actual);
        }
        [Fact]
        public void TestAdding2And3()
```

```
    {
        // arrange
        double a = 2;
        double b = 3;
        double expected = 5;
        Calculator calc = new();
        // act
        double actual = calc.Add(a, b);
        // assert
        Assert.Equal(expected, actual);
    }
}
```

1. 使用 Visual Studio 2022 运行单元测试

现在准备运行单元测试并查看结果。

(1) 在 Visual Studio 中，导航到 Test | Run All Tests。

(2) 在 Test Explorer 中，注意结果表明运行了两个测试，一个测试通过了，一个测试失败了，如图 4.20 所示。

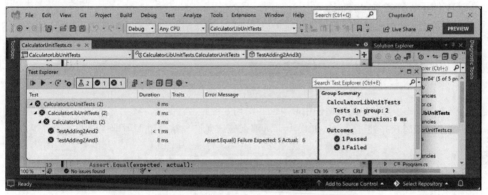

图 4.20 Visual Studio 2022 的 Test Explorer 中的单元测试结果

2. 使用 Visual Studio Code 运行单元测试

现在运行单元测试并查看结果。

(1) 在 Visual Studio Code 中，在 CalculatorLibUnitTest 项目的 TERMINAL 窗口中，运行测试，如下面的命令所示：

```
dotnet test
```

(2) 请注意，输出结果表明运行了两个测试：一个测试通过了，另一个测试失败了，如图 4.21 所示。

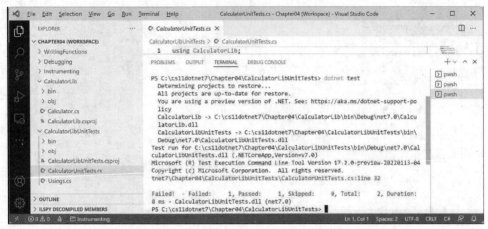

图 4.21　在 Visual Studio Code 的 TERMINAL 中显示单元测试的结果

3. 修复错误

现在可以修复这个 bug 了。

(1) 纠正 Add 方法中的 bug。

(2) 再次运行单元测试，查看错误是否已经修复，结果显示两个测试都通过了。

4.6　在函数中抛出和捕获异常

第 3 章介绍了异常以及如何使用 try-catch 语句处理异常。但是，仅当有足够的信息来缓解问题时，才应该捕获并处理异常。如果没有，那么应该允许异常通过调用堆栈向上传递到更高的级别。

4.6.1　理解使用错误和执行错误

使用错误(usage error)是指程序员错误地使用函数，通常是通过传递无效的值作为参数。程序员可通过修改代码，传递有效的值来避免这些问题。当一些程序员第一次学习 C#和.NET 时，他们有时认为异常总是可以避免的，因为他们认为所有错误都是使用错误。应该在生产运行时(production runtime)之前修复所有的使用错误。

执行错误是指在运行时发生的一些事情，这类错误无法通过编写"更好的"代码来修复。执行错误可以分为程序错误和系统错误。如果试图访问某个网络资源，但网络发生故障，就需要能够通过记录异常来处理该系统错误，并可能等待一段时间，然后再次尝试。但是有些系统错误(如内存不足)是无法处理的。如果试图打开一个不存在的文件，就可能捕获该错误并通过创建一个新文件，以编程方式处理它。程序错误可通过编写智能代码以编程方式修复。系统错误通常不能通过编程修复。

4.6.2　在函数中通常抛出异常

很少应该定义新的异常类型来指示使用错误。.NET 已经定义了许多可用的异常类型。

用参数定义自己的函数时，代码应该检查参数值。如果参数值会阻止函数正常运行，则抛出异常。

例如，如果一个参数不应该为空，则抛出 ArgumentNullException。对于其他问题，则抛出 ArgumentException、NotSupportedException 或 InvalidOperationException。对于任何异常，都包括给任何需要阅读它的人(通常是类库和函数的开发用户，或者是 GUI 应用程序的最高级别的最终用户)提供的一个描述问题的消息，代码如下所示：

```
static void Withdraw(string accountName, decimal amount)
{
  if (accountName is null)
  {
    throw new ArgumentNullException(paramName: nameof(accountName));
  }

  if (amount < 0)
  {
    throw new ArgumentException(
      message: $"{nameof(amount)} cannot be less than zero.");
  }

  // process parameters
}
```

最佳实践：
如果函数不能成功地执行其操作，应该认为函数失败(function failure)，并通过抛出异常来报告。

.NET 6 引入了一种方便的方法，在参数为 null 时抛出异常，而不是编写 if 语句，然后抛出新的异常，代码如下所示：

```
static void Withdraw(string accountName, decimal amount)
{
ArgumentNullException.ThrowIfNull(accountName);
```

C# 11 预览版本中引入的空检查运算符!! 可以实现同样的功能，但由于该运算符饱受诟病，因此在后来的预览版本中被删除了，代码如下所示：

```
static void Withdraw(string accountName!!, decimal amount)
```

永远不需要编写 try-catch 语句来捕获这些使用类型错误，而是应该终止应用程序。这些异常会导致调用函数的程序员修复代码以防止问题。应该在生产部署之前修复它们。这并不意味着代码不需要抛出使用错误类型异常。应该强迫其他程序员正确地调用函数！

4.6.3 理解调用堆栈

.NET 控制台应用程序的入口点是 Program 类的 Main 方法(如果显式定义了这个类)或<Main>$ 方法(如果这个类由顶级程序特性自动创建)。

Main 方法会调用其他方法，而这些其他方法再调用别的方法，以此类推，这些方法可以在当前项目中，也可以在引用的项目和 NuGet 包中，如图 4.22 所示。

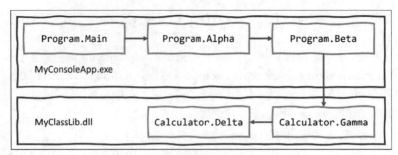

图 4.22　创建调用堆栈的方法调用链

下面创建一个类似的方法链，探讨在哪里可以捕获和处理异常。

(1) 使用自己喜欢的编码工具在 Chapter04 工作区/解决方案中添加一个新的 Class Library/classlib 项目，命名为 CallStackExceptionHandlingLib。

(2) 将 Class1.cs 文件重命名为 Calculator.cs。

(3) 打开 Calculator.cs 并修改其内容，代码如下所示：

```csharp
using static System.Console;

namespace CallStackExceptionHandlingLib
{
public class Calculator
  {
  public static void Gamma() // public so it can be called from outside
  {
    WriteLine("In Gamma");
    Delta();
  }

  private static void Delta()
  // private so it can only be called internally
  {
    WriteLine("In Delta");
    File.OpenText("bad file path");
  }
 }
}
```

(4) 使用自己喜欢的编码工具在 Chapter04 工作区/解决方案中添加一个新的 Console App/console 项目，命名为 CallStackExceptionHandling。

- 在 Visual Studio Code 中，选择 CallStackExceptionHandling 作为活动 OmniSharp 项目。当看到弹出的警告消息指出必需的资源缺失时，单击 Yes 按钮添加它们。

(5) 在 CallStackExceptionHandling 项目中，添加对 CallStackExceptionHandlingLib 项目的引用。

(6) 在 Program.cs 文件中，删除现有语句，然后添加语句来定义两个方法和对它们的链式调用，以及类库中的方法，代码如下所示：

```csharp
using CallStackExceptionHandlingLib;
using static System.Console;

WriteLine("In Main");
```

```
Alpha();

void Alpha()
{
    WriteLine("In Alpha");
    Beta();
}

void Beta()
{
    WriteLine("In Beta");
    Calculator.Gamma();
}
```

(7) 在没有进行调试的情况下运行控制台应用程序，并注意结果，部分输出如下所示：

```
In Main
In Alpha
In Beta
In Gamma
In Delta
Unhandled exception. System.IO.FileNotFoundException: Could not find file
'C:\cs11dotnet7\Chapter04\CallStackExceptionHandling\bin\Debug\net7.0\bad
file path'.
File name: 'C:\cs11dotnet7\Chapter04\CallStackExceptionHandling\bin\
Debug\net7.0\bad file path'
at Microsoft.Win32.SafeHandles.SafeFileHandle.CreateFile(String
fullPath, FileMode mode, FileAccess access, FileShare share, FileOptions
options)
at Microsoft.Win32.SafeHandles.SafeFileHandle.Open(String fullPath,
FileMode mode, FileAccess access, FileShare share, FileOptions options,
Int64 preallocationSize)
at System.IO.Strategies.OSFileStreamStrategy..ctor(String path,
FileMode mode, FileAccess access, FileShare share, FileOptions options,
Int64 preallocationSize)
at System.IO.Strategies.FileStreamHelpers.ChooseStrategyCore(String
path, FileMode mode, FileAccess access, FileShare share, FileOptions
options, Int64 preallocationSize)
at System.IO.StreamReader.ValidateArgsAndOpenPath(String path,
Encoding encoding, Int32 bufferSize)
at System.IO.File.OpenText(String path)
at CallStackExceptionHandlingLib.Calculator.Delta() in C:\cs11dotnet7\
Chapter04\CallStackExceptionHandlingLib\Calculator.cs:line 16
at CallStackExceptionHandlingLib.Calculator.Gamma() in C:\cs11dotnet7\
Chapter04\CallStackExceptionHandlingLib\Calculator.cs:line 10
at Program.<<Main>$>g__Beta|0_1() in C:\cs11dotnet7\Chapter04\
CallStackExceptionHandling\Program.cs:line 16
at Program.<<Main>$>g__Alpha|0_0() in C:\cs11dotnet7\Chapter04\
CallStackExceptionHandling\Program.cs:line 10
at Program.<Main>$(String[] args) in C:\cs11dotnet7\Chapter04\
CallStackExceptionHandling\Program.cs:line 5
```

调用堆栈颠倒了。从底部开始，可以看到：

- 第一个调用是对自动生成的 Program 类中的<Main>$入口点函数的调用。这是参数作为字符串数组传入的地方。
- 第二个调用是对<<Main>$>g__Alpha|0_0 函数(C#编译器在将其作为局部函数添加时将原来的函数名 Alpha 进行了重命名)的调用。
- 第三个调用是对 Beta 函数的调用。
- 第四个调用是对 Gamma 函数的调用。
- 第五个调用是对 Delta 函数的调用。这个函数试图通过传递一个错误的文件路径来打开文件。这会导致抛出一个异常。任何带有 try-catch 语句的函数都可以捕获此异常。如果函数没有 try-catch 语句，它会自动向上传递到调用堆栈，直到到达顶部，.NET 在那里输出异常(以及这个调用堆栈的细节)。

最佳实践:
若不需要单步执行代码以调试它，就应该始终在不附加调试器的情况下运行代码。在上面的示例中，有一点特别重要，就是不要附加调试器，因为如果附加了调试器，那么它将捕获异常并在 GUI 对话框中显示它，而不是像本书中所示的那样输出它。

4.6.4 在哪里捕获异常

程序员可以决定是在故障点附近捕获异常，还是将异常集中在调用堆栈的上层。这允许简化和标准化代码。调用异常可能会抛出一种或多种类型的异常，但不需要在调用堆栈的当前点处理其中任何一种。

4.6.5 重新抛出异常

有时需要捕获异常，记录它，然后重新抛出它。例如，如果你正在编写一个将从应用程序被调用的低级类库，你的代码可能没有足够的信息通过编程的方式来智能纠错，但调用你的代码的应用程序可能有更多的信息来智能纠错。因为调用应用程序可能不会记录错误，所以你的代码应该记录错误，然后将错误重新抛出到调用堆栈，以便调用应用程序能够选择以更好的方式处理它。

有三种方法可以在 catch 块中重新抛出异常，如下所示。

(1) 要使用原始调用堆栈抛出捕获的异常，请调用 throw。

(2) 要抛出捕获的异常，就好像它是在调用堆栈的当前级别抛出的一样，对于捕获的异常调用 throw，如 throw ex。这通常是一种糟糕的做法，因为已经丢失了一些用于调试的潜在有用信息。但当你故意删除包含敏感数据的信息时，这可能会很有用。

(3) 要将捕获的异常包装到另一个异常(该异常在消息中包含更多信息，这可能有助于调用者理解问题)中，请抛出一个新的异常并将捕获的异常作为 innerException 参数传递。

如果在调用 Gamma 函数时发生错误，那么可以捕获异常，然后执行三种重新抛出异常的技术之一，如下面的代码所示:

```
try
{
  Gamma();
}
catch (IOException ex)
{
```

```
    LogException(ex);
    // throw the caught exception as if it happened here
    // this will lose the original call stack
    throw ex;

    // rethrow the caught exception and retain its original call stack
    throw;

    // throw a new exception with the caught exception nested within it
    throw new InvalidOperationException(
      message: "Calculation had invalid values. See inner exception for why.",
      innerException: ex);
}
```

下面通过调用堆栈的例子来看看实际情况。

(1) 在 CallStackExceptionHandling 项目的 Program.cs 文件中，在 Beta 函数中，在对 Gamma 函数的调用周围添加一个 try-catch 语句，代码如下所示：

```
void Beta()
{
    WriteLine("In Beta");
    try
    {
      Calculator.Gamma();
    }
    catch (Exception ex)
    {
      WriteLine($"Caught this: {ex.Message}");
      throw ex;
    }
}
```

(2) 运行控制台应用程序，注意输出不包括调用堆栈的一些细节，如下所示：

```
Caught this: Could not find file 'C:\cs11dotnet7\Chapter04\
CallStackExceptionHandling\bin\Debug\net7.0\bad file path'.
Unhandled exception. System.IO.FileNotFoundException: Could not find file
'C:\cs11dotnet7\Chapter04\CallStackExceptionHandling\bin\Debug\net7.0\bad
file path'.
File name: 'C:\cs11dotnet7\Chapter04\CallStackExceptionHandling\bin\
Debug\net7.0\bad file path'
at Program.<<Main>$>g__Beta|0_1() in C:\cs11dotnet7\Chapter04\
CallStackExceptionHandling\Program.cs:line 23
at Program.<<Main>$>g__Alpha|0_0() in C:\cs11dotnet7\Chapter04\
CallStackExceptionHandling\Program.cs:line 10
at Program.<Main>$(String[] args) in C:\cs11dotnet7\Chapter04\
CallStackExceptionHandling\Program.cs:line 5
```

(3) 通过将语句 throw ex;替换为 throw;删除 ex。

(4) 运行控制台应用程序，注意现在在输出包括调用堆栈的所有细节。

4.6.6　实现 tester-doer 模式

tester-doer 模式可以避免一些抛出的异常(但不能完全消除它们)。该模式使用一对函数：一个执行测试，另一个执行操作。如果测试未通过，操作将失败。

　　.NET 实现这个模式本身。例如，在调用 Add 方法将项添加到集合之前，可以测试它是否为只读，这将导致 Add 失败并因此抛出异常。

　　例如，从银行账户取款之前，可以测试该账户是否透支，如下面的代码所示：

```
if (!bankAccount.IsOverdrawn())
{
  bankAccount.Withdraw(amount);
}
```

tester-doer 模式存在的问题

　　tester-doer 模式会增加性能开销，因此你也可以实现 try 模式，try 模式实际上将测试和执行部分组合到一个函数中，就像在 TryParse 中看到的那样。

　　tester-doer 模式的另一个问题发生在使用多个线程时。在这种情况下，一个线程可以调用测试函数并正常返回。然后另一个线程执行，改变状态。原线程继续执行，看似一切都很好，但事实并非如此。这被称为竞态条件。这是一个过于高级的主题，无法在本书中涵盖如何处理它。

　　如果实现了自己的 try 模式函数，但它失败了，记得将 out 参数设置为其类型的默认值，然后返回 false，代码如下所示：

```
static bool TryParse(string? input, out Person value)
{
    if (someFailure)
    {
     value = default(Person);
     return false;
    }
    // successfully parsed the string into a Person
    value = new Person() { ... };
    return true;
}
```

4.7 实践和探索

　　你可以通过回答一些问题来测试自己对知识的理解程度，进行一些实践，并深入探索本章涵盖的主题。

4.7.1 练习 4.1：测试你掌握的知识

　　回答下列问题。如果遇到了难题，可以尝试用谷歌搜索答案。同时记住，如果你完全卡住了，请参考附录中的答案。

　　(1) C#关键字 void 的含义是什么？

　　(2) 命令式编程风格和函数式编程风格有什么区别？

　　(3) 在 Visual Studio Code 或 Visual Studio 中，快捷键 F5、Ctrl(或 Cmd + F5)、Shift + F5 与 Ctrl、Cmd + Shift + F5 之间的区别是什么？

(4) Trace.WriteLine 方法会将输出写到哪里?

(5) 五个跟踪级别分别是什么?

(6) Debug 和 Trace 之间的区别是什么?

(7) 良好的单元测试包含哪三部分?

(8) 在使用 xUnit 编写单元测试时,必须用什么特性装饰测试方法?

(9) 哪个 dotnet 命令可用来执行 xUnit 测试?

(10) 在不丢失堆栈跟踪的情况下,应该使用哪条语句重新抛出名为 ex 的捕获异常?

4.7.2　练习 4.2: 使用调试和单元测试练习函数的编写

质因数是最小质数的组合,当把它们相乘时,就会得到原始的数。考虑下面的例子:

- 4 的质因数是 2×2。
- 7 的质因数是 7。
- 30 的质因数是 5×3×2。
- 40 的质因数是 5×2×2×2。
- 50 的质因数是 5×5×2。

创建如下三个项目:

- 一个名为 Ch04Ex02PrimeFactorsLib 的类库,其中包含一个静态类和一个名为 PrimeFactors 的方法,当传递一个整数作为参数时,PrimeFactors 方法返回一个字符串来显示这个整数的质因数
- 一个名为 Ch04Ex02PrimeFactorsTests 的单元测试项目,其中包含一些合适的单元测试
- 一个使用这个单元测试项目的控制台应用程序 Ch04Ex02PrimeFactorsApp

为简单起见,可以假设输入的最大数字是 1000。

使用调试工具并编写单元测试,以确保函数在多个输入条件下都能正常工作并返回正确的输出。

4.7.3　练习 4.3: 探索主题

可通过以下链接来阅读本章所涉及主题的更多细节:

https://github.com/markjprice/cs11dotnet7/blob/main/book-links.md#chapter-4---writing debugging-and-testing-functions

4.8　本章小结

本章主要内容:

- 如何用命令式风格和函数式风格编写带输入参数和返回值的可重用函数。
- 如何使用 Visual Studio 和 Visual Studio Code 的调试和诊断功能来修复其中的任何 bug。
- 如何在函数中抛出和捕获异常,如何理解调用堆栈。

第 5 章将介绍如何使用面向对象编程技术构建自己的类型。

第**5**章

使用面向对象编程技术构建
自己的类型

本章介绍如何使用面向对象编程(Object-Oriented Programming,OOP)技术构建自己的类型,讨论类型可以拥有的所有不同类别的成员,包括用于存储数据的字段和用于执行操作的方法。你将掌握诸如聚合和封装的OOP概念,了解诸如元组语法支持、out变量、推断的元组名称和默认的字面值等语言特性。你将了解如何定义执行简单操作的运算符和局部函数。

本章涵盖以下主题:

- 讨论OOP
- 构建类库
- 使用字段存储数据
- 编写和调用方法
- 使用partial关键字拆分类
- 使用属性和索引器控制访问
- 有关方法的详细介绍
- 模式匹配和对象
- 处理记录

5.1 面向对象编程

现实世界中的对象是一种事物,如汽车或人;而编程中的对象通常表示现实世界中的某些东西,如产品或银行账户,但也可以是更抽象的东西。

在C#中,可使用C#关键字class(通常)或struct(偶尔)来定义对象的类型。第6章将介绍类和结构体之间的区别。可以将类视为对象的蓝图或模板。

面向对象编程的概念简述如下:

- **封装**是与对象相关的数据和操作的组合。例如,BankAccount类型可能拥有数据(如Balance和AccountName)和操作(如Deposit和Withdraw)。在封装时,我们通常希望对这些操作和数据的访问权限进行控制,例如,限制如何从外部访问或修改对象的内部状态。

- **组合**是指物体是由什么构成的。例如，一辆汽车是由不同的部件组成的，包括四个轮子、四个座位和一台发动机。
- **聚合**是指什么可以与对象相结合。例如，一个人不是汽车的一部分，但他可以坐在驾驶座上，成为汽车司机。通过聚合两个独立的对象，可以构成一个新的组件。
- **继承**是指从基类或超类派生子类来重用代码。基类的所有功能都由派生类继承并在派生类中可用。例如，基类或超类 Exception 包含一些成员，它们在所有异常中具有相同的实现，而子类或派生的 SqlException 类继承了这些成员。此外，有一些额外的成员，它们仅与 SQL 数据库异常(如用于数据库连接的属性)有关。
- **抽象**是指捕捉对象的核心思想而忽略细节。C#关键字 abstract 用来形式化这个概念。一个类如果不是显式抽象的，就可以描述为具体的。基类或超类通常是抽象的，例如超类 Stream，Stream 的子类(如 FileStream 和 MemoryStream)是具体的。只有具体的类可以用来创建对象；抽象类只能作为其他类的基类，因为它们缺少一些实现。抽象是一种微妙的平衡。一个类如果能更抽象，就会有更多的类能够继承它，但同时能够共享的功能会更少。
- **多态性**是指允许派生类通过重写继承的操作来提供自定义的行为。

5.2　构建类库

类库程序集能将类型组合成易于部署的单元(DLL 文件)。前面除了学习单元测试之外，还创建了包含代码的控制台应用程序或.NET Interactive Notebooks。为了使编写的代码能够跨多个项目重用，应该将它们放在类库程序集中，就像微软所做的那样。

5.2.1　创建类库

第一个任务是创建可重用的.NET 类库。

(1) 使用自己喜欢的编码工具创建一个新的项目，其定义如下所示。

- 项目模板：Class Library/classlib
- 项目文件和文件夹：PacktLibraryNetStandard2
- 工作区/解决方案文件和文件夹：Chapter05

(2) 打开 PacktLibraryNetStandard2.csproj 文件。请注意，默认情况下，由.NET SDK 7 创建的类库的目标是.NET 7，因此只能与其他兼容.NET 7 的程序集一起工作，如下所示：

```
<Project Sdk="Microsoft.NET.Sdk">

  <PropertyGroup>
    <TargetFramework>net7.0</TargetFramework>
    <Nullable>enable</Nullable>
    <ImplicitUsings>enable</ImplicitUsings>
  </PropertyGroup>

</Project>
```

(3) 修改目标框架以支持.NET Standard 2.0，添加一个条目以显式使用 C# 11 编译器，并将 System.Console 类静态导入所有 C#文件，如以下突出显示的代码所示：

```
<Project Sdk="Microsoft.NET.Sdk">

  <PropertyGroup>
    <TargetFramework>netstandard2.0</TargetFramework>
    <LangVersion>11</LangVersion>
    <Nullable>enable</Nullable>
    <ImplicitUsings>enable</ImplicitUsings>
  </PropertyGroup>

  <ItemGroup>
    <Using Include="System.Console" Static="true" />
  </ItemGroup>

</Project>
```

(4) 保存并关闭文件。

(5) 删除名为 Class1.cs 的文件。

(6) 编译该项目，以便其他项目稍后可以引用它：

● 在 Visual Studio 2022 中，导航到 Build | Build PacktLibraryNetStandard2。

● 在 Visual Studio Code 中，输入以下命令：dotnet build。

最佳实践：
为了使用最新的 C#语言和.NET 平台特性，需要将类型放在.NET 7 类库中。为支持.NET Core、.NET Framework 和 Xamarin 等传统的.NET 平台，可将可能重用的类型放在.NET Standard 2.0 类库中。默认情况下，以.NET Standard 2.0 为目标的编译器使用 C# 7.0 编译器，但可重写这一默认设置，因此即使你局限于.NET Standard 2.0 API，也可获得较新版本的 SDK 和编译器的好处。

5.2.2 在名称空间中定义类

下一个任务是定义表示人的类。

(1) 在 PacktLibraryNetStandard2 项目中，新添加一个名为 Person.cs 的类文件。

(2) 设置名称空间为 Packt.Shared，用分号结束名称空间的定义，并删除与名称空间关联的大括号(Visual Studio 2022 会自动执行此操作)，以指定此文件中定义的类型是此名称空间的一部分，如以下代码所示：

```
namespace Packt.Shared; // file-scoped namespace
```

最佳实践：
这样做是因为将类放在逻辑命名的名称空间中是很重要的。更好的名称空间名称应该是特定于域的，例如，System.Numerics 表示与高级数值相关的类型。但在本例中，我们创建的类型是 Person、BankAccount 和 WondersOfTheWorld，它们没有典型的域。所以我们使用更通用的 Packt.Shared。

(3) 在 Person 类中，将关键字 internal 改为 public。

类文件中的代码现在应该如下所示：

```
namespace Packt.Shared; // file-scoped namespace

public class Person
{
}
```

注意，C#关键字 public 位于 class 之前。这个关键字叫作访问修饰符，public 访问修饰符表示允许其他所有代码访问这个 Person 类。

如果没有显式地应用 public 关键字，就只能在定义类的程序集中访问这个类。这是因为类的隐式访问修饰符是 internal。由于需要在程序集之外访问 Person 类，因此必须确保使用了 public 关键字。

如果目标是.NET 6.0 或后续版本，则使用 C# 10 或更高版本来简化代码，可以在名称空间声明的末尾加上分号并去掉花括号，因此对类型的定义不必缩进。这被称为文件作用域的名称空间(file-scoped namespace)声明。每个文件只能有一个文件作用域的名称空间。对于篇幅有限的图书作者来说，这一功能尤其有用。

最佳实践：
将创建的每个类型放在它自己的文件中，这样就可以使用文件作用域的名称空间声明。

5.2.3　理解成员

Person 类还没有封装任何成员。接下来将创建一些成员。成员可以是字段、方法或它们两者的特定版本。对成员的描述如下：

- **字段**用于存储数据。字段可分为三个专门的类别，如下所示。
  - **常量字段**：数据永远不会发生变化。编译器会将数据复制到读取它们的任何代码中。
  - **只读字段**：在类被实例化后，数据不能改变，但是可以在实例化时从外部源计算或加载数据。
  - **事件**：数据引用一个或多个方法，方法在事件发生时执行，例如单击按钮或响应来自其他代码的请求。事件的相关内容详见第 6 章。
- **方法**用于执行语句。第 4 章在介绍函数时提到了一些示例。此外还有四类专门的方法。
  - **构造函数**：使用 new 关键字分配内存和实例化类时执行的语句。
  - **属性**：获取或设置数据时执行的语句。数据通常存储在字段中，但是也可存储在外部或者在运行时计算。属性是封装字段的首选方法，除非需要公开字段的内存地址。
  - **索引器**：使用"数组"语法[ ]获取或设置数据时执行的语句。
  - **运算符**：对类型的操作数使用+和/之类的运算符时执行的语句。

5.2.4　实例化类

本节中将创建 Person 类的实例。

在实例化一个类之前，需要从另一个项目中引用包含这个类的程序集。我们将在控制台应用程序中使用这个类。

(1) 使用自己喜欢的编码工具将一个新的 Console App/console 项目添加到 Chapter05 工作区/解决方案中，命名为 PeopleApp。

(2) 如果使用 Visual Studio 2022，则执行以下操作。

① 将解决方案的启动项目设置为当前所选择的项目。

② 在 Solution Explorer 中，选择 PeopleApp 项目，导航到 Project | Add Project Reference…，选中复选框以选择 PacktLibraryNetStandard2 项目，然后单击 OK 按钮。

③ 在 PeopleApp.csproj 中，添加一个静态导入 System.Console 类的条目，代码如下所示：

```
<ItemGroup>
  <Using Include="System.Console" Static="true" />
</ItemGroup>
```

④ 导航到 Build | Build PeopleApp。

(3) 如果使用 Visual Studio Code，则执行以下操作。

① 选择 PeopleApp 作为活动的 OmniSharp 项目。当看到弹出的警告消息指出所需的资源缺失时，单击 Yes 按钮添加它们。

② 编辑 PeopleApp.csproj，添加一个对 PacktLibraryNetStandard2 项目的引用，添加一个静态导入 System.Console 类的条目，如以下突出显示的代码所示：

```
<Project Sdk="Microsoft.NET.Sdk">

  <PropertyGroup>
    <OutputType>Exe</OutputType>
    <TargetFramework>net7.0</TargetFramework>
    <Nullable>enable</Nullable>
    <ImplicitUsings>enable</ImplicitUsings>
  </PropertyGroup>

  <ItemGroup>
    <ProjectReference Include=
      "../PacktLibraryNetStandard2/PacktLibraryNetStandard2.
      csproj" />
  </ItemGroup>
  <ItemGroup>
    <Using Include="System.Console" Static="true" />
  </ItemGroup>

</Project>
```

(3) 在终端中输入命令，编译 PeopleApp 项目及其依赖的 PacktLibraryNetStandard2 项目，命令如下所示：

```
dotnet build
```

5.2.5 导入名称空间以使用类型

现在编写使用 Person 类的语句。

(1) 打开 PeopleApp 项目/文件夹中的 Program.cs 文件，删除现有语句，然后添加如下语句以导入 People 类的名称空间：

```
using Packt.Shared;
```

更多信息：

虽然可以全局导入这个名称空间，但如果 import 语句位于文件的顶部，并且 PeopleApp 项目仅包含一个需要导入名称空间的 Program.cs 文件，那么任何阅读此代码的人都会清楚地知道我们是从何处导入所使用的类型。

(2) 在 Program.cs 文件中添加一些语句，目的是：

● 创建 Person 类的实例。

● 使用实例的文本描述输出实例。

new 关键字用于为对象分配内存，并初始化任何内部数据，代码如下所示：

```
// Person bob = new Person(); // C# 1.0 or Later
// var bob = new Person(); // C# 3.0 or Later

Person bob = new(); // C# 9.0 or Later
WriteLine(bob.ToString());
```

为什么 bob 变量会有名为 ToString 的方法？Person 类是空的！别担心，我们马上就知道原因了！

(4) 运行代码并查看结果，输出如下所示：

```
Packt.Shared.Person
```

1. 使用别名 using 避免名称空间冲突

若两个名称空间包含相同的类型名称，导入这两个名称时可能会导致歧义。例如：

```
// France.Paris.cs
namespace France
{
  public class Paris
  {
  }
}

// Texas.Paris.cs
namespace Texas
{
  public class Paris
  {
  }
}

// Program.cs
using France;
using Texas;

Paris p = new();
```

运行上面的代码，编译器会给出 Error CS0104：

```
'Paris' is an ambiguous reference between 'France.Paris' and 'Texas.Paris'
```

可以为其中一个名称空间定义别名来区分它，代码如下所示：

```
using France;
using us = Texas; // us becomes alias for the namespace and it is not imported

Paris p1 = new(); // France.Paris
us.Paris p2 = new(); // Texas.Paris
```

2. 使用别名 using 重命名类型

另一种可能需要使用别名的情况是，是否要重命名类型。例如，如果经常使用 Environment 类，可以重命名它，代码如下所示：

```
using Env = System.Environment;

WriteLine(Env.OSVersion);
WriteLine(Env.MachineName);
WriteLine(Env.CurrentDirectory);
```

5.2.6 理解对象

虽然 Person 类没有显式地选择从类型中继承，但是所有类型最终都直接或间接地从名为 System.Object 的特殊类型继承而来。

System.Object 类型中 ToString 方法的实现结果只是输出完整的名称空间和类型名称。

回到原始的 Person 类，可以显式地告诉编译器，Person 类从 System.Object 类型继承而来，如下所示：

```
public class Person : System.Object
```

当类 B 继承自类 A 时，我们说类 A 是基类或超类，类 B 是派生类或子类。在这里，System.Object 是基类或超类，Person 是派生类或子类。

也可使用 C#别名关键字 object，代码如下：

```
public class Person : object
```

继承 System.Object

下面让 Person 类显式地从 System.Object 继承，然后检查所有对象都有哪些成员。

(1) 修改 Person 类以显式地继承 System.Object。

(2) 单击 object 关键字的内部并按 F12 功能键，或右击 object 关键字并从弹出的快捷菜单中选择 Go to Definition。

这会显示微软定义的 System.Object 类型及其成员。这些细节你并不需要了解，但请注意名为 ToString 的方法，如图 5.1 所示。

最佳实践：
假设其他程序员知道，如果不指定继承，Person 类将从 System.Object 继承。

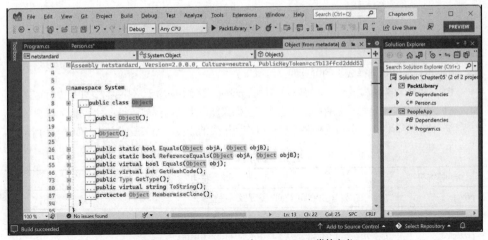

图 5.1　.NET Standard 2.0 中 System.Object 类的定义

5.3　在字段中存储数据

本节将定义类中的一组字段，以存储一个人的信息。

5.3.1　定义字段

假设一个人的信息由姓名和出生日期组成。在 Person 类的内部封装这两个值，它们在 Person 类的外部可见。

- 在 Person 类中编写语句，声明两个公有字段，分别用来存储一个人的姓名和出生日期，如下面突出显示的代码所示：

```
public class Person : object
{
  // fields
  public string? Name;
  public DateTime DateOfBirth;
}
```

注意

对于 DateOfBirth 字段的数据类型，我们有多种选择。NET 6 引入了 DateOnly 类型，该类型仅存储日期而不存储时间值。DateTime 类型可存储人的出生日期和时间。不过，最好选择使用 DateTimeOffset 类型，它能存储日期、时间和时区。字段类型的选择取决于需要存储的细节。

从 C# 8 开始，如果引用类型(如字符串)可能具有空值，并因此而引发 NullReferenceException，编译器就会发出警告。自.NET 6 以来，SDK 默认启用了这些警告。可以在字符串类型的后面加上问号? 以表示接受此操作，这样就不会出现警告消息。在第 6 章中，你将了解更多关于可空性以及如何处理它的信息。

可以对字段使用任何类型，包括数组和集合(如列表和字典)。如果需要在命名字段中存储多个值，就可以使用这些类型。在这个例子中，一个人只有一个名字和一个出生日期。

5.3.2 理解访问修饰符

封装的一部分是选择成员的可见性。

注意，就像对类所做的一样，可以显式地将 public 关键字应用于这些字段。如果没有这样做，那么它们对类来说就是隐式私有的，这意味着它们只能在类的内部被访问。

访问修饰符有四个，并且有两种组合可以应用于类的成员，如字段或方法，如表 5.1 所示。

表 5.1　访问修饰符及其描述

访问修饰符	描述
private	成员仅在类型的内部可访问，这是默认设置
internal	成员可在类型的内部或同一程序集的任何类型中访问
protected	成员可在类型的内部或从类型继承的任何类型中访问
public	成员在任何地方都可访问
internal protected	成员可在类型的内部、同一程序集的任何类型以及从该类型继承的任何类型中访问，与虚构的访问修饰符 internal_or_protected 等效
private protected	成员可在类型的内部、同一程序集的任何类型以及从该类型继承的任何类型中访问，相当于虚构的访问修饰符 internal_and_protected。这种组合只能在 C# 7.2 或更高版本中使用

> **最佳实践：**
> 即使想为成员使用隐式的访问修饰符 private，也需要显式地将该访问修饰符应用于所有类型成员。此外，字段通常应该是私有的或受保护的，你应该创建 public 属性来获取或设置字段值。这是因为该属性可以控制访问。本章稍后将介绍这一点。

5.3.3 设置和输出字段值

下面在代码中使用这些字段。

(1) 在 Program.cs 文件中，实例化 bob 后添加一些语句以设置姓名和出生日期，然后输出格式良好的字段，代码如下所示：

```
bob.Name = "Bob Smith";
bob.DateOfBirth = new DateTime(1965, 12, 22); // C# 1.0 or later

WriteLine(format: "{0} was born on {1:dddd, d MMMM yyyy}",
    arg0: bob.Name,
    arg1: bob.DateOfBirth);
```

也可以使用字符串插值，但对于长字符串，由于可能跨越多行，因此很难阅读。在本书的代码示例中，请记住{0}是 arg0 的占位符，{1}是 arg1 的占位符，以此类推。

(2) 运行代码并查看结果，输出如下所示：

```
Bob Smith was born on Wednesday, 22 December 1965
```

根据语言环境(语言和文化)的不同，每个人的输出看起来也可能会有所不同。

arg1 的格式代码由几部分组成。dddd 指的是星期几。d 表示月份中的日期。MMMM 表示月份的名称。小写的 m 表示分钟。yyyy 表示四位数的年份。yy 表示两位数的年份。

还可以使用花括号，通过简化的对象初始化语法(在 C# 3.0 中引入)来初始化字段。

(1) 在现有代码的下方添加以下代码，创建另一个人(Alice)的信息。注意，在写入控制台时，出生日期的格式代码不同：

```
Person alice = new()
{
  Name = "Alice Jones",
  DateOfBirth = new(1998, 3, 7) // C# 9.0 or Later
};
WriteLine(format: "{0} was born on {1:dd MMM yy}",
  arg0: alice.Name,
  arg1: alice.DateOfBirth);
```

(2) 运行代码并查看结果，输出如下所示：

```
Alice Jones was born on 07 Mar 98
```

5.3.4　使用 enum 类型存储值

有时，值是一组有限选项中的某个选项。例如，世界上有七大古迹，某人可能喜欢其中的一个。在其他情况下，值是一组有限选项的组合。例如，某人可能有一份想要参观的古迹清单。可通过定义 enum 类型来存储这些数据。

enum 类型是一种非常有效的方式，可以存储一个或多个选项，因为在内部，enum 类型结合了整数值与使用字符串描述的查找表。

(1) 在 PacktLibraryNetStandard2 项目中添加一个名为 WondersOfTheAncientWorld.cs 的新文件。

(2) 修改 WondersOfTheAncientWorld.cs 文件，代码如下所示：

```
namespace Packt.Shared;

public enum WondersOfTheAncientWorld
{
    GreatPyramidOfGiza,
    HangingGardensOfBabylon,
    StatueOfZeusAtOlympia,
    TempleOfArtemisAtEphesus,
    MausoleumAtHalicarnassus,
    ColossusOfRhodes,
    LighthouseOfAlexandria
}
```

最佳实践：

如果在.NET Interactive Notebooks 中编写代码，那么包含枚举的代码单元格必须在定义 Person 类的代码单元格之上。

(3) 在 Person.cs 文件中，将以下语句添加到字段列表中：

```
public WondersOfTheAncientWorld FavoriteAncientWonder;
```

(4) 在 Program.cs 文件中添加以下语句：

```
bob.FavoriteAncientWonder =
  WondersOfTheAncientWorld.StatueOfZeusAtOlympia;

WriteLine(
  format: "{0}'s favorite wonder is {1}. Its integer is {2}.",
  arg0: bob.Name,
  arg1: bob.FavoriteAncientWonder,
  arg2: (int)bob.FavoriteAncientWonder);
```

(5) 运行代码并查看结果，输出如下所示：

```
Bob Smith's favorite wonder is StatueOfZeusAtOlympia. Its integer is 2.
```

为提高效率，enum 值在内部存储为 int 类型。int 值从 0 开始自动分配内存，因此 enum 中的第三大世界古迹的值为 2。可以分配 enum 中没有列出的 int 值，它们将输出 int 值而不是名称，因为找不到匹配项。

5.3.5 使用 enum 类型存储多个值

对于选项列表，可以创建 enum 实例的数组或集合，本章稍后将解释集合，但是还有更好的方法。可以使用 enum 标志将多个选项组合成单个值。

(1) 使用[Flags]特性修改 enum。为每个表示不同位列的古迹显式地设置 byte 值，代码如下所示：

```
namespace Packt.Shared;

[Flags]
public enum WondersOfTheAncientWorld : byte
{
  None                     = 0b_0000_0000, // i.e. 0
  GreatPyramidOfGiza       = 0b_0000_0001, // i.e. 1
  HangingGardensOfBabylon  = 0b_0000_0010, // i.e. 2
  StatueOfZeusAtOlympia    = 0b_0000_0100, // i.e. 4
  TempleOfArtemisAtEphesus = 0b_0000_1000, // i.e. 8
  MausoleumAtHalicarnassus = 0b_0001_0000, // i.e. 16
  ColossusOfRhodes         = 0b_0010_0000, // i.e. 32
  LighthouseOfAlexandria   = 0b_0100_0000  // i.e. 64
}
```

为每个选项分配值，这些值在查看存储到内存中的位时不会重叠。还应该使用 System.Flags 特性装饰 enum 类型，这样在返回值时，就可以自动匹配多个值(以逗号分隔的字符串)而不是只返回一个 int 值。

通常，enum 类型在内部使用一个 int 变量，但是由于不需要这么大的值，因此可以减少 75% 的内存需求。也就是说，可以使用一个 byte 变量，这样每个值就只占用 1 字节而不是占用 4 字节。另一个例子是，如果你想定义一个 emum 来枚举一周中的几天，那么只有七天。

如果想要表示待观看的古迹清单中包括巴比伦空中花园和摩索拉斯陵墓，可将位列 16 和 2 设置为 1。换句话说，存储的值是 18。

64	32	16	8	4	2	2
0	0	1	0	0	1	0

(2) 在 Person.cs 文件中，将以下语句添加到字段列表中：

```
public WondersOfTheAncientWorld BucketList;
```

(3) 在 Program.cs 文件中添加以下语句，使用|运算符(按位逻辑 OR)组合 enum 值以设置待参观的古迹清单。也可以使用数字 18 来设置值，并强制转换为 enum 类型，但不应该这样做，因为会使代码更难理解：

```
bob.BucketList =
  WondersOfTheAncientWorld.HangingGardensOfBabylon
  | WondersOfTheAncientWorld.MausoleumAtHalicarnassus;

// bob.BucketList = (WondersOfTheAncientWorld)18;

WriteLine($"{bob.Name}'s bucket list is {bob.BucketList}");
```

(4) 运行代码并查看结果，输出如下所示：

```
Bob Smith's bucket list is HangingGardensOfBabylon,
MausoleumAtHalicarnassus
```

最佳实践：
建议使用 enum 值存储离散选项的组合。如果最多有 8 个选项，可从 byte 类型派生 enum 类型；如果最多有 16 个选项，可从 ushort 类型派生 enum 类型；如果最多有 32 个选项，可从 uint 类型派生 enum 类型；如果最多有 64 个选项，可从 ulong 类型派生 enum 类型。

5.4 使用集合存储多个值

下面添加一个字段来存储一个人的子女信息。这是一个有关聚合的典型示例，因为代表子女的子类与 Person 类相关，但不是 Person 类本身的一部分。下面将使用一种通用的 List<T>集合类型。List<T>集合类型可以存储任何类型的有序集合。集合的相关内容详见第 8 章。

在 Person.cs 文件中，声明一个新字段，以存储表示此人子女的多个 Person 实例，如以下代码所示：

```
public List<Person> Children = new();
```

List<Person>读作"Person 列表"，例如，"名为 Children 的属性的类型是 Person 实例列表"。
必须确保将集合初始化为 Person 列表的一个新实例，这样才能添加项，否则字段将为 null，并在试图使用它的任何成员(如 Add)时，抛出运行时异常。

5.4.1　理解泛型集合

List<T>类型中的尖括号代表号为泛型的特性，泛型是在 2005 年的 C# 2.0 中引入的。这只是一个让集合成为强类型的术语，也就是说，编译器更明确地知道可以在集合中存储什么类型的对象。泛型可以提高代码的性能和正确性。

强类型与静态类型不同。旧的 System.Collection 类型是静态类型，用于包含弱类型的 System.Object 项。更新的 System.Collection.Generic 类型也是静态类型，用于包含强类型的<T>实例。具有讽刺意味的是，泛型这个术语意味着可以使用更具体的静态类型！

(1) 在 Program.cs 文件中添加如下语句，为 Bob 添加两个子女，然后显示 Bob 有多少个子女以及相应子女的姓名：

```
bob.Children.Add(new Person { Name = "Alfred" }); // C# 3.0 and Later
bob.Children.Add(new() { Name = "Zoe" }); // C# 9.0 and Later

WriteLine($"{bob.Name} has {bob.Children.Count} children:");

for (int childIndex = 0; childIndex < bob.Children.Count; childIndex++)
{
  WriteLine($"> {bob.Children[childIndex].Name}");
}
```

也可以使用 foreach 语句枚举集合。作为一项额外的挑战，请尝试改用 foreach 语句输出相同的信息。

(2) 运行代码并查看结果，输出如下所示：

```
Bob Smith has 2 children:
Alfred
Zoe
```

5.4.2　使字段成为静态字段

到目前为止，我们创建的字段都是实例成员，这意味着对于创建的类的每个实例，每个字段都存在不同的值。bob 变量的 Name 值与 alice 变量的不同。

有时，我们希望定义一个字段，该字段只有一个值，能在所有实例之间共享。

这称为静态成员，但是，字段不是唯一的静态成员。下面看看使用静态字段可以实现的功能。

(1) 在 PacktLibraryNetStandard2 项目中添加一个新的名为 BankAccount.cs 的类文件。

(2) 修改 BankAccount 类，为它指定两个实例字段和一个静态字段，代码如下所示：

```
namespace Packt.Shared;

public class BankAccount
{
    public string AccountName; // instance member
    public decimal Balance; // instance member
    public static decimal InterestRate; // shared member
}
```

每个 BankAccount 实例都有自己的 AccountName 和 Balance 值，但所有实例都共享单个 InterestRate 值。

(3) 在 Program.cs 文件中添加如下语句，设置共享利率，然后创建 BankAccount 类的两个实例：

```
BankAccount.InterestRate = 0.012M; // store a shared value

BankAccount jonesAccount = new();
jonesAccount.AccountName = "Mrs. Jones";
jonesAccount.Balance = 2400;
WriteLine(format: "{0} earned {1:C} interest.",
    arg0: jonesAccount.AccountName,
    arg1: jonesAccount.Balance * BankAccount.InterestRate);
BankAccount gerrierAccount = new();
gerrierAccount.AccountName = "Ms. Gerrier";
gerrierAccount.Balance = 98;
WriteLine(format: "{0} earned {1:C} interest.",
    arg0: gerrierAccount.AccountName,
    arg1: gerrierAccount.Balance * BankAccount.InterestRate);
```

(4) 运行代码并查看结果，输出如下所示：

```
Mrs. Jones earned £28.80 interest.
Ms. Gerrier earned £1.18 interest.
```

:C 是一种格式代码，用于告诉.NET 对数字使用货币格式。现在，可为操作系统使用默认设置。由于笔者住在英国伦敦，因此这里的输出显示为英镑(£)。

通过在当前线程上设置属性，可以控制决定货币符号和其他数据格式的文化(culture)。例如，可以在 Program.cs 文件的顶部附近将文化设置为 British English，如以下代码所示：

```
Thread.CurrentThread.CurrentCulture =
    System.Globalization.CultureInfo.GetCultureInfo("en-GB");
```

> **更多信息：**
> 如果想了解更多有关语言和文化，以及日期、时间和时区的信息，那么可参阅我的配套书 *Apps and Services with .NET 7*，其中有一章关于全球化和本地化的介绍。

字段不是唯一的静态成员。构造函数、方法、属性和其他成员也可以是静态的。

5.4.3　使字段成为常量

如果字段的值永远不会改变，那么可以使用 const 关键字并在编译时为字段分配字面值。

(1) 在 Person.cs 文件中，添加一个表示人的种族的 string 常量，代码如下所示：

```
// constants
public const string Species = "Homo Sapiens";
```

(2) 要获取 const 字段的值，就必须写入类的名称而不是类的实例的名称。在 Program.cs 文件中添加一条语句，将 Bob 的姓名和种族写入控制台，如下所示：

```
WriteLine($"{bob.Name} is a {Person.Species}");
```

(3) 运行代码并查看结果，输出如下所示：

```
Bob Smith is a Homo Sapiens
```

微软提供的 const 字段示例包括 System.Int32.MaxValue 和 System.Math.PI，因为这两个值都不会发生变化，如图 5.2 所示。

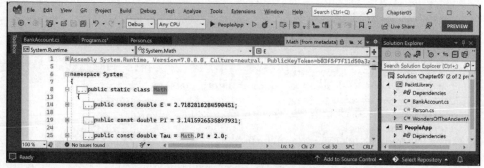

图 5.2　Math 类中的 const 字段示例

最佳实践：
常量并不总是最佳选择，这主要有两个重要原因。在编译时必须知道值，并且值必须可以表示为字面值字符串、布尔值或数字值。在编译时，对 const 字段的每个引用都将替换为字面值。因此，如果值在将来的版本中发生了更改，并且没有重新编译引用 const 字段的任何程序集来获得新值，就无法反映出这种情况。

5.4.4　使字段只读

对于不应该更改的字段，更好的选择是将它们标记为只读字段。

(1) 在 Person.cs 文件中添加如下语句，将实例声明为只读字段以存储某个人所居住的星球的名称：

```
// read-only fields
public readonly string HomePlanet = "Earth";
```

(2) 在 Person.cs 文件中添加一条语句，将 Bob 的姓名和居住的星球名称写入控制台，如下所示：

```
WriteLine($"{bob.Name} was born on {bob.HomePlanet}");
```

(3) 运行代码并查看结果，输出如下所示：

```
Bob Smith was born on Earth
```

最佳实践：
使用只读字段有两个重要的原因：值可以在运行时计算或加载，并可用任何可执行的语句来表示。因此，可以使用构造函数或字段赋值来设置只读字段。对字段的每个引用都是活动引用，因此将来的任何更改都将通过调用代码正确地反映出来。

还可以声明静态的只读字段，其值可在类型的所有实例之间共享。

5.4.5　使用构造函数初始化字段

字段通常需要在运行时初始化。可在构造函数中执行初始化操作，系统在使用 new 关键字创建类的实例时将调用构造函数。构造函数则在设置任何字段之前执行。

(1) 在 Person.cs 文件中，在现有的只读 HomePlanet 字段之后添加语句，以定义第二个只读字段，然后在构造函数中设置 Name 和 Instantiated 字段，代码如下所示：

```csharp
// read-only fields
public readonly string HomePlanet = "Earth";
public readonly DateTime Instantiated;

// constructors
public Person()
{
    // set default values for fields
    // including read-only fields
    Name = "Unknown";
    Instantiated = DateTime.Now;
}
```

(2) 在 Program.cs 文件中添加语句以实例化 Person 类，然后输出初始字段值，代码如下所示：

```csharp
Person blankPerson = new();

WriteLine(format:
    "{0} of {1} was created at {2:hh:mm:ss} on a {2:dddd}.",
    arg0: blankPerson.Name,
    arg1: blankPerson.HomePlanet,
    arg2: blankPerson.Instantiated);
```

(3) 运行代码并查看结果，输出如下所示：

```
Unknown of Earth was created at 11:58:12 on a Sunday
```

定义多个构造函数

一个类可以有多个构造函数，这对于鼓励开发人员为字段设置初始值特别有用。

(1) 在 Person.cs 文件中添加语句以定义第二个构造函数，该构造函数允许开发人员设置姓名和居住的星球的初始值，代码如下所示：

```csharp
public Person(string initialName, string homePlanet)
{
    Name = initialName;
    HomePlanet = homePlanet;
    Instantiated = DateTime.Now;
}
```

(2) 在 Program.cs 文件中，使用带两个参数的构造函数添加语句来创建另一个人，如下所示：

```csharp
Person gunny = new(initialName: "Gunny", homePlanet: "Mars");

WriteLine(format:
    "{0} of {1} was created at {2:hh:mm:ss} on a {2:dddd}.",
    arg0: gunny.Name,
```

```
    arg1: gunny.HomePlanet,
    arg2: gunny.Instantiated);
```

(3) 运行代码并查看结果，输出如下所示：

```
Gunny of Mars was created at 11:59:25 on a Sunday
```

构造函数是一类特殊的方法。下面详细地讨论方法。

5.5 编写和调用方法

方法是执行语句块的类型成员。它们是属于某个类型的函数。

5.5.1 从方法返回值

方法可以返回单个值，也可以什么都不返回。

- 执行某些操作但不返回值的方法，在方法名前用 void 关键字表示。
- 执行一些操作并返回单个值的方法，在方法名前用返回值的类型关键字表示。

例如，创建如下两个方法。

- WriteToConsole：向控制台写入一些文本，但是不会返回任何内容，由 void 关键字表示。
- GetOrigin：返回一个字符串值，由 string 关键字表示。

下面编写代码。

(1) 在 Person.cs 文件中，添加语句以定义上面提到的两个方法，代码如下所示：

```
// methods
public void WriteToConsole()
{
  WriteLine($"{Name} was born on a {DateOfBirth:dddd}.");
}

  public string GetOrigin()
  {
    return $"{Name} was born on {HomePlanet}.";
}
```

(2) 在 Program.cs 文件中添加语句以调用这两个方法，代码如下所示：

```
bob.WriteToConsole();
WriteLine(bob.GetOrigin());
```

(3) 运行代码并查看结果，输出如下所示：

```
Bob Smith was born on a Wednesday.
Bob Smith was born on Earth.
```

5.5.2 使用元组组合多个返回值

每个方法只能返回具有单一类型的单一值，该类型可以是简单类型(如字符串)、复杂类型(如 Person)或集合类型(如 List<Person>)。

假设要定义一个名为 GetTheData 的方法，该方法将返回一个 String 值和一个 int 值。可以定义一个名为 TextAndNumber 的新类，它包含一个 String 字段和一个 int 字段，并会返回一个复杂类型的实例，代码如下所示：

```
public class TextAndNumber
{
  public string Text;
  public int Number;
}

public class LifeTheUniverseAndEverything
{
  public TextAndNumber GetTheData()
  {
    return new TextAndNumber
    {
      Text = "What's the meaning of life?",
      Number = 42
    };
  }
}
```

但是，为了合并两个值而专门定义类是没有必要的，因为在 C#的现代版本中可以使用元组(tuple)。元组是一种将两个或多个值组合成一个单元的有效方法。

自元组的第一个版本出现以来，元组就一直是 F#等语言的一部分，但.NET 仅在 2010 年使用 System.Tuple 类型的.NET 4.0 中添加了对它们的支持。

1. 对元组的 C#语言支持

直到 2017 年，只有在 C# 7.0 中，C#才使用圆括号字符()添加对元组的语言语法支持。与此同时，也添加了新的 System.ValueTuple 类型，它在某些常见场景中相比旧的.NET 4.0 System.Tuple 类型更有效。C#元组会选择使用更有效的类型。

下面讨论元组。

(1) 在 Person.cs 文件中，添加语句以定义返回 string 和 int 元组的方法，代码如下所示：

```
public (string, int) GetFruit()
{
    return ("Apples", 5);
}
```

(2) 在 Program.cs 文件中，添加语句以调用 GetFruit 方法，然后输出元组中的字段(自动命名的字段 Item1 和 Item2 等)，如下所示：

```
(string, int) fruit = bob.GetFruit();
WriteLine($"{fruit.Item1}, {fruit.Item2} there are.");
```

(3) 运行代码并查看结果，输出如下所示：

```
Apples, 5 there are.
```

2. 命名元组中的字段

对于元组中的字段，默认名称是 Item1、Item2 等。也可以显式地指定字段名。

(1) 在 Person.cs 文件中，添加语句以定义一个方法，该方法将返回一个带有命名字段的元组，代码如下所示：

```
public (string Name, int Number) GetNamedFruit()
{
    return (Name: "Apples", Number: 5);
}
```

(2) 在 Program.cs 文件中添加语句，以调用刚才定义的方法并输出元组中的命名字段，代码如下所示：

```
var fruitNamed = bob.GetNamedFruit();
WriteLine($"There are {fruitNamed.Number} {fruitNamed.Name}.");
```

(3) 运行代码并查看结果，输出如下所示：

```
There are 5 Apples.
```

要从另一个对象构造元组，可以使用 C# 7.1 中引入的名为"元组名称推断"的功能。

(4) 下面在 Program.cs 文件中创建两个元组，每个元组由一个字符串值和一个 int 值组成，代码如下所示：

```
var thing1 = ("Neville", 4);
WriteLine($"{thing1.Item1} has {thing1.Item2} children.");

var thing2 = (bob.Name, bob.Children.Count);
WriteLine($"{thing2.Name} has {thing2.Count} children.");
```

在 C# 7.0 中，两者都将使用 Item1 和 Item2 命名方案。在 C# 7.1 及后续版本中，thing2 可以推断出名称 Name 和 Count。

3. 解构元组

也可以将元组分解为一些单独的变量，其语法与命名字段元组的语法相同，但元组没有变量名，代码如下所示：

```
// store return value in a tuple variable with two fields
(string TheName, int TheNumber) tupleWithNamedFields = bob.GetNamedFruit();
// tupleWithNamedFields.TheName
// tupleWithNamedFields.TheNumber
// deconstruct return value into two separate variables
(string name, int number) = bob.GetNamedFruit();
// name
// number
```

这样做的效果是将元组分解为多个部分，并将这些部分分配给新的变量。

(1) 在 Program.cs 文件中，添加语句，解构从 GetFruit 方法返回的元组，代码如下所示：

```
(string fruitName, int fruitNumber) = bob.GetFruit();
WriteLine($"Deconstructed: {fruitName}, {fruitNumber}");
```

(2) 运行代码并查看结果，输出如下所示：

```
Deconstructed: Apples, 5
```

4. 解构类型

元组不是唯一可以解构的类型。任何类型都可以具有名为 Deconstruct 的特殊方法，将对象分解为多个部分。下面为 Person 类实现 Deconstruct 方法：

(1) 在 Person.cs 文件中，添加两个 Deconstruct 方法，为要解构的部分定义参数 out，如下面的代码所示：

```
// deconstructors
public void Deconstruct(out string? name, out DateTime dob)
{
  name = Name;
  dob = DateOfBirth;
}

public void Deconstruct(out string? name,
  out DateTime dob, out WondersOfTheAncientWorld fav)
{
  name = Name;
  dob = DateOfBirth;
  fav = FavoriteAncientWonder;
}
```

更多信息：
尽管前面的代码中已介绍了 out 关键字，但本章后面将详细介绍它。

(2) 在 Program.cs 中，添加语句来解构 bob，如下所示：

```
// Deconstructing a Person
var (name1, dob1) = bob; // implicitly calls the Deconstruct method
WriteLine($"Deconstructed: {name1}, {dob1}");

var (name2, dob2, fav2) = bob;
WriteLine($"Deconstructed: {name2}, {dob2}, {fav2}");
```

更多信息：
此处未显式地调用 Deconstruct 方法。在把对象分配给元组变量时，会隐式地调用它。

(3) 运行代码并查看结果，如下所示：

```
Deconstructed: Bob Smith, 22/12/1965 00:00:00
Deconstructed: Bob Smith, 22/12/1965 00:00:00, StatueOfZeusAtOlympia
```

5.5.3　定义参数并将参数传递给方法

可以定义参数并将参数传递给方法以改变它们的行为。参数的定义有点像变量的声明，但定义位置是在方法的圆括号内，如前面的构造函数所示。下面看一些例子：

(1) 在 Person.cs 文件中，添加语句以定义两个方法，第一个方法没有参数，第二个方法只有一个参数，代码如下所示：

```
public string SayHello()
{
  return $"{Name} says 'Hello!'";
}

public string SayHelloTo(string name)
{
  return $"{Name} says 'Hello, {name}!'";
}
```

(2) 在 Program.cs 文件中，添加语句以调用刚才定义的两个方法，并将返回值写入控制台，代码如下所示：

```
WriteLine(bob.SayHello());
WriteLine(bob.SayHelloTo("Emily"));
```

(3) 运行代码并查看结果，输出如下所示：

```
Bob Smith says 'Hello!'
Bob Smith says 'Hello, Emily!'
```

在输入调用方法的语句时，IntelliSense 会显示工具提示，其中包含所有参数的名称和类型以及方法的返回类型。

5.5.4 重载方法

可为两个方法指定相同的名称，而不是使用两个不同的方法名。这是允许的，因为每个方法都有不同的签名。

方法签名(method signature)是可在调用方法(以及返回值的类型)时传递的参数类型列表。重载的方法不能仅在返回类型上有所不同。

(1) 在 Person.cs 文件中将 SayHelloTo 方法的名称改为 SayHello。

(2) 在 Program.cs 文件中将方法调用改为使用 SayHello 方法，并注意该方法的快速说明信息，如图 5.3 所示。

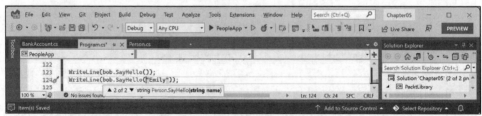

图 5.3　重载方法的 IntelliSense 工具提示

　最佳实践：
可使用重载的方法简化类，使其看起来有更少的方法。

5.5.5 传递可选参数和命名参数

简化方法的另一种方式是使参数可选。通过在方法的参数列表中指定默认值，可以使参数成为可选参数。可选参数必须始终位于参数列表的最后。

下面创建一个带有三个可选参数的方法。

(1) 在 Person.cs 文件中添加语句以定义如下方法：

```csharp
public string OptionalParameters(string command = "Run!",
  double number = 0.0, bool active = true)
{
  return string.Format(
    format: "command is {0}, number is {1}, active is {2}",
    arg0: command,
    arg1: number,
    arg2: active);
}
```

(2) 在 Program.cs 文件中添加语句以调用刚才定义的方法，并将返回值写入控制台，代码如下所示：

```csharp
WriteLine(bob.OptionalParameters());
```

(3) 输入代码时，IntelliSense 会显示工具提示，内容包括三个可选参数及其默认值，如图 5.4 所示。

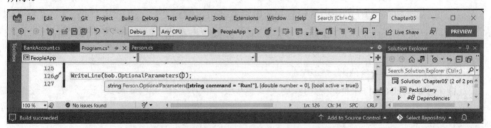

图 5.4　在输入代码时显示可选参数的 IntelliSense

(4) 运行代码并查看结果，输出如下所示：

```
command is Run!, number is 0, active is True
```

(5) 在 Program.cs 文件中添加语句，以传递 command 参数的字符串值和 number 参数的 double 值，代码如下所示：

```csharp
WriteLine(bob.OptionalParameters("Jump!", 98.5));
```

(6) 运行代码并查看结果，输出如下所示：

```
command is Jump!, number is 98.5, active is True
```

command 和 number 参数的默认值已被替换，但 active 参数的默认值仍然为 True。

调用方法时的命名参数值

在调用方法时，可选参数通常与命名参数结合在一起，因为命名参数允许以不同于声明的顺序传递值。

(1) 在 Program.cs 文件中添加语句，为 command 参数传递 string 值，并为 number 参数传递 double 值，但使用的是命名参数，这样它们的传递顺序就可以互换，代码如下所示：

```
WriteLine(bob.OptionalParameters(number: 52.7, command: "Hide!"));
```

(2) 运行代码并查看结果，输出如下所示：

```
command is Hide!, number is 52.7, active is True
```

甚至可以使用命名参数而忽略可选参数。

(3) 在 Program.cs 文件中添加语句，按位置顺序传递 command 参数的 string 值，跳过 number 参数并使用指定的 active 参数，代码如下所示：

```
WriteLine(bob.OptionalParameters("Poke!", active: false));
```

(4) 运行代码并查看结果，输出如下所示：

```
command is Poke!, number is 0, active is False
```

5.5.6　控制参数的传递方式

当把参数传递给方法时，可采用以下三种方式之一：

● 通过值(这是默认方式)。
● 作为 out 参数。out 参数不能有在参数声明中分配的默认值，并且它们不能保持未初始化状态。它们必须在方法内部设置，否则编译器将报错。
● 通过引用作为 ref 参数。与 out 参数一样，ref 参数也不能有默认值，但因为它们已在方法外部设置，所以不必在方法内部设置。

下面是传入和传出参数的一些示例。

(1) 在 Person.cs 文件中添加语句以定义一个方法，该方法有一个 int 参数、一个 ref 参数和一个 out 参数，代码如下所示：

```
public void PassingParameters(int x, ref int y, out int z)
{
  // out parameters cannot have a default
  // AND must be initialized inside the method
  z = 99;
  // increment each parameter
  x++;
  y++;
  z++;
}
```

(2) 在 Program.cs 文件中添加语句以声明一些 int 变量，将它们传递给刚才定义的 PassingParameters()方法，代码如下所示：

```
int a = 10;
int b = 20;
int c = 30;
WriteLine($"Before: a = {a}, b = {b}, c = {c}");
bob.PassingParameters(a, ref b, out c);
WriteLine($"After: a = {a}, b = {b}, c = {c}");
```

(3) 运行代码并查看结果，输出如下所示：

```
Before: a = 10, b = 20, c = 30
After: a = 10, b = 21, c = 100
```

- 默认情况下，将变量作为参数传递时，传递的是变量的当前值而不是变量本身。因此，x 是变量 a 的值的副本。变量 a 保留了原来的值 10。
- 将变量作为 ref 参数传递时，对变量的引用将被传入方法中。因此，参数 y 是对变量 b 的引用。当参数 y 增加时，变量 b 也随之增加。
- 将变量作为 out 参数传递时，对变量的引用也将被传入方法中。因此，参数 z 是对变量 c 的引用。变量 c 的值能被方法内部执行的任何代码代替。只要不给变量 c 赋值 30，就可以简化 Main 方法中的代码，因为无论如何变量 c 总是会被替换。

简化 out 变量

在 C# 7.0 及后续版本中，可以简化使用 out 参数的代码。

(1) 在 Program.cs 文件中，添加语句以声明更多变量，其中包括内联声明的 out 参数 f，代码如下所示：

```
int d = 10;
int e = 20;
WriteLine($"Before: d = {d}, e = {e}, f doesn't exist yet!");

// simplified C# 7.0 or later syntax for the out parameter
bob.PassingParameters(d, ref e, out int f);
WriteLine($"After: d = {d}, e = {e}, f = {f}");
```

(2) 运行代码并查看结果，输出如下所示：

```
Before: d = 10, e = 20, f doesn't exist yet!
After: d = 10, e = 21, f = 100
```

5.5.7　理解 ref 返回

在 C# 7.0 或后续版本中，ref 关键字不仅可用于将参数传递给方法，还可用于返回值。这将允许外部变量引用内部变量，并在方法调用后修改值。这在高级场景中可能很有用，例如，将占位符传入大的数据结构中，但这超出了本书的讨论范围。

5.5.8　使用 partial 关键字拆分类

当处理有多个团队成员参与的大型项目时，或者处理巨大且复杂的类实现时，能够跨多个文件拆分复杂类的定义是很有用的。可以使用 partial 关键字来完成这项工作。

假设要向 Person 类添加一些语句，这些语句是由从数据库中读取模式信息的对象关系映射器等工具自动生成的。只要将类定义为部分类，就可以将类拆分成一个自动生成的代码文件和另一个手动编辑的代码文件。

下面编写代码来模拟这个示例。

(1) 在 Person.cs 文件中添加 partial 关键字，如下面突出显示的代码所示：

```
public partial class Person
```

(2) 在 PacktLibraryNetStandard2 项目/文件夹中，添加一个名为 PersonAutoGen.cs 的新类文件。

(3) 在新的类文件中添加语句，如下所示：

```
namespace Packt.Shared;

// this file simulates an autogenerated class

public partial class Person
{
}
```

我们为本章编写的其余代码都保存在 PersonAutoGen.cs 文件中。

5.6 使用属性和索引器控制访问

前面创建了一个名为 GetOrigin 的方法，该方法会返回一个包含人名和人的起源的字符串。像 Java 这样的语言就经常这样做。C#则提供了一种更好的方式：属性。

属性是一个(或一对)方法，它的行为和外观类似于字段，用于获取或设置值，从而简化了语法。

5.6.1 定义只读属性

只读属性只有 get 部分。

(1) 在 PersonAutoGen.cs 文件的 Person 类中添加语句，以定义如下三个属性：

- 第一个属性的作用与 GetOrigin 方法相同，使用的属性语法适用于 C#的所有版本。
- 第二个属性使用 C# 6 及后续版本中的 lambda 表达式体(=>)语法返回一条问候消息。
- 第三个属性计算人的年龄。

(2) 代码如下：

```
// a readonly property defined using C# 1 - 5 syntax
public string Origin
{
  get
  {
    return string.Format("{0} was born on {1}",
      arg0: Name, arg1: HomePlanet);
  }
}

// two readonly properties defined using C# 6+ lambda expression body
syntax
public string Greeting => $"{Name} says 'Hello!'";
public int Age => DateTime.Today.Year - DateOfBirth.Year;
```

最佳实践：

显然，这不是计算年龄的最佳方法，但我们还没有学会如何根据出生日期计算年龄。如果想要正确地执行该操作，可参考以下链接中的讨论：https://stackoverflow.com/questions/9/how-do-i-calculate-someones-age-in-c。

(3) 在 Program.cs 文件中添加语句以获取属性，代码如下所示：

```
Person sam = new()
{
  Name = "Sam",
  DateOfBirth = new(1969, 6, 25)
};
WriteLine(sam.Origin);
WriteLine(sam.Greeting);
WriteLine(sam.Age);
```

(4) 运行代码并查看结果，输出如下所示：

```
Sam was born on Earth
Sam says 'Hello!'
53
```

上面的输出显示 53，因为我在 2022 年 2 月 20 日(当时 Sam 53 岁)运行了这个控制台应用程序。

5.6.2　定义可设置的属性

要定义可设置的属性，必须使用旧的语法，并提供一对方法——不仅有 get 部分，还有 set部分。

(1) 在PersonAutoGen.cs 文件中添加语句，以定义一个同时具有get 和set(也称为getter 和setter)部分的字符串属性，代码如下所示：

```
// a read-write property defined using C# 3.0 syntax
public string? FavoriteIceCream { get; set; } // auto-syntax
```

虽然没有手动创建字段来存储用户最喜欢的冰淇淋，但该字段是存在的，由编译器自动创建。

有时，需要对设置属性时发生的事情进行更多的控制。这种情况下，必须使用更详细的语法，并手动创建私有字段来存储属性的值。

(2) 在 PersonAutoGen.cs 文件中添加语句，以定义同时具有 get 和 set 部分的字符串字段和字符串属性，代码如下所示：

```
// a private field to store the property value
private string? favoritePrimaryColor;

// a public property to read and write to the field
public string? FavoritePrimaryColor
{
  get
  {
    return favoritePrimaryColor;
  }
  set
  {
    switch (value?.ToLower())
    {
      case "red":
      case "green":
      case "blue":
          favoritePrimaryColor = value;
          break;
```

```
        default:
          throw new ArgumentException(
            $"{value} is not a primary color. " +
            "Choose from: red, green, blue.");
      }
    }
  }
```

最佳实践：

应避免在 getter 和 setter 中添加太多代码。添加太多代码可能表明设计有问题。考虑添加私有方法，然后调用 setter 和 getter 来简化实现。

(3) 在 Program.cs 文件中添加语句，以设置 Sam 最喜欢的冰淇淋和颜色，然后将它们写入控制台，代码如下所示：

```
sam.FavoriteIceCream = "Chocolate Fudge";
WriteLine($"Sam's favorite ice-cream flavor is {sam.FavoriteIceCream}.");

string color = "Red";
try
{
  sam.FavoritePrimaryColor = color;
  WriteLine($"Sam's favorite primary color is {sam.
FavoritePrimaryColor}.");
}
catch (Exception ex)
{
  WriteLine("Tried to set {0} to '{1}': {2}",
    nameof(sam.FavoritePrimaryColor), color, ex.Message);
}
```

更多信息：

由于本书篇幅所限，如果像在这里所做的那样将异常处理代码添加到所有代码示例中，那么书中内容至少要删除一章，以腾出足够的空间。后面，将不再明确告诉你添加异常处理代码，你应该养成在需要时自己添加的习惯。

(4) 运行代码并查看结果，输出如下所示：

```
Sam's favorite ice-cream flavor is Chocolate Fudge.
Sam's favorite primary color is Red.
```

(5) 尝试将颜色设置为红色、绿色或蓝色以外的任何值，如黑色。

(6) 运行代码并查看结果，输出如下所示。

```
Tried to set FavoritePrimaryColor to 'Black': Black is not a primary
color. Choose from: red, green, blue.
```

最佳实践：

在不使用方法对(如 GetAge 和 SetAge)的情况下读写字段时，建议使用属性而不是字段。

5.6.3　要求在实例化期间设置属性

C# 11 引入了 required 修饰符。如果在一个属性或字段上使用它,编译器会确保在实例化它的时候为其设置了值。该修饰符用于.NET 7 或更高版本,因此我们需要首先新建一个类库:

(1) 在 Chapter05 解决方案或工作区中,添加一个针对.NET 7.0 的新类库,命名为 PacktLibraryModern。

(2) 在 PacktLibraryModern 项目中,添加一个名为 Book.cs 的新类文件。

(3) 修改 Book 类,使它包含 4 个属性,其中两个属性使用了 required 修饰符,代码如下所示:

```
namespace Packt.Shared;

public class Book
{
  // Needs .NET 7 or later as well as C# 11 or later.
  public required string? Isbn { get; set; }
  public required string? Title { get; set; }
  public string? Author { get; set; }
  public int PageCount { get; set; }
}
```

更多信息:

上面的 3 个字符串属性都可为空。将某个属性或字段的修饰符设置为 required 并不意味着该属性或字段不能为空,而是意味着它必须显式地设置为 null。

(4) 在 Program.cs 文件中,尝试在没有设置 Isbn 和 Title 属性的情况下实例化 Book,代码如下所示:

```
Book book = new();
```

(5) 注意,你将看到编译器错误,输出如下所示:

```
C:\cs11dotnet7-old\Chapter05\PeopleApp\Program.cs(164,13): error CS9035:
Required member 'Book.Isbn' must be set in the object initializer or
attribute constructor. [C:\cs11dotnet7-old\Chapter05\PeopleApp\PeopleApp.
csproj]
C:\cs11dotnet7-old\Chapter05\PeopleApp\Program.cs(164,13): error CS9035:
Required member 'Book.Title' must be set in the object initializer or
attribute constructor. [C:\cs11dotnet7-old\Chapter05\PeopleApp\PeopleApp.
csproj]
0 Warning(s)
2 Error(s)
```

(6) 在 Program.cs 文件中,修改语句,使用对象初始化语法设置两个 required 属性,代码如下所示:

```
Book book = new()
{
  Isbn = "978-1803237800",
  Title = "C# 11 and .NET 7 - Modern Cross-Platform Development
Fundamentals"
};
```

```
WriteLine("{0}: {1} written by {2} has {3:N0} pages.",
  book.Isbn, book.Title, book.Author, book.PageCount);
```

(7) 注意，现在编译语句不会出现错误。

(8) 在 PacktLibraryModern 项目的 Book.cs 文件中，添加语句以定义一对构造函数，其中一个支持初始化语法，另一个带有两个 required 属性，如下面突出显示的代码所示：

```
public class Book
{
    public Book() { } // For use with initialization syntax.

    public Book(string? isbn, string? title)
    {
      Isbn = isbn;
      Title = title;
    }
    ...
```

(9) 在 Program.cs 文件中，注释掉使用初始化语法实例化 Book 的语句，添加一条语句以使用构造函数实例化它，然后为 Book 设置 non-required 属性，代码如下所示：

```
/*
Book book = new()
{
  Isbn = "978-1803237800",
  Title = "C# 11 and .NET 7 - Modern Cross-Platform Development
  Fundamentals"
};
*/
Book book = new(isbn: "978-1803237800",
  title: "C# 11 and .NET 7 - Modern Cross-Platform Development
  Fundamentals")
{
  Author = "Mark J. Price",
  PageCount = 821
};
```

(10) 注意，像以前一样，你会看到一个编译器错误，因为编译器无法自动知道，调用构造函数会设置两个 required 属性。

(11) 在 PacktLibraryModern 项目的 Book.cs 文件中，导入用于执行代码分析的名称空间，然后用特性修饰构造函数，以告知编译器它设置了所有的 required 属性和字段，如以下突出显示的代码所示：

```
using System.Diagnostics.CodeAnalysis; // [SetsRequiredMembers]

namespace Packt.Shared;

public class Book
{
    public Book() { } // For use with initialization syntax.

    [SetsRequiredMembers]
```

```
public Book(string isbn, string title)
```

(12) 在 Program.cs 文件中，注意，现在编译调用构造函数的语句不会出现错误。

(13) 可选择运行该控制台应用程序，以确认其行为如预期，输出如下所示：

```
978-1803237800: C# 11 and .NET 7 - Modern Cross-Platform Development
Fundamentals written by Mark J. Price has 821 pages.
```

5.6.4　定义索引器

索引器允许调用代码使用数组语法来访问属性。例如，字符串类型定义了索引器，这样调用代码就可以访问字符串中的各个字符，代码如下所示：

```
string alphabet = "abcdefghijklmnopqrstuvwxyz";
char letterF = alphabet[5]; // 0 is a, 1 is b, and so on
```

下面定义一个索引器来简化对子女集合对象的访问。

(1) 在 PersonAutoGen.cs 文件中添加语句，定义一个索引器，以使用子女集合对象的索引来获取和设置子对象，代码如下所示：

```
// indexers
public Person this[int index]
{
  get
  {
    return Children[index]; // pass on to the List<T> indexer
  }
  set
  {
    Children[index] = value;
  }
}
```

可以重载索引器，以便不同的类型能够用于它们的参数。例如，除了传递 int 值，还可以传递 string 值。

(2) 在 PersonAutoGen.cs 文件中添加如下语句，定义一个索引器，以使用子对象的名称来获取和设置子对象：

```
public Person this[string name]
{
  get
  {
    return Children.Find(p => p.Name == name);
  }
  set
  {
    Person found = Children.Find(p => p.Name == name);
    if (found is not null) found = value;
  }
}
```

更多信息：

第 8 章将介绍更多有关集合(如 List<T>)的知识，第 11 章将介绍如何使用=>编写 lambda 表达式。

(3) 在 Program.cs 文件中添加以下语句，给 Sam 添加两个子对象，然后使用长一点的 Children 字段和更短的索引器语法来访问第一个子对象和第二个子对象：

```
sam.Children.Add(new() { Name = "Charlie", DateOfBirth = new(2010, 3, 18)
});
sam.Children.Add(new() { Name = "Ella", DateOfBirth = new(2020, 12, 24)
});

// get using Children list
WriteLine($"Sam's first child is {sam.Children[0].Name}.");
WriteLine($"Sam's second child is {sam.Children[1].Name}.");

// get using integer position indexer
WriteLine($"Sam's first child is {sam[0].Name}.");
WriteLine($"Sam's second child is {sam[1].Name}.");

// get using name indexer
WriteLine($"Sam's child named Ella is {sam["Ella"].Age} years old.");
```

(4) 运行代码并查看结果，输出如下所示：

```
Sam's first child is Charlie.
Sam's second child is Ella.
Sam's first child is Charlie.
Sam's second child is Ella.
Sam's child named Ella is 2 years old.
```

5.7 有关方法的详细介绍

我希望有些应用于 Person 实例的方法也可以是+和*之类的运算符。两个人加在一起代表什么？两个人相乘代表什么？显而易见，答案就是结婚生子。

这里可能需要两个 Person 实例。为此，可以编写方法并重写运算符。实例方法是对象对自身执行的操作，静态方法是类型要执行的操作。

选择实例方法还是静态方法取决于谁对操作最有意义。

最佳实践：

同时使用静态方法和实例方法来执行类似的操作通常是有意义的。例如，string 类型既有 Compare 静态方法，也有 CompareTo 实例方法。这将如何使用功能的选择权交给了使用类型的程序员，从而给予他们更大的灵活性。

5.7.1 使用方法实现功能

下面从使用方法实现一些功能开始进行讲解。

(1) 在 PersonAutoGen.cs 文件的 Person 类中，添加一些带有私有备份存储字段的只读属性，以指示此人是否已婚以及与谁结婚，代码如下所示：

```csharp
private bool married = false;
public bool Married => married;

private Person? spouse = null;
public Person? Spouse => spouse;
```

(2) 在 PersonAutoGen.cs 文件中，添加一个实例方法和一个静态方法，以允许创建两个要结婚的 Person 对象，如下所示：

```csharp
// static method to marry
public static void Marry(Person p1, Person p2)
{
  p1.Marry(p2);
}

// instance method to marry
public void Marry(Person partner)
{
  if (married) return;
  spouse = partner;
  married = true;
  partner.Marry(this); // this is the current object
}
```

请注意以下几点：
- 在名为 Marry 的静态方法中，将 Person 对象作为参数 p1 和 p2 传递给实例方法 Marry。
- 在实例方法 Marry 中，将 spouse 设置为作为参数传递的 partner，将布尔变量 married 设置为 true。

(3) 在 PersonAutoGen.cs 文件中，添加一个实例方法和一个静态方法，以允许预先创建两个 Person 对象，代码如下所示：

```csharp
// static method to "multiply"
public static Person Procreate(Person p1, Person p2)
{
  if (p1.Spouse != p2)
  {
    throw new ArgumentException("You must be married to procreate.");
  }

  Person baby = new()
  {
    Name = $"Baby of {p1.Name} and {p2.Name}",
    DateOfBirth = DateTime.Now
  };

  p1.Children.Add(baby);
  p2.Children.Add(baby);

  return baby;
}
```

```
// instance method to "multiply"
public Person ProcreateWith(Person partner)
{
  return Procreate(this, partner);
}
```

请注意以下几点：

- 在名为 Procreate 的静态方法中，将预创建的 Person 对象作为参数 p1 和 p2 传递。
- 新创建了名为 baby 的 Person 对象，子女的姓名由父母的姓名组合而成，稍后可通过设置返回的 baby 变量的 Name 属性来进行更改。
- 将 baby 对象添加到父母的 Children 集合中，然后返回。类是引用类型，这意味着添加了对存储在内存中的 baby 对象的引用而不是 baby 对象的副本。第 6 章将介绍引用类型和值类型之间的区别。
- 在名为 ProcreateWith 的实例方法中，将 Person 对象作为名为 partner 的参数，连同 this 参数一起传递给静态的 Procreate 方法，以重用方法的实现。this 是用于引用类的当前实例的关键字。

最佳实践：

创建新对象或修改现有对象的方法应该返回对象的引用，以便调用者可以看到结果。

更多信息：

我们将讲述 Lamech 和他两个妻子及其孩子的故事，如下面的链接所述：//www.kingjamesbibleonline.org/Genesis-4-19/。

(4) 在 Program.cs 中创建三个 Person 对象。注意要将双引号字符添加到字符串中，还必须在前面加上反斜杠字符，代码如下所示：

```
Person lamech = new() { Name = "Lamech" };
Person adah = new() { Name = "Adah" };
Person zillah = new() { Name = "Zillah" };

lamech.Marry(adah);
Person.Marry(zillah, lamech);

WriteLine($"{lamech.Name} is married to {lamech.Spouse?.Name ??
"nobody"}");
WriteLine($"{adah.Name} is married to {adah.Spouse?.Name ?? "nobody"}");
WriteLine($"{zillah.Name} is married to {zillah.Spouse?.Name ??
"nobody"}");

// call instance method
Person baby1 = lamech.ProcreateWith(adah);
baby1.Name = "Jabal";
WriteLine($"{baby1.Name} was born on {baby1.DateOfBirth}");

// call static method
Person baby2 = Person.Procreate(zillah, lamech);
```

```
baby2.Name = "Tubalcain";
WriteLine($"{lamech.Name} has {lamech.Children.Count} children.");
WriteLine($"{adah.Name} has {adah.Children.Count} children.");
WriteLine($"{zillah.Name} has {zillah.Children.Count} children.");

for (int i = 0; i < lamech.Children.Count; i++)
{
  WriteLine(format: "{0}'s child #{1} is named \"{2}\".",
    arg0: lamech.Name, arg1: i, arg2: lamech[i].Name);
}
```

(5) 运行代码并查看结果，输出如下所示：

```
Lamech is married to Adah
Adah is married to Lamech
Zillah is married to Lamech
Jabal was born on 20/02/2022 16:26:35
Lamech has 2 children.
Adah has 1 children.
Zillah has 1 children.
Lamech's child #0 is named "Jabal".
Lamech's child #1 is named "Tubalcain".
```

5.7.2　使用运算符实现功能

System.String 类有一个名为 Concat 的静态方法，用于连接两个字符串并返回结果，代码如下所示：

```
string s1 = "Hello ";
string s2 = "World!";
string s3 = string.Concat(s1, s2);
WriteLine(s3); // Hello World!
```

调用 Concat 这样的方法是可行的，但对于程序员来说，使用+运算符将两个字符串相加可能看起来更自然，如下所示：

```
string s3 = s1 + s2;
```

一个著名的圣经短语是"繁衍"，意思是生育。下面我们编写代码，让*(乘)符号允许两个 Person 对象生育。我们将使用+运算符来表示两个 Person 对象结婚。

为此，可以为*这样的符号定义静态运算符。语法类似于方法，因为运算符实际上就是方法，但使用的是符号而不是方法名，从而使语法更加简洁。

(1) 在 PersonAutoGen.cs 文件中，为*符号创建一个 static 运算符，代码如下所示：

```
// operator to "marry"
public static bool operator +(Person p1, Person p2)
{
    Marry(p1, p2);
    return p1.Married && p2.Married; // confirm they are both now married
}
```

更多信息：
运算符的返回类型不必与作为参数传递给运算符的类型相匹配，但返回类型不能为 void。

(2) 在 PersonAutoGen.cs 文件中，为*符号创建一个 static 运算符，代码如下所示：

```
// operator to "multiply"
public static Person operator *(Person p1, Person p2)
{
    return Procreate(p1, p2);
}
```

最佳实践：
与方法不同，运算符不会出现在类型的 IntelliSense 列表中。对于自定义的每个运算符，也要创建方法，因为对于程序员来说，运算符是否可用并不明显。运算符的实现可以调用方法，重用前面编写的代码。提供方法的另一个原因是，并非所有编程语言的编译器都支持运算符。例如，虽然 Visual Basic 和 F# 支持像*这样的算术运算符，但并未要求其他语言支持 C# 支持的所有运算符。

(3) 在 Program.cs 文件中，注释掉调用静态方法 Marry 的语句，使用 if 语句替代它，代码如下所示：

```
// Person.Marry(zillah, lamech);
if (zillah + lamech)
{
  WriteLine($"{zillah.Name} and {lamech.Name} successfully got
married.");
}
```

(4) 在 Program.cs 文件中，在调用 Procreate 方法后，在将孩子写入控制台的语句之前，使用*运算符让 Lamech 与妻子 Adah 和 Zillah 再生育两个孩子，代码如下所示：

```
// use operator to "multiply"
Person baby3 = lamech * adah;
baby3.Name = "Jubal";

Person baby4 = zillah * lamech;
baby4.Name = "Naamah";
```

(5) 运行代码并查看结果，输出如下所示：

```
Zillah and Lamech successfully got married.
Lamech is married to Adah
Adah is married to Lamech
Zillah is married to Lamech
Jabal was born on 20/02/2022 16:49:43
Lamech has 4 children.
Adah has 2 children.
Zillah has 2 children.
Lamech's child #0 is named "Jabal".
Lamech's child #1 is named "Tubalcain".
```

```
Lamech's child #2 is named "Jubal".
Lamech's child #3 is named "Naamah".
```

5.7.3　使用局部函数实现功能

C# 7.0 中引入的一大语言特性就是能够定义局部函数。

局部函数是与局部变量等价的方法。换句话说，这些函数只能从定义它们的包含方法中访问。在其他语言中，它们有时称为嵌套函数或内部函数。

局部函数可以在方法的任何地方定义：顶部、底部甚至是中间的某个地方！

下面使用局部函数来实现阶乘的计算。

(1) 在 Person.cs 文件中，添加语句以定义 Factorial 函数，该函数在内部使用一个局部函数来计算结果，代码如下所示：

```csharp
// method with a local function
public static int Factorial(int number)
{
  if (number < 0)
  {
    throw new ArgumentException(
      $"{nameof(number)} cannot be less than zero.");
  }
    return localFactorial(number);

    int localFactorial(int localNumber) // local function
    {
        if (localNumber == 0) return 1;
        return localNumber * localFactorial(localNumber - 1);
    }
}
```

(2) 在 Program.cs 文件中，添加语句以调用 Factorial 函数，将返回值写入控制台，并进行异常处理，代码如下所示：

```csharp
int number = 5; // change to -1 to make the exception handling code
execute

try
{
  WriteLine($"{number}! is {Person.Factorial(number)}");
}
catch (Exception ex)
{
  WriteLine($"{ex.GetType()} says: {ex.Message} number was {number}.");
}
```

(3) 运行代码并查看结果，输出如下所示：

```
5! is 120
```

(4) 将数字更改为 -1，这样就可以检查异常处理的情况。

(5) 运行代码并查看结果，输出如下所示：

```
System.ArgumentException says: number cannot be less than zero. number
was -1.
```

5.8　模式匹配和对象

第 3 章介绍了基本的模式匹配，本节将更详细地探讨模式匹配。

5.8.1　定义飞机乘客

下面的示例中将定义一些类(它们用来表示飞机上各种类型的乘客)，然后使用带有模式匹配的 switch 表达式来确定不同乘客的飞行成本。

(1) 在 PacktLibraryNetStandard2 项目/文件夹中，添加一个名为 FlightPatterns.cs 的新文件。

(2) 在 FlightPatterns.cs 文件中，添加如下语句以定义三类具有不同属性的乘客：

```csharp
namespace Packt.Shared;

public class Passenger
{
  public string? Name { get; set; }
}

public class BusinessClassPassenger : Passenger
{
  public override string ToString()
  {
      return $"Business Class: {Name}";
  }
}

public class FirstClassPassenger : Passenger
{
  public int AirMiles { get; set; }

  public override string ToString()
  {
    return $"First Class with {AirMiles:N0} air miles: {Name}";
  }
}

public class CoachClassPassenger : Passenger
{
  public double CarryOnKG { get; set; }

  public override string ToString()
  {
    return $"Coach Class with {CarryOnKG:N2} KG carry on: {Name}";
  }
}
```

更多信息：
第 6 章将介绍有关重写 ToString 方法的内容。

(3) 在 Program.cs 文件中，添加一些语句，定义一个包含 5 个乘客的对象数组，这些乘客的
类型和属性值各不相同，然后枚举他们，输出飞行成本，代码如下所示：

```
Passenger[] passengers = {
  new FirstClassPassenger { AirMiles = 1_419, Name = "Suman" },
  new FirstClassPassenger { AirMiles = 16_562, Name = "Lucy" },
  new BusinessClassPassenger { Name = "Janice" },
  new CoachClassPassenger { CarryOnKG = 25.7, Name = "Dave" },
  new CoachClassPassenger { CarryOnKG = 0, Name = "Amit" },
};

foreach (Passenger passenger in passengers)
{
  decimal flightCost = passenger switch
  {
    FirstClassPassenger p when p.AirMiles > 35000        => 1500M,
    FirstClassPassenger p when p.AirMiles > 15000        => 1750M,
    FirstClassPassenger _                                => 2000M,
    BusinessClassPassenger _                             => 1000M,
    CoachClassPassenger p when p.CarryOnKG < 10.0        => 500M,
    CoachClassPassenger _                                => 650M,
    _                                                    => 800M
  };
  WriteLine($"Flight costs {flightCost:C} for {passenger}");
}
```

在上述代码中，请注意以下几点：

- 为了匹配对象的属性，必须命名局部变量，之后就可以在像 p 这样的表达式中使用。
- 为了仅使用一种类型进行模式匹配，可通过使用_丢弃局部变量。
- switch 表达式也使用_来表示其默认分支。

(4) 运行代码并查看结果，输出如下所示：

```
Flight costs £2,000.00 for First Class with 1,419 air miles: Suman
Flight costs £1,750.00 for First Class with 16,562 air miles: Lucy
Flight costs £1,000.00 for Business Class: Janice
Flight costs £650.00 for Coach Class with 25.70 KG carry on: Dave
Flight costs £500.00 for Coach Class with 0.00 KG carry on: Amit
```

5.8.2　C# 9 及后续版本对模式匹配做了增强

前面的例子适用于 C# 8。下面来看看 C# 9 及后续版本对模式匹配做了哪些增强。首先，在
进行类型匹配时，不再需要使用下画线来丢弃局部变量。

(1) 在 Program.cs 文件中，注释掉 C# 8 语法，并添加 C# 9 及后续版本的语法来修改第一类乘
客的分支，以使用嵌套的 switch 表达式并支持新的条件(如>)，如下所示：

```
decimal flightCost = passenger switch
{
```

```
/* C# 8 syntax
FirstClassPassenger p when p.AirMiles > 35000      => 1500M,
FirstClassPassenger p when p.AirMiles > 15000      => 1750M,
FirstClassPassenger                                => 2000M, */

// C# 9 or later syntax
FirstClassPassenger p => p.AirMiles switch
{
  > 35000    => 1500M,
  > 15000    => 1750M,
  _          => 2000M
},
BusinessClassPassenger                             => 1000M,
CoachClassPassenger p when p.CarryOnKG < 10.0      => 500M,
CoachClassPassenger                                => 650M,
_                                                  => 800M
};
```

(2) 运行代码并查看结果，输出与之前的一样。

还可以组合使用关系模式和属性模式来避免嵌套的 switch 表达式，如下面的代码所示：

```
FirstClassPassenger { AirMiles: > 35000 }      => 1500,
FirstClassPassenger { AirMiles: > 15000 }      => 1750M,
FirstClassPassenger                            => 2000M,
```

5.9 使用记录

在深入研究 C# 9 及后续版本中的记录这一最新语言特性之前，先看看其他一些相关的新特性。

5.9.1 init-only 属性

之前我们都是使用对象初始化语法来初始化对象和设置初始属性。这些初始属性也可以在对象实例化之后进行更改。

但有时，我们可能想要处理像只读字段这样的属性，以便它们能够在实例化对象时进行设置，而不是等到实例化对象后才设置。新的 init 关键字可以实现这一点，它可以代替 set 关键字：

(1) 在 PacktLibraryNetStandard2 项目/文件夹中添加一个名为 Records.cs 的新文件。

(2) 在 Records.cs 文件中定义 ImmutablePerson 类，该类包含两个不可变的属性，如以下代码所示：

```
namespace Packt.Shared;

public class ImmutablePerson
{
  public string? FirstName { get; init; }
  public string? LastName { get; init; }
}
```

(3) 在 Program.cs 文件中，添加一些语句以实例化 ImmutablePerson 对象，然后尝试修改其中的 FirstName 属性，代码如下所示：

```
ImmutablePerson jeff = new()
{
  FirstName = "Jeff",
  LastName = "Winger"
};
jeff.FirstName = "Geoff";
```

(4) 编译这个控制台应用程序，注意产生了编译错误，如下所示：

```
Program.cs(254,7): error CS8852: Init-only property or indexer
'ImmutablePerson.FirstName' can only be assigned in an object
initializer, or on 'this' or 'base' in an instance constructor or an
'init' accessor. [/Users/markjprice/Code/Chapter05/PeopleApp/PeopleApp.
csproj]
```

(5) 注释掉试图设置 FirstName 属性的那条语句。

5.9.2　理解记录

init-only 属性为 C#提供了某种不变性。下面使用记录来帮助你进一步理解这个概念。这些都是通过使用 record 关键字(而不是 class 关键字)来实现的。record 关键字可以使整个对象不可变，并且在比较时它的作用类似于一个值。第 6 章将更详细地讨论有关类、记录和值类型的异同点。

对于记录来说，在实例化之后不应该有任何状态(属性和字段)变化。相反，可以使用任何更改的状态通过现有记录创建新的记录，这称为非破坏性突变(non-destructive mutation)。为了实现这一点，C# 9 引入了 with 关键字。

(1) 打开 Records.cs 文件，在其中添加名为 ImmutableVehicle 的记录，代码如下所示：

```
public record ImmutableVehicle
{
    public int Wheels { get; init; }
    public string? Color { get; init; }
    public string? Brand { get; init; }
}
```

(2) 在 Program.cs 文件中，添加一些语句以创建 car 变量，然后创建 car 变量的突变副本，代码如下所示：

```
ImmutableVehicle car = new()
{
  Brand = "Mazda MX-5 RF",
  Color = "Soul Red Crystal Metallic",
  Wheels = 4
};
ImmutableVehicle repaintedCar = car
  with { Color = "Polymetal Grey Metallic" };
WriteLine($"Original car color was {car.Color}.");
WriteLine($"New car color is {repaintedCar.Color}.");
```

(3) 运行代码并查看结果，注意修改后的突变副本中汽车颜色的变化，输出如下所示：

```
Original car color was Soul Red Crystal Metallic.
New car color is Polymetal Grey Metallic.
```

5.9.3　记录中的位置数据成员

使用位置数据成员可以大大简化定义记录的语法。

简化记录中的数据成员

相比使用带花括号的对象初始化语法，我们有时可能更愿意为构造函数提供位置参数。也可以将位置参数和析构函数结合起来，把对象拆分成多个独立的部分，代码如下所示：

```
public record ImmutableAnimal
{
  public string Name { get; init; }
  public string Species { get; init; }
  public ImmutableAnimal(string name, string species)
  {
    Name = name;
    Species = species;
  }
  public void Deconstruct(out string name, out string species)
  {
    name = Name;
    species = Species;
  }
}
```

属性、构造函数和析构函数都可以自动生成。

(1) 在 Records.cs 文件中，添加语句，使用被称为位置记录的简化语法定义另一个记录，代码如下所示：

```
// simpler way to define a record
// auto-generates the properties, constructor, and deconstructor
public record ImmutableAnimal(string Name, string Species);
```

(2) 在 Program.cs 文件中，添加语句以构造和析构 ImmutableAnimal 类，代码如下所示：

```
ImmutableAnimal oscar = new("Oscar", "Labrador");
var (who, what) = oscar; // calls Deconstruct method
WriteLine($"{who} is a {what}.");
```

(3) 运行应用程序并查看结果，输出如下所示：

```
Oscar is a Labrador.
```

在第 6 章介绍 C# 10 对创建 struct 记录的支持时，会再次使用记录。

5.10　实践和探索

你可以通过回答一些问题来测试自己对知识的理解程度，进行一些实践，并深入探索本章涵盖的主题。

5.10.1　练习 5.1：测试你掌握的知识

回答以下问题：

(1) 访问修饰符关键字的六种组合是什么？它们的作用是什么？

(2) static、const 和 readonly 关键字分别应用于类型成员时的区别是什么？

(3) 构造函数的作用是什么？

(4) 想存储组合值时，为什么要将[Flags]特性应用于 enum 类型？

(5) 为什么 partial 关键字有用？

(6) 什么是元组？

(7) 关键字 record 的作用是什么？

(8) 重载是什么意思？

(9) 字段和属性之间的区别是什么？

(10) 如何使方法的参数可选？

5.10.2　练习 5.2：探索主题

可通过以下链接来阅读本章所涉及主题的更多细节：

https://github.com/markjprice/cs11dotnet7/blob/main/book-links.md#chapter-5---building-your-own-types-with-object-oriented-programming

5.11　本章小结

本章主要内容：

- 如何使用 OOP 创建自己的类型。
- 类型可以拥有的一些不同类别的成员，包括存储数据的字段和执行操作的方法。
- OOP 概念，如聚合和封装。
- 如何使用运算符作为实现简单功能的替代方法。
- 如何使用现代 C#特性，如关系和属性模式匹配增强、init-only 属性和记录。

第 6 章将通过定义委托和事件、实现接口以及从现有类继承来进一步介绍这些概念。

第**6**章

实现接口和继承类

本章将讨论如下内容：使用面向对象编程(Object-Oriented Programming，OOP)从现有类型派生出新的类型，泛型以及它们如何使代码更安全、更高效，用于在类型之间交换消息的委托和事件，引用类型和值类型之间的区别，为共同的功能实现接口，通过继承基类来创建派生类以重用功能，重写类型成员，利用多态性，如何创建扩展方法，如何在继承层次结构中的类之间转换类型，如何借助于静态代码分析器编写更出色的代码。

本章涵盖以下主题：

- 建立类库和控制台应用程序
- 使用泛型安全地重用类型
- 触发和处理事件
- 实现接口
- 使用引用类型和值类型管理内存
- 处理空值
- 继承类
- 在继承层次结构中进行强制类型转换
- 继承和扩展.NET 类型
- 编写更好的代码

6.1 建立类库和控制台应用程序

我们首先定义包含两个项目的工作区/解决方案，就像第 5 章创建的项目那样，使用面向对象编程构建自己的类型。即使你完成了第 5 章中的所有练习，也应遵循下面的说明，以新的工作项目开始本章的讨论。

(1) 使用自己喜欢的编码工具创建一个新项目，其定义如下：

- 项目模板：Class Library/classlib
- 项目文件和文件夹：PacktLibrary
- 工作区/解决方案文件和文件夹：Chapter06

(2) 添加一个新项目，其定义如下：

- 项目模板：Console App/console

- 项目文件和文件夹：PeopleApp
- 工作区/解决方案文件和文件夹：Chapter06

(3) 在 PacktLibrary 项目中，将名为 Class1.cs 的文件重命名为 Person.cs。

(4) 在上面的两个项目中，添加<ItemGroup>，全局和静态地导入 System.Console 类，代码如下所示：

```
<ItemGroup>
    <Using Include="System.Console" Static="true" />
</ItemGroup>
```

(5) 修改 Person.cs 文件的内容，代码如下所示：

```
namespace Packt.Shared;

public class Person : object
{
  // properties
  public string? Name { get; set; }
  public DateTime DateOfBirth { get; set; }

  // methods
  public void WriteToConsole()
  {
    WriteLine($"{Name} was born on a {DateOfBirth:dddd}.");
  }
}
```

(6) 在 PeopleApp 项目中，向 PacktLibrary 添加一个项目引用，代码如下所示：

```
<ItemGroup>
  <ProjectReference
      Include="..\PacktLibrary\PacktLibrary.csproj" />
</ItemGroup>
```

(7) 在 Program.cs 文件中，删除现有语句，然后编写语句以创建 Person 实例，并将有关该实例的信息写入控制台，代码如下所示：

```
using Packt.Shared;

Person harry = new()
{
  Name = "Harry",
  DateOfBirth = new(year: 2001, month: 3, day: 25)
};

harry.WriteToConsole();
```

(8) 运行 PeopleApp 项目并注意结果，输出如下所示：

```
Harry was born on a Sunday.
```

6.2 使用泛型安全地重用类型

在 2005 年，通过 C# 2.0 和.NET Framework 2.0，微软引入了一个名为泛型的特性，它使类型的重用更安全，也更高效。它允许程序员将类型作为参数传递，类似于将对象作为参数传递。

6.2.1 使用非泛型类型

首先看一个使用非泛型类型的示例，这样就可以理解泛型旨在解决的问题，例如弱类型的参数和值，以及使用 System.Object 引起的性能问题。

System.Collections.Hashtable 可以用来存储多个值，每个值都有一个唯一的键，可用于以后快速查找它的值。键和值都可以是任何对象，因为它们声明为 System.Object。虽然这在存储整数等值类型时提供了灵活性，但它很慢，而且更容易引入 bug，因为在添加条目时没有进行类型检查。

下面编写一些代码。

(1) 在 Program.cs 文件中，创建非泛型集合 System.Collections.Hashtable 的实例，然后向其添加四个条目，代码如下所示：

```
// non-generic lookup collection
System.Collections.Hashtable lookupObject = new();
lookupObject.Add(key: 1, value: "Alpha");
lookupObject.Add(key: 2, value: "Beta");
lookupObject.Add(key: 3, value: "Gamma");
lookupObject.Add(key: harry, value: "Delta");
```

(2) 添加语句，定义一个值为 2 的键，并使用它在哈希表中查找其值，代码如下所示：

```
int key = 2; // Look up the value that has 2 as its key

WriteLine(format: "Key {0} has value: {1}",
  arg0: key,
  arg1: lookupObject[key]);
```

(3) 添加使用 harry 对象查找其值的语句，代码如下所示：

```
// look up the value that has harry as its key
WriteLine(format: "Key {0} has value: {1}",
  arg0: harry,
  arg1: lookupObject[harry]);
```

(4) 运行代码并注意代码的工作方式，输出如下所示：

```
Key 2 has value: Beta
Key Packt.Shared.Person has value: Delta
```

尽管代码可以工作，但仍然存在可能出现错误的情况，因为实际上任何类型都可以用于键或值。如果另一个开发人员使用了你的查找对象，并希望所有条目都是某种类型，那么可能将它们强制转换为该类型，并因为某些值可能是另一种类型而成为异常。具有许多条目的查找对象的性能也很差。

最佳实践:

应避免使用 System.Collections 名称空间中导入的类型,而改用 system.Collections.Generics 和其他名称空间中导入的类型。

6.2.2 使用泛型类型

System.Collections.Generic.Dictionary<TKey, TValue >可以用来存储多个值,每个值都有一个唯一的键,以后可以用来快速查找其值。键和值都可以是任何对象,但必须在第一次实例化集合时告诉编译器键和值的类型。为此,可以在尖括号<>、TKey 和 TValue 中指定泛型参数的类型。

最佳实践:

当泛型类型只有一个可定义类型时,它应该被命名为 T,例如,List<T>,其中 T 是存储在列表中的类型。当泛型类型有多个可定义类型时,应使用 T 作为名称前缀,并有一个合理的名称,如 Dictionary<TKey, TValue>。

这提供了灵活性,速度更快,而且更容易避免错误,因为在添加条目时进行了类型检查。不必显式地指定包含 Dictionary<TKey,TValue>的 System.Collections.Generic 名称空间,因为默认情况下它是隐式和全局导入的。

下面编写一些代码,使用泛型来解决这个问题。

(1) 在 Program.cs 文件中,创建一个泛型查找集合 Dictionary<TKey, TValue>的实例,然后向其添加四个条目,代码如下所示:

```
// generic lookup collection
Dictionary<int, string> lookupIntString = new();
lookupIntString.Add(key: 1, value: "Alpha");
lookupIntString.Add(key: 2, value: "Beta");
lookupIntString.Add(key: 3, value: "Gamma");
lookupIntString.Add(key: harry, value: "Delta");
```

(2) 注意使用 harry 作为键时的编译错误,输出如下所示:

```
/Users/markjprice/Code/Chapter06/PeopleApp/Program.cs(98,32): error
CS1503: Argument 1: cannot convert from 'Packt.Shared.Person' to 'int' [/
Users/markjprice/Code/Chapter06/PeopleApp/PeopleApp.csproj]
```

(3) 把 harry 换成 4。

(4) 添加语句,将 key 设置为 3,并使用它在字典中查找其值,代码如下所示:

```
key = 3;

WriteLine(format: "Key {0} has value: {1}",
  arg0: key,
  arg1: lookupIntString[key]);
```

(5) 运行代码并注意代码的工作方式,输出如下所示:

```
Key 3 has value: Gamma
```

6.3 触发和处理事件

方法通常被描述为对象可以执行的操作，可以对自身执行，也可以对相关的对象执行。例如，List<T>对象可以为自身添加条目或清除自身，File 对象可以在文件系统中创建或删除文件。

事件通常被描述为发生在对象上的操作。例如，在用户界面中，Button 对象有 Click 事件，Click 是发生在按钮上的单击事件。FileSystemWatcher 侦听文件系统的更改通知，并在目录或文件更改时触发诸如 Created 和 Deleted 的事件。

另一种考虑事件的思路是，它们提供了在两个对象之间交换消息的方法。

事件建立在委托的基础上，所以下面介绍什么是委托以及它是如何工作的。

6.3.1 使用委托调用方法

前面介绍了调用或执行方法的最常见方式：使用.运算符和方法的名称来访问方法。例如，Console.WriteLine 告诉我们要访问的是 Console 类的 WriteLine 方法。

调用或执行方法的另一种方式是使用委托。如果使用过支持函数指针的语言，就可以将委托视为类型安全的方法指针。换句话说，委托包含方法的内存地址，方法匹配与委托相同的签名，因此可以使用正确的参数类型来安全地调用方法。

例如，假设 Person 类有一个方法，它必须传递一个字符串作为唯一的参数，并返回一个 int 类型的值，代码如下所示：

```
public int MethodIWantToCall(string input)
{
    return input.Length; // it doesn't matter what the method does
}
```

可以对名为 p1 的 Person 实例调用这个方法，如下所示：

```
Person p1 = new();
int answer = p1.MethodIWantToCall("Frog");
```

也可通过定义具有匹配签名的委托来间接调用这个方法。注意，参数的名称不必匹配。但是参数类型和返回值必须匹配，代码如下所示：

```
delegate int DelegateWithMatchingSignature(string s);
```

现在，可以创建委托的一个实例，用它指向方法，最后调用委托(进而会调用方法)，代码如下所示：

```
// create a delegate instance that points to the method
DelegateWithMatchingSignature d = new(p1.MethodIWantToCall);

// call the delegate, who then calls the method
int answer2 = d("Frog");
```

你可能会想，"这有什么意义呢？"这提供了灵活性。

例如，可以使用委托来创建需要按顺序调用的方法队列。排队操作在服务中很常见，执行这种操作可以提供更好的可伸缩性。

另一个好处是允许多个操作并行执行。委托提供对运行在不同线程上的异步操作的内置支持，这可以提高响应能力。

最重要的好处是，委托允许我们在实现事件时，可在不了解彼此的不同对象之间发送消息。事件是组件之间松散耦合的一个例子，因为组件不需要知道彼此，它们只需要知道事件签名。

委托和事件是 C#中最令人困惑的两个特性，你可能需要花一些时间才能理解它们，所以如果感到困惑，请不要担心!

6.3.2 定义和处理委托

微软有两个预定义的委托可用作事件。它们都包含如下两个参数:

● object? Sender: 此参数是对引发事件或发送消息的对象的引用。该引用可以为空引用。

● EventArgs e 或 TEventArgs e: 此参数包含有关正在发生的事件的其他信息。例如, 在 GUI 应用程序中, 可以为鼠标指针定义具有 X 和 Y 坐标属性的 MouseMoveEventArgs。银行账户可能有一个 WithdrawEventArgs, 其中包含一个表示取款金额的 amount 属性。

它们的签名简单而灵活，代码如下所示:

```
// for methods that do not need additional argument values passed in
public delegate void EventHandler(object? sender, EventArgs e);

// for methods that need additional argument values passed in as
// defined by the generic type TEventArgs
public delegate void EventHandler<TEventArgs>(object? sender, TEventArgs e);
```

最佳实践:
如果想要在自己的类型中定义事件, 可使用这两个预定义委托中的一个。

下面探讨委托和事件。

(1) 向 Person 类添加语句并注意以下几点:

● 定义了一个名为 Shout 的 EventHandler 委托字段。

● 定义了一个 int 字段来存储 AngerLevel。

● 定义了一个名为 Poke 的方法。

● 当人们被捉弄时, 其 AngerLevel 就会增加。一旦 AngerLevel 达到 3, 就会触发 Shout 事件, 但前提是至少有一个事件委托指向代码中其他地方定义的方法; 也就是说, Shout 事件不为空。

代码如下所示:

```
// delegate field
public EventHandler? Shout;

// data field
public int AngerLevel;

// method
public void Poke()
{
  AngerLevel++;
  if (AngerLevel >= 3)
  {
```

```
      // if something is listening...
   if (Shout != null)
   {
     // ...then call the delegate
     Shout(this, EventArgs.Empty);
   }
 }
}
```

更多信息：

在调用对象的方法之前检查对象是否为 null 很常见。C# 6.0 及后续版本允许在.运算符之前使用? 符号以内联方式简化对 null 的检查，如下所示：

```
Shout?.Invoke(this, EventArgs.Empty);
```

(2) 在 PeopleApp 项目中，添加一个名为 Program.EventHandlers.cs 的新类文件。

(3) 在 Program.EventHandlers.cs 中，添加一个具有匹配签名的方法，该方法能够从 sender 参数中获取对 Person 对象的引用，并输出关于这些对象的一些信息，代码如下所示：

```
using Packt.Shared;

partial class Program
{
    // a method to handle the Shout event received by the harry object
    static void Harry_Shout(object? sender, EventArgs e)
    {
      if (sender is null) return;
      Person? p = sender as Person;
      if (p is null) return;

      WriteLine($"{p.Name} is this angry: {p.AngerLevel}.");
    }
}
```

微软提供的用来处理事件的方法名的约定是 ObjectName_EventName。

(4) 在 Program.cs 文件中添加一条语句，从而将 Harry_Shout 方法分配给委托字段，然后添加语句，调用 Poke 方法四次，代码如下所示：

```
// assign a method to the Shout delegate
harry.Shout = Harry_Shout;

// call the Poke method that raises the Shout event
harry.Poke();
harry.Poke();
harry.Poke();
harry.Poke();
```

(5) 运行代码并查看结果，请注意，Harry 在前两次被捉弄时什么也没说，只有在至少被捉弄三次时才会愤怒地大喊，输出如下所示：

```
Harry is this angry: 3.
Harry is this angry: 4.
```

6.3.3 定义和处理事件

前面介绍了委托是如何实现事件的最重要功能的: 能够为方法定义签名(该方法由完全不同的代码段实现)，然后调用该方法以及连接到委托字段的任何其他方法。

但是事件呢? 它们的功能比较少。

将方法赋值给委托字段时，不应该使用简单的赋值运算符，如前面的代码示例所示。

委托是多播的，这意味着可以将多个委托分配给单个委托字段。可以使用+=运算符代替=进行赋值，这样就可以向相同的委托字段添加更多的方法。当调用委托时，将调用分配的所有方法，但无法控制它们的调用顺序。

如果 Shout 委托字段已经引用了一个或多个方法，就可以使用 Shout 委托字段替换所有其他方法。对于用于事件的委托，通常希望确保程序员只使用+=或-=运算符来分配和删除方法。

(1) 要执行以上操作，在 Person.cs 文件中，请将 event 关键字添加到委托字段的声明中，如下面突出显示的代码所示:

```
public event EventHandler? Shout;
```

(2) 构建 PeopleApp 项目，注意编译器产生的错误消息，输出如下所示:

```
Program.cs(41,13): error CS0079: The event 'Person.Shout' can only appear
on the left hand side of += or -=
```

这几乎就是 event 关键字所做的一切! 如果分配给委托字段的方法永远不超过一个，就不需要事件了。但是，表明其含义以及希望将委托字段用作事件仍然是最佳实践。

(3) 在 Program.cs 文件中，将注释和方法赋值修改为使用+=，代码如下所示:

```
// assign event handler methods to Shout event
harry.Shout += Harry_Shout;
```

(4) 运行代码，注意代码的行为与之前相同。

(5) 在 Program.EventHandlers.cs 中，复制并粘贴 Harry_Shout 方法，更改其注释、名称和输出，如下面突出显示的代码所示:

```
// another method to handle the Shout event received by the harry object
static void Harry_Shout2(object? sender, EventArgs e)
{
    if (sender is null) return;
    Person? p = sender as Person;
    if (p is null) return;

    WriteLine($"Stop it!");
}
```

(6) 在 Program.cs 文件中，在将 Hary_Shout 方法分配给 Shout 事件的语句之后，添加一条语句，将一个新的事件处理程序也附加到 Shout 事件，如以下突出显示的代码所示:

```
harry.Shout += Harry_Shout;
harry.Shout += Harry_Shout2;
```

(7) 运行代码并查看结果，注意每当触发事件时，这两个事件处理程序都会执行，输出如下所示：

```
Harry is this angry: 3.
Stop it!
Harry is this angry: 4.
Stop it!
```

6.4 实现接口

接口是一种将不同的类型连接在一起以创建新事物的方式。可以把接口想象成乐高积木中的螺柱，它们能够组合在一起，也可以把它们看作插座和插头的电气标准。

类型如果实现了某个接口，就相当于向.NET 的其余部分承诺：类型支持特定的功能。因此，它们有时被描述为契约。

6.4.1 公共接口

表 6.1 中是类型可能需要实现的一些常见接口。

表 6.1　类型可能需要实现的一些常见接口

接口	方法	说明
IComparable	CompareTo(other)	该接口定义了一个比较方法，类型将实现该方法以对实例进行排序
IComparer	Compare(first, second)	该接口定义了一个比较方法，辅助类型将实现该方法以对主类型的实例进行排序
IDisposable	Dispose()	该接口定义了一个释放非托管资源的方法(请参阅本章后面的 6.5.6 节以了解更多细节)
IFormattable	ToString(format, culture)	该接口定义了一个支持语言和区域组合的方法，从而将对象的值格式化为字符串表示形式
IFormatter	Serialize(stream, object)和 Deserialize(stream)	该接口定义了一个将对象与字节流相互转换，以进行存储或传输的方法
IFormatProvider	GetFormat(type)	该接口定义了一个基于语言和区域组合对输入进行格式化的方法

6.4.2 排序时比较对象

需要实现的最常见接口之一是 IComparable，它有一个名为 CompareTo 的方法。该方法有两种变体，一种使用可空对象类型，另一种使用可空泛型类型 T，代码如下所示：

```
namespace System
{
  public interface IComparable
  {
```

```
    int CompareTo(object? obj);
  }

  public interface IComparable<in T>
  {
    int CompareTo(T? other);
  }
}
```

例如，string 类型实现 IComparable，如果字符串小于要比较的字符串，返回-1；如果字符串大于要比较的字符串，返回 1；如果字符串等于要比较的字符串，返回 0。int 类型实现 IComparable，如果 int 小于要比较的 int，则返回-1；如果 int 大于要比较的 int，则返回 1；如果 int 等于要比较的 int，则返回 0。

如果一个类型实现了 IComparable 接口之一，那么可以对包含该类型实例的数组和集合进行排序。

在为 Person 类实现 IComparable 接口及其 CompareTo 方法之前，先看看当试图对 Person 实例数组排序时会发生什么，包括一些为 null 或者其 Name 属性值为 null 的实例。

(1) 在 PeopleApp 项目中，添加一个名为 Program.Helpers.cs 的新类文件。

(2) 在 Program.Helpers.cs 中，向 Program 类中添加一个方法，该方法将输出作为参数传递的人员集合中所有人员的姓名，并带有标题，如下代码所示：

```
using Packt.Shared;

partial class Program
{
    static void OutputPeopleNames(IEnumerable<Person?> people, string
title)
    {
        WriteLine(title);
        foreach (Person? p in people)
        {
          WriteLine("  {0}",
            p is null ? "<null> Person" : p.Name ?? "<null> Name");

          /* if p is null then output: <null> Person
             else output: p.Name
             unless p.Name is null in which case output: <null> Name */
        }
    }
}
```

(3) 在 Program.cs 文件中，添加语句，创建 Person 实例数组，并调用 OutputPeopleNames 方法将一些条目写入控制台，然后尝试对数组进行排序，并再次将一些条目写入控制台，代码如下所示：

```
Person?[] people =
{
    null,
    new() { Name = "Simon" },
    new() { Name = "Jenny" },
    new() { Name = "Adam" },
```

```
        new() { Name = null },
        new() { Name = "Richard" }
};

OutputPeopleNames(people, "Initial list of people:");

Array.Sort(people);

OutputPeopleNames(people,
    "After sorting using Person's IComparable implementation:");
```

(4) 运行该代码，将抛出一个异常。正如消息所解释的，为了解决这个问题，类型必须实现 IComparable 接口，输出如下所示：

```
Unhandled Exception: System.InvalidOperationException: Failed to compare
two elements in the array. ---> System.ArgumentException: At least one
object must implement IComparable.
```

(5) 在 Person.cs 文件中，在继承 object 之后，添加一个冒号，并输入 IComparable<Person?>，如以下突出显示的代码所示：

```
public class Person : object, IComparable<Person?>
```

更多信息：
代码编辑器将在新代码下面绘制一条红色的曲线，以警告你尚未实现你所承诺的方法。代码编辑器可以为你编写框架实现。

(6) 单击灯泡，然后单击 Implement interface。

(7) 向下滚动到 Person 类的底部，找到自动编写的方法，代码如下所示：

```
public int CompareTo(Person? other)
{
    throw new NotImplementedException();
}
```

(8) 删除抛出 NotImplementedException 错误的语句。

(9) 添加语句以处理各种输入值(包括 null)，并调用 Name 字段的 CompareTo 方法，它使用字符串类型的 CompareTo 实现并返回结果，代码如下所示：

```
int position;
if ((this is not null) && (other is not null))
{
    if ((Name is not null) && (other.Name is not null))
    {
        // if both Name values are not null,
        // use the string implementation of CompareTo
        position = Name.CompareTo(other.Name);
    }
    else if ((Name is not null) && (other.Name is null))
    {
        position = -1; // else this Person precedes other Person
    }
    else if ((Name is null) && (other.Name is not null))
```

```
    {
      position = 1; // else this Person follows other Person
    }
    else
    {
      position = 0; // this Person and other Person are at same position
    }
  }
  else if ((this is not null) && (other is null))
  {
    position = -1; // this Person precedes other Person
  }
  else if ((this is null) && (other is not null))
  {
    position = 1; // this Person follows other Person
  }
  else
  {
    position = 0; // this Person and other Person are at same position
  }
  return position;
```

更多信息:

可通过 Name 字段来比较两个 Person 实例。因此,Person 实例将按姓名的字母顺序排序。null 值将排在集合的底部。调试代码时,先存储计算出的 position,然后再返回它,会很有用。

(10) 运行 PeopleApp 控制台应用程序,注意这一次程序将按预期的那样工作,按姓名的字母顺序排序,其输出如下所示:

```
Initial list of people:
    <null> Person
    Simon
    Jenny
    Adam
    <null> Name
    Richard
After sorting using Person's IComparable implementation:
    Adam
    Jenny
    Richard
    Simon
    <null> Name
    <null> Person
```

最佳实践:

如果有人希望对自定义类型的数组或实例集合进行排序,那么请实现 IComparable 接口。

6.4.3 使用单独的类比较对象

有时，我们无法访问类的源代码，而且类可能没有实现 IComparable 接口。幸运的是，还有一种方法可用来对类的实例进行排序。可以创建一个单独的类，用它实现一个稍微不同的接口——IComparer。

(1) 在 PacktLibrary 项目中添加新的类文件 PersonComparer.cs，该文件中的类实现了 IComparer 接口，用于比较两个 Person 实例的 Name 字段的长度，如果这两个 Name 字段有相同的长度，就按字母顺序比较姓名，代码如下所示：

```csharp
namespace Packt.Shared;

public class PersonComparer : IComparer<Person?>
{
  public int Compare(Person? x, Person? y)
  {
    int position;
    if ((x is not null) && (y is not null))
    {
      if ((x.Name is not null) && (y.Name is not null))
      {
        // if both Name values are not null...

        // ...compare the Name lengths...
        int result = x.Name.Length.CompareTo(y.Name.Length);

        /// ...if they are equal...
        if (result == 0)
        {
          // ...then compare by the Names...
          return x.Name.CompareTo(y.Name);
        }
        else
        {
          // ...otherwise compare by the lengths.
          position = result;
        }
      }
      else if ((x.Name is not null) && (y.Name is null))
      {
        position = -1; // else x Person precedes y Person
      }
      else if ((x.Name is null) && (y.Name is not null))
      {
        position = 1; // else x Person follows y Person
      }
      else
      {
        position = 0; // x Person and y Person are at same position
      }
    }
    else if ((x is not null) && (y is null))
    {
```

```
        position = -1; // x Person precedes y Person
    }
    else if ((x is null) && (y is not null))
    {
        position = 1; // x Person follows y Person
    }
    else
    {
        position = 0; // x Person and y Person are at same position
    }
    return position;
  }
}
```

(2) 在 Program.cs 文件中，添加语句，使用以下可替代的实现来排序数组，代码如下所示：

```
Array.Sort(people, new PersonComparer());

OutputPeopleNames(people,
  "After sorting using PersonComparer's IComparer implementation:");
```

(3) 运行 PeopleApp 控制台应用程序并查看结果，可以看到各人员都已按姓名的长度以字母顺序排序，输出如下所示：

```
After sorting using PersonComparer's IComparer implementation:
  Adam
  Jenny
  Simon
  Richard
  <null> Name
  <null> Person
```

这一次，当对 people 数组进行排序时，将显式地要求排序算法使用 PersonComparer 类，以便首先用最短的姓名(如 Adam)对人员进行排序，把最长的姓名放在最后，如 Richard，当两个或多个姓名的长度相等(如 Jenny 和 Simon)时，按字母顺序进行排序。

6.4.4　隐式和显式的接口实现

接口可以隐式实现，也可以显式实现。隐式实现更简单，也更常见。只有在类必须具有多个相同名称和签名的方法时，才需要显式实现。

例如，IGamePlayer 和 IKeyHolder 可能都有一个名为 Lose 的方法，该方法具有相同的参数，因为游戏和密钥都可能丢失。在必须实现两个接口的类中，Lose 只有一个实现可以是隐式方法。如果两个接口可以共享相同的实现，这是可行的；但如果不能共享相同的实现，那么另一个 Lose 方法必须以不同的方式实现并显式地被调用。

```
public interface IGamePlayer
{
  void Lose();
}

public interface IKeyHolder
{
  void Lose();
```

```
}

public class Person : IGamePlayer, IKeyHolder
{
  public void Lose() // implicit implementation
  {
    // implement losing a key
  }

  void IGamePlayer.Lose() // explicit implementation
  {
    // implement losing a game
  }
}

// calling implicit and explicit implementations of Lose
Person p = new();
p.Lose(); // calls implicit implementation of losing a key

((IGamePlayer)p).Lose(); // calls explicit implementation of losing a game

IGamePlayer player = p as IGamePlayer;
player.Lose(); // calls explicit implementation of losing a game
```

6.4.5 使用默认实现定义接口

C# 8.0 中引入的语言特性之一是接口的默认实现，下面介绍默认实现的实际应用。

(1) 在 PacktLibrary 项目中添加一个名为 IPlayable.cs 的类文件。

(2) 修改该文件中的语句，定义一个公共的 IPlayable 接口，它有两个方法——Play 和 Pause，代码如下所示：

```
namespace Packt.Shared;

public interface IPlayable
{
  void Play();
  void Pause();
}
```

(3) 在 PacktLibrary 项目中添加一个名为 DvdPlayer.cs 的类文件。

(4) 修改该文件中的语句以实现 IPlayable 接口，代码如下所示：

```
namespace Packt.Shared;

public class DvdPlayer : IPlayable
{
  public void Pause()
  {
    WriteLine("DVD player is pausing.");
  }

  public void Play()
```

```
    {
        WriteLine("DVD player is playing.");
    }
}
```

这是很有用的。但如果我们决定添加第三个方法 Stop，该怎么办呢？在 C# 8.0 中，一旦至少有一个类实现了原始的接口，这就是不可行的。接口的要点之一是：接口定义了固定的契约。

C# 8.0 允许接口在发布后添加新的成员，但前提是接口要有一个默认实现。C#纯粹主义者不喜欢这个特性，但是出于实际原因(例如避免破坏所做的更改或必须定义一个全新的接口)，这个特性很有用，其他语言(如 Java 和 Swift)也支持类似的技术。

为了提供对默认接口实现的支持，需要对底层平台进行一些基本的更改。因此，只有当目标框架是.NET 5.0 或更高版本、.NET Core 3.0 或更高版本以及.NET Standard 2.1 时，C#才会支持这些更改。因此，.NET Framework 不支持它们。下面添加 Stop 方法。

(5) 修改 IPlayable 接口，添加带有默认实现的 Stop 方法，如以下突出显示的代码所示：

```
namespace Packt.Shared;

public interface IPlayable
{
    void Play();
    void Pause();
    void Stop() // default interface implementation
    {
        WriteLine("Default implementation of Stop.");
    }
}
```

(6) 构建 PeopleApp 项目，并注意尽管 DvdPlayer 类没有实现 Stop，项目还是成功编译。将来，我们可以通过在 DvdPlayer 类中实现 Stop 来重写它的默认实现。

6.5 使用引用类型和值类型管理内存

前面已经多次提到引用类型。下面更详细地进行分析。

内存有两类：栈(stack)内存和堆(heap)内存。在现代操作系统中，栈和堆可以位于物理或虚拟内存中的任何位置。

栈内存使用起来更快(因为栈内存是由 CPU 直接管理的，而且使用的是后进先出机制，所以更可能在 L1 或 L2 缓存中存储数据)，但是大小有限；而堆内存的速度虽然较慢，但容量更大。

在 Windows 上，对于 ARM64、x86 和 x64 计算机，默认栈大小是 1MB。在典型的基于 Linux 的现代操作系统上，默认大小为 8MB。例如，在 macOS 的终端窗口中可以输入命令 ulimit –a，输出表明栈大小被限制为 8192 KB，而其他内存是"无限制的"。这就是很容易出现"栈溢出"的原因。

6.5.1 定义引用类型和值类型

可以使用三个 C#关键字来定义对象类型：class、record 和 struct。它们可以具有相同的成员，如字段和方法。两者的区别在于内存的分配方式。

- 使用 record 或 class 定义类型时，就是在定义引用类型。这意味着用于对象本身的内存是在堆上分配的，只有对象的内存地址(以及一些开销)存储在栈上。
- 使用 recordstruct 或 struct 定义类型时，就是在定义值类型。这意味着用于对象本身的内存是在栈上分配的。

如果 struct 使用的字段类型不属于 struct 类型，那么这些字段将存储在堆中，这意味着对象的数据同时存储在栈和堆中！

下面是一些常见的 struct 类型。

- 数字 System 类型：byte、sbyte、short、ushort、int、uint、long、ulong、float、double 和 decimal。
- 其他 System 类型：char、DateTime、DateOnly、TimeOnly 和 bool。
- System.Drawing 类型：Color、Point、PointF、Size、 SizeF、Rectangle 和 RectangleF。

几乎所有其他类型都是 class 类型，包括 string(即 System.String)和 object(即 System.Object)。

更多信息：
除了数据存储在内存中的位置不同，另一个主要区别在于不能从 struct 类型继承。

6.5.2 如何在内存中存储引用类型和值类型

假设你有一个控制台应用程序，它声明了一些变量，如下面的代码所示：

```
int number1 = 49;
long number2 = 12;
System.Drawing.Point location = new(x: 4, y: 5);
Person kevin = new() { Name = "Kevin",
  DateOfBirth = new(year: 1988, month: 9, day: 23) };
Person sally;
```

下面回顾一下当执行这些语句时，变量在栈和堆上内存的分配情况(见图 6.1)。各变量的解释如下。

- number1 变量是一个值类型(也称为 struct)，在栈上分配，使用 4 字节的内存，因为它是一个 32 位整数。它的值 49 直接存储在变量中。
- number2 变量也是一个值类型，也在栈上分配，并且使用 8 字节的内存，因为它是一个 64 位整数。
- location 变量也是一个值类型，在栈上分配，使用 8 字节的内存，因为它是由两个 32 位整数 x 和 y 组成的。
- kevin 变量是一个引用类型(也称为 class)，有一个 64 位内存地址(假设使用 64 位操作系统)，使用 8 字节的内存，在栈上分配，并且在堆上有足够的字节来存储 Person 的一个实例。
- sally 变量是一个引用类型，所以有一个 64 位的内存地址，在栈上分配 8 字节的内存。当前它是空的，这意味着还没有在堆上为它分配内存。如果稍后将 kevin 分配给 sally，那么堆上 Person 的内存地址将被复制到 sally 中，代码如下所示：

```
sally = kevin; // both variables point at the same Person on heap
```

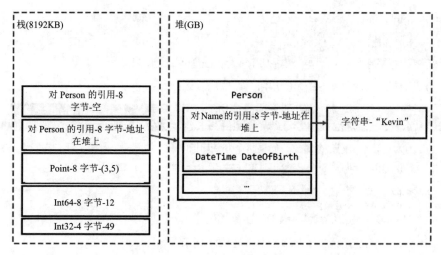

图 6.1　如何在栈和堆中分配值类型和引用类型

为引用类型分配的所有内存都存储在堆上。如果 DateTime 之类的值类型用于 Person 之类的引用类型的字段，那么 DateTime 值将存储在堆上，如图 6.1 所示。

如果值类型有一个引用类型的字段，那么该值类型的那一部分将存储在堆上。Point 是一种由两个字段组成的值类型，本身都是值类型，因此整个对象可以在栈上分配。如果 Point 值类型有一个引用类型的字段(如 string)，那么字符串字节将存储在堆上。

6.5.3　类型的相等性

使用==和!=操作符比较两个变量是很常见的。对于引用类型和值类型，这两个操作符的行为是不同的。

当检查两个值类型变量是否相等时，.NET 会在栈上比较这两个变量的值。如果它们相等，就返回 true。

(1) 在 Program.cs 中，添加语句以声明两个具有相等值的整数，然后比较它们，代码如下所示：

```
int a = 3;
int b = 3;
WriteLine($"a: {a}, b: {b}");
WriteLine($"a == b: {(a == b)}");
```

(2) 运行控制台应用程序并查看结果，输出如下所示：

```
a: 3, b: 3
a == b: True
```

当检查两个引用类型变量是否相等时，.NET 比较这两个变量的内存地址。如果它们相等，则返回 true。

(3) 在 Program.cs 文件中，添加语句以声明两个同名的 Person 实例，然后比较变量及其名称，代码如下所示：

```
Person p1 = new() { Name = "Kevin" };
Person p2 = new() { Name = "Kevin" };
WriteLine($"p1: {p1}, p2: {p2}");
WriteLine($"p1 == p2: {(p1 == p2)}");
```

(4) 运行控制台应用程序并查看结果，输出如下所示：

```
p1: Packt.Shared.Person, p2: Packt.Shared.Person
p1 == p2: False
```

这是因为它们不是同一个对象。如果两个变量都指向堆上的同一个对象，那么它们将相等。

(5) 添加语句，声明第 3 个 Person 对象并将 p1 分配给它，代码如下所示：

```
Person p3 = p1;
WriteLine($"p3: {p3}");
WriteLine($"p1 == p3: {(p1 == p3)}");
```

(6) 运行控制台应用程序并查看结果，输出如下所示：

```
p3: Packt.Shared.Person
p1 == p3: True
```

该行为的一个例外是字符串类型。它是一个引用类型，但相等操作符已被重写，以使行为类似于值类型。

(7) 添加语句，比较两个 Person 实例的 Name 属性，代码如下所示：

```
WriteLine($"p1.Name: {p1.Name}, p2.Name: {p2.Name}");
WriteLine($"p1.Name == p2.Name: {(p1.Name == p2.Name)}");
```

(8) 运行控制台应用程序并查看结果，输出如下所示：

```
p1.Name: Kevin, p2.Name: Kevin
p1.Name == p2.Name: True
```

可以对自己的类进行类似的处理，即使它们不是相同的对象(堆上相同的内存地址)，相等操作符也返回 true；如果它们的字段具有相同的值，相等操作符就返回 false。这超出了本书的讨论范围。也可使用 record class，因为它的好处之一是实现了这种行为。

6.5.4 定义 struct 类型

下面看看如何定义值类型。

(1) 在 PacktLibrary 项目中，添加一个名为 DisplacementVector.cs 的文件。

(2) 修改这个文件，注意：

- 这个类型是使用 struct 而不是 class 声明的。
- 这个类型有两个 int 属性，分别名为 X 和 Y，它们将自动生成两个私有字段，其数据类型与栈上分配的数据类型相同。
- 这个类型有一个构造函数，用于设置 X 和 Y 的初始值。
- 它有一个将两个实例相加的操作符，该操作符返回该类型的一个新实例，其中 X 加到 X 上，Y 加到 Y 上。

修改后的文件代码如下所示：

```
namespace Packt.Shared;

public struct DisplacementVector
{
    public int X { get; set; }
    public int Y { get; set; }

    public DisplacementVector(int initialX, int initialY)
    {
      X = initialX;
      Y = initialY;
    }

    public static DisplacementVector operator +(
      DisplacementVector vector1,
      DisplacementVector vector2)
    {
      return new(
        vector1.X + vector2.X,
        vector1.Y + vector2.Y);
    }
}
```

(3) 在 Program.cs 文件中，添加语句以创建两个新的 DisplacementVector 实例，将它们相加并输出结果，代码如下所示：

```
DisplacementVector dv1 = new(3, 5);
DisplacementVector dv2 = new(-2, 7);
DisplacementVector dv3 = dv1 + dv2;
WriteLine($"({dv1.X}, {dv1.Y}) + ({dv2.X}, {dv2.Y}) = ({dv3.X},
{dv3.Y})");
```

(4) 运行代码并查看结果，输出如下所示：

```
(3, 5) + (-2, 7) = (1, 12)
```

即使未定义显式的构造函数，值类型也始终具有默认构造函数，因为栈上的值即使是默认值也必须被初始化。DisplacementVector 中的两个整型字段将被初始化为 0。

(5) 在 Program.cs 文件中，添加语句以创建 DisplacementVector 的新实例，并输出对象的属性，代码如下所示：

```
DisplacementVector dv4 = new();
WriteLine($"({dv4.X}, {dv4.Y})");
```

(6) 运行代码并查看结果，输出如下所示：

```
(0, 0)
```

最佳实践:
如果类型中的所有字段使用的字节总数为 16 字节或更少，类型只对字段使用 struct 类型，并且永远不想从类型中派生，那么建议使用 struct。如果类型使用了多于 16 字节的栈内存，或者为字段使用了引用类型，或者想从它继承，那么建议使用 class。

6.5.5　使用 record struct 类型

C# 10 引入了在 struct 类型和 class 类型中使用 record 关键字的功能。

可以使用 record struct 类型定义 DisplacementVector 类型，代码如下所示：

```
public record struct DisplacementVector(int X, int Y);
```

record struct 相比 record class 的好处与 struct 相比 class 的好处相同。record struct 和 record class 之间的一个区别是，除非也将 readonly 关键字应用于 record struct 声明，否则 record struct 是可变的。struct 未实现==和!=运算符，但 record struct 自动实现了它们。

通过此更改，如果想要定义一个 record class，即使 class 关键字是可选的，微软也建议显式指定 class，代码如下所示：

```
public record class ImmutableAnimal(string Name);
```

6.5.6　释放非托管资源

第 5 章提到过，可以使用构造函数初始化字段，并且类可以有多个构造函数。假设为构造函数分配了非托管资源；也就是说，分配了任何不受.NET 控制的资源，例如受操作系统控制的文件或互斥锁。非托管资源必须手动释放，因为.NET 无法使用其自动垃圾收集特性自动释放它们。

垃圾收集是一个高级主题，所以对于这个主题，下面展示一些代码示例，但是不需要在当前项目中创建它们。

每个类都有一个终结器(finalizer)，当需要释放资源时，.NET 运行时将调用终结器。终结器与构造函数同名，但终结器的前面有波浪号~，代码如下所示：

```
public class ObjectWithUnmanagedResources
{
    public ObjectWithUnmanagedResources() // constructor
    {
      // allocate any unmanaged resources
    }

    ~ObjectWithUnmanagedResources() // Finalizer aka destructor
    {
        // deallocate any unmanaged resources
    }
}
```

不要将终结器(也称为析构函数)与 Deconstruct 方法搞混淆。析构函数会释放资源，也就是说，会损坏对象。例如，在处理元组时，Deconstruct 方法会返回一个能够分解的对象，并使用 C#析构语法。第 5 章详细介绍了 Deconstruct 方法。

前面的代码示例是处理非托管资源时应该执行的最简单操作。但是，只提供终结器产生的问题是：.NET 垃圾收集器需要进行两次垃圾收集操作，才能完全释放为这种类型分配的资源。

虽然是可选的，但还是建议提供方法，以允许开发人员使用类型显式地释放资源，这样垃圾收集器就可以立即且非常确定地释放非托管资源中的托管部分(如文件)，然后在一轮(而不是两轮)垃圾收集中释放对象的托管内存部分。

通过实现 IDisposable 接口，有一种标准的机制可以做到这一点，代码如下所示：

```
public class ObjectWithUnmanagedResources : IDisposable
{
    public ObjectWithUnmanagedResources()
    {
      // allocate unmanaged resource
    }

    ~ObjectWithUnmanagedResources() // Finalizer
    {
      Dispose(false);
    }

    bool disposed = false; // have resources been released?

    public void Dispose()
    {
      Dispose(true);

      // tell garbage collector it does not need to call the finalizer
      GC.SuppressFinalize(this);
    }

    protected virtual void Dispose(bool disposing)
    {
        if (disposed) return;

        // deallocate the *unmanaged* resource
        // ...
        if (disposing)
        {
          // deallocate any other *managed* resources
          // ...
        }
        disposed = true;
    }
}
```

在此有两个 Dispose 方法：一个是公有方法，一个是受保护的方法：

- 无返回值的公有 Dispose 方法将由使用类的开发人员调用。在调用时，需要释放非托管资源和托管资源。
- 无返回值的、带有 bool 参数的、受保护的虚拟方法 Dispose 在内部实现资源的重新分配。我们需要检查 disposing 参数和 disposed 字段，原因在于如果终结器已经运行，且调用 ~ObjectWithUnmanagedResources 方法，那么只需要重新分配非托管资源。

对 GC.SuppressFinalize(this)的调用会通知垃圾收集器：不再需要运行终结器，也不需要再次进行垃圾收集。

6.5.7　确保调用 Dispose 方法

当使用实现了 IDisposable 接口的类时，就可以确保使用 using 语句调用公有的 Dispose 方法，代码如下所示：

```
using (ObjectWithUnmanagedResources thing = new())
{
    // code that uses thing
}
```

编译器会将上述代码转换成如下代码，这保证了即使发生异常也会调用 Dispose 方法：

```
ObjectWithUnmanagedResources thing = new();
try
{
    // code that uses thing
}
finally
{
    if (thing != null) thing.Dispose();
}
```

当使用实现了 IAsyncDisposable 接口的类时，就可以确保使用 using 语句调用公有的 Dispose 方法，代码如下所示：

```
await using (ObjectWithUnmanagedResources thing = new())
{
    // code that uses thing
}
```

第 9 章将列举使用 IDisposable 接口、using 语句和 try…finally 块释放非托管资源的具体示例。

6.6　使用空值

前面分别介绍了引用类型与值类型在内存中的存储方式以及如何在 struct 变量中存储数字等基本值。但是如果一个变量还没有值，该怎么办？如何表明这一点呢？C#具有空值的概念，可以用来表示没有设置变量。

6.6.1　使值类型可为空

默认情况下，像 int 和 DateTime 这样的值类型必须总是有一个值，这就是它们的名称。例如，有时，当读取存储在数据库中允许为空或缺失的值时，允许值类型为空是很方便的。我们称之为可空值类型。

可以通过在声明变量时将问号作为类型的后缀来启用此功能。下面看一个例子。

(1) 使用自己喜欢的编码工具将一个新的名为 NullHandling 的 Console App/console 项目添加到 Chapter06 工作区/解决方案中。

- 在 Visual Studio Code 中，选择 NullHandling 作为活动的 OmniSharp 项目。
- 在 Visual Studio 2022 中，设置 NullHandling 为启动项目。

(2) 在 NullHandling.csproj 中，添加<ItemGroup>以全局和静态地导入 System.Console 类。

(3) 在 Program.cs 文件中，删除现有语句，然后输入语句以声明两个 int 变量并赋值(包括 null)，其中一个变量的后缀为? 一个没有后缀，代码如下所示：

```
int thisCannotBeNull = 4;
thisCannotBeNull = null; // compile error!
```

```
WriteLine(thisCannotBeNull);

int? thisCouldBeNull = null;

WriteLine(thisCouldBeNull);
WriteLine(thisCouldBeNull.GetValueOrDefault());

thisCouldBeNull = 7;

WriteLine(thisCouldBeNull);
WriteLine(thisCouldBeNull.GetValueOrDefault());
```

(4) 构建项目并注意编译错误，输出如下所示：

```
Cannot convert null to 'int' because it is a non-nullable value type
```

(5) 注释掉给出编译错误的语句。

(6) 运行代码并查看结果，输出如下所示：

```
0
7
7
```

(7) 第一行是空的，因为它输出空值！

(8) 添加如下语句以使用替代语法：

```
// the actual type of int? is Nullable<int>
Nullable<int> thisCouldAlsoBeNull = null;
thisCouldAlsoBeNull = 9;
WriteLine(thisCouldAlsoBeNull);
```

(9) 单击 Nullable<int>并按 F12 功能键，或右击并选择 Go To Definition。

(10) 注意，泛型值类型 Nullable<T>必须具有一个 T 类型，该类型是一个结构，也称为值类型，它包含 HasValue、value 和 GetValueOrDefault 这样的有用成员，如图 6.2 所示。

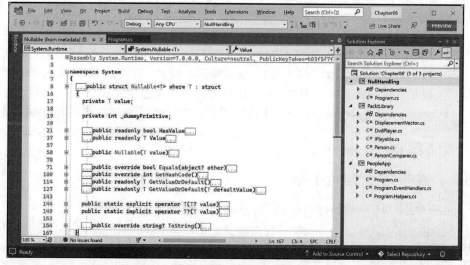

图 6.2 显示 Nullable<T>成员

最佳实践：
在 struct(值类型)的后面附加上？，就将其更改为不同的 struct(值类型).

6.6.2 了解与 null 相关的缩略词

在介绍一些代码之前，我们先回顾一些常用的缩略词，如表 6.2 所示。

表 6.2　与 null 相关的缩略词

缩略词	含义	说明
NRT	可空引用类型	C# 8 中引入的编译器特性，在使用 C# 10 的新项目中默认启用，该特性在设计时对代码进行静态分析，并对引用类型可能误用空值的情况给出警告
NRE	NullReferenceException	在运行时解引用空值(即访问具有空值的变量或成员)时抛出的异常
ANE	ArgumentNullException	当参数具有无效的空值时，方法调用在运行时抛出的异常

6.6.3 理解可空引用类型

在许多语言中，空值的使用非常普遍，所以许多有经验的程序员从不质疑其存在的必要性。但在许多情况下，如果不允许变量具有空值，可以编写更好、更简单的代码。

C# 8 中对语言最重要的改变是引入了可空引用类型和不可空引用类型。"但是等等！"，你可能会想，"引用类型已经是可空的了！"

你可能是对的，但是在 C# 8 及后续版本中，通过设置一个文件或项目级别的选项来启用这个有用的新特性，可以将引用类型配置为不再允许空值。由于这对 C# 来说是一个很大的改变，微软决定让这个功能成为可选功能。

这个新的 C# 语言特性需要几年的时间才能产生影响，因为成千上万的现有库包和应用程序将期待旧的行为。在 .NET 6 之前，即使是微软也没有时间在所有的 .NET 包中完全实现这个新特性。像 Microsoft.Extensions 这样的用于日志记录、依赖注入和配置的重要库直到 .NET 7 才被注解。

在过渡期间，可以为自己的项目选择以下方法。

- **default**：对于使用 .NET 5 或更早版本创建的项目，不需要进行任何更改。对不可空的引用类型不进行检查。对于使用 .NET 6 或更高版本创建的项目，默认情况下会启用可空性检查，但通过删除项目文件中的 \<Nullable\> 条目或将其设置为 disable 可禁用该特性。
- **opt-in project, opt-out files**：在项目级别启用该特性，对于任何需要保持与旧行为兼容的文件，选择退出。这是微软内部使用的方法，它会更新自己的包来使用这个新特性。
- **opt-in files**：仅对单个文件启用该特性。

6.6.4 控制可空性警告检查特性

要在项目级别启用可空性警告检查特性，请将以下内容添加到项目文件中：

```
<PropertyGroup>
  ...
  <Nullable>enable</Nullable>
</PropertyGroup>
```

要在项目级别禁用可空性警告检查特性，请将以下内容添加到项目文件中：

```
<PropertyGroup>
  ...
  <Nullable>disable</Nullable>
</PropertyGroup>
```

要在文件级别禁用该特性，请在代码文件的顶部添加以下内容：

```
#nullable disable
```

要在文件级别启用该特性，请在代码文件的顶部添加以下内容：

```
#nullable enable
```

6.6.5　声明非可空变量和参数

如果启用了可空引用类型，并且希望为引用类型分配空值，那么必须使用与值类型为空相同的语法，即在类型声明后面添加?符号。

那么，可空引用类型是如何工作的呢？下面看一个例子。当存储关于地址的信息时，可能希望强制设置街道、城市和地区的值，但建筑物可以留空，即为 null。

(1) 在 NullHandling.csproj 中，添加一个名为 Address.cs 的类文件。

(2) 在 Address.cs 中，添加语句以声明一个带有四个字段的 Address 类，代码如下所示：

```
public class Address
{
    public string? Building;
    public string Street;
    public string City;
    public string Region;
}
```

(3) 几秒钟后，可以看到有关非空字段的警告，如 Street 未被初始化，如图 6.3 所示。

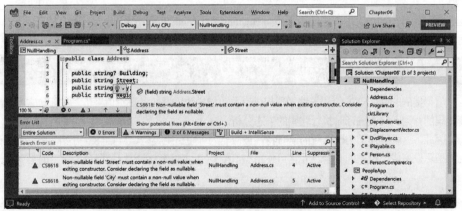

图 6.3　Error List 窗口中关于非可空字段的警告消息

(4) 将空字符串值赋给三个不可为空的字段，代码如下所示：

```
public string Street = string.Empty;
```

```
public string City = string.Empty;
public string Region = string.Empty;
```

(5) 在 Program.cs 文件中，添加语句以实例化 Address 并设置它的属性，代码如下所示：

```
Address address = new()
{
    Building = null,
    Street = null,
    City = "London",
    Region = "UK"
};
```

(6) 注意有关设置 Street(不是 Building)时给出的警告 Warning CS8625，输出如下所示：

```
Cannot convert null literal to non-nullable reference type.
```

(7) 在设置 Street 时，在 null 后附加一个感叹号，代码如下所示：

```
Street = null!, // null-forgiving operator
```

(8) 注意警告消失了。

(9) 添加语句，取消对 Building 和 Street 属性的引用，代码如下所示：

```
WriteLine(address.Building.Length);
WriteLine(address.Street.Length);
```

(10) 注意设置 Building(不是 Street)时出现的警告 Warning CS8602，输出如下所示：

```
Dereference of a possibly null reference.
```

在运行时，使用 Street 时仍可能抛出异常，但使用 Building 时编译器会持续警告你存在潜在的异常，以便可更改代码以避免它们。

(11) 代替访问 Length，使用 null 条件操作符返回 null，代码如下所示：

```
WriteLine(address.Building?.Length);
```

(12) 运行控制台应用程序，注意访问 Building 的 Length 的语句输出一个空值(空行)，但当访问 Street 的 Length 时会发生运行时异常，输出如下所示：

```
Unhandled exception. System.NullReferenceException: Object reference not
set to an instance of an object.
```

值得提醒的是，NRT 仅要求编译器提供有关可能导致问题的潜在空值警告。实际上它不会改变代码的行为。它在编译时执行代码的静态分析。

因此，这就解释了为什么新的语言特性被命名为可空引用类型。从 C# 8.0 开始，未修饰的引用类型可以变成不可空的类型，并且可使用与值类型相同的语法使引用类型变为可空的类型。

> **更多信息：**
> 带有后缀?的引用类型不会更改类型，而带有后缀?的值类型则会将其类型更改为 Nullable<T>。引用类型可具有空值。使用可空引用类型(Nullable Reference Type, NRT)的目的是告诉编译器你希望它为空，因此编译器不必发出警告。但这并不能消除在整个代码中执行空检查的必要性。

下面介绍一些使用空值的语言特性，它们确实可改变代码的行为，并且可作为 NRT 的有益补充。

6.6.6 检查 null

检查可空的引用类型或可空的值类型变量当前是否包含 null 非常重要，因为如果不检查 null，则可能抛出 NullReferenceException，从而导致错误。在使用可为空的变量之前，应该检查该变量是否包含 null，代码如下所示：

```
// check that the variable is not null before using it
if (thisCouldBeNull != null)
{
    // access a member of thisCouldBeNull
    int length = thisCouldBeNull.Length; // could throw exception
    ...
}
```

C# 7 中引入了 is 与 ! 操作符的组合，以替代 !=，代码如下所示：

```
if (!(thisCouldBeNull is null))
{
}
```

C# 9 中引入的 is not 可作为更明确的替代方案，代码如下所示：

```
if (thisCouldBeNull is not null)
{
```

如果试图使用可能为空的变量的成员，请使用 null 条件操作符(?.)，代码如下所示：

```
string authorName = null;

// the following throws a NullReferenceException
int x = authorName.Length;

// instead of throwing an exception, null is assigned to y
int? y = authorName?.Length;
```

有时，希望将变量赋给一个结果，或者在变量为空时使用一个替代值(如 3)。此时，就可以使用 null 合并操作符(??)，代码如下所示：

```
// result will be 3 if authorName?.Length is null
int result = authorName?.Length ?? 3;
Console.WriteLine(result);
```

 最佳实践：
即使启用了可空引用类型，仍然应该检查非空参数是否为 null 的情况，如果是，就抛出 ArgumentNullException。

检查方法参数是否为空

在定义带参数的方法时，最好检查一下方法参数是否为空值。

在 C#的早期版本中，必须编写 if 语句来检查参数是否为空值，如果有参数是空值，就抛出 ArgumentNullException，代码如下所示：

```
public void Hire(Person manager, Person employee)
{
  if (manager == null)
  {
     throw new ArgumentNullException(nameof(manager));
  }

  if (employee == null)
  {
     throw new ArgumentNullException(nameof(employee));
  }
  ...
}
```

C# 10 引入了一种在参数为空时抛出异常的简便方法，代码如下所示：

```
public void Hire(Person manager, Person employee)
{
  ArgumentNullException.ThrowIfNull(manager);
  ArgumentNullException.ThrowIfNull(employee);
  ...
}
```

C# 11 预览版引入了一个新的!!操作符，代码如下所示：

```
public void Hire(Person manager!!, Person employee!!)
{
   ...
}
```

至此，if 语句和抛出异常的代码已编写完毕。可在你编写的任何语句之前注入并执行这些代码。

这种语法在 C#开发人员社区中存有争议。有些人更喜欢使用特性(而不是一对字符)来修饰参数。.NET 产品团队称，他们使用此功能在整个.NET 库中少写了 10 000 多行代码。这听起来是使用它的一个好理由！如果不想使用该功能，也不是必须使用。遗憾的是，团队最终决定删除该功能，因此现在我们都必须手动编写代码来执行 null 检查，如以下链接中所述：https://devblogs.microsoft.com/dotnet/csharp-11-preview-updates/#remove-parameter-null checking-from-c-11。

本书中之所以提到这个故事，是因为我认为这是一个有趣的例子，说明微软是在开放的环境中开发.NET 并听取和回应社区的反馈，从而实现了透明。

最佳实践：

应始终记住，nullable 是一个警告检查，而不是强制实现。可通过以下链接了解有关 null 的编译器警告的更多信息：https://docs.microsoft.com/en-us/dotnet/csharp/language-reference/compiler-messages/nullable-warnings。

6.7　从类继承

前面创建的 Person 类派生(继承)于 Object(System.Object 的别名)。下面创建一个继承自 Person 类的子类。

(1) 在 PacktLibrary 项目中，添加一个名为 Employee.cs 的新类文件。

(2) 修改它的内容，定义一个名为 Employee 的类，它派生自 Person 类，代码如下所示：

```
namespace Packt.Shared;

public class Employee : Person
{
}
```

(3) 在 PeopleApp 项目的 Program.cs 文件中，添加如下语句以创建 Employee 类的实例：

```
Employee john = new()
{
    Name = "John Jones",
    DateOfBirth = new(year: 1990, month: 7, day: 28)
};
john.WriteToConsole();
```

(4) 运行代码并查看结果，输出如下所示：

```
John Jones was born on a Saturday.
```

注意，Employee 类继承了 Person 类的所有成员。

6.7.1　扩展类以添加功能

现在，可添加一些特定于员工的成员来扩展 Employee 类。

(1) 在 Employee.cs 中，添加语句以定义员工代码的两个属性和他们被雇用的日期，代码如下所示：

```
public string? EmployeeCode { get; set; }
public DateTime HireDate { get; set; }
```

(2) 在 Program.cs 中，添加如下语句以设置 John 的雇员代码和雇用日期：

```
john.EmployeeCode = "JJ001";
john.HireDate = new(year: 2014, month: 11, day: 23);
WriteLine($"{john.Name} was hired on {john.HireDate:dd/MM/yy}");
```

(3) 运行代码并查看结果，输出如下所示：

```
John Jones was hired on 23/11/14
```

6.7.2　隐藏成员

到目前为止，WriteToConsole 方法是从 Person 类继承的，仅用于输出雇员的姓名和出生日期。可执行以下步骤，从而改变这个方法对员工的作用。

(1) 在 Employee.cs 中，添加如下突出显示的代码以重新定义 WriteToConsole 方法：

```
namespace Packt.Shared;

public class Employee : Person
{
  public string? EmployeeCode { get; set; }
  public DateTime HireDate { get; set; }

  public void WriteToConsole()
  {
    WriteLine(format:
      "{0} was born on {1:dd/MM/yy} and hired on {2:dd/MM/yy}",
      arg0: Name,
      arg1: DateOfBirth,
      arg2: HireDate);
  }
}
```

(2) 运行代码并查看结果，输出如下所示：

```
John Jones was born on 28/07/90 and hired on 01/01/01
John Jones was hired on 23/11/14
```

编码工具会通过在 WriteToConsole 方法名称的下面绘制波浪线来发出警告：PROBLEMS/Error List 窗格中将包含更多细节，编译器会在构建和运行控制台应用程序时输出警告信息，如图 6.4 所示。

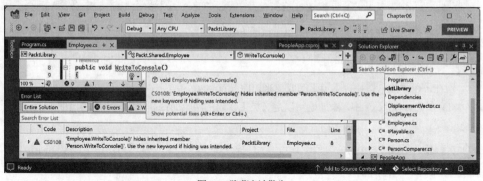

图 6.4　隐藏方法警告

如警告所述，可通过将 new 关键字应用于 WriteToConsole 方法来隐藏此消息，以表明这是故意为之，代码如下所示：

```
public new void WriteToConsole()
```

6.7.3　覆盖成员

与其隐藏方法，不如直接覆盖方法。如果基类允许覆盖方法，就可通过应用 virtual 关键字来覆盖方法。

下面看一个例子：

(1) 在 Program.cs 中添加一条语句，将 john 变量的值作为字符串写入控制台，代码如下所示：

```
WriteLine(john.ToString());
```

(2) 运行代码并注意 ToString 方法是从 System.Object 继承的，因此实现代码将返回名称空间和类型名，输出如下所示：

```
Packt.Shared.Employee
```

(3) 在 Program.cs 文件中，可通过添加 ToString 方法来输出员工的姓名和类型名，从而覆盖 Person 类的这种行为，代码如下所示：

```
// overridden methods
public override string ToString()
{
    return $"{Name} is a {base.ToString()}";
}
```

base 关键字允许子类访问其超类(也就是基类)的成员。

(4) 运行代码并查看结果。现在，当调用 ToString 方法时，将输出员工的姓名以及基类的 ToString 实现，代码如下所示：

```
John Jones is a Packt.Shared.Employee
```

最佳实践：
许多实际的 API，如微软的 Entity Framework Core、Castle 的 DynamicProxy 和 Optimizely CMS 的内容模型，都要求把类中定义的属性标记为 virtual，以便能够重写它们。除非有很好的理由不这样做，否则建议将方法和属性成员标记为 virtual。

6.7.4　从抽象类继承

在本章前面提到过，接口可以定义一组成员，实现该接口的类型必须满足基本功能。接口非常有用，但它们的主要限制是在 C# 8 之前不能提供自己的任何实现。

如果仍然需要创建能够在.NET Framework 和其他不支持.NET Standard 2.1 的平台上运行的类库，那么这将是一个特别的问题。

在早期的平台中，可以使用抽象类作为纯粹接口和完全实现的类之间的中间选择。

当一个类标记为 abstract 时，这意味着它不能被实例化，因为这说明这个类是不完整的。在实例化之前，它需要更多的实现。例如，System.IO.Stream 类是抽象的，因为它实现了所有流都需要但不完整的通用功能，所以不能使用 new Stream()实例化它。

下面比较两种类型的接口和两种类型的类，代码如下所示：

```
public interface INoImplementation // C# 1.0 and later
{
  void Alpha(); // must be implemented by derived type
}

public interface ISomeImplementation // C# 8.0 and later
{
    void Alpha(); // must be implemented by derived type

    void Beta()
```

```
    {
        // default implementation; can be overridden
    }
}

public abstract class PartiallyImplemented // C# 1.0 and later
{
    public abstract void Gamma(); // must be implemented by derived type

    public virtual void Delta() // can be overridden
    {
        // implementation
    }
}

public class FullyImplemented : PartiallyImplemented, ISomeImplementation
{
    public void Alpha()
    {
        // implementation
    }

    public override void Gamma()
    {
        // implementation
    }
}

// you can only instantiate the fully implemented class
FullyImplemented a = new();

// all the other types give compile errors
PartiallyImplemented b = new(); // compile error!
ISomeImplementation c = new(); // compile error!
INoImplementation d = new(); // compile error!
```

6.7.5　防止继承和覆盖

通过对类的定义应用 sealed 关键字，可以防止别人继承自己的类。下面的代码说明没有哪个类可以从 ScroogeMcDuck 类继承：

```
public sealed class ScroogeMcDuck
{
}
```

在.NET 中，sealed 关键字的典型应用就是 string 类。微软已经在 string 类的内部实现了一些优化，这些优化可能会受到继承的负面影响，因此微软阻止了这种情况的发生。

通过对方法应用 sealed 关键字，可以防止其他人进一步覆盖自己类中的 virtual 方法。例如，没有人能改变 Lady Gaga 唱歌的方式，代码如下所示：

```
namespace Packt.Shared;

public class Singer
```

```
{
  // virtual allows this method to be overridden
  public virtual void Sing()
  {
      WriteLine("Singing...");
  }
}

public class LadyGaga : Singer
{
  // sealed prevents overriding the method in subclasses
  public sealed override void Sing()
  {
      WriteLine("Singing with style...");
  }
}
```

只能密封已经覆盖的方法。

6.7.6 理解多态

前面介绍了更改继承方法的行为的两种方式。可以使用 new 关键字隐藏方法(称为非多态继承)，也可以覆盖方法(称为多态继承)。

这两种方式都可使用 base 关键字来访问基类的成员，那么它们之间有什么区别呢？

这完全取决于持有对象引用的变量的类型。例如，Person 类型的变量既可包含对 Person 类的引用，也可包含对派生自 Person 类的任何类的引用。

下面看看这会如何影响你的代码：

(1) 在 Employee.cs 中，添加语句以覆盖 ToString 方法，将员工的姓名和代码写入控制台，代码如下所示：

```
public override string ToString()
{
    return $"{Name}'s code is {EmployeeCode}";
}
```

(2) 在 Program.cs 中编写语句，新建名为 Alice 的员工，将员工 Alice 的信息存储在 Person 类型的变量中，并调用变量的 WriteToConsole 和 ToString 方法，代码如下所示：

```
Employee aliceInEmployee = new()
    { Name = "Alice", EmployeeCode = "AA123" };

Person aliceInPerson = aliceInEmployee;
aliceInEmployee.WriteToConsole();
aliceInPerson.WriteToConsole();
WriteLine(aliceInEmployee.ToString());
WriteLine(aliceInPerson.ToString());
```

(3) 运行代码并查看结果，输出如下所示：

```
Alice was born on 01/01/01 and hired on 01/01/01
Alice was born on a Monday
Alice's code is AA123
Alice's code is AA123
```

当使用 new 关键字隐藏方法时，编译器并不知道这是 Employee 对象，因而会调用 Person 对象的 WriteToConsole 方法。

当使用 virtual 和 override 关键字覆盖方法时，编译器知道虽然变量声明为 Person 类，但对象本身是 Employee 类，因此会调用 ToString 方法的 Employee 实现版本。

对成员修饰符及其效果的总结如表 6.2 所示。

表 6.2　成员修饰符及其效果

变量类型	成员修饰符	执行的方法	对应的类
Person		WriteToConsole	Person
Employee	new	WriteToConsole	Employee
Person	virtual	ToString	Employee
Employee	override	ToString	Employee

在我看来，多态对大多数程序员来说都是学术性的。如果能理解这个概念，那就太棒了；但如果不理解，建议你不要担心。有些人喜欢贬低别人，说理解多态性对所有 C#程序员来说都很重要，但在我看来并非如此。

使用 C#可以在事业上取得成功，而不需要会解释多态性，就像赛车手不需要会解释燃油喷射背后的工程原理一样。

最佳实践：
只要有可能，就应该使用 virtual 和 override 而不是 new 来更改所继承的方法的实现。

6.8　在继承层次结构中进行类型转换

类型之间的强制转换与普通转换略有不同。强制转换是在相似的类型之间进行的，比如在 16位整型和 32 位整型之间；也可以在超类和子类之间进行强制转换。普通转换是在不同类型之间进行的，比如在文本和数字之间。

例如，如果需要处理多种类型的流，那么不用声明如 MemoryStream 或 FileStream 这样的具体类型的流，而是声明一个 Stream 数组，它是 MemoryStream 和 FileStream 的超类型。

6.8.1　隐式类型转换

在前面的示例中，我们讨论了如何将派生类型的实例存储在基类型的变量中。这种转换被称为隐式类型转换。

6.8.2　显式类型转换

另一种转换是显式类型转换，必须在要转换的目标类型周围使用圆括号作为前缀。

(1) 在 Program.cs 文件中添加一条语句，将 aliceInPerson 变量赋给一个新的 Employee 变量，代码如下所示：

```
Employee explicitAlice = aliceInPerson;
```

(2) 代码编辑器将显示一条红色的波浪线和一个编译错误，如图 6.5 所示。

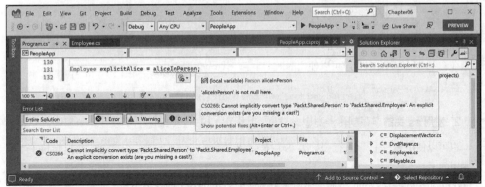

图 6.5　缺少显式类型转换的编译错误

(3) 纠正出错的语句，将 aliceInPerson 强制转换为 Employee 类型，代码如下所示：

```
Employee explicitAlice = (Employee)aliceInPerson;
```

6.8.3　避免类型转换异常

因为 aliceInPerson 可能是不同的派生类型，比如是 Student 而不是 Employee，所以仍需要小心。在具有更复杂代码的实际应用程序中，可以将 aliceInPerson 变量的当前值设置为 Student 实例，之后该语句在编译时将抛出 InvalidCastException 异常。

1. 使用 is 关键字检查类型

可通过编写 try 语句来解决这个问题，但还有一种更好的方法，就是使用 is 关键字来检查对象的类型。

(1) 将显式的转换语句封装到 if 语句中，如下面突出显示的代码所示：

```
if (aliceInPerson is Employee)
{
  WriteLine($"{nameof(aliceInPerson)} IS an Employee");

  Employee explicitAlice = (Employee)aliceInPerson;

  // safely do something with explicitAlice
}
```

(2) 运行代码并查看结果，输出如下所示：

```
aliceInPerson IS an Employee
```

可以使用声明模式进一步简化代码，这将避免执行显式类型转换，代码如下所示：

```
if (aliceInPerson is Employee explicitAlice)
{
  WriteLine($"{nameof(aliceInPerson)} IS an Employee");
```

```
    // safely do something with explicitAlice
}
```

如果想在 Alice 不是员工的情况下执行语句块，该怎么办？

在过去，我们必须使用!操作符，代码如下所示：

```
if (!(aliceInPerson is Employee))
```

在 C# 9 及后续版本中，可以使用 not 关键字，代码如下所示：

```
if (aliceInPerson is not Employee)
```

2. 使用 as 关键字强制转换类型

也可以使用 as 关键字进行强制类型转换。如果类型不能强制转换，as 关键字将返回 null 而不是抛出异常。

(1) 在 Program.cs 中，添加语句，使用 as 关键字对 Alice 进行强制转换，然后检查返回值是否不为空，代码如下所示：

```
Employee? aliceAsEmployee = aliceInPerson as Employee; // could be null

if (aliceAsEmployee is not null)
{
  WriteLine($"{nameof(aliceInPerson)} AS an Employee");

  // safely do something with aliceAsEmployee
}
```

由于访问 null 变量会抛出 NullReferenceException 异常，因此在使用结果之前应该始终检查 null。

(2) 运行代码并查看结果，输出如下所示：

```
aliceInPerson AS an Employee
```

最佳实践：

可使用 is 和 as 关键字以避免在派生类型之间进行强制类型转换时抛出异常。如果不这样做，就必须为 InvalidCastException 编写 try…catch 语句。

6.9 继承和扩展.NET 类型

.NET 预先构建了包含数十万个类的类库。与其创建全新的类，不如先从微软的某个类派生出一些行为，然后覆盖或扩展它们，这样通常更省事。

6.9.1 继承异常

作为继承的典型示例，下面派生一种新的异常类型。

(1) 在 PacktLibrary 项目中，添加一个名为 PersonException.cs 的新类文件。

(2) 修改 PersonException.cs 文件的内容，定义一个名为 PersonException 的类，它有三个构造

函数，代码如下所示：

```
namespace Packt.Shared;

public class PersonException : Exception
{
  public PersonException() : base() { }

  public PersonException(string message) : base(message) { }

  public PersonException(string message, Exception innerException)
      : base(message, innerException) { }
}
```

与普通方法不同，构造函数不是继承的，因此必须显式地声明和调用 System.Exception 中的 base 构造函数，从而使它们对于可能希望在自定义异常中使用这些构造函数的程序员来说可用。

(3) 在 Person.cs 文件中添加语句，定义一个方法，如果日期/时间参数早于某个人的出生日期，这个方法将抛出异常，代码如下所示：

```
public void TimeTravel(DateTime when)
{
  if (when <= DateOfBirth)
  {
      throw new PersonException("If you travel back in time to a date
earlier than your own birth, then the universe will explode!");
  }
  else
  {
    WriteLine($"Welcome to {when:yyyy}!");
  }
}
```

(4) 在 Program.cs 中添加语句，测试当员工 John Jones 试图穿越回到过去时会发生什么，代码如下所示：

```
try
{
  john.TimeTravel(when: new(1999, 12, 31));
  john.TimeTravel(when: new(1950, 12, 25));
}
catch (PersonException ex)
{
  WriteLine(ex.Message);
}
```

(5) 运行代码并查看结果，输出如下所示：

```
Welcome to 1999!
If you travel back in time to a date earlier than your own birth, then
the universe will explode!
```

最佳实践：

在定义自己的异常时，请为它们提供三个显式调用 System.Exception 中内置异常的构造函数。你从中可能继承更多的其他异常。

6.9.2 无法继承时扩展类型

前面讨论了如何使用 sealed 关键字来防止继承。

微软已经将 sealed 关键字应用到 System.String 类中，这样就没有人可以继承和破坏字符串的行为了。

还能给字符串添加新的方法吗？能，但是需要使用名为扩展方法(extension method)的 C#语言特性，该特性是在 C# 3.0 中引入的。要正确理解扩展方法，我们需要首先回顾静态方法。

1. 使用静态方法重用功能

从 C#的第一个版本开始，就能够创建静态方法来重用功能，比如验证字符串是否包含电子邮件地址。实现代码使用了一个正则表达式，详见第 8 章。

下面编写一些代码。

(1) 在 PacktLibrary 项目中，添加一个名为 StringExtensions.cs 的新类文件。

(2) 如下面的代码所示，修改 StringExtensions.cs 文件并注意以下几点：

- 需要为这个新类导入一个用于处理正则表达式的名称空间。
- IsValidEmail 静态方法使用 Regex 类型来检查与简单电子邮件模式的匹配情况，简单电子邮件模式会在@符号的前后查找有效字符。

```
using System.Text.RegularExpressions; // to get Regex

namespace Packt.Shared;

public class StringExtensions
{
  public static bool IsValidEmail(string input)
  {
    // use a simple regular expression to check
    // that the input string is a valid email

    return Regex.IsMatch(input,
    @"[a-zA-Z0-9\.-_]+@[a-zA-Z0-9\.-_]+");
  }
}
```

(3) 在 Program.cs 中添加语句，验证指定的两个电子邮件地址，代码如下所示：

```
string email1 = "pamela@test.com";
string email2 = "ian&test.com";

WriteLine("{0} is a valid e-mail address: {1}",
  arg0: email1,
  arg1: StringExtensions.IsValidEmail(email1));
```

```
WriteLine("{0} is a valid e-mail address: {1}",
  arg0: email2,
  arg1: StringExtensions.IsValidEmail(email2));
```

(4) 运行代码并查看结果，输出如下所示:

```
pamela@test.com is a valid e-mail address: True
ian&test.com is a valid e-mail address: False
```

这是可行的，但是扩展方法可以减少必须输入的代码量，并能够简化这个静态方法的使用。

2. 使用扩展方法重用功能

可以很容易地把静态方法变成扩展方法来使用。

(1) 在 StringExtensions.cs 中，在 class 关键字之前添加 static 修饰符，在 string 类型前添加 this 修饰符，如以下突出显示的代码所示:

```
public static class StringExtensions
{
  public static bool IsValidEmail(this string input)
  {
```

以上两处更改告诉编译器，应该将 IsValidEmail 方法用于扩展字符串类型。

(2) 在 Program.cs 中，为需要检查有效电子邮件地址的字符串值添加使用扩展方法的语句，如下所示:

```
WriteLine("{0} is a valid e-mail address: {1}",
  arg0: email1,
  arg1: email1.IsValidEmail());

WriteLine("{0} is a valid e-mail address: {1}",
  arg0: email2,
  arg1: email2.IsValidEmail());
```

注意 IsValidEmail 方法的调用语法中发生的细微变化。更老、更长的语法仍然有效。

(3) IsValidEmail 扩展方法现在看起来很像实例方法，与字符串类型的所有实例方法类似，如 IsNormalized，只是方法图标上有一个小的用于指示扩展方法的向下箭头，如图 6.6 所示。

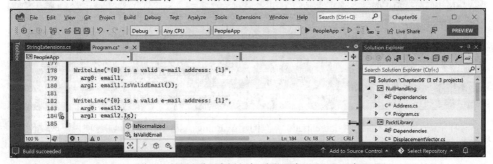

图 6.6 扩展方法和实例方法一起出现在 IntelliSense 中

(4) 运行代码并查看结果，结果与前面相同。

> **最佳实践：**
> 扩展方法不能替换或覆盖现有的实例方法，因此不能重新定义 Insert 方法。扩展方法在 IntelliSense 中显示为重载方法，但是如果扩展方法和实例方法具有相同名称和签名，系统将优先调用实例方法。

第 11 章将介绍扩展方法的一些非常强大的用途。

6.10 编写更好的代码

前面已介绍了 C#语言的基本知识，下面看看如何编写更好的代码。

6.10.1 将警告视为错误

编写更好代码的一种简单而有效的方法是强制自己设置编译器警告。默认情况下，可以忽略警告。可以要求编译器阻止你忽略它们。

下面先回顾一下默认体验，然后看看如何改进它。

(1) 使用自己喜欢的代码编辑器添加一个Console App/console项目到Chapter06解决方案/工作区，命名为 WarningsAsErrors。

(2) 在 Program.cs 中，修改现有语句以提示用户输入姓名并向他们问好，如以下突出显示的代码所示：

```
// See https://aka.ms/new-console-template for more information
Console.Write("Enter a name: ");
string name = Console.ReadLine();
Console.WriteLine($"Hello, {name} has {name.Length} characters!");
```

(3) 在命令行或终端使用 dotnet build 构建 WarningsAsErrors 项目，注意项目已成功创建，但出现了两个警告，输出如下所示：

```
Build succeeded.

C:\cs11dotnet7\Chapter06\WarningsAsErrors\Program.cs(3,15): warning
CS8600: Converting null literal or possible null value to non-nullable
type. [C:\cs11dotnet7\Chapter06\WarningsAsErrors\WarningsAsErrors.csproj]
C:\cs11dotnet7-old\Chapter06\WarningsAsErrors\Program.cs(9,40): warning
CS8602: Dereference of a possibly null reference. [C:\cs11dotnet7\
Chapter06\WarningsAsErrors\WarningsAsErrors.csproj]
    2 Warning(s)
    0 Error(s)
```

(4) 在命令行或终端使用 dotnet build 再次构建 WarningsAsErrors 项目，注意项目已成功创建，但警告已消失，输出如下所示：

```
Build succeeded.
    0 Warning(s)
    0 Error(s)
```

更多信息：

如果使用 Visual Studio 的 Build 菜单并查看 Error List，则会继续看到这两个警告，因为 Visual Studio 未显示编译器的真实输出。Visual Studio 会对代码自行进行检查。

最佳实践：

可以使用 Visual Studio 的 Build 菜单或使用 dotnet clean 命令"清理"项目，以便下次构建项目时再次出现警告。

(5) 在项目文件中，添加一个条目，要求编译器将警告视为错误，如以下突出显示的代码所示：

```
<Project Sdk="Microsoft.NET.Sdk">

  <PropertyGroup>
    <OutputType>Exe</OutputType>
    <TargetFramework>net7.0</TargetFramework>
    <ImplicitUsings>enable</ImplicitUsings>
    <Nullable>enable</Nullable>
    <TreatWarningsAsErrors>true</TreatWarningsAsErrors>
  </PropertyGroup>

</Project>
```

(6) 构建 WarningsAsErrors 项目，注意项目构建失败，出现了两个错误，输出如下所示：

```
Build FAILED.
C:\cs11dotnet7\Chapter06\WarningsAsErrors\Program.cs(3,15): error CS8600:
Converting null literal or possible null value to non-nullable type. [C:\
cs11dotnet7\Chapter06\WarningsAsErrors\WarningsAsErrors.csproj]
C:\cs11dotnet7-old\Chapter06\WarningsAsErrors\Program.cs(9,40): error
CS8602: Dereference of a possibly null reference. [C:\cs11dotnet7\
Chapter06\WarningsAsErrors\WarningsAsErrors.csproj]
    0 Warning(s)
    2 Error(s)
```

(7) 再次构建 WarningsAsErrors 项目，注意项目构建再次失败，因此在解决问题之前，我们无法运行控制台应用程序。

(8) 在字符串变量声明之后添加可空操作符？并检查 null 值来纠正这两个错误，如果变量为 null，就退出应用程序，如以下突出显示的代码所示：

```
Console.Write("Enter a name: ");
string? name = Console.ReadLine();
if (name == null)
{
    Console.WriteLine("You did not enter a name.");
    return;
}
Console.WriteLine($"Hello, {name} has {name.Length} characters!");
```

(9) 构建 WarningsAsErrors 项目，注意项目已成功构建且没有出现错误。

更多信息：

在上面的场景中，ReadLine 方法总是返回一个非空值，因此可以简单地在调用 ReadLine 后加上 null 容忍操作符(null-forgiving operator)来纠正该警告，代码如下所示：

```
string name = Console.ReadLine()!;
```

最佳实践：

不要忽略警告。编译器发出警告是有原因的。在项目层面，将警告视为错误，可以迫使你自己解决该问题。对于个别问题，如编译器不知道 ReadLine 方法实际上不会返回 null，可禁用该警告。

6.10.2 了解警告波

在 C#编译器的每个版本中都可能会引入新的警告和错误。

当现有代码可能会报告新的警告时，这些警告将在一个称为警告波(warning wave)的可选系统下引入。可选系统的意思是，如果不选择启用新警告，在现有代码上就不会看到它们。

使用项目文件中的 AnalysisLevel 元素启用警告波。例如，如果要禁用.NET 7 中引入的警告波，请将分析级别设置为 6.0，如以下突出显示的代码所示：

```
<Project Sdk="Microsoft.NET.Sdk">

  <PropertyGroup>
    <OutputType>Exe</OutputType>
    <TargetFramework>net7.0</TargetFramework>
    <ImplicitUsings>enable</ImplicitUsings>
    <Nullable>enable</Nullable>
    <AnalysisLevel>6.0</AnalysisLevel>
  </PropertyGroup>
</Project>
```

对于分析级别，设置了许多潜在值，如表 6.3 所示。

表6.3 分析级别及其说明

级别	说明
5.0	仅启用最多 5 个警告波
6.0	仅启用最多 6 个警告波
7.0	仅启用最多 7 个警告波
latest(默认)	启用所有警告波
preview	启用所有警告波，包括预览波
none	禁用所有警告

如果告诉编译器将警告视为错误，启用的警告波将生成错误。

在 C#9 中添加了警告波 5 诊断(warning wave 5 diagnostics)。包括以下一些示例：

- CS8073 - The result of the expression is always 'false' (or 'true')。将结构类型 s 的实例与 null 进行比较时，==和！=操作符始终返回 false(或 true)，代码如下所示：

```
if (s == null) { } // CS8073: The result of the expression is always
'false'
if (s != null) { } // CS8073: The result of the expression is always
'true'.
```

- CS8892 - Method will not be used as an entry point because a synchronous entry point 'method' was found。如果有一个普通的 Main 方法和一个异步的 Main 方法，那么优先使用普通的 Main 方法，因此编译器会发出警告，提示异步的 Main 方法永远不会被使用。

在 C# 10 中添加了警告波 6 诊断：

- CS8826 - Partial method declarations have signature differences.

在 C# 11 中添加了警告波 7 诊断：

- CS8981 - The type name only contains lower-cased ascii characters。C#关键字都是小写的 ASCII 字符。该警告确保你的类型不会与未来的 C#关键字发生冲突。一些由工具生成的源代码会触发此警告，例如，为 gRPC 服务生成.NET 代理的 Google 设计工具。

更多信息：

可通过以下链接了解在警告波期间可添加哪些警告：https://docs.microsoft.com/en-us/dotnet/csharp/language-reference/compiler-messages/warning-waves。

6.10.3 使用分析器编写更好的代码

前面几章介绍了如何编写 C#代码。在我们继续学习.NET 库之前，先看看如何借助工具来编写更好的代码。

.NET 分析人员发现了一些潜在的问题并提出了修复建议。StyleCop 是一种常用的分析器，可以帮助编写更好的 C#代码。

下面看看它的实际效果。

(1) 使用自己喜欢的代码编辑器添加一个 Console App/console 项目到 Chapter06 解决方案/工作区，命名为 CodeAnalyzing。

- 如果使用的是 Visual Studio 2022，选中名为 Do not use top-level statements 的复选框。
- 如果使用的是 Visual Studio Code ，则使用--use-program-main。

(2) 在 CodeAnalyzing 项目中，为 StyleCop.Analyzers 添加一个包引用，如以下配置中突出显示的部分所示：

```
<Project Sdk="Microsoft.NET.Sdk">

  <PropertyGroup>
    <OutputType>Exe</OutputType>
    <TargetFramework>net7.0</TargetFramework>
    <ImplicitUsings>enable</ImplicitUsings>
    <Nullable>enable</Nullable>
  </PropertyGroup>
  <ItemGroup>
    <PackageReference Include="StyleCop.Analyzers" Version="1.2.0-
```

```
beta.435">
        <PrivateAssets>all</PrivateAssets>
        <IncludeAssets>runtime; build; native; contentfiles; analyzers;
buildtransitive</IncludeAssets>
    </PackageReference>
  </ItemGroup>

</Project>
```

更多信息：
编写本书时的当前版本为 1.2.0-beta.435。我建议将其更改为 1.2.0.*，这样在预览时可自动获得更新。一旦它有了 GA 版本，就可删除通配符以将其改为该版本，如 1.2.0。

(3) 将 JSON 文件添加到名为 stylecop.json 的项目中，用于控制 StyleCop 设置。
(4) 修改其内容，如下面的标记所示：

```
{
    "$schema": "https://raw.githubusercontent.com/DotNetAnalyzers/
StyleCopAnalyzers/master/StyleCop.Analyzers/StyleCop.Analyzers/Settings/
stylecop.schema.json",
    "settings": {

  }
}
```

在代码编辑器中编辑 stylecop.json 时，$schema 条目启用了 IntelliSense。
(5) 将插入光标移到 settings 部分，并按 Ctrl+Space 组合键，注意 IntelliSense 显示了 settings 的有效子部分，如图 6.7 所示。

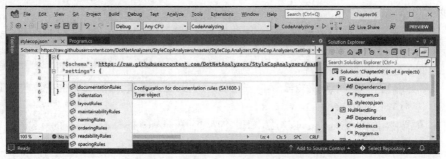

图 6.7　IntelliSense 在 stylecop.json 中显示了 settings 的有效子部分

(6) 在 CodeAnalysising 项目文件中，添加条目，将名为 stylecop.json 的文件配置为不在已发布的部署中，并将其作为开发期间处理的附加文件，如以下突出显示的部分所示：

```
<Project Sdk="Microsoft.NET.Sdk">

  <PropertyGroup>
    <OutputType>Exe</OutputType>
    <TargetFramework>net7.0</TargetFramework>
    <ImplicitUsings>enable</ImplicitUsings>
    <Nullable>enable</Nullable>
  </PropertyGroup>
```

```
<ItemGroup>
<PackageReference Include="StyleCop.Analyzers" Version="1.2.0-*">
  <PrivateAssets>all</PrivateAssets>
  <IncludeAssets>runtime; build; native; contentfiles; analyzers</IncludeAssets>
</PackageReference>
</ItemGroup>

<ItemGroup>
  <None Remove="stylecop.json" />
</ItemGroup>

<ItemGroup>
  <AdditionalFiles Include="stylecop.json" />
</ItemGroup>

</Project>
```

(7) 在 Program.cs 文件中，添加一些语句以导入名称空间，将消息输出到调试窗口而不是控制台，如以下突出显示的代码所示：

```
using System.Diagnostics;

namespace CodeAnalyzing
{
  internal class Program
  {
    static void Main(string[] args)
    {
      Debug.WriteLine("Hello, Debugger!");
    }
  }
}
```

(8) 构建 CodeAnalyzing 项目。

(9) 警告信息中会显示编译器认为错误的所有内容，如图 6.8 所示。

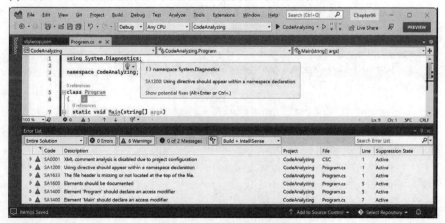

图 6.8 StyleCop 代码分析器警告

(10) 例如，它希望 using 指令放在名称空间声明中，输出如下所示：

```
C:\cs11dotnet7\Chapter06\CodeAnalyzing\Program.cs(1,1): warning SA1200:
Using directive should appear within a namespace declaration [C:\
cs11dotnet7\Chapter06\CodeAnalyzing\CodeAnalyzing.csproj]
```

6.10.4 抑制警告

要抑制警告，有几种选择，包括添加代码和设置配置。

要使用属性抑制警告，请添加程序集级别的属性(assembly-level attribute)，代码如下所示：

```
[assembly:SuppressMessage("StyleCop.CSharp.OrderingRules",
"SA1200:UsingDirectivesMustBePlacedWithinNamespace", Justification =
"Reviewed.")]
```

要使用指令抑制警告，请在导致警告的语句周围添加#pragma 语句，代码如下所示：

```
#pragma warning disable SA1200 // UsingDirectivesMustBePlacedWithinNamespace
using System.Diagnostics;
#pragma warning restore SA1200 // UsingDirectivesMustBePlacedWithinNamespace
```

下面通过修改 stylecop.json 文件来抑制警告。

(1) 在 stylecop.json 文件中，添加一个配置选项，设置允许在名称空间外使用的 using 语句，如下面突出显示的代码所示：

```json
{
    "$schema": "https://raw.githubusercontent.com/DotNetAnalyzers/
StyleCopAnalyzers/master/StyleCop.Analyzers/StyleCop.Analyzers/Settings/
stylecop.schema.json",
  "settings": {
    "orderingRules": {
      "usingDirectivesPlacement": "outsideNamespace"
    }
  }
}
```

(2) 构建项目，并注意警告 SA1200 已经消失。

(3) 在 stylecop.json 文件中，将 using 指令的位置设置为 preserve，这允许在名称空间内部和外部使用 using 语句，如下面突出显示的代码所示：

```json
"orderingRules": {
    "usingDirectivesPlacement": "preserve"
}
```

6.10.5 修改代码

现在，修复其他所有警告。

(1) 在 CodeAnalyzing.csproj 中，添加一个元素以自动生成一个用于说明的 XML 文件，如以下突出显示的代码所示：

```xml
<Project Sdk="Microsoft.NET.Sdk">
```

```
<PropertyGroup>
  <OutputType>Exe</OutputType>
  <TargetFramework>net7.0</TargetFramework>
  <ImplicitUsings>enable</ImplicitUsings>
  <Nullable>enable</Nullable>
  <GenerateDocumentationFile>true</GenerateDocumentationFile>
</PropertyGroup>
```

(2) 在 stylecop.json 文件中，添加一个配置选项，为公司名称和版权文本设置值，如以下突出显示的代码所示：

```
{
    "$schema": "https://raw.githubusercontent.com/DotNetAnalyzers/
StyleCopAnalyzers/master/StyleCop.Analyzers/StyleCop.Analyzers/Settings/
stylecop.schema.json",
    "settings": {
"orderingRules": {
    "usingDirectivesPlacement": "preserve"
},
"documentationRules": {
    "companyName": "Packt",
    "copyrightText": "Copyright (c) Packt. All rights reserved."
  }
 }
}
```

(3) 在 Program.cs 文件中，为带有公司和版权文本的文件头添加注释，在名称空间内部移动 using System;声明，并为类和方法设置显式访问修饰符和 XML 注释，代码如下所示：

```
// <copyright file="Program.cs" company="Packt">
// Copyright (c) Packt. All rights reserved.
// </copyright>
namespace CodeAnalyzing;

using System.Diagnostics;

/// <summary>
/// The main class for this console app.
/// </summary>
public class Program
{
  /// <summary>
  /// The main entry point for this console app.
  /// </summary>
  /// <param name="args">
  /// A string array of arguments passed to the console app.
  /// </param>
  public static void Main(string[] args)
  {
    Debug.WriteLine("Hello, Debugger!");
  }
}
```

(4) 构建项目。

(5) 展开 bin/Debug/net 7.0 文件夹(记住，在 Visual Studio 2022 中，使用命令 Show All Files)，注意自动生成的文件名为 CodeAnalyzing.xml，代码如下所示：

```xml
<?xml version="1.0"?>
<doc>
    <assembly>
        <name>CodeAnalyzing</name>
    </assembly>
    <members>
        <member name="T:CodeAnalyzing.Program">
            <summary>
            The main class for this console app.
            </summary>
        </member>
        <member name="M:CodeAnalyzing.Program.Main(System.String[])">
            <summary>
            The main entry point for this console app.
            </summary>
            <param name="args">
            A string array of arguments passed to the console app.
            </param>
        </member>
    </members>
</doc>
```

然后，可以使用 DocFX 等工具处理 CodeAnalyzing.xml 文件，将其转换为文档文件，如以下链接中所示：https://www.jamescroft.co.uk/building-net-projectdocs-with-docfx-on-github-pages/。

2. 理解常见的 StyleCop 建议

在代码文件中，应该对内容进行排序，如以下列表中所示：

(1) 外部别名指令

(2) using 指令

(3) 名称空间

(4) 委托

(5) 枚举

(6) 接口

(7) 结构体

(8) 类

在类、记录、结构体或接口中，应该对内容进行排序，如以下列表中所示：

(1) 字段

(2) 构造函数

(3) 析构函数(终结器)

(4) 委托

(5) 事件

(6) 枚举

(7) 接口

(8) 属性

(9) 索引器

(10) 方法

(11) 结构体

(12) 嵌套类和记录

最佳实践:

可通过以下链接了解所有的 StyleCop 规则: https://github.com/DotNetAnalyzers/StyleCopAnalyzers/blob/master/DOCUMENTATION.md。

6.11　实践和探索

你可以通过回答一些问题来测试自己对知识的理解程度, 进行一些实践, 并深入探索本章涵盖的主题。

6.11.1　练习 6.1: 测试你掌握的知识

回答以下问题:

(1) 什么是委托?

(2) 什么是事件?

(3) 基类和派生类有什么关系? 派生类如何访问基类?

(4) is 和 as 操作符之间的区别是什么?

(5) 可使用哪个关键字来防止类被继承或者方法被覆盖?

(6) 可使用哪个关键字来防止通过 new 关键字实例化类?

(7) 可使用哪个关键字来覆盖成员?

(8) 析构函数和析构方法有什么区别?

(9) 所有异常都应该具有的构造函数的签名是什么?

(10) 什么是扩展方法? 如何定义扩展方法?

6.11.2　练习 6.2: 练习创建继承层次结构

可按照以下步骤探索继承层次结构。

(1) 将名为 Ch06Ex02Inheritance 的控制台应用程序添加到 Chapter06 解决方案/工作区。

(2) 使用名为 Height、Width 和 Area 的属性创建名为 Shape 的类。

(3) 添加三个派生自 Shape 类的类(Rectangle、Square 和 Circle)以及你认为合适的任何其他成员, 它们可以正确地覆盖和实现 Area 属性。

(4) 在 Program.cs 文件中添加语句, 创建每个形状的实例, 代码如下所示:

```
Rectangle r = new(height: 3, width: 4.5);
WriteLine($"Rectangle H: {r.Height}, W: {r.Width}, Area: {r.Area}");

Square s = new(5);
WriteLine($"Square H: {s.Height}, W: {s.Width}, Area: {s.Area}");
```

```
Circle c = new(radius: 2.5);
WriteLine($"Circle H: {c.Height}, W: {c.Width}, Area: {c.Area}");
```

(5) 运行控制台应用程序，确保输出如下所示：

```
Rectangle H: 3, W: 4.5, Area: 13.5
Square H: 5, W: 5, Area: 25
Circle H: 5, W: 5, Area: 19.6349540849362
```

6.11.3 练习 6.3：探索主题

可通过以下链接来阅读本章所涉及主题的细节：https://github.com/markjprice/cs11dotnet7/blob/main/book-links.md#chapter-6---implementing-interfaces-and-inheriting-classes。

6.12 本章小结

本章主要内容：
- 泛型
- 委托和事件
- 接口的实现
- 引用类型和值类型之间内存使用情况的区别
- 处理空值
- 使用继承派生类型
- 基类和派生类，如何覆盖类型成员，如何使用多态性
- 类型之间的强制转换。

第 7 章将介绍.NET 是如何被打包和部署的，以及在后续章节中它提供的用于实现常见功能(如文件处理、数据库访问)的类型。

第 7 章

打包和分发.NET 类型

本章中你将了解 C#关键字如何与.NET 类型相关，还将了解名称空间和程序集之间的关系，熟悉如何打包和发布.NET 应用程序及库以跨平台使用，如何在.NET 库中使用旧的.NET Framework 库，以及将旧的.NET Framework 代码库移植到现代.NET 的可能性。

本章涵盖以下主题：

- .NET 7 简介
- 了解.NET 组件
- 发布应用程序并进行部署
- 反编译.NET 程序集
- 为分发 NuGet 打包自己的库
- 从.NET Framework 移植到现代.NET
- 使用预览特性

7.1 .NET 7 简介

本节介绍.NET 提供的基类库(Base Class Library，BCL)API 中的功能，以及如何使用.NET 标准在不同的.NET 平台上重用这些功能。

首先，我们将回顾.NET 的发展历程，了解这些内容非常重要。

.NET Core 2.0 及后续版本对.NET Standard 2.0 的最低支持很重要，因为我们提供了很多 API，而这些 API 都不在.NET Core 的第一个版本中。.NET Framework 开发人员过去 15 年积累的与现代开发相关的库和应用程序，现在已迁移到.NET，可以在 macOS、Linux 和 Windows 上跨平台运行。

.NET Standard 2.1 增加了大约 3000 个新的 API。其中一些 API 需要在运行时进行更改，这可能会破坏向后兼容性，因此.NET Framework 4.8 仅实现了.NET Standard 2.0，.NET Core 3.0、Xamarin、Mono 和 Unity 实现了.NET Standard 2.1。

如果所有的项目都可以使用.NET 5，那么.NET 5 就不需要.NET Standard 了。由于可能需要为遗留的.NET Framework 项目或 Xamarin 移动应用程序创建类库，因此我们仍然需要创建.NET Standard 2.0 和 2.1 类库。在 2021 年 3 月，我调查了一些专业开发人员，其中有一半人仍然需要创建符合.NET Standard 2.0 的类库。

现在.NET 6 和.NET 7 已完全支持使用.NET MAUI 构建的移动和桌面应用程序，对.NET

Standard 的需求已经进一步减少。

为了总结.NET 在过去五年里取得的进步，下面对.NET Core 的主要版本和现代.NET 版本与.NET Framework 的同等版本进行比较。

- .NET Core 1.x：与.NET Framework 4.6.1 相比，API 要小得多，后者是于 2016 年 3 月发布的版本。
- .NET Core 2.x：实现了与.NET Framework 4.7.1 相同的现代 API，因为它们都实现了.NET Standard 2.0。
- .NET Core 3.x：与用于现代 API 的.NET Framework 相比，API 更大，因为.NET Framework 4.8 没有实现.NET Standard 2.1。
- .NET 5：与用于现代 API 的.NET Framework 4.8 相比，API 更大，性能有了很大提高。
- .NET 6：持续改进性能并扩展 API。2022 年 5 月添加了对.NET MAUI 中移动应用程序的可选支持。
- .NET 7：最终统一了对.NET MAUI 中移动应用程序的支持。

7.1.1 .NET Core 1.0

.NET Core 1.0 于 2016 年 6 月发布，重点是实现一种适用于构建现代跨平台应用程序的 API，包括 Web 应用程序和云应用程序，以及使用 ASP.NET Core 为 Linux 提供的服务。

7.1.2 .NET Core 1.1

.NET Core 1.1 于 2016 年 11 月发布，重点是修复 bug、增加支持的 Linux 发行版数量、支持.NET Standard 1.6 以及改进性能，尤其是 ASP.NET Core(用于 Web 应用程序和服务)。

7.1.3 .NET Core 2.0

.NET Core 2.0 于 2017 年 8 月发布，重点是实现.NET Standard 2.0，增加引用.NET Framework 库的能力，以及提供更大的性能改进。

本书第 3 版于 2017 年 11 月出版，涵盖了.NET Core 2.0 和用于 Universal Windows Platform (UWP)应用程序的.NET Core。

7.1.4 .NET Core 2.1

.NET Core 2.1 于 2018 年 5 月发布，专注于可扩展的工具系统、新类型(如 Span< T >)的添加、用于加密的和压缩的新 API、Windows 兼容包(其中包含 20 000 个 API 以帮助迁移旧的 Windows 应用程序)、Entity Framework Core 值转换、LINQ GroupBy 转换、数据播种、查询类型以及性能改进，表 7.1 列出了部分主题。

表 7.1   .NET Core 2.1 关注的部分主题

功能	涉及的章节	主题
Span	第 8 章	使用 Span、索引和范围
Brotli 压缩	第 9 章	使用 Brotli 算法进行压缩
EF Core 延迟加载	第 10 章	启用延迟加载
EF Core 数据播种	第 10 章	理解数据播种

7.1.5　.NET Core 2.2

.NET Core 2.2 于 2018 年 12 月发布，主要关注运行时的诊断改进、可选的分层编译以及如何向 ASP.NET Core 和 Entity Framework Core 添加新特性，例如，使用 NetTopologySuite(NTS)库中的类型支持空间数据，查询标记以及拥有实体的集合。

7.1.6　.NET Core 3.0

.NET Core 3.0 于 2019 年 9 月发布，重点是增加对同时使用 Windows Forms(2001)、Windows Presentation Foundation (WPF；2006) 和 Entity Framework 6.3 构建 Windows 桌面应用程序的支持、应用程序本地部署、快速 JSON 阅读器、串口访问和物联网(Internet of Things，IoT)解决方案的其他 Pinout 访问以及默认情况下的分层编译，表 7.2 列出了部分主题。

表 7.2　.NET Core 3.0 关注的部分主题

功能	涉及的章节	主题
在应用中嵌入.NET	第 7 章	发布应用以进行部署
索引和范围	第 8 章	使用 Span、索引和范围
System.Text.Json	第 9 章	高性能的 JSON 处理

本书的第 4 版于 2019 年 10 月出版，所以它涵盖了在.NET Core 3.0 之前的版本中添加的一些新 API。

7.1.7　.NET Core 3.1

.NET Core 3.1 于 2019 年 12 月发布，专注于 bug 修复和改进，因此它是一个长期支持(Long Term Support，LTS)版本，直到 2022 年 12 月才失去支持。

7.1.8　.NET 5.0

.NET 5.0 于 2020 年 11 月发布，专注于除移动平台之外的各种.NET 平台的统一、细化以及性能的提升，表 7.3 列出了部分主题。

表 7.3　.NET 5 关注的部分主题

功能	涉及的章节	主题
Half 类型	第 8 章	处理数字
改进正则表达式的性能	第 8 章	如何改进正则表达式的性能
改进 System.Text.Json	第 9 章	高性能的 JSON 处理
生成 SQL 的 EF Core	第 10 章	获取生成的 SQL
EF Core Filterted Include	第 10 章	过滤所包含的实体
EF Core Scaffold-DbContext 现在使用 Humanizer 实现单一化	第 10 章	使用现有数据库搭建模型

7.1.9　.NET 6.0

.NET 6.0 于 2021 年 11 月发布，专注于为 EF Core 增加更多的数据管理功能，为处理日期和时间添加新类型，并提高性能，包括如表 7.4 所列的主题。

表 7.4　.NET 6.0 关注的主题

功能	涉及的章节	主题
检查.NET SDK 状态	第 7 章	检查.NET SDK，以进行更新
支持 Apple Silicon	第 7 章	创建要发布的控制台应用程序
默认为链接剪裁模式	第 7 章	使用应用程序剪裁功能来减少应用程序的大小
用于 List<T>的 EnsureCapacity	第 8 章	通过确保集合的容量来提高性能
使用 RandomAccess 读写低级文件 API	第 9 章	使用随机访问句柄进行读写
EF Core 配置约定	第 10 章	配置约定前模型
新的 LINQ 方法	第 11 章	使用 Enumerable 类构建 LINQ 表达式
TryGetNonEnumeratedCount	第 11 章	聚合序列

7.1.10　.NET 7.0

.NET 7.0 于 2022 年 11 月发布，专注于与移动平台的统一，添加了更多功能，如字符串语法着色和 IntelliSense，支持创建和提取 tar 档案，并使用 EF Core 提高插入和更新的性能，包括如表 7.5 所列的主题。

表 7.5　.NET 7.0 关注的主题

功能	涉及的章节	主题
[StringSyntax]特性	第 8 章	激活正则表达式语法着色功能
[GeneratedRegex]特性	第 8 章	使用源生成器提高正则表达式的性能
Tar archive 支持	第 9 章	处理 tar 档案
ExecuteUpdate 和 ExecuteDelete	第 10 章	更有效的更新和删除
Order 和 OrderDescending	第 11 章	按条目本身排序

7.1.11　使用.NET 5 及后续版本提高性能

在过去几年里，微软对.NET 平台的性能有了很大的改进。可通过以下链接阅读内容十分详细的博客文章：

https://devblogs.microsoft.com/dotnet/performance-improvements-in-net-5/

https://devblogs.microsoft.com/dotnet/performance-improvements-in-net-6/

https://devblogs.microsoft.com/dotnet/performance_improvements_in_net_7/

7.1.12　检查.NET SDK 以进行更新

在.NET 6 中，微软增加了一个用于检查已安装的.NET SDK 版本和运行环境的命令，如果需要任何更新，它会警告你。例如，输入如下命令：

```
dotnet sdk check
```

然后会看到结果，包括可更新的状态，下面显示部分输出：

```
.NET SDKs:
Version            Status
----------------------------------------------------
3.1.421            .NET Core 3.1 is going out of support soon.
5.0.406            .NET 5.0 is out of support.
6.0.300            Patch 6.0.301 is available.
7.0.100            Up to date.
```

7.2　了解.NET 组件

.NET 由以下几部分组成。

- **语言编译器**：这些编译器将使用 C#、F#和 Visual Basic 等语言编写的源代码转换成存储在程序集中的中间语言(Intermediate Language，IL)代码。在 C# 6.0 及后续版本中，微软转向了一种名为 Roslyn 的开源重写编译器，Visual Basic 也使用了这种编译器。
- **公共语言运行时(CoreCLR)**：CoreCLR 加载程序集，将其中存储的 IL 代码编译成本机代码指令，并在管理线程和内存等资源的环境中执行代码。
- **基类库(BCL 或 CoreFX)**：这些是使用 NuGet 在构建应用程序时为执行常见任务而打包和分发的类型的预构建程序集。可以使用它们快速构建任何想要的东西，就像组合乐高积木一样。

7.2.1　程序集、NuGet 包和名称空间

程序集在文件系统中用于存储类型，它是一种用于部署代码的机制。例如，System.Data.dll 程序集包含用于管理数据的类型。要在其他程序集中使用类型，就必须引用它们。程序集可以是静态的(预先创建)或动态的(在运行时生成)。动态程序集是一种高级特性，我们将不在本书中介绍。程序集可以编译为 DLL(类库)或 EXE(控制台应用程序)的单个文件。

程序集通常作为 NuGet 包分发，NuGet 包是可从公共在线源下载的文件，可以包含多个程序集和其他资源。你也许还听说过项目 SDK、工作负载和平台，它们是 NuGet 包的组合。

可以通过链接 https://www.nuget.org/找到微软的 NuGet 源。

1. 名称空间

名称空间是类型的地址。名称空间是一种通过完整地址(而不仅仅是短名称)来唯一标识类型的机制。在现实世界中，Sycamore 街道 34 号的 Bob 和 Willow Drive 街道 12 号的 Bob 是指不同的人。

在.NET 中，System.Web.Mvc 名称空间的 IActionFilter 接口不同于 System.Web.Http.Filters 名称空间的 IActionFilter 接口。

2. 理解依赖程序集

如果一个程序集能编译为类库，并为其他程序集提供要使用的类型，这个程序集就有了文件扩展名.dll(动态链接库)，并且不能单独执行。

同样，如果将一个程序集编译为应用程序，这个程序集就有了文件扩展名.exe(可执行文件)，并且可以独立执行。在.NET Core 3.0 之前，控制台应用程序将被编译为.dll 文件，并且必须由 dotnet run 命令或通过主机可执行文件来运行。

任何程序集都可以将一个或多个类库程序集作为依赖进行引用，但不能循环引用。因此，如果程序集 A 已经引用了程序集 B，则程序集 B 不能引用程序集 A。如果试图添加可能导致循环引用的依赖引用，编译器就会发出警告。循环引用通常导致糟糕的代码设计。如果确实需要使用循环引用，可使用接口来解决。

7.2.2 微软.NET SDK 平台

默认情况下，控制台应用程序在微软.NET SDK 平台上存在依赖引用。这个平台包含了几乎所有应用程序都需要的 NuGet 包中的数千种类型，如 System.Int32 和 System.String 类型。

当使用.NET 时，将会引用依赖程序集、NuGet 包以及项目文件中的应用程序需要的平台。

下面研究一下程序集和名称空间之间的关系。

(1) 使用自己喜欢的代码编辑器创建一个新项目，其定义如下：

- 项目模板：Console App/console
- 项目文件和文件夹：AssembliesAndNamespaces
- 工作区/解决方案文件和文件夹：Chapter07

(2) 打开 AssembliesAndNamespaces.csproj，注意这只是.NET 应用程序的一个典型项目文件，如以下代码所示：

```
<Project Sdk="Microsoft.NET.Sdk">

    <PropertyGroup>
        <OutputType>Exe</OutputType>
        <TargetFramework>net7.0</TargetFramework>
        <Nullable>enable</Nullable>
        <ImplicitUsings>enable</ImplicitUsings>
    </PropertyGroup>

</Project>
```

(3) 在<PropertyGroup>部分之后，新添加一个<ItemGroup>部分，使用隐式的 usings .NET SDK 特性为所有 C#文件静态导入 System.Console，代码如下所示：

```
<ItemGroup>
  <Using Include="System.Console" Static="true" />
</ItemGroup>
```

7.2.3 理解程序集中的名称空间和类型

许多常见的.NET 类型都在 System.Runtime.dll 程序集中。程序集和名称空间之间并不总是存在一对一的映射。单个程序集可以包含多个名称空间，而一个名称空间可以在多个程序集中定义。可以查看一些程序集和它们提供类型的名称空间之间的关系，如表 7.6 所示。

表 7.6 程序集和名称空间之间的关系

程序集	示例名称空间	示例类型
System.Runtime.dll	System、System.Collections 和 System.Collections.Generic	Int32、String 和 IEnumerable\<T\>
System.Console.dll	System	Console
System.Threading.dll	System.Threading	Interlocked、Monitor 和 Mutex
System.Xml. XDocument.dll	System.Xml.Linq	XDocument、XElement 和 XNode

7.2.4 NuGet 包

.NET 可拆分成一组包，并使用微软支持的 NuGet 包管理技术进行分发。这些包中的每一个都表示同名的程序集。例如，System.Collections 包中包含 System.Collections.dll 程序集。

以下是包带来的好处：

- 包可很容易地分发到公共源上。
- 包可重复使用。
- 包可按照自己的时间表进行装载。
- 包可独立于其他包进行独立测试。
- 包可支持不同的操作系统和 CPU，包括为不同的操作系统和 CPU 构建的同一程序集的多个版本。
- 包可包含特定于某个库的依赖项。
- 应用程序更小，因为未引用的包不是发行版的一部分。

表 7.7 列出了一些更重要的包以及它们的重要类型。

表 7.7 一些更重要的包及其重要类型

包	重要类型
System.Runtime	Object、String、Int32、Array
System.Collections	List\<T\>、Dictionary\<TKey, TValue\>
System.Net.Http	HttpClient、HttpResponseMessage
System.IO.FileSystem	File、Directory
System.Reflection	Assembly、TypeInfo、MethodInfo

7.2.5 理解框架

框架和包之间存在双向关系。包定义 API，而框架将包分组。没有任何包的框架不会定义任何 API。

每个.NET 包都支持一组框架。例如，4.3.0 版本的 System.IO.FileSystem 包支持以下框架：

- .NET Standard 1.3 或更高版本。
- .NET Framework 4.6 或更高版本。
- Six Mono 和 Xamarin 平台(如 Xamarin.iOS 1.0)。

更多信息：
可通过以下链接阅读详细信息——https://www.nuget.org/packages/System.IO.FileSystem/。

7.2.6 导入名称空间以使用类型

下面研究一下名称空间与程序集和类型之间的关系。

(1) 打开 AssembliesAndNamespaces 项目，在 Program.cs 文件中输入以下代码：

```
XDocument doc = new();
```

(2) 构建项目并注意编译器错误消息，输出如下所示：

```
The type or namespace name 'XDocument' could not be found (are you
missing a using directive or an assembly reference?)
```

XDocument 类型不能被识别，因为还没有告诉编译器 XDocument 类型的名称空间是什么。虽然项目已经有了对包含类型的程序集的引用，但仍需要在类型名称的前面加上名称空间，或导入名称空间。

(3) 单击 XDocument 类名内部。代码编辑器将显示灯泡图标，这表示已经识别了类型并能自动修复问题。

(4) 单击灯泡图标，从弹出的菜单中选择 using System.Xml.Linq;。

这会在文件的顶部添加 using 语句以导入名称空间。一旦在代码文件的顶部导入了名称空间，该名称空间内的所有类型就可以在代码文件中使用，只需要输入它们的名称，而不需要通过在名称空间的前面加上前缀来完全限定类型名称。

有时我喜欢在导入名称空间后添加一个带有类型名称的注释，以提醒我为什么需要导入该名称空间，代码如下所示：

```
using System.Xml.Linq; // XDocument
```

7.2.7 将 C#关键字与.NET 类型相关联

C#新手程序员经常问的一个问题是：小写字符串和大写字符串有什么区别？简短的回答是：没有区别。详细的回答是：所有 C#类型关键字都是类库程序集中.NET 类型的别名。

使用 string 类型时，编译器将它转换成 System.String 类型；使用 int 类型时，编译器将它转换成 System.Int32 类型。

下面介绍这种情况的实际应用。

(1) 在 Program.cs 文件中声明两个变量来保存字符串值，其中一个变量使用小写的 string 类型，另一个变量使用大写的 String 类型，代码如下所示：

```
string s1 = "Hello";
String s2 = "World";
WriteLine($"{s1} {s2}");
```

(2) 运行代码，注意目前这两个变量都工作良好，字面上的意思是一样的。

(3) 在 AssembliesAndNamespaces.csproj 中，添加语句，以防止 System 名称空间被全局导入，代码如下所示。

```
<ItemGroup>
  <Using Remove="System" />
</ItemGroup>
```

(4) 在 Program.cs 文件中，注意编译器错误信息，输出如下所示：

```
The type or namespace name 'String' could not be found (are you missing a
using directive or an assembly reference?)
```

(5) 在 Program.cs 文件的顶部，用 using 语句导入 System 名称空间来修复这个错误，代码如下所示：

```
using System; // String
```

最佳实践：

当有选择时，应使用 C#关键字而不是实际的类型，因为使用关键字不需要导入名称空间。

1. 将 C#别名映射到.NET 类型

表 7.8 显示了 18 个 C#类型关键字及实际的.NET 类型。

表 7.8　18 个 C#类型关键字及实际的.NET 类型

类型关键字	.NET 类型	类型关键字	.NET 类型
string	System.String	char	System.Char
sbyte	System.SByte	byte	System.Byte
short	System.Int16	ushort	System.UInt16
int	System.Int32	uint	System.UInt32
long	System.Int64	ulong	System.UInt64
nint	System.IntPtr	nuint	System.UIntPtr
float	System.Single	double	System.Double
decimal	System.Decimal	bool	System.Boolean
object	System.Object	dynamic	System.Dynamic.DynamicObject

其他的.NET 编程语言编译器也可以做同样的事情。例如，Visual Basic .NET 语言就有名为 Integer 的类型，Integer 是 System.Int32 的别名。

理解本机大小的整数

C# 9 为本机大小的整数引入了 nint 和 nuint 关键字别名，这意味着整数值的存储大小是平台特定的。它们将 32 位整数存储在 32 位处理单元中，并且 sizeof()返回 4 字节；它们将 64 位整数存储在 64 位处理单元中，并且 sizeof()返回 8 字节。别名表示指向内存中的整型值的指针，这就是为什么它们的.NET 名称是 IntPtr 和 UIntPtr。实际的存储类型是 System.Int32 或 System.Int64，具体取决于处理单元。

在 64 位处理单元中：

```
WriteLine($"int.MaxValue = {int.MaxValue:N0}");
WriteLine($"nint.MaxValue = {nint.MaxValue:N0}");
```

以上代码的输出如下：

```
int.MaxValue = 2,147,483,647
nint.MaxValue = 9,223,372,036,854,775,807
```

2. 显示类型的位置

代码编辑器为.NET 类型提供了内置文档。

(1) 在 XDocument 中右击，选择 Go to Definition。

(2) 导航到代码文件的顶部，注意程序集的文件名是 System.Xml.XDocument.dll，但是类在 System.Xml.Linq 名称空间中，如图 7.1 所示。

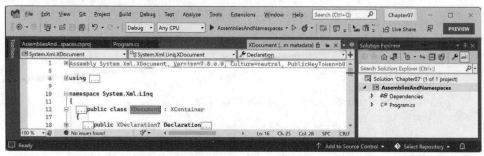

图 7.1　包含 XDocument 类型的程序集和名称空间

(3) 关闭 XDocument [from metadata]选项卡。

(4) 在 string或 String 里面右击，选择 Go to Definition。

(5) 导航到代码文件的顶部，注意程序集的文件名是 System.Runtime.dll，但是类在 System 名称空间中。

实际上，代码编辑器在技术上撒谎了。在第 2 章中提到 C#词汇表的范围时，我们发现 System.Runtime.dll 程序集不包含任何类型。

它包含的是类型转发器。类型转发器较为特殊，看似存在于程序集中，但实际上在其他地方实现。在本示例中，它们是在.NET 运行时内部使用高度优化的代码实现的。

7.2.8　使用.NET Standard 在旧平台之间共享代码

在.NET Standard 之前，存在一些可移植类库(Portable Class Library，PCL)。使用 PCL 可以创建代码库并显式地指定希望代码库支持哪些平台，如 Xamarin、Silverlight 和 Windows 8。然后，代码库可以使用由指定平台支持的 API 的交集。

微软意识到这是不可持续的，所以创建了.NET Standard——所有未来的.NET 平台都支持的单一 API。虽然也有较老版本的.NET Standard，但.NET Standard 2.0 试图统一所有重要的最新.NET 平台。虽然.NET Standard 2.1 已于 2019 年末发布，但只有.NET Core 3.0 和当年发布的 Xamarin 版本支持其中的新特性。本书的其余部分将使用术语.NET Standard 来表示.NET Standard 2.0。

.NET Standard 与 HTML5 相似，都是平台应该支持的标准。就像谷歌的 Chrome 浏览器和微软的 Edge 浏览器实现了 HTML5 标准一样，.NET Core、.NET Framework 和 Xamarin 也都实现了.NET Standard。如果想创建可以跨.NET 平台版本工作的类库,可以轻松使用.NET Standard 来实现。

最佳实践:

由于.NET Standard 2.1 中添加的许多 API 需要在运行时进行更改,而.NET Framework 是微软的旧平台,需要尽可能保持不变,因此.NET Framework 4.8 将保留.NET Standard 2.0 而不是实现.NET Standard 2.1。如果需要支持.NET Framework 客户,就应该基于.NET Standard 2.0 创建类库(即使.NET Standard 2.0 不是最新的,也不支持所有最新的语言和 BCL 新特性)。

选择哪个.NET Standard 版本作为目标,取决于最大化平台支持和可用功能之间的平衡。较低的版本支持更多的平台,但拥有的 API 集合更小。更高的版本支持更少的平台,但拥有的 API 集合更大。通常,应该选择能够支持所需的所有 API 的最低版本。

7.2.9 理解不同 SDK 中类库的默认设置

当使用 dotnet SDK 工具创建类库时,知道默认使用哪个目标框架可能是有用的,如表 7.9 所示。

表 7.9 默认使用的目标框架

SDK	新类库的默认目标框架
.NET Core 3.1	netstandard2.0
.NET 6	net6.0
.NET 7	net7.0

虽然类库在默认情况下针对.NET 的特定版本,但可在使用默认模板创建类库项目之后更改它。

可以手动设置目标框架的值,以支持需要引用该库的项目,如表 7.10 所示。

表 7.10 支持对应项目

类库目标框架	目标项目可以使用
netstandard2.0	.NET Framework 4.6.1 或更高版本、.NET Core 2.0 或更高版本、.NET 5.0 或更高版本、Mono 5.4 或更高版本、Xamarin.Android 8.0 或更高版本、Xamarin.iOS 10.14 或更高版本
netstandard2.1	.NET Core 3.0 或更高版本、.NET 5.0 或更高版本、Mono 6.4 或更高版本、Xamarin.Android 10.0 或更高版本、Xamarin.iOS 12.16 或更高版本
net6.0	.NET 6.0 或更高版本
net7.0	.NET 7.0 或更高版本

最佳实践:

应始终检查类库的目标框架,然后在必要时手动将其更改为更合适的框架。应做理智的决定,而不是接受默认设置。

7.2.10 创建.NET Standard 2.0 类库

下面使用.NET Standard 2.0 创建一个类库，这样就可以在所有重要的.NET 旧平台以及 Windows、macOS 和 Linux 操作系统上跨平台使用这个类库，同时可以访问大量的.NET API。

(1) 使用自己喜欢的代码编辑器将一个新的 Class Library/classlib 项目(目标框架为.NET Standard 2.0)添加到 Chapter07 解决方案/工作区中，命名为 SharedLibrary。

- 如果使用 Visual Studio 2022，当提示输入 Target Framework 时，请选择.NET Standard 2.0，然后为当前选择的解决方案设置启动项目。
- 如果使用 Visual Studio Code，会包括一个面向.NET Standard 2.0 的选项，如以下命令所示，然后选择 SharedLibrary 作为活动的 OmniSharp 项目：

```
dotnet new classlib -f netstandard2.0
```

最佳实践：

如果需要创建使用.NET 7.0 中新功能的类型，以及仅使用.NET Standard 2.0 功能的类型，可以创建两个单独的类库：一个针对.NET Standard 2.0，另一个针对 NET 7.0。

手动创建这两个类库的替代方法是创建一个支持多目标的类库。如果想在下一个版本中增加一个关于多目标的部分，请告诉我。可以通过如下链接阅读多目标的类库：https://docs.microsoft.com/en-us/dotnet/standard/library-guidance/cross-platform-targeting#multi-targeting。

7.2.11 控制.NET SDK

默认情况下，执行 dotnet 命令使用最新安装的.NET SDK。有时候可能需要控制使用哪个 SDK。

例如，第 4 版的一个读者希望他们的体验能够与书中使用.NET Core 3.1 SDK 的步骤相匹配。但他们也安装了.NET 5.0 SDK 且默认使用。如上一节所述，创建新类库时的行为改变为面向.NET 5.0 而不是.NET Standard 2.0，这让读者感到困惑。

可通过使用 global.json 文件来控制默认使用的.NET SDK。dotnet 命令在当前文件夹和祖先文件夹中搜索 global.json 文件。

不必完成以下步骤，但如果想尝试，且尚未安装.NET 6.0 SDK，则可通过以下链接进行安装：https://dotnet.microsoft.com/download/dotnet/6.0。

(1) 在 Chapter07 文件夹下创建一个名为 ControlSDK 的子目录/文件夹。

(2) 在 Windows 上，启动 Command Prompt 或 Windows Terminal。在 macOS 上，启动 Terminal。如果使用的是 Visual Studio Code，则可以使用集成的终端。

(3) 在 ControlSDK 文件夹中，在命令提示符或终端处，输入命令以列出已安装的.NET SDK，命令如下：

```
dotnet --list-sdks
```

(4) 注意安装的最新.NET 6 SDK 的结果和版本号，输出如下所示：

```
3.1.416 [C:\Program Files\dotnet\sdk]
6.0.200 [C:\Program Files\dotnet\sdk]
7.0.100 [C:\Program Files\dotnet\sdk]
```

(5) 创建 global.json 文件，强制使用已安装的最新.NET Core 6.0 SDK(可能比我的版本更新)，命令如下所示：

```
dotnet new globaljson --sdk-version 6.0.200
```

(6) 打开 global.json 文件，并查看其内容，如下所示：

```
{
  "sdk": {
    "version": "6.0.200"
  }
}
```

(7) 在 ControlSDK 文件夹中，在命令提示符或终端中，输入命令创建类库项目，如下所示：

```
dotnet new classlib
```

(8) 如果没有安装.NET 6.0 SDK，会看到一个错误，如下所示：

```
Could not execute because the application was not found or a compatible
.NET SDK is not installed.
```

(9) 如果已经安装了.NET 6.0 SDK，那么将会创建一个默认面向.NET 6.0 的类库项目。

7.3　发布用于部署的代码

如果你写了一本小说，想让别人读它，就必须出版它。

大多数开发人员编写代码就是想让其他开发人员在自己的代码中使用，或者让用户作为应用程序运行。要这样做，必须将代码作为打包类库或可执行应用程序发布。

发布和部署.NET 应用程序有如下三种方法：

- 与框架相关的部署(Framework-Dependent Deployment，FDD)
- 与框架相关的可执行文件(Framework-Dependent Executable，FDE)
- 自包含

如果选择部署应用程序及其包依赖项而不是.NET 本身，那么可以依赖于目标计算机上已有的.NET。这对于部署到服务器的 Web 应用程序很有效，因为.NET 和许多其他 Web 应用程序可能已安装在服务器上了。

FDD 意味着部署一个 DLL，它必须由 dotnet 命令行工具执行。FDE 意味着部署一个可以直接从命令行运行的 EXE。两者都要求.NET 已安装在系统上。

有时，我们希望能够给某人一个里面包含了应用程序的 U 盘，并且我们知道这个应用程序可以在这个人的计算机上执行。于是我们希望执行自包含的部署。虽然部署文件会更大，但是可以确定，这种方式是可行的。

7.3.1　创建要发布的控制台应用程序

下面研究一下如何发布控制台应用程序。

(1) 使用自己喜欢的代码编辑器将一个新的 Console App/console 添加到 Chapter07 解决方案/工作区中，命名为 DotNetEverywhere。

在 Visual Studio Code 中，选择 DotNetEverywhere 作为活动的 OmniSharp 项目。当看到弹出的警告消息指出所需的资源缺失时，单击 Yes 按钮添加它们。

(2) 修改项目文件，在所有的 C#文件中静态导入 System.Console 类。

(3) 在 Program.cs 文件中，删除现有语句，然后添加语句以输出一个消息，指出控制台应用程序可以在任何地方运行，并显示一些关于操作系统的信息，代码如下所示：

```
WriteLine("I can run everywhere!");
WriteLine($"OS Version is {Environment.OSVersion}.");

if (OperatingSystem.IsMacOS())
{
  WriteLine("I am macOS.");
}
else if (OperatingSystem.IsWindowsVersionAtLeast(major: 10, build:
22000))
{
  WriteLine("I am Windows 11.");
}
else if (OperatingSystem.IsWindowsVersionAtLeast(major: 10))
{
  WriteLine("I am Windows 10.");
}
else
{
  WriteLine("I am some other mysterious OS.");
}
WriteLine("Press ENTER to stop me.");
ReadLine();
```

(4) 在 Windows 11 上运行该控制台应用程序并注意结果，输出如下所示：

```
I can run everywhere!
OS Version is Microsoft Windows NT 10.0.22000.0.
I am Windows 11.
Press ENTER to stop me.
```

(5) 打开 DotNetEverywhere.csproj，将运行时标识符(Runtime Identifier，RID)添加到 <PropertyGroup>元素内以面向三类操作系统，如以下突出显示的代码所示：

```
<Project Sdk="Microsoft.NET.Sdk">

  <PropertyGroup>
    <OutputType>Exe</OutputType>
    <TargetFramework>net7.0</TargetFramework>
    <Nullable>enable</Nullable>
    <ImplicitUsings>enable</ImplicitUsings>
    <RuntimeIdentifiers>
      win10-x64;osx-x64;osx.11.0-arm64;linux-x64;linux-arm64
    </RuntimeIdentifiers>
  </PropertyGroup>

</Project>
```

对以上突出显示的代码解释如下：

- win10-x64 RID 值表示 Windows 10 或 Windows Server 2016 64 位。还可以使用 win10-arm64 RID 值部署到 Microsoft Surface Pro X、Surface Pro 9 (SQ 3)或 Windows Dev Kit 2023。
- osx-x64 RID 值表示 macOS Sierra 10.12 或更高版本。也可以指定特定于版本的 RID 值，如 osx.10.15-x64 (Catalina)、osx.13.0-x64 (Intel 上的 Ventura)或者 osx.13.0-arm64 (Apple Silicon 上的 Ventura)。
- linux-x64 RID 值指代大多数桌面 Linux 发行版，如 Ubuntu、CentOS、Debian 或 Fedora。32 位的 Raspbian 或 Raspberry Pi 操作系统使用 linux-arm。在运行 Ubuntu 64 位的 Raspberry Pi 上使用 linux-arm64。

> **更多信息：**
> 有两个元素可用于指定运行时标识符(RID)。如果只需要指定一个 RID，请使用 <RuntimeIdentifier>；如果需要指定多个，请使用<RuntimeIdentifiers>，正如前面示例中所做的那样。如果误用了这两个元素，编译器会给出一个错误。很难理解这两个元素只有一个字符的差异!

7.3.2 理解 dotnet 命令

安装.NET SDK 时，也将附带安装 dotnet CLI。

创建新项目

.NET CLI 提供了能够在当前文件夹上工作的命令，以使用模板创建新项目。

(1) 在 Windows 上，启动 Command Prompt 或 Windows Terminal。在 macOS 上，启动 Terminal。如果使用的是 Visual Studio Code，就可以使用集成的终端。

(2) 输入 dotnet new list (.NET 7)、dotnet new --list 或 dotnet new -l (.NET 6)命令，列出当前安装的模板，如图 7.2 所示。

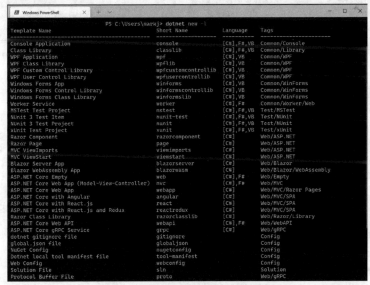

图 7.2 已安装的 dotnet new 项目模板列表

大多数 dotnet 命令行选项都有长版本和短版本。如--list 或-l。短版本打字更快，但更容易被其他人误解。有时打字越多表意越明确。

7.3.3 获取关于.NET 及其环境的信息

查看.NET SDK 和运行时的当前安装情况，以及操作系统的相关信息是很有用的，命令如下所示：

```
dotnet --info
```

注意结果，下面显示了部分输出：

```
.NET SDK (reflecting any global.json):
Version: 7.0.100
Commit: 129d2465c8

Runtime Environment:
 OS Name:        Windows
 OS Version:     10.0.22000
 OS Platform:    Windows
 RID:            win10-x64
 Base Path:      C:\Program Files\dotnet\sdk\7.0.100\

Host (useful for support):
 Version: 7.0.0
 Commit: 405337939c

.NET SDKs installed:
 3.1.416 [C:\Program Files\dotnet\sdk]
 5.0.405 [C:\Program Files\dotnet\sdk]
 6.0.200 [C:\Program Files\dotnet\sdk]
 7.0.100 [C:\Program Files\dotnet\sdk]

.NET runtimes installed:
 Microsoft.AspNetCore.App 3.1.22 [...\dotnet\shared\Microsoft.AspNetCore.All]
...
```

7.3.4 管理项目

.NET CLI 在当前文件夹中对项目有效的命令如下，它们用于管理项目。

- dotnet help：显示命令行帮助。
- dotnet new：创建新的.NET 项目或文件。
- dotnet tool：安装或管理扩展.NET 体验的工具。
- dotnet workload：管理可选的工作负载，如.NET MAUI。
- dotnet restore：下载项目的依赖项。
- dotnet build：编译项目。
- dotnet build-server：与编译过程中启动的服务器交互。
- dotnet msbuild：运行 MS Build Engine 命令。
- dotnet clean：删除编译过程中的临时输出。

- dotnet test：编译项目并运行单元测试。
- dotnet run：编译并运行项目。
- dotnet pack：为项目创建 NuGet 包。
- dotnet publish：编译并发布项目，可以带有依赖项，也可以是自包含的应用程序。
- dotnet add：把对包或类库的引用添加到项目中。
- dotnet remove：从项目中删除对包或类库的引用。
- dotnet list：列出项目的包或类库引用。

7.3.5　发布自包含的应用程序

前面介绍了有关 dotnet 工具命令的一些例子，现在可以发布跨平台的控制台应用程序了。

(1) 在命令行中，确保打开了 DotNetEverywhere 文件夹。

(2) 输入以下命令，编译并发布适用于 Windows 10 的控制台应用程序的自包含发布版本：

```
dotnet publish -c Release -r win10-x64 --self-contained
```

(3) 注意，编译引擎会恢复任何需要的包，将项目源代码编译为程序集 DLL，并创建 publish 文件夹，输出如下所示：

```
MSBuild version 17.4.0+14c24b2d3 for .NET
  Determining projects to restore...
  All projects are up-to-date for restore.
  DotNetEverywhere -> C:\cs11dotnet7\Chapter07\DotNetEverywhere\bin\
Release\net7.0\win10-x64\DotNetEverywhere.dll
  DotNetEverywhere -> C:\cs11dotnet7\Chapter07\DotNetEverywhere\bin\
Release\net7.0\win10-x64\publish\
```

(4) 输入以下命令，编译和发布 macOS 和 Linux 变体的发布版本。

```
dotnet publish -c Release -r osx-x64 --self-contained
dotnet publish -c Release -r osx.11.0-arm64 --self-contained
dotnet publish -c Release -r linux-x64 --self-contained
dotnet publish -c Release -r linux-arm64 --self-contained
```

最佳实践：

可以使用像 PowerShell 这样的脚本语言自动执行这些命令，并在使用跨平台 PowerShell Core 的任何操作系统上执行这些命令。只需要创建一个扩展名为.ps1 的文件，其中包含 5 个命令，然后执行该文件。要了解有关 PowerShell 的更多信息，请访问链接 https://github.com/markjprice/cs11dotnet7/tree/main/docs/powershell。

(5) 打开 macOS 的 Finder 窗口或 Windows 的文件资源管理器，导航到 DotNetEverywhere\bin\Release\net7.0，并注意 5 种操作系统的输出文件夹。

(6) 在 win10-x64 文件夹中，选择 publish 文件夹，注意所有支持程序集，如 Microsoft.CSharp.dll。

(7) 选择 DotNetEverywhere 可执行文件，注意它是 149 KB，如图 7.3 所示。

图 7.3　64 位 Windows 10 的 DotNetEverywhere 可执行文件

(8) 如果在 Windows 上，双击执行程序并注意结果，输出如下所示：

```
I can run everywhere!
OS Version is Microsoft Windows NT 10.0.22000.0.
I am Windows 11.
Press ENTER to stop me.
```

(9) 按 Enter 键，关闭该控制台应用程序及其窗口。

(10) 注意，publish 文件夹及其所有文件的总大小为 70 MB。

(11) 在 osx.11.0-arm64 文件夹中，选择 publish 文件夹，注意所有支持的程序集，然后选择 DotNetEverywhere 可执行文件，注意可执行文件是 126 KB，publish 文件夹是 76 MB。

如果将这些文件夹中的任何一个复制到适当的操作系统，这个控制台应用程序就会运行，这是因为它是一个自包含的、可部署的.NET 应用程序。例如，在 Intel 的 macOS Big Sur 上，输出如下所示：

```
I can run everywhere!
OS Version is Unix 11.2.3
I am macOS.
Press ENTER to stop me.
```

本例使用了一个控制台应用程序，但你也可以轻松地创建一个 ASP.NET Core 网站或 Web 服务，或者 Windows 窗体或 WPF 应用程序。当然，只能将 Windows 桌面应用程序部署到 Windows 计算机上，而不能部署到 Linux 或 macOS 上。

7.3.6　发布单文件应用

要将应用发布为"单个"文件，可在发布时指定标志。但是，在.NET 5 中，单文件应用主要集中在 Linux 上，因为 Windows 和 macOS 对此都有限制，这意味着真正的单文件发布在技术上是行不通的。在.NET 6 或更高版本中，现在可以在 Windows 上创建正确的单文件应用。

假设.NET 已经安装在计算机上，想要运行你的应用，就可以在发布应用时使用额外的标志，它不需要是自包含的，可将它作为一个单独的文件发布(如果可能的话)，如下所示(必须在单行中输入)：

```
dotnet publish -r win10-x64 -c Release --no-self-contained
/p:PublishSingleFile=true
```

这将生成两个文件：DotNetEverywhere.exe 和 DotNetEverywhere.pdb。.exe 文件是可执行文件，.pdb 文件则是存储了调试信息的程序调试数据库文件。

在 macOS 上发布的应用程序没有.exe 文件扩展名，所以如果在上面的命令中使用 osx-x64，文件名将没有扩展名。

如果喜欢把.pdb 文件嵌入.exe 文件(例如，确保它被部署到其程序集中)，就将<DebugType>元素添加到.csproj 文件的<PropertyGroup>元素中，并将其设置为 embedded，如下面突出显示的代码所示：

```
<PropertyGroup>

  <OutputType>Exe</OutputType>
  <TargetFramework>net7.0</TargetFramework>
  <Nullable>enable</Nullable>
  <ImplicitUsings>enable</ImplicitUsings>

  <RuntimeIdentifiers>
    win10-x64;osx-x64;osx.11.0-arm64;linux-x64;linux-arm64
  </RuntimeIdentifiers>

  <DebugType>embedded</DebugType>

</PropertyGroup>
```

如果计算机上还没有安装.NET，那么在 Linux 上也仅会生成这两个文件，但在 Windows 上还会生成一些其他文件，如 coreclr.dll、clrjit.dll、clrcompression.dll 和 mscordaccore.dll。

下面列举一个 Windows 示例。

(1) 在命令行上，输入以下命令，为 Windows 10 编译控制台应用程序的自包含发布版本：

```
dotnet publish -c Release -r win10-x64 --self-contained
/p:PublishSingleFile=true
```

(2) 导航到 DotNetEverywhere\bin\Release\net7.0\win10-x64\publish 文件夹，选择 DotNetEverywhere 可执行文件，注意这个可执行文件的大小现在大约为 64 MB。还有一个 11 KB 的.pdb 文件。在读者的系统上文件的大小可能会有所不同。

7.3.7　使用 app trimming 系统减小应用程序的大小

将.NET 应用程序部署为自包含应用程序的问题之一在于.NET 库需要占用大量的内存空间。最需要精简的是 Blazor WebAssembly 组件的大小，因为所有的.NET 库都需要被下载到浏览器中。

请不要将没有使用的程序集打包到部署中，因为这样可以减小应用程序的大小。.NET Core 3.0 中引入的 app trimming 系统可用来识别代码需要的程序集，并删除那些不需要的程序集。

在.NET 5 中，只要不使用程序集中的单个类型甚至成员(如方法)，就可以进一步减小应用程序的大小。例如，对于 Hello World 控制台应用程序，System.Console.dll 程序集就从 61.5 KB 缩减到 31.5 KB。对于.NET 5，这是一个实验性的功能，因此在默认情况下该功能是被禁用的。

在.NET 6 中，微软在它的库中添加了注解，以表明如何安全地调整这些库，因此将类型和成员的调整作为默认设置。这就是所谓的链接剪裁模式(link trim mode)。

问题在于，app trimming 系统到底能在多大程度上标识未使用的程序集、类型和成员？如果代码是动态的，那么很可能使用了反射技术，app trimming 系统有可能无法正常工作，因此微软允许我们进行手动控制。

1. 启用程序集级剪裁

启用程序集级剪裁(assembly-level trimming)的方式有两种。第一种方式是在项目文件中添加如下元素：

```
<PublishTrimmed>true</PublishTrimmed>
```

第二种方式是在发布时添加如下命令中突出显示的标志：

```
dotnet publish ... -p:PublishTrimmed=True
```

2. 启用类型级和成员级剪裁

启用类型级和成员级剪裁的方式也有两种。

第一种方式是在项目文件中添加如下两个元素：

```
<PublishTrimmed>true</PublishTrimmed>
<TrimMode>Link</TrimMode>
```

第二种方式是在发布时添加如下命令中突出显示的标志：

```
dotnet publish ... -p:PublishTrimmed=True -p:TrimMode=Link
```

对于.NET 6，链接剪裁模式是默认的，所以如果你设置一个类似 copyused 的替代剪裁模式，则只需要指定选项，这意味着启用程序集级剪裁。

7.4 反编译.NET 程序集

学习如何为.NET 编写代码的最佳方法之一就是看看专业人员是如何做的。

最佳实践：
可以出于非学习的目的来反编译其他人编写的程序集，比如复制代码用于自己的产品库或应用程序，但是请记住，你正在侵犯他人的知识产权。

7.4.1 使用 Visual Studio 2022 的 ILSpy 扩展进行反编译

出于学习的目的，可以使用 ILSpy 之类的工具来反编译任何.NET 程序集。

(1) 在 Visual Studio 2022 中(Windows 上)，导航到 Extensions | Manage Extensions。

(2) 在搜索框中输入 ilspy。

(3) 对于 ILSpy 2022 扩展，单击 Download。

(4) 单击 Close。

(5) 关闭 Visual Studio 以允许安装扩展。

(6) 重启 Visual Studio 并重新打开 Chapter07 解决方案。

(7) 在 Solution Explorer 中，右击 DotNetEverywhere 项目并选择 Open output in ILSpy。

(8) 在 ILSpy 的工具栏中，确保在要反编译的语言下拉列表中选择了 C#。

(9) 在 ILSpy 中，在左侧的 Assemblies 导航树中，展开 DotNetEverywhere(1.0.0.0，.NETCoreApp，v7.0)。

(10) 在 ILSpy 中，在左侧的 Assemblies 导航树中，展开{ }。

(11) 在 ILSpy 中，在左侧的 Assemblies 导航树中，展开 Program。

(12) 在 ILSpy 中，在左侧的 Assemblys 导航树中，单击<Main>$(string[]) : void 以显示编译器生成的 Program 类和<Main>$方法中的语句，从而可以揭示插值字符串的工作方式，如图 7.4 所示。

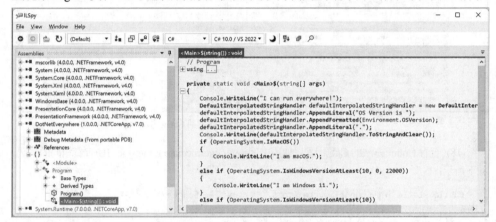

图 7.4　使用 ILSpy 显示<Main>$方法以及插值字符串的工作方式

(13) 在 ILSpy 中，导航到 File | Open...。

(14) 进入以下目录：

```
cs11dotnet7/Chapter07/DotNetEverywhere/bin/Release/net7.0/linux-x64
```

(15) 选择 System.Linq.dll 程序集并单击 Open 按钮。

(16) 在 Assemblies 树中，展开 System.Linq (7.0.0.0，.NETCoreApp，v7.0)程序集，展开 System.Linq 名称空间，展开 Enumerable 类，然后单击 Count<TSource>(this IEnumerable<TSource>) : int 方法。

(17) 在 Count 方法中，注意以下实际操作：

● 检查 source 参数，如果参数为 null，则抛出 ArgumentNullException。

● 检查源代码可能用自己的 Count 属性实现的接口，这些接口的读取效率更高。

● 最后一种方法是枚举源代码中的所有条目并递增计数器，这是效率最低的实现。

结果如图 7.5 所示。

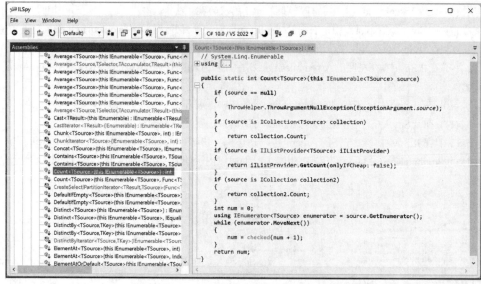

图 7.5 在 Linux 上反编译 Enumerable 类的 Count 方法

(18) 查看 Count 方法的 C#源代码，使用中间语言(Intermediate Language，IL)查看相同的代码，如下所示：

```csharp
public static int Count<TSource>(this IEnumerable<TSource> source)
{
  if (source == null)
  {
    ThrowHelper.ThrowArgumentNullException(ExceptionArgument.source);
  }
  if (source is ICollection<TSource> collection)
  {
    return collection.Count;
  }
  if (source is IIListProvider<TSource> iIListProvider)
  {
    return iIListProvider.GetCount(onlyIfCheap: false);
  }
  if (source is ICollection collection2)
  {
    return collection2.Count;
  }
  int num = 0;
  using IEnumerator<TSource> enumerator = source.GetEnumerator();
  while (enumerator.MoveNext())
  {
    num = checked(num + 1);
  }
  return num;
}
```

(19) 在 ILSpy 的工具栏中，单击 Select language to decompile 下拉列表并选择 IL，然后查看

Count 方法的 IL 源代码，如下所示：

```
.method public hidebysig static
  int32 Count<TSource> (
      class [System.Runtime]System.Collections.Generic.
IEnumerable'1<!!TSource> source
  ) cil managed
{
  .custom instance void [System.Runtime]System.Runtime.CompilerServices.
ExtensionAttribute::.ctor() = (
      01 00 00 00
  )
  .param type TSource
      .custom instance void System.Runtime.CompilerServices.
NullableAttribute::.ctor(uint8) = (
        01 00 02 00 00
    )
  // Method begins at RVA 0x42050
  // Header size: 12
  // Code size: 103 (0x67)
  .maxstack 2
  .locals (
    [0] class [System.Runtime]System.Collections.Generic.
ICollection'1<!!TSource>,
      [1] class System.Linq.IIListProvider'1<!!TSource>,
      [2] class [System.Runtime]System.Collections.ICollection,
      [3] int32,
      [4] class [System.Runtime]System.Collections.Generic.
IEnumerator'1<!!TSource>
  )

  IL_0000: ldarg.0
  IL_0001: brtrue.s IL_000a

  IL_0003: ldc.i4.s 16
  IL_0005: call void System.Linq.
ThrowHelper::ThrowArgumentNullException(valuetype System.Linq.
ExceptionArgument)

  IL_000a: ldarg.0
  IL_000b: isinst class [System.Runtime]System.Collections.Generic.
ICollection'1<!!TSource>
  IL_0010: stloc.0
  IL_0011: ldloc.0
  IL_0012: brfalse.s IL_001b

  IL_0014: ldloc.0
  IL_0015: callvirt instance int32 class [System.Runtime]System.
Collections.Generic.ICollection'1<!!TSource>::get_Count()
  IL_001a: ret
...
  IL_003e: ldc.i4.0
  IL_003f: stloc.3
  IL_0040: ldarg.0
```

```
  IL_0041: callvirt instance class [System.Runtime]System.Collections.
Generic.IEnumerator'1<!0> class [System.Runtime]System.Collections.
Generic.IEnumerable'1<!!TSource>::GetEnumerator()
  IL_0046: stloc.s 4
  .try
  {
    IL_0048: br.s IL_004e
    // loop start (head: IL_004e)
      IL_004a: ldloc.3
      IL_004b: ldc.i4.1
      IL_004c: add.ovf
      IL_004d: stloc.3

      IL_004e: ldloc.s 4
      IL_0050: callvirt instance bool [System.Runtime]System.Collections.
IEnumerator::MoveNext()
      IL_0055: brtrue.s IL_004a
    // end loop

    IL_0057: leave.s IL_0065
  } // end .try
  finally
  {
      IL_0059: ldloc.s 4
      IL_005b: brfalse.s IL_0064

      IL_005d: ldloc.s 4
      IL_005f: callvirt instance void [System.Runtime]System.
IDisposable::Dispose()

      IL_0064: endfinally
  } // end handler

    IL_0065: ldloc.3
    IL_0066: ret
} // end of method Enumerable::Count
```

最佳实践：

除非你非常熟悉 C#和.NET 开发，了解 C#编译器如何将源代码转换成 IL 代码，并且这种转换对你来说已经变得重要，否则 IL 代码并不是特别有用。还有一些更有用的编辑窗口，其中包含了由微软专家编写的 C#源代码。你可以从专业人员实现类型的过程中学到很多最佳实践。例如，GetParent 方法展示了如何检查空参数。

(20) 关闭 ILSpy。

更多信息：

可通过以下链接了解在 Visual Studio Code 中如何使用 ILSpy 扩展：https://github.com/markjprice/cs11dotnet7/blob/main/docs/code-editors/vscode.md#decompiling-using-the-ilspy-extension-for-visual-studio-code。

7.4.2 使用 Visual Studio 2022 查看源链接

Visual Studio 2022 提供了一种替代反编译的新功能，允许使用源链接查看原始源代码。该功能的实现方式如下：

(1) 使用自己喜欢的代码编辑器，将一个名为 SourceLinks 的新的 Console App/console 项目添加到 Chapter07 解决方案/工作区中。

(2) 在 Program.cs 文件中，删除现有语句。添加一些语句，声明一个字符串变量并输出其值以及它所包含的字符的个数，代码如下所示：

```
string name = "Timothée Chalamet";
int length = name.Count();
Console.WriteLine($"{name} has {length} characters.");
```

(3) 在 Count 方法中右击并选择 Go To Implementation 选项。

(4) 注意源代码文件的名称为 Count.cs，它定义了一个 partial Enumerable 类，实现了与计数相关的 5 个方法，如图 7.6 所示。

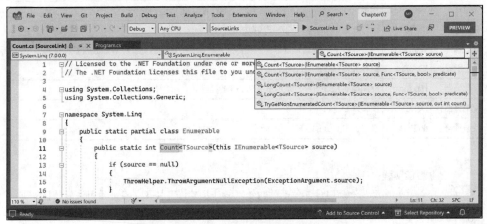

图 7.6 查看 LINQ 的 Count 方法实现的原始源文件

相比于反编译，通过查看源链接可以获得更多信息，因为这些源链接显示了如何将类划分为分部类(partial class)以便于管理等情况的最佳实践。当使用 ILSpy 编译器时，它所能做的就是显示 Enumerable 类的所有数百个方法。

更多信息：
可通过以下链接了解有关源链接如何工作以及 NuGet 包如何支持它们的更多信息：
https://learn.microsoft.com/en-us/dotnet/standard/library-guidance/sourcelink。

7.4.3 不能在技术上阻止反编译

有时有人问我，是否有一种方法可以保护编译后的代码以防止反编译。答案是否定的，如果仔细想想，就会明白为什么会这样。可以做到更难使用像 Dotfuscator 这样的混淆工具，但最终不能完全阻止使用它。

所有编译过的应用程序都包含指向其运行的平台、操作系统和硬件的指令。这些指令在功能上必须与原始源代码相同，但只是对人类来说更难以阅读。这些指令必须可读才能执行代码；因此，它们必须是可读的，以便进行反编译。如果你使用一些自定义技术来保护代码不被反编译，也会阻止代码运行!

虚拟机可以模拟硬件，因此可以捕获正在运行的应用程序与它认为正在运行的软件和硬件之间的所有交互。

如果可以保护代码，也应该阻止将调试器附加给它并单步执行它。如果编译后的应用程序有一个 pdb 文件，就可以附加一个调试器并单步执行语句。即使没有 pdb 文件，你仍然可以附加一个调试器并了解代码是如何工作的。

对所有编程语言都应该如此。不只是像 C#、Visual Basic 和 F#这样的.NET 语言，还有 C、C++、Delphi 和汇编语言。所有这些语言都可以附加到上面进行调试或反汇编。专业人员使用的一些工具如表 7.11 所示。

表 7.11　专业人员使用的一些工具

类型	产品	描述
虚拟机	VMware	像恶意软件分析师这样的专业人员总是在虚拟机中运行软件
调试器	SoftICE	运行在操作系统下，通常在虚拟机中
调试器	WinDbg	对于理解 Windows 内部非常有用，因为它比其他调试器更了解 Windows 数据结构
反汇编器	IDA Pro	由专业恶意软件分析师使用
反编译器	HexRays	反编译 C 应用程序。是用于 IDA Pro 的插件
反编译器	DeDe	反编译 Delphi 应用程序
反编译器	dotPeek	来自 JetBrains 的.NET 反编译器

最佳实践:
调试、反汇编和反编译其他人的软件可能违反其许可协议，在许多司法管辖区是非法的。不应试图用技术解决方案来保护知识产权，法律有时是唯一的求助对象。

7.5　为 NuGet 分发打包自己的库

在学习如何创建和打包自己的库之前，下面先回顾一下项目如何使用现有的包。

7.5.1　引用 NuGet 包

假设要添加第三方开发人员创建的包，如 Newtonsoft.json，这是一个处理 JSON(JavaScript Object Notation)序列化格式的流行包。

(1) 在 AssembliesAndNamespaces 项目中，使用 Visual Studio 2022 的 GUI 或 Visual Studio Code 的 dotnet add package 命令，添加对 NuGet 包 Newtonsoft.json 的引用。

(2) 打开 AssembliesAndNamespaces.csproj 文件，并注意添加了一个包引用，如下所示:

```
<ItemGroup>
  <PackageReference Include="newtonsoft.json" Version="13.0.1" />
</ItemGroup>
```

如果有 newtonsoft.json 包的新版本，那么自编写本章以来它已经更新了。

修复依赖项

为了一致地恢复包并编写可靠的代码，修复依赖项非常重要。修复依赖项意味着使用为特定.NET 版本发布的同一系列包(如.NET 7.0 的 SQLite)。

```xml
<Project Sdk="Microsoft.NET.Sdk">

  <PropertyGroup>
    <OutputType>Exe</OutputType>
    <TargetFramework>net7.0</TargetFramework>
    <Nullable>enable</Nullable>
    <ImplicitUsings>enable</ImplicitUsings>
  </PropertyGroup>

  <ItemGroup>
    <PackageReference
      Include="Microsoft.EntityFrameworkCore.Sqlite"
      Version="7.0.0" />
  </ItemGroup>

</Project>
```

为修复依赖项，每个包都应该有一个没有附加限定符的单一版本。可使用的限定符包括 beta1、rc4 和通配符*。通配符允许自动引用和使用未来的版本，因为它们总是代表最新的版本。但使用通配符通常较危险，因为可能导致使用将来不兼容的包，从而破坏代码。

在写一本每月都会发布新预览版本的图书时，这种冒险是值得的，你并不想像我在 2022 年那样不断地更新包引用，如下所示:

```xml
<PackageReference
  Include="Microsoft.EntityFrameworkCore.Sqlite"
  Version="7.0.0-preview.*" />
```

如果使用 dotnet add package 命令，或 Visual Studio 的 Manage NuGet Packages，就将默认使用包的最新特定版本。但是，如果从博客文章中复制并粘贴配置，或者自己手动添加引用，可能就会包含通配符限定符。

下列依赖项是 NuGet 包引用的示例，没有修复，应避免，除非你知道其含义:

```xml
<PackageReference Include="System.Net.Http" Version="4.1.0-*" />
<PackageReference Include="Newtonsoft.Json" Version="13.0.2-beta1" />
```

最佳实践:

微软保证，如果将依赖项修复到某个特定的.NET 版本(如.NET 6.0)，那么这些包将一起工作。你应该总是修复依赖项。

7.5.2　为 NuGet 打包库

接下来打包前面创建的 SharedLibrary 项目。

(1) 在 SharedLibrary 项目中，将 class1.cs 文件重命名为 StringExtensions.cs。

(2) 修改其中的内容，提供一些有用的扩展方法，从而使用正则表达式验证各种文本值，记住，我们的目标框架是.NET Standard 2.0，默认编译器为 C# 8.0，因此我们对名称空间等使用较旧的语法，如下所示：

```csharp
using System.Text.RegularExpressions;

namespace Packt.Shared
{
  public static class StringExtensions
  {
    public static bool IsValidXmlTag(this string input)
    {
      return Regex.IsMatch(input,
      @"^<([a-z]+)([^<]+)*(?:>(.*)<\/\1>|\s+\/>)$");
    }

    public static bool IsValidPassword(this string input)
    {
      // minimum of eight valid characters
      return Regex.IsMatch(input, "^[a-zA-Z0-9_-]{8,}$");
    }

    public static bool IsValidHex(this string input)
    {
      // three or six valid hex number characters
      return Regex.IsMatch(input,
        "^#?([a-fA-F0-9]{3}|[a-fA-F0-9]{6})$");
    }
  }
}
```

更多信息：
第 8 章将介绍如何编写正则表达式。

(3) 在 SharedLibrary.csproj 中，修改其中的内容，注意：

- PackageId 必须是全局唯一的。因此，如果希望将这个 NuGet 包发布到 https://www.nuget.org/ 公共源，以供他人引用和下载，就必须使用另一个不同的值。
- PackageLicenseExpression 必须是来自以下链接的值：https://spdx.org/licenses/，也可以自定义许可。
- 其他所有元素的含义都不言自明。

修改的内容以如下突出显示的代码所示：

```xml
<Project Sdk="Microsoft.NET.Sdk">

  <PropertyGroup>
    <TargetFramework>netstandard2.0</TargetFramework>
    <GeneratePackageOnBuild>true</GeneratePackageOnBuild>
    <PackageId>Packt.CSdotnet.SharedLibrary</PackageId>
    <PackageVersion>7.0.0.0</PackageVersion>
    <Title>C# 11 and .NET 7 Shared Library</Title>
```

```
    <Authors>Mark J Price</Authors>
    <PackageLicenseExpression>
      MS-PL
    </PackageLicenseExpression>
    <PackageProjectUrl>
      https://github.com/markjprice/cs11dotnet7
    </PackageProjectUrl>
    <PackageIcon>packt-csdotnet-sharedlibrary.png</PackageIcon>
    <PackageRequireLicenseAcceptance>true</
PackageRequireLicenseAcceptance>
    <PackageReleaseNotes>
      Example shared library packaged for NuGet.
    </PackageReleaseNotes>
    <Description>
      Three extension methods to validate a string value.
    </Description>
    <Copyright>
      Copyright © 2016-2022 Packt Publishing Limited
    </Copyright>
    <PackageTags>string extensions packt csharp dotnet</
PackageTags>
    </PropertyGroup>

    <ItemGroup>
      <None Include="packt-csdotnet-sharedlibrary.png">
        <Pack>True</Pack>
        <PackagePath></PackagePath>
      </None>
    </ItemGroup>

</Project>
```

> **最佳实践：**
> 值为 true 或 false 的配置属性值不能有任何空白，因此<PackageRequire LicenseAcceptance>条目不能有回车符和缩进，如前面的代码所示。

(4) 从以下链接下载图标文件，并将它们保存在 SharedLibrary 文件夹中：https://github.com/ markjprice/cs11dotnet7/blob/main/vs4win/Chapter07/SharedLibrary/packtcsdotnet-sharedlibrary.png。

(5) 构建发布程序集：

- 在 Visual Studio 2022 中，在工具栏中选择 Release，然后导航到 Build | Build SharedLibrary。
- 在 Visual Studio Code 的 Terminal 中，输入 dotnet build -c Release。

如果没有在项目文件中设置<GeneratePackageOnBuild>为 true，就必须使用以下额外步骤手动创建一个 NuGet 包：

- 在 Visual Studio 2022 中，导航到 Build | Pack SharedLibrary。
- 在 Visual Studio Code 的 Terminal 中，输入 dotnet pack -c Release。

1. 将包发布到公共的 NuGet 源

如果想让每个人都能下载和使用自己的 NuGet 包，就必须把它上传到一个像微软一样的公共 NuGet 源。

(1) 启动自己喜欢的浏览器，并导航到以下链接：https://www.nuget.org/packages/manage/upload。

(2) 如果想上传 NuGet 包，供其他开发者引用为依赖包，就需要登录微软账户：https://www.nuget.org/。

(3) 单击 Browse... 并选择通过生成 NuGet 包创建的 .nupkg 文件。文件夹路径应该是 cs11dotnet7\Chapter07\SharedLibrary\bin\Release，文件名为 Packt.CSdotnet.SharedLibrary.7.0.0.nupkg。

(4) 验证你在 SharedLibrary.csproj 文件中已正确填写的信息，然后单击 Submit 按钮。

(5) 等待几秒后，你将看到一条消息，显示 NuGet 包已上传，如图 7.7 所示。

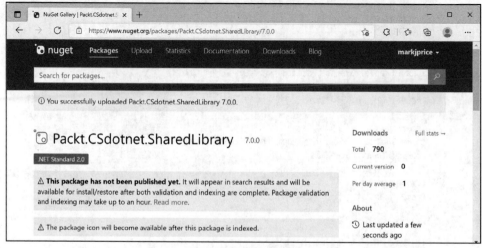

图 7.7　NuGet 包的上传消息

最佳实践：
如果出现错误，就查找项目文件中的错误，或者通过链接 https://docs.microsoft.com/en-us/nuget/reference/msbuild-targets 阅读关于 PackageReference 格式的更多信息。

(6) 单击 Frameworks 选项卡，注意因为目标框架为 .NET Standard 2.0，所以我们的类库可用于每个 .NET 平台，如图 7.8 所示。

2. 将包发布到私有的 NuGet 源

组织可以托管自己的私有 NuGet 源。对于许多开发团队来说，这是一种共享工作的便利方式。欲知详情，请访问链接 https://docs.microsoft.com/en-us/nuget/hosting-packages/overview。

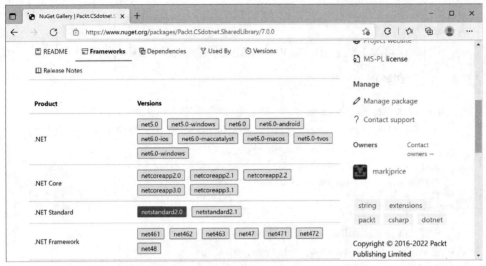

图 7.8　.NET Standard 2.0 类库 NuGet 包可用于所有.NET 平台

7.5.3　使用工具探索 NuGet 包

Uno Platform 创建了一个名为 NuGet Package Explorer 的方便工具,用于打开和查看 NuGet 包的更多细节。除了作为一个网站,它还可作为一个跨平台的应用程序来安装。下面看看它的功能:

(1) 打开自己喜欢的浏览器,并导航到链接 https://nuget.info。

(2) 在搜索框中输入 Packt.CSdotnet.SharedLibrary。

(3) 选择由 Mark J Price 发布的包 v7.0.0,然后单击 Open 按钮。

(4) 在 Contents 部分,展开 lib 文件夹和 netstandard2.0 文件夹。

(5) 选择 SharedLibrary.dll,并注意细节,如图 7.9 所示。

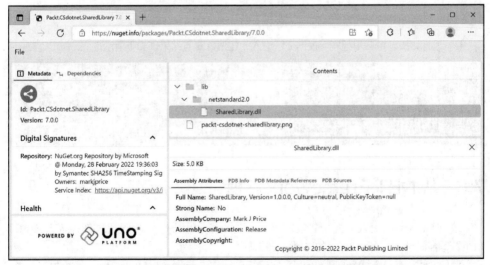

图 7.9　使用 Uno Platform 的 NuGet Package Explorer 探索 NuGet 包

(6) 如果希望将来在本地使用此工具，请单击浏览器中的安装按钮。

(7) 关闭浏览器。

并不是所有浏览器都支持这样安装 Web 应用程序。推荐使用 Chrome 进行测试和开发。

7.5.4 测试类库包

下面在 AssembliesAndNamespaces 项目中引用已经上传的包，从而测试这个包。

(1) 在 AssembliesAndNamespaces 项目中，添加对包的引用，如下面突出显示的代码所示：

```xml
<ItemGroup>
  <PackageReference Include="newtonsoft.json" Version="13.0.1" />
  <PackageReference Include="packt.csdotnet.sharedlibrary"
    Version="7.0.0" />
</ItemGroup>
```

(2) 构建 AssembliesAndNamespaces 控制台应用程序。

(3) 在 Program.cs 文件中，导入 Packt.Shared 名称空间。

(4) 在 Program.cs 文件中，提示用户输入一些字符串值，然后使用包中的扩展方法验证它们，如下面的代码所示：

```csharp
Write("Enter a color value in hex: ");
string? hex = ReadLine(); // or "00ffc8"
WriteLine("Is {0} a valid color value? {1}",
  arg0: hex, arg1: hex.IsValidHex());

Write("Enter a XML element: ");
string? xmlTag = ReadLine(); // or "<h1 class=\"<\" />"
WriteLine("Is {0} a valid XML element? {1}",
    arg0: xmlTag, arg1: xmlTag.IsValidXmlTag());

Write("Enter a password: ");
string? password = ReadLine(); // or "secretsauce"
WriteLine("Is {0} a valid password? {1}",
  arg0: password, arg1: password.IsValidPassword());
```

(5) 运行该控制台应用程序，根据提示输入一些值，查看结果，如下所示：

```
Enter a color value in hex: 00ffc8
Is 00ffc8 a valid color value? True
Enter an XML element: <h1 class="<" />
Is <h1 class="<" /> a valid XML element? False
Enter a password: secretsauce
Is secretsauce a valid password? True
```

7.6 从.NET Framework 移植到现代.NET

.NET Framework 开发人员可能需要考虑是否将一些应用程序移植到现代.NET。你应该考虑移植是否适合代码，因为有时最好的选择不是移植。

例如，假定有一个复杂的网站项目，它运行在.NET Framework 4.8 上，但只有少数用户访问它。如果它能在最少的硬件上处理访问流量，那么花几个月的时间将它移植到现代.NET 平台可能就是浪费时间。但是，假定另一个网站目前需要许多昂贵的 Windows 服务器，那么如果能够迁移到更少、更便宜的 Linux 服务器，那么移植的成本最终会得到回报。

7.6.1　能移植吗

现代.NET 对 Windows、macOS 和 Linux 上的下列应用程序类型提供了强大的支持，所以它们是用于移植的潜在选项：

- ASP.NET Core 网站，包括 Razor Pages 和 MVC。
- ASP.NET Core Web 服务(REST/HTTP)，包括 Web APIs、Minimal APIs 和 OData。
- ASP.NET Core-hosted 服务，包括 gRPC、GraphQL 和 SignalR。
- Console App 命令行接口。

现代.NET 对 Windows 上的下列应用程序类型提供了强大的支持，所以它们是用于移植的潜在选项：

- Windows Forms 应用程序。
- Windows Presentation Foundation (WPF) 应用程序。

现代.NET 在跨平台桌面和移动设备上对以下类型的应用程序提供了很好的支持：

- 用于移动 iOS 和 Android 的 Xamarin 应用程序。
- .NET MAUI 适用于桌面 Windows 和 macOS，或移动 iOS 和 Android。

现代.NET 不支持以下类型的微软项目：

- ASP.NET Web Forms 网站。使用 ASP.NET Core Razor Pages 或 Blazor 重新实现这些项目可能最好。
- Windows Communication Foundation(WCF)服务(但是有一个叫作 CoreWCF 的开源项目，可以根据需要使用它)。使用 ASP.NET Core gRPC 重新实现 WCF 服务可能会更好。
- Silverlight 应用程序。使用.NET MAUI 重新实现这些项目可能最好。

Silverlight 和 ASP.NET Web Forms 应用程序永远不可能移植到现代.NET 平台，但是现有的 Windows Forms 和 WPF 应用程序可以移植到 Windows 上的.NET，以便从新的 API 和更高的性能中获益。

目前.NET Framework 上的 ASP.NET MVC Web 应用程序和 ASP.NET Web API Web 服务可以被移植到现代.NET 平台上，然后托管在 Windows、Linux 或 macOS 上。

7.6.2　应该移植吗

即使可以移植，就应该移植吗？能得到什么好处呢？一些常见的好处如下。

- 部署到 Linux、Docker 或 Kubernetes 的网站和 Web 服务：作为网站和 Web 服务平台，这些操作系统是轻量级的、性价比较高，特别是与 Windows Server 相比。
- 取消对 IIS 和 System.Web.dll 的依赖：即使继续部署到 Windows 服务器，ASP.NET Core 也可以托管在轻量级、高性能的 Kestrel 或其他 Web 服务器上。
- 命令行工具：这是开发人员和管理员用于自动执行任务的工具，通常作为控制台应用程序构建。命令行工具运行单一跨平台工具的功能非常有用。

7.6.3 .NET Framework 和现代.NET 的区别

它们之间有 3 个主要的区别，如表 7.12 所示。

表 7.12 .NET Framework 和现代.NET 之间的区别

现代.NET	.NET Framework
以 NuGet 包的形式分发，这样每个应用程序都可以使用自己需要的.NET 版本的本地应用程序的副本进行部署	作为系统范围内的一组共享程序集在 GAC(Global Assembly Cache)中进行分发
拆分成小的、分层的组件，因此可以执行最小部署	单一的整体部署
删除旧技术，如 ASP.NET Web Forms 和非跨平台特性(如 AppDomains、.NET Remoting 和二进制序列化)	除现代.NET 中的技术(如 ASP.NET Core MVC)外，还保留了一些较老的技术，如 ASP.NET Web Forms

7.6.4 .NET 可移植性分析器

微软提供了一个十分有用的工具，可以在现有的应用程序中运行该工具，以生成用于移植的报告。有关这个工具的演示可访问链接 https://learn.microsoft.com/en-us/shows/seth-juarez/brief-look-net-portability-analyzer。

7.6.5 .NET 升级助手

微软将旧项目升级到现代.NET 的最新工具是.NET 升级助手(.NET Upgrade Assistant)。

我日常在一家名为 Optimizely 的公司工作。我们有一个企业规模的基于.NET 的数字体验平台(Digital Experience Platform，DXP)，该平台包含一个内容管理系统(Content Management System，CMS)和一个数字商务平台。微软需要一个具有挑战性的迁移项目来设计和测试.NET 升级助手，所以与我们公司共同构建了一个强大的工具。

目前，.NET 升级助手支持以下.NET Framework 项目类型，稍后将添加更多项目类型：

- ASP.NET MVC
- Windows Forms
- WPF
- Console Application
- Class Library

.NET 升级助手作为全局 dotnet 工具被安装，命令如下所示：

```
dotnet tool install -g upgrade-assistant
```

可通过以下链接阅读更多关于该工具及其用法的信息：

https://docs.microsoft.com/en-us/dotnet/core/porting/upgrade-assistant-overview

7.6.6 使用非.NET Standard 类库

大多数现有的 NuGet 包都可以与现代.NET 一起使用，即使它们不是为.NET Standard 或现代版本(如.NET 7)编译的。如果有一个包不正式支持.NET Standard(如 Web 包 nuget.org)，那么不应立即就放弃，而应该先看看这个包是否有效。

例如，有一个自定义集合的包，可处理 Dialect Software LLC 创建的矩阵，相关内容详见以下链接：https://www.nuget.org/packages/DialectSoftware.Collections.Matrix/。

这个包最后一次更新是在2013年，那时.NET Core 和.NET 7还没有问世，所以这个包是为.NET Framework 构建的。这样的程序集包只要使用.NET Standard 中的可用 API，就可以在现代.NET 项目中使用。

下面试着使用这个包，看看是否有效。

(1) 在 AssembliesAndNamespaces 项目中，为 Dialect Software 的包添加一个包引用，如下所示：

```
<PackageReference
  Include="dialectsoftware.collections.matrix"
  Version="1.0.0" />
```

(2) 构建 AssembliesAndNamespaces 项目以恢复包。

(3) 在 Program.cs 文件中添加语句，导入 DialectSoftware.Collections 和 DialectSoftware. Collections.Generics 名称空间。

(4) 添加语句，创建 Axis 和 Matrix<T>的实例，用值填充它们并输出，代码如下所示：

```
Axis x = new("x", 0, 10, 1);
Axis y = new("y", 0, 4, 1);
Matrix<long> matrix = new(new[] { x, y });

for (int i = 0; i < matrix.Axes[0].Points.Length; i++)
{
  matrix.Axes[0].Points[i].Label = "x" + i.ToString();
}

for (int i = 0; i < matrix.Axes[1].Points.Length; i++)
{
  matrix.Axes[1].Points[i].Label = "y" + i.ToString();
}

foreach (long[] c in matrix)
{
  matrix[c] = c[0] + c[1];
}
foreach (long[] c in matrix)
{
  WriteLine("{0},{1} ({2},{3}) = {4}",
    matrix.Axes[0].Points[c[0]].Label,
    matrix.Axes[1].Points[c[1]].Label,
    c[0], c[1], matrix[c]);
}
```

(5) 运行代码并查看输出，注意发出的警告消息：

```
warning NU1701: Package 'DialectSoftware.Collections.Matrix
1.0.0' was restored using '.NETFramework,Version=v4.6.1,
.NETFramework,Version=v4.6.2, .NETFramework,Version=v4.7,
.NETFramework,Version=v4.7.1, .NETFramework,Version=v4.7.2,
.NETFramework,Version=v4.8' instead of the project target framework
'net7.0'. This package may not be fully compatible with your project.
x0,y0 (0,0) = 0
```

```
x0,y1 (0,1) = 1
x0,y2 (0,2) = 2
x0,y3 (0,3) = 3
...
```

即使这个包是在现代.NET 问世前创建的，编译器和运行时也无法知道它是否能工作，因此会显示警告消息。这个包虽然只调用与.NET Standard 兼容的 API，但确实有效。

7.7 使用预览特性

对于微软来说，交付一些能在.NET 的许多部分(如运行时、语言编译器和 API 库)都会产生交叉影响的新特性是一个挑战。这是典型的先有鸡还是先有蛋的问题。你首先要做什么?

从实用的角度看，这意味着尽管微软可能已经完成了一个特性所需的大部分工作，但整个事情可能要到他们每年发布.NET 版本时才会准备好，而这对于早期测试已经太晚了。

因此，从.NET 6 开始，微软已在 GA 版本中包含预览特性。开发人员可以选用这些预览特性，并向微软提供反馈。在后续的 GA 版本中，所有人都可以使用这些预览特性。

> **更多信息:**
>
> 要注意的是，本主题是关于预览特性的。这与.NET 预览版本或 Visual Studio 2022 预览版本不同。微软发布了 Visual Studio 和.NET 的预览版本，同时开发它们以获得开发人员的反馈，然后进行最终的 GA 发布。在 GA，每个人都可以使用该特性。在 GA 之前，获得新特性的唯一方法是安装预览版本。预览特性则不同，因为它们与 GA 版本一起安装，并且对它们的使用必须是可选的。

例如，微软在 2022 年 2 月发布.NET SDK 6.0.200 时，它将 C# 11 编译器作为预览特性。这意味着.NET 6 开发人员可以选择将语言版本设置为 preview，然后开始探索 C# 11 的功能，如原始字符串字面值和 required 关键字。

> **最佳实践:**
>
> 在生产代码中不支持预览特性。在最终版本发布之前，预览特性可能会有重大变化。使用预览特性的风险由你自己承担。

7.7.1 需要预览特性

[RequiresPreviewFeatures]属性用于指示使用预览特性的相关警告的程序集、类型或成员。然后代码分析器会扫描该程序集，并在需要时生成警告。如果代码没有使用任何预览特性，就不会看到任何警告。如果使用了任何预览特性，那么代码应该警告代码使用者使用了预览特性。

7.7.2 使用预览特性

在项目文件中，添加一个元素以启用预览特性，添加另一个元素以启用预览语言特性，如下面突出显示的代码所示:

```
<Project Sdk="Microsoft.NET.Sdk">

  <PropertyGroup>
    <OutputType>Exe</OutputType>
    <TargetFramework>net7.0</TargetFramework>
    <Nullable>enable</Nullable>
    <ImplicitUsings>enable</ImplicitUsings>
    <EnablePreviewFeatures>true</EnablePreviewFeatures>
    <LangVersion>preview</LangVersion>
  </PropertyGroup>

</Project>
```

7.8 实践和探索

你可以通过回答一些问题来测试自己对知识的理解程度，进行一些实践，并深入探索本章涵盖的主题。

7.8.1 练习 7.1: 测试你掌握的知识

回答以下问题:

(1) 名称空间和程序集之间有什么区别?

(2) 如何在.csproj 文件中引用另一个项目?

(3) 使用 ILSpy 这样的工具有什么好处?

(4) C#中的别名 float 代表哪种.NET 类型?

(5) 在将应用程序从.NET Framework 移植到现代.NET 前，应该使用什么工具?

(6) .NET 应用程序的框架依赖部署和自包含部署之间的区别是什么?

(7) 什么是 RID?

(8) dotnet pack 和 dotnet publish 命令之间有什么区别?

(9) 为.NET Framework 编写的哪些类型的应用程序可以移植到现代.NET?

(10) 可以使用现代.NET 编写用于.NET Framework 的包吗?

7.8.2 练习 7.2: 探索主题

可通过以下链接阅读本章所涉及主题的详细内容: https://github.com/markjprice/cs11dotnet7/blob/main/book-links.md#chapter-7---packaging-and-distributing-net-types。

7.8.3 练习 7.3: 探索 PowerShell

PowerShell 是微软的脚本语言，在任何操作系统上都可以使用它自动执行任务。微软推荐使用带有 PowerShell 扩展的 Visual Studio Code 编写 PowerShell 脚本。

由于 PowerShell 本身是一门宽泛的语言，因此本书没有介绍它。但我在本书的 GitHub 库中创建了一些补充页面，介绍了一些关键概念并展示了一些示例，相关链接为 https://github.com/markjprice/cs11dotnet7/tree/main/docs/powershell。

7.9 本章小结

本章主要内容：

- 回顾.NET 提供的 Base Class Library 功能以及.NET 7 的发展历程。
- 探索程序集和名称空间之间的关系。
- 学习为了教育目的如何反编译.NET 程序集。
- 介绍发布应用程序以分发到多个操作系统的选项。
- 介绍打包和分发类库的选项。
- 学习如何使用预览特性。

第 8 章将介绍一些现代.NET 中包含的通用 Base Class Library 类型。

第8章

使用常见的.NET 类型

本章介绍.NET 中包含的一些常见的.NET 类型，其中包括用于处理数字、文本、集合的类型，以及用于改进 Span、索引、范围和网络访问的类型。

本章涵盖以下主题：
- 处理数字
- 处理文本
- 模式匹配与正则表达式
- 在集合中存储多个对象
- 使用 Span、索引和范围
- 利用网络资源

8.1 处理数字

常见的数据类型之一是数字。.NET 中用于处理数字的最常见类型如表 8.1 所示。

表 8.1　.NET 中用于处理数字的最常见类型

名称空间	示例类型	描述
System	SByte、Int16、Int32、Int64	整数，也就是 0 和正负整数
System	Byte、UInt16、UInt32、UInt64	基数，也就是 0 和正整数
System	Half、Single、Double	实数，也就是浮点数
System	Decimal	精确实数，用于科学、工程或金融场景
System.Numerics	BigInteger、Complex、Quaternion	任意大的整数、复数和四元数

自.NET Framework 1.0 发布以来，.NET 已经拥有 32 位的 float 类型和 64 位的 double 类型。IEEE 754 规范定义了一种 16 位的浮点标准，由于机器学习和其他算法都能受益于这种更小、精度更低的数字类型，因此微软为.NET 5 和后续版本添加了 System.Half 类型。

目前，C#语言还没有定义 half 别名，所以我们仍必须使用.NET 类型名 System.Half。这在未来可能会改变。

8.1.1 处理大的整数

在.NET 类型中，使用 C#别名所能存储的最大整数大约是 18.5 亿，可存储在无符号的 ulong 变量中。但是，如果需要存储比这更大的数字，该怎么办呢？

下面探讨如何处理数字：

(1) 使用自己喜欢的代码编辑器创建新项目，其定义如下所示。

- 项目模板：Console App/console
- 项目文件和文件夹：WorkingWithNumbers
- 工作区/解决方案文件和文件夹：Chapter08

(2) 在项目文件中，添加一个元素以静态和全局地导入 System.Console 类。

(3) 在 Program.cs 文件中，删除现有语句，并添加语句以导入 System.Numerics，代码如下所示：

```
using System.Numerics;
```

(4) 添加语句，输出 ulong 类型所能存储的最大值并使用 BigInteger 输出一个有 30 位的数字，如下所示：

```
WriteLine("Working with large integers:");
WriteLine("--------------------------------");

ulong big = ulong.MaxValue;
WriteLine($"{big,40:N0}");

BigInteger bigger =
    BigInteger.Parse("1234567890123456789012345678901234567890");
WriteLine($"{bigger,40:N0}");
```

更多信息：
以上格式代码中的 40 表示右对齐 40 个字符，因此两个数字都对齐到右边缘。N0 表示使用千位分隔符但不使用小数位。

(5) 运行代码并查看结果，输出如下所示：

```
Working with large integers:
----------------------------------------
                 18,446,744,073,709,551,615
 123,456,789,012,345,678,901,234,567,890
```

8.1.2 处理复数

复数可以表示为 $a + bi$，其中 a 和 b 为实数，i 为虚数单位，其中 $i^2 = -1$。如果实部是 0，它就是纯虚数；如果虚部是 0，它就是实数。

复数在科学、技术、工程和数学领域有实际应用。另外，复数在相加时，实部和虚部要分别相加，如下所示：

```
(a + bi) + (c + di) = (a + c) + (b + d)i
```

下面来看看复数的应用。

(1) 在 Program.cs 文件中，添加如下语句，将两个复数相加：

```
WriteLine("Working with complex numbers:");

Complex c1 = new(real: 4, imaginary: 2);
Complex c2 = new(real: 3, imaginary: 7);
Complex c3 = c1 + c2;

// output using default ToString implementation
WriteLine($"{c1} added to {c2} is {c3}");

// output using custom format
WriteLine("{0} + {1}i added to {2} + {3}i is {4} + {5}i",
    c1.Real, c1.Imaginary,
    c2.Real, c2.Imaginary,
    c3.Real, c3.Imaginary);
```

(2) 运行代码并查看结果，输出如下所示：

```
Working with complex numbers:
(4, 2) added to (3, 7) is (7, 9)
4 + 2i added to 3 + 7i is 7 + 9i
```

8.1.3 理解四元数

四元数是一种扩展复数的数字系统。它们构成实数上的四维结合赋范除法代数，因此也是一个定义域。

别担心，我们不打算用它们来编写任何代码！可以说，它们擅长描述空间旋转，所以电子游戏引擎使用它们，许多计算机模拟和飞行控制系统也使用它们。

8.1.4 为游戏和类似应用程序生成随机数

在游戏等不需要真正随机数的场景中，可以创建 Random 类的实例，代码示例如下所示：

```
Random r = new();
```

Random 类有一个带参数的构造函数，这个参数指定了用于初始化伪随机数生成器的种子值，代码如下所示：

```
Random r = new(Seed: 46378);
```

如第 2 章所述，参数名应该使用驼峰大小写风格。为 Random 类定义构造函数的开发人员打破了这种惯例！参数名应该是 seed 而不是 Seed。

最佳实践：
共享的种子值可充当密钥，因此，如果在两个应用程序中使用具有相同种子值的相同随机数生成算法，那么它们可以生成相同的"随机"数字序列。有时这是必要的，例如，当同步 GPS 接收器与卫星时，或者当游戏需要随机生成相同的关卡时。但通常情况下，种子值应该保密。

为了避免分配更多的内存，.NET 6 中引入了一个 Random 共享静态实例，代码如下所示：

```
Random r = Random.Shared;
```

一旦有了 Random 对象，就可以调用 Random 对象的方法生成随机数，代码示例如下所示：

```
// minValue is an inclusive lower bound i.e. 1 is a possible value
// maxValue is an exclusive upper bound i.e. 7 is not a possible value
int dieRoll = r.Next(minValue: 1, maxValue: 7); // returns 1 to 6

double randomReal = r.NextDouble(); // returns 0.0 to less than 1.0

byte[] arrayOfBytes = new byte[256];
r.NextBytes(arrayOfBytes); // 256 random bytes in an arruy
```

Next 方法接收两个参数：minValue 和 maxValue。但现在，maxValue 不是方法返回的最大值，而是唯一的上界，这意味着 maxValue 比最大值大 1。以类似的方式，NextDouble 方法返回的值大于或等于 0.0，小于 1.0。NextBytes 使用随机字节(0~255)值填充任意大小的数组。

> **更多信息：**
> 在真正需要随机数的场景(如密码学)中，有专门可用的类型，如 RandomNumberGenerator。
> 本书的配套书 *Apps and Services with .NET 7* 中就介绍了这种加密类型和其他加密类型。

8.2 处理文本

另一种常见的数据类型是文本。.NET 中用于处理文本的最常见类型如表 8.2 所示。

表 8.2 用于处理文本的最常见类型

名称空间	类型	说明
System	Char	用于存储单个文本字符
System	String	用于存储多个文本字符
System.Text	StringBuilder	用于有效地处理字符串
System.Text.RegularExpressions	Regex	用于有效地模式匹配字符串

8.2.1 获取字符串的长度

下面研究一下处理文本时的一些常见任务。例如，有时需要确定存储在字符串变量中的一段文本的长度。

(1) 使用自己喜欢的代码编辑器在 Chapter08 解决方案/工作区中添加一个新的 Console App/console 项目，命名为 WorkingWithText：

- 在 Visual Studio 中，将解决方案的启动项目设置为当前选项。
- 在 Visual Studio Code 中，选择 WorkingWithText 作为活动的 OmniSharp 项目。

(2) 在 WorkingWithText 项目的 Program.cs 文件中，添加语句以定义变量 city，然后将其中存储的城市的名称 London 和长度写入控制台，代码如下所示：

```
string city = "London";
WriteLine($"{city} is {city.Length} characters long.");
```

(3) 运行代码并查看结果，输出如下所示：

```
London is 6 characters long.
```

8.2.2　获取字符串中的字符

string 类在内部使用 char 数组来存储文本。string 类也有索引器，这意味着可以使用数组语法来读取字符串中的字符。数组的下标从 0 开始，所以第三个字符的下标为 2。

(1) 添加语句，写出字符串变量中第一个和第四个位置的字符，如下所示：

```
WriteLine($"First char is {city[0]} and fourth is {city[3]}.");
```

(2) 运行代码并查看结果，输出如下所示：

```
First char is L and fourth is d.
```

8.2.3　拆分字符串

有时，需要用某个字符(如逗号)拆分文本。

(1) 添加语句，定义一个字符串变量，其中包含用逗号分隔的城市名，然后使用 Split 方法并指定将逗号作为分隔符，枚举返回的字符串值数组，代码如下所示：

```
string cities = "Paris,Tehran,Chennai,Sydney,New York,Medellín";

string[] citiesArray = cities.Split(',');

WriteLine($"There are {citiesArray.Length} items in the array:");

foreach (string item in citiesArray)
{
    WriteLine(item);
}
```

(2) 运行代码并查看结果，输出如下所示：

```
There are 6 items in the array:
Paris
Tehran
Chennai
Sydney
New York
Medellín
```

本章后面将学习如何处理更复杂的场景。

8.2.4　获取字符串的一部分

有时，需要获取文本的一部分。IndexOf 方法有 9 个重载版本，它们能返回指定的字符或字符串的索引位置。

Substring 方法有两个重载版本，如下所示。

- Substring(startIndex, length)：返回从 startIndex 索引位置开始并包含后面 length 个字符的子字符串。
- Substring(startIndex)：返回从 startIndex 索引位置开始，直到字符串末尾的所有字符。

下面来看一个简单的例子。

(1) 添加语句，把一个人的英文全名存储在一个字符串变量中，用空格隔开姓氏和名字，确定空格的位置，然后提取姓氏和名字两部分，以便使用不同的顺序重新合并它们，代码如下所示：

```
string fullName = "Alan Shore";

int indexOfTheSpace = fullName.IndexOf(' ');

string firstName = fullName.Substring(
    startIndex: 0, length: indexOfTheSpace);

string lastName = fullName.Substring(
    startIndex: indexOfTheSpace + 1);

WriteLine($"Original: {fullName}");
WriteLine($"Swapped: {lastName}, {firstName}");
```

(2) 运行代码并查看结果，输出如下所示：

```
Original: Alan Shore
Swapped: Shore, Alan
```

如果英文全名的格式不同，如 "LastName, FirstName"，那么代码也将不同。作为自选练习，可试着编写一些语句，将输入 "Shore, Alan" 改成 "Alan Shore"。

8.2.5　检查字符串的内容

有时，需要检查一段文本是否以某些字符开始或结束，或者是否包含某些字符。这可通过 StartsWith、EndsWith 和 Contains 方法来实现。

(1) 添加语句以存储一个字符串，然后检查这个字符串是否以两个不同的字符串开头或包含两个不同的字符串值，代码如下所示：

```
string company = "Microsoft";
bool startsWithM = company.StartsWith("M");
bool containsN = company.Contains("N");
WriteLine($"Text: {company}");
WriteLine($"Starts with M: {startsWithM}, contains an N: {containsN}");
```

(2) 运行代码并查看结果，输出如下所示：

```
Text: Microsoft
Starts with M: True, contains an N: False
```

8.2.6　连接、格式化和其他的字符串成员

还有很多其他的字符串成员，如表 8.3 所示。

表 8.3　其他的字符串成员

字符串成员	描述
Trim、TrimStart 和 TrimEnd	这些方法从字符串变量的开头和/或结尾去除空白字符，如空格、制表符和回车符
ToUpper 和 ToLower	将字符串变量中的所有字符转换成大写或小写形式
Insert 和 Remove	插入或删除字符串变量中的一些文本
Replace	将某些文本替换为其他文本
string.Empty	有了该成员，就不必在每次使用空双引号(" ")表示字符串字面值时分配内存
string.Concat	连接两个字符串变量。在字符串变量之间使用时，与+运算符等效
string.Join	使用变量之间的字符将一个或多个字符串变量连接起来
string.IsNullOrEmpty	检查字符串变量是 null 还是空白
string.IsNullOrWhitespace	检查字符串变量是 null 还是空白；也就是说，可混合任意数量的水平和垂直间距字符，如制表符、空格、回车符、换行符等
string.Format	用来替代字符串插值的方法，可以输出格式化的字符串值，使用的是定位参数而不是命名参数

更多信息：

在表 8.3 中，前面的一些方法是静态方法。这意味着只能为类型调用这些方法，而不能为变量实例调用它们。在表 8.3 中，可通过在静态方法的前面加上 string.前缀来表示它们，如 string.Format。

下面探讨这些方法。

(1) 添加语句，获取一个字符串数组，然后使用 Join 方法将其中的字符串组合成一个带分隔符的字符串变量，代码如下所示：

```
string recombined = string.Join(" => ", citiesArray);
WriteLine(recombined);
```

(2) 运行代码，并查看结果，输出如下所示：

```
Paris => Tehran => Chennai => Sydney => New York => Medellín
```

(3) 添加语句，使用定位参数和内插字符串格式语法，两次输出相同的三个变量，如下所示：

```
string fruit = "Apples";
decimal price = 0.39M;
DateTime when = DateTime.Today;

WriteLine($"Interpolated: {fruit} cost {price:C} on {when:dddd}.");
WriteLine(string.Format("string.Format: {0} cost {1:C} on {2:dddd}.",
    arg0: fruit, arg1: price, arg2: when));
```

(4) 再次运行代码并查看结果，输出如下所示：

```
Interpolated: Apples cost £0.39 on Thursday.
string.Format: Apples cost £0.39 on Thursday.
```

注意，我们可以简化第二条语句，因为 Console.WriteLine 支持与 string.Format 相同的格式代码，如下面的代码所示：

```
WriteLine("WriteLine: {0} cost {1:C} on {2:dddd}.",
    arg0: fruit, arg1: price, arg2: when);
```

8.2.7　高效地连接字符串

可以连接两个字符串，方法是使用 String.Concat 方法或+运算符。但是效果不好，因为.NET 必须在内存中创建一个全新的字符串变量。

如果只是添加两个字符串，你可能不会注意到这一点，但是如果要在一个循环中进行多次迭代，那么对性能和内存的使用就可能产生显著的负面影响。使用 StringBuilder 类型可以更有效地连接字符串变量，通过以下链接可详细了解相关内容：

https://docs.microsoft.com/en-us/dotnet/api/system.text.stringbuilder#examples

8.3　模式匹配与正则表达式

正则表达式对于验证来自用户的输入非常有用。它们的功能非常强大，而且可以变得非常复杂。几乎所有的编程语言都支持正则表达式，并且都使用一组通用的特殊字符来定义它们。

下面介绍一些有关正则表达式的示例。

(1) 使用自己喜欢的代码编辑器在 Chapter08 解决方案/工作区中添加一个新的 Console App/console 项目，命名为 WorkingWithRegularExpressions。

在 Visual Studio Code 中，选择 WorkingWithRegularExpressions 作为活动的 OmniSharp 项目。

(2) 在 Program.cs 文件中，删除现有语句并导入以下名称空间：

```
using System.Text.RegularExpressions; // Regex
```

8.3.1　检查作为文本输入的数字

下面介绍一些验证数字输入的常见示例。

(1) 在 Program.cs 文件中，添加语句以提示用户输入他们的年龄，然后使用查找数字字符的正则表达式检查输入是否有效，如下所示：

```
Write("Enter your age: ");
string input = ReadLine()!; // null-forgiving

Regex ageChecker = new(@"\d");

if (ageChecker.IsMatch(input))
{
    WriteLine("Thank you!");
}
else
{
    WriteLine($"This is not a valid age: {input}");
}
```

注意代码中的如下事项：

- @字符关闭了在字符串中使用转义字符的功能。转义字符以反斜杠作为前缀。例如，\t 表示制表符，\n 表示换行。在编写正则表达式时，需要禁用这个功能。
- 在使用@禁用转义字符后，就可以用正则表达式解释它们。例如，\d 表示数字。稍后我们将学习更多以反斜杠为前缀的正则表达式。

(2) 运行代码，为年龄输入整数(如 34)并查看结果，输出如下所示：

```
Enter your age: 34
Thank you!
```

(3) 再次运行代码，输入 carrots 并查看结果，输出如下所示：

```
Enter your age: carrots
This is not a valid age: carrots
```

(4) 再次运行代码，输入 bob30smith 并查看结果，输出如下所示：

```
Enter your age: bob30smith
Thank you!
```

这里使用的正则表达式是\d，它表示一个数字。但是，我们并没有指定在这个数字的前后可以输入什么。这个正则表达式可以用英语描述为"输入任意字符，只要输入至少一个数字字符"。

在正则表达式中，用^符号表示某个输入的开始，用美元$符号表示某个输入的结束。下面使用这些符号来表示在输入的开始和结束之间除了一个数字之外，不期望有其他任何内容。

(5) 将这个正则表达更改为^\d$，代码如下所示：

```
Regex ageChecker = new(@"^\d$");
```

(6) 重新运行代码。现在，应用程序拒绝除了个位数以外的任何数。我们希望输入一个或多个数字，为此，在\d 正则表达式的后面加上+。

(7) 修改这个正则表达式，如下所示：

```
Regex ageChecker = new(@"^\d+$");
```

(8) 再次运行代码，注意这个正则表达式现在只允许任何长度的零或正整数。

8.3.2 改进正则表达式的性能

用于处理正则表达式的.NET 类型在.NET 平台和许多使用正则表达式构建的应用程序中得到了应用。因此，它们对提升性能有很大的影响，但直到现在，它们仍没有受到微软的重视。

.NET 5 及后续版本重写了 System.Text.RegularExpressions 名称空间的内部结构以获得更高的性能。使用 IsMatch 等方法的普通正则表达式的基准测试速度现在快了 5 倍。更妙的是，我们不必更改代码就可以获得这些好处!

在.NET 7 及后续版本中，Regex 类的 IsMatch 方法现在将 ReadOnlyPan<char>的重载版本作为其输入，这提供了更好的性能。

8.3.3 正则表达式的语法

表 8.5 中是一些常见的正则表达式符号。

表8.5 常见的正则表达式符号

符号	含义	符号	含义
^	输入的开始	$	输入的结束
\d	单个数字	\D	单个非数字
\s	空白	\S	非空白
\w	单词字符	\W	非单词字符
[A-Za-z0-9]	字符的范围	\^	^(脱字号)字符
[aeiou]	一组字符	[^aeiou]	不是一组字符
.	任何单个字符	\.	.(点)字符

此外，表 8.6 中是一些常见的正则表达式量词，它们会影响正则表达式中的前一个符号。

表8.6 常见的正则表达式量词

正则表达式量词	含义	正则表达式量词	含义
+	一个或多个	?	一个或没有
{3}	正好 3 个	{3,5}	3 到 5 个
{3,}	至少 3 个	{,3}	最多 3 个

8.3.4 正则表达式示例

表 8.7 中是正则表达式的一些例子，其中还描述了它们的含义。

表8.7 正则表达式的一些例子及含义

正则表达式示例	含义
\d	在输入的某个地方输入一个数字
a	字符 a 在输入的某个地方
Bob	Bob 这个词在输入的某个地方
^Bob	Bob 这个词在输入的开头
Bob$	Bob 这个词在输入的末尾
^\d{2}$	正好两位数字
^[0-9]{2}$	正好两位数字
^[A-Z]{4,}$	仅在 ASCII 字符集中包含至少四个大写英文字母
^[A-Za-z]{4,}$	仅在 ASCII 字符集中包含至少四个英文大写或小写字母
^[A-Z]{2}\d{3}$	ASCII 字符集中包含两个大写英文字母和三个数字
^[A-Za-z\u00c0-\u017e]+$	ASCII 字符集中至少有一个大写或小写英文字母；Unicode 字符集中至少有一个欧洲字母，如下所示：ÀÁÂÃÄÅÆÇÈÉÊËÌÍÎÏÐÑÒÓÔÕÖ×ØÙÚÛÜÝ Þßàáâãäåæçèéêëìíîïðñòóôõö÷øùúûüýþÿŒœŠšŸŽž
^d.g$	首先是字母 d，然后是任何字符，最后是字母 g，这样就可以匹配 dig 和 dog 或 d 和 g 之间的任意单个字符
^d\.g$	首先是字母 d，然后是点(.)字符，最后是字母 g，因而只能匹配 d.g

最佳实践:

使用正则表达式验证用户的输入，相同的正则表达式可以在其他语言(如 JavaScript 和 Python)中重用。

8.3.5　拆分使用逗号分隔的复杂字符串

本章在前面介绍了如何拆分使用逗号分隔的简单字符串。但是,如何拆分下面的影片名称呢?

```
"Monsters, Inc.","I, Tonya","Lock, Stock and Two Smoking Barrels"
```

字符串值在每个影片名称的两边使用了双引号。可以使用这些来确定是否需要根据逗号进行拆分。Split 方法的功能不够强大，因此可以使用正则表达式。

最佳实践:

可通过以下链接在 Stack Overflow 文章中阅读更详细的解释:https://stackoverflow.com/questions/18144431/regex-to-split-a-csv。

为了使字符串值中包含双引号，可以为它们加上反斜杠前缀，或者可以使用 C# 11 中或更高版本中的原始字符串字面值特性。

(1) 添加语句以存储一个使用逗号分隔的复杂字符串，然后使用 Split 方法以一种简单的方式拆分这个字符串，代码如下所示:

```
// C# 1 to 10: Use escaped double-quote characters \"
// string films = "\"Monsters, Inc.\",\"I, Tonya\",\"Lock, Stock and Two
Smoking Barrels\"";

// C# 11 or later: Use """ to start and end a raw string literal
string films = """
"Monsters, Inc.","I, Tonya","Lock, Stock and Two Smoking Barrels"
""";

WriteLine($"Films to split: {films}");

string[] filmsDumb = films.Split(',');

WriteLine("Splitting with string.Split method:");
foreach (string film in filmsDumb)
{
    WriteLine(film);
}
```

(2) 添加语句以定义要拆分的正则表达式，并以一种巧妙的方式写入影片名称，代码如下所示:

```
Regex csv = new(
  "(?:^|,)(?=[^\"]|(\")?)\"?((?(1)[^\"]*|[^,\"]*))\"?(?=,|$)");

MatchCollection filmsSmart = csv.Matches(films);

WriteLine("Splitting with regular expression:");
foreach (Match film in filmsSmart)
{
```

```
    WriteLine(film.Groups[2].Value);
}
```

更多信息：

在后面部分，将介绍如何使用源生成器为正则表达式自动生成 XML 注释，以解释其工作原理。这对于从网站复制的正则表达式非常有用。

(3) 运行代码并查看结果，输出如下所示：

```
Splitting with string.Split method:
"Monsters
  Inc."
"I
  Tonya"
"Lock
  Stock and Two Smoking Barrels"
Splitting with regular expression:
Monsters, Inc.
I, Tonya
Lock, Stock and Two Smoking Barrels
```

8.3.6　激活正则表达式语法着色

如果使用的代码编辑器为 Visual Studio 2022，可能会注意到，在将字符串值传递给 Regex 构造函数时，颜色语法是高亮显示的，如图 8.1 所示。

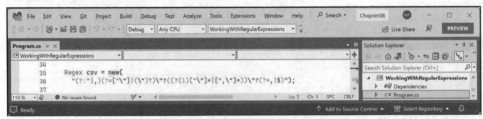

图 8.1　当使用 Regex 构造函数时正则表达式的颜色语法会高亮显示

更多信息：

对纸质书的读者，有必要提醒一下，在纸质书中只能看到上图的灰度图片，所以我们在以下链接，提供了本书所有图片的全彩 PDF 的格式：https://static.packt-cdn.com/downloads/9781803237800_ColorImages.pdf。

为什么这个字符串能得到正则表达式的语法着色，而大部分字符串不能呢？下面解释原因。

(1) 右击 new 构造函数，选择 Go To Implementation。注意，名为 pattern 的字符串参数被名为 StringSyntax 的属性修饰，该属性将字符串常量值 Regex 传递给它，如以下突出显示的代码所示：

```
public Regex([StringSyntax(StringSyntaxAttribute.Regex)] string pattern)
:
  this(pattern, culture: null)
{
}
```

(2) 右击 StringSyntax 属性，选择 Go To Implementation。注意有 12 种可识别的字符串语法格式供选择，你可以选择 Regex，如以下部分代码所示：

```
[AttributeUsage(AttributeTargets.Property | AttributeTargets.Field |
AttributeTargets.Parameter, AllowMultiple = false, Inherited = false)]
public sealed class StringSyntaxAttribute : Attribute
{
    public const string CompositeFormat = "CompositeFormat";
    public const string DateOnlyFormat = "DateOnlyFormat";
    public const string DateTimeFormat = "DateTimeFormat";
    public const string EnumFormat = "EnumFormat";
    public const string GuidFormat = "GuidFormat";
    public const string Json = "Json";
    public const string NumericFormat = "NumericFormat";
    public const string Regex = "Regex";
    public const string TimeOnlyFormat = "TimeOnlyFormat";
    public const string TimeSpanFormat = "TimeSpanFormat";
    public const string Uri = "Uri";
    public const string Xml = "Xml";
    …
}
```

(3) 在 WorkingWithRegularExpressions 项目中，添加一个新的名为 Program.Strings.cs 的类文件并更改其内容以定义两个字符串常量，代码如下所示：

```
partial class Program
{
    const string digitsOnlyText = @"^\d+$";

    const string commaSeparatorText =
      "(?:^|,)(?=[^\"]|(\")?)\"?((?(1)[^\"]*|[^,\"]*))\"?(?=,|$)";
}
```

 更多信息：
这两个字符串常量还没有任何颜色语法高亮显示。

(4) 在 Program.cs 文字中，用纯数字正则表达式的字符串常量替换字面值字符串，如以下突出显示的代码所示：

```
Regex ageChecker = new(digitsOnlyText);
```

(5) 在 Program.cs 文件中，用逗号分隔符正则表达式的字符串常量替换字面值字符串，如以下突出显示的代码所示：

```
Regex csv = new(commaSeparatorText);
```

(6) 运行该控制台应用程序并确认正则表达式的行为与之前相同。

(7) 在 Program.Strings.cs 中，为[StringSyntax]属性导入名称空间，然后用该属性修饰这两个字符串常量，如以下突出显示的代码所示：

```
using System.Diagnostics.CodeAnalysis; // [StringSyntax]
```

```
partial class Program
{
    [StringSyntax(StringSyntaxAttribute.Regex)]
    const string digitsOnlyText = @"^\d+$";
    [StringSyntax(StringSyntaxAttribute.Regex)]
    const string commaSeparatorText =
        "(?:^|,)(?=[^\"]|(\")?)\"?((?(1)[^\"]*|[^,\"]*))\"?(?=,|$)";
}
```

(8) 在 Program.Strings.cs 中，再添加一个用于格式化日期的字符串常量，代码如下所示：

```
[StringSyntax(StringSyntaxAttribute.DateTimeFormat)]
const string fullDateTime = "";
```

(9) 在空字符串中单击，输入字母 d 并注意 IntelliSense，如图 8.2 所示。

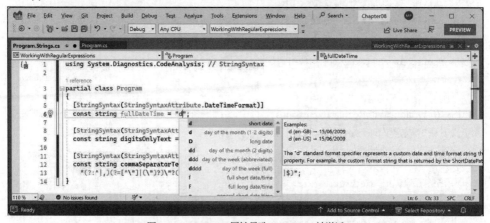

图 8.2　StringSyntax 属性导致 IntelliSense 被激活

(10) 完成输入日期格式，并在输入时注意 IntelliSense：dddd, d MMMM yyyy。

(11) 在 digitsOnlyText 字符串字面值的末尾添加\，并注意 IntelliSense 已帮助你编写好有效的正则表达式，如图 8.3 所示。

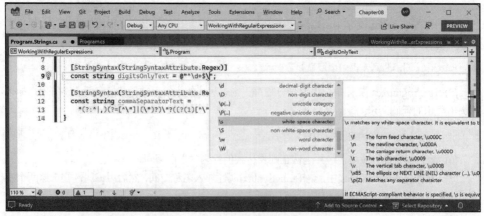

图 8.3　有助于编写正则表达式的 IntelliSense

更多信息：
[StringSyntax]属性是.NET 7 中添加的一个新特性。能否使用该特性取决于你的代码
编辑器能否识别它。.NET 7 库中现在有 350 多个参数、属性和字段用该特性进行装饰。

8.3.7　使用源生成器提高正则表达式的性能

将字符串字面值或字符串常量传递给 Regex 的构造函数时，该类会解析字符串并将其转换为
内部树结构，会以优化的方式来表示表达式，这样正则表达式解释器就可以高效地执行该表达式。

还可以通过指定 RegexOption 来编译正则表达式，代码如下所示：

```
Regex ageChecker = new(digitsOnlyText, RegexOptions.Compiled);
```

遗憾的是，编译正则表达式会产生一个负面影响，即会减慢正则表达式的初始创建速度。在
创建由解释器执行的树结构之后，编译器必须将该树结构转换为 IL 代码，然后 IL 代码需要被 JIT
编译为本机代码。如果仅运行正则表达式几次，则不值得编译它，这就是不将该行为设置为默认
行为的原因。

.NET 7 为正则表达式添加了一个源生成器，可以识别是否用[GeneratedRegx]特性装饰了返回
Regex 的分部方法(partial method)。源生成器生成该方法的实现，该方法实现正则表达式的逻辑。

下面看看源生成器的实际应用。

(1) 在 WorkingWithRegularExpressions 项目中，添加一个名为 Program.Regexs.cs 的新类文件，
更改其内容以定义一些分部方法，代码如下所示：

```
using System.Text.RegularExpressions; // [GeneratedRegex]

partial class Program
{
  [GeneratedRegex(digitsOnlyText, RegexOptions.IgnoreCase)]
  private static partial Regex DigitsOnly();

  [GeneratedRegex(commaSeparatorText, RegexOptions.IgnoreCase)]
  private static partial Regex CommaSeparator();
}
```

(2) 在 Program.cs 文件中，调用返回纯数字正则表达式的分部方法以替换 new 构造函数，如
以下突出显示的代码所示：

```
Regex ageChecker = DigitsOnly();
```

(3) 在 Program.cs 文件中，调用返回逗号分隔符正则表达式的分部方法以替换 new 构造函数，
如以下突出显示的代码所示：

```
Regex csv = CommaSeparator();
```

(4) 将鼠标指针悬停在分部方法上，注意工具提示描述了正则表达式的行为，如图 8.4 所示。

图 8.4 分部方法的工具提示描述了正则表达式

(5) 右击 DigitsOnly 分部方法，选择 Go To Definition，注意可以查看自动生成的分部方法的实现，如图 8.5 所示。

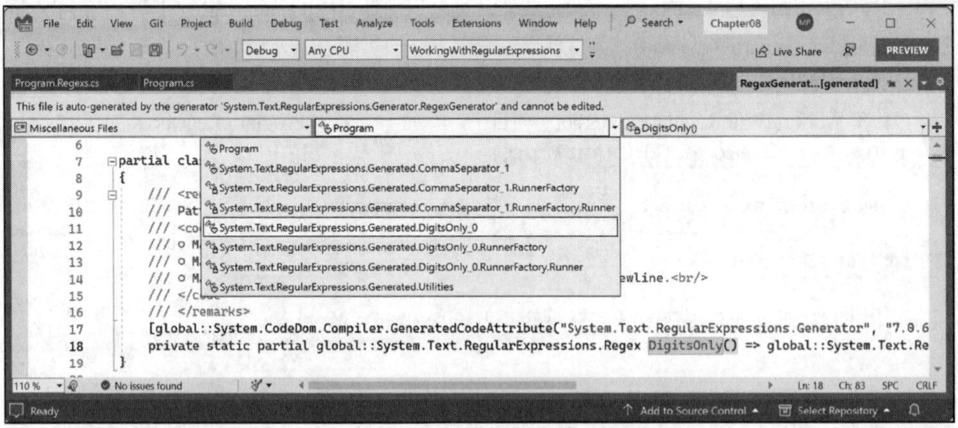

图 8.5 为正则表达式自动生成的源代码

(6) 运行该控制台应用程序并确认其功能与之前一样。

更多信息:
可通过以下链接了解更多有关.NET 7 中对正则表达式改进的信息:
https://devblogs.microsoft.com/dotnet/regular-expression-improvements-in-dotnet-7。

8.4 在集合中存储多个对象

另一种常见的数据类型是集合。如果需要在一个变量中存储多个值，可以使用集合。

集合是内存中的一种数据结构，它能以不同的方式管理多个条目，尽管所有集合都具有一些共享的功能。

.NET 中用于处理集合的常见类型如表 8.8 所示。

表 8.8　用于处理集合的常见类型

名称空间	示例类型	说明
System.Collections	IEnumerable、IEnumerable<T>	集合使用的接口和基类
System.Collections.Generic	List<T>、 Dictionary<T>、 Queue<T>、Stack<T>	在 C# 2.0 和.NET Framework 2.0 中引入。这些集合允许使用泛型类型参数指定要存储的类型(泛型类型参数更安全、更快、更有效)
System.Collections.Concurrent	BlockingCollection、ConcurrentDictionary、ConcurrentQueue	在多线程场景中使用这些集合是安全的
System.Collections.Immutable	ImmutableArray、ImmutableDictionary、ImmutableList、ImmutableQueue	这些类型适用于原始集合的内容永远都不会改变的场景,尽管它们可以把修改后的集合作为新实例创建

8.4.1　所有集合的公共特性

所有集合都实现了 ICollection 接口,这意味着它们必须提供 Count 属性以确定其中有多少个对象,代码如下所示:

```
namespace System.Collections;

public interface ICollection : IEnumerable
{
  int Count { get; }
  bool IsSynchronized { get; }
  object SyncRoot { get; }
  void CopyTo(Array array, int index);
}
```

例如,对于一个名为 passengers 的集合,可以编写如下代码:

```
int howMany = passengers.Count;
```

所有集合都实现了 IEnumerable 接口,这意味着可以使用 foreach 语句迭代它们。它们必须提供 GetEnumerator 方法,以返回一个实现了 IEnumerator 接口的对象;另外,返回的这个对象必须有 MoveNext 方法和 Reset 方法来导航整个集合,还必须有一个包含集合中当前项的 Current 属性,代码如下所示:

```
namespace System.Collections;

public interface IEnumerable
{
  IEnumerator GetEnumerator();
}

public interface IEnumerator
{
  object Current { get; }
  bool MoveNext();
```

```
    void Reset();
}
```

例如，要对 passengers 集合中的每个对象执行一项操作，可以这样编写代码：

```
foreach (Passenger p in passengers)
{
// perform an action on each passenger
}
```

除了基于对象的集合接口，所有集合还要实现泛型接口和类，其中泛型类型定义了存储在集合中的类型，如下面的代码所示：

```
namespace System.Collections.Generic;

public interface ICollection<T> : IEnumerable<T>, IEnumerable
{
  int Count { get; }
  bool IsReadOnly { get; }
  void Add(T item);
  void Clear();
  bool Contains(T item);
  void CopyTo(T[] array, int index);
  bool Remove(T item);
}
```

8.4.2 通过确保集合的容量来提高性能

从.NET 1.1 开始，像 StringBuilder 这样的类型就有了一个名为 EnsureCapacity 的方法，该方法可将其内部存储数组的大小调整到字符串的预期最终大小。这提高了性能，因为它不必在追加更多字符时重复增加数组的大小。

自.NET Core 2.1 以来，像 Dictionary<T>和 HashSet<T>这样的类型也包含 EnsureCapacity 方法。

在.NET 6 及后续版本中，像 List<T>、Queue<T>和 Stack<T>这样的集合现在也包含 EnsureCapacity 方法，代码如下所示：

```
List<string> names = new();
names.EnsureCapacity(10_000);
// load ten thousand names into the list
```

8.4.3 理解集合的选择

集合有几种不同的选择，比如列表、字典、堆栈、队列、集(Set)等，它们可用于不同的目的。

1. 列表

列表就是实现 IList<T>的类型，是有序集合，代码如下所示：

```
namespace System.Collections.Generic;

[DefaultMember("Item")] // aka this indexer
public interface IList<T> : ICollection<T>, IEnumerable<T>, IEnumerable
{
```

```
    T this[int index] { get; set; }
    int IndexOf(T item);
    void Insert(int index, T item);
    void RemoveAt(int index);
}
```

IList<T>源自 ICollection<T>，所以它有 Count 属性、Add 方法、Insert 方法和 RemoveAt 方法。其中 Add 方法把条目放在集合尾部，Insert 方法将列表中的条目放在指定的位置，RemoveAt 方法在指定的位置删除条目。

当希望手动控制集合中条目的顺序时，列表是个不错的选择。列表中的每个条目都有自动分配的唯一索引(或位置)。条目可以是由 T 定义的任何类型，并且可以重复。索引是 int 类型，从 0 开始，所以列表中的第一个条目在索引 0 处，如表 8.9 所示。

表 8.9 列表

索引编号	条目
0	London
1	Paris
2	London
3	Sydney

如果在 London 和 Sydney 之间插入一个新条目(如 Santiago)，那么 Sydney 的索引将自动递增。因此，必须意识到，在插入或删除条目之后，条目的索引可能会发生变化，如表 8.10 所示。

表 8.10 插入或删除条目后列表的变化

索引编号	条目
0	London
1	Paris
2	London
3	Santiago
4	Sydney

最佳实践：
一些开发人员可能会养成在任何场景下都使用 List<T>和其他集合的坏习惯，但有些时候，使用数组可能会更好。如果数据在实例化后不会改变大小，建议使用数组而不是集合。

2. 字典

每个值(或对象)只要有唯一的子值(或虚构的值)，就可以用作键，以便稍后在集合中快速查找值。对于这种情况，使用字典是更好的选择。键必须是唯一的。例如，如果要存储人员列表，那么可以选择使用政府颁发的身份证号作为键。在 Python 和 Java 等其他语言中字典被称为哈希映射(hashmap)。

可将键看作实际字典中的索引项，从而可以快速找到单词的定义，因为单词(也就是键)是有序的。如果查询 manatee(海牛)的定义，就会跳到字典中间开始查找，因为字母 M 在字母表的中间。

编程中所讲的字典在查找目标时也同样智能，它们必须实现 IDictionary<TKey, TValue>接口，代码如下所示：

```
namespace System.Collections.Generic;

[DefaultMember("Item")] // aka this indexer
public interface IDictionary<TKey, TValue>
  : ICollection<KeyValuePair<TKey, TValue>>,
    IEnumerable<KeyValuePair<TKey, TValue>>, IEnumerable
{
  TValue this[TKey key] { get; set; }
  ICollection<TKey> Keys { get; }
  ICollection<TValue> Values { get; }
  void Add(TKey key, TValue value);
  bool ContainsKey(TKey key);
  bool Remove(TKey key);
  bool TryGetValue(TKey key, [MaybeNullWhen(false)] out TValue value);
}
```

字典中的条目是结构体的实例，也就是值类型 KeyValuePair<TKey, TValue>，其中 TKey 是键的类型，TValue 是值的类型，代码如下所示：

```
namespace System.Collections.Generic;

public readonly struct KeyValuePair<TKey, TValue>
{
  public KeyValuePair(TKey key, TValue value);
  public TKey Key { get; }
  public TValue Value { get; }
  [EditorBrowsable(EditorBrowsableState.Never)]
  public void Deconstruct(out TKey key, out TValue value);
  public override string ToString();
}
```

例如，Dictionary<string, Person>使用 string 作为键，使用 Person 实例作为值。Dictionary<string, string>则对键和值都使用字符串值，如表 8.11 所示。

表 8.11 键和值

键	值
BSA	Bob Smith
MW	Max Williams
BSB	Bob Smith
AM	Amir Mohammed

3. 堆栈

当希望实现后进先出(LIFO)行为时，堆栈是个不错的选择。使用堆栈时，只能直接访问或删除堆栈顶部的条目，但可以枚举整个堆栈中的条目。例如，不能直接访问堆栈中的第二个条目。

字处理程序使用堆栈来记住最近执行的操作序列，当按 Ctrl + Z 组合键时，系统将撤销堆栈中的最后一个操作，然后撤销下一个操作，以此类推。

4. 队列

当希望实现先进先出(FIFO)行为时，队列是更好的选择。对于队列，只能直接访问或删除队列前面的条目，但可以枚举整个队列中的条目。例如，不能直接访问队列中的第二个条目。

后台进程使用队列按顺序处理作业，就像人们在邮局排队一样。

.NET 6 中添加了 PriorityQueue，它为队列中的每个条目分配一个优先级值，并指定该条目在队列中的位置。

5. 集(Set)

当希望在两个集合之间执行集合操作时，集是不错的选择。例如，有两个城市名称集，你需要知道哪些城市名称出现在这两个城市名称集中(称为集的交集)。集(Set)中的条目必须是唯一的。

6. 集合方法小结

每个集合都有一组不同的添加和删除条目的方法，如表 8.12 所示。

表8.12　集合方法

集合	Add 方法	Remove 方法	说明
列表	Add, Insert	Remove, RemoveAt	列表是有序的，所以条目的索引位置是整数。Add 将在列表的末尾添加一个新条目。Insert 将在指定的索引位置添加一个新条目
字典	Add	Remove	字典是无序的，所以条目没有整数索引位置。可以通过调用 ContainsKey 方法来检查一个键是否已被使用
堆栈	Push	Pop	堆栈总是使用 Push 方法在堆栈顶部添加一个新条目。第一个条目在最下面。条目总是通过 Pop 方法从堆栈顶部移除。调用 Peek 方法可以查看值，而不会删除它
队列	Enqueue	Dequeue	队列总是使用 Enqueue 方法在队列的末尾添加一个新条目。第一个条目在队列的最前面。总是使用 Dequeue 方法从队列的前端删除条目。调用 Peek 方法可以查看值，而不会删除它

8.4.4　使用列表

下面探讨列表。

(1) 使用自己喜欢的代码编辑器在 Chapter08 解决方案/工作区中添加一个新的 Console App/console 项目，命名为 WorkingWithCollections。

在 Visual Studio Code 中，选择 WorkingWithCollections 作为活动的 OmniSharp 项目。

(2) 添加一个新的名为 Program.Helpers.cs 的类文件。

(3) 在 Program.Helpers.cs 中，用 Output 方法定义一个分部类 Program，以输出带有标题的字符串值集合，代码如下所示:

```
partial class Program
{
  static void Output(string title, IEnumerable<string> collection)
  {
```

```
    WriteLine(title);
    foreach (string item in collection)
    {
        WriteLine($"  {item}");
    }
  }
}
```

(4) 在 Program.cs 文件中，删除现有语句，然后添加语句以演示定义列表和使用列表的一些常见方法，代码如下所示：

```
// Simple syntax for creating a list and adding three items
List<string> cities = new();
cities.Add("London");
cities.Add("Paris");
cities.Add("Milan");

/* Alternative syntax that is converted by the compiler into
   the three Add method calls above
List<string> cities = new()
  { "London", "Paris", "Milan" }; */

/* Alternative syntax that passes an
   array of string values to AddRange method
List<string> cities = new();
cities.AddRange(new[] { "London", "Paris", "Milan" }); */

Output("Initial list", cities);
WriteLine($"The first city is {cities[0]}.");
WriteLine($"The last city is {cities[cities.Count - 1]}.");

cities.Insert(0, "Sydney");
Output("After inserting Sydney at index 0", cities);

cities.RemoveAt(1);
cities.Remove("Milan");
Output("After removing two cities", cities);
```

(5) 运行代码并查看结果，输出如下所示：

```
Initial list
  London
  Paris
  Milan
The first city is London.
The last city is Milan.
After inserting Sydney at index 0
  Sydney
  London
  Paris
  Milan
After removing two cities
  Sydney
  Paris
```

8.4.5　使用字典

下面探讨字典。

(1) 在 Program.cs 文件中，添加语句以演示字典的一些常用方法，如查找单词定义，代码如下所示：

```
Dictionary<string, string> keywords = new();

// add using named parameters
keywords.Add(key: "int", value: "32-bit integer data type");

// add using positional parameters
keywords.Add("long", "64-bit integer data type");
keywords.Add("float", "Single precision floating point number");

/* Alternative syntax; compiler converts this to calls to Add method
Dictionary<string, string> keywords = new()
{
  { "int", "32-bit integer data type" },
  { "Long", "64-bit integer data type" },
  { "float", "Single precision floating point number" },
}; */

/* Alternative syntax; compiler converts this to calls to Add method
Dictionary<string, string> keywords = new()
{
  ["int"] = "32-bit integer data type",
  ["Long"] = "64-bit integer data type",
  ["float"] = "Single precision floating point number", // Last comma is
optional
}; */

Output("Dictionary keys:", keywords.Keys);
Output("Dictionary values:", keywords.Values);

WriteLine("Keywords and their definitions");
foreach (KeyValuePair<string, string> item in keywords)
{
    WriteLine($" {item.Key}: {item.Value}");
}

// Look up a value using a key
string key = "long";
WriteLine($"The definition of {key} is {keywords[key]}");
```

(2) 运行代码并查看结果，输出如下所示：

```
Dictionary keys:
  int
  long
  float
Dictionary values:
  32-bit integer data type
  64-bit integer data type
```

```
  Single precision floating point number
 Keywords and their definitions
  int: 32-bit integer data type
  long: 64-bit integer data type
  float: Single precision floating point number
 The definition of long is 64-bit integer data type
```

8.4.6 使用队列

下面探讨队列。

(1) 在 Program.cs 文件中，添加语句以演示一些使用队列的常见方法，例如，在咖啡队列中处理客户，代码如下所示：

```csharp
Queue<string> coffee = new();

coffee.Enqueue("Damir"); // front of queue
coffee.Enqueue("Andrea");
coffee.Enqueue("Ronald");
coffee.Enqueue("Amin");
coffee.Enqueue("Irina"); // back of queue

Output("Initial queue from front to back", coffee);

// server handles next person in queue
string served = coffee.Dequeue();
WriteLine($"Served: {served}.");

// server handles next person in queue
served = coffee.Dequeue();
WriteLine($"Served: {served}.");
Output("Current queue from front to back", coffee);

WriteLine($"{coffee.Peek()} is next in line.");
Output("Current queue from front to back", coffee);
```

(2) 运行代码并查看结果，如下所示：

```
Initial queue from front to back
  Damir
  Andrea
  Ronald
  Amin
  Irina
Served: Damir.
Served: Andrea.
Current queue from front to back
  Ronald
  Amin
  Irina
Ronald is next in line.
Current queue from front to back
  Ronald
  Amin
  Irina
```

(3) 在 Program.Helpers.cs 文件的分部类 Program 中，添加一个名为 OutputPQ 的静态方法，代码如下所示：

```
static void OutputPQ<TElement, TPriority>(string title,
  IEnumerable<(TElement Element, TPriority Priority)> collection)
{
  WriteLine(title);
  foreach ((TElement, TPriority) item in collection)
  {
    WriteLine($"  {item.Item1}: {item.Item2}");
  }
}
```

更多信息：

OutputPQ 方法是泛型方法。你可以将元组中使用的两种类型指定为 collection。

(4) 在 Program.cs 文件中，添加语句以演示一些使用优先队列的常见方法，代码如下所示：

```
PriorityQueue<string, int> vaccine = new();

// add some people
// 1 = high priority people in their 70s or poor health
// 2 = medium priority e.g. middle-aged
// 3 = low priority e.g. teens and twenties

vaccine.Enqueue("Pamela", 1); // my mum (70s)
vaccine.Enqueue("Rebecca", 3); // my niece (teens)
vaccine.Enqueue("Juliet", 2); // my sister (40s)
vaccine.Enqueue("Ian", 1); // my dad (70s)

OutputPQ("Current queue for vaccination:", vaccine.UnorderedItems);

WriteLine($"{vaccine.Dequeue()} has been vaccinated.");
WriteLine($"{vaccine.Dequeue()} has been vaccinated.");
OutputPQ("Current queue for vaccination:", vaccine.UnorderedItems);

WriteLine($"{vaccine.Dequeue()} has been vaccinated.");

WriteLine("Adding Mark to queue with priority 2");
vaccine.Enqueue("Mark", 2); // me (40s)

WriteLine($"{vaccine.Peek()} will be next to be vaccinated.");
OutputPQ("Current queue for vaccination:", vaccine.UnorderedItems);
```

(5) 运行代码并查看结果，输出如下所示：

```
Current queue for vaccination:
  Pamela: 1
  Rebecca: 3
  Juliet: 2
  Ian: 1
Pamela has been vaccinated.
Ian has been vaccinated.
```

```
Current queue for vaccination:
  Juliet: 2
  Rebecca: 3
Juliet has been vaccinated.
Adding Mark to queue with priority 2
Mark will be next to be vaccinated.
Current queue for vaccination:
  Mark: 2
  Rebecca: 3
```

8.4.7 集合的排序

List<T>类可通过调用 Sort 方法来实现手动排序(但是你要记住，每个条目的索引都会改变)。手动对字符串值或其他内置类型的列表进行排序是可行的，不需要做额外的工作。但是，如果创建类型的集合，那么类型必须实现 IComparable 接口，详见第 6 章。

Stack<T>或 Queue<T>集合不能被排序，因为通常不需要这种功能。例如，我们永远不会对入住酒店的客人进行排序。但有时，可能需要对字典或集进行排序。

能够自动排序的集合是很有用的，也就是说，在添加和删除条目时，能以有序的方式维护它们。

有多个自动排序的集合可供选择。这些排序后的集合之间的差异虽然很细微，却会对内存需求和应用程序的性能产生影响，因此值得根据需求选择最合适的选项。

一些常见的能够自动排序的集合如表 8.13 所示。

表 8.13 一些常见的能够自动排序的集合

集合	说明
SortedDictionary<TKey, TValue>	表示按键排序的键/值对的集合
SortedList<TKey, TValue>	表示一组按键排序的键/值对
SortedSet<T>	表示以排序顺序维护的唯一对象的集合

8.4.8 使用专门的集合

还有一些专门用于特殊情况的集合。

1. 使用紧凑的位值数组

System.Collections.BitArray 集合用于管理紧凑的位值数组，其中的位值用布尔值表示，true 表示位是 1，false 表示位是 0。

2. 使用有效的列表

System.Collections.Generics.LinkedList<T>集合表示双链表，其中的每个条目都有对前后条目的引用。与 List<T>相比，若经常在列表的中间位置插入和删除条目，它们可以提供更好的性能。在 LinkedList<T>中，条目不必在内存中重新排列。

8.4.9　使用不可变集合

有时需要使集合不可变，这意味着集合的成员不能更改，也就是说，不能添加或删除它们。

如果导入 System.Collections.Immutable 名称空间，任何实现了 IEnumerable<T>的集合都会有 6 个扩展方法，可用于将集合转换为不可变列表、字典、散列集等。

下面列举一个简单示例。

(1) 在 WorkingWithCollections 项目的 Program.cs 文件中导入 System.Collections.Immutable 名称空间。

(2) 在 Program.cs 文件中，添加语句，将城市列表转换为不可变列表，然后向该列表添加一个新城市，代码如下所示：

```
ImmutableList<string> immutableCities = cities.ToImmutableList();
ImmutableList<string> newList = immutableCities.Add("Rio");
Output("Immutable list of cities:", immutableCities);
Output("New list of cities:", newList);
```

(4) 运行代码，查看结果，注意在调用 Add 方法时，不会修改不可变的城市列表。但应用程序会返回新添加城市后的列表，输出如下所示：

```
Immutable list of cities:
  Sydney
  Paris
New list of cities:
  Sydney
  Paris
  Rio
```

最佳实践：

为了提高性能，许多应用程序在中央缓存中存储了常用访问对象的共享副本。为了允许多个线程安全地处理这些对象(我们知道它们不会更改)，应该使它们成为不可变对象或者使用并发集合类型，相关内容详见https://docs.microsoft.com/en-us/dotnet/api/system.collections.concurrent。

8.4.10　集合的最佳实践

假设需要创建一个方法来处理集合。为了获得最大的灵活性，可以将输入参数声明为 IEnumerable<T>并使该方法为泛型方法，代码如下所示：

```
void ProcessCollection<T>(IEnumerable<T> collection)
{
    // process the items in the collection,
    // perhaps using a foreach statement
}
```

可以给这个方法传递数组、列表、队列或堆栈(包含任何类型，如 int、string 或 Person，或实现 IEnumerable<T>的任何其他类型)，它将处理这些集合。然而，将任何集合传递给此方法的灵活性是以牺牲性能为代价的。

IEnumerable<T>的性能问题之一也是它的优点之一：延迟执行，也称为延迟加载。实现此接口的类型不必实现延迟执行，但许多类型必须实现延迟执行。

但是 IEnumerable<T>最糟糕的性能问题是，迭代必须在堆上分配一个对象。为了避免这种内存分配，应该使用一个具体的类型来定义方法，如下面突出显示的代码所示：

```
void ProcessCollection<T>(List<T> collection)
{
    // process the items in the collection,
    // perhaps using a foreach statement
}
```

这将使用返回结构体的 List<T>.Enumerator GetEnumerator()方法，而不是返回引用类型的 IEnumerator<T> GetEnumerator()方法。代码的运行速度会快两到三倍，并且需要更少的内存。同所有与性能相关的建议一样，应该通过在生产环境中对实际代码进行性能测试来确认其好处。

8.5 使用 Span、索引和范围

微软使用.NET Core 2.1 的目标之一是提高性能和资源利用率。为此，微软提供的一个关键.NET 特性是 Span<T>类型。

8.5.1 通过 Span 高效地使用内存

在操作数组时，通常会创建现有数组子集的新副本，以便只处理该子集。这并不是很奏效，因为必须在内存中创建重复的对象。

如果需要处理数组的子集，请使用 Span，因为它类似于原始数组的窗口。这在内存使用方面更有效，并提高了性能。Span 只能用于数组，而不能用于集合，因为内存必须是连续的。

在详细研究 Span 之前，你需要了解一些相关的对象：索引(Index)和范围(Range)。

8.5.2 用索引类型标识位置

C# 8.0 引入了两个新特性：用于标识集合中的条目的索引以及使用两个索引的条目的范围。

之前提到过，可以将整数传入对象的索引器以访问列表中的对象，代码如下所示：

```
int index = 3;
Person p = people[index]; // fourth person in array
char letter = name[index]; // fourth letter in name
```

Index 值类型是一种更正式的位置识别方法，支持从末尾开始计数，代码如下所示：

```
// two ways to define the same index, 3 in from the start
Index i1 = new(value: 3); // counts from the start
Index i2 = 3; // using implicit int conversion operator

// two ways to define the same index, 5 in from the end
Index i3 = new(value: 5, fromEnd: true);
Index i4 = ^5; // using the caret operator
```

8.5.3 使用 Range 类型标识范围

Range 值类型通过构造函数、C#语法或静态方法，使用 Index 值来指示范围的开始和结束，代码如下所示：

```
Range r1 = new(start: new Index(3), end: new Index(7));
Range r2 = new(start: 3, end: 7); // using implicit int conversion
Range r3 = 3..7; // using C# 8.0 or later syntax
Range r4 = Range.StartAt(3); // from index 3 to last index
Range r5 = 3..; // from index 3 to last index
Range r6 = Range.EndAt(3); // from index 0 to index 3
Range r7 = ..3; // from index 0 to index 3
```

一些扩展方法已被添加到字符串值、int 数组和 Span 中，以使范围更容易处理。这些扩展方法将接收范围作为参数，并返回一个 Span<T>对象。这使得它们的内存使用效率很高。

8.5.4 使用索引、范围和 Span

下面探讨如何使用索引和范围返回 Span。

(1) 使用自己喜欢的代码编辑器在 Chapter08 解决方案/工作区中添加一个新的 Console App/console 项目，命名为 WorkingWithRanges。

在 Visual Studio Code 中，选择 WorkingWithRanges 作为活动的 OmniSharp 项目。

(2) 在 Program.cs 文件中，删除现有语句，添加语句，比较使用 string 类型的 Substring 方法与使用范围的效果，以提取某人姓名的一部分，代码如下所示：

```
string name = "Samantha Jones";

// getting the lengths of the first and last names

int lengthOfFirst = name.IndexOf(' ');
int lengthOfLast = name.Length - lengthOfFirst - 1;

// Using Substring

string firstName = name.Substring(
  startIndex: 0,
  length: lengthOfFirst);

string lastName = name.Substring(
  startIndex: name.Length - lengthOfLast,
  length: lengthOfLast);

WriteLine($"First name: {firstName}, Last name: {lastName}");

// Using spans

ReadOnlySpan<char> nameAsSpan = name.AsSpan();
ReadOnlySpan<char> firstNameSpan = nameAsSpan[0..lengthOfFirst];
ReadOnlySpan<char> lastNameSpan = nameAsSpan[^lengthOfLast..^0];

WriteLine("First name: {0}, Last name: {1}",
  arg0: firstNameSpan.ToString(),
  arg1: lastNameSpan.ToString());
```

(3) 运行代码并查看结果，输出如下所示：

```
First name: Samantha, Last name: Jones
First name: Samantha, Last name: Jones
```

8.6　使用网络资源

我们有时需要使用网络资源。.NET 中最常用的网络资源类型如表 8.14 所示。

表 8.14　.NET 中最常用的网络资源类型

名称空间	示例类型	说明
System.Net	Dns、Uri、Cookie、WebClient、IPAddress	这些网络资源类型用于处理 DNS 服务器、URI、IP 地址等
System.Net	FtpStatusCode、FtpWebRequest、FtpWebResponse	这些网络资源类型用于处理 FTP 服务器
System.Net	HttpStatusCode、HttpWebRequest、HttpWebResponse	这些网络资源类型用于处理 HTTP 服务器，也就是网站和服务。System.Net.Http 名称空间中的类型更容易使用
System.Net.Http	HttpClient、 HttpMethod 、 HttpRequestMessage 、 HttpResponseMessage	这些网络资源类型用来处理 HTTP 服务器，也就是网站和服务。第 15 章将介绍如何使用它们
System.Net.Mail	Attachment、MailAddress、MailMessage、SmtpClient	这些网络资源类型用于处理 SMTP 服务器，也就是用于发送电子邮件信息
System.Net.Network Information	IPStatus、NetworkChange、Ping、TcpStatistics	这些网络资源类型用于处理低级网络协议

8.6.1　使用 URI、DNS 和 IP 地址

下面探讨如何使用一些常见类型的网络资源。

(1) 使用自己喜欢的代码编辑器在 Chapter08 解决方案/工作区中添加一个新的 Console App/console 项目，命名为 WorkingWithNetworkResources。

在 Visual Studio Code 中，选择 WorkingWithNetworkResources 作为活动的 OmniSharp 项目。

(2) 在 Program.cs 文件中，删除现有语句，然后为使用网络导入名称空间：

```
using System.Net; // IPHostEntry, Dns, IPAddress
```

(3) 在 Program.cs 文件中，添加语句，提示用户输入一个有效的网站地址，然后使用 Uri 类型将其分解为几个部分，包括模式(HTTP、FTP 等)、端口号和主机，代码如下所示：

```
Write("Enter a valid web address (or press Enter): ");
string? url = ReadLine();

if (string.IsNullOrWhiteSpace(url)) // if they enter nothing...
{
```

```
// ... set a default URL
url = "https://stackoverflow.com/search?q=securestring";
}

Uri uri = new(url);
WriteLine($"URL: {url}");
WriteLine($"Scheme: {uri.Scheme}");
WriteLine($"Port: {uri.Port}");
WriteLine($"Host: {uri.Host}");
WriteLine($"Path: {uri.AbsolutePath}");
WriteLine($"Query: {uri.Query}");
```

(4) 运行代码，输入有效的网站地址或按 Enter 键，查看结果，输出如下所示：

```
Enter a valid web address (or press Enter):
URL: https://stackoverflow.com/search?q=securestring
Scheme: https
Port: 443
Host: stackoverflow.com
Path: /search
Query: ?q=securestring
```

(5) 在 Program.cs 文件中，添加语句以得到所输入网站的 IP 地址，代码如下所示：

```
IPHostEntry entry = Dns.GetHostEntry(uri.Host);
WriteLine($"{entry.HostName} has the following IP addresses:");
foreach (IPAddress address in entry.AddressList)
{
    WriteLine($"  {address} ({address.AddressFamily})");
}
```

(6) 运行代码，输入有效的网站地址或按 Enter 键，查看结果，输出如下所示：

```
stackoverflow.com has the following IP addresses:
  151.101.1.69 (InterNetwork)
  151.101.65.69 (InterNetwork)
  151.101.129.69 (InterNetwork)
  151.101.193.69 (InterNetwork)
```

8.6.2 ping 服务器

现在添加代码，通过 ping Web 服务器来检查 Web 服务器的健康状况。

(1) 在 Program.cs 文件中，导入名称空间以获取关于网络的更多信息，代码如下所示：

```
using System.Net.NetworkInformation; // Ping, PingReply, IPStatus
```

(2) 添加语句，ping 到所输入的网站的 IP 地址，如下所示：

```
try
{
    Ping ping = new();

    WriteLine("Pinging server. Please wait...");
    PingReply reply = ping.Send(uri.Host);
    WriteLine($"{uri.Host} was pinged and replied: {reply.Status}.");
```

```
  if (reply.Status == IPStatus.Success)
  {
    WriteLine("Reply from {0} took {1:N0}ms",
      arg0: reply.Address,
      arg1: reply.RoundtripTime);
  }
}
catch (Exception ex)
{
    WriteLine($"{ex.GetType().ToString()} says {ex.Message}");
}
```

(3) 运行代码，按 Enter 键，查看结果，输出如下所示：

```
Pinging server. Please wait...
stackoverflow.com was pinged and replied: Success.
Reply from 151.101.193.69 took 9ms
```

(4) 再次运行代码，但这次输入 http://google.com，查看结果，输出如下所示：

```
Enter a valid web address (or press Enter): http://google.com
URL: http://google.com
Scheme: http
Port: 80
Host: google.com
Path: /
Query:
google.com has the following IP addresses:
  2a00:1450:4009:822::200e (InterNetworkV6)
  142.250.180.14 (InterNetwork)
Pinging server. Please wait...
google.com was pinged and replied: Success.
Reply from 2a00:1450:4009:822::200e took 9ms
```

8.7 实践和探索

你可以通过回答一些问题来测试自己对知识的理解程度，进行一些实践，并深入探索本章涵盖的主题。

8.7.1 练习 8.1：测试你掌握的知识

回答以下问题：

(1) 字符串变量中可以存储的最大字符数是多少？

(2) 什么时候以及为什么要使用 SecureString 类？

(3) 什么时候使用 StringBuilder 类比较合适？

(4) 什么时候应该使用 LinkedList<T> 类？

(5) 什么时候应该使用 SortedDictionary<T>类而不是 SortedList <T>类？

(6) 在正则表达式中，$表示什么？

(7) 在正则表达式中，如何表示数字？

(8) 为什么不使用电子邮件地址的官方标准,通过创建正则表达式来验证用户的电子邮件地址？

(9) 运行下面的代码会输出什么字符？

```
string city = "Aberdeen";
ReadOnlySpan<char> citySpan = city.AsSpan()[^5..^0];
WriteLine(citySpan.ToString());
```

(10) 如何在调用 Web 服务之前检查它是否可用？

8.7.2　练习 8.2: 练习正则表达式

在 Chapter08 解决方案/工作区中，创建一个名为 Ch08Ex02RegularExpressions 的控制台应用程序，提示用户输入一个正则表达式，之后提示用户输入一些内容。比较两者是否匹配，直到用户按 Esc 键，输出如下所示：

```
The default regular expression checks for at least one digit.
Enter a regular expression (or press ENTER to use the default): ^[a-z]+$
Enter some input: apples
apples matches ^[a-z]+$? True
Press ESC to end or any key to try again.
Enter a regular expression (or press ENTER to use the default): ^[a-z]+$
Enter some input: abc123xyz
abc123xyz matches ^[a-z]+$? False
Press ESC to end or any key to try again.
```

8.7.3　练习 8.3: 练习编写扩展方法

在 Chapter08 解决方案/工作区中，创建一个名为 Ch08Ex03NumbersAsWordsLib 的类库，在其中定义一些扩展方法,这些扩展方法使用名为 ToWords 的方法对 BigInteger 和 int 等数字类型进行扩展，ToWords 方法会返回一个描述数字的字符串。

可通过以下链接了解一些超大数字的名称：https://en.wikipedia.org/wiki/Names_of_large_numbers。

8.7.4　练习 8.4: 探索主题

可通过以下链接阅读本章所涉及主题的更多细节：https://github.com/markjprice/cs11dotnet7/blob/main/book-links.md#chapter-8---workingwith-common-net-types。

8.8　本章小结

本章主要内容：

- 用于存储、操作数字的类型选择
- 处理文本，包括使用正则表达式验证输入
- 用于存储多个条目的集合
- 使用索引、范围和 Span
- 使用某些类型与网络资源交互

第 9 章将介绍如何管理文件和流，以及如何编码和解码文本并执行序列化。

处理文件、流和序列化

本章讨论文件和流的读写，以及文本编码和序列化。

本章涵盖以下主题：
- 管理文件系统
- 用流来读写
- 编码和解码文本
- 使用随机访问句柄读写文本
- 序列化对象图

9.1 管理文件系统

应用程序常常需要在不同的环境中使用文件和目录执行输入和输出。System 和 System.IO 名称空间中包含一些用于此目的的类。

9.1.1 处理跨平台环境和文件系统

下面探讨如何处理跨平台环境以及 Windows、Linux 或 macOS 之间的差异。Windows、macOS 和 Linux 的路径是不同的，下面首先讨论.NET 如何进行跨平台处理。

(1) 使用自己喜欢的代码编辑器创建一个新项目，其定义如下：
- 项目模板：Console App/console
- 项目文件和文件夹：WorkingWithFileSystems
- 工作区/解决方案文件和文件夹：Chapter09

(2) 在 Program.cs 文件中，添加一个元素以静态和全局导入 System.Console 类。

(3) 添加一个名为 Program.Helpers.cs 的新类文件。

(4) 在 Program.Helpers.cs 中，添加一个分部类 Program，该类包含一个名为 SectionTitle 的方法，代码如下所示：

```
partial class Program
{
  static void SectionTitle(string title)
  {
      ConsoleColor previousColor = ForegroundColor;
```

```
        ForegroundColor = ConsoleColor.Yellow;
        WriteLine("*");
        WriteLine($"* {title}");
        WriteLine("*");
        ForegroundColor = previousColor;
    }
}
```

(5) 在 Program.cs 文件中，删除现有语句，然后添加语句以静态导入 System.IO.Directory、System.Environment 和 System.IO.Path 类，代码如下所示：

```
using static System.IO.Directory;
using static System.IO.Path;
using static System.Environment;
```

(6) 在 Program.cs 文件中，添加语句，执行以下操作：

- 输出路径和目录分隔符。
- 输出当前目录的路径。
- 输出一些系统文件、临时文件和文档的特殊路径。

```
SectionTitle("* Handling cross-platform environments and
filesystems");
WriteLine("{0,-33} {1}", arg0: "Path.PathSeparator",
  arg1: PathSeparator);
WriteLine("{0,-33} {1}", arg0: "Path.DirectorySeparatorChar",
  arg1: DirectorySeparatorChar);
WriteLine("{0,-33} {1}", arg0: "Directory.GetCurrentDirectory()",
  arg1: GetCurrentDirectory());
WriteLine("{0,-33} {1}", arg0: "Environment.CurrentDirectory",
  arg1: CurrentDirectory);
WriteLine("{0,-33} {1}", arg0: "Environment.SystemDirectory",
  arg1: SystemDirectory);
WriteLine("{0,-33} {1}", arg0: "Path.GetTempPath()",
  arg1: GetTempPath());
WriteLine("GetFolderPath(SpecialFolder");
WriteLine("{0,-33} {1}", arg0: " .System)",
  arg1: GetFolderPath(SpecialFolder.System));
WriteLine("{0,-33} {1}", arg0: " .ApplicationData)",
  arg1: GetFolderPath(SpecialFolder.ApplicationData));
WriteLine("{0,-33} {1}", arg0: " .MyDocuments)",
  arg1: GetFolderPath(SpecialFolder.MyDocuments));
WriteLine("{0,-33} {1}", arg0: " .Personal)",
  arg1: GetFolderPath(SpecialFolder.Personal));
```

> **更多信息：**
> Environment 类还有许多其他有用的成员，包括 GetEnvironmentVariables 方法以及 OSVersion 和 ProcessorCount 属性。

(7) 运行代码并查看结果，运行结果如图 9.1 所示。

```
Microsoft Visual Studio Debug (        ×      + ∨                                    —    □    ×

*
* Handling cross-platform environments and filesystems
*
Path.PathSeparator                      ;
Path.DirectorySeparatorChar             \
Directory.GetCurrentDirectory()         C:\cs11dotnet7\Chapter09\WorkingWithFileSystems\bin\Debug\net7.0
Environment.CurrentDirectory            C:\cs11dotnet7\Chapter09\WorkingWithFileSystems\bin\Debug\net7.0
Environment.SystemDirectory             C:\WINDOWS\system32
Path.GetTempPath()                      C:\Users\markj\AppData\Local\Temp\
GetFolderPath(SpecialFolder
 .System)                               C:\WINDOWS\system32
 .ApplicationData)                      C:\Users\markj\AppData\Roaming
 .MyDocuments)                          C:\Users\markj\OneDrive\Documents
 .Personal)                             C:\Users\markj\OneDrive\Documents
```

图9.1　在 Windows 上使用 Visual Studio 2022 运行应用程序所显示的文件系统信息

当在 Visual Studio Code 中使用 dotnet run 运行控制台应用程序时，CurrentDirectory 将是项目文件夹，而不是 bin 中的一个文件夹，输出如下所示：

```
Path.PathSeparator                      ;
Path.DirectorySeparatorChar             \
Directory.GetCurrentDirectory()   C:\cs11dotnet7\Chapter09\
WorkingWithFileSystems
Environment.CurrentDirectory      C:\cs11dotnet7\Chapter09\
WorkingWithFileSystems
Environment.SystemDirectory       C:\WINDOWS\system32
Path.GetTempPath()                C:\Users\markj\AppData\Local\Temp\
GetFolderPath(SpecialFolder
 .System)                         C:\WINDOWS\system32
 .ApplicationData)                C:\Users\markj\AppData\Roaming
 .MyDocuments)                    C:\Users\markj\OneDrive\Documents
 .Personal)                       C:\Users\markj\OneDrive\Documents
```

> **最佳实践：**
> Windows 使用反斜杠\作为目录分隔符。macOS 和 Linux 使用正斜杠/作为目录分隔符。在组合路径时，不要对代码中使用的字符进行假设。

9.1.2　管理驱动器

要管理驱动器，请使用 DriveInfo 类型，使用 DriveInfo 提供的静态方法可以返回关于连接到计算机的所有驱动器的信息。每个驱动器都有驱动器类型。

下面探讨驱动器。

(1) 在 Program.cs 文件中，编写语句以获取所有驱动器，并输出它们的名称、类型、大小、可用空间和格式，但仅在驱动器准备就绪后才这样做，代码如下所示：

```
SectionTitle("Managing drives");
WriteLine("{0,-30} | {1,-10} | {2,-7} | {3,18} | {4,18}",
  "NAME", "TYPE", "FORMAT", "SIZE (BYTES)", "FREE SPACE");

foreach (DriveInfo drive in DriveInfo.GetDrives())
{
  if (drive.IsReady)
  {
    WriteLine(
```

```
        "{0,-30} | {1,-10} | {2,-7} | {3,18:N0} | {4,18:N0}",
        drive.Name, drive.DriveType, drive.DriveFormat,
        drive.TotalSize, drive.AvailableFreeSpace);
  }
  else
  {
      WriteLine("{0,-30} | {1,-10}", drive.Name, drive.DriveType);
  }
}
```

最佳实践：
在读取 TotalSize 这样的属性之前，请检查驱动器是否准备就绪，否则可移动驱动器会引发异常。

(2) 运行代码并查看结果，如图 9.2 所示。

图 9.2   显示 Windows 上的驱动器信息

9.1.3 管理目录

要管理目录，请使用 Directory、Path 和 Environment 静态类。这些类包括许多用于处理文件系统的属性和方法。

在构造自定义路径时，必须小心地编写代码，这样才不会对平台做出任何假设，例如，不要对目录分隔符应该使用什么字符进行假设。

(1) 在 Program.cs 文件中，编写语句执行以下操作：

- 在用户的主目录下自定义路径，方法是为目录名创建字符串数组，然后将它们与 Path 类型的 Combine 方法进行适当组合。
- 使用 Directory 类的 Exists 方法，检查自定义路径是否存在。
- 使用 Directory 类的 CreateDirectory 和 Delete 方法，创建并删除目录(包括其中的文件和子目录)。

```
SectionTitle("Managing directories");

// define a directory path for a new folder
// starting in the user's folder
string newFolder = Combine(
  GetFolderPath(SpecialFolder.Personal), "NewFolder");

WriteLine($"Working with: {newFolder}");

// check if it exists
WriteLine($"Does it exist? {Path.Exists(newFolder)}");

// create directory
WriteLine("Creating it...");
```

```
CreateDirectory(newFolder);
WriteLine($"Does it exist? {Path.Exists(newFolder)}");
Write("Confirm the directory exists, and then press ENTER: ");
ReadLine();

// delete directory
WriteLine("Deleting it...");
Delete(newFolder, recursive: true);
WriteLine($"Does it exist? {Path.Exists(newFolder)}");
```

(2) 运行代码并查看结果，使用自己喜欢的文件管理工具确认目录已创建，然后按 Enter 键删除它，输出如下所示：

```
Working with: C:\Users\markj\OneDrive\Documents\NewFolder
Does it exist? False
Creating it...
Does it exist? True
Confirm the directory exists, and then press ENTER:
Deleting it...
Does it exist? False
```

9.1.4 管理文件

在处理文件时，可以静态地导入 File 类型，就像对 Directory 类型所做的那样，但是在下一个示例中，我们不会这样做，因为其中具有一些与 Directory 类型相同的方法，而且它们会发生冲突。这种情况下，File 类型的名称足够短，以便在本例中不会发生冲突。

(1) 在 Program.cs 文件中，编写语句完成以下工作：

- 检查文件是否存在。
- 创建文本文件。
- 在所创建的文本文件中写入一行文本。
- 关闭该文件以释放系统资源和文件锁(这通常在 try-finally 语句块中完成，以确保即使在向文件写入文本时发生异常，也关闭文件)。
- 将文件复制到备份中。
- 删除原始文件。
- 读取备份文件的内容，然后关闭备份文件。

```
SectionTitle("Managing files");

// define a directory path to output files
// starting in the user's folder
string dir = Combine(
  GetFolderPath(SpecialFolder.Personal), "OutputFiles");

CreateDirectory(dir);

// define file paths
string textFile = Combine(dir, "Dummy.txt");
string backupFile = Combine(dir, "Dummy.bak");
WriteLine($"Working with: {textFile}");
```

```
// check if a file exists
WriteLine($"Does it exist? {File.Exists(textFile)}");

// create a new text file and write a line to it
StreamWriter textWriter = File.CreateText(textFile);
textWriter.WriteLine("Hello, C#!");
textWriter.Close(); // close file and release resources
WriteLine($"Does it exist? {File.Exists(textFile)}");

// copy the file, and overwrite if it already exists
File.Copy(sourceFileName: textFile,
  destFileName: backupFile, overwrite: true);
WriteLine(
  $"Does {backupFile} exist? {File.Exists(backupFile)}");

Write("Confirm the files exist, and then press ENTER: ");
ReadLine();

// delete file
File.Delete(textFile);
WriteLine($"Does it exist? {File.Exists(textFile)}");

// read from the text file backup
WriteLine($"Reading contents of {backupFile}:");
StreamReader textReader = File.OpenText(backupFile);
WriteLine(textReader.ReadToEnd());
textReader.Close();
```

(2) 运行代码并查看结果，输出如下所示：

```
Working with: C:\Users\markj\OneDrive\Documents\OutputFiles\Dummy.txt
Does it exist? False
Does it exist? True
Does C:\Users\markj\OneDrive\Documents\OutputFiles\Dummy.bak exist? True
Confirm the files exist, and then press ENTER:
Does it exist? False
Reading contents of C:\Users\markj\OneDrive\Documents\OutputFiles\Dummy.
bak:
Hello, C#!
```

9.1.5 管理路径

有时，我们需要处理路径的某些部分，例如，可能只想提取文件夹名、文件名或扩展名。而有时，需要生成临时文件夹和文件名。可以使用 Path 类的静态方法来实现以上目的。

(1) 在 Program.cs 文件中，添加以下语句：

```
SectionTitle("Managing paths");

WriteLine($"Folder Name: {GetDirectoryName(textFile)}");
WriteLine($"File Name: {GetFileName(textFile)}");
WriteLine("File Name without Extension: {0}",
GetFileNameWithoutExtension(textFile));
WriteLine($"File Extension: {GetExtension(textFile)}");
```

```
WriteLine($"Random File Name: {GetRandomFileName()}");
WriteLine($"Temporary File Name: {GetTempFileName()}");
```

(2) 运行代码并查看结果，输出如下所示：

```
Folder Name: C:\Users\markj\OneDrive\Documents\OutputFiles
File Name: Dummy.txt
File Name without Extension: Dummy
File Extension: .txt
Random File Name: u45w1zki.co3
Temporary File Name:
/var/folders/tz/xx0y_wld5sx0nv0fjtq4tnpc0000gn/T/tmpyqrepP.tmp
```

更多信息：

GetTempFileName 方法创建零字节的文件并返回文件名以供使用。GetRandomFileName 方法只返回文件名而不会创建文件。

9.1.6　获取文件信息

要获取关于文件或目录的更多信息(如大小或最后一次访问时间)，可以创建 FileInfo 或 DirectoryInfo 类的实例。

FileInfo 和 DirectoryInfo 类都继承自 FileSystemInfo，所以它们都包含 LastAccessTime 和 Delete 这样的成员，如表 9.1 所示。

表9.1　文件和目录的属性与成员列表

类	成员
FileSystemInfo	字段：FullPath、OriginalPath
	属性：Attributes、CreationTime、CreationTimeUtc、Exists、Extension、FullName、LastAccessTime、LastAccessTimeUtc、LastWriteTime、LastWriteTimeUtc、Name
	方法：Delete、GetObjectData、Refresh
DirectoryInfo	属性：Parent、Root
	方法：Create、CreateSubdirectory、EnumerateDirectories、EnumerateFiles、EnumerateFileSystemInfos、GetAccessControl、GetDirectories、GetFiles、GetFileSystemInfos、MoveTo、SetAccessControl
FileInfo	属性：Directory、DirectoryName、IsReadOnly、Length
	方法：AppendText、CopyTo、Create、CreateText、Decrypt、Encrypt、GetAccessControl、MoveTo、Open、OpenRead、OpenText、OpenWrite、Replace、SetAccessControl

下面编写一些代码，从而使用 FileInfo 实例对文件高效地执行多种操作。

(1) 在 Program.cs 文件中，添加语句，为备份文件创建 FileInfo 实例，并将相关信息写入控制台，代码如下所示：

```
SectionTitle("Getting file information");

FileInfo info = new(backupFile);
WriteLine($"{backupFile}:");
WriteLine($"Contains {info.Length} bytes");
WriteLine($"Last accessed {info.LastAccessTime}");
```

```
WriteLine($"Has readonly set to {info.IsReadOnly}");
```

(2) 运行代码并查看结果，输出如下所示：

```
C:\Users\markj\OneDrive\Documents\OutputFiles\Dummy.bak:
Contains 12 bytes
Last accessed 26/10/2022 09:08:26
Has readonly set to False
```

不同操作系统中的字节数可能不同，因为操作系统可以使用不同的行结束符。

9.1.7　控制处理文件的方式

在处理文件时，通常需要控制文件的打开方式。File.Open 方法有使用 enum 值指定附加选项的重载版本。

enum 类型如下。

- FileMode：控制要对文件做什么，如 CreateNew、OpenOrCreate 或 Truncate。
- FileAccess：控制需要的访问级别，如 ReadWrite。
- FileShare：控制文件上的锁，从而允许其他进程以指定的访问级别访问，如 Read。

可以打开文件以从中读取内容，并允许其他进程读取文件，代码如下所示：

```
FileStream file = File.Open(pathToFile,
FileMode.Open, FileAccess.Read, FileShare.Read);
```

如下 enum 类型可用于文件特性。

- FileAttributes：检查 FileSystemInfo 派生类型的 Attributes 属性值，如 Archive 和 Encrypted 等。

还可以检查文件或目录的特性，如下所示：

```
FileInfo info = new(backupFile);
WriteLine("Is the backup file compressed? {0}",
  info.Attributes.HasFlag(FileAttributes.Compressed));
```

9.2　用流来读写

流是可以读写的字节序列。虽然可以像处理数组一样处理文件，但是通过了解字节在文件中的位置，可以进行随机访问，所以将文件作为按顺序访问字节的流来处理是很有用的。

流还可用于处理终端输入和输出以及网络资源(例如，不提供随机访问且无法查找某个位置的套接字和端口)。可以编写代码来处理任意字节，而不需要知道或关心它们来自何处。可以用一段代码读取或写入流，而用另一段代码处理实际存储字节的位置。

9.2.1　理解抽象和具体的流

有一个名为 Stream 的抽象类，它表示任何类型的流。记住，抽象类不能用 new 来实例化；它们只能被继承。

有许多具体的类继承这个基类，包括 FileStream、MemoryStream、BufferedStream、GZipStream 和 SslStream，所以它们都以相同的方式工作。所有流都实现了 IDisposable 接口，因此它们都有用于释放非托管资源的 Dispose 方法。

表 9.2 列出了 Stream 类的一些常用成员。

表9.2　Stream 类的常用成员

成员	说明
CanRead、CanWrite	确定是否可以读写流
Length、Position	确定总字节数和流中的当前位置。对于某些类型的流，这两个属性可能会抛出异常
Dispose	关闭流并释放资源
Flush	如果流有缓冲区，就将缓冲区中的字节写入流并清除缓冲区
CanSeek	确定是否可以使用 Seek 方法
Seek	将位置移到参数指定的位置
Read、ReadAsync	将指定数量的字节从流中读取到字节数组中，并向前推进位置
ReadByte	从流中读取下一个字节并推进位置
Write、WriteAsync	将字节数组的内容写入流
WriteByte	将字节写入流

1. 理解存储流

表 9.3 列出了一些存储流，它们表示字节的存储位置。

表9.3　存储流

名称空间	类	说明
System.IO	FileStream	将字节存储在文件系统中
System.IO	MemoryStream	将字节存储在当前进程的内存中
System.Net.Sockets	NetworkStream	将字节存储在网络位置

> **更多信息:**
> FileStream 在.NET 6 中被重写，在 Windows 上有更高的性能和可靠性。可通过以下链接了解更多相关内容: https://devblogs.microsoft.com/dotnet/file-io-improvements-in-dotnet-6/。

2. 理解函数流

表 9.4 列出一些不能单独存在的函数流，它们只能"插入"其他流以实现其功能。

表9.4　一些不能单独存在的函数流

名称空间	类	说明
System.Security.Cryptography	CryptoStream	对流进行加密和解密
System.IO.Compression	GZipStream、DeflateStream	压缩和解压缩流
System.Net.Security	AuthenticatedStream	通过流发送凭据

3. 理解流辅助类

尽管在某些情况下，需要在较低的级别处理流，但大多数情况下，可将辅助类插入链中，以使操作变得更简单。流的所有辅助类都实现了 IDisposable 接口，因此它们都使用 Dispose 方法来释放非托管资源。

表 9.5 列出了一些用于处理常见场景的辅助类。

表 9.5　一些用于处理常见场景的辅助类

名称空间	类	说明
System.IO	StreamReader	以纯文本的形式从底层流读取数据
System.IO	StreamWriter	以纯文本的形式将数据写入底层流
System.IO	BinaryReader	从流中读取.NET 类型。例如，ReadDecimal 方法以 decimal 值的形式从底层流读取后面的 16 字节，ReadInt32 方法以 int 值的形式读取后面的 4 字节
System.IO	BinaryWriter	作为.NET 类型写入流。例如，带有 decimal 参数的 Write 方法向底层流写入 16 字节，而带有 int 参数的 Write 方法向底层流写入 4 字节
System.Xml	XmlReader	以 XML 的形式从底层流读取数据
System.Xml	XmlWriter	以 XML 的形式将数据写入底层流

9.2.2　写入文本流

下面输入一些代码，将文本写入流。

(1) 使用自己喜欢的代码编辑器在 Chapter09 解决方案/工作区中添加一个新的 Console App/console 项目，命名为 WorkingWithStreams。

- 在 Visual Studio 中，将解决方案的启动项目设置为当前选项。
- 在 Visual Studio Code 中，选择 WorkingWithStreams 作为活动的 OmniSharp 项目。

(2) 在项目文件中，添加一个元素，静态和全局地导入 System.Console 类。

(3) 添加一个新的名为 Program.Helpers.cs 的类文件。

(4) 在 Program.Helpers.cs 中，添加一个分部类 Program，其中包含一个名为 SectionTitle 的方法，代码如下所示：

```
partial class Program
{
  static void SectionTitle(string title)
  {
    ConsoleColor previousColor = ForegroundColor;
    ForegroundColor = ConsoleColor.Yellow;
    WriteLine("*");
    WriteLine($"* {title}");
    WriteLine("*");
    ForegroundColor = previousColor;
  }
}
```

(5) 添加一个新的名为 Viper.cs 的类文件。

(6) 在 Viper.cs 文件中，定义一个名为 Viper 的静态类，其中包含一个名为 Callsigns 的字符串值静态数组，代码如下所示：

```
static class Viper
{
  // define an array of Viper pilot call signs
  public static string[] Callsigns = new[]
  {
    "Husker", "Starbuck", "Apollo", "Boomer",
    "Bulldog", "Athena", "Helo", "Racetrack"
  };
}
```

(7) 在 Program.cs 文件中，删除现有语句，然后导入 System.Xml 名称空间，并静态导入 System.Environment 和 System.IO.Path 类。

(8) 在 Program.cs 文件中，添加语句以枚举 Viper 调用符号，将所有调用符号都写到一个文本文件并且每个调用符号都独自成行，代码如下所示：

```
SectionTitle("Writing to text streams");

// define a file to write to
string textFile = Combine(CurrentDirectory, "streams.txt");

// create a text file and return a helper writer
StreamWriter text = File.CreateText(textFile);

// enumerate the strings, writing each one
// to the stream on a separate line
foreach (string item in Viper.Callsigns)
{
  text.WriteLine(item);
}
text.Close(); // release resources

// output the contents of the file
WriteLine("{0} contains {1:N0} bytes.",
  arg0: textFile,
  arg1: new FileInfo(textFile).Length);

WriteLine(File.ReadAllText(textFile));
```

(9) 运行代码并查看结果，输出如下所示：

```
C:\cs11dotnet7\Chapter09\WorkingWithStreams\bin\Debug\net7.0\streams.txt
contains 68 bytes.
Husker
Starbuck
Apollo
Boomer
Bulldog
Athena
Helo
Racetrack
```

(10) 打开创建的文件，并检查其中是否包含调用符号列表。

9.2.3 写入 XML 流

编写 XML 元素有以下两种方式。

- WriteStartElement 和 WriteEndElement：当元素可能有子元素时，使用这对方法。
- WriteElementString：当元素没有子元素时使用这个方法。

当打开文件进行读写时，使用的是.NET 之外的资源。这些资源称为非托管资源，在用完这些资源后必须释放它们。

为了确切地控制何时释放这些资源，可以在 finally 块中调用 Dispose 方法。

现在，尝试在 XML 文件中存储代表飞行员呼号的字符串数组。

(1) 在 Program.cs 文件中，添加语句枚举调用符号，并将每个调用符号作为一个元素写入单个 XML 文件中，代码如下所示：

```
SectionTitle("Writing to XML streams");

// define a file path to write to
string xmlFile = Combine(CurrentDirectory, "streams.xml");

// declare variables for the filestream and XML writer
FileStream? xmlFileStream = null;
XmlWriter? xml = null;

try
{
  // create a file stream
  xmlFileStream = File.Create(xmlFile);

  // wrap the file stream in an XML writer helper
  // and automatically indent nested elements
  xml = XmlWriter.Create(xmlFileStream,
    new XmlWriterSettings { Indent = true });

  // write the XML declaration
  xml.WriteStartDocument();

  // write a root element
  xml.WriteStartElement("callsigns");

  // enumerate the strings, writing each one to the stream
  foreach (string item in Viper.Callsigns)
  {
      xml.WriteElementString("callsign", item);
  }
  // write the close root element
  xml.WriteEndElement();

  // close helper and stream
  xml.Close();
  xmlFileStream.Close();
}
catch (Exception ex)
{
```

```
  // if the path doesn't exist the exception will be caught
  WriteLine($"{ex.GetType()} says {ex.Message}");
}
finally
{
  if (xml != null)
  {
    xml.Dispose();
    WriteLine("The XML writer's unmanaged resources have been
    disposed.");
  }

  if (xmlFileStream != null)
  {
    xmlFileStream.Dispose();
    WriteLine("The file stream's unmanaged resources have been
    disposed.");
  }
}

// output all the contents of the file
WriteLine("{0} contains {1:N0} bytes.",
  arg0: xmlFile,
  arg1: new FileInfo(xmlFile).Length);
WriteLine(File.ReadAllText(xmlFile));
```

(2) 运行代码并查看结果，输出如下所示：

```
The XML writer's unmanaged resources have been disposed.
The file stream's unmanaged resources have been disposed.
C:\cs11dotnet7\Chapter09\WorkingWithStreams\streams.xml contains
320 bytes.
<?xml version="1.0" encoding="utf-8"?>
<callsigns>
    <callsign>Husker</callsign>
    <callsign>Starbuck</callsign>
    <callsign>Apollo</callsign>
    <callsign>Boomer</callsign>
    <callsign>Bulldog</callsign>
    <callsign>Athena</callsign>
    <callsign>Helo</callsign>
    <callsign>Racetrack</callsign>
</callsigns>
```

 最佳实践：
在调用 Dispose 方法之前，请确认对象不为 null。

使用 using 语句简化资源的释放

可简化用于检查 null 对象的代码，然后使用 using 语句来调用 Dispose 方法。一般来说，建议使用 using 语句而不是手动调用 Dispose 方法，除非需要更高级的控制。

令人困惑的是，using 关键字有两种用法：导入名称空间和生成 finally 语句。finally 语句能为实现了 IDisposable 接口的对象调用 Dispose 方法。

编译器会将 using 语句块转变为不带 catch 语句的 try-finally 语句。可以使用嵌套的 try 语句，因此，如果想捕获任何异常，就可以使用下面的代码：

```csharp
using (FileStream file2 = File.OpenWrite(
  Path.Combine(path, "file2.txt")))
{
  using (StreamWriter writer2 = new StreamWriter(file2))
  {
    try
    {
      writer2.WriteLine("Welcome, .NET!");
    }
    catch(Exception ex)
    {
        WriteLine($"{ex.GetType()} says {ex.Message}");
    }
  } // automatically calls Dispose if the object is not null
} // automatically calls Dispose if the object is not null
```

甚至不必显式地指定 using 语句的花括号和缩进就可以进一步简化代码，代码如下所示：

```csharp
using FileStream file2 = File.OpenWrite(Path.Combine(path, "file2.txt"));
using StreamWriter writer2 = new(file2);
try
{
  writer2.WriteLine("Welcome, .NET!");
}
catch(Exception ex)
{
  WriteLine($"{ex.GetType()} says {ex.Message}");
}
```

9.2.4 压缩流

XML 比较冗长，所以相比纯文本会占用更多的字节空间。可以使用一种名为 GZIP 的常见压缩算法来压缩 XML。

在.NET Core 2.1 中，微软引入了 Brotli 压缩算法的实现。Brotli 在性能上类似于 DEFLATE 和 GZIP 中使用的算法，但输出密度约大了 20%。

下面比较这两种算法。

(1) 添加一个新的名为 Program.Compress.cs 的类文件。

(2) 在 Program.Compress.cs 中，编写语句，使用 GZipStream 或 BrotliStream 的实例创建压缩文件，其中包含与之前相同的 XML 元素，然后在读取压缩文件并将其输出到控制台时对其进行解压缩，代码如下所示：

```csharp
using System.IO.Compression; // BrotliStream, GZipStream, CompressionMode
using System.Xml; // XmlWriter, XmlReader

using static System.Environment; // CurrentDirectory
```

```
using static System.IO.Path; // Combine

partial class Program
{
  static void Compress(string algorithm = "gzip")
  {
      // define a file path using algorithm as file extension
      string filePath = Combine(
        CurrentDirectory, $"streams.{algorithm}");

      FileStream file = File.Create(filePath);
      Stream compressor;
      if (algorithm == "gzip")
      {
          compressor = new GZipStream(file, CompressionMode.Compress);
      }
  else
  {
      compressor = new BrotliStream(file, CompressionMode.Compress);
  }

    using (compressor)
    {
      using (XmlWriter xml = XmlWriter.Create(compressor))
      {
          xml.WriteStartDocument();
          xml.WriteStartElement("callsigns");
          foreach (string item in Viper.Callsigns)
          {
            xml.WriteElementString("callsign", item);
          }
      }
    }
} // also closes the underlying stream

// output all the contents of the compressed file
WriteLine("{0} contains {1:N0} bytes.",
  filePath, new FileInfo(filePath).Length);

WriteLine($"The compressed contents:");
WriteLine(File.ReadAllText(filePath));

// read a compressed file
WriteLine("Reading the compressed XML file:");
file = File.Open(filePath, FileMode.Open);
Stream decompressor;
if (algorithm == "gzip")
{
  decompressor = new GZipStream(
      file, CompressionMode.Decompress);
}
else
{
  decompressor = new BrotliStream(
      file, CompressionMode.Decompress);
```

```
    }

    using (decompressor)

    using (XmlReader reader = XmlReader.Create(decompressor))

    while (reader.Read())
    {
        // check if we are on an element node named callsign
        if ((reader.NodeType == XmlNodeType.Element)
            && (reader.Name == "callsign"))
        {
            reader.Read(); // move to the text inside element
            WriteLine($"{reader.Value}"); // read its value
        }
    }
}
}
```

(3) 在 Program.cs 中，添加对带参的 Compress 方法的调用，以使用 gzip 和 brotli 算法，代码如下所示：

```
SectionTitle("Compressing streams");
Compress(algorithm: "gzip");
Compress(algorithm: "brotli");
```

(4) 运行代码，使用 gzip 和 brotli 算法比较原来的 XML 文件和压缩后的 XML 文件的大小，代码如下所示：

```
C:\cs11dotnet7\Chapter09\WorkingWithStreams\bin\Debug\net7.0\streams.gzip
contains 151 bytes.
The compressed contents:
▼?
z?{??}En?BYjQqf~???????Bj^r~Jf^??RiI??????MrbNNqfz^1?i?QZ??Zd?‡@
H♣?$¬%?&gc?t,?????*????H?????t?&?d??%b??H?aUPbrjIQ"??b;??♥??9¬∟@
C:\cs11dotnet7\Chapter09\WorkingWithStreams\bin\Debug\net7.0\streams.
brotli contains 118 bytes.
The compressed contents:
??L vl?9?L'??w?????.??lt???k?♥?L♥?-I‡hQ☺?^~{}?}?a{Ln?4xG?eX??V?#?Fp?P
??w>0→¶?W?U??{???02/???y?? Zo??|????M?♥
```

更多信息:
同一 XML 文件压缩后的大小还不到压缩前的一半，压缩前为 320 字节。

9.2.5 使用 tar 存档文件

扩展名为.tar 的文件是使用基于 Unix 的存档应用程序 tar 创建的。扩展名为.tar.gz 的文件是使用 tar 创建，然后使用 GZIP 压缩算法压缩的。

.NET 7 中引入了 System.Formats.Tar 程序集，该程序集中的 API 用于读取、写入、存档和提取 tar 存档文件。

TarFile 类中的静态公有成员如表 9.6 中所示。

表 9.6　TarFile 类中的静态公有成员

成员	说明
CreateFromDirectory 和 CreateFromDirectoryAsync	创建一个 tar 流，其中包含指定目录中的所有文件系统条目
ExtractToDirectory 和 ExtractToDirectoryAsync	将表示 tar 存档文件的流的内容提取到指定的目录中
DefaultCapacity	Windows 的 MAX_PATH (260)被用作默认容量

下面介绍一些实际例子。

(1) 使用自己喜欢的代码编辑器在 Chapter09 解决方案/工作区中添加一个新的 Console App/console 项目，命名为 WorkingWithTarArchives。

在 Visual Studio Code 中，选择 WorkingWithTarArchives 作为活动的 OmniSharp 项目。

(2) 在项目文件中，添加一个元素，静态且全局地导入 System.Console 类。

(3) 在 Program.Helpers.cs 中，添加一个分部类 Program，该类包含的三个方法分别以相应的颜色将 FAIL、WARN 和 INFO 消息输出到控制台，代码如下所示：

```
partial class Program
{
  static void WriteError(string message)
  {
    ConsoleColor previousColor = ForegroundColor;
    ForegroundColor = ConsoleColor.Red;
    WriteLine($"FAIL: {message}");
    ForegroundColor = previousColor;
  }

  static void WriteWarning(string message)
  {
    ConsoleColor previousColor = ForegroundColor;
    ForegroundColor = ConsoleColor.DarkYellow;
    WriteLine($"WARN: {message}");
    ForegroundColor = previousColor;
  }

  static void WriteInformation(string message)
  {
    ConsoleColor previousColor = ForegroundColor;
    ForegroundColor = ConsoleColor.Blue;
    WriteLine($"INFO: {message}");
    ForegroundColor = previousColor;
  }
}
```

(4) 在 WorkingWithTarArchives 项目中，创建一个名为 images 的文件夹并将一些图像复制到该文件夹中。

如果使用的是 Visual Sudio 2022，选择所有的图像文件，查看 Properties 并将 Copy to Output Directory 设置为 Copy always。

更多信息：

可通过以下链接下载一些图像：https://github.com/markjprice/cs11dotnet7/tree/main /vs4win/Chapter09/WorkingWithTarArchives/images。

(5) 在 Program.cs 文件中，删除现有语句，然后添加语句，将指定文件夹中的内容存档到 tar 存档文件中，之后将该文件提取到一个新的文件夹中，代码如下所示：

```
using System.Formats.Tar; // TarFile

try
{
  string current = Environment.CurrentDirectory;
  WriteInformation($"Current directory: {current}");

  string sourceDirectory = Path.Combine(current, "images");
  string destinationDirectory = Path.Combine(current, "extracted");
  string tarFile = Path.Combine(current, "images-archive.tar");

  if (!Directory.Exists(sourceDirectory))
  {
      WriteError($"The {sourceDirectory} directory must exist. Please
create it and add some files to it.");
      return;
  }

  if (File.Exists(tarFile))
  {
    // If the Tar archive file already exists then we must delete it.
    File.Delete(tarFile);
    WriteWarning($"{tarFile} already existed so it was deleted.");
  }

  WriteInformation(
    $"Archiving directory: {sourceDirectory}\n To .tar file:
{tarFile}");

  TarFile.CreateFromDirectory(
    sourceDirectoryName: sourceDirectory,
    destinationFileName: tarFile,
    includeBaseDirectory: true);

WriteInformation($"Does {tarFile} exist? {File.Exists(tarFile)}.");

if (!Directory.Exists(destinationDirectory))
{
    // If the destination directory does not exist then we must create
    // it before extracting a Tar archive to it.
    Directory.CreateDirectory(destinationDirectory);
    WriteWarning($"{destinationDirectory} did not exist so it was
created.");
  }

  WriteInformation(
```

```
  $"Extracting archive: {tarFile}\n To directory:
{destinationDirectory}");

  TarFile.ExtractToDirectory(
    sourceFileName: tarFile,
    destinationDirectoryName: destinationDirectory,
    overwriteFiles: true);

  if (Directory.Exists(destinationDirectory))
  {
    foreach (string dir in Directory.
GetDirectories(destinationDirectory))
    {
      WriteInformation(
        $"Extracted directory {dir} containing these files: " +
        string.Join(',', Directory.EnumerateFiles(dir)
          .Select(file => Path.GetFileName(file))));
    }
  }
}
catch (Exception ex)
{
  WriteError(ex.Message);
}
```

(6) 运行该控制台应用程序并注意所显示的消息，输出如下所示：

```
INFO: Current directory:       C:\cs11dotnet7\Chapter09\
WorkingWithTarArchives\bin\Debug\net7.0
INFO: Archiving directory:     C:\cs11dotnet7\Chapter09\
WorkingWithTarArchives\bin\Debug\net7.0\images
       To .tar file:           C:\cs11dotnet7\Chapter09\
WorkingWithTarArchives\bin\Debug\net7.0\images-archive.tar
INFO: Does C:\cs11dotnet7\Chapter09\WorkingWithTarArchives\bin\Debug\
net7.0\images-archive.tar exist? True.
WARN: C:\cs11dotnet7\Chapter09\WorkingWithTarArchives\bin\Debug\net7.0\
extracted did not exist so it was created.
INFO: Extracting archive:      C:\cs11dotnet7\Chapter09\
WorkingWithTarArchives\bin\Debug\net7.0\images-archive.tar
  To directory:                C:\cs11dotnet7\Chapter09\
WorkingWithTarArchives\bin\Debug\net7.0\extracted
INFO: Extracted directory      C:\cs11dotnet7\Chapter09\
WorkingWithTarArchives\bin\Debug\net7.0\extracted\images containing
these files: category1.jpeg,category2.jpeg,category3.jpeg,category4.
jpeg,category5.jpeg,category6.jpeg,category7.jpeg,category8.jpeg
```

(7) 如果你有可查看 tar 存档文件内容的软件，如 7-Zip，那么可使用它查看 images-archive.tar 文件的内容，如图 9.3 所示。

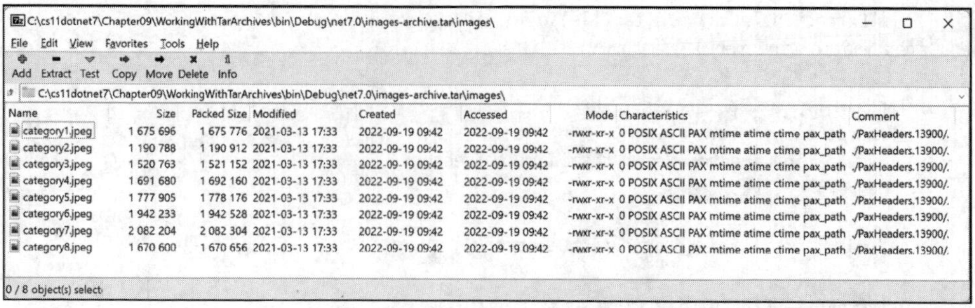

图 9.3　在 Windows 上使用 7-Zip 打开 tar 存档文件

更多信息：

可通过以下链接下载和安装免费的开源 7-Zip：https://www.7-zip.org/。

9.2.6　读写 tar 条目

除了 TarFile 类，还有一些可用于读写 tar 存档文件中的单个条目的类，包括 TarEntry、TarEntryFormat、TarReader 和 TarWriter。将这些类与 GzipStream 组合使用，可在读写条目时对条目进行压缩或解压缩。

更多信息：

可通过以下链接学习更多有关 .NET tar 支持的内容：https://learn.microsoft.com/en-us/dotnet/api/system.formats.tar。

9.3　编码和解码文本

文本字符可以用不同的方式表示。例如，字母表可以用莫尔斯电码编码成一系列的点和短横线，以便用电报线路传输。

以类似的方式，计算机中的文本能够以位(1 和 0)的形式存储，位表示代码空间中的代码点。大多数代码点表示单个字符，但它们也可以有其他含义，如格式化。

例如，ASCII 的代码空间可以包含 128 个代码点。.NET 使用 Unicode 标准对文本进行内部编码。Unicode 拥有超过 100 万个代码点的代码空间。

有时，需要将文本移到 .NET 之外，供不使用 Unicode 或 Unicode 变体的系统使用。因此，了解如何在编码之间进行转换十分重要。

表 9.7 列出了一些计算机常用的文本编码方法。

表 9.7　一些常用的文本编码方法

编码方法	说明
ASCII	使用字节的低 7 位来编码有限范围的字符
UTF-8	将每个 Unicode 代码点表示为 1～4 字节的序列

(续表)

编码方法	说明
UTF-7	这是为了实现在 7 位通道上比 UTF-8 更有效而设计的，但是因为存在安全性和健壮性问题，所以建议使用 UTF-8
UTF-16	将每个 Unicode 代码点表示为一个或两个 16 位整数的序列
UTF-32	将每个 Unicode 代码点表示为 32 位整数，因此是固定长度编码，而其他 Unicode 编码都是可变长度编码
ANSI/ISO 编码	用于为支持特定语言或一组语言的各种代码页提供支持

最佳实践：

大多数情况下，UTF-8 是很好的选择，并且实际上是默认的编码方式，也就是 Encoding.Default。因为 Encoding.UTF7 不安全，所以应该避免使用它。尝试使用 UTF-7 时，C#编译器会发出警告。当然，为了与其他系统兼容，可能需要使用该编码方式生成文本，因此它需要在.NET 中保留一个选项。

9.3.1　将字符串编码为字节数组

下面研究一下文本编码。

(1) 使用自己喜欢的代码编辑器在 Chapter09 解决方案/工作区中添加一个新的 Console App/console 项目，命名为 WorkingWithEncodings。

在 Visual Studio Code 中，选择 WorkingWithEncodings 作为活动的 OmniSharp 项目。

(2) 在项目文件中，添加一个元素，静态且全局地导入 System.Console 类。

(3) 在 Program.cs 文件中，删除现有语句，导入 System.Text 名称空间，然后添加语句，使用用户选择的编码方式对字符串进行编码，遍历每个字节，之后将它们解码回字符串并输出，代码如下所示：

```
using System.Text;

WriteLine("Encodings");
WriteLine("[1] ASCII");
WriteLine("[2] UTF-7");
WriteLine("[3] UTF-8");
WriteLine("[4] UTF-16 (Unicode)");
WriteLine("[5] UTF-32");
WriteLine("[6] Latin1");
WriteLine("[any other key] Default encoding");
WriteLine();

// choose an encoding
Write("Press a number to choose an encoding.");
ConsoleKey number = ReadKey(intercept: true).Key;
WriteLine(); WriteLine();

Encoding encoder = number switch
{
  ConsoleKey.D1 or ConsoleKey.NumPad1 => Encoding.ASCII,
```

```
ConsoleKey.D2 or ConsoleKey.NumPad2 => Encoding.UTF7,
ConsoleKey.D3 or ConsoleKey.NumPad3 => Encoding.UTF8,
ConsoleKey.D4 or ConsoleKey.NumPad4 => Encoding.Unicode,
ConsoleKey.D5 or ConsoleKey.NumPad5 => Encoding.UTF32,
ConsoleKey.D6 or ConsoleKey.NumPad6 => Encoding.Latin1,
_                   => Encoding.Default
};

// define a string to encode
string message = "Café £4.39";
WriteLine($"Text to encode: {message} Characters: {message.Length}");

// encode the string into a byte array
byte[] encoded = encoder.GetBytes(message);

// check how many bytes the encoding needed
WriteLine("{0} used {1:N0} bytes.", encoder.GetType().Name,
encoded.Length);
WriteLine();

// enumerate each byte
WriteLine($"BYTE | HEX | CHAR");
foreach (byte b in encoded)
{
  WriteLine($"{b,4} | {b.ToString("X"),3} | {(char)b,4}");
}

// decode the byte array back into a string and display it
string decoded = encoder.GetString(encoded);
WriteLine(decoded);
```

(4) 运行代码，按 1 选择 ASCII，注意在输出字节时，无法用 ASCII 表示£符号和é符号，因此这里使用问号来代替这个符号，如下所示：

```
Text to encode: Café £4.39 Characters: 10
ASCIIEncodingSealed used 10 bytes.
BYTE |   HEX | CHAR
  67 |    43 | C
  97 |    61 | a
 102 |    66 | f
  63 |    3F | ?
  32 |    20 |
  63 |    3F | ?
  52 |    34 | 4
  46 |    2E | .
  51 |    33 | 3
  57 |    39 | 9
Caf? ?4.39
```

(5) 重新运行代码，按 3 选择 UTF-8，注意 UTF-8 需要额外的 2 字节(需要 12 字节而不是 10 字节)，因而可以编码和解码é和£字符。

```
Text to encode: Café £4.39 Characters: 10
UTF8EncodingSealed used 12 bytes.
```

```
BYTE | HEX | CHAR
  67 | 43  | C
  97 | 61  | a
 102 | 66  | f
 195 | C3  | Ã
 169 | A9  | ©
  32 | 20  |
 194 | C2  | Â
 163 | A3  | £
  52 | 34  | 4
  46 | 2E  | .
  51 | 33  | 3
  57 | 39  | 9
Café £4.39
```

(6) 重新运行代码，按 4 选择 Unicode(UTF-16)，注意 UTF-16 的每个字符都需要 2 字节，总共需要 20 字节，因而可以编码和解码 é 和£字符。.NET 在内部使用这种编码方式来存储 char 和 string 值。

9.3.2 对文件中的文本进行编码和解码

在使用流辅助类(如 StreamReader 和 StreamWriter)时，可以指定要使用的编码。当写入辅助类时，文本将自动编码；当从辅助类中读取时，字节将自动解码。

要指定编码，可将编码方式作为第二个参数传递给辅助类的构造函数，代码如下所示：

```
StreamReader reader = new(stream, Encoding.UTF8);
StreamWriter writer = new(stream, Encoding.UTF8);
```

最佳实践：

通常无法选择使用哪种编码方式，因为生成的是供另一个系统使用的文件。但是，如果这样做了，请选择一个使用的字节数最少但可以存储所需的每个字符的系统。

9.3.3 使用随机访问句柄读写文本

在.NET 6 和后续版本中，有一个新的 API 可在不需要文件流的情况下处理文件。

首先，必须获取文件的句柄，代码如下所示：

```
using Microsoft.Win32.SafeHandles; // SafeFileHandle
using System.Text; // Encoding

using SafeFileHandle handle =
  File.OpenHandle(path: "coffee.txt",
    mode: FileMode.OpenOrCreate,
    access: FileAccess.ReadWrite);
```

然后，可以将一些文本编码为字节数组，并将其存储在只读内存缓冲区中，之后再将其写入文件，代码如下所示：

```
string message = "Café £4.39";
ReadOnlyMemory<byte> buffer = new(Encoding.UTF8.GetBytes(message));
await RandomAccess.WriteAsync(handle, buffer, fileOffset: 0);
```

要从文件读取，请获取该文件的长度，使用该长度为文件的内容分配内存缓冲区，然后读取文件，代码如下所示：

```
long length = RandomAccess.GetLength(handle);
Memory<byte> contentBytes = new(new byte[length]);
await RandomAccess.ReadAsync(handle, contentBytes, fileOffset: 0);
string content = Encoding.UTF8.GetString(contentBytes.ToArray());
WriteLine($"Content of file: {content}");
```

9.4　序列化对象图

对象图是直接通过引用或间接通过引用链彼此关联的多个对象。

序列化是使用指定的格式将活动对象转换为字节序列的过程。反序列化则是相反的过程。这样做是为了保存活动对象的当前状态，这样就可以在将来重新创建它。例如，保存游戏的当前状态，这样第二天就可以继续在同一个地方玩游戏。序列化的对象通常存储在文件或数据库中。

可以指定的格式有几十种，但最常见的有两种：XML 和 JSON。

最佳实践：

JSON 更紧凑，最适合 Web 应用和移动应用。XML 虽然较冗长，却在更老的系统中得到了更好的支持。可使用 JSON 最小化序列化的对象图的大小。在向 Web 应用和移动应用发送对象图时，JSON 是不错的选择。因为 JSON 是 JavaScript 的本地序列化格式，而移动应用经常在有限的带宽上调用，所以字节数很重要。

.NET 有多个类，可以序列化为 XML 和 JSON，也可以从 XML 和 JSON 中进行序列化。下面从 XmlSerializer 和 JsonSerializer 开始介绍。

9.4.1　序列化为 XML

XML 可能是世界上最常用的序列化格式。下面自定义一个类来存储个人信息，然后使用嵌套的 Person 实例列表来创建对象图。

(1) 使用自己喜欢的代码编辑器在 Chapter09 解决方案/工作区中添加一个新的项目，命名为 WorkingWithSerialization。

在 Visual Studio Code 中，选择 WorkingWithSerialization 作为活动的 OmniSharp 项目。

(2) 添加一个新的名为 Person.cs 的类文件，定义一个带有受保护的 Salary 属性的 Person 类，这意味着只能对 Person 类自身及其派生类访问 Salary 属性。为了填充工资信息，Person 类提供了一个构造函数，该构造函数用一个参数来设置初始工资，代码如下所示：

```
namespace Packt.Shared;

public class Person
{
  public Person(decimal initialSalary)
  {
    Salary = initialSalary;
  }
```

```csharp
    public string? FirstName { get; set; }
    public string? LastName { get; set; }
    public DateTime DateOfBirth { get; set; }
    public HashSet<Person>? Children { get; set; }
    protected decimal Salary { get; set; }
}
```

(3) 在 Program.cs 文件中，删除现有语句。导入用于处理 XML 序列化的名称空间，并静态导入 Environment 和 Path 类，代码如下所示：

```csharp
using System.Xml.Serialization; // XmlSerializer
using Packt.Shared; // Person

using static System.Environment;
using static System.IO.Path;
```

(4) 在 Program.cs 文件中，添加语句以创建 Person 实例的对象图，代码如下所示：

```csharp
// create an object graph
List<Person> people = new()
{
    new(30000M)
    {
        FirstName = "Alice",
        LastName = "Smith",
        DateOfBirth = new(year: 1974, month: 3, day: 14)
    },
    new(40000M)
    {
        FirstName = "Bob",
        LastName = "Jones",
        DateOfBirth = new(year: 1969, month: 11, day: 23)
    },
    new(20000M)
    {
      FirstName = "Charlie",
      LastName = "Cox",
      DateOfBirth = new(year: 1984, month: 5, day: 4),
      Children = new()
      {
        new(0M)
        {
          FirstName = "Sally",
          LastName = "Cox",
          DateOfBirth = new(year: 2012, month: 7, day: 12)
        }
      }
    }
};

// create object that will format a List of Persons as XML
XmlSerializer xs = new(type: people.GetType());

// create a file to write to
string path = Combine(CurrentDirectory, "people.xml");
```

```
using (FileStream stream = File.Create(path))
{
  // serialize the object graph to the stream
  xs.Serialize(stream, people);
}

WriteLine("Written {0:N0} bytes of XML to {1}",
  arg0: new FileInfo(path).Length,
  arg1: path);
WriteLine();

// Display the serialized object graph
WriteLine(File.ReadAllText(path));
```

(5) 运行代码，查看结果，注意抛出了异常，输出如下所示：

```
Unhandled Exception: System.InvalidOperationException: Packt.Shared.
Person cannot be serialized because it does not have a parameterless
constructor.
```

(6) 在 Person.cs 中添加以下语句，定义一个无参构造函数：

```
public Person() { }
```

更多信息：

这个构造函数不需要做任何事情，但是它必须存在，以便 XmlSerializer 在反序列化过程中调用它来实例化新的 Person 实例。

(7) 重新运行代码并查看结果，注意对象图被序列化为 XML 元素，如 <FirstName>Bob</FirstName>，并且 Salary 属性不包括在内，因为它不是一个 public 属性，输出如下所示：

```
Written 656 bytes of XML to C:\cs11dotnet7\Chapter09\
WorkingWithSerialization\bin\Debug\net7.0\people.xml
<?xml version="1.0" encoding="utf-8"?><ArrayOfPerson xmlns:xsi="http://
www.w3.org/2001/XMLSchema-instance" xmlns:xsd="http://
www.w3.org/2001/XMLSchema"><Person><FirstName>Alice</
FirstName><LastName>Smith</LastName><DateOfBirth>1974-03-
14T00:00:00</DateOfBirth></Person><Person><FirstName>Bob</
FirstName><LastName>Jones</LastName><DateOfBirth>1969-11-
23T00:00:00</DateOfBirth></Person><Person><FirstName>Charlie</
FirstName><LastName>Cox</LastName><DateOfBirth>1984-05-04T00:00:00</
DateOfBirth><Children><Person><FirstName>Sally</FirstName><LastName>Cox</
LastName><DateOfBirth>2012-07-12T00:00:00</DateOfBirth></Person></
Children></Person></ArrayOfPerson>
```

9.4.2 生成紧凑的 XML

使用特性而不是某些字段的元素可使 XML 更紧凑。

(1) 在 Person.cs 文件中，导入 System.Xml.Serialization 名称空间，这样就可以使用[XmlAttribute]特性装饰一些属性，代码如下所示：

```
using System.Xml.Serialization; // [XmlAttribute]
```

(2) 在 Person.cs 文件中，使用[XmlAttribute]特性装饰名字、姓氏和出生日期属性，并为每个
属性设置一个简短的名称，如以下突出显示的代码所示：

```
[XmlAttribute("fname")]
public string? FirstName { get; set; }

[XmlAttribute("lname")]
public string? LastName { get; set; }

[XmlAttribute("dob")]
public DateTime DateOfBirth { get; set; }
```

(3) 运行代码并注意，通过将属性值作为 XML 属性输出，文件的大小从 656 字节减少到 451
字节，节省了将近三分之一的内存空间，输出如下所示：

```
Written 451 bytes of XML to C:\cs11dotnet7\Chapter09\
WorkingWithSerialization\bin\Debug\net7.0\people.xml

<?xml version="1.0" encoding="utf-8"?><ArrayOfPerson xmlns:xsi="http://
www.w3.org/2001/XMLSchema-instance" xmlns:xsd="http://www.w3.org/2001/
XMLSchema"><Person fname="Alice" lname="Smith" dob="1974-03-14T00:00:00"
/><Person fname="Bob" lname="Jones" dob="1969-11-23T00:00:00" /><Person
fname="Charlie" lname="Cox" dob="1984-05-04T00:00:00"><Children><Person
fname="Sally" lname="Cox" dob="2012-07-12T00:00:00" /></Children></
Person></ArrayOfPerson>
```

9.4.3 反序列化 XML 文件

现在，可尝试将 XML 文件反序列化为内存中的活动对象。

(1) 在 Person.cs 文件中，添加语句打开 XML 文件，然后反序列化该文件，代码如下所示：

```
WriteLine();
WriteLine("* Deserializing XML files");

using (FileStream xmlLoad = File.Open(path, FileMode.Open))
{
  // deserialize and cast the object graph into a List of Person
  List<Person>? loadedPeople =
    xs.Deserialize(xmlLoad) as List<Person>;

  if (loadedPeople is not null)
  {
    foreach (Person p in loadedPeople)
    {
      WriteLine("{0} has {1} children.",
        p.LastName, p.Children?.Count ?? 0);
    }
  }
}
```

(2) 重新运行代码。注意我们已经成功地从 XML 文件中加载了个人信息并进行了枚举，输出

如下所示：

```
* Deserializing XML files
Smith has 0 children.
Jones has 0 children.
Cox has 1 children.
```

还有许多其他特性可用于控制所生成的 XML。

如果不使用任何注解，XmlSerializer 在反序列化时会使用属性名来执行不区分大小写的匹配。

最佳实践：
在使用 XmlSerializer 时，请记住只包含公有字段和属性。另外，该类必须包含一个无参构造函数。可以使用特性自定义输出。

9.4.4　用 JSON 序列化

使用 JSON 序列化格式的最流行的.NET 库是 Newtonsoft.Json，又名 Json.NET。它很成熟、强大。

Newtonsoft.Json 非常流行，它的下载次数超出了 NuGet 包管理器用于统计下载次数的 32 位整数的边界，如图 9.4 中的推文所示。

图 9.4　在 2022 年 8 月，Newtonsoft.Json 的下载量为负 20 亿

下面看看 Newtonsoft.json 的实际应用。

(1) 在 WorkingWithSerialization 项目中，为最新版本的 Newtonsoft.Json 添加包引用，如下所示：

```
<ItemGroup>
    <PackageReference Include="Newtonsoft.Json" Version="13.0.1" />
</ItemGroup>
```

(2) 构建 WorkingWithSerialization 项目来恢复包。

(3) 在 Program.cs 文件中，添加语句以创建文本文件，然后将个人信息序列化为 JSON 格式并放在创建的文本文件中，代码如下所示：

```
// create a file to write to
string jsonPath = Combine(CurrentDirectory, "people.json");

using (StreamWriter jsonStream = File.CreateText(jsonPath))
{
    // create an object that will format as JSON
    Newtonsoft.Json.JsonSerializer jss = new();

    // serialize the object graph into a string
    jss.Serialize(jsonStream, people);
}

WriteLine();
WriteLine("Written {0:N0} bytes of JSON to: {1}",
  arg0: new FileInfo(jsonPath).Length,
  arg1: jsonPath);

// display the serialized object graph
WriteLine(File.ReadAllText(jsonPath));
```

(4) 重新运行代码。注意，与带有元素的 XML 相比，JSON 需要的字节数不到前者的一半，甚至比使用属性的 XML 文件还要小，输出如下所示：

```
Written 366 bytes of JSON to: C:\cs11dotnet7\Chapter09\
WorkingWithSerialization\bin\Debug\net7.0\people.json
[{"FirstName":"Alice","LastName":"Smith","DateOfBirth":"1974-03-
14T00:00:00","Children":null},{"FirstName":"Bob","LastName":"Jones","Date
OfBirth":"1969-11-23T00:00:00","Children":null},{"FirstName":"Charlie","L
astName":"Cox","DateOfBirth":"1984-05-04T00:00:00","Children":[{"FirstNam
e":"Sally","LastName":"Cox","DateOfBirth":"2012-07-12T00:00:00","Children
":null}]}]
```

9.4.5 高性能的 JSON 处理

.NET Core 3.0 引入了新的名称空间 System.Text.Json 来处理 JSON，从而能够使用诸如 Span<T>的 API 来优化性能。

此外，Json.NET 是通过读取 UTF-16 来实现的。使用 UTF-8 读写 JSON 文档能带来更好的性能，因为包括 HTTP 在内的大多数网络协议都使用 UTF-8，而且可以避免在 UTF-8 与 Json.NET 的 Unicode 字符串值之间来回转换。

使用新的 API，微软在 1.3x 和 5x 之间的性能有了极大改进，具体取决于场景。

Json.NET 的作者 James Newton-King 已加入微软，并与同事一起开发了新的 JSON 类型。正如他在讨论新的 JSON API 的评论中所说，"Json.NET 不会消失，"如图 9.5 所示。

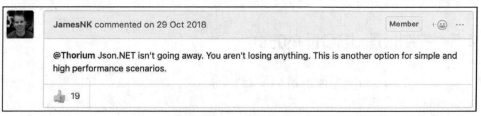

图 9.5 Json.NET 原始作者的注释

下面介绍如何使用新的 JSON API 来反序列化 JSON 文件。

(1) 在 WorkingWithSerialization 项目的 Program.cs 文件的顶部，导入使用别名执行序列化的新 JSON 类，以避免名称与之前使用的 Json.NET 发生冲突，代码如下所示：

```
using FastJson = System.Text.Json.JsonSerializer;
```

(2) 在 Program.cs 文件中，添加语句以打开 JSON 文件并反序列化它，然后输出人员的姓名及其子女的数目，代码如下所示：

```
WriteLine();
WriteLine("* Deserializing JSON files");

using (FileStream jsonLoad = File.Open(jsonPath, FileMode.Open))
{
    // deserialize object graph into a List of Person
    List<Person>? loadedPeople =
        await FastJson.DeserializeAsync(utf8Json: jsonLoad,
            returnType: typeof(List<Person>)) as List<Person>;

    if (loadedPeople is not null)
    {
        foreach (Person p in loadedPeople)
        {
            WriteLine("{0} has {1} children.",
                p.LastName, p.Children?.Count ?? 0);
        }
    }
}
```

(3) 运行代码并查看结果，输出如下所示：

```
* Deserializing JSON files
Smith has 0 children.
Jones has 0 children.
Cox has 1 children.
```

最佳实践：
请选用 Json.NET 以提高开发人员的工作效率，并选用 System.Text.Json 以提高性能。可通过以下链接查看差异列表：https://docs.microsoft.com/en-us/dotnet/standard/serialization/system-text-json-migrate-from-newtonsoft-how-to?pivots=dotnet-7-0#table-of-differences-between-newtonsoftjson-and-systemtextjson。

9.5 控制处理 JSON 的方式

有很多选项可以控制处理 JSON 的方式，如下所示：
- 包含和排除字段。
- 设置大小写策略。

- 选择区分大小写的策略。
- 在压缩和美化空白之间选择。

下面列举一些实际例子。

(1) 使用自己喜欢的代码编辑器在 Chapter09 解决方案/工作区中添加一个新的 Console App/console 项目，命名为 WorkingWithJson。

在 Visual Studio Code 中，选择 WorkingWithJson 作为活动的 OmniSharp 项目。

(2) 在 WorkingWithJson 项目的 Program.cs 文件中，删除现有代码，导入使用高性能 JSON 的主要名称空间，然后静态导入 System.Environment 和 System.IO.Path 类，代码如下所示：

```
using System.Text.Json; // JsonSerializer

using static System.Environment;
using static System.IO.Path;
```

(3) 添加一个新的名为 Book.cs 的类文件。

(4) 在 Book.cs 文件中，定义一个名为 Book 的类，代码如下所示：

```
using System.Text.Json.Serialization; // [JsonInclude]

public class Book
{
  // constructor to set non-nullable property
  public Book(string title)
  {
    Title = title;
  }

  // properties
  public string Title { get; set; }
  public string? Author { get; set; }

  // fields
  [JsonInclude] // include this field
  public DateTime PublishDate;

  [JsonInclude] // include this field
  public DateTimeOffset Created;

  public ushort Pages;
}
```

(5) 在 Program.cs 中，添加语句以创建 Book 类的实例并将其序列化为 JSON 格式，代码如下所示：

```
Book mybook = new(title:
  "C# 11 and .NET 7 - Modern Cross-Platform Development Fundamentals")
{
  Author = "Mark J Price",
  PublishDate = new(year: 2022, month: 11, day: 8),
  Pages = 823,
  Created = DateTimeOffset.UtcNow,
```

```
};

JsonSerializerOptions options = new()
{
  IncludeFields = true, // includes all fields
  PropertyNameCaseInsensitive = true,
  WriteIndented = true,
  PropertyNamingPolicy = JsonNamingPolicy.CamelCase,
};

string filePath = Combine(CurrentDirectory, "mybook.json");

using (Stream fileStream = File.Create(filePath))
{
  JsonSerializer.Serialize<Book>(
      utf8Json: fileStream, value: mybook, options);
}

WriteLine("Written {0:N0} bytes of JSON to {1}",
    arg0: new FileInfo(filePath).Length,
    arg1: filePath);
WriteLine();

// display the serialized object graph
WriteLine(File.ReadAllText(filePath));
```

(6) 运行该代码并查看结果，输出如下所示：

```
Written 222 bytes of JSON to C:\cs11dotnet7\Chapter09\WorkingWithJson\
bin\Debug\net7.0\mybook.json

{
    "title": "C# 11 and .NET 7 - Modern Cross-Platform Development
Fundamentals",
    "author": "Mark J Price",
    "publishDate": "2022-11-08T00:00:00",
    "created": "2022-03-04T08:16:38.1823225+00:00",
    "pages": 823
}
```

请注意以下几点：

- JSON 文件有 222 字节。
- 成员名使用 camelCasing 风格，如 publishDate。这对于使用 JavaScript 的浏览器的后续处理是最佳选择。
- 由于选项设置，所有字段都包括在内，包括 pages。
- JSON 被美化，更便于人类阅读。
- DateTime 和 DateTimeOffset 值被存储为单一标准字符串格式。

(7) 在 Program.cs 文件中，当设置 JsonSerializerOptions 时，注释掉大小写策略的设置，缩进写入，包括字段。

(8) 运行该代码并查看结果，输出如下所示：

```
Written 183 bytes of JSON to C:\cs11dotnet7\Chapter09\WorkingWithJson\
bin\Debug\net7.0\mybook.json

{"Title":"C# 11 and .NET 7 - Modern Cross-Platform Development
Fundamentals","Author":"Mark J Price","PublishDate":"2022-11-
08T00:00:00","Created":"2022-03-04T08:20:15.0989884+00:00"}
```

请注意以下几点：

- JSON 文件为 183 字节，减少了 20%以上。
- 成员名使用普通的大小写，如 PublishDate。
- Pages 字段缺失。包含其他字段是由于 PublishDate 和 Created 字段带有[JsonInclude]特性。

9.5.1 用于处理 HTTP 响应的新的 JSON 扩展方法

在.NET 5 中，微软改进了 System.Text.Json 名称空间中的类，如 HttpResponse 的扩展方法，参见第 15 章。

9.5.2 从 Newtonsoft 迁移到新的 JSON

如果现有代码使用了 Newtonsoft Json.NET 库，并且希望迁移到新的 System.Text.Json 名称空间，那么可以参考微软专为此提供的文档，链接如下：https://docs.microsoft.com/en-us/dotnet/standard/serialization/system-text-jsonmigrate-from-newtonsoft-how-to。

9.6 实践和探索

你可以通过回答一些问题来测试自己对知识的理解程度，进行一些实践，并深入探索本章涵盖的主题。

9.6.1 练习 9.1：测试你掌握的知识

回答以下问题：

(1) File 类和 FileInfo 类之间的区别是什么？

(2) 流的 ReadByte 方法和 Read 方法之间的区别是什么？

(3) 什么时候使用 StringReader、TextReader 和 StreamReader 类？

(4) DeflateStream 类的作用是什么？

(5) UTF-8 编码为每个字符使用多少字节？

(6) 什么是对象图？

(7) 为了最小化空间需求，最佳的序列化格式是什么？

(8) 就跨平台兼容性而言，最佳的序列化格式是什么？

(9) 为什么使用像 "\Code\Chapter01" 这样的字符串来表示路径不太合适？应该怎样表示呢？

(10) 在哪里可以找到关于 NuGet 包及其依赖项的信息？

9.6.2 练习 9.2：练习序列化为 XML

在 Chapter09 解决方案/工作区中，创建一个名为 Ch09Ex02SerializingShapes 的控制台应用程序项目，在这个项目中创建一个形状列表，使用序列化方式将这个形状列表保存到使用 XML 的文件系统中，然后反序列化回来：

```
// create a list of Shapes to serialize
List<Shape> listOfShapes = new()
{
    new Circle { Colour = "Red", Radius = 2.5 },
    new Rectangle { Colour = "Blue", Height = 20.0, Width = 10.0 },
    new Circle { Colour = "Green", Radius = 8.0 },
    new Circle { Colour = "Purple", Radius = 12.3 },
    new Rectangle { Colour = "Blue", Height = 45.0, Width = 18.0 }
};
```

形状对象应该有名为 Area 的只读属性，以便在反序列化时输出形状列表，包括形状的面积，如下所示：

```
List<Shape> loadedShapesXml =
    serializerXml.Deserialize(fileXml) as List<Shape>;

foreach (Shape item in loadedShapesXml)
{
    WriteLine("{0} is {1} and has an area of {2:N2}",
        item.GetType().Name, item.Colour, item.Area);
}
```

运行该控制台应用程序，输出如下所示：

```
Loading shapes from XML:
Circle is Red and has an area of 19.63
Rectangle is Blue and has an area of 200.00
Circle is Green and has an area of 201.06
Circle is Purple and has an area of 475.29
Rectangle is Blue and has an area of 810.00
```

9.6.3 练习 9.3：探索主题

可通过以下链接来阅读本章所涉及主题的更多细节：https://github.com/markjprice/cs11dotnet7/blob/main/book-links.md#chapter-9---workingwith-files-streams-and-serialization。

9.7　本章小结

本章主要内容：

- 读写文本文件
- 读写 XML 文件
- 压缩和解压缩文件
- 对文本进行编码和解码
- 将对象序列化为 JSON 和 XML
- 从 JSON 和 XML 反序列化对象

第 10 章将介绍如何使用 Entity Framework Core 处理数据。

使用 Entity Framework Core
处理数据

本章介绍如何使用名为 Entity Framework Core (实体框架核心，EF Core)的对象-数据存储映射技术读写关系数据存储，如 SQLite 和 SQL Server 等数据库。

本章涵盖以下主题:
- 理解现代数据库
- 设置 EF Core
- 定义 EF Core 模型
- 查询 EF Core 模型
- 使用 EF Core 加载模式
- 使用 EF Core 修改数据
- 处理事务
- Code First EF Core 模型(在线小节)

10.1 理解现代数据库

数据通常存储在关系数据库管理系统(Relational Database Management System，简称 RDBMS，如 SQL Server、PostgreSQL、MySQL 和 SQLite)或 NoSQL 数据库(如 Azure Cosmos DB、Redis、MongoDB 和 Apache Cassandra)中。

关系数据库诞生于 20 世纪 70 年代，使用结构化查询语言(Structured Query Language，SQL)可以查询它们。当时，数据存储的成本很高，所以人们尽可能去减少数据重复。数据存储在由行和列组成的表格式结构中，一旦部署到生产环境，就很难重构。这种数据存储很难伸缩，并且伸缩的成本很高。

NoSQL 数据库的意思并不只是"no SQL"(没有 SQL)，也可能是"not only SQL"(不只是 SQL)。该数据库诞生于 21 世纪初，当时互联网和 Web 已变得流行起来，并且采纳了那个时代有关软件的许多知识。

NoSQL 数据库被设计为支持高可伸缩性，提供高性能，具有极大的灵活性，由于不强制数据具有某种结构，因此该数据库允许在任何时候修改模式，从而让编程变得更加简单。

10.1.1　理解旧的实体框架

实体框架(Entity Framework，EF)最初是在 2008 年末作为.NET Framework 3.5 SP1 的一部分发布的，从那以后，随着微软观察到程序员如何在现实世界中使用对象-关系映射(Object-Relational Mapping，ORM)工具，实体框架得到了发展。

ORM 使用映射定义将表中的列与类中的属性关联起来。然后，程序员就能以他们熟悉的方式与不同类型的对象交互，而不必了解如何将值存储在关系型表或 NoSQL 数据存储提供的其他结构中。

.NET Framework 包含的实体框架版本是 Entity Framework 6 (EF6)。EF6 不仅成熟、稳定，而且支持以 EDMX(XML 文件)方式定义模型，还支持复杂的继承模型和其他一些高级特性。

EF 6.3 及其更高版本已从.NET Framework 中提取为单独的包，因而在.NET Core 3.0 及后续.NET 版本中继续得到了支持。像 Web 应用程序和 Web 服务这样的项目如今已经可以移植并跨平台运行。但是，EF6 被认为一种旧技术，因而在跨平台运行时会有一些限制，并且微软也不会再添加任何新特性。

使用旧的 Entity Framework 6.3 及后续版本

要在.NET Core 3.0 或更高版本的.NET 项目中使用旧的 EF 技术，就必须在项目文件中添加对 EF 的包引用，如下所示：

```
<PackageReference Include="EntityFramework" Version="6.4.4" />
```

最佳实践：
仅在必要时才使用旧的 EF6。例如，在迁移一个使用它的 WPF 应用程序时。本书讨论的是现代的跨平台开发，所以本章的其余部分只涵盖现代的 EF Core。在本章的项目中，我们不需要引用旧的 EF6 包。

10.1.2　理解 Entity Framework Core

真正的跨平台版本 EF Core 与旧的 EF 有所不同。尽管二者的名称相似，但你应该知道 EF Core 与 EF6 的区别。最新的 EF Core 版本是 7，以匹配.NET 7。

EF Core 5 及更新版本只支持.NET 5 及更新版本。EF Core 3.0 及更新版本只能运行在支持.NET Standard 2.1 的平台上，这意味着支持.NET Core 3.0 及更新版本。EF Core 3.0 及更新版本不支持.NET Framework 4.8 这样的.NET Standard 2.0 平台。

更多信息：
EF Core 7 将.NET 6 或更新版本作为目标。这意味着你可以在.NET 6 或.NET 7 中使用 EF Core 7 的所有新特性。许多开发人员必须使用.NET 6 来获得长期支持，我预料他们会把自己引用的 EF Core 包升级到版本 7。

除了传统的 RDBMS，EF Core 还支持现代的、基于云的、非关系型的、无模式的数据存储，如 Azure Cosmos DB 和 MongoDB，有时甚至还支持第三方提供程序。

EF Core 有许多改进，本章无法全部介绍。例如，EF Core 7 引入的一种新特性支持 JSON 列，这意味着当数据库允许在列中存储 JSON 文档时，能够查询这些文档，以及在过滤条件和排序表达式中使用这些文档的元素。但是，在 EF Core 7 中，只是针对 SQL Server 实现了 JSON 列特性。将来的 EF Core 版本会添加对其他数据库(如 SQLite)的支持，到那时，我可能会介绍这种特性。在本章中，我将关注所有.NET 开发人员都应该知道的基础知识和一些最有用的新特性。

10.1.3　理解数据库优先和代码优先

使用 EF Core 的方式有以下两种。

(1) 数据库优先：数据库已经存在，所以要构建一个与数据库的结构和特性相匹配的模型。

(2) 代码优先：不存在数据库，所以先构建一个模型，然后使用 EF Core 创建一个匹配其结构和特征的数据库。

下面从一个已有的数据库开始使用 EF Core。

10.1.4　EF Core 7 的性能改进

EF Core 团队不断地努力提高 EF Core 的性能。例如，如果 EF Core 7 能够识别出当调用 SaveChanges 时，只会对数据库执行一条语句，那么它不会像以前的版本那样创建一个显式的事务。这让一种常见的场景实现了 25%的性能改进。

关于近期的改进，存在太多细节，本书无法全部介绍，而且你也不需要知道它们的工作方式，就能够享受它们带来的好处。如果你有兴趣(它们查看什么，特别是它们如何利用某些很酷的 SQL Server 特性，是很吸引人探索的信息)，则推荐阅读 EF Core 团队撰写的以下文章：

- Announcing Entity Framework Core 7 Preview 6: Performance Edition: https://devblogs. microsoft.com/dotnet/announcing-ef-core-7-preview6-performance-optimizations/
- Announcing Entity Framework Core 6.0 Preview 4: Performance Edition: https://devblogs. microsoft.com/dotnet/announcing-entity-framework-core-6-0-preview-4-performance-edition/

10.1.5　使用 EF Core 创建控制台应用程序

首先，为本章创建一个控制台应用程序项目。

(1) 使用喜欢的代码编辑器创建一个新的项目，定义如下。

- 项目模板：Console App/console
- 项目文件和文件夹：WorkingWithEFCore
- 工作区/解决方案文件和文件夹：Chapter10

10.1.6　使用示例关系数据库

为了学习如何使用.NET 管理 RDBMS，最好通过示例进行讲解，这样就可以在中等复杂且包含相当多样本记录的 RDBMS 中进行实践。微软提供了几个示例数据库，其中大多数对于我们的需求来说都过于复杂，所以我们使用一个最初创建于 20 世纪 90 年代初的数据库例，这个示例数据库就是 Northwind。

下面不妨花点时间来看看 Northwind 数据库的图表，如图 10.1 所示。在编写代码和查询时，可以参考图 10.1。

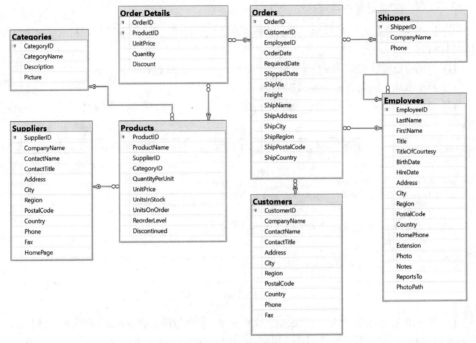

图 10.1 Northwind 数据库表和关系

在本章的后面，我们将编写代码来处理 Categories 和 Products 表；将在后续章节中编写其他表。但在此之前，请注意：

- 每个类别都有唯一的标识符、名称、描述和图片。
- 每个产品都有唯一的标识符、名称、单价、库存单位和其他字段。
- 通过存储类别的唯一标识符，每个产品都与类别相关联。
- Categories 和 Products 之间是一对多关系，这意味着每个类别可以有零个或多个产品。图 10.1 通过一端的无穷大符号(表示多个)和另一端的黄色钥匙符号(表示一个)来说明这一点。

10.1.7 使用 SQLite

SQLite 是小型的、跨平台的、自包含的 RDBMS，可以在公共域中使用。SQLite 是 iOS(iPhone 和 iPad)和 Android 等移动平台上最常见的 RDBMS。

更多信息：
我决定在本书的第 7 版中，只使用 SQLite 进行演示，因为我们要讨论的重要主题是跨平台的开发以及相应的基础技能，这只需要用到基本数据库能力。在本书的配套图书中，我针对 SQL Server 及其更强大的功能撰写了内容较多的一章。虽然你可以使用 SQL Server 来完成本书的编码任务，但要想学习关于 SQL Server 的更多知识，推荐你阅读 *Apps and Services with .NET 7* 一书。

1. 为 Windows 设置 SQLite

在 Windows 上，需要将 SQLite 文件夹添加到系统路径中，以便在命令提示符或终端中输入命令时找到它。

(1) 启动自己喜欢的浏览器并导航到链接 https://www.sqlite.org/download.html。

(2) 向下滚动页面到 Precompiled Binaries for Windows 部分。

(3) 单击 sqlite-tools-win32-x86-3380000.zip。请注意，在本书出版后，该文件可能有一个更高的版本号，如图 10.2 所示。

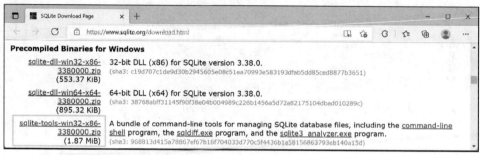

图 10.2　下载在 Windows 上使用的 SQLite

(4) 将 ZIP 文件解压到名为 C:\Sqlite\的文件夹中。确保解压出的 sqlite3.exe 文件直接包含在 C:\SQLite 文件夹中，否则后面在试图使用这个可执行文件的时候会找不到它。

(5) 在 Windows 的 Start 菜单中，导航到 Settings。

(6) 搜索 environment 并选择 Edit the system environment variables。在非英文版本的 Windows 上，请搜索本地语言中的等效词以找到设置。

(7) 单击 Environment Variables 按钮。

(8) 在 System variables 中选择列表中的 Path，然后单击 Edit...。

(9) 如果路径中还不包含 C:\SQLite，则单击 New 按钮，输入 C:\Sqlite，然后按 Enter 键。

(10) 连续单击 OK 按钮三次，然后关闭 Settings。

2. 为 macOS 设置 SQLite

SQLite 包含在 macOS 的/usr/bin/目录中，是名为 sqlite3 的命令行应用程序。

3. 为其他操作系统设置 SQLite

其他操作系统可通过链接 https://www.sqlite.org/download.html 下载并安装 SQLite。

10.1.8　为 SQLite 创建 Northwind 示例数据库

现在，可以使用 SQL 脚本为 SQLite 创建 Northwind 示例数据库了。

(1) 如果之前没有为本书复制 GitHub 存储库，那么现在可以访问以下链接：https://github.com/markjprice/cs11dotnet7。

(2) 从本地 Git 存储库(路径为/sql-scripts/Northwind4SQLite.sql)中，将 Northwind 示例数据库的创建脚本(用于 SQLite)复制到 WorkingWithEFCore 文件夹中。

(3) 使用管理员访问级别，在 WorkingWithEFCore 文件夹中启动命令行。

- 在 Windows 上，启动文件管理器，右击 WorkingWithEFCore 文件夹，在文件夹中选择 New Command Prompt at Folder 或 Open in Windows Terminal。
- 在 macOS 上，启动 Finder，右击 WorkingWithEFCore 文件夹，然后选择 New Terminal at Folder。

(4) 输入命令，使用 SQLite 执行 SQL 脚本并创建 Northwind.db 数据库，如下面的命令所示：

```
sqlite3 Northwind.db -init Northwind4SQLite.sql
```

(5) 请耐心等待，因为上述命令可能需要一段时间才能创建数据库结构。最终，你将看到 SQLite 命令提示符，如下面的输出所示：

```
-- Loading resources from Northwind4SQLite.sql
SQLite version 3.38.0 2022-02-22 18:58:40
Enter ".help" for usage hints.
sqlite>
```

(6) 要退出 SQLite 命令模式：

- 在 Windows 上按 Ctrl + C 组合键
- 在 macOS 上按 Ctrl + D 组合键

(7) 保持终端或命令提示窗口打开，因为很快就会再次使用它。

如果使用的是 Visual Studio 2022

如果使用的是 Visual Studio Code 和 dotnet run 命令，则编译后的应用程序会在 WorkingWithEFCore 文件夹中执行，所以能够找到这个文件夹中存储的数据库文件。

但是，如果使用的是 Visual Studio 2022 for Windows 或 Mac，那么编译后的应用程序会在 WorkingWithEFCore\bin\Debug\net7.0 文件夹中执行，因为数据库文件不在该文件夹下，所以它找不到数据库文件。

我们可以告诉 Visual Studio 2022，将数据库文件复制到它运行代码的目录，以便它能够找到数据库文件。但是，只有当数据库文件更新或者丢失时，才执行这种操作：

(1) 在 Solution Explorer 中，右击 Northwind.db 文件，选择 Properties。

(2) 在 Properties 中，将 Copy to Output Directory 设置为 Copy if newer。

(3) 在 WorkingWithEFCore.csproj 中，注意新添加的元素，如下面的代码所示：

```
<ItemGroup>
  <None Update="Northwind.db">
    <CopyToOutputDirectory>PreserveNewest</CopyToOutputDirectory>
  </None>
</ItemGroup>
```

更多信息：
如果你更希望在每次启动项目时覆盖数据更改，则将 CopyToOutputDirectory 设置为 Always。

10.1.9　使用 SQLiteStudio 管理 Northwind 示例数据库

可以使用名为 SQLiteStudio 的跨平台图形化数据库管理器轻松地管理 SQLite 数据库。

(1) 导航到链接 https://sqlitestudio.pl，下载并安装应用程序。

(2) 启动 SQLiteStudio。

(3) 在 Database 菜单中选择 Add a database。

(4) 在 Database 对话框的 File 部分中单击黄色的文件夹按钮，浏览本地计算机上现有的数据库文件，并在 WorkingWithEFCore 文件夹中选择 Northwind.db 文件，然后单击 OK 按钮，如图 10.3 所示。

图 10.3　将 Northwind.db 数据库文件添加到 SQLiteStudio 中

(5) 右击 Northwind 数据库并从弹出的菜单中选择 Connect to the database，系统将显示由脚本创建的 10 个表(SQLite 的脚本比 SQL Server 的脚本简单，它不会创建那么多的表或其他数据库对象)。

(6) 右击 Products 表并从弹出的菜单中选择 Edit the table。

(7) 在表的编辑器窗口中，将显示 Products 表的结构，包括列名、数据类型、键和约束，如图 10.4 所示。

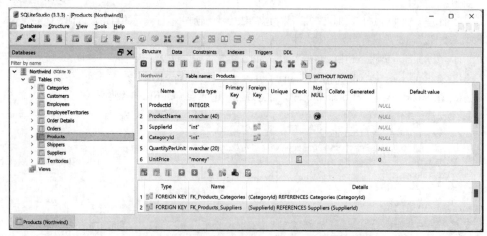

图 10.4　SQLiteStudio 中的表编辑器，显示 Products 表的结构

(8) 在表的编辑器窗口中，单击 Data 选项卡，将显示 77 种产品，如图 10.5 所示。

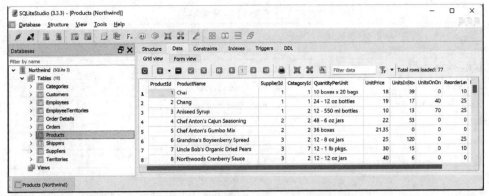

图 10.5　Data 选项卡显示了 Products 表中的行

(9) 在 Databases 窗口中，右击 Northwind，选择 Disconnect from the database。

(10) 退出 SQLiteStudio。

10.1.10　为 SQLite 使用轻量级的 ADO.NET 提供程序

在 Entity Framework 出现之前，使用的是 ADO.NET。这是用于操作数据库的一个更简单、更高效的 API。它提供了一些抽象类，如 DbConnection、DbCommand 和 DbReader，还提供了这些类的特定于提供程序的实现，如 SqliteConnection 和 SqliteCommand。

Entity Framework Core 用于 SQLite 的提供程序构建在这个库之上，但也可以单独使用这个库来获得更好的性能。本书不介绍这个库，但从以下链接可以学习有关它的更多知识：

https://docs.microsoft.com/en-us/dotnet/standard/data/sqlite/

10.1.11　为 Windows 使用 SQL Server

如果你使用的是 Windows，并首选使用 SQL Server(因为使用 Windows 操作系统的企业常常会选择使用 SQL Server 作为它们的数据库)，那么可以阅读以下链接提供的在线说明：

https://github.com/markjprice/cs11dotnet7/blob/main/docs/sql-server/README.md

10.2　设置 EF Core

在深入研究使用 EF Core 管理数据的可行性之前，先简要讨论一下如何在 EF Core 数据库提供程序之间进行选择。

10.2.1　选择 EF Core 数据库提供程序

为管理特定数据库中的数据，你需要知道能够有效地与数据库通信的类。

EF Core 数据库提供程序是一组针对特定数据存储进行优化的类。甚至还有提供程序专用于将数据存储在当前进程的内存中，这对于高性能的单元测试非常有用，因为可以避免触及外部系统。

EF Core 数据库提供程序以 NuGet 包的形式分发，如表 10.1 所示。

表 10.1　EF Core 数据库提供程序

要管理的数据存储	要安装的 NuGet 包
SQL Server 2012 或更高版本	Microsoft.EntityFrameworkCore.SqlServer
SQLite 3.7 或更高版本	Microsoft.EntityFrameworkCore.SQLite
In-memory	Microsoft.EntityFrameworkCore.InMemory
Azure Cosmos DB SQL API	Microsoft.EntityFrameworkCore.Cosmos
MySQL	MySQL.EntityFrameworkCore
Oracle DB 11.2	Oracle.EntityFrameworkCore
PostgreSQL	Npgsql.EntityFrameworkCore.PostgreSQL

可以在同一个项目中安装任意数量的 EF Core 数据库提供程序。每个包包括共享类型以及特定于提供程序的类型。

10.2.2　连接到数据库

要连接到 SQLite 数据库，只需要知道使用参数 Filename 设置的数据库文件名。这条信息是在连接字符串中指定的。

10.2.3　定义 Northwind 数据库上下文类

Northwind 类用于表示数据库。要使用 EF Core，类必须继承自 DbContext。该类了解如何与数据库通信，并动态生成 SQL 语句来查询和操作数据。

DbContext 派生类应该有一个名为 OnConfiguring 的重载方法，它将设置数据库连接字符串。

我们将创建一个使用 SQLite 的项目，但你也可以自由选择使用 SQL Server：

(1) 在 WorkingWithEFCore 项目中，为 SQLite 添加对 EF Core 数据库提供程序的包引用，并为所有 C#文件全局地、静态地导入 System.Console 类，如下所示：

```
<ItemGroup>
  <Using Include="System.Console" Static="true" />
</ItemGroup>
<ItemGroup>
  <PackageReference
   Include="Microsoft.EntityFrameworkCore.Sqlite"
   Version="7.0.0" />
</ItemGroup>
```

(2) 生成用于还原包的 WorkingWithEFCore 项目。

(3) 添加一个名为 Northwind.cs 的类文件。

(4) 在 Northwind.cs 中，导入用于 EF Core 的主名称空间，让这个类继承自 DbContext，并在 OnConfiguring 方法中，将 options builder 配置为使用 SQLite，代码如下所示：

```
using Microsoft.EntityFrameworkCore; // DbContext,
DbContextOptionsBuilder

namespace Packt.Shared;

// this manages the connection to the database
```

```
public class Northwind : DbContext
{
  protected override void OnConfiguring(
    DbContextOptionsBuilder optionsBuilder)
  {
    string path = Path.Combine(
      Environment.CurrentDirectory, "Northwind.db");

    string connection = $"Filename={path}";

    ConsoleColor previousColor = ForegroundColor;
    ForegroundColor = ConsoleColor.DarkYellow;
    WriteLine($"Connection: {connection}");
    ForegroundColor = previousColor;

    optionsBuilder.UseSqlite(connection);
  }
}
```

(5) 在 Program.cs 中，删除现有的元素。然后，导入 Packt.Shared 名称空间，并输出数据库提供程序，如下所示：

```
using Packt.Shared;

Northwind db = new();
WriteLine($"Provider: {db.Database.ProviderName}");
```

(6) 运行控制台应用程序，注意输出显示了数据库连接字符串，以及使用了哪个数据库提供程序，如下所示：

```
Connection: Filename=C:\cs11dotnet7\Chapter10\WorkingWithEFCore\bin\
Debug\net7.0\Northwind.db
Provider: Microsoft.EntityFrameworkCore.Sqlite
```

10.3　定义 EF Core 模型

EF Core 使用约定、注解特性和 Fluent API 语句的组合，在运行时构建实体模型。这样，在类上执行的任何操作以后都可自动转换为在实际数据库上执行的操作。实体类表示表的结构，类的实例表示表中的一行。

首先，回顾定义模型的三种方法并提供代码示例，然后创建一些实现这些技术的类。

10.3.1　使用 EF Core 约定定义模型

我们编写的代码都需要遵循以下约定：

- 假定表的名称与 DbContext 类(如 Products)中的 DbSet<T>属性名匹配。
- 假定列的名称与实体模型类中的属性名匹配，如 ProductId。
- 假定.NET 类型 string 是数据库中的 nvarchar 类型。
- 假定.NET 类型 int 是数据库中的 int 类型。

- 假定主键是名为 Id 或 ID 的属性。如果实体模型类名为 Product，与主键对应的属性可以名为 ProductId 或 ProductID。如果该属性为整数类型或 Guid 类型，就可以假定为 IDENTITY 类型(在插入时自动赋值的列类型)。

更多信息:

除了以上约定还有许多其他约定，甚至可以定义自己的约定，但这超出了本书的讨论范围。可通过以下链接了解它们: https://docs.microsoft.com/en-us/ef/core/modeling/。

10.3.2 使用 EF Core 注解特性定义模型

约定通常不足以将类完全映射到数据库对象。向模型添加更多智能特性的一种简单方法是应用注解特性。

一些常见的特性如表 10.3 所示。

表 10.3 常见特性

特性	说明
[Required]	确保值不为空
[StringLength(50)]	确保值的长度不超过 50 个字符
[RegularExpression(expression)]	确保值与指定的正则表达式匹配
[Column(TypeName = "money", Name = "UnitPrice")]	指定表中使用的列类型和列名

例如，在数据库中，产品名称的最大长度为 40 个字符，并且值不能为空，如以下突出显示的代码所示。这些代码是数据定义语言(Data Definition Language，DDL)代码，定义了如何创建一个名为 Products 的表，包含列、数据类型、键和其他约束。

```
CREATE TABLE Products (
    ProductId         INTEGER        PRIMARY KEY,
    ProductName       NVARCHAR (40)  NOT NULL,
    SupplierId        "INT",
    CategoryId        "INT",
    QuantityPerUnit NVARCHAR (20),
    UnitPrice         "MONEY"        CONSTRAINT DF_Products_UnitPrice DEFAULT (0),
    UnitsInStock      "SMALLINT"     CONSTRAINT DF_Products_UnitsInStock DEFAULT (0),
    UnitsOnOrder      "SMALLINT"     CONSTRAINT DF_Products_UnitsOnOrder DEFAULT (0),
    ReorderLevel      "SMALLINT"     CONSTRAINT DF_Products_ReorderLevel DEFAULT (0),
    Discontinued      "BIT"          NOT NULL
                                     CONSTRAINT DF_Products_Discontinued DEFAULT (0),
    CONSTRAINT FK_Products_Categories FOREIGN KEY (
        CategoryId
    )
    REFERENCES Categories (CategoryId),
    CONSTRAINT FK_Products_Suppliers FOREIGN KEY (
        SupplierId
    )
    REFERENCES Suppliers (SupplierId),
    CONSTRAINT CK_Products_UnitPrice CHECK (UnitPrice >= 0),
```

```
        CONSTRAINT CK_ReorderLevel CHECK (ReorderLevel >= 0),
        CONSTRAINT CK_UnitsInStock CHECK (UnitsInStock >= 0),
        CONSTRAINT CK_UnitsOnOrder CHECK (UnitsOnOrder >= 0)
);
```

在 Product 类中，可以应用特性来指定产品名称的长度和值不能为空，如下所示：

```
[Required]
[StringLength(40)]
public string ProductName { get; set; }
```

当.NET 类型和数据库类型之间没有明显的映射时，可以使用特性。

例如，在数据库中，Products 表的 UnitPrice 列的类型是 money。.NET 没有提供 money 类型，所以应该使用 decimal，如下所示：

```
[Column(TypeName = "money")]
public decimal? UnitPrice { get; set; }
```

10.3.3　使用 EF Core Fluent API 定义模型

最后一种定义模型的方法是使用 Fluent API。Fluent API 既可以用来代替特性，又可以用来作为特性的补充。例如，要定义 ProductName 属性，而不是用两个特性装饰属性，可以在数据库上下文类的 OnModelCreating 方法中编写等效的 Fluent API 语句，代码如下所示：

```
modelBuilder.Entity<Product>()
    .Property(product => product.ProductName)
    .IsRequired()
    .HasMaxLength(40);
```

这样的定义方法可使实体模型类更简单。

理解数据播种和 Fluent API

Fluent API 的另一个优点是提供初始数据以填充数据库。EF Core 会自动计算出需要执行哪些插入、更新或删除操作。

例如，如果想要确保新数据库在 Product 表中至少有一行，就调用 HasData 方法，如下所示：

```
modelBuilder.Entity<Product>()
    .HasData(new Product
    {
        ProductId = 1,
        ProductName = "Chai",
        UnitPrice = 8.99M
    });
```

模型将被映射到已填充数据的现有数据库，因此不需要在代码中使用这项技术。

10.3.4　为 Northwind 表构建 EF Core 模型

了解了如何定义 EF Core 模型后，下面构建模型来表示 Northwind 数据库中的两个表。

这两个实体类将相互引用，因此为了避免编译错误，在创建它们时先不添加成员：

(1) 在 WorkingWithEFCore 项目中添加类文件 Category.cs 和 Product.cs。

(2) 在 Category.cs 中定义名为 Category 的类，如下所示：

```
namespace Packt.Shared;

public class Category
{
}
```

(3) 在 Product.cs 中定义名为 Product 的类，如下所示：

```
namespace Packt.Shared;

public class Product
{
}
```

定义 Category 和 Product 实体类

Category(也称为实体类)用于表示 Categories 表中的一行，Categories 表有 4 列，如下面的 DDL 所示。

```
CREATE TABLE Categories (
    CategoryId      INTEGER       PRIMARY KEY,
    CategoryName    NVARCHAR (15) NOT NULL,
    Description     "NTEXT",
    Picture         "IMAGE"
);
```

这里将使用约定来定义。

- 4 个属性中的 3 个(不映射 Picture 列)
- 主键
- 与 Products 表的一对多关系。

要将 Description 列映射到正确的数据库类型，就需要使用 Column 特性来装饰 string 属性。
本章在后面将使用 Fluent API 来指定 CategoryName 不能为空，并限制为最多 15 个字符。

(1) 修改 Category 实体模型类，如下所示：

```
using System.ComponentModel.DataAnnotations.Schema; // [Column]

namespace Packt.Shared;

public class Category
{
    // these properties map to columns in the database
    public int CategoryId { get; set; }

    public string? CategoryName { get; set; }

    [Column(TypeName = "ntext")]
    public string? Description { get; set; }

    // defines a navigation property for related rows
    public virtual ICollection<Product> Products { get; set; }
```

```
    public Category()
    {
        // to enable developers to add products to a Category, we must
        // initialize the navigation property to an empty collection
        Products = new HashSet<Product>();
    }
}
```

注意以下几点：

- Product 类用于表示 Products 表中的一行，Products 表包含 10 列。
- 不需要将 Products 表中的所有列都包含为类的属性。这里只映射如下 6 个属性：ProductId、ProductName、UnitPrice、UnitsInStock、Discontinued 和 CategoryId。
- 不能使用类的实例读取或设置未映射到属性的列。如果使用类创建新对象，那么表中的新行对于新行中的未映射列值将采用 NULL 或其他一些默认值。必须确保那些缺失的列是可选的，或者由数据库设置默认值，否则将在运行时引发异常。在这个例子中，行已经有了数据值，并且不需要在应用程序中读取这些值。
- 要重命名列，可定义具有不同名称的属性(如 Cost)，然后使用[Column]特性进行装饰，并指定列名(如 UnitPrice)。
- 属性 CategoryId 已与属性 Category 相关联，后者用于将每个产品映射到父类别。

(2) 修改 Product 类，如下所示：

```
using System.ComponentModel.DataAnnotations; // [Required], [StringLength]
using System.ComponentModel.DataAnnotations.Schema; // [Column]

namespace Packt.Shared;

public class Product
{
    public int ProductId { get; set; } // primary key

    [Required]
    [StringLength(40)]
    public string ProductName { get; set; } = null!;

    [Column("UnitPrice", TypeName = "money")]
    public decimal? Cost { get; set; } // property name != column name

    [Column("UnitsInStock")]
    public short? Stock { get; set; }

    public bool Discontinued { get; set; }

    // these two define the foreign key relationship
    // to the Categories table
    public int CategoryId { get; set; }
    public virtual Category Category { get; set; } = null!;
}
```

用于关联两个实体的属性 Category.Products和 Product.Category 都已标记为 virtual，这允许 EF Core 继承和覆盖这些属性以提供额外的特性，如延迟加载。

10.3.5 向 Northwind 数据库上下文类添加表

在 DbContext 的派生类中，至少必须定义一个 DbSet<T>类型的属性，这些属性表示表。为了告诉 EF Core 每个表有哪些列，DbSet<T>属性使用泛型来指定类，这种类表示表中的一行，类的属性则表示表中的列。

DbContext 派生类还可以有名为 OnModelCreating 的重载方法。在这里，可以编写 Fluent API 语句，作为用特性装饰实体类的替代选择。

下面编写代码：

修改 Northwind 类，添加语句来定义两个表的两个属性和一个 OnModelCreating 方法，如下面突出显示的代码所示：

```
public class Northwind : DbContext
{
    // these properties map to tables in the database
    public DbSet<Category>? Categories { get; set; }
    public DbSet<Product>? Products { get; set; }

    protected override void OnConfiguring(
      DbContextOptionsBuilder optionsBuilder)
    {
      ...
    }
    protected override void OnModelCreating(
      ModelBuilder modelBuilder)
    {
      // example of using Fluent API instead of attributes
      // to limit the length of a category name to 15
      modelBuilder.Entity<Category>()
        .Property(category => category.CategoryName)
        .IsRequired() // NOT NULL
        .HasMaxLength(15);

      if (Database.ProviderName?.Contains("Sqlite") ?? false)
      {
        // added to "fix" the lack of decimal support in SQLite
        modelBuilder.Entity<Product>()
          .Property(product => product.Cost)
          .HasConversion<double>();
      }
    }
}
```

在 EF Core 3.0 和更高版本中，SQLite 数据库提供程序不支持 decimal 类型来进行排序和其他操作。告诉模型在使用 SQLite 数据库提供程序时可以将 decimal 值转换为 double 值来解决这个问题。这实际上不会在运行时执行任何转换。

现在探讨了手动定义实体模型的一些示例，下面看看可以自动做一些工作的工具。

10.3.6 安装 dotnet-ef 工具

dotnet-ef 是对.NET 命令行工具 dotnet 的扩展，对于使用 EF Core 十分有用。dotnet-ef 可以执

行设计时任务，例如创建并应用从旧模型到新模型的迁移，以及从现有数据库为模型生成代码。

dotnet-ef 命令行工具不会自动安装，而必须作为全局或本地工具进行安装。如果已经安装了旧版本，那么应该卸载任何现有版本。

(1) 在命令行或终端窗口中检查是否已经安装 dotnet-ef 作为全局工具，如下所示：

```
dotnet tool list --global
```

(2) 在列表中检查是否已安装 dotnet-ef 工具的旧版本，例如用于 .NET Core 3.1 的版本，如下所示：

```
Package Id          Version          Commands
------------------------------------------------
dotnet-ef           3.1.0            dotnet-ef
```

(3) 如果已经安装了旧版本的 dotnet-ef 工具，请卸载任何现有版本，如下所示：

```
dotnet tool uninstall --global dotnet-ef
```

(4) 安装最新版本，如下所示：

```
dotnet tool install --global dotnet-ef
```

> **更多信息：**
> 若有必要，可按照任何特定于操作系统的说明，将 dotnet tools 目录添加到 PATH 环境变量中，如安装 dotnet-ef 工具的输出中所述。

10.3.7　使用现有数据库搭建模型

搭建(scaffold)是使用逆向工程学创建类来表示现有数据库模型的过程。优秀的搭建工具允许扩展自动生成的类，然后在不丢失扩展类的情况下重新生成这些类。

如果已经知道永远不会使用搭建工具重新生成类，那么可以根据需要随意更改自动生成类的代码。搭建工具生成的代码仅仅做到了最好的近似。

> **最佳实践：**
> 知道有更好的实现方式时，不要害怕否决工具生成的代码。

下面看看使用搭建工具生成的模型是否和手动生成的模型一样。

(1) 将 Microsoft.EntityFrameworkCore.Design 包的最新版本添加到 WorkingWithEFCore 项目中。

(2) 在 WorkingWithEFCore 文件夹的命令提示符或终端下，为名为 AutoGenModels 的新文件夹中的 Categories 和 Products 表生成模型，如下所示：

```
dotnet ef dbcontext scaffold "Filename=Northwind.db" Microsoft.
EntityFrameworkCore.Sqlite --table Categories --table Products --output-
dir AutoGenModels --namespace WorkingWithEFCore.AutoGen –data-
annotations -- context Northwind
```

对于上述代码，请注意以下几点。

- 需要执行的命令：dbcontext scaffold。
- 连接字符串："Filename=Northwind.db"。
- 数据库提供程序：Microsoft.EntityFrameworkCore.Sqlite。
- 用来生成模型的表：--table Categories --table Products。
- 输出文件夹：--output-dir AutoGenModels。
- 名称空间：--namespace WorkingWithEFCore.AutoGen。
- 使用数据注解和 Fluent API：--data-annotations。
- 重命名上下文[database_name]Context：--context Northwind。

(3) 注意生成的构建消息和警告，如下所示：

```
Build started...
Build succeeded.
To protect potentially sensitive information in your connection string,
you should move it out of source code. You can avoid scaffolding the
connection string by using the Name= syntax to read it from configuration
- see https://go.microsoft.com/fwlink/?linkid=2131148. For more
guidance on storing connection strings, see http://go.microsoft.com/
fwlink/?LinkId=723263.
Skipping foreign key with identity '0' on table 'Products' since
principal table 'Suppliers' was not found in the model. This usually
happens when the principal table was not included in the selection set.
```

(4) 打开 AutoGenModels 文件夹，注意其中自动生成了 3 个类文件：Category.cs、Northwind.cs 和 Product.cs。

(5) 打开 Category.cs，观察与手动创建的类别的区别，如下所示：

```csharp
using System;
using System.Collections.Generic;
using System.ComponentModel.DataAnnotations;
using System.ComponentModel.DataAnnotations.Schema;
using Microsoft.EntityFrameworkCore;

namespace WorkingWithEFCore.AutoGen
{
    [Index("CategoryName", Name = "CategoryName")]
    public partial class Category
    {
        public Category()
        {
            Products = new HashSet<Product>();
        }

        [Key]
        public long CategoryId { get; set; }
        [Column(TypeName = "nvarchar (15)")]
        public string CategoryName { get; set; }
        [Column(TypeName = "ntext")]
        public string? Description { get; set; }
        [Column(TypeName = "image")]
        public byte[]? Picture { get; set; }
        [InverseProperty("Category")]
```

```
        public virtual ICollection<Product> Products { get; set; }
    }
}
```

对于上述代码，请注意以下几点。

- 它使用 EF Core 5.0 中引入的[Index]特性来装饰实体类。这表示属性应该具有索引。在早期版本中，只有 Fluent API 支持定义索引。因为使用的是现有的数据库，所以不需要这样做。但是如果想从代码中重新创建一个新的空数据库，就需要这些信息。

- 数据库中的表名是 Categories，但 dotnet-ef 工具使用 Humanizer 第三方库自动将类名单数化为 Category，这是创建单独的实体时一个更自然的名称，

- 实体类是使用 partial 关键字声明的，这样就可以通过创建匹配的 partial 类来添加额外的代码。可以重新运行工具并生成实体类，而不会丢失额外的代码。

- CategoryId 属性用[Key]特性装饰，表示它是这个实体的主键。这个属性的数据类型对于 SQL Server 是 int，对于 SQLite 是 long。

- Products 属性则使用[InverseProperty]特性来定义 Product 实体类的 Category 属性的外键关系。

(6) 打开 Product.cs，观察与手动创建的产品的区别。

(7) 打开 Northwind.cs，观察与手动创建的数据库的区别，如以下经过编辑以节省空间的代码所示：

```csharp
using Microsoft.EntityFrameworkCore;

namespace WorkingWithEFCore.AutoGen
{
  public partial class Northwind : DbContext
  {
    public Northwind()
    {
    }

    public Northwind(DbContextOptions<Northwind> options)
      : base(options)
    {
    }

    public virtual DbSet<Category> Categories { get; set; } = null!;
    public virtual DbSet<Product> Products { get; set; } = null!;
    protected override void OnConfiguring(
      DbContextOptionsBuilder optionsBuilder)
    {
      if (!optionsBuilder.IsConfigured)
      {
#warning To protect potentially sensitive information in your connection
string, you should move it out of source code. You can avoid scaffolding
the connection string by using the Name= syntax to read it from
configuration - see https://go.microsoft.com/fwlink/?linkid=2131148. For
more guidance on storing connection strings, see http://go.microsoft.com/
fwlink/?LinkId=723263.
        optionsBuilder.UseSqlite("Filename=Northwind.db");
      }
```

```
    }

    protected override void OnModelCreating(ModelBuilder modelBuilder)
    {
        modelBuilder.Entity<Category>(entity =>
        {
          ...
        });
        modelBuilder.Entity<Product>(entity =>
        {
            ...
        });
        OnModelCreatingPartial(modelBuilder);
    }
    partial void OnModelCreatingPartial(ModelBuilder modelBuilder);
  }
}
```

对于上述代码，请注意以下几点。

- Northwind 数据上下文类被声明为 partial，从而允许在未来进行扩展和重新生成。
- Northwind 数据上下文类有两个构造函数：默认的那个不带参数；另一个则允许传入 options 参数。这对于想要在运行时指定连接字符串的应用程序很有用。
- 表示 Categories 和 Products 表的两个 DbSet<T> 属性设置为 null-forgiving 值，以防止编译时的静态编译器分析警告。它在运行时没有影响。
- 在 OnConfiguring 方法中，如果在构造函数中没有指定 options 参数，那么默认将使用连接字符串在当前文件夹中查找数据库文件。此时将出现编译警告，指示不应在连接字符串中硬编码安全信息。
- 在 OnModelCreating 方法中，可先使用 Fluent API 配置两个实体类，然后调用名为 OnModelCreatingPartial 的分部方法。这将允许在自己的 Northwind 分部类中实现分部方法 OnModelCreatingPartial，进而添加自己的 Fluent API 配置。即便重新生成模型类，这些配置也不会丢失。

(8) 关闭自动生成的类文件。

10.3.8　自定义逆向工程模板

EF Core 7 中新增了一种特性：自定义 dotnet-ef 搭建工具自动生成的代码。这是一种高级技术，所以本书中不做讨论。通常，修改默认生成的代码会更容易。

如果你想学习如何修改 dotnet-ef 搭建工具使用的 T4 模板，则可以在下面的链接找到相关信息：https://learn.microsoft.com/en-us/ef/core/managing-schemas/scaffolding/templates。

10.3.9　配置约定前模型

除了对 SQLite 数据库提供程序使用的 DateOnly 和 TimeOnly 类型的支持，EF Core 6 引入的一个新特性是配置约定前模型。

随着模型变得越来越复杂，依赖约定来发现实体类型及其属性并成功地将它们映射到表和列变得越来越困难。如果能够在使用约定分析和构建模型之前配置约定本身，这将非常有用。

例如，可能想要定义一个如下约定：默认情况下，所有字符串属性的最大长度应该是 50 个字符，或者任何实现自定义接口的属性类型都不应该被映射，如下所示：

```
protected override void ConfigureConventions(
    ModelConfigurationBuilder configurationBuilder)
{
    configurationBuilder.Properties<string>().HaveMaxLength(50);
    configurationBuilder.IgnoreAny<IDoNotMap>();
}
```

在本章的其余部分，将使用手工创建的类。

10.4 查询 EF Core 模型

现在有了映射到 Northwind 示例数据库以及其中两个表的模型，可以编写一些简单的 LINQ 查询代码来获取数据了。第 11 章将介绍有关编写 LINQ 查询的更多内容。

现在，只需要编写代码并查看结果。

(1) 添加一个新的类文件，命名为 Program.Helpers.cs。

(2) 在 Program.Helpers.cs 中，添加一个 Program 分部类，使其包含一个 SectionTitle 方法，如下面的代码所示：

```
partial class Program
{
  static void SectionTitle(string title)
  {
    ConsoleColor previousColor = ForegroundColor;
    ForegroundColor = ConsoleColor.Yellow;
    WriteLine("*");
    WriteLine($"* {title}");
    WriteLine("*");
    ForegroundColor = previousColor;
  }

  static void Fail(string message)
  {
    ConsoleColor previousColor = ForegroundColor;
    ForegroundColor = ConsoleColor.Red;
    WriteLine($"Fail > {message}");
    ForegroundColor = previousColor;
  }

  static void Info(string message)
  {
    ConsoleColor previousColor = ForegroundColor;
    ForegroundColor = ConsoleColor.Cyan;
    WriteLine($"Info > {message}");
    ForegroundColor = previousColor;
  }
}
```

(3) 添加一个新的类文件，命名为 Program.Queries.cs。

(4) 在 Program.Queries.cs 中，定义一个 Program 分部类，使其包含一个 QueryingCategories 方法，并添加语句来执行下面的任务，如下面的代码所示：

- 创建 Northwind 类的实例以管理数据库。数据库上下文实例在工作单元中的生命周期较短，因此应该尽快销毁它们。为此，可使用 using 语句对它们进行封装。第 13 章将学习如何使用依赖注入获取数据库上下文。
- 为包括相关产品的所有类别创建查询。Include 是一个扩展方法，需要导入 Microsoft.EntityFrameworkCore 名称空间。
- 枚举所有类别，输出每个类别的产品名称和数量。

```csharp
using Microsoft.EntityFrameworkCore; // Include extension method
using Packt.Shared; // Northwind, Category, Product

partial class Program
{
  static void QueryingCategories()
  {
    using (Northwind db = new())
    {
      SectionTitle("Categories and how many products they have:");

      // a query to get all categories and their related products
      IQueryable<Category>? categories = db.Categories?
        .Include(c => c.Products);

      if ((categories is null) || (!categories.Any()))
      {
        Fail("No categories found.");
        return;
      }

      // execute query and enumerate results
      foreach (Category c in categories)
      {
        WriteLine($"{c.CategoryName} has {c.Products.Count}
products.");
      }
    }
  }
}
```

更多信息：

注意，if 语句中的子句的顺序很重要。必须首先检查 categories 是否为 null。如果结果为 true，则代码不会执行第二个子句，所以在访问 Any() 成员时不会抛出 NullReferenceException。

(5) 在 Program.cs 中，注释掉创建 Northwind 实例和输出数据库提供程序名称的两个语句，然后调用 QueryingCategories 方法，如下所示：

```csharp
QueryingCategories();
```

(6) 运行代码并查看结果(在 Windows 上，如果在 Visual Studio 2022 中使用 SQLite 数据库提供程序运行代码)，输出如下所示：

```
Beverages has 12 products.
Condiments has 12 products.
Confections has 13 products.
Dairy Products has 10 products.
Grains/Cereals has 7 products.
Meat/Poultry has 6 products.
Produce has 5 products.
Seafood has 12 products.
```

如果在 Visual Studio Code 中使用 SQLite 数据库提供程序运行代码，那么路径将是 WorkingWithEFCore 文件夹。

最佳实践：

如果在 Visual Studio 2022 中使用 SQLite 运行代码时看到以下异常，最可能的问题是 Northwind.db 文件没有复制到输出目录。确保 Copy to Output Directory 设置为 Copy if newer：

```
Unhandled exception. Microsoft.Data.Sqlite.SqliteException
(0x80004005): SQLite Error 1: 'no such table: Categories'.
```

10.4.1　过滤结果中返回的实体

EF Core 5 引入了 filtered includes 功能，这意味着在 Include 方法调用中，可以通过指定 lambda 表达式来过滤结果中返回的实体。

(1) 在 Program.Queries.cs 文件中，定义 FilteredIncludes 方法，在其中添加语句以完成如下任务，如下面的代码所示：

- 创建 Northwind 类的实例以管理数据库。
- 提示用户输入库存数量的最小值。
- 为库存数量最少的产品所属的类别创建查询。
- 枚举类别和产品，输出所有产品的名称和库存数量。

```
static void FilteredIncludes()
{
  using (Northwind db = new())
  {
    SectionTitle("Products with a minimum number of units in
stock.");

    string? input;
    int stock;

    do
    {
      Write("Enter a minimum for units in stock: ");
      input = ReadLine();
    } while (!int.TryParse(input, out stock));
```

```
    IQueryable<Category>? categories = db.Categories?
      .Include(c => c.Products.Where(p => p.Stock >= stock));

    if ((categories is null) || (!categories.Any()))
    {
        Fail("No categories found.");
        return;
    }

    foreach (Category c in categories)
    {
      WriteLine($"{c.CategoryName} has {c.Products.Count} products
      with a minimum of {stock} units in stock.");

      foreach(Product p in c.Products)
      {
        WriteLine($" {p.ProductName} has {p.Stock} units in
        stock.");
      }
    }
  }
}
```

(2) 在 Program.cs 中，调用 FilteredIncludes 方法，如下所示：

```
FilteredIncludes();
```

(3) 运行代码，输入库存数量的最小值(如 100)并查看结果，输出如下所示：

```
Enter a minimum for units in stock: 100
Beverages has 2 products with a minimum of 100 units in stock.
Sasquatch Ale has 111 units in stock.
Rhönbräu Klosterbier has 125 units in stock.
Condiments has 2 products with a minimum of 100 units in stock.
Grandma's Boysenberry Spread has 120 units in stock.
Sirop d'érable has 113 units in stock.
Confections has 0 products with a minimum of 100 units in stock.
Dairy Products has 1 products with a minimum of 100 units in stock.
Geitost has 112 units in stock.
Grains/Cereals has 1 products with a minimum of 100 units in stock.
Gustaf's Knäckebröd has 104 units in stock.
Meat/Poultry has 1 products with a minimum of 100 units in stock.
Pâté chinois has 115 units in stock.
Produce has 0 products with a minimum of 100 units in stock.
Seafood has 3 products with a minimum of 100 units in stock.
Inlagd Sill has 112 units in stock.
Boston Crab Meat has 123 units in stock.
Röd Kaviar has 101 units in stock.
```

更多信息:

对于 Windows 控制台中的 Unicode 字符，在 Windows 10 Fall Creators Update 之前的 Windows 版本中，微软提供的控制台有一个限制。默认情况下，控制台不能显示 Unicode 字符，如名称 Rhönbräu 中的 Unicode 字符。

如果存在这个问题，那么可以在运行应用程序之前，在提示符处输入以下命令，临时更改控制台中的代码页(也称为字符集)为 Unicode UTF-8:

```
chcp 65001
```

10.4.2 过滤和排序产品

下面编写一个更复杂的查询以过滤和排序产品。

(1) 在 Program.Queries.cs 文件中，定义 QueryingProducts 方法，并添加用于执行以下任务的语句，如下面的代码所示:

- 创建 Northwind 类的实例以管理数据库。
- 提示用户输入产品的价格。
- 使用 LINQ 为成本高于价格的产品创建查询。
- 遍历结果，输出 ID、名称、成本(格式化为美元货币)和库存数量。

```
static void QueryingProducts()
{
  using (Northwind db = new())
  {
    SectionTitle("Products that cost more than a price, highest at
top.");

    string? input;
    decimal price;

    do
    {
      Write("Enter a product price: ");
      input = ReadLine();
    } while (!decimal.TryParse(input, out price));

    IQueryable<Product>? products = db.Products?
      .Where(product => product.Cost > price)
      .OrderByDescending(product => product.Cost);

    if ((products is null) || (!products.Any()))
    {
      Fail("No products found.");
      return;
    }

    foreach (Product p in products)
    {
      WriteLine(
```

```
                    "{0}: {1} costs {2:$#,##0.00} and has {3} in stock.",
                    p.ProductId, p.ProductName, p.Cost, p.Stock);
        }
    }
}
```

 更多信息：

调用!products.Any()来检查计数是否为 0 比调用 products.Count()==0 更高效。

(2) 在 Program.cs 中，调用 QueryingProducts 方法。

(3) 运行代码，当提示输入产品价格时，输入 50 并查看结果，输出如下所示：

```
Enter a product price: 50
38: Côte de Blaye costs $263.50 and has 17 in stock.
29: Thüringer Rostbratwurst costs $123.79 and has 0 in stock.
9: Mishi Kobe Niku costs $97.00 and has 29 in stock.
20: Sir Rodney's Marmalade costs $81.00 and has 40 in stock.
18: Carnarvon Tigers costs $62.50 and has 42 in stock.
59: Raclette Courdavault costs $55.00 and has 79 in stock.
51: Manjimup Dried Apples costs $53.00 and has 20 in stock.
```

(4) 运行代码，当提示输入产品价格时，输入 500 并查看结果，输出如下所示：

```
Fail > No products found.
```

10.4.3 获取生成的 SQL

你可能想知道，我们编写的 C#查询生成的 SQL 语句质量如何。EF Core 5 引入了一个快速简单的方法来查看生成的 SQL。

(1) 在 FilteredIncludes 方法中，在使用 foreach 语句枚举查询之前，先添加一条语句来输出生成的 SQL，如下所示：

```
Info($"ToQueryString: {categories.ToQueryString()}");
```

(2) 在 QueryingProducts 方法中，在使用 foreach 语句枚举查询之前，先添加一条语句来输出生成的 SQL，如下所示：

```
Info($"ToQueryString: {products.ToQueryString()}");
```

(3) 运行代码，输入库存数量的最小值(如 99)并查看结果，输出如下所示：

```
Enter a minimum for units in stock: 99
Connection: Filename=C:\cs11dotnet7\Chapter10\WorkingWithEFCore\bin\
Debug\net7.0\Northwind.db
Info > ToQueryString: .param set @__stock_0 99
SELECT "c"."CategoryId", "c"."CategoryName", "c"."Description",
"t"."ProductId", "t"."CategoryId", "t"."UnitPrice", "t"."Discontinued",
"t"."ProductName", "t"."UnitsInStock"
FROM "Categories" AS "c"
LEFT JOIN (
    SELECT "p"."ProductId", "p"."CategoryId", "p"."UnitPrice",
"p"."Discontinued", "p"."ProductName", "p"."UnitsInStock"
    FROM "Products" AS "p"
```

```
     WHERE "p"."UnitsInStock" >= @__stock_0
) AS "t" ON "c"."CategoryId" = "t"."CategoryId"
ORDER BY "c"."CategoryId"
Beverages has 2 products with a minimum of 99 units in stock.
    Sasquatch Ale has 111 units in stock.
    Rhönbräu Klosterbier has 125 units in stock.
...
```

注意，名为@__stock_0 的 SQL 参数已设置为库存数量的最小值 99。

对于 SQL Server，生成的 SQL 稍有不同，例如，它使用了方括号而不是双引号包围对象名称，如下所示：

```
Info > ToQueryString: DECLARE @__stock_0 smallint = CAST(99 AS smallint);

SELECT [c].[CategoryId], [c].[CategoryName], [c].[Description], [t].
[ProductId], [t].[CategoryId], [t].[UnitPrice], [t].[Discontinued], [t].
[ProductName], [t].[UnitsInStock]
FROM [Categories] AS [c]
LEFT JOIN (
    SELECT [p].[ProductId], [p].[CategoryId], [p].[UnitPrice], [p].
[Discontinued], [p].[ProductName], [p].[UnitsInStock]
    FROM [Products] AS [p]
    WHERE [p].[UnitsInStock] >= @__stock_0
) AS [t] ON [c].[CategoryId] = [t].[CategoryId]
ORDER BY [c].[CategoryId]
```

10.4.4 记录 EF Core

为了监视 EF Core 和数据库之间的交互，可以启用日志记录功能。可以把日志记录到控制台、Debug 或 Trace，或者记录到文件中。

默认情况下，EF Core 日志不记录任何数据，以防数据包含敏感信息。通过调用 EnableSensitiveDataLogging 方法可以包含这种数据，尤其是在开发过程中可以这么做。在部署到生产环境之前，应该再次禁用它。

下面看一个例子。

(1) 在 Northwind.cs 中，在 OnConfiguring 方法的底部，添加一条语句将日志记录到控制台，如下所示：

```
optionsBuilder.LogTo(WriteLine) // Console
    .EnableSensitiveDataLogging();
```

更多信息：

LogTo 需要一个 Action<string>委托。EF Core 会调用这个委托，为每个日志消息传入一个字符串值。因此，传入 Console 类的 WriteLine 方法，告诉日志记录器将每个方法写入控制台。

(2) 运行代码并查看日志消息，这些日志显示在以下输出中：

```
dbug: 05/03/2022 12:36:11.702 RelationalEventId.ConnectionOpening[20000]
(Microsoft.EntityFrameworkCore.Database.Connection)
```

```
    Opening connection to database 'main' on server 'C:\cs11dotnet7\
Chapter10\WorkingWithEFCore\bin\Debug\net7.0\Northwind.db'.
dbug: 05/03/2022 12:36:11.718 RelationalEventId.ConnectionOpened[20001]
(Microsoft.EntityFrameworkCore.Database.Connection)
    Opened connection to database 'main' on server 'C:\cs11dotnet7\
Chapter10\WorkingWithEFCore\bin\Debug\net7.0\Northwind.db'.
dbug: 05/03/2022 12:36:11.721 RelationalEventId.CommandExecuting[20100]
(Microsoft.EntityFrameworkCore.Database.Command)

    Executing DbCommand [Parameters=[], CommandType='Text',
CommandTimeout='30']
    SELECT "c"."CategoryId", "c"."CategoryName", "c"."Description",
"p"."ProductId", "p"."CategoryId", "p"."UnitPrice", "p"."Discontinued",
"p"."ProductName", "p"."UnitsInStock"
    FROM "Categories" AS "c"
    LEFT JOIN "Products" AS "p" ON "c"."CategoryId" = "p"."CategoryId"
    ORDER BY "c"."CategoryId"
...
```

根据选择的数据库提供程序和代码编辑器，以及 EF Core 未来的改进，你的日志可能与上面显示的不同。现在请注意，不同事件(如打开连接或执行命令)具有不同的事件 ID，如下面的列表所示：

- 20000 RelationalEventId.ConnectionOpening：包含数据库文件路径。
- 20001 RelationalEventId.ConnectionOpened：包含数据库文件路径。
- 20100 RelationalEventId.CommandExecuting：包含 SQL 语句。

1. 根据特定于提供程序的值过滤日志

事件 ID 的值及含义特定于 EF Core 提供程序。如果想知道 LINQ 查询是如何转换成 SQL 语句并执行的，那么输出的事件 ID 的值将是 20100。

(1) 将 LogTo 方法调用修改为仅输出 ID 为 20100 的事件，如下所示：

```
optionsBuilder.LogTo(WriteLine, // Console
new[] { RelationalEventId.CommandExecuting })
.EnableSensitiveDataLogging();
```

(2) 运行代码，并注意记录的以下 SQL 语句(代码已编辑以节省空间)：

```
dbug: 05/03/2022 12:48:43.153 RelationalEventId.CommandExecuting[20100]
(Microsoft.EntityFrameworkCore.Database.Command)
    Executing DbCommand [Parameters=[], CommandType='Text',
CommandTimeout='30']
    SELECT "c"."CategoryId", "c"."CategoryName", "c"."Description",
"p"."ProductId", "p"."CategoryId", "p"."UnitPrice", "p"."Discontinued",
"p"."ProductName", "p"."UnitsInStock"
    FROM "Categories" AS "c"
    LEFT JOIN "Products" AS "p" ON "c"."CategoryId" = "p"."CategoryId"
    ORDER BY "c"."CategoryId"
Beverages has 12 products.
Condiments has 12 products.
Confections has 13 products.
Dairy Products has 10 products.
Grains/Cereals has 7 products.
```

```
Meat/Poultry has 6 products.
Produce has 5 products.
Seafood has 12 products.
```

2. 使用查询标记进行日志记录

对 LINQ 查询进行日志记录时，在复杂的场景中关联日志消息是很困难的。EF Core 2.2 引入了查询标记特性，以允许向日志中添加 SQL 注释。

可以使用 TagWith 方法对 LINQ 查询进行注释，如下所示：

```
IQueryable<Product>? products = db.Products?
.TagWith("Products filtered by price and sorted.")
.Where(product => product.Cost > price)
.OrderByDescending(product => product.Cost);
```

以上代码向日志添加 SQL 注释，输出如下所示：

```
-- Products filtered by price and sorted.
```

10.4.5　使用 Like 进行模式匹配

EF Core 支持常见的 SQL 语句，包括用于模式匹配的 Like。

(1) 在 Program.Queries.cs 文件中，添加名为 QueryingWithLike 的方法，如下面的代码所示，并注意如下要点：

- 这里启用了日志记录功能。
- 提示用户输入部分产品名称，然后使用 EF.Functions.Like 方法搜索 ProductName 属性中的任何位置。
- 对于匹配的每个产品，输出产品的名称、库存数量以及是否停产。

```
static void QueryingWithLike()
{
  using (Northwind db = new())
  {
    SectionTitle("Pattern matching with LIKE.");

    Write("Enter part of a product name: ");
    string? input = ReadLine();

    if (string.IsNullOrWhiteSpace(input))
    {
      Fail("You did not enter part of a product name.");
      return;
    }

    IQueryable<Product>? products = db.Products?
      .Where(p => EF.Functions.Like(p.ProductName, $"%{input}%"));

    if ((products is null) || (!products.Any()))
    {
      Fail("No products found.");
      return;
```

```
    }

    foreach (Product p in products)
    {
        WriteLine("{0} has {1} units in stock. Discontinued? {2}",
          p.ProductName, p.Stock, p.Discontinued);
    }
  }
}
```

(2) 在 Program.cs 中注释掉现有的方法，然后调用 QueryingWithLike 方法。

(3) 运行代码，输入部分产品名称(如 che)并查看结果，输出如下所示：

```
Enter part of a product name: che
dbug: 05/03/2022 13:03:42.793 RelationalEventId.CommandExecuting[20100]
(Microsoft.EntityFrameworkCore.Database.Command)
      Executing DbCommand [Parameters=[@__Format_1='%che%' (Size = 5)],
CommandType='Text', CommandTimeout='30']
      SELECT "p"."ProductId", "p"."CategoryId", "p"."UnitPrice",
"p"."Discontinued", "p"."ProductName", "p"."UnitsInStock"
      FROM "Products" AS "p"
      WHERE "p"."ProductName" LIKE @__Format_1
Chef Anton's Cajun Seasoning has 53 units in stock. Discontinued? False
Chef Anton's Gumbo Mix has 0 units in stock. Discontinued? True
Queso Manchego La Pastora has 86 units in stock. Discontinued? False
Gumbär Gummibärchen has 15 units in stock. Discontinued? False
```

10.4.6 在查询中生成随机数

EF Core 6 引入了一个有用的函数 EF.Functions.Random，它映射到一个数据库函数，该函数返回一个仅在 0 和 1(不包含 1)之间的伪随机数。例如，可以将随机数乘以表中的行数，从而从表中选择一个随机行。

(1) 在 Program.Queries.cs 中，添加一个名为 GetRandomProduct 的方法，如下所示：

```csharp
static void GetRandomProduct()
{
  using (Northwind db = new())
  {
    SectionTitle("Get a random product.");

    int? rowCount = db.Products?.Count();

    if (rowCount == null)
    {
      Fail("Products table is empty.");
      return;
    }

    Product? p = db.Products?.FirstOrDefault(
      p => p.ProductId == (int)(EF.Functions.Random() * rowCount));

    if (p == null)
    {
```

```
    Fail("Product not found.");
    return;
  }

  WriteLine($"Random product: {p.ProductId} {p.ProductName}");
  }
}
```

(2) 在 Program.cs 中，调用 GetRandomProduct。

(3) 运行代码并查看结果，如下所示：

```
dbug: 05/03/2022 13:19:01.783 RelationalEventId.CommandExecuting[20100]
(Microsoft.EntityFrameworkCore.Database.Command)
      Executing DbCommand [Parameters=[], CommandType='Text',
CommandTimeout='30']
      SELECT COUNT(*)
      FROM "Products" AS "p"
dbug: 05/03/2022 13:19:01.848 RelationalEventId.CommandExecuting[20100]
(Microsoft.EntityFrameworkCore.Database.Command)
      Executing DbCommand [Parameters=[@__p_1='77' (Nullable = true)],
CommandType='Text', CommandTimeout='30']
      SELECT "p"."ProductId", "p"."CategoryId", "p"."UnitPrice",
"p"."Discontinued", "p"."ProductName", "p"."UnitsInStock"
      FROM "Products" AS "p"
      WHERE "p"."ProductId" = CAST((abs(random() /
9.2233720368547799E+18) * @__p_1) AS INTEGER)
      LIMIT 1
Random product: 42 Singaporean Hokkien Fried Mee
```

10.4.7　定义全局过滤器

Northwind 产品可能被停产，因此确保停产的产品不会返回结果可能是有用的(即使程序员忘记使用 Where 子句过滤它们)。

(1) 在 Northwind.cs 中，在 OnModelCreating 方法的底部，添加全局过滤器以删除停产的产品，如下所示：

```
// global filter to remove discontinued products
modelBuilder.Entity<Product>()
    .HasQueryFilter(p => !p.Discontinued);
```

(2) 在 Program.cs 中，取消对 QueryingWithLike 的注释，然后注释掉其他全部方法调用。

(3) 运行代码，输入部分产品名称 che，查看结果，注意 Chef Anton's Gumbo Mix 产品现在已经消失，因为生成的 SQL 语句包含了针对 Discontinued 列的过滤器，输出如下所示：

```
Enter part of a product name: che
dbug: 05/03/2022 13:34:27.290 RelationalEventId.CommandExecuting[20100]
(Microsoft.EntityFrameworkCore.Database.Command)
      Executing DbCommand [Parameters=[@__Format_1='%che%' (Size = 5)],
CommandType='Text', CommandTimeout='30']
      SELECT "p"."ProductId", "p"."CategoryId", "p"."UnitPrice",
"p"."Discontinued", "p"."ProductName", "p"."UnitsInStock"
      FROM "Products" AS "p"
      WHERE NOT ("p"."Discontinued") AND ("p"."ProductName" LIKE @__
```

```
Format_1)
Chef Anton's Cajun Seasoning has 53 units in stock. Discontinued? False
Queso Manchego La Pastora has 86 units in stock. Discontinued? False
Gumbär Gummibärchen has 15 units in stock. Discontinued? False
```

10.5 使用 EF Core 加载模式

EF 通常使用如下 3 种加载模式。

- 立即加载：提前加载数据。
- 延迟加载：在需要数据之前自动加载数据。
- 显式加载：手动加载数据。

本节将逐一介绍它们。

10.5.1 使用 Include 扩展方法立即加载实体

在 QueryingCategories 方法中，代码当前使用 Categories 属性循环遍历每个类别，输出类别名称和类别中的产品数量。

这是因为在编写查询时，我们使用了 Include 方法以对相关产品使用立即加载模式。

我们来看看如果不调用 Include，会发生什么：

(1) 修改查询，注释掉 Include 方法调用，如下所示：

```
IQueryable<Category>? categories = db.Categories;
//.Include(c => c.Products);
```

(2) 在 Program.cs 中，注释掉除了 QueryingCategories 的所有方法。

(3) 运行代码并查看结果，部分输出如下所示：

```
Beverages has 0 products.
Condiments has 0 products.
Confections has 0 products.
Dairy Products has 0 products.
Grains/Cereals has 0 products.
Meat/Poultry has 0 products.
Produce has 0 products.
Seafood has 0 products.
```

foreach 循环中的每一项都是 Category 类的实例，Category 类的 Products 属性代表了类别中的产品列表。由于原始查询仅从 Categories 表中进行选择，因此对于每个类别，Products 属性都为空。

10.5.2 启用延迟加载

EF Core 2.1 引入了延迟加载，从而能够自动加载缺失的相关数据。要启用延迟加载，开发人员必须：

- 为代理引用 NuGet 包。
- 配置延迟加载以使用代理。

下面看看其应用：

(1) 在 WorkingWithEFCore 项目中，添加一个用于 EF Core 代理的包引用，如下所示：

```
<PackageReference
    Include="Microsoft.EntityFrameworkCore.Proxies"
    Version="7.0.0" />
```

(2) 构建项目以还原包。

(3) 打开 Northwind.cs，在 OnConfiguring 方法的底部调用一个扩展方法，使用延迟加载代理，如下所示：

```
optionsBuilder.UseLazyLoadingProxies();
```

现在，每当循环枚举并尝试读取 Products 属性时，延迟加载代理将检查它们是否已加载。如果没有加载，就执行 SELECT 语句，加载它们，以便仅加载当前类别的产品集合，然后将正确的计数结果返回到输出。

(4) 运行代码，并注意产品计数现在是正确的。显然，延迟加载带来的问题是，最终获取所有数据需要多次往返数据库服务器。例如，要获取所有类别以及第一个类别 Beverages 的产品，需要执行两个 SQL 命令，部分输出如下所示：

```
dbug: 05/03/2022 13:41:40.221 RelationalEventId.CommandExecuting[20100]
(Microsoft.EntityFrameworkCore.Database.Command)
        Executing DbCommand [Parameters=[], CommandType='Text',
CommandTimeout='30']
        SELECT "c"."CategoryId", "c"."CategoryName", "c"."Description"
        FROM "Categories" AS "c"
dbug: 05/03/2022 13:41:40.331 RelationalEventId.CommandExecuting[20100]
(Microsoft.EntityFrameworkCore.Database.Command)
        Executing DbCommand [Parameters=[@__p_0='1'], CommandType='Text',
CommandTimeout='30']
        SELECT "p"."ProductId", "p"."CategoryId", "p"."UnitPrice",
"p"."Discontinued", "p"."ProductName", "p"."UnitsInStock"
        FROM "Products" AS "p"
        WHERE NOT ("p"."Discontinued") AND "p"."CategoryId" = @__p_0
Beverages has 11 products.
```

10.5.3　使用 Load 方法显式加载实体

另一种加载类型是显式加载。显式加载的工作方式与延迟加载相似，不同之处在于可以控制加载哪些相关数据以及何时加载。

(1) 在 Program.Queries.cs 的顶部，导入更改跟踪名称空间，以使用 CollectionEntry 类手动加载相关实体，如下所示：

```
using Microsoft.EntityFrameworkCore.ChangeTracking; //CollectionEntry
```

(2) 在 QueryingCategories 方法中，修改语句以禁用延迟加载，然后提示用户是否希望启用立即加载和显式加载，如下所示：

```
IQueryable<Category>? categories;
    // = db.Categories;
    // .Include(c => c.Products);
```

```
db.ChangeTracker.LazyLoadingEnabled = false;

Write("Enable eager loading? (Y/N): ");
bool eagerLoading = (ReadKey(intercept: true).Key == ConsoleKey.Y);
bool explicitLoading = false;
WriteLine();

if (eagerLoading)
{
    categories = db.Categories?.Include(c => c.Products);
}
else
{
    categories = db.Categories;
    Write("Enable explicit loading? (Y/N): ");
    explicitLoading = (ReadKey(intercept: true).Key == ConsoleKey.Y);
    WriteLine();
}
```

(3) 在 foreach 循环内部，在 WriteLine 方法调用之前添加语句，以检查是否启用了显式加载。
如果启用了，则提示用户指定是否希望显式加载每个单独的类别，如下所示：

```
if (explicitLoading)
{
    Write($"Explicitly load products for {c.CategoryName}? (Y/N): ");
    ConsoleKeyInfo key = ReadKey(intercept: true);
    WriteLine();

    if (key.Key == ConsoleKey.Y)
    {
      CollectionEntry<Category, Product> products =
        db.Entry(c).Collection(c2 => c2.Products);

      if (!products.IsLoaded) products.Load();
  }
}
```

(4) 运行代码。

- 按 N 禁用立即加载。
- 按 Y 启用显式加载。
- 对于每个类别，按 Y 或按 N 即可按自己希望的方式加载产品。

笔者选择了八类中的两类——Beverages 和 Seafood，如下所示：

```
Enable eager loading? (Y/N):
Enable explicit loading? (Y/N):
dbug: 05/03/2022 13:48:48.541 RelationalEventId.CommandExecuting[20100]
(Microsoft.EntityFrameworkCore.Database.Command)
      Executing DbCommand [Parameters=[], CommandType='Text',
CommandTimeout='30']
      SELECT "c"."CategoryId", "c"."CategoryName", "c"."Description"
      FROM "Categories" AS "c"
Explicitly load products for Beverages? (Y/N):
dbug: 05/03/2022 13:49:07.416 RelationalEventId.CommandExecuting[20100]
```

```
(Microsoft.EntityFrameworkCore.Database.Command)
      Executing DbCommand [Parameters=[@__p_0='1'], CommandType='Text',
CommandTimeout='30']
      SELECT "p"."ProductId", "p"."CategoryId", "p"."UnitPrice",
"p"."Discontinued", "p"."ProductName", "p"."UnitsInStock"
      FROM "Products" AS "p"
      WHERE NOT ("p"."Discontinued") AND "p"."CategoryId" = @__p_0
Beverages has 11 products.
Explicitly load products for Condiments? (Y/N):
Condiments has 0 products.
Explicitly load products for Confections? (Y/N):
Confections has 0 products.
Explicitly load products for Dairy Products? (Y/N):
Dairy Products has 0 products.
Explicitly load products for Grains/Cereals? (Y/N):
Grains/Cereals has 0 products.
Explicitly load products for Meat/Poultry? (Y/N):
Meat/Poultry has 0 products.
Explicitly load products for Produce? (Y/N):
Produce has 0 products.
Explicitly load products for Seafood? (Y/N):
dbug: 05/03/2022 13:49:16.682 RelationalEventId.CommandExecuting[20100]
(Microsoft.EntityFrameworkCore.Database.Command)
      Executing DbCommand [Parameters=[@__p_0='8'], CommandType='Text',
CommandTimeout='30']
      SELECT "p"."ProductId", "p"."CategoryId", "p"."UnitPrice",
"p"."Discontinued", "p"."ProductName", "p"."UnitsInStock"
      FROM "Products" AS "p"
      WHERE NOT ("p"."Discontinued") AND "p"."CategoryId" = @__p_0
Seafood has 12 products.
```

最佳实践：
仔细考虑哪种加载模式最适合自己的代码。延迟加载会让你成为一个变懒的数据库
开发人员！有关加载模式的更多信息，请访问链接：https://docs.microsoft.com/en-
us/ef/core/querying/relateddata。

10.6　使用 EF Core 修改数据

使用 EF Core 插入、更新和删除实体是一项相对容易完成的任务。

DbContext 能够自动维护更改跟踪，因此本地实体可以跟踪多个更改，包括添加新实体、修
改现有实体和删除实体。

当准备将这些更改发送到底层数据库时，请调用 SaveChanges 方法以返回成功更改的实体
数量。

10.6.1　插入实体

下面首先看看如何向表中添加新行。

(1) 添加一个新的类文件，命名为 Program.Modifications.cs。

(2) 在 Program.Modifications.cs 文件中，创建一个 Program 分部类，并在其中包含一个名为 ListProducts 的方法，输出每个产品的 ID、名称、成本、库存数量和停产信息，最昂贵的产品排在最前面，并突出显示与传入方法的 int 值列表(可选参数)匹配的任何产品，如下所示：

```
using Microsoft.EntityFrameworkCore; // ExecuteUpdate, ExecuteDelete
using Microsoft.EntityFrameworkCore.ChangeTracking; // EntityEntry<T>
using Packt.Shared; // Northwind, Product

partial class Program
{
  static void ListProducts(int[]? productIdsToHighlight = null)
  {
    using (Northwind db = new())
    {
      if ((db.Products is null) || (!db.Products.Any()))
      {
        Fail("There are no products.");
        return;
      }

      WriteLine("| {0,-3} | {1,-35} | {2,8} | {3,5} | {4} |",
        "Id", "Product Name", "Cost", "Stock", "Disc.");

      foreach (Product p in db.Products)
      {
        ConsoleColor previousColor = ForegroundColor;

        if ((productIdsToHighlight is not null) &&
          productIdsToHighlight.Contains(p.ProductId))
        {
          ForegroundColor = ConsoleColor.Green;
        }

        WriteLine("| {0:000} | {1,-35} | {2,8:$#,##0.00} | {3,5} | {4} |",
          p.ProductId, p.ProductName, p.Cost, p.Stock, p.Discontinued);

        ForegroundColor = previousColor;
      }
    }
  }
}
```

更多信息：

记住，{1, -35}表示在 35 个字符宽的列中，参数 1 是左对齐的；而{3, 5}表示在 5 个字符宽的列中，参数 3 是右对齐的。

(3) 在 Program.Modifications.cs 中，添加一个名为 AddProduct 的方法，如下所示：

```
static (int affected, int productId) AddProduct(
  int categoryId, string productName, decimal? price)
{
  using (Northwind db = new())
  {
```

```
    if (db.Products is null) return (0, 0);

    Product p = new()
    {
      CategoryId = categoryId,
      ProductName = productName,
      Cost = price,
      Stock = 72
    };

    // set product as added in change tracking
    EntityEntry<Product> entity = db.Products.Add(p);
    WriteLine($"State: {entity.State}, ProductId: {p.ProductId}");

    // save tracked change to database
    int affected = db.SaveChanges();
    WriteLine($"State: {entity.State}, ProductId: {p.ProductId}");

    return (affected, p.ProductId);
  }
}
```

(4) 在 Program.cs 中注释掉前面的方法调用，然后调用 AddProduct 和 ListProducts 方法，如下所示：

```
var resultAdd = AddProduct(categoryId: 6,
  productName: "Bob's Burgers", price: 500M);

if (resultAdd.affected == 1)
{
    WriteLine($"Add product successful with ID: {resultAdd.productId}.");
}
ListProducts(productIdToHighlight: resultAdd.productId);
```

(5) 运行代码，查看结果，注意我们添加了新产品，部分输出如下所示：

```
State: Added, ProductId: 0
dbug: 05/03/2022 14:21:37.818 RelationalEventId.CommandExecuting[20100]
(Microsoft.EntityFrameworkCore.Database.Command)
      Executing DbCommand [Parameters=[@p0='6', @p1='500' (Nullable =
true), @p2='False', @p3='Bob's Burgers' (Nullable = false) (Size = 13), @
p4=NULL (DbType = Int16)], CommandType='Text', CommandTimeout='30']
      INSERT INTO "Products" ("CategoryId", "UnitPrice", "Discontinued",
"ProductName", "UnitsInStock")
      VALUES (@p0, @p1, @p2, @p3, @p4);
      SELECT "ProductId"
      FROM "Products"
      WHERE changes() = 1 AND "rowid" = last_insert_rowid();
State: Unchanged, ProductId: 78
Add product successful with ID: 78.
| Id  | Product Name                   |     Cost |  Stock |  Disc. |
| 001 | Chai                           |   $18.00 |     39 |  False |
| 002 | Chang                          |   $19.00 |     17 |  False |
...
| 078 | Bob's Burgers                  |  $500.00 |     72 |  False |
```

> **更多信息：**
> 在内存中第一次创建新产品，并且 EF Core 更改跟踪器在跟踪该产品时，它的状态为 Added，ID 为 0。在调用 SaveChanges 之后，它的状态为 Unchanged，ID 为 78，这是数据库赋给它的值。

10.6.2 更新实体

下面修改表中现有的行。

我们将通过指定产品名称的开头部分来找到要更新的产品，并且仅返回第一个匹配结果。在一个真实的应用程序中，如果需要更新特定的产品，必须使用一个唯一标识符，如 ProductId。

> **更多信息：**
> 我无法知道你添加的产品的 ID 是多少，但我知道，在现有的 Northwind 数据库中，没有以 "Bob" 开头的产品。使用名称来找到要更新的产品，避免了告诉你需要先找到新添加的产品的 ID。该表中已经有 77 个产品，所以新添加的产品的 ID 很可能是 78，但是如果你添加了一个产品，然后删除了它，那么下一个添加的产品的 ID 将是 79，产品 ID 将变得不再同步。

现在来看看代码：

(1) 在 Program.Modifications.cs 中，添加一个方法，使其将以指定值(本例中将使用 "Bob")开头的第一个产品的价格增加指定金额(如 20 美元)，如下所示：

```
static (int affected, int productId) IncreaseProductPrice(
    string productNameStartsWith, decimal amount)
{
  using (Northwind db = new())
  {
    if (db.Products is null) return (0, 0);

    // Get the first product whose name starts with the parameter value.
    Product updateProduct = db.Products.First(
      p => p.ProductName.StartsWith(productNameStartsWith));

    updateProduct.Cost += amount;

    int affected = db.SaveChanges();

    return (affected, updateProduct.ProductId);
  }
}
```

(2) 在 Program.cs 中，添加语句调用 IncreaseProductPrice，然后调用 ListProducts，如下所示：

```
var resultUpdate = IncreaseProductPrice(
  productNameStartsWith: "Bob", amount: 20M);

if (resultUpdate.affected == 1)
```

```
{
  WriteLine("Increase price success for ID: {resultUpdate.productId}.");
}

ListProducts(productIdsToHighlight: new[] { resultUpdate.productId });
```

(3) 运行代码，查看结果，注意 Bob's Burgers 的现有价格提高了 20 美元，如下所示：

```
dbug: 05/03/2022 14:44:47.024 RelationalEventId.CommandExecuting[20100]
(Microsoft.EntityFrameworkCore.Database.Command)

      Executing DbCommand [Parameters=[@__productNameStartsWith_0='Bob'
(Size = 3)], CommandType='Text', CommandTimeout='30']
      SELECT "p"."ProductId", "p"."CategoryId", "p"."UnitPrice",
"p"."Discontinued", "p"."ProductName", "p"."UnitsInStock"
      FROM "Products" AS "p"
      WHERE NOT ("p"."Discontinued") AND (@__productNameStartsWith_0 =
'' OR (("p"."ProductName" LIKE @__productNameStartsWith_0 || '%') AND
substr("p"."ProductName", 1, length(@__productNameStartsWith_0)) = @__
productNameStartsWith_0) OR @__productNameStartsWith_0 = '')
      LIMIT 1
dbug: 05/03/2022 14:44:47.028 RelationalEventId.CommandExecuting[20100]
(Microsoft.EntityFrameworkCore.Database.Command)

      Executing DbCommand [Parameters=[@p1='78', @p0='520' (Nullable =
true)], CommandType='Text', CommandTimeout='30']
      UPDATE "Products" SET "UnitPrice" = @p0
      WHERE "ProductId" = @p1;
      SELECT changes();
Increase price success for ID: 78.
| Id    | Product Name             |     Cost  | Stock | Disc.  |
| 001   | Chai                     |   $18.00  |    39 | False  |
...
| 078   | Bob's Burgers            |  $520.00  |    72 | False  |
```

10.6.3　删除实体

可以使用 Remove 方法删除单个实体。当要删除多个实体时，RemoveRange 方法的效率更高。现在看看如何从表中删除一行。

(1) 在 Program.Modifications.cs 的底部，添加方法 DeleteProducts 以删除所有名称以 Bob 开头的产品，如下所示：

```
static int DeleteProducts(string productNameStartsWith)
{
  using (Northwind db = new())
  {
    IQueryable<Product>? products = db.Products?.Where(
      p => p.ProductName.StartsWith(productNameStartsWith));

    if ((products is null) || (!products.Any()))
    {
      WriteLine("No products found to delete.");
      return 0;
```

```
    }
    else
    {
      if (db.Products is null) return 0;
      db.Products.RemoveRange(products);
    }

    int affected = db.SaveChanges();
    return affected;
  }
}
```

(2) 在 Program.cs 中添加对 DeleteProducts 方法的调用，如下所示：

```
WriteLine("About to delete all products whose name starts with Bob.");
Write("Press Enter to continue or any other key to exit: ");
if (ReadKey(intercept: true).Key == ConsoleKey.Enter)
{
    int deleted = DeleteProducts(productNameStartsWith: "Bob");
    WriteLine($"{deleted} product(s) were deleted.");
}
else
{
    WriteLine("Delete was canceled.");
}
```

(3) 运行代码，按 Enter 键，并查看结果，输出如下所示：

```
1 product(s) were deleted.
```

如果有多个产品的名称以 Bob 开头，那么它们都将被删除。作为一项可选的挑战，你可以修改语句来添加 3 个以 Bob 开头的新产品，然后删除它们。

10.6.4 更高效的更新和删除

刚才介绍了使用 EF Core 修改数据的传统方式，其步骤可以总结如下：

(1) 创建一个数据库上下文。默认会启用更改跟踪。

(2) 要插入实体，需要创建实体类的一个新实例，然后把它作为实参传入合适集合的 Add 方法，如 db.Products.Add(product)。

(3) 要更新实体，需要获取想要修改的实体，然后修改它们的属性。

(4) 要删除实体，需要获取想要删除的实体，然后把它们作为实参传入合适集合的 Remove 或 RemoveRange 方法，如 db.Products.Remove(product)。

(5) 调用数据库上下文的 SaveChanges 方法。这将使用更改跟踪器生成 SQL 语句，执行需要的插入、更新和删除，然后返回影响的实体数。

EF Core 7 引入了两个能够让更新和删除操作更高效的方法，它们不需要把实体加载到内存中并跟踪它们的更改。这两个方法是 ExecuteDelete 和 ExecuteUpdate(它们有对应的 Async 版本)。它们通过 LINQ 查询调用，会影响查询结果中的实体，但查询不会获取实体，所以不会在数据上下文中加载实体。

例如，要删除一个表中的全部行，可在任何 DbSet 属性上调用 ExecuteDelete 或 ExecuteDeleteAsync 方法，如下所示：

```
await db.Products.ExecuteDeleteAsync();
```

上面的代码将在数据库中执行一条 SQL 语句，如下所示：

```
DELETE FROM Products
```

要删除所有单价大于 50 的产品，可以使用下面的代码：

```
await db.Products
  .Where(product => product.UnitPrice > 50)
  .ExecuteDeleteAsync();
```

上面的代码将在数据库中执行一条 SQL 语句，如下所示：

```
DELETE FROM Products p WHERE p.UnitPrice > 50
```

更多信息：

ExecuteUpdate 和 ExecuteDelete 只能作用于一个表，所以虽然可以编写非常复杂的 LINQ 查询，但它们只能在一个表中更新或删除行。

要更新所有未停产的产品，使它们的单价由于通货膨胀增加 10%，可以使用下面的代码：

```
await db.Products
  .Where(product => !product.Discontinued)
  .ExecuteUpdateAsync(s => s.SetProperty(
   p => p.UnitPrice, // Selects the property to update.
   p => p.UnitPrice * 0.1)); // Sets the value to update it to.
```

更多信息：

在同一个查询中，可以将多个对 SetProperty 的调用链接起来，从而在一个命令中更新多个属性。

我们来看几个例子：

(1) 在 Program.Modifications.cs 中，添加一个方法，使其使用 ExecuteUpdate 更新名称以指定值开头的所有产品，如下所示：

```
static (int affected, int[]? productIds) IncreaseProductPricesBetter(
  string productNameStartsWith, decimal amount)
{
  using (Northwind db = new())
  {
    if (db.Products is null) return (0, null);

    // Get products whose name starts with the parameter value.
    IQueryable<Product>? products = db.Products.Where(
      p => p.ProductName.StartsWith(productNameStartsWith));

    int affected = products.ExecuteUpdate(s => s.SetProperty(
      p => p.Cost, // Property selector lambda expression.
      p => p.Cost + amount)); // Value to update to lambda expression.

    int[] productIds = products.Select(p => p.ProductId).ToArray();
```

```
      return (affected, productIds);
  }
}
```

(2) 在 Program.cs 中，添加对 IncreaseProductPricesBetter 的调用，如下所示：

```
var resultUpdateBetter = IncreaseProductPricesBetter(
  productNameStartsWith: "Bob", amount: 20M);

if (resultUpdateBetter.affected > 0)
{
    WriteLine("Increase product price successful.");
}

ListProducts(productIdsToHighlight: resultUpdateBetter.productIds);
```

(3) 取消注释添加新产品的语句。

(4) 多次运行控制台应用程序，注意在每次运行时，带有 Bob 前缀的现有产品的价格都会增加，如下面的输出所示：

```
...
| 078 | Bob's Burgers                    | $560.00 | 72 | False |
| 079 | Bob's Burgers                    | $540.00 | 72 | False |
| 080 | Bob's Burgers                    | $520.00 | 72 | False |
```

(5) 在 Program.Modifications.cs 中，添加一个方法，使其使用 ExecuteDelete 删除名称以指定值开头的任何产品，如下所示：

```
static int DeleteProductsBetter(string productNameStartsWith)
{
  using (Northwind db = new())
  {
    int affected = 0;

    IQueryable<Product>? products = db.Products?.Where(
      p => p.ProductName.StartsWith(productNameStartsWith));

    if ((products is null) || (!products.Any()))
    {
      WriteLine("No products found to delete.");
      return 0;
    }
    else
    {
      affected = products.ExecuteDelete();
    }
    return affected;
  }
}
```

(6) 在 Program.cs 中，添加对 DeleteProductsBetter 的调用，如下所示：

```
WriteLine("About to delete all products whose name starts with Bob.");
Write("Press Enter to continue or any other key to exit: ");
if (ReadKey(intercept: true).Key == ConsoleKey.Enter)
```

```
{
    int deleted = DeleteProductsBetter(productNameStartsWith: "Bob");
    WriteLine($"{deleted} product(s) were deleted.");
}
else
{
    WriteLine("Delete was canceled.");
}
```

(7) 运行控制台应用程序，确认产品已被删除，如下面的输出所示：

```
3 product(s) were deleted.
```

警告：
如果你混用了传统的更改跟踪和 ExecuteUpdate 及 ExecuteDelete 方法，则需要注意，它们不会保持同步。更改跟踪器不会知道你使用这些方法更新和删除了哪些内容。

10.6.5　池化数据库环境

DbContext 类是可销毁的，并且是按照单一工作单元原则设计的。前面的代码示例在 using 块中创建了所有 DbContext 派生类的 Northwind 实例，以便在每个工作单元的末尾正确地调用 Dispose。

ASP.NET Core 与 EF Core 相关的一个特性是：在构建网站和 Web 服务时，可通过汇集数据库上下文来提高代码的运行效率。这将允许创建和释放尽可能多的 DbContext 派生对象，从而确保代码仍然是有效的。

10.7　使用事务

每次调用 SaveChanges 方法时，都会启动隐式事务，以便在出现问题时自动回滚所有更改。如果事务中的多个更改都已成功，就提交事务和所有更改。

事务通过应用锁来防止在发生一系列更改时进行读写操作，从而维护数据库的完整性。

事务有 4 个基本特性：原子性(Atomicity)、一致性(Consistency)、隔离性(Isolation)、持久性(Durability)，简称 ACID。

- **原子性**：事务中的所有操作要么都提交，要么都不提交。
- **一致性**：事务前后的数据库状态是一致的，这取决于代码的逻辑。例如，在银行账户之间转账时，业务逻辑要确保：如果从一个账户借 100 美元，就要用另一个账户贷 100 美元。
- **隔离性**：在事务处理期间，会对其他进程隐藏更改。可以选择多个隔离级别(请参考表 10.2)。隔离级别越高，数据的完整性越好。然而，我们必须应用更多的锁，这将对其他进程产生负面影响。Snapshot 是一种特殊情况，可以创建多个行的副本以避免锁，但这在事务发生时会增加数据库的大小。
- **持久性**：如果在事务期间发生故障，可以恢复事务。这通常以两阶段提交和事务日志的形式实现，一旦提交了事务，即使后续有错误，也确保它是持久的。与"持久性"相对的是"不稳定性"。

10.7.1 使用隔离级别控制事务

开发人员可以通过设置隔离级别来控制事务，如表 10.4 所示。

表 10.4 事务的隔离级别

隔离级别	锁	允许的完整性问题
ReadUncommitted	无	脏读、不可重复读和幻象数据
ReadCommitted	当编辑时，应用读取锁以阻止其他用户读取记录，直到事务结束	不可重复读和幻象数据
RepeatableRead	当读取时，应用编辑锁以阻止其他用户编辑记录，直到事务结束	幻象数据
Serializable	应用键范围的锁以防止任何可能影响结果的操作，包括插入和删除	无
Snapshot	无	无

10.7.2 定义显式事务

可以使用数据库上下文的 Database 属性来控制显式事务。

(1) 在 Program.Modifications.cs 文件中导入 EF Core 存储名称空间，以使用 IDbContextTransaction 接口：

```
using Microsoft.EntityFrameworkCore.Storage; // IDbContextTransaction
```

(2) 在 DeleteProducts 方法中，在实例化 db 变量后，添加一些语句以启动显式事务并输出隔离级别，在方法的底部提交事务并关闭花括号，如下面代码的突出显示部分所示：

```
static int DeleteProducts(string productNameStartsWith)
{
  using (Northwind db = new())
  {
    using (IDbContextTransaction t = db.Database.BeginTransaction())
    {
      WriteLine("Transaction isolation level: {0}",
        arg0: t.GetDbTransaction().IsolationLevel);

      IQueryable<Product>? products = db.Products?.Where(
        p => p.ProductName.StartsWith(productNameStartsWith));

      if ((products is null) || (!products.Any()))
      {
        WriteLine("No products found to delete.");
        return 0;
      }
      else
      {
        db.Products.RemoveRange(products);
      }
```

```
        int affected = db.SaveChanges();
        t.Commit();
        return affected;
    }
  }
}
```

(3) 运行该代码，使用 SQLite 查看结果，如下所示：

```
Transaction isolation level: Serializable
```

更多信息：

如果你使用的是 SQL Server，将看到下面的输出：

```
Transaction isolation level: ReadCommitted
```

10.8　定义 Code First EF Core 模型

本节是本章的附加章节，你可以通过以下链接在线阅读：https://github.com/markjprice/cs11dotnet7/blob/main/docs/bonus/code-first-models.md。

10.9　实践和探索

你可以通过回答一些问题来测试自己对知识的理解程度，进行一些实践，并深入探索本章涵盖的主题。

10.9.1　练习 10.1：测试你掌握的知识

回答以下问题：

(1) 对于表示表的属性(例如，数据库上下文的 Products 属性)，应使用什么类型？

(2) 对于表示一对多关系的属性(例如，Category 实体的 Products 属性)，应使用什么类型？

(3) 主键的 EF Core 约定是什么？

(4) 何时在实体类中使用注解特性？

(5) 为什么选择使用 Fluent API 而不是注解特性？

(6) Serializable 事务隔离级别意指什么？

(7) DbContext.SaveChanges 方法会返回什么？

(8) 立即加载和显式加载之间的区别是什么？

(9) 如何定义 EF Core 实体类以匹配下面的表？

```
CREATE TABLE Employees(
    EmpId INT IDENTITY,
    FirstName NVARCHAR(40) NOT NULL,
    Salary MONEY
)
```

(10) 将实体导航属性声明为 virtual 有什么好处？

10.9.2 练习 10.2：练习使用不同的序列化格式导出数据

在 Chapter10 解决方案/工作区中，创建名为 Ch10Ex02DataSerialization 的控制台应用程序，查询 Northwind 示例数据库中的所有类别和产品，然后使用.NET 提供的至少 3 种序列化格式对数据进行序列化。哪种序列化格式使用的字节数最少？

10.9.3 练习 10.3：探索主题

可通过以下链接来阅读本章所涉及主题的更多细节：

https://github.com/markjprice/cs11dotnet7/blob/main/book-links.md#chapter-10---workingwith-data-using-entity-framework-core

10.9.4 练习 10.4：探索 NoSQL 数据库

本章主要介绍 RDBMS，如 SQL Server 和 SQLite。如果想了解更多关于 NoSQL 数据库的知识，如 Cosmos DB 和 MongoDB，以及如何在 EF Core 中使用它们，推荐访问以下网址。

- 欢迎访问 Azure Cosmos DB：

  https://docs.microsoft.com/en-us/azure/cosmos-db/introduction

- 使用 NoSQL 数据库作为持久性基础设施：

  https://docs.microsoft.com/en-us/dotnet/standard/microservices-architecture/microservice-ddd-cqrs-patterns/nosqldatabase-persistence-infrastructure

- 实体框架核心文档数据库提供程序：

  https://github.com/BlueshiftSoftware/EntityFrameworkCore

10.10　本章小结

本章主要内容：

- 连接到数据库，以及如何为现有数据库构建实体数据模型
- 执行简单的 LINQ 查询并处理结果
- 使用 filtered includes 功能
- 添加、修改和删除数据
- 定义 Code First 模型，并使用它创建新数据库并向该数据库填充数据。

第 11 章将介绍如何编写更高级的 LINQ 查询来对数据进行选择、筛选、排序、连接和分组。

使用 LINQ 查询和操作数据

本章介绍 LINQ(Language INtegrated Query，语言集成查询)。LINQ 是一组语言扩展，用于处理数据序列，然后对它们进行过滤、排序，并将它们投影到不同的输出。

本章涵盖以下主题：
- 为什么使用 LINQ
- 编写 LINQ 表达式
- 在 EF Core 中使用 LINQ
- 使用语法糖美化 LINQ 语法
- 使用多线程和并行 LINQ(在线小节)
- 创建自己的 LINQ 扩展方法
- 使用 LINQ to XML

11.1 为什么使用 LINQ

我们首先需要回答一个基本问题：为什么使用 LINQ？

对比命令式语言和声明式语言的特性

LINQ 在 2008 年随着 C# 3.0 和.NET Framework 3.0 一起引入。在此之前，如果 C#和.NET 程序员要处理一系列项，就必须使用过程式(即命令式)代码语句，例如，下面这个循环：

(1) 将当前位置设置为第一个项。

(2) 通过将该项的一个或更多个属性与指定值进行比较，检查是否应该处理该项。例如，单价是否大于 50，或者国家是否是 Belgium？

(3) 如果匹配条件，则处理该项。例如，将它的一个或多个属性输出给用户或者更新为新的值，删除项，或者执行聚合计算，如计数或求和。

(4) 移到下一项。重复这个过程，直到处理完所有项。

过程式(即命令式)代码告诉编译器如何实现目标。先这么做，然后那么做。因为编译器不知道你要实现什么，所以提供不了太多帮助。你自己完全负责确保每个步骤都是正确的。

LINQ 让常见的任务变得简单许多，并且更不容易引入 bug。程序员不需要显式指定每个操作，如移动、读取、更新等，因为 LINQ 让他们能够使用声明式或函数式风格来编写语句。

声明式代码告诉编译器要实现的目标。编译器会自己找出实现该目标的最佳方式。这种语句一般也更加简洁。

> **最佳实践：**
> 如果你没有完全理解 LINQ 的工作方式，则编写出的语句可能引入隐藏的 bug。最近一个很流行的代码难题涉及一个任务序列，需要理解它们的执行时间(https://twitter.com/amantinband/status/1559187912218099714)。大部分经验丰富的开发人员给出了错误的答案。公平地说，这个难题将 LINQ 行为和多线程行为混合到了一起，从而导致许多人感到困惑。但是，学完本章后，你将能够更好地理解 LINQ 行为为什么让那段代码变得危险。

11.2　编写 LINQ 表达式

我们虽然在第 10 章编写了一些 LINQ 表达式，但它们不是重点，因而也就没有恰当地解释 LINQ 是如何工作的。现在，我们花点时间来正确地理解它们。

11.2.1　LINQ 的组成

LINQ 由多个部分组成，有些是必需的，有些是可选的。

- 扩展方法(必要的)：包括 Where、OrderBy 和 Select 等方法，它们提供了 LINQ 的功能。
- LINQ 提供程序(必要的)：包括 LINQ to Objects(处理内存中的对象)、LINQ to Entities(处理外部数据库中用 EF 建模的数据)、LINQ to XML(处理存储为 XML 的数据)。这些提供程序以特定于不同类型数据的方式执行 LINQ 表达式。
- lambda 表达式(可选的)：这些方法可以代替命名方法来简化 LINQ 查询，例如，用于过滤的 Where 方法的条件逻辑。
- LINQ 查询理解语法(可选的)：包括 from、in、where、orderby、descending 和 select。这些 C#关键字是 LINQ 扩展方法的别名，使用它们可以简化编写的查询。特别是如果已经有使用其他查询语言(如 SQL)的经验，简化效果将更好。

程序员第一次接触 LINQ 时，通常认为 LINQ 查询理解语法就是 LINQ，但具有讽刺意味的是，这只是 LINQ 中可选的部分之一！

11.2.2　使用 Enumerable 类构建 LINQ 表达式

LINQ 扩展方法(如 Where 和 Select)可由 Enumerable 静态类附加到任何类型，如实现了 IEnumerable<T>的序列。

任何类型的数组都实现了 IEnumerable<T>，其中 T 是数组元素的类型。所以，所有数组都支持使用 LINQ 来查询和操作它们。

所有的泛型集合(如 List<T>、Dictionary<TKey, TValue>、Stack<T>和 Queue<T>)都实现了 IEnumerable<T>，因而也可以使用 LINQ 查询和操作它们。

Enumerable 类定义了 50 个以上的扩展方法，如表 11.1 所示。

表 11.1　Enumerable 类定义的扩展方法

扩展方法	说明
First, FirstOrDefault, Last, LastOrDefault	获取序列中的第一项或最后一项，或抛出异常，或返回类型的默认值。例如，如果没有第一项或最后一项，那么 int 值为 0，引用类型为 null
Where	返回与指定筛选器匹配的项的序列
Single, SingleOrDefault	返回与指定筛选器匹配的项或抛出异常。如果没有完全匹配的项，就返回类型的默认值
ElementAt, ElementAtOrDefault	返回位于指定索引位置的项或抛出异常。如果指定的索引位置没有项，就返回类型的默认值。.NET 6 中引入了重载功能，可以传递 Index 而不是 int，这在处理 Span<T> 序列时更有效
Select, SelectMany	将许多项投影为不同的形状(即不同的类型)，并将嵌套的项的层次结构压平化
OrderBy, OrderByDescending, ThenBy, ThenByDescending	根据指定的字段或属性对项进行排序
Order, OrderDescending	根据项自身对项进行排序。.NET 7 中引入
Reverse	颠倒项的顺序
GroupBy, GroupJoin, Join	组合、连接序列
Skip, SkipWhile	跳过一些项，或在表达式为 true 时跳过这些项
Take, TakeWhile	提取一些项，或在表达式为 true 时提取这些项。在.NET 6 中引入了一个可以传递 Range 的 Take 重载方法，例如，Take(Range: 3..^5)意味着取一个子集，从开头的 3 个项开始，以结尾的 5 个项结束，或者可使用 Take(4..)代替 Skip(4)
Aggregate, Average, Count, LongCount, Max, Min, Sum	计算聚合值
TryGetNonEnumeratedCount	Count()检查是否在序列上实现了 Count 属性并返回其值，或者枚举整个序列以计数其项。.NET 6 中引入了这个方法，它只检查 Count，如果缺少 Count，它将返回 false 并将 out 参数设置为 0，以避免潜在的性能较差的操作
All, Any, Contains	如果所有项或其中任何项与筛选器匹配，或序列中包含指定的项，就返回 true
Cast<T>	将项转换为指定的类型。在编译器会报错的情况下，将非泛型对象转换为泛型类型是很有用的
OfType<T>	移除与指定类型不匹配的项
Distinct	删除重复项
Except, Intersect, Union	执行返回集合的操作。集合中不能有重复的项。虽然这些扩展方法的输入可以是任何序列，可能有重复的项，但结果总是集合
DistinctBy, ExceptBy, IntersectBy, UnionBy, MinBy,MaxBy	允许在项的子集而不是整个项上执行比较操作。例如，不是使用 Distinct，通过比较整个 Person 对象来删除重复记录，而是使用 DistinctBy，仅通过比较 LastName 和 DateOfBirth 来删除重复记录
Chunk	将一个序列划分为大小不同的批次
Append, Concat, Prepend	执行序列组合操作

(续表)

扩展方法	说明
Zip	根据项的位置对两个或三个序列执行匹配操作，例如，第一个序列中位置 1 的项与第二个序列中位置 1 的项相匹配
ToArray, ToList, ToDictionary, ToHashSet, ToLookup	将序列转换为数组或集合。这些是强制立即执行 LINQ 表达式，而不是延迟执行的唯一扩展方法，后面将介绍延迟执行

> **更多信息：**
> 这个表对于你将来参考很有用，但现在可以简单地浏览它，了解存在哪些扩展方法，等以后再回过头详细参考。

Enumerable 类也有一些方法不是扩展方法，如表 11.2 所示。

表 11.2　非扩展方法

方法	说明
Empty\<T\>	返回指定类型 T 的空序列。将空序列传递给需要 IEnumerable\<T\>的方法时很有用
Range	返回一个包含 count 个项、从 start 值开始的整数序列。例如 Enumerable.Range(start: 5, count: 3)包含整数 5、6 和 7
Repeat	返回包含重复 count 次的相同元素的序列。例如 Enumerable.Repeat(element: "5", count: 3)包含字符串值"5"、"5"和"5"

11.2.3　理解延迟执行

LINQ 使用的是延迟执行。重要的是要理解，调用上面的大部分扩展方法并不会执行查询并获得结果。这些扩展方法大多数返回一个 LINQ 表达式，表示一个问题，而不是答案。下面将进行探讨。

(1) 使用自己喜欢的代码编辑器创建一个新项目，定义如下：

- 项目模板：Console App/console
- 项目文件和文件夹：LinqWithObjects
- 工作区/解决方案文件和文件夹：Chapter11

(2) 在项目文件中，全局地、静态地导入 System.Console 类。

(3) 添加一个新的类文件，命名为 Program.Helpers.cs。

(4) 在 Program.Helpers.cs 中，定义一个 Program 分部类，使其包含一个输出节标题的方法，如下所示：

```
partial class Program
{
  static void SectionTitle(string title)
  {
    ConsoleColor previousColor = ForegroundColor;
    ForegroundColor = ConsoleColor.DarkYellow;
    WriteLine("*");
```

```
        WriteLine($"* {title}");
        WriteLine("*");
        ForegroundColor = previousColor;
    }
}
```

(5) 在 Program.cs 中，删除现有语句，然后添加语句，为在办公室工作的人定义字符串值序列，代码如下所示：

```
// a string array is a sequence that implements IEnumerable<string>
string[] names = new[] { "Michael", "Pam", "Jim", "Dwight",
  "Angela", "Kevin", "Toby", "Creed" };

SectionTitle("Deferred execution");

// Question: Which names end with an M?
// (written using a LINQ extension method)
var query1 = names.Where(name => name.EndsWith("m"));

// Question: Which names end with an M?
// (written using LINQ query comprehension syntax)
var query2 = from name in names where name.EndsWith("m") select name;
```

(6) 要得到答案，即执行查询，必须通过调用其中一个 To 方法，如 ToArray、ToLookup 或枚举查询来实现它，代码如下所示：

```
// Answer returned as an array of strings containing Pam and Jim
string[] result1 = query1.ToArray();

// Answer returned as a list of strings containing Pam and Jim
List<string> result2 = query2.ToList();

// Answer returned as we enumerate over the results
foreach (string name in query1)
{
    WriteLine(name); // outputs Pam
    names[2] = "Jimmy"; // change Jim to Jimmy
    // on the second iteration Jimmy does not end with an m
}
```

(7) 运行控制台应用程序并查看结果，如下所示：

```
Pam
```

由于延迟执行，在输出第一个结果 Pam 后，如果原来的数组值改变了，那么当返回时，就没有更多的匹配了，因为 Jim 已变成 Jimmy，并没有以 m 结束，所以只输出 Pam。

在深入讨论这个问题前，下面先放慢速度，看看一些常见的 LINQ 扩展方法以及如何使用它们。

11.2.4　使用 Where 扩展方法过滤实体

使用 LINQ 的最常见原因是为了使用 Where 扩展方法过滤序列中的项。下面通过定义名称序列并对其应用 LINQ 操作来研究过滤功能。

(1) 在项目文件中，添加一个元素，使 System.Linq 名称空间不会被自动全局导入，如下面突出显示的代码所示：

```
<ItemGroup>
  <Using Include="System.Console" Static="true" />
  <Using Remove="System.Linq" />
</ItemGroup>
```

(2) 在 Program.cs 中，尝试调用名称数组的 Where 扩展方法，如下所示：

```
SectionTitle("Writing queries");

var query = names.W
```

(3) 输入 Where 扩展方法时，注意该方法在字符串数组成员的智能感知列表中是不存在的，如图 11.1 所示。

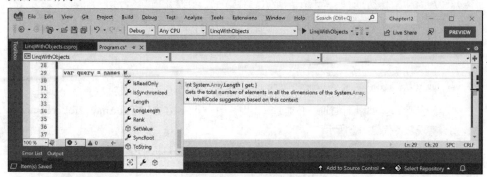

图 11.1　Where 扩展方法不在智能感知列表中

这是因为 Where 是一个扩展方法。它在数组类型上不存在。要使 Where 扩展方法可用，就必须导入 System.Linq 名称空间。在.NET 6 及更新版本中，这是默认隐式导入的，但是我们禁用了该功能。

(4) 在项目文件中，对删除 System.Linq 的元素取消注释，如下所示：

```
<!--<Using Remove="System.Linq" />-->
```

(5) 重新输入 Where 方法，注意智能感知列表现在包括 Enumerable 类添加的扩展方法，如图 11.2 所示。

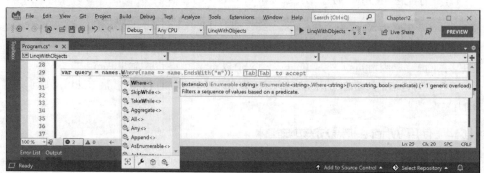

图 11.2　智能感知显示了 LINQ Enumerable 扩展方法

(6) 当输入 Where 扩展方法的圆括号时，智能感知指出，要调用 Where 扩展方法，就必须传递 Func<string,bool>委托的实例。

(7) 输入一个表达式以创建 Func<string, bool>委托的实例，现在请注意，我们还没有提供方法名，因为将在下一步定义它，如下所示：

```
var query = names.Where(new Func<string, bool>( ))
```

Func<string, bool>委托提示我们，对于传递给方法的每个字符串变量，该方法都必须返回一个布尔值。如果返回 true，就表示应该在结果中包含该字符串；如果返回 false，就表示应该排除该字符串。

11.2.5　以命名方法为目标

下面定义一个方法，该方法只包含长度超过 4 个字符的人名。

(1) 添加一个新类，命名为 Program.Functions.cs。

(2) 在 Program.Functions.cs 中，定义一个 Program 分部类，使其包含一个方法，该方法仅包含长度超过 4 个字符的人名，代码如下所示：

```
partial class Program
{
  static bool NameLongerThanFour(string name)
  {
    return name.Length > 4;
  }
}
```

(3) 在 Program.cs 中，将该方法的名称传递给 Func<string, bool>委托，如下所示：

```
var query = names.Where(
  new Func<string, bool>(NameLongerThanFour));
```

(4) 删除将 Jim 修改为 Jimmy 的代码以及任何多余的注释，如下所示：

```
foreach (string item in query)
{
  WriteLine(item);
}
```

(5) 运行代码并查看结果，注意只列出长于 4 个字母的人名，如下所示：

```
Michael
Dwight
Angela
Kevin
Creed
```

11.2.6　通过删除委托的显式实例化来简化代码

可通过删除 Func<string, bool>委托的显式实例化来简化代码，因为 C#编译器可以自动实例化委托。

(1) 为了帮助读者通过查看逐步改进的代码来学习，可以复制和粘贴查询。

(2) 注释掉第一个例子，如下所示：

```
// var query = names.Where(
// new Func<string, bool>(NameLongerThanFour));
```

(3) 修改副本，以删除委托的显式实例化，如下所示：

```
var query = names.Where(NameLongerThanFour);
```

(4) 运行代码，应用程序具有相同的行为。

11.2.7 以 lambda 表达式为目标

甚至可以使用 lambda 表达式代替命名方法，从而进一步简化代码。

虽然一开始看起来很复杂，但 lambda 表达式只是没有名称的函数。lambda 表达式使用=>符号表示返回值。

(1) 复制并粘贴查询，注释掉第二个示例并修改查询，如下所示：

```
var query = names.Where(name => name.Length > 4);
```

注意，lambda 表达式的语法包括 NameLongerThanFour 方法的所有重要部分，但也仅此而已。lambda 表达式只需要定义以下内容：

- 输入参数的名称 name。
- 返回值表达式 name.Length > 4。

name 输入参数的类型是从序列包含字符串这一事实推断出来的，但返回结果必须是布尔值，这样 Where 扩展方法才能工作，因此=>符号之后的表达式也必须返回布尔值。

编译器自动完成大部分工作，所以代码可以尽可能简洁。

(2) 运行代码，注意代码具有相同的行为。

11.2.8 实体的排序

其他常用的扩展方法是 OrderBy 和 ThenBy，它们用于对序列进行排序。

如果前面的扩展方法返回另一个序列(即实现 IEnumerable<T>接口的类型)，就可以链接扩展方法。

1. 使用 OrderBy 扩展方法按单个属性排序

下面继续使用当前的项目探索排序功能。

(1) 将对 OrderBy 扩展方法的调用追加到现有查询的末尾，如下所示：

```
var query = names
  .Where(name => name.Length > 4)
  .OrderBy(name => name.Length);
```

最佳实践：

格式化 LINQ 语句，使每个扩展方法调用都发生在自己的行中，从而让它们更易于阅读。

(2) 运行代码，注意，最短的人名现在排在最前面，输出如下所示：

```
Kevin
Creed
Dwight
Angela
Michael
```

要将最长的人名放在最前面，可以使用 OrderByDescending 扩展方法。

2. 使用 ThenBy 扩展方法按后续属性排序

你可能希望根据多个属性进行排序，例如，按照字母顺序对相同长度的人名进行排序。

(1) 在现有查询的末尾添加对 ThenBy 扩展方法的调用，如下所示：

```
var query = names
  .Where(name => name.Length > 4)
  .OrderBy(name => name.Length)
  .ThenBy(name => name);
```

(2) 运行代码，并注意输出中的细微差别。在一组长度相同的人名中，由于要根据字符串的全部值按字母顺序进行排序，因此 Creed 排在 Kevin 之前、Angela 排在 Dwight 之前，如下所示：

```
Creed
Kevin
Angela
Dwight
Michael
```

11.2.9　按项自身排序

.NET 7 中引入了 Order 和 OrderDescending 扩展方法。它们简化了按项自身排序的操作。例如，如果有一个字符串值序列，那么在.NET 7 之前，需要调用 OrderBy 方法，并传入一个选择项自身的 lambda 表达式，如下所示：

```
var query = names.OrderBy(name => name);
```

在.NET 7 或更高版本中，可以简化这条语句，如下所示：

```
var query = names.Order();
```

OrderDescending 的行为类似，但是按降序排序。

11.2.10　使用 var 或指定类型声明查询

在编写 LINQ 表达式时，使用 var 来声明查询对象是很方便的。这是因为处理 LINQ 表达式时，类型经常会发生变化。例如，查询一开始是 IEnumerable<string>，现在是 IOrderedEnumerable<string>。

(1) 将鼠标悬停在 var 关键字上，注意它的类型是 IOrderedEnumerable<string>。

(2) 用实际的类型替换 var，如下面突出显示的代码所示：

```
IOrderedEnumerable<string> query = names
  .Where(name => name.Length > 4)
  .OrderBy(name => name.Length)
  .ThenBy(name => name);
```

最佳实践：

一旦完成了查询的工作，就可以将声明的类型从 var 更改为实际类型，以使其更清晰。这很容易，因为代码编辑器可说明它是什么。

11.2.11 根据类型进行过滤

Where 扩展方法非常适合根据值(如文本和数字)进行过滤。但是，如果序列中包含多个类型，并且希望根据特定的类型进行筛选，此外需要遵循任何继承层次结构，该怎么办呢？

假设有一系列异常，它们具有几百个异常类型，形成了一个复杂的层次结构，如图 11.3 所示。

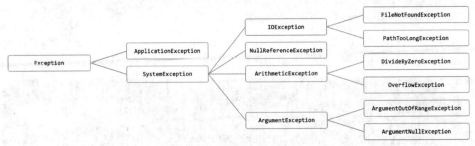

图 11.3 异常的部分层次结构

下面研究如何按类型进行过滤。

(1) 在 Program.cs 中，定义一个异常派生对象列表，如下所示：

```
SectionTitle("Filtering by type");

List<Exception> exceptions = new()
{
    new ArgumentException(),
    new SystemException(),
    new IndexOutOfRangeException(),
    new InvalidOperationException(),
    new NullReferenceException(),
    new InvalidCastException(),
    new OverflowException(),
    new DivideByZeroException(),
    new ApplicationException()
};
```

(2) 使用 OfType<T>扩展方法编写语句，过滤非算术异常并只将算术异常写入控制台，如下所示：

```
IEnumerable<ArithmeticException> arithmeticExceptionsQuery =
  exceptions.OfType<ArithmeticException>();

foreach (ArithmeticException exception in arithmeticExceptionsQuery)
```

```
  {
    WriteLine(exception);
  }
```

(3) 运行代码，注意结果中只包含 ArithmeticException 类型或 ArithmeticException 派生类型的异常，如下所示：

```
System.OverflowException: Arithmetic operation resulted in an overflow.
System.DivideByZeroException: Attempted to divide by zero.
```

11.2.12　使用 LINQ 处理集合和 bag

集合是数学中最基本的概念之一，其中包含一个或多个唯一的对象。multiset 或 bag 是一个或多个可以重复的对象的集合。

你可能还记得在学校学习过的韦恩图。常见的集合操作包括集合之间的交集或并集。

下面编写一些代码，为一组学生定义 3 个字符串数组，然后对它们执行一些常见的集合和 multiset 操作。

(1) 在 Program.Helpers.cs 中，添加下面的方法，将任意字符串变量序列转换为逗号分隔的字符串值，并将其与可选的描述写入控制台输出，如下所示：

```
static void Output(IEnumerable<string> cohort, string description = "")
{
  if (!string.IsNullOrEmpty(description))
  {
    WriteLine(description);
  }
  Write(" ");
  WriteLine(string.Join(", ", cohort.ToArray()));
  WriteLine();
}
```

(2) 在 Program.cs 中添加语句，定义 3 个人名数组，输出它们，然后对它们执行各种集合操作，如下所示：

```
string[] cohort1 = new[]
  { "Rachel", "Gareth", "Jonathan", "George" };

string[] cohort2 = new[]
  { "Jack", "Stephen", "Daniel", "Jack", "Jared" };

string[] cohort3 = new[]
  { "Declan", "Jack", "Jack", "Jasmine", "Conor" };

SectionTitle("The cohorts");

Output(cohort1, "Cohort 1");
Output(cohort2, "Cohort 2");
Output(cohort3, "Cohort 3");

SectionTitle("Set operations");

Output(cohort2.Distinct(), "cohort2.Distinct()");
```

```
Output(cohort2.DistinctBy(name => name.Substring(0, 2)),
  "cohort2.DistinctBy(name => name.Substring(0, 2)):");
Output(cohort2.Union(cohort3), "cohort2.Union(cohort3)");
Output(cohort2.Concat(cohort3), "cohort2.Concat(cohort3)");
Output(cohort2.Intersect(cohort3), "cohort2.Intersect(cohort3)");
Output(cohort2.Except(cohort3), "cohort2.Except(cohort3)");
Output(cohort1.Zip(cohort2,(c1, c2) => $"{c1} matched with {c2}"),
  "cohort1.Zip(cohort2)");
```

(3) 运行代码并查看结果，输出如下所示：

```
Cohort 1
  Rachel, Gareth, Jonathan, George
Cohort 2
  Jack, Stephen, Daniel, Jack, Jared
Cohort 3
  Declan, Jack, Jack, Jasmine, Conor

cohort2.Distinct()
  Jack, Stephen, Daniel, Jared
cohort2.DistinctBy(name => name.Substring(0, 2)):
  Jack, Stephen, Daniel
cohort2.Union(cohort3)
  Jack, Stephen, Daniel, Jared, Declan, Jasmine, Conor
cohort2.Concat(cohort3)
  Jack, Stephen, Daniel, Jack, Jared, Declan, Jack, Jack, Jasmine, Conor
cohort2.Intersect(cohort3)
  Jack
cohort2.Except(cohort3)
  Stephen, Daniel, Jared
cohort1.Zip(cohort2)
  Rachel matched with Jack, Gareth matched with Stephen, Jonathan matched
with Daniel, George matched with Jack
```

对于 Zip，如果两个序列中的项数不相等，那么一些项将没有匹配的伙伴。像 Jared 这样没有搭档的人将不会出现在结果中。

对于 DistinctBy 示例，我们不是通过比较整个名称来删除重复项，而是定义了一个 lambda 键选择器，通过比较前两个字符来删除重复项，因此删除了 Jared，因为 Jack 已经是以 Ja 开头的名称。

到目前为止，我们已经使用了 LINQ to Objects 提供程序来处理内存中的对象。接下来使用 LINQ to Entities 提供程序来处理存储在数据库中的实体。

11.3　使用 LINQ 与 EF Core

前面介绍了过滤和排序的 LINQ 查询，但没有一个查询会改变序列中项的形状。这叫作投影，因为它是关于将一个形状的项投影到另一个形状。为了理解投影，最好使用一些更复杂的类型，因此下一个项目将使用 Northwind 示例数据库中的实体序列，而不是字符串序列。

下面给出使用 SQLite 的说明，因为它是跨平台的。如果你更喜欢使用 SQL Server，那么请放心这样做。本书包括一些注释代码，以启用 SQL Server。

11.3.1　构建 EF Core 模型

必须定义一个 EF Core 模型来表示使用的数据库和表。我们将手动定义模型，以实现完全控制，并防止自动定义 Categories 和 Products 表之间的关系。稍后，使用 LINQ 来连接这两个实体集。

(1) 使用自己喜欢的代码编辑器将名为 LinqWithEFCore 的新 Console App/console 项目添加到 Chapter11 解决方案/工作区。

在 Visual Studio Code 中，选择 LinqWithEFCore 作为活动的 OmniSharp 项目。

(2) 在 LinqWithEFCore 项目中，添加对 EFCore 的 SQLite 或 SQL Server 提供程序的包引用，如下所示：

```
<ItemGroup>
  <PackageReference
    Include="Microsoft.EntityFrameworkCore.Sqlite"
    Version="7.0.0" />
  <PackageReference
    Include="Microsoft.EntityFrameworkCore.SqlServer"
    Version="7.0.0" />
</ItemGroup>
```

(3) 生成用于还原包的项目。

(4) 将 Northwind4Sqlite.sql 文件复制到 LinqWithEFCore 文件夹。

(5) 在命令提示符或终端中，执行以下命令创建 Northwind 数据库：

```
sqlite3 Northwind.db -init Northwind4Sqlite.sql
```

(6) 请耐心等待，因为这个命令可能需要一段时间来创建数据库结构。最后，将看到 SQLite 命令提示符，如下所示。

```
-- Loading resources from Northwind4Sqlite.sql
SQLite version 3.38.0 2022-02-22 15:20:15
Enter ".help" for usage hints.
sqlite>
```

(7) 在 macOS 上按 Ctrl + D 组合键，或在 Windows 上按 Ctrl + C 组合键，退出 SQLite 命令模式。

(8) 向项目中添加 3 个类文件，将它们分别命名为 Northwind.cs、Category.cs 和 Product.cs。

(9) 修改名为 Northwind.cs 的类文件，如下所示：

```
using Microsoft.EntityFrameworkCore; // DbContext, DbSet<T>

namespace Packt.Shared;

public class Northwind : DbContext
{
  public DbSet<Category> Categories { get; set; } = null!;
  public DbSet<Product> Products { get; set; } = null!;

  protected override void OnConfiguring(
    DbContextOptionsBuilder optionsBuilder)
  {
```

```
    string path = Path.Combine(
        Environment.CurrentDirectory, "Northwind.db");

    optionsBuilder.UseSqlite($"Filename={path}");

    /*
    string connection = "Data Source=.;" +
        "Initial Catalog=Northwind;" +
        "Integrated Security=true;" +
        "MultipleActiveResultSets=true;";

    optionsBuilder.UseSqlServer(connection);
    */
}

protected override void OnModelCreating(
    ModelBuilder modelBuilder)
{
    if ((Database.ProviderName is not null)
        && (Database.ProviderName.Contains("Sqlite")))
    {
        modelBuilder.Entity<Product>()
            .Property(product => product.UnitPrice)
            .HasConversion<double>();
    }
}
}
```

(10) 修改名为 Category.cs 的类文件，如下所示：

```
using System.ComponentModel.DataAnnotations;

namespace Packt.Shared;

public class Category
{
    public int CategoryId { get; set; }

    [Required]
    [StringLength(15)]
    public string CategoryName { get; set; } = null!;

    public string? Description { get; set; }
}
```

(11) 修改名为 Product.cs 的类文件，如下所示：

```
using System.ComponentModel.DataAnnotations;
using System.ComponentModel.DataAnnotations.Schema;

namespace Packt.Shared;

public class Product
{
    public int ProductId { get; set; }
```

```
[Required]
[StringLength(40)]
public string ProductName { get; set; } = null!;

public int? SupplierId { get; set; }
public int? CategoryId { get; set; }

[StringLength(20)]
public string? QuantityPerUnit { get; set; }

[Column(TypeName = "money")] // required for SQL Server provider
public decimal? UnitPrice { get; set; }

public short? UnitsInStock { get; set; }
public short? UnitsOnOrder { get; set; }
public short? ReorderLevel { get; set; }
public bool Discontinued { get; set; }
}
```

(12) 生成项目并修复任何编译器错误。

使用 Visual Studio 2022 和 SQLite 数据库

如果在 Windows 或 Mac 上使用的是 Visual Studio 2022 和 SQLite，那么编译后的应用程序将在 LinqWithEFCore\bin\Debug\net7.0 文件夹中执行，所以它不会找到数据库文件，除非我们指出它应该总是被复制到输出目录。

(1) 在 Solution Explorer 中，右击 Northwind.db 文件并选择 Properties。

(2) 在 Properties 中，将 Copy to Output Directory 设置为 Copy if newer。

11.3.2　序列的过滤和排序

下面编写语句以过滤和排序表中的行。

(1) 在 LinqWithEFCore 项目中，添加一个新的类文件，命名为 Program.Helpers.cs。

(2) 在 Program.Helpers.cs 中，定义一个 Program 分部类，使其包含一个输出节标题的方法，如下所示：

```
partial class Program
{
    static void SectionTitle(string title)
    {
        ConsoleColor previousColor = ForegroundColor;
        ForegroundColor = ConsoleColor.DarkYellow;
        WriteLine("*");
        WriteLine($"* {title}");
        WriteLine("*");
        ForegroundColor = previousColor;
    }
}
```

(3) 在 LinqWithEFCore 项目中，添加一个新的类文件，命名为 Program.Functions.cs。

(4) 在 Program.Functions.cs 中，定义一个 Program 分部类，在其中添加一个用于过滤和排序产品的方法，如下所示：

```
using Packt.Shared; // Northwind, Category, Product
using Microsoft.EntityFrameworkCore; // DbSet<T>

partial class Program
{
  static void FilterAndSort()
  {
    SectionTitle("Filter and sort");

    using (Northwind db = new())
    {
      DbSet<Product> allProducts = db.Products;
      IQueryable<Product> filteredProducts =
        allProducts.Where(product => product.UnitPrice < 10M);

      IOrderedQueryable<Product> sortedAndFilteredProducts =
        filteredProducts.OrderByDescending(product => product.UnitPrice);

      WriteLine("Products that cost less than $10:");

      foreach (Product p in sortedAndFilteredProducts)
      {
        WriteLine("{0}: {1} costs {2:$#,##0.00}",
            p.ProductId, p.ProductName, p.UnitPrice);
      }
      WriteLine();
    }
  }
}
```

对于上面的代码，需要注意下面几点：

- DbSet<T>实现了 IEnumerable<T>，所以 LINQ 可以用来查询和操作你为 EF Core 构建的模型中的实体集合。

  （实际上，是 TEntity 而不是 T，但这个泛型类型的名称没有功能影响。唯一的要求是：类型是一个类。这个名称只是表示该类应该是一个实体模型。）

- 这些序列实现了 IQueryable<T>(也可在调用了排序用的 LINQ 方法之后实现 IOrderedQueryable<T>)而不是 IEnumerable<T>或 IOrderedEnumerable<T>。这表明我们正在使用 LINQ 提供程序，它使用表达式树来构建查询。它们以树状数据结构表示代码，并支持创建动态查询，这对于为 SQLite 等外部数据提供程序构建 LINQ 查询非常有用。

- LINQ 表达式转换成另一种查询语言，如 SQL。如果使用 foreach 枚举查询或调用 ToArray 方法，将强制执行查询并填充结果。

(5) 在 Program.cs 中，调用 FilterAndSort 方法。

(6) 运行代码并查看结果，输出如下所示：

```
Products that cost less than $10:
41: Jack's New England Clam Chowder costs $9.65
45: Rogede sild costs $9.50
47: Zaanse koeken costs $9.50
```

```
19: Teatime Chocolate Biscuits costs $9.20
23: Tunnbröd costs $9.00
75: Rhönbräu Klosterbier costs $7.75
54: Tourtière costs $7.45
52: Filo Mix costs $7.00
13: Konbu costs $6.00
24: Guaraná Fantástica costs $4.50
33: Geitost costs $2.50
```

虽然这个查询能够输出我们想要的信息，但效率不高，因为要从 Products 表中获取所有列而不是需要的三列。我们来记录一下生成的 SQL：

(1) 在 FilterAndSort 方法中，定义查询之后，添加一条语句来输出 SQL，如下所示：

```
WriteLine(sortedAndFilteredProducts.ToQueryString());
```

(2) 运行代码并查看结果，该结果在显示产品细节之前显示了执行的 SQL，部分输出如下所示：

```
SELECT "p"."ProductId", "p"."CategoryId", "p"."Discontinued",
"p"."ProductName", "p"."QuantityPerUnit", "p"."ReorderLevel",
"p"."SupplierId", "p"."UnitPrice", "p"."UnitsInStock", "p"."UnitsOnOrder"
FROM "Products" AS "p"
WHERE "p"."UnitPrice" < 10.0
ORDER BY "p"."UnitPrice" DESC
Products that cost less than $10:
...
```

11.3.3　将序列投影到新的类型中

在学习投影前，需要回顾一下对象初始化语法。如果定义了类，就可以使用类名、new()和花括号实例化对象，设置字段和属性的初始值，如下所示：

```
// Person.cs
public class Person
{
  public string Name { get; set; }
  public DateTime DateOfBirth { get; set; }
}

// Program.cs
Person knownTypeObject = new()
{
  Name = "Boris Johnson",
  DateOfBirth = new(year: 1964, month: 6, day: 19)
};
```

C# 3.0 及后续版本允许使用 var 关键字实例化匿名类型，如下所示：

```
var anonymouslyTypedObject = new
{
  Name = "Boris Johnson",
  DateOfBirth = new DateTime(year: 1964, month: 6, day: 19)
};
```

虽然没有指定类型，但编译器可以从名为 Name 和 DateOfBirth 的两个属性设置中推断出匿名类型。编译器可以根据赋值推断出这两个属性的类型：一个字面值字符串和一个日期/时间值的新实例。

在编写 LINQ 查询以将现有类型投影到新类型，而不必显式定义新类型时，这一功能尤其有用。因为类型是匿名的，所以只能对使用 var 声明的局部变量起作用。

下面在 LINQ 查询中添加 Select 方法调用，通过将 Product 类的实例投影到只有 3 个属性的匿名类型的实例中，从而提高数据库表执行 SQL 命令的效率。

(1) 在 Program.Functions.cs 的 FilterAndSort 中添加一条语句，扩展 LINQ 查询，使用 Select 方法只返回 3 个需要的属性(即表列)，修改 foreach 语句，使用 var 关键字和投影 LINQ 表达式，如下面加粗的代码所示：

```csharp
IOrderedQueryable<Product> sortedAndFilteredProducts =
    filteredProducts.OrderByDescending(product => product.UnitPrice);

var projectedProducts = sortedAndFilteredProducts
  .Select(product => new // anonymous type
  {
    product.ProductId,
    product.ProductName,
    product.UnitPrice
  });

WriteLine(projectedProducts.ToQueryString());

WriteLine("Products that cost less than $10:");
foreach (var p in projectedProducts)
{
```

(2) 将鼠标悬停在 Select 方法调用中的 new 关键字和 foreach 语句中的 var 关键字上，注意它是一个匿名类型，如图 11.4 所示。

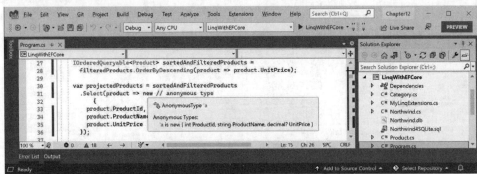

图 11.4 LINQ 投影期间使用的匿名类型

(3) 运行代码，确认输出与之前的相同，并且生成的 SQL 更高效，如下所示：

```sql
SELECT "p"."ProductId", "p"."ProductName", "p"."UnitPrice"
FROM "Products" AS "p"
WHERE "p"."UnitPrice" < 10.0
ORDER BY "p"."UnitPrice" DESC
```

11.3.4　连接和分组序列

用于连接和分组的扩展方法有如下两个。

- Join: 这个扩展方法有 4 个参数，分别是要连接的序列、要匹配的左序列的一个或多个属性、要匹配的右序列的一个或多个属性，以及一个投影。
- GroupJoin: 这个扩展方法具有与 Join 扩展方法相同的参数，但前者会将匹配项组合成 group 对象，group 对象具有用于匹配值的 Key 属性和用于多个匹配的 IEnumerable<T> 类型。

1. 连接序列

下面探讨如何在处理 Categories 和 Products 表时使用这两个扩展方法。

(1) 在 Program.Functions.cs 中，创建如下方法以选择类别和产品，同时将它们连接起来并输出:

```
static void JoinCategoriesAndProducts()
{
  SectionTitle("Join categories and products");

  using (Northwind db = new())
  {
    // join every product to its category to return 77 matches
    var queryJoin = db.Categories.Join(
      inner: db.Products,
      outerKeySelector: category => category.CategoryId,
      innerKeySelector: product => product.CategoryId,
      resultSelector: (c, p) =>
        new { c.CategoryName, p.ProductName, p.ProductId });

    foreach (var item in queryJoin)
    {
      WriteLine("{0}: {1} is in {2}.",
        arg0: item.ProductId,
        arg1: item.ProductName,
        arg2: item.CategoryName);
    }
  }
}
```

更多信息:

上述连接中有两个序列: 外部序列和内部序列。在前面的例子中，Categories 是外部序列，Products 是内部序列。

(2) 在 Program.cs 中，调用 JoinCategoriesAndProducts 方法。

(3) 运行代码并查看结果。注意，77 种产品中的每一种都有单行输出，如下所示(仅包括前 4 项):

```
1: Chai is in Beverages.
2: Chang is in Beverages.
```

```
3: Aniseed Syrup is in Condiments.
4: Chef Anton's Cajun Seasoning is in Condiments.
...
```

(4) 在现有查询的末尾调用 OrderBy 方法，按 CategoryName 进行排序，如下所示：

```
var queryJoin = db.Categories.Join(
  inner: db.Products,
  outerKeySelector: category => category.CategoryId,
  innerKeySelector: product => product.CategoryId,
  resultSelector: (c, p) =>
    new { c.CategoryName, p.ProductName, p.ProductId })
  .OrderBy(cp => cp.CategoryName);
```

(5) 运行代码并查看结果，注意，77 种产品中的每一种都有一行输出，结果首先显示饮料类别的所有产品，然后是调味品类别的所有产品等，部分输出如下所示：

```
1: Chai is in Beverages.
2: Chang is in Beverages.
24: Guaraná Fantástica is in Beverages.
34: Sasquatch Ale is in Beverages.
...
```

2. 组连接序列

下面使用相同的两个表(Categories 和 Products)探索组连接，以便比较两种连接方式的细微区别：

(1) 在 Program.Functions.cs 中，创建如下方法以分组和连接序列，首先显示组名，然后显示每一组中的所有产品，如下所示：

```
static void GroupJoinCategoriesAndProducts()
{
  SectionTitle("Group join categories and products");

  using (Northwind db = new())
  {
    // group all products by their category to return 8 matches
    var queryGroup = db.Categories.AsEnumerable().GroupJoin(
      inner: db.Products,
      outerKeySelector: category => category.CategoryId,
      innerKeySelector: product => product.CategoryId,
      resultSelector: (c, matchingProducts) => new
      {
        c.CategoryName,
        Products = matchingProducts.OrderBy(p => p.ProductName)
      });

    foreach (var category in queryGroup)
    {
      WriteLine("{0} has {1} products.",
        arg0: category.CategoryName,
        arg1: category.Products.Count());

      foreach (var product in category.Products)
      {
```

```
            WriteLine($" {product.ProductName}");
        }
      }
    }
}
```

如果没有调用 AsEnumerable 方法，就会抛出运行时异常，如下所示：

```
Unhandled exception. System.ArgumentException: Argument type 'System.
Linq.IOrderedQueryable'1[Packt.Shared.Product]' does not match the
corresponding member type 'System.Linq.IOrderedEnumerable'1[Packt.Shared.
Product]' (Parameter 'arguments[1]')
```

这是因为并不是所有的 LINQ 扩展方法都可以从表达式树转换成其他查询语法，如 SQL。这些情况下，为从 IQueryable<T>转换为 IEnumerable<T>，可以调用 AsEnumerable 方法，从而强制查询处理过程使用 LINQ to EF Core，只将数据带入应用程序，然后使用 LINQ to Objects，在内存中执行更复杂的处理。但这通常是低效的。

(2) 在 Program.cs 中，调用 GroupJoinCategoriesAndProducts 方法。

(3) 运行代码，查看结果，注意每个类别中的产品都按照名称进行排序，正如查询中定义的那样，部分输出如下所示：

```
Beverages has 12 products.
  Chai
  Chang
  ...
Condiments has 12 products.
  Aniseed Syrup
  Chef Anton's Cajun Seasoning
  ...
```

11.3.5　聚合序列

一些 LINQ 扩展方法可用于执行聚合操作，如 Average 和 Sum 扩展方法。下面编写一些代码，看看其中一些扩展方法如何聚合来自 Products 表的信息。

(1) 在 Program.Functions.cs 中，创建如下方法以展示聚合扩展方法的使用：

```
static void AggregateProducts()
{
  SectionTitle("Aggregate products");

  using (Northwind db = new())
  {
    // Try to get an efficient count from EF Core DbSet<T>.
    if (db.Products.TryGetNonEnumeratedCount(out int countDbSet))
    {
      WriteLine("{0,-25} {1,10}",
        arg0: "Product count from DbSet:",
        arg1: countDbSet);
    }
    else
    {
      WriteLine("Products DbSet does not have a Count property.");
```

```
    }

    // Try to get an efficient count from a List<T>.
    List<Product> products = db.Products.ToList();

    if (products.TryGetNonEnumeratedCount(out int countList))
    {
        WriteLine("{0,-25} {1,10}",
            arg0: "Product count from list:",
            arg1: countList);
    }
    else
    {
        WriteLine("Products list does not have a Count property.");
    }

    WriteLine("{0,-25} {1,10}",
        arg0: "Product count:",
        arg1: db.Products.Count());

    WriteLine("{0,-27} {1,8}", // Note the different column widths.
        arg0: "Discontinued product count:",
        arg1: db.Products.Count(product => product.Discontinued));

    WriteLine("{0,-25} {1,10:$#,##0.00}",
        arg0: "Highest product price:",
        arg1: db.Products.Max(p => p.UnitPrice));

    WriteLine("{0,-25} {1,10:N0}",
        arg0: "Sum of units in stock:",
        arg1: db.Products.Sum(p => p.UnitsInStock));

    WriteLine("{0,-25} {1,10:N0}",
        arg0: "Sum of units on order:",
        arg1: db.Products.Sum(p => p.UnitsOnOrder));

    WriteLine("{0,-25} {1,10:$#,##0.00}",
        arg0: "Average unit price:",
        arg1: db.Products.Average(p => p.UnitPrice));

    WriteLine("{0,-25} {1,10:$#,##0.00}",
        arg0: "Value of units in stock:",
        arg1: db.Products
            .Sum(p => p.UnitPrice * p.UnitsInStock));
    }
}
```

最佳实践:

获取计数看起来是一个简单的操作,但它的开销可能很大。DbSet<T>这样的 Products 没有 Count 属性,所以 TryGetNonEnumeratedCount 会返回 false。List<T>这样的 products 有一个 Count 属性(它实现了 ICollection),所以 TryGetNonEnumeratedCount 会返回 true。(在这种情况下,我们必须实例化一个列表,这本身也是一个开销很大 的操作。但是,如果你已经有一个列表,并不需要知道列表中的项数,则这会是一 个高效的操作。)你总是可以在 DbSet<T>上调用 Count(),但是这需要枚举序列,所 以效率很低下。可以向 Count()传递一个 lambda 表达式,过滤出应该在序列中统计 的项。

(2) 在 Program.cs 中,调用 AggregateProducts 方法。

(3) 运行代码并查看结果,输出如下所示:

```
Products DbSet does not have a Count property.
Product count from list:          77
Product count:                    77
Discontinued product count:        8
Highest product price:       $263.50
Sum of units in stock:         3,119
Sum of units on order:           780
Average unit price:           $28.87
Value of units in stock:  $74,050.85
```

11.3.6　小心使用 Count

Amichai Mantinband 是微软的一位软件工程师,他在突出 C#和.NET 开发技术栈的有趣之处 方面,做了很出色的工作。

最近,他在 Twitter、LinkedIn 和 YouTube 上发布了一个代码难题,并通过调查的方式来了解 开发人员认为一段代码应该具有的行为。

这段代码如下所示:

```
IEnumerable<Task> tasks = Enumerable.Range(0, 2)
  .Select(_ => Task.Run(() => Console.WriteLine("*")));

await Task.WhenAll(tasks);

Console.WriteLine($"{tasks.Count()} stars!");
```

输出会是什么呢?

- **2 stars!
- **2 stars!**
- ****2 stars!
- 其他

大部分人给出了错误的答案,如图 11.5 所示。

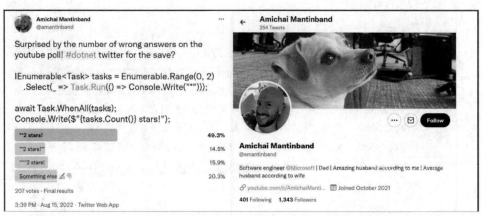

图 11.5　Amichai Mantinband 发布的一个棘手的 LINQ 和 Task 代码难题

　　学习到本章的这个部分，我希望你已经能够理解这个难题的 LINQ 部分。不必担心，我不期望你理解使用任务的多线程的细微之处。不过，分解这段代码，确保你理解了其中关于 LINQ 的部分是有帮助的，如表 11.3 所示。

表 11.3　分解代码

代码	说明
Enumerable.Range(0, 2)	返回由两个整数(0 和 1)组成的一个序列。如果是我来写这段代码，我会添加命名参数来帮助理解，如下所示：Enumerable.Range(start: 0, count: 2)
Select(_ => Task.Run(...))	为两个数字都创建拥有自己线程的任务。_参数丢弃了数字值。每个任务在控制台输出一个星号(*)
await Task.WhenAll(tasks);	阻塞主线程，直到两个任务都完成。此时，我们知道在控制台已输出了两个星号(**)
tasks.Count()	要想让 LINQ Count()扩展方法在这种场景下能够工作，它必须枚举序列。这会触发两个任务再次执行。但是，我们不知道这两个任务什么时候会执行。这个方法调用会返回值 2
Console.WriteLine($"... stars!");	控制台输出了 2 stars!

　　因此，我们知道控制台首先输出了**，然后一个或两个任务可能会输出它们的星号，之后再输出 2 stars!，最后，如果之前没有机会输出星号，一个或两个任务会在这个时候输出星号，或者主线程可能结束，在任务输出星号之前就关闭了控制台应用程序：

```
**[each task could output * here]2 stars![each task could output * here]
```

　　因此，Amichai 的难题的最佳答案是"其他"。

最佳实践：
当调用需要枚举序列来计算返回值的扩展方法(如 Count)时，一定要小心。即使你没有使用像任务这样的可执行对象的序列，重新枚举序列也很可能是低效的。

11.3.7　使用 LINQ 分页

接下来看看如何使用 Skip 和 Take 扩展方法实现分页。

(1) 在 Program.Functions.cs 中，添加一个方法，将作为数组传递给该方法的产品表输出到控制台，如下所示：

```
static void OutputTableOfProducts(Product[] products,
  int currentPage, int totalPages)
{
  string line = new('-', count: 73);
  string lineHalf = new('-', count: 30);

  WriteLine(line);
  WriteLine("{0,4} {1,-40} {2,12} {3,-15}",
      "ID", "Product Name", "Unit Price", "Discontinued");
  WriteLine(line);

  foreach (Product p in products)
  {
    WriteLine("{0,4} {1,-40} {2,12:C} {3,-15}",
      p.ProductId, p.ProductName, p.UnitPrice, p.Discontinued);
  }
  WriteLine("{0} Page {1} of {2} {3}",
    lineHalf, currentPage + 1, totalPages + 1, lineHalf);
}
```

 更多信息：
按照计算中的常规做法，我们的代码从 0 开始计数，所以在把 currentPage 和 totalPages 计数显示在用户界面中之前，需要先给这两个值加 1。

(2) 在 Program.Functions.cs 中，添加一个方法来创建一个 LINQ 查询，该查询创建一个产品页，输出生成的 SQL，然后把结果作为一个产品数组传递给输出产品表的方法，如下所示：

```
static void OutputPageOfProducts(IQueryable<Product> products,
  int pageSize, int currentPage, int totalPages)
{
  // We must order data before skipping and taking to ensure
  // the data is not randomly sorted in each page.
  var pagingQuery = products.OrderBy(p => p.ProductId)
      .Skip(currentPage * pageSize).Take(pageSize);

  SectionTitle(pagingQuery.ToQueryString());

  OutputTableOfProducts(pagingQuery.ToArray(),
      currentPage, totalPages);
}
```

(3) 在 Program.Functions.cs 中，添加一个方法来进行循环，允许用户按左或右方向键逐页查看数据库中的产品，一次显示一页，如下所示：

```
static void PagingProducts()
{
```

```
SectionTitle("Paging products");

using (Northwind db = new())
{
    int pageSize = 10;
    int currentPage = 0;
    int productCount = db.Products.Count();
    int totalPages = productCount / pageSize;

    while (true)
    {
        OutputPageOfProducts(db.Products, pageSize, currentPage, totalPages);

        Write("Press <- to page back, press -> to page forward, any key to
        exit.");
        ConsoleKey key = ReadKey().Key;

        if (key == ConsoleKey.LeftArrow)
          if (currentPage == 0)
            currentPage = totalPages;
          else
            currentPage--;
        else if (key == ConsoleKey.RightArrow)
          if (currentPage == totalPages)
            currentPage = 0;
          else
            currentPage++;
        else
          break; // out of the while loop.

        WriteLine();
    }
}
```

(4) 在 Program.cs 中，注释掉其他方法，然后调用 PagingProducts 方法。

(5) 运行代码并查看结果，如下所示：

```
-------------------------------------------------------------
ID Product Name                        Unit Price Discontinued
-------------------------------------------------------------
1 Chai                                     £18.00 False
2 Chang                                    £19.00 False
3 Aniseed Syrup                            £10.00 False
4 Chef Anton's Cajun Seasoning            £22.00 False
5 Chef Anton's Gumbo Mix                  £21.35 True
6 Grandma's Boysenberry Spread            £25.00 False
7 Uncle Bob's Organic Dried Pears         £30.00 False
8 Northwoods Cranberry Sauce              £40.00 False
9 Mishi Kobe Niku                         £97.00 True
10 Ikura                                   £31.00 False
---------------------------- Page 1 of 8 -----------------
Press <- to page back, press -> to page forward.
```

更多信息：

前面的输出没有显示用于高效获取产品页面的 SQL 语句，该语句使用 ORDER BY、LIMIT 和 OFFSET 来实现高效获取，如下所示：

```
.param set @__p_1 10
.param set @__p_0 0

SELECT "p"."ProductId", "p"."CategoryId",
"p"."Discontinued", "p"."ProductName",
"p"."QuantityPerUnit", "p"."ReorderLevel",
"p"."SupplierId", "p"."UnitPrice", "p"."UnitsInStock",
"p"."UnitsOnOrder"
FROM "Products" AS "p"
ORDER BY "p"."ProductId"
LIMIT @__p_1 OFFSET @__p_0
```

(6) 按右方向键，注意显示了结果的第二页，如下所示：

```
-------------------------------------------------------
ID Product Name                    Unit Price Discontinued
-------------------------------------------------------
11 Queso Cabrales                     £21.00  False
12 Queso Manchego La Pastora          £38.00  False
13 Konbu                               £6.00  False
14 Tofu                               £23.25  False
15 Genen Shouyu                       £15.50  False
16 Pavlova                            £17.45  False
17 Alice Mutton                       £39.00  True
18 Carnarvon Tigers                   £62.50  False
19 Teatime Chocolate Biscuits          £9.20  False
20 Sir Rodney's Marmalade             £81.00  False
------------------------------ Page 2 of 8 -----------------
Press <- to page back, press -> to page forward.
```

(7) 按左方向键两次，注意这次循环到了结果的最后一个页面，如下所示：

```
-------------------------------------------------------
ID Product Name                    Unit Price Discontinued
-------------------------------------------------------
71 Flotemysost                        £21.50  False
72 Mozzarella di Giovanni             £34.80  False
73 Röd Kaviar                         £15.00  False
74 Longlife Tofu                      £10.00  False
75 Rhönbräu Klosterbier                £7.75  False
76 Lakkalikööri                       £18.00  False
77 Original Frankfurter grüne Soße    £13.00  False
------------------------------ Page 8 of 8 -----------------
Press <- to page back, press -> to page forward.
```

(8) 按其他任何键退出循环。

(9) 在 Program.Functions.cs 中，注释掉用于输出所用 SQL 的语句，如下所示：

```
// SectionTitle(pagingQuery.ToQueryString());
```

更多信息：
作为一个可选的任务，你可以探索如何使用 Chunk 方法来输出产品页面。

最佳实践：
如果想要实现分页，那么在调用 Skip 和 Take 之前，总是应该对数据进行排序。这是因为每次执行查询时，除非明确指定了顺序，否则 LINQ 提供程序不保证一定按相同的顺序返回数据。因此，如果 SQLite 提供程序愿意，在你第一次请求产品页面时，可能按照 ProductId 排序，但在下一次请求产品页面时，可能按照 UnitPrice 排序，或者随机排序，这会让用户感到困惑。在实践中，至少对于关系数据库，默认顺序通常是按照主键上的索引排序。

11.4 使用语法糖美化 LINQ 语法

C# 3.0 在 2008 年引入了一些新的语言关键字，以便有 SQL 经验的程序员更容易地编写 LINQ 查询。这种语法糖的官方名称是 LINQ 查询理解语法。

考虑以下字符串数组：

```
string[] names = new[] { "Michael", "Pam", "Jim", "Dwight",
    "Angela", "Kevin", "Toby", "Creed" };
```

对人名进行过滤和排序，可以使用扩展方法和 lambda 表达式，如下所示：

```
var query = names
    .Where(name => name.Length > 4)
    .OrderBy(name => name.Length)
    .ThenBy(name => name);
```

也可通过使用 LINQ 查询理解语法来获得相同的结果，如下所示：

```
var query = from name in names
    where name.Length > 4
    orderby name.Length, name
    select name;
```

编译器会自动将 LINQ 查询理解语法更改为等效的扩展方法和 lambda 表达式。

更多信息：
select 关键字对于 LINQ 查询理解语法总是必要的。当使用扩展方法和 lambda 表达式时，Select 扩展方法是可选的，因为如果不调用 Select，会隐式选择整个项。

并不是所有的扩展方法都具有与 C# 相同的关键字，如 Skip 和 Take 扩展方法，它们通常用于实现大量数据的分页。

有些查询不能只使用 LINQ 查询理解语法来编写，因而可使用所有扩展方法来编写查询，如下所示：

```
var query = names
    .Where(name => name.Length > 4)
    .Skip(80)
    .Take(10);
```

也可以将 LINQ 查询理解语法放在圆括号中，然后改用扩展方法，如下所示：

```
var query = (from name in names
    where name.Length > 4
    select name)
    .Skip(80)
    .Take(10);
```

11.5　使用带有并行 LINQ 的多个线程

本节是本章的附加小节，可以在线阅读：https://github.com/markjprice/cs11dotnet7/blob/main/docs/bonus/plinq.md。

11.6　创建自己的 LINQ 扩展方法

第 6 章介绍了如何创建自己的扩展方法。为创建 LINQ 扩展方法，只需要扩展 IEnumerable<T>类型。

> **最佳实践：**
> 请将自己的扩展方法放在单独的类库中，这样就可以轻松地将它们部署为自己的程序集或 NuGet 包。

下面以 Average 扩展方法为例，"平均"意味着以下三种情况之一。

- 平均值：将所有数字相加，然后除以数量。
- 众数：最常见的数字。
- 中位数：排序时位于中间的数字。

微软实现的 Average 扩展方法用来计算平均值。你可能需要为众数和中位数定义自己的扩展方法。

(1) 在 LinqWithEFCore 项目中添加一个名为 MyLinqExtensions.cs 的类文件。

(2) 修改这个类，如下所示：

```
namespace System.Linq; // extend Microsoft's namespace

public static class MyLinqExtensions
{
    // this is a chainable LINQ extension method
    public static IEnumerable<T> ProcessSequence<T>(
        this IEnumerable<T> sequence)
    {
        // you could do some processing here
        return sequence;
```

```
}

public static IQueryable<T> ProcessSequence<T>(
  this IQueryable<T> sequence)
{
  // you could do some processing here
  return sequence;
}

// these are scalar LINQ extension methods
public static int? Median(
  this IEnumerable<int?> sequence)
{
  var ordered = sequence.OrderBy(item => item);
  int middlePosition = ordered.Count() / 2;
  return ordered.ElementAt(middlePosition);
}

public static int? Median<T>(
  this IEnumerable<T> sequence, Func<T, int?> selector)
{
  return sequence.Select(selector).Median();
}

public static decimal? Median(
  this IEnumerable<decimal?> sequence)
{
  var ordered = sequence.OrderBy(item => item);
  int middlePosition = ordered.Count() / 2;
  return ordered.ElementAt(middlePosition);
}

public static decimal? Median<T>(
  this IEnumerable<T> sequence, Func<T, decimal?> selector)
{
  return sequence.Select(selector).Median();
}

public static int? Mode(
  this IEnumerable<int?> sequence)
{
  var grouped = sequence.GroupBy(item => item);
  var orderedGroups = grouped.OrderByDescending(
    group => group.Count());
  return orderedGroups.FirstOrDefault()?.Key;
}

public static int? Mode<T>(
  this IEnumerable<T> sequence, Func<T, int?> selector)
{
  return sequence.Select(selector)?.Mode();
}

public static decimal? Mode(
```

```
    this IEnumerable<decimal?> sequence)
  {
    var grouped = sequence.GroupBy(item => item);
    var orderedGroups = grouped.OrderByDescending(
      group => group.Count());
    return orderedGroups.FirstOrDefault()?.Key;
  }

  public static decimal? Mode<T>(
    this IEnumerable<T> sequence, Func<T, decimal?> selector)
  {
    return sequence.Select(selector).Mode();
  }
}
```

如果 MyLinqExtensions 类在单独的类库中，那么为了使用 LINQ 扩展方法，只需要引用类库程序集，因为 System.Linq 名称空间通常已被隐式导入。

> **注意：**
> 除了一个扩展方法之外，上述所有扩展方法都不能用于 IQueryable 序列，就像 LINQ
> to SQLite 或 LINQ to SQL Server 使用的那些序列，因为我们还没有实现将代码转换
> 成底层查询语言(如 SQL)的方法。

尝试可链接的扩展方法

首先，尝试将 ProcessSequence 方法与其他扩展方法链接起来。

(1) 在 Program.Functions.cs 的 FilterAndSort 方法中，修改 Products 的 LINQ 查询，以调用自定义的可链接的扩展方法，如下所示：

```
DbSet<Product> allProducts = db.Products;

IQueryable<Product> processedProducts = allProducts.ProcessSequence();

IQueryable<Product> filteredProducts = processedProducts
  .Where(product => product.UnitPrice < 10M);
```

(2) 在 Program.cs 中取消对 FilterAndSort 方法的注释，然后注释掉对其他方法的任何调用。

(3) 运行代码，注意输出与之前的相同，因为没有修改序列。但是现在，我们知道了如何使用自己的功能扩展 LINQ。

尝试众数和中位数方法

其次，尝试使用众数和中位数方法来计算其他类型的平均值。

(1) 在 Program.Functions.cs 的底部，使用自定义的扩展方法和内置的 Average 扩展方法，创建如下方法以输出产品的 UnitsInStock 和 UnitPrice 的平均值、中位数和众数，如下所示：

```
static void CustomExtensionMethods()
{
  SectionTitle("Custom aggregate extension methods");

  using (Northwind db = new())
```

```
{
    WriteLine("{0,-25} {1,10:N0}",
        "Mean units in stock:",
        db.Products.Average(p => p.UnitsInStock));

    WriteLine("{0,-25} {1,10:$#,##0.00}",
        "Mean unit price:",
        db.Products.Average(p => p.UnitPrice));

    WriteLine("{0,-25} {1,10:N0}",
        "Median units in stock:",
        db.Products.Median(p => p.UnitsInStock));

    WriteLine("{0,-25} {1,10:$#,##0.00}",
        "Median unit price:",
        db.Products.Median(p => p.UnitPrice));

    WriteLine("{0,-25} {1,10:N0}",
        "Mode units in stock:",
        db.Products.Mode(p => p.UnitsInStock));

    WriteLine("{0,-25} {1,10:$#,##0.00}",
        "Mode unit price:",
        db.Products.Mode(p => p.UnitPrice));
}
}
```

(2) 在 Program.cs 中，调用 CustomExtensionMethods 方法。

(3) 运行代码并查看结果，输出如下所示：

```
Mean units in stock:              41
Mean unit price: $28.           87
Median units in stock:           26
Median unit price:           $19.50
Mode units in stock:               0
Mode unit price:             $18.00
```

一共有 4 个产品，单价为$18.00。有 5 个产品库存为 0。

11.7 使用 LINQ to XML

LINQ to XML 是 LINQ 提供程序，用于查询和操作 XML。

11.7.1 使用 LINQ to XML 生成 XML

下面创建用来将 Products 表转换成 XML 的方法。

(1) 在 LinqWithEFCore 项目的 Program.Functions.cs 文件中，导入 System.Xml.Linq 名称空间。

(2) 在 Program.Functions.cs 中，创建一个以 XML 格式输出产品的方法，如下所示：

```
static void OutputProductsAsXml()
{
    SectionTitle("Output products as XML");
```

```
using (Northwind db = new())
{
    Product[] productsArray = db.Products.ToArray();

    XElement xml = new("products",
        from p in productsArray
        select new XElement("product",
          new XAttribute("id", p.ProductId),
          new XAttribute("price", p.UnitPrice),
          new XElement("name", p.ProductName)));

    WriteLine(xml.ToString());
}
}
```

(3) 在 Program.cs 中，调用 OutputProductsAsXml 方法。

(4) 运行代码，查看结果，注意生成的 XML 结构能与前面代码中使用 LINQ to XML 语句声明描述的元素和属性相匹配，如下所示：

```
<products>
  <product id="1" price="18">
    <name>Chai</name>
  </product>
  <product id="2" price="19">
    <name>Chang</name>
  </product>
...
```

11.7.2 使用 LINQ to XML 读取 XML

使用 LINQ to XML 可以轻松地查询或处理 XML 文件。

(1) 在 LinqWithEFCore 项目中添加一个名为 settings.xml 的文件。

(2) 修改这个文件的内容，如下所示：

```
<?xml version="1.0" encoding="utf-8" ?>
<appSettings>
  <add key="color" value="red" />
  <add key="size" value="large" />
  <add key="price" value="23.99" />
</appSettings>
```

更多信息：
如果使用的是的 Visual Studio 2022，那么编译后的应用程序将在 LinqWithEFCore\bin\Debug\net7.0 文件夹中执行，所以它不会找到 settings.xml 文件，除非我们指出它应该总是被复制到输出目录。选择 settings.xml 文件，将其 Copy to Output Directory 属性设置为 Copy always。

(3) 在 Program.Functions.cs 中，创建一个方法以完成如下任务：

- 加载 XML 文件。
- 使用 LINQ to XML 搜索名为 appSettings 的元素以及名为 add 的子元素。
- 将 XML 投影到具有 Key 和 Value 属性的匿名类型数组。
- 枚举数组并显示结果。

```csharp
static void ProcessSettings()
{
  string path = Path.Combine(
  Environment.CurrentDirectory, "settings.xml");

WriteLine($"Settings file path: {path}");
XDocument doc = XDocument.Load(path);
var appSettings = doc.Descendants("appSettings")
  .Descendants("add")
  .Select(node => new
  {
    Key = node.Attribute("key")?.Value,
    Value = node.Attribute("value")?.Value
  }).ToArray();

  foreach (var item in appSettings)
  {
      WriteLine($"{item.Key}: {item.Value}");
  }
}
```

(6) 在 Program.cs 中，调用 ProcessSettings 方法。

(7) 运行代码并查看结果，输出如下所示：

```
Settings file path: C:\cs11dotnet7\Chapter11\LinqWithEFCore\bin\Debug\
net7.0\settings.xml
color: red
size: large
price: 23.99
```

11.8 实践和探索

你可以通过回答一些问题来测试自己对知识的理解程度，进行一些实践，并深入探索本章涵盖的主题。

11.8.1 练习 11.1：测试你掌握的知识

回答以下问题：

(1) LINQ 的两个必要部分是什么？

(2) 可使用哪个 LINQ 扩展方法返回类型的属性子集？

(3) 可使用哪个 LINQ 扩展方法过滤序列？

(4) 列出 5 个用于执行聚合操作的 LINQ 扩展方法。

(5) Select 和 SelectMany 扩展方法之间的区别是什么？

(6) IEnumerable<T>和 IQueryable <T>有什么区别？如何在它们之间进行切换？

(7) 泛型 Func 委托(如 Func<T1, T2, T>)中的最后一个类型参数代表什么？

(8) 使用以 OrDefault 结尾的 LINQ 扩展方法有什么好处？

(9) 为什么 LINQ 查询理解语法是可选的？

(10) 如何创建自己的 LINQ 扩展方法？

11.8.2　练习 11.2: 练习使用 LINQ 进行查询

在 Chapter11 解决方案/工作区中，创建名为 Ch11Ex02LinqQueries 的控制台应用程序，提示用户输入一座城市的名字，然后列出这座城市里 Northwind 客户的公司名，如下所示：

```
Enter the name of a city: London
There are 6 customers in London:
  Around the Horn
  B's Beverages
  Consolidated Holdings
  Eastern Connection
  North/South
  Seven Seas Imports
```

然后，在用户输入他们喜欢的城市之前，显示客户当前居住的所有城市的列表，作为提示以增强应用程序，如下所示：

```
Aachen, Albuquerque, Anchorage, Århus, Barcelona, Barquisimeto, Bergamo,
Berlin, Bern, Boise, Bräcke, Brandenburg, Bruxelles, Buenos Aires, Butte,
Campinas, Caracas, Charleroi, Cork, Cowes, Cunewalde, Elgin, Eugene, Frankfurt
a.M., Genève, Graz, Helsinki, I. de Margarita, Kirkland, Kobenhavn, Köln,
Lander, Leipzig, Lille, Lisboa, London, Luleå, Lyon, Madrid, Mannheim,
Marseille, México D.F., Montréal, München, Münster, Nantes, Oulu, Paris,
Portland, Reggio Emilia, Reims, Resende, Rio de Janeiro, Salzburg, San
Cristóbal, San Francisco, Sao Paulo, Seattle, Sevilla, Stavern, Strasbourg,
Stuttgart, Torino, Toulouse, Tsawassen, Vancouver, Versailles, Walla Walla,
Warszawa
```

11.8.3　练习 11.3: 探索主题

可通过以下链接来阅读本章所涉及主题的更多细节：

https://github.com/markjprice/cs11dotnet7/blob/main/book-links.md#chapter-11---querying-and-manipulating-data-using-linq

11.9　本章小结

本章介绍了如何编写 LINQ 查询，从而执行一些常见的任务，例如：

- 只选择项中你需要的属性
- 将项投影到不同的类型
- 根据条件过滤项
- 对项进行排序
- 连接和分组项
- 以不同的格式(包括 XML)操作项

第 12 章将介绍如何使用 ASP.NET Core 进行 Web 开发。在本书剩余的章节中，你将学习如何实现 ASP.NET Core 的主要组件，如 Razor Pages、MVC、Web API 和 Blazor。

第12章

使用 ASP.NET Core 进行 Web
开发

本书的第三部分，也是最后一部分，将介绍如何使用 ASP.NET Core 进行 Web 开发。你将学习如何构建跨平台的项目，如网站、Web 服务和 Web 浏览器应用程序。

微软将用于构建应用程序的平台称为应用模型或工作负载。

我建议你按顺序学习本章和后续章节，因为后面的章节将引用前面章节中的项目，并且通过前面章节的学习，你将积累足够的知识和技能来处理后面章节中更加棘手的问题。

本章涵盖以下主题：

- 理解 ASP.NET Core
- ASP.NET Core 的新特性
- 结构化项目
- 创建一个实体模型，供本书剩余部分使用
- 理解 Web 开发

12.1　理解 ASP.NET Core

因为本书介绍的是 C#和.NET，所以本章将介绍的应用模型使用 C#和.NET 来构建后续章节中将会用到的实际应用程序。

更多信息：

微软在.NET Application Architecture Guidance 文档中详细说明了如何实现应用模型，通过以下链接可以阅读该文档：https://www.microsoft.com/net/learn/architecture。

微软使用许多技术来构建网站和服务，这些技术多年来一直在不断演化，ASP.NET Core 也是这个发展历史的一部分：

- Active Server Pages (ASP)发布于 1996 年，是微软第一次尝试为服务器端动态执行网站代码提供的一个平台。ASP 文件混合了 HTML 和使用 VBScript 语言编写且在服务器上执行的代码。

- ASP.NET Web Forms 在 2002 年与.NET Framework 一起发布，它被设计为让非 Web 开发人员(如熟悉 Visual Basic 的开发人员)能够通过拖放可视的组件，以及使用 Visual Basic 或 C#编写事件驱动的代码，快速创建网站。对于新的.NET Framework Web 项目，应该使用 ASP.NET MVC，避免使用 Web Forms。

- Windows Communication Foundation (WCF)发布于 2006 年，它使开发人员能够构建 SOAP 和 REST 服务。SOAP 很强大，但也很复杂，所以除非需要一些高级特性，如分布式事务和复杂的消息拓扑，否则应该避免使用 SOAP。

- ASP.NET MVC 发布于 2009 年，用于干净地隔离 Web 开发人员的关注点，将这些关注点拆分为 3 种类型：模型，用于临时存储数据；视图，用于使用多种格式在 UI 中展示数据；控制器，用于获取模型并将其传递给视图。这种关注点隔离对代码重用和单元测试提供了帮助。

- ASP.NET Web API 发布于 2012 年，它使开发人员能够创建比 SOAP 服务更简单、伸缩性更好的 HTTP 服务(也称 REST 服务)。

- ASP.NET SignalR 发布于 2013 年，它通过将底层的技术(如 WebSockets 和长轮询)抽象出去，支持网站中的实时通信。这可以在多种多样的 Web 浏览器中实现实时聊天或者实时更新对时间敏感的数据(如股票价格)等功能，即使浏览器不支持 WebSockets 等底层技术也可实现这种功能。

- ASP.NET Core 发布于 2016 年，它将.NET Framework 技术(如 MVC、Web API 和 SignalR)的现代实现和更新的技术(如 Razor Pages、gRPC 和 Blazor)结合了起来，让它们都运行在现代.NET 上。因此，ASP.NET Core 可以跨平台运行。ASP.NET Core 提供了许多项目模板，帮助你使用它支持的技术。

最佳实践：
请选择使用 ASP.NET Core 来开发网站和 Web 服务，因为它包含现代的、跨平台的 Web 相关技术。

12.1.1 经典 ASP.NET 与现代 ASP.NET Core 的对比

在现代.NET 出现之前，ASP.NET 构建在.NET Framework 中一个名为 System.Web.dll 的大程序集之上，并且与一个只能用在 Windows 上的 Web 服务器紧密耦合在一起，这个 Web 服务器就是 Internet Information Services (IIS)。多年来，这个程序集增加了许多特性，其中很多不适合现代跨平台开发。

ASP.NET Core 是对 ASP.NET 进行的重要的重新设计。它移除了对 System.Web.dll 程序集和 IIS 的依赖，并由模块化的轻量级包组成，这一点与现代.NET 的其他部分一样。ASP.NET Core 仍然支持使用 IIS 作为 Web 服务器，但有一种更好的选择。

你可以在 Windows、macOS 和 Linux 上开发并跨平台运行 ASP.NET Core 应用程序。微软甚至创建了一个跨平台的、性能极佳的 Web 服务器，命名为 Kestrel，并且整个技术栈都是开源的。

ASP.NET Core 2.2 及之后版本的项目默认使用新的进程内托管模型。当在 Microsoft IIS 中托管项目时，这带来了 400%的性能改进，但微软仍然推荐使用 Kestrel 来获得更好的性能。

12.1.2　使用 ASP.NET Core 构建网站

网站由多个 Web 页面组成，这些页面是从文件系统静态加载的，或者由服务器端技术(如 ASP.NET Core)动态生成。Web 浏览器使用能够识别每个页面的统一资源定位符(Uniform Resource Locator，URL)发出 GET 请求，还可以使用 POST、PUT 和 DELETE 请求操作服务器上存储的数据。

许多网站将 Web 浏览器视为展示层，几乎在服务器端执行所有处理。客户端可能使用一些 JavaScript 来实现表单验证警告和一些展示特性，如轮播图。

ASP.NET Core 为构建网站提供了多种技术：

- ASP.NET Core Razor Pages 和 Razor 类库用于为简单的网站动态生成 HTML。第 13 章将详细介绍它们。
- ASP.NET Core MVC 是模型-视图-控制器(Model-View-Controller，MVC)设计模式的一种实现，MVC 是开发复杂网站时的一种很流行的设计模式。第 14 章将详细介绍它。
- Blazor 让你能够使用 C#和.NET 构建用户界面组件，而不是使用基于 JavaScript 的 UI 框架，如 Angular、React 和 Vue。Blazor WebAssembly 在浏览器中运行你的代码，这与基于 JavaScript 的框架一样。Blazor 服务器在服务器上运行你的代码，动态更新 Web 页面。第 16 章将介绍 Blazor。Blazor 并不只是用于构建网站；通过在.NET MAUI 应用中进行托管，它还可以用于创建混合的移动和桌面应用。

1. 使用内容管理系统构建网站

大部分网站都有大量内容，如果在每次需要修改某些内容时，都需要开发人员参与进来，这种网站就不能很好地伸缩。内容管理系统(Content Management System，CMS)使开发人员能够通过定义内容结构和模板来提供一致性和良好的设计，同时让不懂技术的内容所有者能够轻松地管理实际的内容。他们能够创建新的页面或者内容块，以及更新现有内容，并且知道，只需要做很少的工作，就能够让内容对于访问者来说看起来很出色。

对于各种 Web 平台，存在大量 CMS，如针对 PHP 的 WordPress 或针对 Python 的 Django CMS。支持现代.NET 的 CMS 包括 Optimizely Content Cloud、Piranha CMS 和 Orchard Core。

使用 CMS 的关键优势是，它提供了友好的内容管理用户界面。内容所有者可以登录网站，自己管理内容。之后，渲染内容并将其返回给访问者，这个过程会使用 ASP.NET Core MVC 控制器和视图，或者使用称为"无头 CMS"的 Web 服务端点，将内容提供给"头"，这些"头"被实现为移动或桌面应用、店内接触点或者使用 JavaScript 框架或 Blazor 构建的客户端。

本书不讨论.NET CMS，所以我在 GitHub 存储库中包含了一些链接，通过这些链接可以学习关于.NET CMS 的更多知识：https://github.com/markjprice/cs11dotnet7/blob/main/book-links.md#net-content-management-systems。

2. 使用 SPA 框架构建 Web 应用程序

Web 应用程序常常是使用称为单页面应用程序(Single-Page Application，SPA)框架的技术构建的，如 Blazor WebAssembly、Angular、React、Vue 或者专有的 JavaScript 库。它们可以在需要时，向后台 Web 服务发送请求来获取更多数据，以及使用常用的序列化格式(如 XML 和 JSON)来提交更新后的数据。Google Web 应用是典型的例子，如 Gmail、Maps 和 Docs。

在 Web 应用程序中，客户端使用 JavaScript 框架或 Blazor WebAssembly 来实现复杂的用户交互，但大部分重要的处理和数据访问仍然发生在服务器端，这是因为 Web 浏览器对于本地系统资源的访问是受限的。

JavaScript 是一种松散类型的语言，并不是针对复杂的项目而设计的，所以近来大部分 JavaScript 库使用了 TypeScript，它为 JavaScript 添加了强类型，并且在语言设计中包含了许多现代语言特性，用于处理复杂的实现。

.NET SDK 有针对基于 JavaScript 和 TypeScript 的 SPA 的项目模板，但本书不会讨论如何构建基于 JavaScript 和 TypeScript 的 SPA。尽管 ASP.NET Core 项目常常使用它们作为后端，但本书的主题是 C#，而不是其他语言。

总之，在构建网站时，C#和.NET 既可以用在服务器端，又可以用在客户端，如图 12.1 所示。

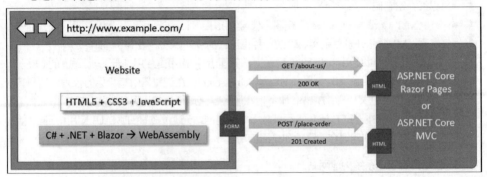

图 12.1　在服务器端和客户端使用 C#和.NET 构建网站

12.1.3　构建 Web 服务和其他服务

尽管我们不讨论基于 JavaScript 和 TypeScript 的 SPA，但会讨论如何使用 ASP.NET Core Web API 构建一个 Web 服务，然后在 ASP.NET Core 网站的服务器端代码中调用该 Web 服务。后面将在 Blazor WebAssembly 组件以及跨平台的移动和桌面应用中调用该 Web 服务。

对于服务，不存在正式的定义，但有时候会根据它们的复杂性来描述它们。

- 服务：客户端应用需要的全部功能包含在一个单体式服务中。
- 微服务：存在多个服务，每个服务关注一个较小的功能子集。
- 纳米服务：作为服务提供的单个函数。与 24/7/365 托管的服务和微服务不同，在被调用前，纳米服务通常是不活跃的，以便减少资源和开销。

12.2　ASP.NET Core 的新特性

在过去几年里，微软迅速扩展了 ASP.NET Core 的功能。你应该注意哪些.NET 平台是目前支持的，如下所示：

- ASP.NET 的 1.0 至 2.2 版本运行在.NET Core 或.NET Framework 上。
- ASP.NET Core 3.0 或更高版本只能运行在.NET Core 3.0 或更高版本上。

12.2.1　ASP.NET Core 1.0

ASP.NET Core 1.0 于 2016 年 6 月发布，重点是实现一个最小化的 API，这个 API 用于为 Windows、macOS 和 Linux 构建现代的跨平台 Web 应用程序和服务。

12.2.2　ASP.NET Core 1.1

ASP.NET Core 1.1 于 2016 年 11 月发布，主要关注 bug 的修复以及实现特性和性能的全面改进。

12.2.3　ASP.NET Core 2.0

ASP.NET Core 2.0 于 2017 年 8 月发布，主要专注于添加新功能，如 Razor Pages 以及将程序集捆绑到 Microsoft.AspNetCore.All 元包。ASP.NET Core 2.0 以.NET Standard 2.0 为目标，提供了新的身份验证模型并改进了性能。

ASP.NET Core 2.0 引入的最大新特性是 ASP.NET Core Razor Pages(参见第 13 章)和 ASP.NET Core OData 支持。本书的配套图书 *Apps and Services with .NET 7* 中介绍了 OData。

12.2.4　ASP.NET Core 2.1

ASP.NET Core 2.1 于 2018 年 5 月发布，是一个长期支持(LTS)版本，这意味着它在 2021 年 8 月 21 日之前的 3 年里都得到了支持(直到 2018 年 8 月的版本 2.1.3，它才被正式指定为 LTS)。

该版本重点是添加了用于实时通信的 SignalR、用于重用 Web 组件的 Razor 类库以及用于身份验证的 ASP.NET Core Identity，能够更好地支持 HTTPS 和欧盟的通用数据保护法规(GDPR)，如表 12.1 所示。

表 12.1　ASP.NET Core 2.1 新增的功能

功能	涉及的章节	主题
Razor 类库	第 13 章	使用 Razor 类库
GDPR 支持	第 14 章	创建并探讨 ASP.NET Core MVC 网站
Identity UI 库和 scaffolding	第 14 章	探讨 ASP.NET Core MVC 网站
集成测试	第 14 章	测试 ASP.NET Core MVC 网站
[ApiController]和 ActionResult<T>	第 15 章	创建 ASP.NET Core Web API 项目
问题的细节	第 15 章	实现 Web API 控制器
IHttpClientFactory	第 15 章	使用 HttpClientFactory 配置 HTTP 客户端

12.2.5　ASP.NET Core 2.2

ASP.NET Core 2.2 于 2018 年 12 月发布，重点是改进 RESTful HTTP API 的构建，将项目模板更新为 Bootstrap 4 和 Angular 6(这是托管在 Azure 中的优化配置)以及改进性能，如表 12.2 所示。

表 12.2　ASP.NET Core 2.2 新增的功能

功能	涉及的章节	主题
Kestrel 中的 HTTP/2	第 13 章	传统的 ASP.NET 与现代的 ASP.NET Core
进程内托管模式	第 13 章	创建 ASP.NET Core 项目
端点路由	第 13 章	理解端点路由
健康检查中间件	第 15 章	实现健康检查
开放的 API 分析器	第 15 章	实现开放的 API 分析器和约定

12.2.6　ASP.NET Core 3.0

ASP.NET Core 3.0 于 2019 年 9 月发布，专注于充分利用.NET Core 3.0 和.NET Standard 2.1(这也意味着不再支持.NET Framework)并增加了一些有用的改进，如表 12.3 所示。

表 12.3　ASP.NET Core 3.0 新增的功能

功能	涉及的章节	主题
Razor 类库中的静态资产	第 13 章	使用 Razor 类库
用于 MVC 服务注册的新选项	第 14 章	了解 ASP.NET Core MVC 的启动
Blazor 服务器	第 16 章	使用 Blazor Server 构建组件

12.2.7　ASP.NET Core 3.1

ASP.NET Core 3.1 于 2019 年 12 月发布，是一个 LTS 版本，这意味着它将一直支持到 2022 年 12 月 3 日。它关注的是如何对支持 Razor 组件的分部类以及新的组件标记助手进行改进。

12.2.8　Blazor WebAssembly 3.2

Blazor WebAssembly 3.2 于 2020 年 5 月发布。这是一个 Current(现在改称为 Standard)版本，意味着项目必须在.NET 5 发布后的 3 个月内，也就是 2021 年 2 月 10 日之前，升级到.NET 5 版本。微软最终兑现了使用.NET 进行全栈 Web 开发的承诺，有关 Blazor Server 和 Blazor WebAssembly 的更多内容见第 16 章。

12.2.9　ASP.NET Core 5.0

ASP.NET Core 5.0 于 2020 年 11 月发布，专注于修复 bug，改进性能，使用缓存进行证书认证，在 Kestrel 中实现 HTTP/2 响应头的 HPACK 动态压缩，进行 ASP.NET Core 程序集的可空注解，以及减小容器镜像的大小，如表 12.4 所示。

表 12.4　ASP.NET Core 5.0 新增的功能

功能	涉及的章节	主题
扩展方法以允许匿名访问端点	第 15 章	保护 Web 服务
用于 HttpRequest 和 HttpResponse 的 JSON 扩展方法	第 15 章	在控制器中以 JSON 的形式获取客户

12.2.10　ASP.NET Core 6.0

ASP.NET Core 6.0 于 2021 年 11 月发布，专注于提高生产率，比如最小化代码来实现基本的网站和服务、.NET Hot Reload 以及 Blazor 的新托管选项(如使用.NET MAUI 的混合应用程序)，包括表 12.5 中列出的主题。

表 12.5　ASP.NET Core 6.0 新增的功能

功能	涉及的章节	主题
新的空 Web 项目模板	第 13 章	了解空 Web 项目模板
最小化 API	第 15 章	实现最小化的 Web API
Blazor WebAssembly AOT	第 16 章	启用 Blazor WebAssembly 提前编译

12.2.11　ASP.NET Core 7.0

ASP.NET Core 7.0 发布于 2022 年 11 月，重点关注填补一些已知的功能空白，如 HTTP/3 支持、输出缓存和许多针对 Blazor 的易用性改进，包括表 12.6 中列出的主题。

表 12.6　ASP.NET Core 7.0 新增的功能

功能	涉及的章节	主题
HTTP 请求的解压缩	第 13 章	支持解压缩请求
HTTP/3 支持	第 13 章	支持 HTTP/3
输出缓存	第 14 章	使用过滤器来缓存输出
W3C 日志额外的头	第 15 章	支持在 W3Clogger 中记录额外的请求头
HTTP/3 客户端支持	第 15 章	使 HttpClient 支持 HTTP/3
Blazor 空模板	第 16 章	对比 Blazor 项目模板
支持位置变化	第 16 章	支持处理位置变化事件

更多信息:

从以下链接可以阅读 ASP.NET Core 针对.NET 7 的完整路线图: https://github.com/dotnet/aspnetcore/issues/39504。

12.3　结构化项目

应该如何结构化项目? 前面创建了小型的独立控制台应用程序来说明语言或库功能。本书的其余部分将使用不同的技术构建多个项目。将这些技术合并起来，以提供单一的解决方案。

对于大型、复杂的解决方案，在所有代码中导航可能很困难。因此，结构化项目的主要目的是使组件更容易找到。最好为解决方案或工作区设置一个反映应用程序或解决方案的整体名称。

下面为一个名为 Northwind 的虚构公司构建多个项目。把解决方案或工作区命名为 PracticalApps，并使用名称 Northwind 作为所有项目名称的前缀。

有许多方法可以对项目和解决方案进行结构化和命名，例如，使用文件夹层次结构和命名约定。如果你在一个团队中工作，确保你知道团队是如何做的。

在解决方案或工作区中结构化项目

最好在解决方案或工作区中为项目设置命名约定，这样任何开发人员都可以立即知道每个项目的功能。一种常见的选择是使用项目的类型，如类库、控制台应用程序、网站等，如表 12.7所示。

表 12.7　命名约定

名称	说明
Northwind.Common	一个类库项目，用于跨多个项目使用的通用类型，如接口、枚举、类、记录和结构
Northwind.Common.EntityModels	一个用于通用 EF Core 实体模型的类库项目。实体模型通常在服务器端和客户端都使用，因此最好分离对特定数据库提供程序的依赖
Northwind.Common.DataContext	用于 EF Core 数据库上下文的类库项目，依赖于特定的数据库提供程序
Northwind.Web	用于简单网站的 ASP.NET Core 项目，使用了静态 HTML 文件和动态 Razor Pages 的混合
Northwind.Razor.Component	在多个项目中用于 Razor Pages 的类库项目
Northwind.Mvc	ASP.NET Core 项目，用于使用 MVC 模式的复杂网站，可以更容易地进行单元测试
Northwind.WebApi	用于 HTTP API 服务的 ASP.NET Core 项目。这是与网站集成的一种很好的选择，因为可以使用任何 JavaScript 库或 Blazor 与服务进行交互
Northwind.BlazorServer	ASP.NET Core Blazor Server 项目
Northwind.BlazorWasm.Client	ASP.NET Core Blazor WebAssembly 客户端项目
Northwind.BlazorWasm.Server	ASP.NET Core Blazor WebAssembly 服务器端项目

12.4　建立实体数据模型供本书剩余部分章节使用

实际的应用程序通常需要处理关系数据库或其他数据存储中的数据。本节将为存储在 SQL Server 或 SQLite 中的 Northwind 示例数据库构建实体数据模型，以便后续章节创建的大多数应用程序中使用。

Northwind4SQLServer.sql 和 Northwind4SQLite.SQL 脚本文件不同。SQL Server 的脚本创建 13 个表以及相关的视图和存储过程。SQLite 的脚本是一个简化版本，它只创建 10 个表，因为 SQLite 不支持那么多特性。本书中的主要项目只需要这 10 个表，因此可以使用任意一个数据库完成本书中的每个任务。

安装 SQLite 的说明参见第 10 章，该章还将提供了安装 dotnet-ef 工具的说明，使用该工具可以从现有数据库中构建实体模型。

关于安装 SQL Server 的说明，可以在本书 GitHub 存储库的以下链接找到：https://github.com/markjprice/cs11dotnet7/blob/main/docs/sql-server/README.md。

最佳实践:

应该为实体数据模型创建单独的类库项目。这便于后端 Web 服务器和前端桌面、移动端和 Blazor WebAssembly 客户端之间的共享。

12.4.1　使用 SQLite 创建实体模型类库

现在，在类库中定义实体数据模型，以便它们可以在包括客户端应用程序模型的其他类型的项目中重用。如果不使用 SQL Server，就需要为 SQLite 创建这个类库。如果使用的是 SQL Server，就可以为 SQLite 创建类库，也可以为 SQL Server 创建类库，然后在它们之间切换。

下面使用 EF Core 命令行工具自动生成一些实体模型。

(1) 使用自己喜欢的代码编辑器创建一个新的项目，定义如下。

- 项目模板：Class Library/classlib
- 项目文件和文件夹：Northwind.Common.EntityModels.Sqlite
- 工作区/解决方案文件和文件夹：PracticalApps

(2) 在 Northwind.Common.EntityModels.Sqlite 项目中，添加 SQLite 数据库提供程序和 EF Core 设计时支持的包引用，如下所示：

```
<ItemGroup>
  <PackageReference
    Include="Microsoft.EntityFrameworkCore.Sqlite" Version="7.0.0" />
  <PackageReference
    Include="Microsoft.EntityFrameworkCore.Design" Version="7.0.0">
    <PrivateAssets>all</PrivateAssets>
    <IncludeAssets>runtime; build; native; contentfiles; analyzers;
    buildtransitive</IncludeAssets>
  </PackageReference>
</ItemGroup>
```

(3) 删除 Class1.cs 文件。

(4) 构建项目。

(5) 通过将 Northwind4SQLite.sql 文件复制到 PracticalApps 文件夹(不是项目文件夹)，然后在命令提示符或终端输入以下命令，为 SQLite 创建 Northwind.db 文件：

```
sqlite3 Northwind.db -init Northwind4SQLite.sql
```

(6) 请耐心等待，因为该命令可能需要一段时间才能创建数据库结构，如下所示：

```
-- Loading resources from Northwind4SQLite.sql
SQLite version 3.35.5 2022-04-19 14:49:49
Enter ".help" for usage hints.
sqlite>
```

(7) 在 Windows 上按 Ctrl + C 快捷键，在 macOS 上按 Cmd + D 快捷键退出 SQLite 命令模式。

(8) 打开 Northwind.Common.EntityModels.Sqlite 文件夹的命令提示符或终端。

(9) 在命令行中，为所有表生成实体类模型，如下所示：

```
dotnet ef dbcontext scaffold "Filename=../Northwind.db" Microsoft.
EntityFrameworkCore.Sqlite --namespace Packt.Shared --data-annotations
```

请注意以下几点。

- 要执行的命令：dbcontext scaffold
- 连接字符串："Filename=../Northwind.db"
- 数据库提供程序：Microsoft.EntityFrameworkCore.Sqlite
- 名称空间：--namespace Packt.Shared
- 使用数据注解以及 Fluent API：--data-annotations

(10) 注意构建消息和警告，输出如下所示：

```
Build started...
Build succeeded.
To protect potentially sensitive information in your connection string,
you should move it out of source code. You can avoid scaffolding the
connection string by using the Name= syntax to read it from configuration
- see https://go.microsoft.com/fwlink/?linkid=2131148. For more
guidance on storing connection strings, see http://go.microsoft.com/
fwlink/?LinkId=723263.
```

1. 改进类到表的映射

命令行工具 dotnet-ef 为 SQL Server 和 SQLite 生成不同的代码，因为它们支持不同级别的功能。

例如，SQL Server 文本列可以限制字符的数量。SQLite 不支持此功能。因此，dotnet-ef 将生成验证属性，以确保 SQL Server(而不是 SQLite)的字符串属性被限制在指定的字符数，代码如下所示：

```
// SQLite database provider-generated code
[Column(TypeName = "nvarchar (15)")]
public string CategoryName { get; set; } = null!;

// SQL Server database provider-generated code
[StringLength(15)]
public string CategoryName { get; set; } = null!;
```

两个数据库提供程序都不会将非空字符串属性标记为必要属性：

```
// no runtime validation of non-nullable property
public string CategoryName { get; set; } = null!;

// nullable property
public string? Description { get; set; }

// decorate with attribute to perform runtime validation
[Required]
public string CategoryName { get; set; } = null!;
```

下面做一些小的改变来改进 SQLite 的实体模型映射和验证规则。

更多信息：
记住，所有代码都可通过扫描本书封底的二维码下载。虽然通过自己输入代码，能够获得更深刻的认识，但并不是必须自己输入代码。访问下面的链接，然后在键盘上按键，可以在浏览器中打开一个实时的代码编辑器：https://github.com/markjprice/cs11dotnet7。

首先，我们将添加一个正则表达式，验证 CustomerId 的值刚好是 5 个大写字符。之后，我们将添加字符串长度要求，验证实体模型的多个属性是否知道它们的文本值允许的最大长度。

(1) 在 Customer.cs 文件中，添加一个正则表达式，验证它的主键值是否只允许大写的 Western 字符，如下面突出显示的代码所示：

```
[Key]
[Column(TypeName = "nchar (5)")]
[RegularExpression("[A-Z]{5}")]
public string CustomerId { get; set; } = null!;
```

(2) 激活代码编辑器的查找和替换功能(在 Visual Studio 2022 中，导航到 Edit | Find and Replace | Quick Replace)，切换到 Use Regular Expressions，然后在搜索框中输入正则表达式，如图 12.2 和下面的表达式所示：

```
\[Column\(TypeName = "(nchar|nvarchar) \((.*)\)"\)\]
```

(3) 在替换框中，输入替换正则表达式，如下所示：

```
$&\n        [StringLength($2)]
```

在换行符\n 之后，我包含了 4 个空格字符，以便在我的系统上正确缩进，它在每个缩进级别使用两个空格字符。你可以插入任意数量的空白。

(4) 将 Find and Replace 设置为搜索当前项目中的文件。

(5) 执行搜索和替换，替换全部，如图 12.2 所示。

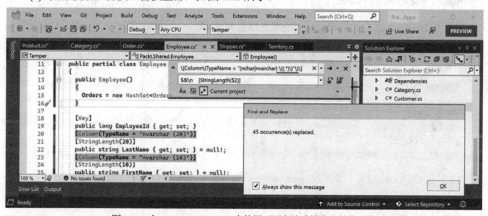

图 12.2 在 Visual Studio 2022 中使用正则表达式搜索和替换所有匹配项

(6) 更改任何日期/时间属性，例如在 Employee.cs 中，使用可空的 DateTime 值而不是字节数组，如下所示：

```
// before
[Column(TypeName = "datetime")]
public byte[]? BirthDate { get; set; }

// after
[Column(TypeName = "datetime")]
public DateTime? BirthDate { get; set; }
```

更多信息：

使用代码编辑器的查找功能搜索 datetime，以找到需要更改的所有属性。

（7）更改任何 money 属性，例如，在 Order.cs 中，使用一个可空的 decimal 而不是字节数组，如下所示：

```
// before
[Column(TypeName = "money")]
public byte[]? Freight { get; set; }

// after
[Column(TypeName = "money")]
public decimal? Freight { get; set; }
```

更多信息：

使用代码编辑器的查找功能搜索 money，以找到需要更改的所有属性。

（8）在 Product.cs 中，为 Discontinued 属性使用 bool 而不是字节数组，并删除将其默认值设置为 null 的初始化器，如下所示：

```
[Column(TypeName = "bit")]
public bool Discontinued { get; set; }
```

（9）在 Category.cs 中，将 CategoryId 属性设置为 int 类型，代码如下所示：

```
[Key]
public int CategoryId { get; set; }
```

（10）在 Category.cs 中，将 CategoryName 属性设置为必要属性，如下所示：

```
[Required]
[Column(TypeName = "nvarchar (15)")]
[StringLength(15)]
public string CategoryName { get; set; }
```

（11）在 Customer.cs 中，将 CompanyName 属性设置为必要属性，如下所示：

```
[Required]
[Column(TypeName = "nvarchar (40)")]
[StringLength(40)]
public string CompanyName { get; set; }
```

（12）在 Employee.cs 中：

- 将 EmployeeId 属性设置为 int 而不是 long。
- 设置 FirstName 和 LastName 属性为必要属性。
- 将 ReportsTo 属性设置为 int? 而不是 long?。

（13）在 EmployeeTerritory.cs 中：

- 将 EmployeeId 属性设置为 int 而不是 long。
- 将 TerritoryId 属性设置为必要属性。

(14) 在 Order.cs 中：

- 将 OrderId 属性设置为 int 而不是 long。
- 使用正则表达式装饰 CustomerId 属性，以强制使用 5 个大写字符。
- 将 EmployeeId 属性设置为 int?而不是 long?。
- 将 ShipVia 属性设置为 int?而不是 long?。

(15) 在 OrderDetail.cs 中：

- 将 OrderId 属性设置为 int 而不是 long。
- 将 ProductId 属性设置为 int 而不是 long。
- 将 Quantity 属性设置为 short 而不是 long。

(16) 在 Product.cs 中：

- 将 ProductId 属性设置为 int 而不是 long。
- 将 ProductName 属性设置为必要属性。
- 将 SupplierId 和 CategoryId 属性设置为 int?而不是 long?。
- 将 UnitsInStock、UnitsOnOrder 和 ReorderLevel 属性设置为 short?而不是 long?。

(17) 在 Shipper.cs 中：

- 将 ShipperId 属性设置为 int 类型而不是 long 类型。
- 将 CompanyName 属性设置为必要属性。

(18) 在 Supplier.cs 中：

- 将 SupplierId 属性设置为 int 而不是 long。
- 将 CompanyName 属性设置为必要属性。

(19) 在 Territory.cs 中：

- 将 RegionId 属性设置为 int 而不是 long。
- 将 TerritoryId 和 TerritoryDescription 属性设置为必要属性。

既然已经为实体类创建了类库，就可以为数据库上下文创建类库了。

2. 为 Northwind 数据库上下文创建类库

现在定义一个数据库上下文类库。

(1) 将一个新的类库项目添加到解决方案/工作区中，其定义如下。

- 项目模板：Class Library/classlib
- 项目文件和文件夹：Northwind.Common.DataContext.Sqlite
- 工作区/解决方案文件和文件夹：PracticalApps

(2) 在 Visual Studio 中，将解决方案的启动项目设置为当前选择。在 Visual Studio Code 中，选择 Northwind.Common.DataContext.Sqlite 作为 OmniSharp 活动项目。

(3) 在 Northwind.Common.DataContext.Sqlite 项目中，添加一个对 Northwind.Common.EntityModels.Sqlite 项目的引用，并添加一个对 EF Core SQLite 数据提供程序的包引用，如下所示：

```
<ItemGroup>
  <PackageReference
    Include="Microsoft.EntityFrameworkCore.SQLite" Version="7.0.0" />
</ItemGroup>

<ItemGroup>
```

```
    <ProjectReference Include=
        "..\Northwind.Common.EntityModels.Sqlite\Northwind.Common
    .EntityModels.Sqlite.csproj" />
    </ItemGroup>
```

更多信息：

项目引用的路径在项目文件中不应该有换行符。

(4) 在 Northwind.Common.DataContext.Sqlite 项目中，删除 Class1.cs 类文件。

(5) 构建 Northwind.Common.DataContext.Sqlite 项目。

(6) 从 Northwind.Common.EntityModels.Sqlite 项目/文件夹中将 NorthwindContext.cs 文件移到 Northwind.Common.DataContext.Sqlite 项目/文件夹下。

更多信息

在 Visual Studio Solution Explorer 中，如果在项目之间拖放文件，文件将被复制；如果按住 Shift 的同时拖放，它将被移动。在 Visual Studio Code EXPLORER 中，如果在项目之间拖放一个文件，它将被移动；如果你按住 Ctrl 键的同时拖放，它将被复制。

(7) 在 NorthwindContext.cs 文件的 OnConfiguring 方法中，删除关于连接字符串的编译器 #warning。

最佳实践：

在任何项目中我们将重写默认的数据库连接字符串，比如需要使用 Northwind 数据库的网站，所以从 DbContext 派生的类必须有一个带有 DbContextOptions 参数的构造函数才能工作，而生成的文件确实包含了这个构造函数，代码如下所示：

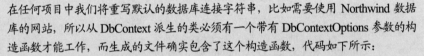

```
public NorthwindContext(DbContextOptions<NorthwindContext>
options)
    : base(options)
{
}
```

(8) 在 NorthwindContext.cs 文件的 OnConfiguring 方法中，添加语句检查当前目录的结尾，以便根据在 Visual Studio 2022 中运行的情况，以及使用命令行和 Visual Studio Code 运行的情况进行调整，如下面突出显示的代码所示：

```
protected override void OnConfiguring(DbContextOptionsBuilder
optionsBuilder)
{
    if (!optionsBuilder.IsConfigured)
    {
        string dir = Environment.CurrentDirectory;
        string path = string.Empty;

        if (dir.EndsWith("net7.0"))
        {
            // Running in the <project>\bin\<Debug|Release>\net7.0 directory.
            path = Path.Combine("..", "..", "..", "..", "Northwind.db");
```

```
      }
      else
      {
        // Running in the <project> directory.
        path = Path.Combine("..", "Northwind.db");
      }

      optionsBuilder.UseSqlite($"Filename={path}");
    }
}
```

(9) 在 OnModelCreating 方法中，删除调用 ValueGeneratedNever 方法的所有 Fluent API 语句，如下面的代码所示。这将配置主键属性，如 SupplierId，使其永远不会自动生成值或调用 HasDefaultValueSql 方法。

```
modelBuilder.Entity<Supplier>(entity =>
{
  entity.Property(e => e.SupplierId).ValueGeneratedNever();
});
```

更多信息

如果不像上面的语句那样删除配置，那么当添加新的供应商时，SupplierId 的值将总是 0，并且将只能添加一个具有该值的供应商，所有其他尝试都会抛出异常。

(10) 对于 Product 实体，告诉 SQLite 可将 UnitPrice 从 decimal 转换为 double。OnModelCreating 方法现在应该被大大简化了，如下所示：

```
protected override void OnModelCreating(ModelBuilder modelBuilder)
{
  modelBuilder.Entity<OrderDetail>(entity =>
  {
  entity.HasKey(e => new { e.OrderId, e.ProductId });

    entity.HasOne(d => d.Order)
      .WithMany(p => p.OrderDetails)
      .HasForeignKey(d => d.OrderId)
      .OnDelete(DeleteBehavior.ClientSetNull);

    entity.HasOne(d => d.Product)
      .WithMany(p => p.OrderDetails)
      .HasForeignKey(d => d.ProductId)
      .OnDelete(DeleteBehavior.ClientSetNull);
  });
  modelBuilder.Entity<Product>()
    .Property(product => product.UnitPrice)
    .HasConversion<double>();

  OnModelCreatingPartial(modelBuilder);
}
```

(11) 在 Northwind.Common.DataContext.Sqlite 项目中，添加一个名为 NorthwindContextExtensions.cs 的类，并修改它的内容以定义一个扩展方法，将 Northwind 数据库上下文添加到一个依赖服务集合中，如下所示：

```
using Microsoft.EntityFrameworkCore; // UseSqlite
using Microsoft.Extensions.DependencyInjection; // IServiceCollection

namespace Packt.Shared;

public static class NorthwindContextExtensions
{
    /// <summary>
    /// Adds NorthwindContext to the specified IServiceCollection. Uses the
    Sqlite database provider.
    /// </summary>
    /// <param name="services"></param>
    /// <param name="relativePath">Set to override the default of ".."
    </param>
    /// <returns>An IServiceCollection that can be used to add more services.
    </returns>
    public static IServiceCollection AddNorthwindContext(
        this IServiceCollection services, string relativePath = "..")
    {
        string databasePath = Path.Combine(relativePath, "Northwind.db");

        services.AddDbContext<NorthwindContext>(options =>
        {
            options.UseSqlite($"Data Source={databasePath}");

            options.LogTo(WriteLine, // Console
                new[] { Microsoft.EntityFrameworkCore
                    .Diagnostics.RelationalEventId.CommandExecuting });
        });

        return services;
    }
}
```

(12) 构建两个类库并修正任何编译器错误。

12.4.2　使用 SQL Server 创建实体模型类库

如果已经在第 10 章设置了 Northwind 数据库，则要使用 SQL Server 创建实体模型不需要做任何事情。但是现在使用 dotnet-ef 工具创建实体模型。

(1) 添加一个新项目，其定义如下。

- 项目模板：Class Library/classlib
- 项目文件和文件夹：Northwind.Common.EntityModels.SqlServer
- 工作区/解决方案文件和文件夹：PracticalApps

(2) 在 Northwind.Common.EntityModels.SqlServer 项目中，添加 SQL Server 数据库提供程序和 EF Core 设计时支持的包引用，如下所示：

```
<ItemGroup>
  <PackageReference
    Include="Microsoft.EntityFrameworkCore.SqlServer" Version="7.0.0" />
```

```
  <PackageReference
    Include="Microsoft.EntityFrameworkCore.Design" Version="7.0.0">
    <PrivateAssets>all</PrivateAssets>
    <IncludeAssets>runtime; build; native; contentfiles; analyzers;
    buildtransitive</IncludeAssets>
  </PackageReference>
</ItemGroup>
```

(3) 删除 Class1.cs 文件。

(4) 构建项目。

(5) 为 Northwind.Common.EntityModels.SqlServer 文件夹打开命令提示符或终端。

(6) 在命令行中，为所有表生成实体类模型，如下所示：

```
dotnet ef dbcontext scaffold "Data Source=.;Initial
Catalog=Northwind;Integrated Security=true;" Microsoft.
EntityFrameworkCore.SqlServer --namespace Packt.Shared --data-annotations
```

请注意以下几点。

- 要执行的命令：dbcontext scaffold
- 连接字符串："Data Source=.;Initial Catalog=Northwind;Integrated Security=true;"
- 数据库提供程序：Microsoft.EntityFrameworkCore.SqlServer
- 名称空间：--namespace Packt.Shared
- 使用数据注解及 Fluent API：--data-annotations

(7) 在 Customer.cs 中，添加一个正则表达式，验证它的主键值是否只允许大写 Western 字符，如下面突出显示的代码所示：

```
[Key]
[StringLength(5)]
[RegularExpression("[A-Z]{5}")]
public string CustomerId { get; set; } = null!;
```

(8) 在 Customer.cs 中，把 CustomerId 和 CompanyName 属性设置为必要属性。

(9) 添加一个新项目，其定义如下。

- 项目模板：Class Library/classlib
- 项目文件和文件夹：Northwind.Common.DataContext.SqlServer
- 工作区/解决方案文件和文件夹：PracticalApps
- 在 Visual Studio Code 中，选择 Northwind.Common.DataContext.SqlServer 作为 OmniSharp 活动项目。

(10) 在 Northwind.Common.DataContext.SqlServer 项目中，添加一个对 Northwind.Common. EntityModels.SqlServer 项目的引用，并添加一个对 SQL Server 的 EF Core 数据提供程序的包引用，如下所示：

```
<ItemGroup>
  <PackageReference
    Include="Microsoft.EntityFrameworkCore.SqlServer" Version="7.0.0" />
</ItemGroup>

<ItemGroup>
  <ProjectReference Include=
```

```
    "..\Northwind.Common.EntityModels.SqlServer\Northwind.Common
.EntityModels.SqlServer.csproj" />
</ItemGroup>
```

注意:

项目引用的路径在项目文件中不应该有换行符。

(11) 在 Northwind.Common.DataContext.SqlServer 项目中，删除 Class1.cs 文件。

(12) 构建 Northwind.Common.DataContext.SqlServer 项目。

(13) 将 NorthwindContext.cs 文件从 Northwind.Common.EntityModels.SqlServer 项目/文件夹移到 Northwind.Common.DataContext.SqlServer 项目/文件夹。

(14) 在 Northwind.Common.DataContext.SqlServer 项目的 NorthwindContext.cs 中，删除关于连接字符串的编译器警告。

(15) 在 Northwind.Common.DataContext.SqlServer 项目中，添加一个名为 NorthwindContext-Extensions.cs 的类，并修改它的内容以定义一个扩展方法，将 Northwind 数据库上下文添加到一个依赖服务集合中，如下所示:

```csharp
using Microsoft.EntityFrameworkCore; // UseSqlServer
using Microsoft.Extensions.DependencyInjection; // IServiceCollection

namespace Packt.Shared;

public static class NorthwindContextExtensions
{
  /// <summary>
  /// Adds NorthwindContext to the specified IServiceCollection. Uses the
  SqlServer database provider.
  /// </summary>
  /// <param name="services"></param>
  /// <param name="connectionString">Set to override the default.</param>
  /// <returns>An IServiceCollection that can be used to add more
  services.</returns>
  public static IServiceCollection AddNorthwindContext(
    this IServiceCollection services,
    string connectionString = "Data Source=.;Initial Catalog=Northwind;" +
    "Integrated Security=true;MultipleActiveResultsets=true;Encrypt=false")
  {
    services.AddDbContext<NorthwindContext>(options =>
    {
      options.UseSqlServer(connectionString);

      options.LogTo(WriteLine, // Console
        new[] { Microsoft.EntityFrameworkCore
          .Diagnostics.RelationalEventId.CommandExecuting });
    });

    return services;
  }
}
```

(16) 构建两个类库并修正任何编译器错误。

最佳实践:

我们为 AddNorthwindContext 方法提供了可选参数, 以覆盖硬编码的 SQLite 数据库文件名路径或 SQL Server 数据库连接字符串。这将提供更大的灵活性, 例如, 可从配置文件中加载这些值。

12.4.3　测试类库

现在构建一些单元测试, 确保类库正确工作:

(1) 使用自己喜欢的编码工具, 在 PracticalApps 工作区/解决方案中添加一个新的 xUnit Test Project [C#]/xunit 项目, 命名为 Northwind.Common.UnitTests。

(2) 在 Northwind.Common.UnitTests 项目中, 为 SQLite 或 SQL Server 添加 Northwind.Common. DataContext 项目的项目引用, 如下面突出显示的代码所示:

```
<ItemGroup>
  <!-- change Sqlite to SqlServer if you prefer -->
  <ProjectReference Include="..\Northwind.Common.DataContext.Sqlite\
Northwind.Common.DataContext.Sqlite.csproj" />
</ItemGroup>
```

注意:

项目引用必须在一行中, 不能换行。

(3) 构建 Northwind.Common.UnitTests 项目。

(4) 将 UnitTest1.cs 重命名为 EntityModelTests.cs。

(5) 修改该文件的内容以定义两个测试, 一个用于连接到数据库, 另一个用于确认数据库中包含 8 个类别, 如下所示:

```
using Packt.Shared; // NorthwindContext

namespace Northwind.Common.UnitTests
{
  public class EntityModelTests
  {
    [Fact]
    public void DatabaseConnectTest()
    {
      using (NorthwindContext db = new())
      {
        Assert.True(db.Database.CanConnect());
      }
    }

    [Fact]
    public void CategoryCountTest()
    {
      using (NorthwindContext db = new())
      {
```

```
            int expected = 8;
            int actual = db.Categories.Count();

            Assert.Equal(expected, actual);
        }
    }
  }
}
```

(6) 运行单元测试：

- 如果使用的是 Visual Studio 2022，则导航到 Test Explorer 中的 Test | Run All Tests。
- 如果使用的是 Visual Studio Code，则在 Northwind.Common.UnitTest 项目的终端窗口中，使用命令 dotnet test 运行测试。

(7) 注意，结果应该显示，运行了两个测试，并且两个测试都通过了。如果任何一个测试失败，则修复问题。例如，如果使用的是 SQLite，则检查解决方案目录(项目目录的上一级目录)中的 Northwind.db 文件。

12.5 了解 Web 开发

Web 开发就是使用 HTTP(超文本传输协议)进行开发。因此本章首先回顾这项重要的基础技术。

12.5.1 HTTP

为了与 Web 服务器通信，客户端(也称用户代理)使用 HTTP 通过网络进行调用。因此，HTTP 是 Web 的技术基础。当讨论网站或 Web 服务时，背后的含义就是使用 HTTP 在客户端(通常是 Web 浏览器)和服务器之间进行通信。

客户端对资源(如页面)发出 HTTP 请求，并通过 URL(统一资源定位器)进行唯一标识，服务器返回 HTTP 响应，如图 12.3 所示。

可使用 Google Chrome 或其他浏览器来记录请求和响应。

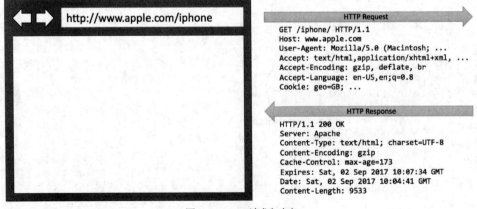

图 12.3　HTTP 请求和响应

最佳实践:

目前,全世界的网站访问者中大约有 2/3 使用 Google Chrome 来访问网站,而且它内置了强大的开发工具,是测试网站的首选浏览器。建议始终使用 Google Chrome 和至少其他两种浏览器测试网站,例如用于 macOS 和 iPhone 的 Firefox 与 Safari。Microsoft Edge 在 2019 年从使用微软自己的渲染引擎切换到使用 Chromium,所以用它进行测试就不那么重要了。如果使用微软的 Internet Explorer,往往是组织的内部网。

1. URL 的组成

URL 由以下几个组件组成。

- **方案:** http(明文)或 https(加密)。
- **域名:** 对于一个生产网站或服务,顶级域名(TLD)可能是 example.com,也可能有 www、jobs 或 extranet 等子域。在开发过程中,通常对所有网站和服务使用 localhost。
- **端口号:** 对于生产站点或服务,http 为 80,https 为 443。这些端口号通常从方案中推断出来。在开发过程中,通常会使用其他端口号,如 5000、5001 等,以区分所有使用共享域 localhost 的网站和服务。
- **路径:** 资源的相对路径,如/customers/germany。
- **查询字符串:** 传递参数值的一种方式,如?country=Germany&searchext=shoes。
- **片段(fragment):** 在网页上通过 id 引用一个元素,如#toc。

更多信息:

URL 是 URI(统一资源标识符)的子集。URL 指定了资源的位置以及如何获取资源。URI 通过 URL 或 URN(统一资源名称)标识资源。

2. 本书中为项目分配的端口号

本书对所有的网站和 Web 服务使用域 localhost,所以当多个项目需要同时执行时,使用端口号来区分项目,如表 12.8 所示。

表 12.8　分配端口号

项目	说明	端口号
Northwind.Web	ASP.NET Core Razor Pages 网站	5000 HTTP, 5001 HTTPS
Northwind.Mvc	ASP.NET Core MVC 网站	5000 HTTP, 5001 HTTPS
Northwind.WebApi	ASP.NET Core Web API 服务	5002 HTTPS
Minimal.WebApi	ASP.NET Core Web API (最小化)	5003 HTTPS
Northwind.BlazorServer	ASP.NET Core Blazor Server	5004 HTTP, 5005 HTTPS
Northwind.BlazorWasm	ASP.NET Core Blazor WebAssembly	5006 HTTP, 5007 HTTPS

12.5.2　使用 Google Chrome 浏览器发出 HTTP 请求

下面探讨如何使用 Google Chrome 发出 HTTP 请求。

(1) 启动 Google Chrome。

(2) 导航到 More tools | Developer tools。

(3) 单击 Network 选项卡，Google Chrome 立即开始记录浏览器和任何 Web 服务器之间的网络流量，如图 12.4 所示。

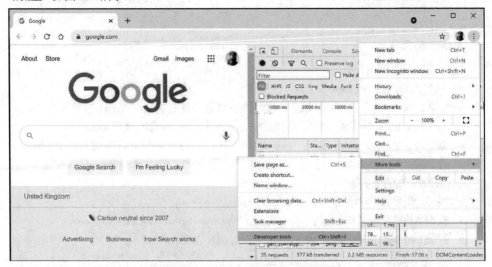

图 12.4　Chrome Developer Tools 记录网络流量

(4) 在 Chrome 浏览器的地址栏中，输入微软的 ASP.NET 学习网站的地址：https://dotnet.microsoft.com/learn/aspnet。

(5) 在 Developer Tools 窗口中，在记录的请求列表中，滚动到顶部并单击 Type 是 document 的第一个条目，如图 12.5 所示。

图 12.5　Developer Tools 中记录的请求

(6) 在右侧单击 Headers 选项卡，会显示关于请求头和响应头的详细信息，如图 12.6 所示。

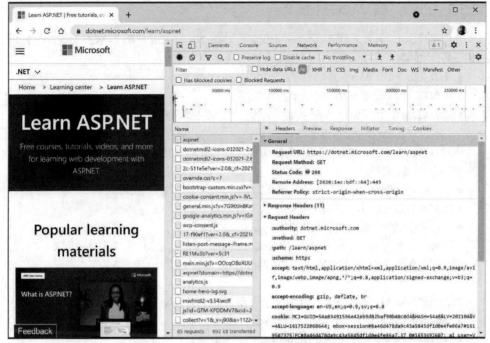

图 12.6　请求头和响应头的详细信息

注意以下几个方面。

- **请求方法为 GET**。HTTP 定义的其他请求方法包括 POST、PUT、DELETE、HEAD 和 PATCH。
- **状态码是 200 OK**。这意味着服务器找到了浏览器请求的资源，并且在响应体中返回了它们。你可能在响应 GET 请求时看到的其他状态码包括 301 Moved Permanently、400 Bad Request、401 Unauthorized 和 404 Not Found。
- 浏览器发送给 **Web 服务器的请求头信息**包括:
  - accept，用于列出浏览器允许的格式。在本例中，浏览器能理解 HTML、XHTML、XML 和一些图像格式，并可接收其他所有文件(*/*)。默认的权重(也称为质量值)是 1.0。XML 的质量值为 0.9，因此 XML 不如 HTML 或 XHTML 受欢迎。所有其他类型文件的质量值都是 0.8，因此是最不受欢迎的。
  - accept-encoding，用于列出浏览器能够理解的压缩算法。在本例中，包括 GZIP、DEFLATE 和 Brotli 算法。
  - accept-language，用于列出浏览器希望使用的人类语言。在本例中，美式英语的默认质量值为 1.0，为其他英语方言显式指定的质量值为 0.9。为瑞典语方言显式指定的质量值为 0.8。
- **响应头**，其中的 content-encoding 指出服务器已返回使用 GZIP 算法压缩的 HTML Web 页面响应，因为它知道客户端可以解压缩这种格式。这在图 12.6 中是不可见的，因为没有足够的空间来展开 Response Headers 部分。

(7) 关闭 Google Chrome。

12.5.3　了解客户端 Web 开发技术

在构建网站时，开发人员需要了解的不仅仅是 C#和.NET。在客户端(如 Web 浏览器)，经常使用下列技术的组合。

- HTML5：用于 Web 页面的内容和结构。
- CSS3：用于设置 Web 页面元素的样式。
- JavaScript：用于编写 Web 页面所需的任何业务逻辑。例如，验证表单输入或调用 Web 服务以获取 Web 页面所需的更多数据。

尽管 HTML5、CSS3 和 JavaScript 是前端 Web 开发的基本组件，但还有许多额外的技术可以使前端 Web 开发更有效：

- Bootstrap，世界上最流行的前端开源工具集。
- SASS 和 LESS，用于样式的 CSS 预处理器。
- 微软提供的用于编写更健壮代码的 TypeScript 语言。
- jQuery、Angular、React 和 Vue 等 JavaScript 库。

所有这些高级技术最终都将转换或编译为底层的 3 种核心技术，因此它们可以跨所有现代浏览器工作。

作为构建和部署过程的一部分，你可能会使用下面这些技术：

- Node.js，用于使用 JavaScript 进行服务器端开发的框架。
- Node Package Manager (npm)和 Yarn，它们都是客户端包管理器。
- Webpack，一个流行的模块捆绑器，用于编译、转换和捆绑网站源文件。

12.6　实践和探索

你可以通过回答一些问题来测试自己对知识的理解程度，进行一些实践，并深入探索本章涵盖的主题。

12.6.1　练习 12.1：测试你掌握的知识

回答以下问题：

(1) 微软的第一个服务器端执行的动态 Web 页面技术是什么？知道这段历史为什么在今天仍然有用吗？

(2) 微软提供的两个 Web 服务器的名称是什么？

(3) 微服务和纳米服务有什么区别？

(4) 什么是 Blazor？

(5) 不能在.NET Framework 中托管的第一个 ASP.NET Core 版本是多少？

(6) 什么是用户代理？

(7) HTTP 请求-响应通信模型对 Web 开发人员有什么影响？

(8) 描述 URL 的 4 个组成部分。

(9) 浏览器的 Developer Tools 提供了什么功能？

(10) 客户端 Web 开发的 3 种主要技术是什么？它们实现什么目的？

12.6.2　练习 12.2：了解 Web 开发中常用的缩写

(1)　URI

(2)　URL

(3)　WCF

(4)　TLD

(5)　API

(6)　SPA

(7)　CMS

(8)　Wasm

(9)　SASS

(10)　REST

12.6.3　练习 12.3：探索主题

使用以下页面的链接，可以了解本章主题的更多细节：

https://github.com/markjprice/cs11dotnet7/blob/main/book-links.md#chapter-12---introducing-web-development-using-aspnet-core

12.7　本章小结

本章主要内容：

- 使用 C#和.NET 构建网站和 Web 服务的一些应用程序模型和工作负载。
- 创建了 2~4 个类库来定义实体数据模型，以使用 SQLite 或 SQL Server 处理 Northwind 数据库。

后面几章将详细讨论以下内容：

- 简单的网站使用静态 HTML 页面和动态 Razor Pages。
- 复杂的网站使用模型-视图-控制器(MVC)设计模式。
- Web 服务可以被任何发出 HTTP 请求的平台和调用这些 Web 服务的客户端网站调用。
- Blazor 用户界面组件可托管在 Web 服务器、浏览器、混合的 Web 原生移动应用和桌面应用上。

第**13**章

使用 ASP.NET Core Razor Pages 构建网站

本章讨论如何使用微软 ASP.NET Core 在服务器端构建具有现代 HTTP 架构的网站，以及如何使用 ASP.NET Core 2.0 引入的 Razor Pages 和 ASP.NET Core 2.1 引入的 Razor 类库功能构建简单的网站。

本章涵盖以下主题：
- 了解 ASP.NET Core
- 了解 ASP.NET Core Razor Pages
- 使用 Entity Framework Core 与 ASP.NET Core
- 使用 Razor 类库
- 配置服务和 HTTP 请求管道
- 启用 HTTP/3 支持

13.1 了解 ASP.NET Core

首先我们将创建一个空的 ASP.NET Core 项目，并探索如何让它服务 Web 页面。

13.1.1 创建空的 ASP.NET Core 项目

下面创建一个 ASP.NET Core 项目以显示 Northwind 示例数据库中的供应商列表。

dotnet 工具有很多项目模板，可以自动做很多工作。但是在特定的情况下，很难辨别哪种方法是最好的，所以建议从空白的网站项目模板开始，逐步添加功能，这样就可以了解所有细节。

(1) 使用自己喜欢的代码编辑器打开 PracticalApps 解决方案/工作区，然后添加一个新项目，其定义如下所示。
- 项目模板：ASP.NET Core Empty [C#]/web
- 项目文件和文件夹：Northwind.Web
- 工作区/解决方案文件和文件夹：PracticalApps

- 对于 Visual Studio 2022，保留所有其他选项的默认值，例如，选中 Configure for HTTPS，清除 Enable Docker，并清除 Do not use top-level statements。
- 对于 Visual Studio Code 和 dotnet new web 命令，默认选项就是我们想要的选项。如果你想从顶级语句改为原来的 Program 类风格，可以指定--use-program-main 开关，但我们不会这么做。

在 Visual Studio Code 中，选择 Northwind.Web 作为活动的 OmniSharp 项目。

(2) 构建 Northwind.Web 项目。

(3) 打开 Northwind.Web.csproj 文件，注意该项目类似于一个类库，只是 SDK 是 Microsoft.NET.Sdk.Web，如下面突出显示的代码所示：

```
<Project Sdk="Microsoft.NET.Sdk.Web">

  <PropertyGroup>
    <TargetFramework>net7.0</TargetFramework>
    <Nullable>enable</Nullable>
    <ImplicitUsings>enable</ImplicitUsings>
  </PropertyGroup>

</Project>
```

(4) 添加一个元素，以全局地、静态地导入 System.Console 类。

(5) 如果使用 Visual Studio 2022，请在 Solution Explorer 中，切换 Show All Files。

(6) 展开 obj 文件夹，展开 Debug 文件夹，展开 net7.0 文件夹，选择 Northwind.Web. GlobalUsings.g.cs 文件，并注意隐式导入的名称空间包括用于控制台应用程序或类库的所有名称空间，以及一些 ASP.NET Core 名称空间，如 Microsoft.AspNetCore.Builder，如下所示：

```
// <autogenerated />
global using global::Microsoft.AspNetCore.Builder;
global using global::Microsoft.AspNetCore.Hosting;
global using global::Microsoft.AspNetCore.Http;
global using global::Microsoft.AspNetCore.Routing;
global using global::Microsoft.Extensions.Configuration;
global using global::Microsoft.Extensions.DependencyInjection;
global using global::Microsoft.Extensions.Hosting;
global using global::Microsoft.Extensions.Logging;
global using global::System;
global using global::System.Collections.Generic;
global using global::System.IO;
global using global::System.Linq;
global using global::System.Net.Http;
global using global::System.Net.Http.Json;
global using global::System.Threading;
global using global::System.Threading.Tasks;
global using static global::System.Console;
```

(7) 关闭文件并折叠 obj 文件夹。

(8) 打开 Program.cs，注意以下几点：

- ASP.NET Core 项目就像顶级的控制台应用程序，有一个隐藏的<Main>$方法作为入口点，它有一个使用 args 名称传递的参数。

- 调用 WebApplication.CreateBuilder，它为网站创建一个主机，为稍后构建的 Web 主机使用默认设置。
- 网站将用纯文本 "Hello World!" 响应所有 HTTP GET 请求。
- 对 Run 方法的调用是一个阻塞调用，所以隐藏的<Main>$方法不会返回，直到 Web 服务器停止运行。

Program.cs 的内容如下面的代码所示：

```
var builder = WebApplication.CreateBuilder(args);
var app = builder.Build();

app.MapGet("/", () => "Hello World!");

app.Run();
```

(9) 在 Program.cs 文件的底部，添加一条语句，在调用 Run 方法之后，也就是 Web 服务器停止运行之后，向控制台写入一条消息，如下所示：

```
WriteLine("This executes after the web server has stopped!");
```

13.1.2 测试和保护网站

下面测试 ASP.NET Core Empty 网站项目的功能。从 HTTP 切换到 HTTPS，为浏览器和 Web 服务器之间的所有流量启用加密功能以保护隐私。HTTPS 是 HTTP 的安全加密版本。

(1) 对于 Visual Studio，可执行以下操作。

- 在工具栏中，确保选择的是 https 配置而不是 http、IIS Express 或 WSL，然后将 Web Browser (Microsoft Edge)切换到 Google Chrome，如图 13.1 所示。

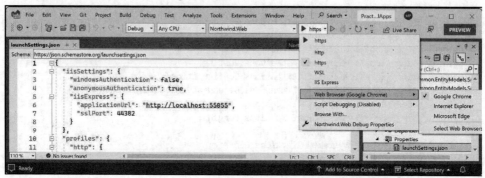

图 13.1　在 Visual Studio 中选择 https 配置文件和 Kestrel Web 服务器

- 导航到 Debug | Start Without Debugging...。
- 当第一次启动安全的网站时，会提示项目配置为使用 SSL，并且为了避免浏览器中的警告，可以选择信任 ASP.NET Core 生成的自签名证书。单击 Yes 按钮。
- 当看到安全警告对话框时，再次单击 Yes 按钮。

(2) 对于 Visual Studio Code，输入命令以使用 https 配置启动项目，如下所示：dotnet run --launch-profile https。然后，启动 Chrome。

(3) 在 Visual Studio 的命令提示符窗口或 Visual Studio Code 的终端，注意 Kestrel Web 服务器已经开始为 HTTP 和 HTTPS 侦听随机端口，可以按 Ctrl+C 快捷键关闭 Kestrel Web 服务器，托管环境是 Development，如以下输出所示：

```
info: Microsoft.Hosting.Lifetime[14]
  Now listening on: https://localhost:7251
info: Microsoft.Hosting.Lifetime[14]
  Now listening on: http://localhost:5251
info: Microsoft.Hosting.Lifetime[0]
  Application started. Press Ctrl+C to shut down.
info: Microsoft.Hosting.Lifetime[0]
  Hosting environment: Development
info: Microsoft.Hosting.Lifetime[0]
  Content root path: C:\cs11dotnet7\PracticalApps\Northwind.Web
```

更多信息：

Visual Studio 2022 也会自动启动选择的浏览器。如果使用的是 Visual Studio Code，就必须手动启动 Chrome。

(4) 让 Kestrel Web 服务器处于运行状态。

(5) 在 Chrome 浏览器中，显示 Developer Tools，单击 Network 选项卡。

(6) 请求网站项目的主页：

- 如果使用的是 Visual Studio 2022，并且 Chrome 自动启动且已输入了 URL，则单击 Refresh 按钮或按 F5 键。
- 如果使用的是 Visual Studio Code 和终端或命令行，则在 Chrome 的地址栏中，输入地址 http://localhost:5251/，或者任何分配给 HTTP 的端口号。

(7) 注意响应是纯文本的 Hello World!，该响应来自跨平台的 Kestrel Web 服务器，如图 13.2 所示。

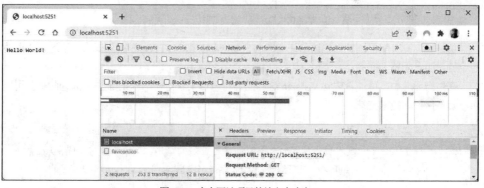

图 13.2　来自网站项目的纯文本响应

更多信息:

Chrome 这样的浏览器可能还会请求 favicon.ico 文件,以在浏览器窗口或选项卡中显示响应,但我们的项目中没有这个文件,所以它显示为 404 Not Found 错误。如果这让你感到烦躁,可以在下面的链接免费生成一个 favicon.ico 文件,并把它添加到项目文件夹中: https://favicon.io/。在 Web 页面中,还可以在元标记中指定一个 favicon,例如,一个使用 Base64 编码的空白 favicon,如下所示:

```
<link rel="icon" href="data:;base64,iVBORw0KGgo=">
```

(8) 输入地址 https://localhost:5001/,或者任何分配给 HTTPS 的端口号。注意,如果没有使用 Visual Studio,或者当提示信任 SSL 证书时单击 No 按钮,那么响应是一个隐私错误,如图 13.3 所示。

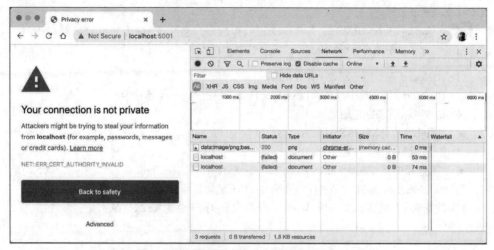

图 13.3 隐私错误显示没有通过证书启用 SSL 加密

这是因为没有配置浏览器可以信任的证书来加密和解密 HTTPS 通信(如果未显示这条错误消息,就说明已配置了证书)。

在生产环境中,可能希望向 Verisign 这样的公司付费来获得一个 SSL 证书,因为此类公司提供了责任保护和技术支持。

更多信息:

对于 Linux 开发人员来说,如果不能创建自签名的证书,或者不介意每隔 90 天重新申请证书,那么可以从以下链接获得免费证书: https://letsencrypt.org。

在开发期间,可以让操作系统信任 ASP.NET Core 提供的临时开发证书。

(9) 在命令行或终端中,按 Ctrl + C 快捷键关闭 Web 服务器,并注意所写的信息,如下所示:

```
info: Microsoft.Hosting.Lifetime[0]
      Application is shutting down...
This executes after the web server has stopped!
C:\cs11dotnet7\PracticalApps\Northwind.Web\bin\Debug\net7.0\Northwind.
Web.exe (process 19888) exited with code 0.
```

(10) 如果需要信任本地的自签名 SSL 证书,那么在命令行或终端中,输入 dotnet dev-certs https --trust 命令,注意消息 Trusting the HTTPS development certificate was requested。系统可能会提示输入密码,并且可能已经存在有效的 HTTPS 证书。

启用更强的安全性并重定向到安全连接

启用更严格的安全性并自动将 HTTP 请求重定向到 HTTPS 是一种良好的实践。

> **最佳实践:**
> HSTS (HTTP 严格传输安全)是一种可选择的安全增强,应该始终启用它。如果网站指定了它,浏览器也支持它,它就强制所有通信通过 HTTPS 进行,并阻止访问者使用不受信任或无效的证书。

(1) 在 Program.cs 中,在构建 app 的语句的后面添加一个 if 语句,在非开发环境中启用 HSTS,代码如下所示:

```
if (!app.Environment.IsDevelopment())
{
    app.UseHsts();
}
```

(2) 在调用 MapGet 之前添加一条语句,将 HTTP 请求重定向到 HTTPS,代码如下所示:

```
app.UseHttpsRedirection();
```

(3) 启动 Northwind.Web 网站项目。

(4) 如果 Chrome 仍在运行,请关闭并重新启动。

(5) 在 Chrome 浏览器中,显示 Developer Tools,单击 Network 选项卡。

(6) 输入地址 http://localhost:5251/,或者任何分配给 HTTP 的端口号,注意服务器如何用 307 Temporary Redirect 重定向到 https 来进行响应。证书现在是有效且受信任的,如图 13.4 所示。

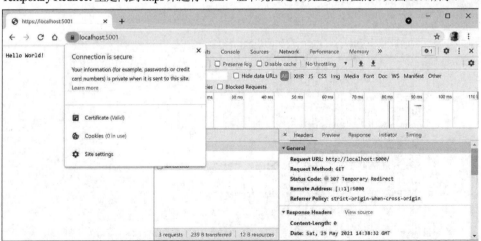

图 13.4　现在使用一个有效的证书和 307 重定向保护连接

(7) 关闭 Chrome,然后关闭 Web 服务器。

最佳实践：
在完成网站的测试后，记得关闭 Kestrel Web 服务器。

13.1.3　控制托管环境

在 ASP.NET Core 5 及更早的版本中，项目模板设置了一个规则，表示在开发模式下，任何未处理的异常将显示在浏览器窗口中，以便开发人员查看异常的详细信息，代码如下所示：

```
if (app.Environment.IsDevelopment())
{
    app.UseDeveloperExceptionPage();
}
```

在 ASP.NET Core 6 及后续版本中，这段代码在默认情况下是自动执行的，所以它未包含在项目模板中。

ASP.NET Core 如何知道我们何时在开发模式中运行，以便 IsDevelopment 方法返回 true？下面寻找答案。

ASP.NET Core 可以通过从 settings 文件和环境变量中读取信息来确定使用什么托管环境，例如 DOTNET_ENVIRONMENT 或 ASPNETCORE_ENVIRONMENT。

可在本地开发期间重写这些设置。

(1) 在 Northwind.Web 文件夹中，展开名为 Properties 的子文件夹，打开名为 launchSettings.json 的文件，注意其中名为 https 和 http 的配置部分，以下突出显示的代码将托管环境的环境变量设置为 Development：

```
{
  "iisSettings": {
    "windowsAuthentication": false,
    "anonymousAuthentication": true,
    "iisExpress": {
      "applicationUrl": "http://localhost:56111",
      "sslPort": 44329
    }
  },
  "profiles": {
    "http": {
      "commandName": "Project",
      "dotnetRunMessages": true,
      "launchBrowser": true,
      "applicationUrl": "http://localhost:5000",
      "environmentVariables": {
        "ASPNETCORE_ENVIRONMENT": "Development"
      }
    },
    "https": {
      "commandName": "Project",
      "dotnetRunMessages": true,
      "launchBrowser": true,
      "applicationUrl": "https://localhost:5001;http://localhost:5000",
```

```
        "environmentVariables": {
          "ASPNETCORE_ENVIRONMENT": "Development"
        }
      },
      "IIS Express": {
        "commandName": "IISExpress",
        "launchBrowser": true,
        "environmentVariables": {
          "ASPNETCORE_ENVIRONMENT": "Development"
        }
      }
    }
}
```

(2) 对于 http 和 https 配置部分的 applicationUrl，将 HTTP 随机分配的端口号修改为 5000，将 HTTPS 随机分配的端口号修改为 5001。

(3) 将 ASPNETCORE_ENVIRONMENT 更改为 Production。

(4) 如果使用的是 Visual Studio，则作为可选项，将 launchBrowser 更改为 false，以防止 Visual Studio 自动启动浏览器。

(5) 启动网站，注意托管环境为 Production，如下所示：

```
info: Microsoft.Hosting.Lifetime[0]
      Hosting environment: Production
```

(6) 关闭 Web 服务器。

(7) 在 launchSettings.json 文件中，将托管环境改回为 Development。

更多信息：

launchSettings.json 文件也有一个配置，把 IIS 作为使用随机端口号的 Web 服务器。本书只使用 Kestrel 作为 Web 服务器，因为它是跨平台的。

13.1.4　使网站能够提供静态内容

只返回一条纯文本消息的网站没有多大用处！

对于网站来说，至少应该返回静态的 HTML 页面、用于样式化 Web 页面的 CSS 以及其他任何静态资源(如图像和视频)。

按照惯例，这些文件应该存储在一个名为 wwwroot 的目录中，以使它们与网站项目的动态执行部分分开。

1. 为静态文件和网页创建文件夹

下面创建文件夹以存放静态的网站资源，并创建使用 Bootstrap 进行样式化的基本索引页。

(1) 在 Northwind.Web 项目/文件夹中创建一个名为 wwwroot 的文件夹。注意，Visual Studio 会识别出它是一种特殊类型的文件夹，并为它显示一个全局图标。

(2) 将名为 index.html 的新文件添加到 wwwroot 文件夹中。

(3) 修改 index.html 文件的标记以链接到 CDN 托管的 Bootstrap，进行样式化，并实现一些现代的良好实践，如设置视口，如下所示：

```html
<!doctype html>
<html lang="en">
<head>
  <!-- Required meta tags -->
  <meta charset="utf-8" />
  <meta name="viewport" content=
    "width=device-width, initial-scale=1, shrink-to-fit=no" />
  <!-- Bootstrap CSS -->
    <link href="https://cdn.jsdelivr.net/npm/bootstrap@5.1.3/dist/css/
    bootstrap.min.css" rel="stylesheet" integrity="sha384-1BmE4kWBq78iYhFld
    vKuhfTAU6auU8tT94WrHftjDbrCEXSU1oBoqyl2QvZ6jIW3" crossorigin="anonymous">
    <title>Welcome ASP.NET Core!</title>
</head>
<body>
  <div class="container">
    <div class="jumbotron">
      <h1 class="display-3">Welcome to Northwind B2B</h1>
      <p class="lead">We supply products to our customers.</p>
      <hr />
      <h2>This is a static HTML page.</h2>
      <p>Our customers include restaurants, hotels, and cruise lines.</p>
      <p>
        <a class="btn btn-primary"
          href="https://www.asp.net/">Learn more</a>
      </p>
    </div>
  </div>
</body>
</html>
```

> **更多信息：**
> 要获取最新的用于 Bootstrap 的 <link> 元素，请从以下链接位置的文档复制并粘贴它：https://getbootstrap.com/docs/5.1/getting-started/introduction/#starter-template。

2. 启用静态文件和默认文件

如果现在启动网站，并在浏览器的地址栏中输入 http://localhost:5000/index.html，网站将返回 404 Not Found 错误，这说明没有找到网页。为了使网站能够返回静态文件，如 index.html，必须显式地配置默认文件。

即使启用了静态文件，如果启动网站，并在浏览器的地址框中输入 http://localhost:5000/，网站也会返回 404 Not Found 错误。因为如果没有请求指定的文件，Web 服务器在默认情况下将不知道该返回什么。

现在启用静态文件并显式地配置默认文件，然后更改已注册的用于返回纯文本 "Hello World!" 的 URL 路径。

(1) 在 Program.cs 中，在启用 HTTPS 重定向的语句后面添加语句，以启用静态文件和默认文件。另外，修改将 GET 请求映射到返回纯文本消息 "Hello World!" 的语句，以便只响应 URL 路径 /hello，如下所示：

```
app.UseDefaultFiles(); // index.html, default.html, and so on
app.UseStaticFiles();

app.MapGet("/hello", () => "Hello World!");
```

更多信息:

UseDefaultFiles 调用必须在 UseStaticFiles 调用之前，否则应用程序将无法工作! 本
章最后将进一步介绍中间件和端点路由的排序。

(2) 启动网站。

(3) 启动 Chrome，显示 Developer Tools。

(4) 在 Chrome 中输入 http://localhost:5000/，注意浏览器会重定向到位于端口 5001 的 HTTPS
地址。现在通过该安全连接返回 index.html 文件，因为它是这个网站可能的默认文件。

(5) 在 Developer Tools 中，注意对 Bootstrap 样式表的请求。

(6) 在 Chrome 中输入 http://localhost:5000/hello，注意返回的是纯文本消息 "Hello World!"，
就像以前一样。

(7) 关闭 Chrome 浏览器，关闭 Web 服务器。

如果所有的网页都是静态的，也就是说，它们只能通过 Web 编辑器手动修改，那么网站编程
工作就完成了。但是，几乎所有的网站都需要动态内容，这意味着网页是在运行时通过执行代码
生成的。

最简单的方法就是使用 ASP.NET Core 的一个名为 Razor Pages 的特性。

13.2　了解 ASP.NET Core Razor Pages

ASP.NET Core Razor Pages 允许开发人员轻松地将 HTML 标记和 C#代码混合在一起，动态生
成 Web 页面。这就是 Razor 页面使用.cshtml 文件扩展名的原因。

按照约定，ASP.NET Core 在名为 Pages 的文件夹中查找 Razor Pages。

13.2.1　启用 Razor Pages

下面把静态的 HTML 页面改为动态的 Razor Pages，然后添加并启用 Razor Pages 服务。

(1) 在 Northwind.Web 项目文件夹中创建一个名为 Pages 的文件夹。

(2) 将 index.html 文件复制到 Pages 文件夹(在 Visual Studio 中，按下 Ctrl 键并拖放)。

(3) 将 Pages 文件夹中的文件扩展名从.html 重命名为.cshtml。

(4) 在 index.cshtml 中，删除表明这是一个静态 HTML 页面的<h2>元素。

(5) 在 Program.cs 中，在构建 app 的语句之前，添加语句以添加 ASP.NET Core Razor Pages 及
相关服务，如模型绑定、授权、防伪、视图和标记助手，如下所示:

```
builder.Services.AddRazorPages();
```

(6) 在 Program.cs 中，在映射 HTTP GET 请求路径/hello 的语句之前，添加一条调用
MapRazorPages 方法的语句，如下所示:

```
app.MapRazorPages();
```

> **注意：**
> 如果你安装了 ReSharper，则它可能在你的 Razor 页面、Razor 视图和 Blazor 组件中
> 给出"无法解析符号"等警告。这并不一定意味着实际存在问题。如果文件能够编
> 译，就可以忽略 ReSharper。有时候，这个工具会令人感到困惑，让开发人员产生不
> 必要的担心。

13.2.2　给 Razor Pages 添加代码

在 Web 页面的 HTML 标记中，Razor 语法由@符号表示。Razor Pages 可以如下描述。

- 它们需要文件顶部的@page 指令。
- 它们的@functions 部分定义了以下内容：
  - 用于存储数据的属性，就像类定义中那样。这种类的实例可自动实例化为模型，模型
    可以在特殊方法中设置属性，可以在 HTML 中获取属性值。
  - OnGet、OnPost、OnDelete 等方法，这些方法会在发出 GET、POST 和 DELETE 等 HTTP
    请求时执行。

下面将静态的 HTML 页面转换为 Razor Pages。

(1) 在 Pages 文件夹中打开 index.cshtml，按照下面的列表进行修改：

- 将@page 语句添加到 index.cshtml 文件的顶部。
- 在@page 语句之后添加@functions 语句块。
- 定义一个属性，将当前日期的名称存储为字符串。
- 定义一个用于设置 DayName 的方法，该方法会在对页面发出 HTTP GET 请求时执行，如
  下所示：

```
@page
@functions
{
    public string? DayName { get; set; }

    public void OnGet()
    {
        Model.DayName = DateTime.Now.ToString("dddd");
    }
}
```

(2) 在另外一个 HTML 段落中输出日期名称，如下面突出显示的代码所示：

```
<p>It's @Model.DayName! Our customers include restaurants, hotels, and
cruise lines.</p>
```

(3) 启动网站。

(4) 在 Chrome 中输入 https://localhost:5001/，注意页面上显示的是当前日期的名称，如图 13.5
所示。

图 13.5　欢迎来到显示当前日期的 Northwind 页面

(5) 在 Chrome 中输入 https://localhost:5001/index.html 以完全匹配静态文件名，注意浏览器会像以前一样返回静态的 HTML 页面。

(6) 在 Chrome 中输入 https://localhost:5001/hello，它与返回纯文本的端点路由完全匹配，并注意它返回 Hello World!，与以前一样。

(7) 关闭 Chrome 浏览器，关闭 Web 服务器。

13.2.3　通过 Razor Pages 使用共享布局

大多数网站都包含多个页面。如果每个页面都必须包含当前 index.cshtml 中的所有样板标记，那么管理起来将十分烦琐。为此，ASP.NET Core 支持使用布局。

要想使用布局，就必须创建 Razor 文件以定义所有 Razor Pages 以及所有 MVC 视图的默认布局，并将它们存储在 Shared 文件夹中，这样就可以很方便地按照惯例找到它们。这个文件的名称是任意的，因为我们可以指定它，但 _Layout.cshtml 是一个很好的选择。

还必须创建一个特殊命名的文件来设置所有 Razor Pages 以及 MVC 视图的默认布局文件。这个文件必须命名为 _ViewStart.cshtml。

下面看看实际的布局。

(1) 在 Pages 文件夹中添加一个名为 _ViewStart.cshtml 的文件。Visual Studio 项模板是 Razor View Start。

(2) 如果使用的是 Visual Studio Code，则修改 _ViewStart.cshtml 文件中的内容，如下所示：

```
@{
  Layout = "_Layout";
}
```

(3) 在 Pages 文件夹中创建一个名为 Shared 的文件夹。

(4) 在 Shared 文件夹中创建一个名为 _Layout.cshtml 的文件。Visual Studio 项模板是 Razor Layout。

(5) 修改 _Layout.cshtml 文件中的内容(因为内容类似于 index.cshtml，所以可以从该文件复制并粘贴 HTML 标记)，如下所示：

```
<!doctype html>
<html lang="en">
<head>
    <!-- Required meta tags -->
    <meta charset="utf-8" />
```

```
    <meta name="viewport" content=
      "width=device-width, initial-scale=1, shrink-to-fit=no" />
    <!-- Bootstrap CSS -->
    <link href="https://cdn.jsdelivr.net/npm/bootstrap@5.1.3/dist/css/
    bootstrap.min.css" rel="stylesheet" integrity="sha384-1BmE4kWBq78iYhFld
    vKuhfTAU6auU8tT94WrHftjDbrCEXSU1oBoqyl2QvZ6jIW3" crossorigin="anonymous">
    <title>@ViewData["Title"]</title>
</head>
<body>
  <div class="container">
    @RenderBody()
    <hr />
    <footer>
        <p>Copyright &copy; 2022 - @ViewData["Title"]</p>
    </footer>
  </div>
  <!-- JavaScript to enable features like carousel -->
  <script src="https://cdn.jsdelivr.net/npm/bootstrap@5.1.3/dist/js/
  bootstrap.bundle.min.js" integrity="sha384-ka7Sk0Gln4gmtz2MlQnikT1wXgYs
  Og+OMhuP+IlRH9sENBO0LRn5q+8nbTov4+1p" crossorigin="anonymous"></script>
  @RenderSection("Scripts", required: false)
</body>
</html>
```

当回顾前面的标记时，请注意以下几点：

- <title>是服务器端代码使用 ViewData 字典动态设置的。这是在 ASP.NET Core 网站的不同部分传递数据的一种简单方法。这种情况下，数据是在 Razor Pages 类文件中进行设置的，然后在共享布局中输出。
- @RenderBody()用于标记被请求视图的插入点。
- 水平规则和页脚将出现在每个页面的底部。
- 布局的底部是一个脚本，用来实现 Bootstrap 的一些很酷的特性，如图片的轮播。
- 在 Bootstrap 的<script>元素之后，定义名为 Scripts 的部分，以便 Razor Pages 可以选择性地插入需要的其他脚本。

(6) 修改 index.cshtml 以删除除了<div class="jumbotron">及其内容外的所有 HTML 标记，并将 C#代码保留在前面添加的@functions 语句块中。

(7) 在 OnGet 方法中添加一条语句，将页面标题存储在 ViewData 字典中，并修改按钮以导航到供应商页面(下一节创建)，如下面突出显示的代码所示：

```
@page
@functions
{
  public string? DayName { get; set; }

  public void OnGet()
  {
    ViewData["Title"] = "Northwind B2B";
    Model.DayName = DateTime.Now.ToString("dddd");
  }
}
```

```
<div class="jumbotron">
  <h1 class="display-3">Welcome to Northwind B2B</h1>
  <p class="lead">We supply products to our customers.</p>
  <hr />
  <p>It's @Model.DayName! Our customers include restaurants, hotels,
  and cruise lines.</p>
  <p>
    <a class="btn btn-primary" href="suppliers">
      Learn more about our suppliers</a>
  </p>
</div>
```

(8) 启动网站，然后在 Chrome 中访问这个网站，注意这个网站的行为与之前的类似。单击供应商按钮，将显示 404 Not Found 错误，因为尚未创建供应商页面。

13.2.4　使用后台代码文件与 Razor Pages

有时，最好将 HTML 标记与数据和可执行代码分开，这样文件更加整洁。因此 Razor Pages 允许使用后台代码文件。它们与.cshtml 文件的名称相同，但以.cshtml.cs 结尾。

下面创建显示供应商列表的 Razor 页面。在本例中，我们主要学习后台代码文件。下一个主题介绍从数据库中加载供应商列表，但现在用字符串值的硬编码数组来模拟。

(1) 在 Pages 文件夹中，添加一个名为 Suppliers.cshtml 的新文件：

- 如果使用的是 Visual Studio 2022，项目项模板的名称是 Razor Page – Empty，它会分别创建名为 Suppliers.cshtml 和 Suppliers.cshtml.cs 的标记文件和后台代码文件。
- 如果使用的是 Visual Studio Code，则需要手动创建两个新文件，分别命名为 Suppliers.cshtml 和 Suppliers.cshtml.cs。

(2) 在 Suppliers.cshtml.cs 中添加语句，定义一个属性来存储供应商公司名称的列表，当收到对这个页面的 HTTP GET 请求时填充这个属性，如下所示：

```
using Microsoft.AspNetCore.Mvc.RazorPages; // PageModel

namespace Northwind.Web.Pages;

public class SuppliersModel : PageModel
{
  public IEnumerable<string>? Suppliers { get; set; }

  public void OnGet()
  {
    ViewData["Title"] = "Northwind B2B - Suppliers";

    Suppliers = new[]
    {
        "Alpha Co", "Beta Limited", "Gamma Corp"
    };
  }
}
```

当查看上面的标记时，请注意以下几点：

- SuppliersModel 继承自 PageModel，因此其中有一些成员，如用于共享数据的 ViewData 字典。可以右击 PageModel，并选择 Go To Definition 以查看更多有用的特性，比如当前请求的整个 HttpContext。
- SuppliersModel 定义了用于存储字符串集合的 Suppliers 属性。
- 对这个 Razor 页面发出 HTTP GET 请求时，Suppliers 属性会从字符串值数组中填充一些供应商名称。稍后从 Northwind 数据库填充它。

(3) 修改 suppliers.cshtml 文件中的标记，渲染一个标题，以及包含供应商公司名称的一个 HTML 表，如下所示：

```
@page
@model Northwind.Web.Pages.SuppliersModel
<div class="row">
  <h1 class="display-2">Suppliers</h1>
  <table class="table">
    <thead class="thead-inverse">
      <tr><th>Company Name</th></tr>
    </thead>
    <tbody>
    @if (Model.Suppliers is not null)
    {
      @foreach(string name in Model.Suppliers)
      {
        <tr><td>@name</td></tr>
      }
    }
    </tbody>
  </table>
</div>
```

当查看上面的标记时，请注意以下几点：

- 这个 Razor 页面的模型类型被设置为 SuppliersModel。
- 这个 Razor 页面输出了一个带有 Bootstrap 样式的 HTML 表。
- 这个 HTML 表中的数据行是通过循环 Model 的 Suppliers 属性(如果它不为空)生成的。

(4) 启动网站，然后使用 Chrome 访问这个网站。

(5) 单击按钮以了解供应商的更多信息，注意供应商表，如图 13.6 所示。

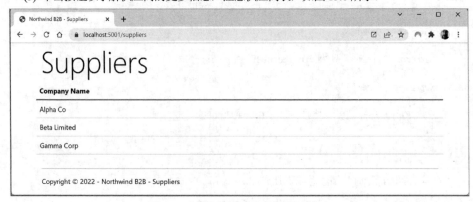

图 13.6　从字符串数组中加载的供应商表

13.3　使用 Entity Framework Core 与 ASP.NET Core

Entity Framework Core 是一种将真实数据导入网站的自然方式。第 12 章创建了两个类库：一个用于实体模型，另一个用于 Northwind 数据库上下文(针对 SQL Server 或 SQLite 或两者)。现在，可在网站项目中使用它们。

13.3.1　将 Entity Framework Core 配置为服务

诸如 ASP.NET Core 所需的 Entity Framework Core 数据库上下文等功能，必须在网站启动期间注册为依赖服务。GitHub 存储库解决方案中的代码和下面的代码使用的是 SQLite，但如果你愿意，也可以很方便地使用 SQL Server。

(1) 在 Northwind.Web 项目中为 SQLite 或 SQL Server 添加对 Northwind.Common.DataContext 项目的引用，如下所示：

```
<!-- change Sqlite to SqlServer if you prefer -->
<ItemGroup>
  <ProjectReference Include="..\Northwind.Common.DataContext.Sqlite\
  Northwind.Common.DataContext.Sqlite.csproj" />
</ItemGroup>
```

> **注意：**
> 引用项目的代码必须全部在一行中，不能换行。

(2) 构建 Northwind.Web 项目。

(3) 在 Program.cs 中，导入名称空间以处理实体模型类型，代码如下所示：

```
using Packt.Shared; // AddNorthwindContext extension method
```

(4) 在 Program.cs 中，在构建 app 的语句之前，添加一条语句来注册 Northwind 数据库上下文类，如下所示：

```
builder.Services.AddNorthwindContext();
```

(5) 在 Northwind.Web 项目的 Pages 文件夹中，打开 Suppliers.cshtml.cs 并导入用于数据库上下文的名称空间，如下所示：

```
using Packt.Shared; // NorthwindContext
```

(6) 在 SuppliersModel 类中，添加如下私有字段和构造函数，以分别存储和设置 Northwind 数据库上下文：

```
private NorthwindContext db;

public SuppliersModel(NorthwindContext injectedContext)
{
  db = injectedContext;
}
```

(7) 更改 Suppliers 属性以包含 Supplier 对象而不是字符串值，如下所示：

```
public IEnumerable<Supplier>? Suppliers { get; set; }
```

(8) 在 OnGet 方法中，修改语句，从数据库上下文的 Suppliers 属性设置 Suppliers 属性，先按国家后按公司名称排序，如下面突出显示的代码所示：

```
public void OnGet()
{
    ViewData["Title"] = "Northwind B2B - Suppliers";

    Suppliers = db.Suppliers.OrderBy(c => c.Country).ThenBy(c =>
    c.CompanyName);
}
```

(9) 修改 Suppliers.cshtml 的内容，导入 Packt.Shared 名称空间并为每个供应商呈现多个列，如下面突出显示的代码所示：

```
@page
@using Packt.Shared
@model Northwind.Web.Pages.SuppliersModel
<div class="row">
  <h1 class="display-2">Suppliers</h1>
  <table class="table">
    <thead class="thead-inverse">
      <tr>
        <th>Company Name</th>
        <th>Country</th>
        <th>Phone</th>
      </tr>
    </thead>
    <tbody>
    @if (Model.Suppliers is not null)
    {
      @foreach(Supplier s in Model.Suppliers)
      {
        <tr>
          <td>@s.CompanyName</td>
          <td>@s.Country</td>
          <td>@s.Phone</td>
        </tr>
      }
    }
    </tbody>
  </table>
</div>
```

(10) 启动网站。

(11) 如果使用命令行或终端启动了网站项目，或者如果禁用了自动启动浏览器并跳转到特定 URL 的功能，则在 Chrome 中，输入 https://localhost:5001/。

(12) 单击 Learn more about our suppliers。注意，供应商列表现在从数据库中加载，并且数据先按国家后按公司名称排序，如图 13.7 所示。

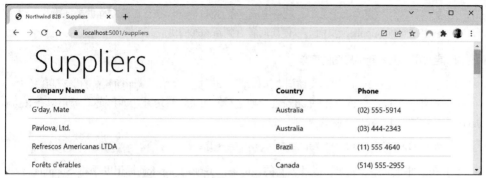

图 13.7　从 Northwind 数据库中加载的供应商列表

13.3.2　使用 Razor Pages 操作数据

下面添加功能以插入新的供应商。

1. 启用模型以插入实体

首先，修改供应商模型，使其能够在访问者提交表单以插入新的供应商时，响应 HTTP POST 请求。

(1) 在 Northwind.Web 项目的 Pages 文件夹中，打开 Suppliers.cshtml.cs 并导入以下名称空间：

```
using Microsoft.AspNetCore.Mvc; // [BindProperty], IActionResult
```

(2) 在 SuppliersModel 类中，添加属性以存储供应商，并添加名为 OnPost 的方法，从而在供应商模型有效时给 Northwind 数据库的 Suppliers 表添加供应商，如下所示：

```
[BindProperty]
public Supplier? Supplier { get; set; }

public IActionResult OnPost()
{
  if ((Supplier is not null) && ModelState.IsValid)
  {
    db.Suppliers.Add(Supplier);
    db.SaveChanges();
    return RedirectToPage("/suppliers");
  }
  else
  {
    return Page(); // return to original page
  }
}
```

当查看上述代码时，请注意以下事项：

- 这里添加了名为 Supplier 的属性，通过使用[BindProperty]特性装饰 Supplier 属性，就可以轻松地将 Web 页面上的 HTML 元素与 Supplier 类中的属性连接起来。
- 这里还添加了用于响应 HTTP POST 请求的方法，检查所有属性值是否符合 Supplier 类实体模型上的验证规则(如[Required]和[StringLength])，然后将供应商添加到现有表中，并将更改保存到数据库上下文中。这将生成一条 SQL 语句以执行对数据库的插入操作。然后它重定向到 Suppliers 页面，以便访问者看到新添加的供应商。

2. 定义用来插入新供应商的表单

其次，修改 Razor Pages 以定义访问者可以填写和提交的表单，从而插入新的供应商。

(1) 打开 Suppliers.cshtml，并在@model 声明之后添加微软公共标记助手，这样就可以在 Razor Pages 上使用类似于 asp-for 的标记助手，如下所示：

```
@addTagHelper *, Microsoft.AspNetCore.Mvc.TagHelpers
```

(2) 在文件底部添加表单，以插入新的供应商，并使用 asp-for 标记助手将 Supplier 类的 CompanyName、Country 和 Phone 属性绑定到输入框，如下所示：

```
<div class="row">
  <p>Enter details for a new supplier:</p>
  <form method="POST">
    <div><input asp-for="Supplier.CompanyName"
                placeholder="Company Name" /></div>
    <div><input asp-for="Supplier.Country"
                placeholder="Country" /></div>
    <div><input asp-for="Supplier.Phone"
                placeholder="Phone" /></div>
    <input type="submit" />
  </form>
</div>
```

当查看上述标记时，请注意以下事项：

- 带有 POST 方法的<form>元素是普通的 HTML 标记，<input type="submit" />子元素则用于将 HTTP POST 请求发送回当前页面，其中包含这个表单中其他任何元素的值。
- 带有 asp-for 标记助手的<input>元素允许将数据绑定到 Razor Pages 背后的模型。

(3) 启动网站和 Chrome。

(4) 单击 Learn more about our suppliers，向下滚动到页面底部，输入 Bob 的 Burgers、USA 和 (603) 555-4567，然后单击 Submit 按钮。

(5) 注意，现在将看到刷新后的供应商表。由于新供应商是美国供应商，所以按照排序规则，它被添加到了供应商表的底部。

(6) 关闭 Chrome 浏览器，关闭 Web 服务器。

13.3.3 将依赖服务注入 Razor Pages 中

如果.cshtml Razor Pages 没有后台代码文件，就可以使用@inject 指令注入依赖服务，而不是使用构造函数参数注入，然后在标记中间使用 Razor 语法直接引用注入的数据库上下文。

下面介绍一个简单例子。

(1) 在 Pages 文件夹中，添加一个名为 Orders.cshtml 的新文件(Visual Studio 项模板是 Razor Pages - Empty，它创建了两个文件。删除.cshtml.cs 文件)。

(2) 在 Orders.cshtml 中，编写代码和标记，输出 Northwind 数据库的订单数量，标记如下所示：

```
@page
@using Packt.Shared
@inject NorthwindContext db
@{
  string title = "Orders";
  ViewData["Title"] = $"Northwind B2B - {title}";
}
<div class="row">
  <h1 class="display-2">@title</h1>
  <p>
      There are @db.Orders.Count() orders in the Northwind database.
  </p>
</div>
```

(3) 启动网站。

(4) 在浏览器的地址栏中，导航到/orders，注意 Northwind 数据库中有 830 个订单。

(5) 关闭 Chrome 浏览器，关闭 Web 服务器。

13.4 使用 Razor 类库

所有与 Razor Pages 相关的内容都可以编译成类库，以便在多个项目中重用。在 ASP.NET Core
3.0 及后续版本中，已可以包含静态文件，如 HTML、CSS、JavaScript 库和媒体资源(如图片文件)。
网站既可以使用类库中定义的 Razor Pages 视图，也可以覆盖它们。

13.4.1 禁用 Visual Studio Code 的 Compact Folders 功能

在实现 Razor 类库之前，解释一下 Visual Studio Code 的一个特性，这个特性会令本书之前版
本的一些读者感到困惑，因为这个特性是之后才添加的。

压缩文件夹是指如果层次结构中的中间文件夹不包含文件，就将嵌套的文件夹(如
/Areas/MyFeature/Pages/)以压缩形式显示，如图 13.8 所示。

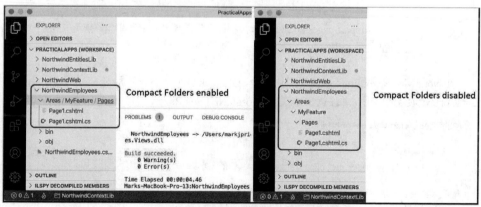

图 13.8 启用或禁用 Compact Folders 功能

如果想禁用 Visual Studio Code 的 Compact Folders 功能，请执行以下步骤：

(1) 在 Windows 上，导航到 File | Preferences | Settings。在 macOS 上，导航到 Code | Preferences | Settings。

(2) 在搜索框中输入 compact。

(3) 取消选中 Explorer: Compact Folders 下方的复选框，如图 13.9 所示。

(4) 关闭 Settings 选项卡。

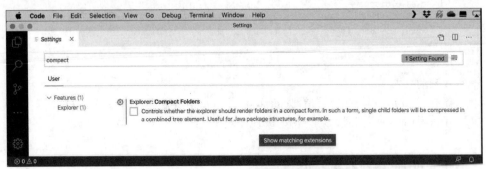

图 13.9　禁用 Visual Studio Code 的 Compact Folders 功能

13.4.2　创建 Razor 类库

接下来创建一个新的 Razor 类库：

(1) 使用自己喜欢的代码编辑器打开 PracticalApps 解决方案/工作区，添加一个新项目，其定义如下所示。

- 项目模板：Razor Class Library/razorclasslib
- 项目文件和文件夹：Northwind.Razor.Employees
- 复选框/开关：Support pages and views / -s
- 工作区/解决方案文件和文件夹：PracticalApps

> **更多信息：**
> -s 选项是--support-pages-and-views 的缩写，作用是使 Razor 类库能够使用 Razor Pages 和.cshtml 文件视图。

在 Northwind.Razor.Employees 项目中，为 SQLite 或 SQL Server 添加对 Northwind.Common. DataContext 项目的引用，并注意 SDK 是 Microsoft.NET.Sdk.Razor，如下面突出显示的代码所示：

```
<Project Sdk="Microsoft.NET.Sdk.Razor">

  <PropertyGroup>
    <TargetFramework>net7.0</TargetFramework>
    <Nullable>enable</Nullable>
    <ImplicitUsings>enable</ImplicitUsings>
    <AddRazorSupportForMvc>true</AddRazorSupportForMvc>
  </PropertyGroup>

  <ItemGroup>
    <FrameworkReference Include="Microsoft.AspNetCore.App" />
```

```
  </ItemGroup>

  <!-- change Sqlite to SqlServer if you prefer -->
  <ItemGroup>
    <ProjectReference Include="..\Northwind.Common.DataContext.Sqlite
    \Northwind.Common.DataContext.Sqlite.csproj" />
  </ItemGroup>

</Project>
```

注意:

引用项目的代码必须全部在一行中，不能换行。另外，不要混合 SQLite 和 SQL Server
项目，否则将看到编译器错误。如果在 Northwind.Web 项目中使用 SQL Server，就
必须在 Northwind.Razor.Employees 项目中也使用 SQL Server。

(3) 构建 Northwind.Razor.Employees 项目。

(4) 展开 Areas 文件夹，右击 MyFeature 文件夹，从弹出的菜单中选择 Rename，输入新的名
称 PacktFeatures，然后按回车键。

(5) 在 PacktFeatures 文件夹下，在 Pages 子文件夹中添加一个名为_ViewStart.cshtml 的新文件
(Visual Studio 项模板是 Razor View Start。或者直接从 Northwind.Web 项目中复制过来)。

(6) 如果使用的是 Visual Studio Code，则修改_ViewStart.cshtml 文件中的内容，以通知这个类
库，任何 Razor Pages 都应该寻找与 Northwind.Web 项目中使用的同名的布局，如下所示:

```
@{
  Layout = "_Layout";
}
```

最佳实践:

这个项目不需要创建_Layout.cshtml 文件，而将使用宿主项目中的文件，如
Northwind.Web 项目中的那个布局文件。

(7) 在 Pages 子文件夹中，将 Page1.cshtml 重命名为 Employees.cshtml，并且如果后台代码文
件没有被自动重命名，则手动将 Page1.cshtml.cs 重命名为 Employees.cshtml.cs。

(8) 修改 Employees.cshtml.cs，使用从 Northwind 示例数据库中加载的 Employee 实体实例数
组来定义页面模型，如下所示:

```
using Microsoft.AspNetCore.Mvc.RazorPages; // PageModel
using Packt.Shared; // Employee, NorthwindContext

namespace PacktFeatures.Pages;

public class EmployeesPageModel : PageModel
{
  private NorthwindContext db;

  public EmployeesPageModel(NorthwindContext injectedContext)
  {
    db = injectedContext;
  }
```

```
    public Employee[] Employees { get; set; } = null!;

    public void OnGet()
    {
      ViewData["Title"] = "Northwind B2B - Employees";

      Employees = db.Employees.OrderBy(e => e.LastName)
          .ThenBy(e => e.FirstName).ToArray();
    }
}
```

(9) 在 Employees.cshtml 中添加标记，使用名为_Employee 的分部视图来呈现页面模型中的全部员工，如下所示：

```
@page
@using Packt.Shared
@addTagHelper *, Microsoft.AspNetCore.Mvc.TagHelpers
@model PacktFeatures.Pages.EmployeesPageModel

<div class="row">
    <h1 class="display-2">Employees</h1>
</div>
<div class="row">
@foreach(Employee employee in Model.Employees)
{
  <div class="col-sm-3">
      <partial name="_Employee" model="employee" />
  </div>
}
</div>
```

当查看上述标记时，请注意以下事项：
- 导入 Packt.Shared 名称空间，这样就可以使用其中的类，如 Employee。
- 添加对标记助手的支持，这样就可以使用<partial>元素。
- 声明 Razor Pages 为@model 类型，这样就可以使用刚刚定义的页面模型类。
- 枚举模型中的员工，并使用分部视图输出每个员工。

13.4.3 实现分部视图以显示单个员工

在 ASP.NET Core 2.1 中引入了<partial>标记助手。分部视图就像 Razor Pages 的一部分。接下来的几个步骤创建一个分部视图，显示单个员工。

(1) 在 Northwind.Razor.Employees 项目的 Pages 文件夹中创建 Shared 子文件夹。

(2) 在 Shared 子文件夹中创建一个名为_Employee.cshtml 的文件 (Visual Studio 项模板是 Razor View - Empty)。

(3) 在_Employee.cshtml 文件中添加标记，使用 Bootstrap 卡片输出员工，如下所示：

```
@model Packt.Shared.Employee

<div class="card border-dark mb-3" style="max-width: 18rem;">
    <div class="card-header">@Model?.LastName, @Model?.FirstName</div>
```

```
    <div class="card-body text-dark">
        <h5 class="card-title">@Model?.Country</h5>
        <p class="card-text">@Model?.Notes</p>
    </div>
</div>
```

当查看上述标记时，请注意以下事项：

- 按照约定，分部视图的名称应以下画线开头。
- 如果把分部视图放在 Shared 子文件夹中，就可以自动找到分部视图。
- 分部视图的模型类型是 Employee 实体。
- 可使用 Bootstrap 卡片样式输出每个员工的信息。

13.4.4 使用和测试 Razor 类库

下面在网站项目中引用并使用 Razor 类库。

(1) 在 Northwind.Web 项目中，添加对 Northwind.Razor.Employees 项目的引用，如下所示：

```
<ProjectReference Include=
    "..\Northwind.Razor.Employees\Northwind.Razor.Employees.csproj" />
```

(2) 在 Pages\index.cshtml 文件中，在链接到供应商页面后，添加一个段落，其中包含指向 Packt 特性员工页面的链接，如下所示：

```
<p>
    <a class="btn btn-primary" href="packtfeatures/employees">
        Contact our employees
    </a>
</p>
```

(3) 启动网站，使用 Chrome 访问这个网站，单击 Contact our employees 按钮以卡片形式查看员工信息，如图 13.10 所示。

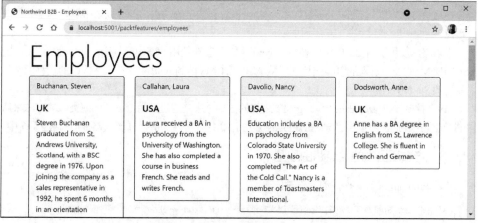

图 13.10 来自 Razor 类库特性的员工列表

13.5 配置服务和 HTTP 请求管道

现在网站已构建好，下面返回到 Startup 配置，看看服务和 HTTP 请求管道是如何工作的。

13.5.1 了解端点路由

在 ASP.NET Core 的早期版本中，路由系统和可扩展中间件系统并不总是能够很容易地一起工作，例如，为了在中间件和 MVC 中实现相同的策略(如 CORS)，微软在 ASP.NET Core 2.2 中引入了一个名为端点路由的系统，用于改进路由。

最佳实践：
端点路由替代了 ASP.NET Core 2.1 及更早版本中使用的基于 IRouter 的路由。微软建议，如果可能的话，所有旧的 ASP.NET Core 项目都应迁移到端点路由。

有了端点路由，就可以在需要路由的框架(如 Razor Pages、MVC 或 Web API)和需要理解路由如何影响它们的中间件(如本地化、授权、CORS 等)之间提供更好的互操作性。

端点路由之所以得名，是因为它将路由表示为一个已编译的端点树，路由系统可以有效地遍历这些端点。最大的改进之一在于路由和操作方法选择的性能。

如果兼容性设置为 2.2 或更高版本，它在 ASP.NET Core 2.2 或更高版本中默认是开启的。使用 MapRoute 方法注册的传统路由或带有属性的路由被映射到新系统。

新的路由系统包括一个链接生成服务，它注册为一个不需要 HttpContext 的依赖服务。

13.5.2 配置端点路由

端点路由需要调用一对 UseRouting 和 UseEndpoints 方法:
- UseRouting 标记了路由决策的管道位置。
- UseEndpoints 标记执行所选端点的管道位置。

在这些方法之间运行的中间件(如本地化)可以看到选定的端点，并可以在必要时切换到不同的端点。

端点路由使用了自 2010 年以来 ASP.NET MVC 就在使用的路由模板语法，以及 2013 年的 ASP.NET MVC 5 中引入的[Route]特性。从 ASP.NET MVC 到 ASP.NET Core MVC 的迁移通常只需要更改 Startup 配置。

MVC 控制器、Razor Pages 和 SignalR 之类的框架过去是通过调用 UseMvc 或类似的方法来启用的，但现在它们都添加到了 UseEndpoints 方法调用中，都与中间件一起集成到同一路由系统中。

13.5.3 查看项目中的端点路由配置

查看 Program.cs 类文件，如下所示:

```
using Packt.Shared; // AddNorthwindContext extension method

// configure services

var builder = WebApplication.CreateBuilder(args);
builder.Services.AddRazorPages();
```

```
builder.Services.AddNorthwindContext();
var app = builder.Build();

// configure the HTTP pipeline

if (!app.Environment.IsDevelopment())
{
    app.UseHsts();
}

app.UseHttpsRedirection();

app.UseDefaultFiles(); // index.html, default.html, and so on
app.UseStaticFiles();

app.MapRazorPages();
app.MapGet("/hello", () => "Hello World!");

// start the web server

app.Run();

WriteLine("This executes after the web server has stopped!");
```

Web 应用程序 builder 使用依赖注入注册服务，后面在需要这些服务提供的功能时，可以获取它们。注册服务的方法的命名约定是 AddNameOfService。我们的代码注册了两个服务：Razor Pages 和 EF Core 数据库上下文。

为了注册依赖服务，包括组合了其他调用方法来注册服务的服务，通常会使用表 13.1 中显示的方法。

表13.1　注册依赖服务的常用方法

方法	注册的服务
AddMvcCore	路由请求和调用控制器所需的最小服务集，大多数网站都需要进行更多的配置
AddAuthorization	身份验证和授权服务
AddDataAnnotations	MVC 数据注解服务
AddCacheTagHelper	MVC 缓存标记助手服务
AddRazorPages	Razor Pages 服务，包括 Razor 视图引擎，通常用于简单的网站项目。可调用以下附加方法： • AddMvcCore • AddAuthorization • AddDataAnnotations • AddCacheTagHelper
AddApiExplorer	Web API explorer 服务
AddCors	为提高安全性而支持 CORS
AddFormatterMappings	URL 格式与对应的媒体类型之间的映射

(续表)

方法	注册的服务
AddControllers	控制器服务，但不是视图或页面的服务。常用于 ASP.NET Core Web API 项目。 可调用以下附加方法： • AddMvcCore • AddAuthorization • AddDataAnnotations • AddCacheTagHelper • AddApiExplorer • AddCors • AddFormatterMappings
AddViews	用于支持.cshtml 视图，包括默认约定
AddRazorViewEngine	用于支持 Razor 视图引擎，包括处理@符号
AddControllersWithViews	控制器、视图和页面服务，常用于 ASP.NET Core MVC 网站项目。可调用以下附加 方法： • AddMvcCore • AddAuthorization • AddDataAnnotations • AddCacheTagHelper • AddApiExplorer • AddCors • AddFormatterMappings • AddViews • AddRazorViewEngine
AddMvc	类似于 AddControllersWithViews，但应该仅为了向后兼容才使用
AddDbContext<T>	DbContext 类型及其可选的 DbContextOptions<TContext>
AddNorthwindContext	我们创建的一个自定义扩展方法，以便更容易为基于引用的项目的 SQLite 或 SQL Server 注册 NorthwindContext 类

接下来的几章在使用 MVC 和 Web API 服务时，你将看到更多使用这些扩展方法注册服务的例子。

13.5.4　配置 HTTP 管道

在构建了 Web 应用程序及其服务后，接下来的语句配置 HTTP 管道，HTTP 请求和响应就通过这个管道进入和传出。HTTP 管道由连接的委托序列组成。这些委托可以执行处理，然后决定是返回响应还是将处理传递给管道中的下一个委托。返回的响应也是可以操控的。

请记住，委托定义了方法签名，在委托的实现中可以插入方法签名。可以回顾第 6 章对委托的介绍。

HTTP 请求管道的委托很简单，如下所示：

```
public delegate Task RequestDelegate(HttpContext context);
```

可以看到，输入参数是 HttpContext，这个对象提供了在处理传入的 HTTP 请求时可能需要访问的所有内容，包括 URL 路径、查询字符串参数、cookie、用户代理等。

这些委托通常又称中间件，因为它们位于浏览器客户端和网站或 Web 服务之间。

对于中间件委托的配置，可使用以下方法之一或调用它们自己的自定义方法。

- Run：添加一个中间件委托，通过立即返回响应来终止管道，而不是调用下一个中间件委托。
- Map：添加一个中间件委托，当存在匹配的请求(通常基于 URL 路径，如/hello)时，就在管道中创建分支。
- Use：添加一个中间件委托作为管道的一部分，这样就可以决定是否将请求传递给管道中的下一个委托，并且可以在下一个委托的前后修改请求和响应。

此外，还有很多扩展方法，它们使管道的构建变得更容易，如 UseMiddleware<T>。其中的 T 用来表示这样的一个类：

- 这个类的构造函数带有 RequestDelegate 参数，该参数会被传递给下一个管道组件。
- 这个类还包含带有 HTTPContext 参数的 Invoke 方法，调用后返回的是 Task 对象。

13.5.5　总结关键的中间件扩展方法

在代码中使用的关键中间件扩展方法如下。

- UseHsts：添加中间件以使用 HSTS，HSTS 则添加了 Strict-Transport-Security 头。
- UseHttpsRedirection：添加中间件以重定向 HTTP 请求到 HTTPS，因此对 http://localhost:5000 的请求将在响应中给出 307 状态码，告诉浏览器需要请求 https://localhost:5001。
- UseDefaultFiles：添加中间件以允许在当前路径上进行默认的文件映射，从而识别像 index.html 这样的文件。
- UseStaticFiles：添加中间件，从而在 wwwroot 文件夹中查找要在 HTTP 响应中返回的静态文件。
- MapRazorPages：添加中间件，用于将 URL 路径(如/suppliers)映射到/Pages 文件夹中名为 suppliers.cshtml 的 Razor Pages 文件并将结果作为 HTTP 响应返回。
- MapGet：添加中间件，用于将 URL 路径(如/hello)映射到内联委托，内联委托则负责直接向 HTTP 响应写入纯文本。

如果我们选择了不同的项目模板，如 ASP.NET Core MVC 网站，则会看到其他常用的中间件扩展方法，包括：

- UseDeveloperExceptionPage：在管道中捕捉同步和异步的 System.Exception 实例，并生成 HTML 错误响应。
- UseRouting：添加中间件以定义管道中做出路由决策的点，并且必须与执行处理的 UseEndpoints 调用相结合。
- UseEndpoints：添加想要执行的中间件，以根据管道中早期做出的决策生成响应。

13.5.6　可视化 HTTP 管道

可将 HTTP 请求和响应管道可视化为逐个调用的请求委托序列，如图 13.11 所示，其中排除了一些中间件委托，如 UseHsts 和 MapGet。

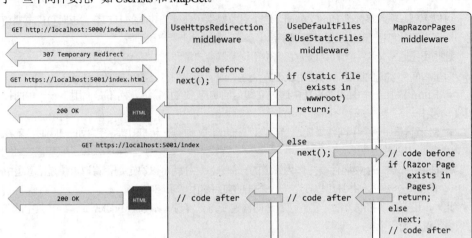

图 13.11 HTTP 请求和响应管道

图中显示了两个 HTTP 请求，下面描述了它们：

- 首先是用黄色显示的请求。这是对静态文件 index.html 发出的 HTTP 请求。处理该请求的第一个中间件是 HTTPS 重定向，它检测到请求不是 HTTPS 请求，所以返回 307 状态码和资源的安全版本的 URL 作为响应。之后，浏览器使用 HTTPS 发出另外一个请求，它通过了 HTTPS 重定向中间件，传递给 UseDefaultFiles 和 UseStaticFiles 中间件。这在 wwwroot 文件夹中找到了匹配的静态文件，并返回了该文件。
- 其次是用蓝色显示的请求。这是对相对路径 index 发出的 HTTPS 请求。这个请求使用了 HTTPS，所以 HTTPS 重定向中间件把它传递给了下一个中间件组件。在 wwwroot 文件夹中找不到匹配的静态文件，所以静态文件中间件把请求传递给了管道中的下一个中间件。在 Pages 文件夹中，发现 Razor 页面文件 index.cshtml 能够匹配请求。执行该 Razor 页面生成一个 HTML 页面，作为要返回的 HTTP 响应。在响应通过 HTTP 管道返回给浏览器时，管道中的任何中间件都可以根据需要修改这个 HTTP 响应，不过在本例中没有中间件修改响应。

13.5.7 实现匿名内联委托作为中间件

委托可指定为内联匿名方法。下面注册这样的一个委托，在为端点做出路由决策之后，将这个委托插入管道中。

它将输出选择了哪个端点，以及处理特定的路由/bonjour。如果路由得到了匹配，就以纯文本进行响应，而不再进一步调用管道来寻找匹配。

(1) 在 Northwind.Web 项目的 Program.cs 文件中，在调用 UseHttpsRedirection 之前添加语句，使用匿名方法作为中间件委托，如下所示：

```
app.Use(async (HttpContext context, Func<Task> next) =>
{
  RouteEndpoint? rep = context.GetEndpoint() as RouteEndpoint;
```

```
  if (rep is not null)
  {
    WriteLine($"Endpoint name: {rep.DisplayName}");
    WriteLine($"Endpoint route pattern: {rep.RoutePattern.RawText}");
  }

  if (context.Request.Path == "/bonjour")
  {
    // in the case of a match on URL path, this becomes a terminating
    // delegate that returns so does not call the next delegate
    await context.Response.WriteAsync("Bonjour Monde!");
    return;
  }

  // we could modify the request before calling the next delegate
  await next();

  // we could modify the response after calling the next delegate
});
```

(2) 启动网站。

(3) 在 Chrome 中，导航到 https://localhost:5001/，查看控制台输出，并注意端点路由/的匹配结果，它被处理为/index，所以执行了 Razor 页面 index.cshtml 来返回响应，如下所示：

```
Endpoint name: /index
Endpoint route pattern:
```

(4) 导航到 https://localhost:5001/suppliers，可以看到，端点路由/Suppliers 能够匹配，执行了 Razor 页面 Suppliers.cshtml 来返回响应，如下所示：

```
Endpoint name: /Suppliers
Endpoint route pattern: Suppliers
```

(5) 导航到 https://localhost:5001/index，可以看到，端点路由/index 存在匹配，执行了 Razor 页面 Index.cshtml 来返回响应，如下所示：

```
Endpoint name: /index
Endpoint route pattern: index
```

(6) 导航到 https://localhost:5001/index.html，由于无法匹配端点路由，因此控制台中没有写出输出，但由于能够匹配到静态文件，因此返回该文件作为响应。

(7) 导航到 https://localhost:5001/bonjour，注意由于无法匹配到端点路由，因此控制台中没有输出。而委托在/bonjour 上进行了匹配，直接写入响应流，然后未做进一步处理就返回。

(8) 关闭 Google Chrome 浏览器并关闭 Web 服务器。

13.5.8　启用对请求解压缩的支持

为了使 HTTP 请求和响应更高效，可以使用标准算法(如 gzip、Brotli 和 Deflate)来压缩 HTTP 体的内容，并添加一个 HTTP 头来指出使用了什么压缩算法。

在过去，如果浏览器发送了一个压缩后的请求，开发人员必须实现解压缩，然后再处理请求体。在 ASP.NET Core 7 及更高版本中，内置了完成这项工作的中间件，你只需要把压缩后的请求添加到管道中。

但是，试用该中间件很棘手，因为浏览器无法发出压缩后的请求，这是因为浏览器无法知道服务器是否能够处理这样的请求。正常情况下，浏览器会发送未压缩的请求，在其中用一个头来告诉服务器浏览器理解哪些压缩算法。这个头如下所示：

```
Accept-Encoding: gzip, deflate, br, compress
```

然后，服务器可以决定是否压缩响应。如果压缩，就在响应中设置一个类似的头，如下所示：

```
Content-Encoding: gzip
```

在罕见的场景中，浏览器或其他客户端能够发出包含压缩体内容的 HTTP 请求。我们来看在这种场景下，如何让服务器端接收 HTTP 请求。

(1) 在 Northwind.Web 项目的 Program.cs 文件中，在 AddNorthwindContext 调用的后面，添加请求压缩中间件，如下所示：

```
builder.Services.AddRequestDecompression();
```

(2) 在 Program.cs 中，在 HTTPS 重定向调用的后面，添加语句以使用请求解压缩，如下所示：

```
app.UseRequestDecompression();
```

13.6 启用 HTTP/3 支持

HTTP/3 使用相同的请求方法(如 GET 和 POST)，相同的状态码(如 200 和 404)，以及相同的头，但是以不同的方式对它们进行编码和维护会话状态，因为 HTTP/3 运行在 QUIC 上，而不是更老、效率更低的传输控制协议(TCP)上。

在撰写本书时，仍在使用的浏览器中大约有 75%支持 HTTP/3，包括基于 Chromium 的浏览器，如 Chrome、Edge 和 Opera。macOS 和 iOS 上的 Firefox 和 Safari 也支持 HTTP/3，不过默认情况下禁用了它。

HTTP/3 为所有连接到互联网的应用带来了好处，但移动应用受益尤其大，因为 HTTP/3 内置了 TLS，支持使用 UDP 进行连接迁移，这样一来，设备在 WiFi 和蜂窝网络之间移动时，就不需要重新建立连接。每个数据帧是单独加密的，所以不存在 HTTP/2 的队头阻塞问题。在 HTTP/2 中，如果丢失了一个 TCP 数据包，所有流都会被阻塞，直到能够恢复丢失的数据。

.NET 6 支持 HTTP/3 作为客户端和服务器的一种预览特性。.NET 7 在下面的操作系统上对 HTTP/3 提供了全面支持：

- Windows 11 和 Windows Server 2022
- Linux：使用 sudo apt install libmsquic 可以安装 QUIC 支持。

如果你使用的操作系统支持 HTTP/3，则继续阅读下面的内容，在 Northwind.Web 项目中启用 HTTP/3 支持；否则，可以直接跳到下一节。

(1) 在 Program.cs 中，导入用于 HTTP 协议的名称空间，如下所示：

```
using Microsoft.AspNetCore.Server.Kestrel.Core; // HttpProtocols
```

(2) 在 Program.cs 中，在 Build 调用之前添加语句，启用 HTTP 的全部 3 个版本，如下所示：

```
builder.WebHost.ConfigureKestrel((context, options) =>
{
  options.ListenAnyIP(5001, listenOptions =>
  {
    listenOptions.Protocols = HttpProtocols.Http1AndHttp2AndHttp3;
    listenOptions.UseHttps(); // HTTP/3 requires secure connections
  });
});
```

 最佳实践:
不应该只启用 HTTP/3，因为还有 25%的浏览器不支持 HTTP/3，甚至不支持 HTTP/2。

(3) 在 appSettings.json 中，添加一个条目来显示托管诊断信息，如下面突出显示的代码所示:

```
{
  "Logging": {
    "LogLevel": {
      "Default": "Information",
      "Microsoft.AspNetCore": "Warning",
      "Microsoft.AspNetCore.Hosting.Diagnostics": "Information"
    }
```

(4) 启动网站。

(5) 在 Chrome 中，查看 Developer tools，并选择 Network 选项卡。

(6) 导航到 https://localhost:5001/，注意 Response Headers 中包含一个 alt-svc 条目，它的值 h3 表示支持 HTTP/3，如图 13.12 所示。

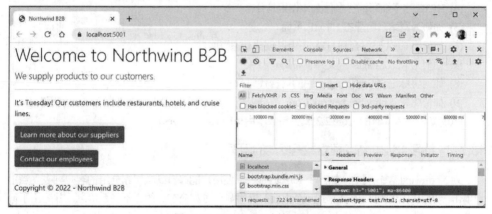

图 13.12 Chrome 显示支持 HTTP/3

(7) 在控制台或终端输出中，注意托管诊断信息日志，如下所示:

```
info: Microsoft.AspNetCore.Hosting.Diagnostics[1]
      Request starting HTTP/3 GET https://localhost:5001/ - -
info: Microsoft.AspNetCore.Hosting.Diagnostics[2]
      Request finished HTTP/3 GET https://localhost:5001/ - - - 200 -
text/html;+charset=utf-8 142.0365ms
warn: Microsoft.AspNetCore.Server.Kestrel[41]
```

```
        One or more of the following response headers have been removed
    because they are invalid for HTTP/2 and HTTP/3 responses: 'Connection',
     'Transfer-Encoding', 'Keep-Alive', 'Upgrade' and 'Proxy-Connection'.
```

(8) 关闭 Chrome 浏览器，然后关闭 Web 服务器。

通过下面的链接可以获得关于.NET 对 HTTP/3 提供支持的更多信息：

- .NET 中对 HTTP/3 的支持：https://devblogs.microsoft.com/dotnet/http-3-support-in-dotnet-6/。
- .NET Networking Improvements‐HTTP/3 和 QUIC：https://devblogs.microsoft.com/dotnet/dotnet-6-networking-improvements/#http-3-and-quic。
- 在 ASP.NET Core Kestrel Web 服务器中使用 HTTP/3：https://docs.microsoft.com/en-us/aspnet/core/fundamentals/servers/kestrel/http3。

13.7　实践和探索

你可以通过回答一些问题来测试自己对知识的理解程度，进行一些实践，并深入探索本章涵盖的主题。

13.7.1　练习 13.1：测试你掌握的知识

回答以下问题：

(1) 列出 HTTP 请求中 6 个特定的方法名。

(2) 列出可以在 HTTP 响应中返回的 6 个状态码并描述它们。

(3) 在 ASP.NET Core 中，Program 类的用途是什么？

(4) HSTS 这个缩写词代表什么？作用是什么？

(5) 如何为网站启用静态 HTML 页面？

(6) 如何将 C#代码混合到 HTML 中以创建动态页面？

(7) 如何为 Razor Pages 定义共享布局？

(8) 如何将标记与 Razor Pages 中的后台代码分开？

(9) 如何配置 Entity Framework Core 数据上下文，以与 ASP.NET Core 网站一起使用？

(10) 如何在 ASP.NET Core 2.2 或更高版本中重用 Razor Pages？

13.7.2　练习 13.2：练习建立数据驱动的网页

为 Northwind.Web 网站添加一个 Razor Pages，使用户能够看到按国家分组的客户列表。当用户单击一条客户记录时，就会看到一个页面，其中显示了相应客户的完整联系信息，并列出了他们的订单。

13.7.3　练习 13.3：练习为控制台应用程序构建 Web 页面

将前面章节中(如第 4 章)的一些控制台应用程序重新实现为 Razor Pages。例如，可通过提供 Web 用户界面来输出乘法表，计算税金并生成阶乘和斐波那契数列。

13.7.4　练习 13.4：探索主题

可通过以下链接来阅读本章所涉及主题的更多细节。

https://github.com/markjprice/cs11dotnet7/blob/main/book-links.md#chapter-13---building-websites-using-aspnet-core-razor-pages

13.8　本章小结

本章主要内容：
- 使用 HTTP 进行 Web 开发的基础知识
- 如何构建返回静态文件的简单网站
- 如何使用 ASP.NET Core Razor Pages 和 Entity Framework Core，根据数据库中的信息创建动态生成的 Web 页面
- 如何配置 HTTP 请求和响应管道，助手扩展方法的作用，以及如何添加自己的中间件来影响处理。

第 14 章将介绍如何使用 ASP.NET Core MVC 构建更复杂的网站，以及如何将构建网站的技术问题分解为模型、视图和控制器，从而使它们更容易管理。

第**14**章

使用 MVC 模式构建网站

本章介绍如何使用 ASP.NET Core MVC 在服务器端构建具有现代 HTTP 架构的网站，所涉及的内容包括配置、身份验证、授权、路由、请求和响应管道、模型、视图和控制器，正是这些内容组成了 ASP.NET Core MVC 项目。

本章涵盖以下主题：

- 设置 ASP.NET Core MVC 网站
- 探索 ASP.NET Core MVC 网站
- 自定义 ASP.NET Core MVC 网站
- 查询数据库并使用显示模板
- 使用异步任务提高可伸缩性

14.1 设置 ASP.NET Core MVC 网站

ASP.NET Core Razor Pages 非常适合简单的网站。对于更复杂的网站，最好有一种更正式的结构来管理这种复杂性。

此时就可以使用 MVC(模型-视图-控制器)设计模式。MVC 模式使用了与 Razor Pages 类似的技术，但允许在技术关注点之间进行更清晰的分离。

- **模型**：用来表示网站中使用的数据实体和视图模型的类。
- **视图**：Razor 文件，也就是.cshtml 文件，用来将视图模型中的数据呈现为 HTML 网页。Blazor 使用了.razor 文件扩展名，但不要将它们与 Razor 文件混淆!
- **控制器**：当 HTTP 请求到达 Web 服务器时用来执行代码的类。控制器方法通常会创建可能包含实体模型的视图模型，并将视图模型传递给视图，以生成发送回 Web 浏览器或其他客户端的 HTTP 响应。

理解如何将 MVC 设计模式用于 Web 开发的最佳方法是查看示例。

14.1.1 创建 ASP.NET Core MVC 网站

下面使用项目模板创建一个 ASP.NET Core MVC 网站项目，它有一个用于认证和授权用户的数据库。Visual Studio 2022 默认使用 SQL Server LocalDB 作为账户数据库。Visual Studio Code(或者更准确地说，dotnet CLI 工具)默认使用 SQLite，可以指定一个选项来使用 SQL Server LocalDB。

(1) 使用自己喜欢的代码编辑器 PracticalApps 解决方案/工作区，然后添加一个 MVC 网站项目，其认证账户存储在数据库中，其定义如下所示：

- 项目模板：ASP.NET Core Web App (Model-View-Controller) [C#] / mvc
- 项目文件和文件夹：Northwind.Mvc
- 工作区/解决方案文件和文件夹：PracticalApps
- Additional information - Authentication type: Individual Accounts / --auth Individual
- 对于 Visual Studio 2022，保留所有其他选项的默认值，如启用 HTTPS，禁用 Docker

在 Visual Studio Code 中，选择 Northwind.Mvc 作为 OmniSharp 活动项目。

(2) 构建 Northwind.Mvc 项目。

(3) 在命令行或终端，使用 help 选项查看该项目模板的其他选项，命令如下所示：

```
dotnet new mvc --help
```

(4) 请注意如下所示的部分输出结果：

```
ASP.NET Core Web App (Model-View-Controller) (C#)
Author: Microsoft
Description: A project template for creating an ASP.NET Core application
with example ASP.NET Core MVC Views and Controllers. This template can
also be used for RESTful HTTP services.
This template contains technologies from parties other than Microsoft,
see https://aka.ms/aspnetcore/7.0-third-party-notices for details.
```

表 14.1 列出了很多选项(特别是与身份验证相关的选项)。

表 14.1　选项

选项	说明
-au 或--auth	要使用的身份验证类型如下。 ● None (默认)：这个选项还允许禁用 HTTPS。 ● Individual：将所注册的用户及其密码存储在数据库(默认情况下是 SQLite)中的个人身份验证。本章创建的项目将使用它。 ● IndividualB2C：Azure AD B2C 的个人身份验证。 ● SingleOrg：单个租户的组织身份验证。 ● MultiOrg：多租户的组织身份验证。 ● Windows：Windows 身份验证。主要用于内部网
-uld 或--use-local-db	是否使用 SQL Server LocalDB 代替 SQLite。此选项仅在指定了--auth Individual 或--auth IndividualB2C 时适用。该值为可选的 bool 类型，默认值为 false
-rrc 或--razor-runtime-compilation	确定项目在调试版本中是否配置为使用 Razor 运行时编译。这可以提高调试期间的启动性能，因为它可以推迟 Razor 视图的编译。该值为可选的 bool 类型，默认值为 false
-f 或--framework	项目的目标框架。取值包括 net7.0(默认)、net6.0 或 netcoreapp3.1

14.1.2　为 SQL Server LocalDB 创建认证数据库

如果使用 Visual Studio 2022 创建 MVC 项目，或者使用 dotnet new mvc 和-uld 或--use-local-db

选项，那么用于身份验证和授权的数据库将存储在 SQL Server LocalDB 中。但是这个数据库尚不
存在。

如果使用 dotnet new 创建了 MVC 项目，那么用于身份验证和授权的数据库将存储在 SQLite
中，并且已经创建了名为 app.db 的文件。

认证数据库的连接字符串名为 DefaultConnection，它存储在 MVC 网站项目的根文件夹的
appsettings.json 文件中。

对于 SQLite，请参见下面的设置：

```
{
  "ConnectionStrings": {
    "DefaultConnection": "DataSource=app.db;Cache=Shared"
  },
```

如果使用 Visual Studio 2022 创建 MVC 项目，那么现在来创建它的认证数据库：

(1) 在 Northwind.Mvc 项目的 appsettings.json 文件中，注意名为 DefaultConnection 的数据库连
接字符串，如下面突出显示的代码所示：

```
{
  "ConnectionStrings": {
    "DefaultConnection": "Server=(localdb)\\mssqllocaldb;Database=aspnet-
    Northwind.Mvc-440bc3c1-f7e7-4463-99d5-896b6a6500e0;Trusted_
    Connection=True;MultipleActiveResultSets=true"
  },
  "Logging": {
    "LogLevel": {
      "Default": "Information",
      "Microsoft.AspNetCore": "Warning"
    }
  },
  "AllowedHosts": "*"
}
```

> **更多信息：**
> 你的数据库名称将使用 aspnet-[ProjectName]-[GUID]这种模式，并且具有与上面的例
> 子不同的 GUID。

(2) 在命令提示符或者终端中，在 Northwind.Mvc 文件夹中，输入命令来运行数据库迁移，
以创建用于存储认证凭据的数据库，如下所示：

```
dotnet ef database update
```

(3) 注意，创建的数据库中包含表，如 AspNetRoels，如下面的部分输出所示：

```
PS C:\cs11dotnet7\PracticalApps\Northwind.Mvc> dotnet ef database update
Build started...
Build succeeded.
info: Microsoft.EntityFrameworkCore.Infrastructure[10403]
Entity Framework Core 7.0.0 initialized 'ApplicationDbContext'
using provider 'Microsoft.EntityFrameworkCore.SqlServer:7.0.0' with
options: None
info: Microsoft.EntityFrameworkCore.Database.Command[20101]
```

```
    Executed DbCommand (129ms) [Parameters=[], CommandType='Text',
CommandTimeout='60']
    CREATE DATABASE [aspnet-Northwind.Mvc2-440bc3c1-f7e7-4463-99d5-
896b6a6500e0];
...
info: Microsoft.EntityFrameworkCore.Database.Command[20101]
    Executed DbCommand (3ms) [Parameters=[], CommandType='Text',
CommandTimeout='30']
    CREATE TABLE [AspNetRoles] (
        [Id] nvarchar(450) NOT NULL,
        [Name] nvarchar(256) NULL,
        [NormalizedName] nvarchar(256) NULL,
        [ConcurrencyStamp] nvarchar(max) NULL,
        CONSTRAINT [PK_AspNetRoles] PRIMARY KEY ([Id])
      );
...
info: Microsoft.EntityFrameworkCore.Database.Command[20101]
    Executed DbCommand (8ms) [Parameters=[], CommandType='Text',
CommandTimeout='30']
    INSERT INTO [__EFMigrationsHistory] ([MigrationId],
[ProductVersion])
    VALUES (N'00000000000000_CreateIdentitySchema', N'7.0.0');
```

14.1.3　探索默认的 ASP.NET Core MVC 网站

下面分析默认 ASP.NET Core MVC 网站项目模板的行为。

(1) 在 Northwind.Mvc 项目中，展开 Properties 文件夹，打开 launchSettings.json 文件，并注意为 https 和 http 配置的随机端口号(你的端口号应该不同)，如下所示：

```
{
  "iisSettings": {
    "windowsAuthentication": false,
    "anonymousAuthentication": true,
    "iisExpress": {
      "applicationUrl": "http://localhost:36439",
      "sslPort": 44344
    }
  },
  "profiles": {
   "http": {
      "commandName": "Project",
      "dotnetRunMessages": true,
      "launchBrowser": true,
      "applicationUrl": "http://localhost:5074",
      "environmentVariables": {
        "ASPNETCORE_ENVIRONMENT": "Development"
      }
    },
    "https": {
      "commandName": "Project",
      "dotnetRunMessages": true,
      "launchBrowser": true,
      "applicationUrl": "https://localhost:7029;http://localhost:5074",
```

```
      "environmentVariables": {
        "ASPNETCORE_ENVIRONMENT": "Development"
      }
    },
    "IIS Express": {
      "commandName": "IISExpress",
      "launchBrowser": true,
      "environmentVariables": {
        "ASPNETCORE_ENVIRONMENT": "Development"
      }
    }
  }
}
```

(2) 在 http 配置部分，将端口号更改为 5000，如下所示：

```
"applicationUrl": "http://localhost:5000",
```

(3) 在 https 配置部分，将端口号更改为 5001；在 http 配置部分，将端口号更改为 5000。如下所示：

```
"applicationUrl": "https://localhost:5001;http://localhost:5000",
```

(4) 将更改保存到 launchSettings.json 文件。

14.1.4 启动 MVC 网站项目

(1) 启动网站。

- 如使用的是 Visual Studio 2022，则在工具栏中，选择 https 配置，选择 Google Chrome 作为 Web Browser，然后不必进行调试，直接启动项目。
- 如果使用的是 Visual Studio Code，则输入命令，以 https 配置启动项目，然后启动 Chrome。命令如下所示：dotnet run --launch-profile https。

(2) 在命令行或终端，注意 Northwind.Mvc 网站项目侦听的端口，如下所示：

```
info: Microsoft.Hosting.Lifetime[14]
      Now listening on: https://localhost:5001
info: Microsoft.Hosting.Lifetime[14]
      Now listening on: http://localhost:5000
info: Microsoft.Hosting.Lifetime[0]
      Application started. Press Ctrl+C to shut down.
info: Microsoft.Hosting.Lifetime[0]
      Hosting environment: Development
info: Microsoft.Hosting.Lifetime[0]
      Content root path: C:\cs11dotnet7\PracticalApps\Northwind.Mvc
```

(3) 打开 Chrome 浏览器并打开 Developer Tools。

(4) 导航到 http://localhost:5000/，注意以下内容，如图 14.1 所示。

- 对 HTTP 的请求已自动重定向到端口 5001 上的 HTTPS。
- 顶部的导航菜单包含 Home、Privacy、Register 和 Login 链接。如果视口的宽度为 575 像素或更窄，那么导航栏就会折叠成汉堡菜单。
- 页眉和页脚上显示了网站的名称 NorthwindMvc。

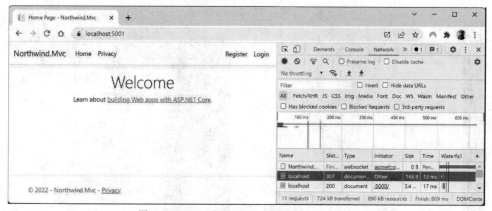

图 14.1　ASP.NET Core MVC 项目模板网站的首页

14.1.5　了解访问者注册

默认情况下，密码必须至少包含一个非字母数字字符、一个数字(0~9)和一个大写字母(A-Z)。若只是了解有关访问者注册的相关知识，可使用 Pa$$w0rd。

MVC 项目模板遵循了双重选择(Double-Opt-In，DOI)这一最佳实践，也就是在填写了用于注册的电子邮件和密码后，电子邮件将被发送到电子邮件地址，访问者必须单击电子邮件中的链接，以确认想要进行注册。

我们还没有配置电子邮件提供程序以发送电子邮件，因此接下来模拟这一操作。

(1) 关闭 Developer Tools 窗格。

(2) 在顶部导航菜单中，单击 Register。

(3) 输入电子邮件和密码，然后单击 Register 按钮(这里使用 test@example.com 和 Pa$$w0rd)。

(4) 在 Register confirmation 页面中，单击链接 Click here to confirm your account，注意浏览器将被重定向到可以自定义的 Confirm email 页面。默认情况下，Confirm email 页面只是显示 Thank you for confirming your email。

(5) 在顶部的导航菜单中，单击 Login，输入电子邮件和密码(请注意，这里有一个可选的复选框可记住密码，如果访问者忘记了密码或想注册为一个新访问者，这里有相应的链接)，然后单击 Log in 按钮。

(6) 在顶部的导航菜单中单击邮件，导航到账户管理页面，注意可以设置电话号码、改变邮件地址、改变密码、设置是否支持双重身份验证(假设添加了身份验证应用程序)以及下载和删除个人资料。最后这个功能对于遵守法律规定很有用，如欧盟的 GDPR。

(7) 关闭 Chrome，关闭 Web 浏览器。

14.1.6　查看 MVC 网站项目结构

在代码编辑器中，在 Visual Studio Solution Explorer 中(选择 Show All Files)或在 Visual Studio Code EXPLORER 中，查看 MVC 网站项目的结构，如图 14.2 所示。

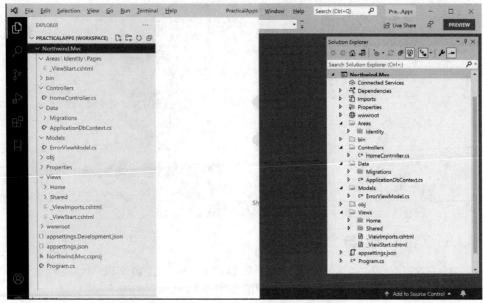

图 14.2　ASP.NET Core MVC 项目的默认文件夹结构

稍后详细讨论其中的一些细节，但是现在，请注意以下几点。

- **Areas**：这个文件夹包含一些嵌套的子文件夹和一个文件，该文件将网站项目与 ASP.NET Core Identity 集成，用于身份验证。
- **bin 和 obj**：这些文件夹包含生成过程中需要的临时文件和项目的已编译程序集。
- **Controllers**：这个文件夹包含一些 C#类，这些 C#类有一些方法(称为操作)用来获取模型并将它们传递给视图，如 HomeController.cs。
- **Data**：这个文件夹包含 ASP.NET Core Identity 使用的 Entity Framework Core 迁移类，它们用来为身份验证和授权提供数据存储，如 ApplicationDbContext.cs。
- **Models**：这个文件夹包含一些 C#类，它们表示由控制器收集并传递给视图的所有数据，如 ErrorViewModel.cs。
- **Properties**：这个文件夹包含用于 Windows 上的 IIS 或 IIS Express 的 launchSettings.json 配置文件，可在开发期间启动网站。这个配置文件只能在本地开发机器上使用，不能部署到生产网站上。
- **Views**：这个文件夹包含.cshtml Razor 文件，该文件用于将 HTML 和 C#代码结合在一起以动态生成 HTML 响应。_ViewStart 文件用于设置默认布局，_ViewImports 文件用于导入所有视图中使用的公共名称空间，如 Tag Helper。
  - **Home** 子文件夹包含用于首页和隐私页面的 Razor 文件。
  - **Shared** 子文件夹包含共享布局的 Razor 文件、错误页面，还包含两个用于登录、验证脚本的分部视图。
- **wwwroot**：这个文件夹包含网站中使用的静态内容，如用于样式化的 CSS、JavaScript 库以及用于网站项目的 JavaScript 和 favicon.ico 文件。还可将图像和其他静态文件资源(如 PDF 文档)放到这个文件夹中。项目模板包括 Bootstrap 和 jQuery 库。

- **app.db**: 这是用于存储已注册访问者的 SQLite 数据库(如果使用 SQL Server LocalDB, 就不需要它)。
- **appsettings.json 和 appsettings.Development.json**: 这两个文件包含网站可以在运行时加载的设置, 例如用于 ASP.NET Core Identity 系统的数据库连接字符串和日志级别。
- **NorthwindMvc.csproj**: 这个文件包含项目设置, 比如 Web .NET SDK 的使用、确保将 app.db 文件复制到网站输出文件夹的条目以及项目所需的 NuGet 包列表, 这些 NuGet 包如下。
  - Microsoft.AspNetCore.Diagnostics.EntityFrameworkCore
  - Microsoft.AspNetCore.Identity.EntityFrameworkCore
  - Microsoft.AspNetCore.Identity.UI
  - Microsoft.EntityFrameworkCore.Sqlite 或 Microsoft.EntityFrameworkCore.SqlServer
  - Microsoft.EntityFrameworkCore.Tools
- **Northwind.Mvc.csproj.user**: 这个文件包含 Visual Studio 2022 的会话设置, 用于记忆开发人员选择的选项。例如, 开发人员选择了哪个启动配置(如 https)。Visual Studio 2022 隐藏了这个文件, 通常不应该把它包含在源代码控制中, 因为它是特定于开发人员的。
- **Program.cs**: 这个文件定义了一个隐藏的 Program 类, 这个类包含<Main>$入口点, 从而构建管道来处理传入的 HTTP 请求, 并使用默认选项(如配置 Kestrel Web 服务器和加载 appsettings.json)来托管网站。它用于添加和配置网站需要的服务(例如, ASP.NET Core Identity 用于身份验证、SQLite 或 SQL Server 用于身份数据存储等)以及应用程序的路由。

14.1.7　回顾 ASP.NET Core Identity 数据库

打开 appsettings.json, 查找用于 ASP.NET Core Identity 数据库的连接字符串, 如以下用于 SQL Server LocalDB 的突出显示的部分代码所示:

```json
{
  "ConnectionStrings": {
    "DefaultConnection": "Server=(localdb)\\mssqllocaldb;Database=aspnet-
    Northwind.Mvc-2F6A1E12-F9CF-480C-987D-FEFB4827DE22;Trusted_
    Connection=True;MultipleActiveResultSets=true"
  },
  "Logging": {
    "LogLevel": {
      "Default": "Information",
      "Microsoft.AspNetCore": "Warning"
    }
  },
  "AllowedHosts": "*"
}
```

如果使用 SQL Server LocalDB 作为身份数据存储, 则可以使用 Server Explorer 连接到数据库。可以复制并粘贴 appsettings.json 文件中的连接字符串, 但需要删除(localdb)和 mssqllocaldb 之间的第二个反斜杠。

如果安装了 SQLite 工具(如 SQLiteStudio), 就可以打开 SQLite app.db 数据库文件。

然后可以看到 ASP.NET Core Identity 系统用于注册用户和角色的表, 包括用于存储注册访问者的 AspNetUsers 表。

14.2 探索 ASP.NET Core MVC 网站

下面看看组成现代 ASP.NET Core MVC 网站的各个部分。

14.2.1 ASP.NET Core MVC 的初始化

下面开始探索 ASP.NET Core MVC 网站的默认初始化和配置。

(1) 打开 Program.cs 文件，注意它使用顶级程序特性(因此有一个隐藏的 Program 类，带有 <Main>$方法)。这个文件可以从上到下分成 4 个重要的部分。在查看这些部分时，可以添加注释来提醒自己每个部分的目的。

> **更多信息：**
> .NET 5 和更早的 ASP.NET Core 项目模板使用了一个 Startup 类将这些部分分成不同的方法，但在 .NET 6 和后续版本中，微软鼓励将所有内容都放在一个 Program.cs 文件中。

(2) 第一部分导入一些名称空间，如下所示：

```
// Section 1 - import namespaces
using Microsoft.AspNetCore.Identity; // IdentityUser
using Microsoft.EntityFrameworkCore; // UseSqlServer, UseSqlite
using Northwind.Mvc.Data; // ApplicationDbContext
```

> **更多信息：**
> 请记住，在默认情况下，许多其他名称空间都是使用 .NET 6 及后续版本的隐式 using 特性导入的。构建项目，然后全局导入的名称空间可以在以下路径中找到：obj\Debug\net7.0\Northwind.Mvc.GlobalUsings.g.cs。

(3) 第二部分创建和配置一个 Web 主机生成器(host builder)。它使用如下配置：
- 使用 SQL Server 或 SQLite 添加应用程序数据库上下文。从 appsettings.json 文件中加载数据库连接字符串。
- 添加用于身份验证的 ASP.NET Core Identity，并将其配置为使用应用程序数据库。
- 添加对 MVC 控制器和视图的支持。代码如下所示：

```
// Section 2 - configure the host web server including services
var builder = WebApplication.CreateBuilder(args);

// Add services to the container.
var connectionString = builder.Configuration
  .GetConnectionString("DefaultConnection");
builder.Services.AddDbContext<ApplicationDbContext>(options =>
  options.UseSqlServer(connectionString)); // or UseSqlite
builder.Services.AddDatabaseDeveloperPageExceptionFilter();

builder.Services.AddDefaultIdentity<IdentityUser>(options =>
  options.SignIn.RequireConfirmedAccount = true)
```

```
    .AddEntityFrameworkStores<ApplicationDbContext>();
builder.Services.AddControllersWithViews();

var app = builder.Build();
```

builder 对象有两个常用的对象，即 Configuration 和 Services。

- Configuration 包含所有配置：appsettings.json、环境变量、命令行参数等。
- Services 是所注册的依赖服务的集合。

对 AddDbContext 方法的调用是所注册的依赖服务的典型示例。ASP.NET Core 实现了依赖注入(DI)设计模式，这样控制器等其他组件就可通过构造函数请求所需的服务。开发人员在 Program.cs 的这个部分注册这些服务(如果使用 Startup 类，则在其 ConfigureServices 方法中注册)。

(4) 第三部分配置 HTTP 请求管道。如果网站在开发阶段运行，它会配置一个相对 URL 路径来运行数据库迁移，而对于生产环境，它会配置更友好的错误页面和 HSTS。我们还启用了 HTTPS 重定向、静态文件、路由和 ASP.NET Identity，并且配置了 MVC 默认路由和 Razor Pages，如下所示：

```
// Section 3 -
// Configure the HTTP request pipeline.
if (app.Environment.IsDevelopment())
{
  app.UseMigrationsEndPoint();
}
else
{
    app.UseExceptionHandler("/Home/Error");
    // The default HSTS value is 30 days. You may want to change this for
    production scenarios, see https://aka.ms/aspnetcore-hsts.
    app.UseHsts();
}

app.UseHttpsRedirection();
app.UseStaticFiles();

app.UseRouting();

app.UseAuthentication();
app.UseAuthorization();

app.MapControllerRoute(
  name: "default",
  pattern: "{controller=Home}/{action=Index}/{id?}");
app.MapRazorPages();
```

第 13 章介绍了这些方法和特性。

> **最佳实践：**
> 扩展方法 UseMigrationsEndPoint 的作用是什么？可通过阅读官方文档进行了解，但并没有多大帮助。例如，它没有告知默认定义的相对 URL 路径是 https://docs.microsoft.com/en-us/dotnet/api/microsoft.aspnetcore.builder.migrationsendpointextensions.usemigrationsendpoint 。幸运的是，ASP.NET Core 是开源的，所以可以阅读源代码并发现它的功能，链接如下：https://github.com/dotnet/aspnetcore/blob/main/src/Middleware/Diagnostics.EntityFrameworkCore/src/MigrationsEndPointOptions.cs#L18。应养成探索 ASP.NET Core 的源代码的习惯，以理解它是如何工作的。

除了 UseAuthentication 和 UseAuthorization 方法，Program.cs 的这一部分最重要的新方法是 MapControllerRoute，后者用于映射供 MVC 使用的默认路由。默认路由非常灵活，几乎可以映射到传入的所有 URL。

虽然本章不会创建任何 Razor Pages，但仍需要保留映射 Razor Pages 所需的方法调用，因为 MVC 网站需要使用 ASP.NET Core Identity 来进行身份验证和授权，而 ASP.NET Core Identity 在用户界面组件中需要使用 Razor 类库，如访问者的注册和登录。

(5) 第四部分(即最后一部分)有一个线程阻塞方法调用，它运行网站并等待响应传入的 HTTP 请求，代码如下所示：

```
// Section 4 - start the host web server listening for HTTP requests
app.Run(); // blocking call
```

14.2.2 MVC 的默认路由

路由的职责是发现要实例化的控制器类的名称，以及要执行的操作方法，并将可选的 id 参数传递给生成 HTTP 响应的方法。

默认路由是为 MVC 配置的，如下所示：

```
endpoints.MapControllerRoute(
  name: "default",
  pattern: "{controller=Home}/{action=Index}/{id?}");
```

路由模式的花括号中有称为段的部分，它们类似于方法的命名参数。这些段的值可以是任何字符串。URL 中的段不区分大小写。

路由模式会查看浏览器请求的任何 URL 路径，并匹配它们以提取控制器的名称、操作的名称和可选的 id 值(?符号表示可选)。

如果用户没有输入这些名称，就使用默认的 Home 作为控制器，使用 Index 作为操作(=赋值运算符用于为指定的段设置默认值)。

表 14.2 展示了示例 URL 路径和默认路由如何计算出控制器和操作的名称。

表 14.2　由示例 URL 路径和默认路由计算出的控制器和操作的名称

示例 URL 路径	控制器	操作	ID
/	Home	Index	
/Muppet	Muppet	Index	

(续表)

示例 URL 路径	控制器	操作	ID
/Muppet/Kermit	Muppet	Kermit	
/Muppet/Kermit/Green	Muppet	Kermit	Green
/Products	Products	Index	
/Products/Detail	Products	Detail	
/Products/Detail/3	Products	Detail 3	3

14.2.3　理解控制器和操作

在 MVC 中，C 代表控制器。ASP.NET Core MVC 从路由和传入的 URL 得知控制器的名称，接着寻找使用[Controller]特性装饰的类，或相应类的派生类，例如微软提供的 ControllerBase 类，如下所示：

```
namespace Microsoft.AspNetCore.Mvc
{
  //
  // Summary:
  // A base class for an MVC controller without view support.
  [Controller]
  public abstract class ControllerBase
  {
...
```

1. ControllerBase 类

在 XML 注释中可以看到，ControllerBase 类不支持视图，主要作用是创建 Web 服务，相关内容参见第 15 章。

ControllerBase 类包含很多有用的属性，用于处理当前的 HTTP 上下文，如表 14.3 所示。

表 14.3　ControllerBase 类包含的属性

属性	说明
Request	仅用于 HTTP 请求。例如，报头、查询字符串参数、作为可读取的流的请求体、内容类型和长度，以及 cookie
Response	仅用于 HTTP 响应。例如，报头、作为可写入的流的响应体、内容类型和长度、状态码和 cookie；也有像 OnStarting 和 OnCompleted 这样连接到方法的委托
HttpContext	关于当前 HTTP 上下文的所有内容，包括请求和响应、有关连接的信息、在服务器上使用中间件启用的一组特性，以及用于身份验证和授权的 User 对象

2. Controller 类

微软提供了名为 Controller 的类。如果自己的类也需要视图支持，那么可从 Controller 类继承。如下所示：

```
namespace Microsoft.AspNetCore.Mvc
{
```

```
//
// Summary:
// A base class for an MVC controller with view support.
public abstract class Controller : ControllerBase,
  IActionFilter, IFilterMetadata, IAsyncActionFilter, IDisposable
{
...
```

Controller 类有很多有用的属性来处理视图，如表 14.4 所示。

表 14.4 Controller 类的属性

属性	说明
ViewData	控制器可以存储键/值对的字典，键/值对在视图中是可访问的。字典的生存期只针对当前的请求/响应
ViewBag	封装了 ViewData 的动态对象，为设置和获取字典值提供了更友好的语法
TempData	控制器可以存储键/值对的字典，键/值对可以在视图中访问。字典的生存期用于当前的请求/响应和同一访问者会话的下一个请求/响应。这对于在初始请求期间存储值，用重定向进行响应，然后在随后的请求中读取存储的值十分有用

Controller 类有很多有用的方法来处理视图，如表 14.5 所示。

表 14.5 Controller 类的方法

方法	说明
View	在执行视图后返回一个 ViewResult，该视图会呈现一个完整的响应，例如动态生成的网页。可以使用约定选择视图，也可以使用字符串名称指定视图。模型可以传递给视图
PartialView	在执行视图后返回一个 PartialViewResult，该视图是完整响应的一部分，如动态生成的 HTML 块。可以使用约定选择视图，也可以使用字符串名称指定视图。模型可以传递给视图
ViewComponent	在执行动态生成 HTML 的组件后，返回一个 ViewComponentResult。必须通过指定组件的类型或名称来选择组件。对象可以作为参数传递
Json	返回一个包含 JSON 序列化对象的 JsonResult。这对于将简单的 Web API 实现为 MVC 控制器的一部分十分有用，该控制器主要返回供人类查看的 HTML

3. 控制器的职责

控制器的职责如下：

- 标识控制器需要哪些服务才能处于有效状态，并在它们的类构造函数中正常工作。
- 使用操作(action)名称标识要执行的方法。
- 从 HTTP 请求中提取参数。
- 使用参数获取构建视图模型所需的任何额外数据，并将它们传递给客户端相应的视图。例如，如果客户端是 Web 浏览器，那么呈现 HTML 的视图是最合适的。其他客户端可能更喜欢其他呈现方式，比如文档格式(如 PDF 文件或 Excel 文件)或数据格式(如 JSON 或 XML)。
- 将视图中的结果作为 HTTP 响应返回给客户端，并带有适当的状态码。

最佳实践:

控制器应该很"薄",意思是,它们只执行上面列出的职责,不实现任何业务逻辑。所有业务逻辑应该在控制器根据需要调用的服务中实现。

现在回顾一下用于生成首页、隐私页面和错误页面的控制器。

(1) 展开 Controllers 文件夹。

(2) 打开名为 HomeController.cs 的文件。

(3) 请注意如下要点:

- 导入额外的名称空间,这里已经添加了注释,以显示它们需要的类型。
- 声明一个私有只读字段来存储对记录器的引用,进而用于要在构造函数中设置的 HomeController。
- 这里定义的三个操作方法都调用了名为 View 的方法,并将结果作为 IActionResult 接口返回给客户端。
- Error 操作方法通过用于跟踪的请求 ID,将视图模型传递给视图。错误响应不会被缓存。

```csharp
using Microsoft.AspNetCore.Mvc; // Controller, IActionResult
using Northwind.Mvc.Models; // ErrorViewModel
using System.Diagnostics; // Activity

namespace Northwind.Mvc.Controllers;

public class HomeController : Controller
{
  private readonly ILogger<HomeController> _logger;

  public HomeController(ILogger<HomeController> logger)
  {
    _logger = logger;
  }

  public IActionResult Index()
  {
    return View();
  }

  public IActionResult Privacy()
  {
    return View();
  }

  [ResponseCache(Duration = 0,
    Location = ResponseCacheLocation.None, NoStore = true)]
  public IActionResult Error()
  {
    return View(new ErrorViewModel { RequestId =
      Activity.Current?.Id ?? HttpContext.TraceIdentifier });
  }
}
```

如果访问者输入/或/Home,就相当于输入/Home/Index,因为这些是默认路由中控制器和操作的默认名称。

14.2.4 理解视图搜索路径约定

Index 和 Privacy 方法的实现虽然相似，但它们返回的是不同的 Web 页面。这是因为通过调用 View 方法，可在不同的路径中寻找 Razor 文件以生成 Web 页面。

下面故意分解其中一个页面名，这样就可以看到默认情况下搜索的路径：

(1) 在 Northwind.Mvc 项目中展开 Views 文件夹，然后展开 Home 子文件夹。

(2) 将 Privacy.cshtml 重命名为 Privacy2.cshtml。

(3) 启动网站。

(4) 打开 Chrome，导航到 http://localhost:5001/，单击 Privacy，观察搜索到的路径，它们都可用来呈现 Web 页面(MVC 视图和 Razor Pages 包含在 Shared 文件夹中)，如图 14.3 所示。

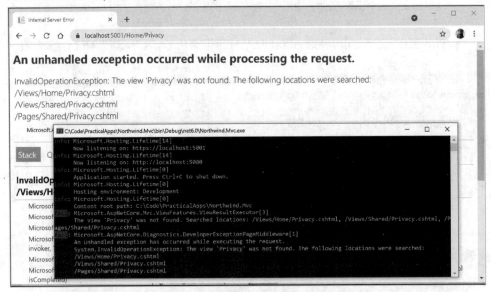

图 14.3　显示视图默认搜索路径的异常

(5) 关闭 Chrome，然后关闭 Web 服务器。

(6) 将 Privacy2.cshtml 重命名为 Privacy.cshtml。

可以看到，视图搜索路径约定如下。

- 指定 Razor 视图：/Views/{controller}/{action}.cshtml
- 共享 Razor 视图：/Views/Shared/{action}.cshtml
- 共享 Razor 页面：/Pages/Shared/{action}.cshtml

14.2.5 使用依赖服务进行记录

前面已介绍了一些错误被捕获并写入控制台。使用记录器，可采用同样的方式将消息写入控制台。

(1) 在 Controllers 文件夹的 HomeController.cs 中，在 Index 方法的 return 语句之前添加语句，使用记录器将一些不同级别的消息写入控制台，代码如下所示：

```
public IActionResult Index()
{
    _logger.LogError("This is a serious error (not really!)");
    _logger.LogWarning("This is your first warning!");
    _logger.LogWarning("Second warning!");
    _logger.LogInformation("I am in the Index method of the HomeController.");

    return View();
}
```

(2) 启动 Northwind.Mvc 项目网站。

(3) 打开 Chrome，导航到该网站的主页。

(4) 在命令提示符或终端上，注意如下信息：

```
fail: Northwind.Mvc.Controllers.HomeController[0]
      This is a serious error (not really!)
warn: Northwind.Mvc.Controllers.HomeController[0]
      This is your first warning!
warn: Northwind.Mvc.Controllers.HomeController[0]
      Second warning!
info: Northwind.Mvc.Controllers.HomeController[0]
      I am in the Index method of the HomeController.
```

(5) 关闭 Chrome 浏览器，然后关闭 Web 服务器。

14.2.6　实体和视图模型

在 MVC 中，M 代表模型。模型表示响应请求所需的数据。通常有两种类型的模型：实体模型和视图模型。

实体模型表示数据库(如 SQL Server 或 SQLite)中的实体。根据请求，你可能需要从数据存储中检索一个或多个实体。实体模型使用类定义，因为它们可能需要更改，然后用于更新底层数据存储。

在响应请求时，你可能希望显示的所有数据都是 MVC 模型。该模型有时也称视图模型，因为它将被传递给视图，用于呈现为 HTML 或 JSON 这样的响应格式。视图模型应该是不可变的，所以它们通常是使用记录定义的。

例如，下面的 HTTP GET 请求可能意味着浏览器正在请求产品编号为 3 的产品的详细信息页面：http://www.example.com/products/details/3。

控制器需要使用 ID 路由值 3 来检索产品实体，并将产品实体传递给视图，视图随后可以将模型转换为 HTML，以便在浏览器中显示。

想象一下，当用户访问网站时，我们需要向他们显示类别列表、产品列表和本月访客人数。

我们将引用第 12 章创建的 Northwind 示例数据库的 Entity Framework Core 实体数据模型。

(1) 在 Northwind.Mvc 项目中，为 SQLite 或 SQL Server 添加对 Northwind.Common.DataContext 项目的引用，如下所示：

```
<ItemGroup>
    <!-- change Sqlite to SqlServer if you prefer -->
    <ProjectReference Include="..\Northwind.Common.DataContext.Sqlite\
    Northwind.Common.DataContext.Sqlite.csproj"/>
</ItemGroup>
```

(2) 构建 Northwind.Mvc 项目，编译它的依赖项。

(3) 如果使用的是 SQL Server，或者想要在 SQL Server 和 SQLite 之间切换，那么在 appsettings.json 中，为 Northwind 数据库添加连接字符串，如下所示：

```
{
    "ConnectionStrings": {
        "DefaultConnection": "Server=(localdb)\\mssqllocaldb;Database=aspnet-
        Northwind.Mvc-DC9C4FAF-DD84-4FC9-B925-69A61240EDA7;Trusted_
        Connection=True;MultipleActiveResultSets=true",
        "NorthwindConnection": "Server=.;Database=Northwind;Trusted_
        Connection=True;MultipleActiveResultSets=true"
    },
```

(4) 在 Program.cs 中，导入名称空间以处理实体模型类型，如下所示：

```
using Packt.Shared; // AddNorthwindContext extension method
```

(5) 在调用 builder.Build 方法前，添加语句以加载适当的连接字符串，然后注册 Northwind 数据库上下文，如下所示：

```
// if you are using SQL Server
string? sqlServerConnection = builder.Configuration
  .GetConnectionString("NorthwindConnection");

if (sqlServerConnection is null)
{
  Console.WriteLine("SQL Server database connection string is missing!");
}
else
{
  builder.Services.AddNorthwindContext(sqlServerConnection);
}

// if you are using SQLite, default is ..\Northwind.db
builder.Services.AddNorthwindContext();
```

(6) 将一个类文件添加到 Models 文件夹中，命名为 HomeIndexViewModel.cs。

最佳实践：

尽管 MVC 项目模板创建的 ErrorViewModel 类没有遵循这一约定，但仍然建议为自己的视图模型类使用命名约定{Controller}{Action}ViewModel。

(7) 在 HomeIndexViewModel.cs 中，添加语句以定义一个记录，使之具有 3 个属性以表示访客人数、类别列表和产品列表，如下所示：

```
using Packt.Shared; // Category, Product

namespace Northwind.Mvc.Models;

public record HomeIndexViewModel
(
  int VisitorCount,
  IList<Category> Categories,
```

```
    IList<Product> Products
);
```

(8) 在 HomeController.cs 中，导入 Packt.Shared 名称空间，代码如下所示：

```
using Packt.Shared; // NorthwindContext
```

(9) 添加如下字段以存储对 Northwind 实例的引用，并在构造函数中进行初始化：

```
public class HomeController : Controller
{
    private readonly ILogger<HomeController> _logger;
    private readonly NorthwindContext db;

    public HomeController(ILogger<HomeController> logger,
      NorthwindContext injectedContext)
    {
        _logger = logger;
        db = injectedContext;
    }
```

更多信息：
ASP.NET Core 将使用在 Program.cs 类中指定的连接字符串，并使用构造函数参数注入来传递 NorthwindContext 数据库上下文的实例。

(10) 在 Index 操作方法中，为这个方法创建视图模型的实例，并使用 Random 类来模拟访客人数，生成一个介于 1 和 1000 之间的数字，然后使用 Northwind 示例数据库获取类别列表和产品列表，再把模型传递给视图，如下所示：

```
HomeIndexViewModel model = new
(
    VisitorCount: Random.Shared.Next(1, 1001),
    Categories: db.Categories.ToList(),
    Products: db.Products.ToList()
);

    return View(model); // pass model to view
}
```

记住视图搜索约定：在控制器的操作方法中调用 View()方法时，ASP.NET Core MVC 将在 Views 文件夹中查找与当前控制器同名的子文件夹，如 Home 子文件夹，然后查找与当前操作同名的文件，如 Index.cshtml 文件。它也会在 Shared 文件夹中搜索与操作方法名称匹配的视图，并在 Pages 文件夹中搜索 Razor Pages。

14.2.7 视图

在 MVC 中，V 代表视图。视图的职责是将模型转换为 HTML 或其他格式。

可以使用多个视图引擎来完成此任务。默认的视图引擎称为 Razor，Razor 使用@符号来表示服务器端代码的执行。由于 ASP.NET Core 2.0 中引入的 Razor Pages 使用相同的视图引擎，因此可以使用相同的 Razor 语法。

下面修改主页视图以呈现类别列表和产品列表。

(1) 展开 Views 文件夹，然后展开 Home 子文件夹。

(2) 打开 Index.cshtml 文件，注意@{ }中封装的 C#代码块。这些代码将首先执行，并可用于存储一些数据，这些数据需要传递到共享布局文件，例如 Web 页面的标题，如下所示：

```
@{
    ViewData["Title"] = "Home Page";
}
```

(3) 注意\<div\>元素中的静态 HTML 内容，可使用 Bootstrap 样式化它们。

最佳实践：
除了定义自己的样式，还可以让样式基于公共库，例如实现了响应式设计的
Bootstrap。

与 Razor Pages 一样，这里也有一个名为_ViewStart.cshtml 的文件，这个文件由 View 方法执行，用于设置应用于所有视图的默认值。

例如，可将所有视图的 Layout 属性设置为共享的布局文件，如下所示：

```
@{
    Layout = "_Layout";
}
```

(4) 在 Views 文件夹中打开_ViewImports.cshtml 文件，注意其中导入了一些名称空间，还添加了 ASP.NET Core 标记助手，如下所示：

```
@using Northwind.Mvc
@using Northwind.Mvc.Models
@addTagHelper *, Microsoft.AspNetCore.Mvc.TagHelpers
```

(5) 在 Shared 文件夹中打开_Layout.cshtml 文件。

(6) 注意，标题是从 ViewData 字典中读取的，ViewData 字典是在 Index.cshtml 视图中设置的，如下所示：

```
<title>@ViewData["Title"] - Northwind.Mvc</title>
```

(7) 这里还显示了支持 Bootstrap 和站点样式表的链接，其中~表示 wwwroot 文件夹，如下所示：

```
<link rel="stylesheet"
  href="~/lib/bootstrap/dist/css/bootstrap.css" />
<link rel="stylesheet" href="~/css/site.css" />
```

(8) 注意标题中导航条的呈现方式，如下所示：

```
<body>
  <header>
    <nav class="navbar ...">
```

(9) 这里使用 ASP.NET Core 标记助手以及 asp-controller 和 asp-action 等特性呈现了如下可折叠的\<div\>元素，其中包含用于登录的分部视图以及允许用户在页面之间导航的超链接：

```
<div class=
  "navbar-collapse collapse d-sm-inline-flex justify-content-between">
```

```
<ul class="navbar-nav flex-grow-1">
  <li class="nav-item">
    <a class="nav-link text-dark" asp-area=""
       asp-controller="Home" asp-action="Index">Home</a>
  </li>
  <li class="nav-item">
      <a class="nav-link text-dark"
        asp-area="" asp-controller="Home"
        asp-action="Privacy">Privacy</a>
      </li>
  </ul>
  <partial name="_LoginPartial" />
</div>
```

<a>元素可使用名为asp-controller和asp-action的标记助手特性来指定当链接被单击时执行的控制器和操作。如果想要导航到Razor类库中的某个特性，就像前一章创建的employees组件一样，那么可以使用asp-area来指定特性的名称。

(10) 注意<main>元素内部主体的呈现方式，如下所示：

```
<div class="container">
  <main role="main" class="pb-3">
    @RenderBody()
  </main>
</div>
```

RenderBody()方法调用类似于Index.cshtml的页面，并在共享布局的特定点注入特定Razor视图的内容。

(11) 请注意页面底部包含了<script>元素以免减慢页面的显示速度，可以将自己的脚本块添加到名为scripts的可选部分，如下所示：

```
<script src="~/lib/jquery/dist/jquery.min.js"></script>
<script src="~/lib/bootstrap/dist/js/bootstrap.bundle.min.js">
</script>
<script src="~/js/site.js" asp-append-version="true"></script>
@await RenderSectionAsync("Scripts", required: false)
```

14.2.8 理解如何使用标记助手避开缓存

在<link>、<img>或<script>元素中将asp-append-version属性指定为true时，都将调用对应标记类型的标记助手。

这些标记助手的作用是自动附加通过所引用源文件的SHA256哈希值生成的查询字符串v，如下所示：

```
<script src="~/js/site.js?v=Kl_dqr9NVtnMdsM2MUg4qthUnWZm5T1fCEimBPWDNgM">
</script>
```

更多信息：
在当前项目中，可以看到其应用，因为_Layout.cshtml文件包含<script src="~/js/site.js" asp-append-version="true"></script>元素。

如果 site.js 文件中的单个字节发生更改，那么哈希值也将不同。因此，如果浏览器或 CDN 正在缓存脚本文件，这种行为将破坏已缓存的副本，将其替换为新版本。

必须将 src 属性设置为本地 Web 服务器上的一个静态文件，该文件通常保存在 wwwroot 文件夹中，但也可以保存在其他位置。该属性不支持远程引用。

14.3 自定义 ASP.NET Core MVC 网站

前面讨论了 MVC 网站的基本结构，接下来自定义 ASP.NET Core MVC 网站。我们已经为 Northwind 示例数据库注册了一个 EF Core 模型，因此下一个任务是在首页上输出信息。

14.3.1 自定义样式

首页上会显示 Northwind 示例数据库中的 77 种产品。为了有效利用空间，我们希望在三列中显示这些产品。为此，需要自定义网站的样式表。

(1) 在 wwwroot\css 文件夹中打开 site.css 文件。

(2) 在 site.css 文件的底部添加一种新样式，使其应用于带有 product-columns ID 的元素，如下所示：

```css
#product-columns
{
  column-count: 3;
}
```

14.3.2 设置类别图像

Northwind 示例数据库中包含了类别表，但它们没有图像。可给网站添加一些彩色图片，使效果看起来更好。

(1) 在 wwwroot 文件夹中创建一个名为 images 的子文件夹。

(2) 在 images 子文件夹中添加 8 个图像文件：category1.jpeg、category2.jpeg、…、category8.jpeg。

可通过以下链接下载本书 GitHub 存储库中的图像： https://github.com/markjprice/cs11dotnet7/tree/main/images/Categories。

14.3.3 Razor 语法和表达式

在自定义首页视图之前，先看一个示例 Razor 文件。该 Razor 文件具有初始的 Razor 代码块，用于实例化带价格和数量的订单，之后在网页上输出有关订单的信息，如下所示：

```razor
@{
    Order order = new()
    {
        OrderId = 123,
        Product = "Sushi",
        Price = 8.49M,
        Quantity = 3
    };
}
```

```
<div>Your order for @order.Quantity of @order.Product has a total cost of $@
order.Price * @order.Quantity</div>
```

上面的 Razor 文件将产生以下错误输出：

```
Your order for 3 of Sushi has a total cost of $8.49 * 3
```

尽管 Razor 标记可以使用@object.property 语法来包含任何单个属性的值，但应该将表达式用括号括起来，如下所示：

```
<div>Your order for @order.Quantity of @order.Product has a total cost of $@
(order.Price * order.Quantity)</div>
```

上面的 Razor 表达式会产生以下正确输出：

```
Your order for 3 of Sushi has a total cost of $25.47
```

14.3.4　定义类型化视图

要在编写视图时改进 IntelliSense，可以在 Index.cshtml 文件的顶部使用@model 指令定义视图的类型。

(1) 在 Views\Home 文件夹中打开 Index.cshtml 文件。

(2) 在 Index.cshtml 文件的顶部添加一条语句，设置模型类型以使用 HomeIndexViewModel，如下所示：

```
@model HomeIndexViewModel
```

现在，无论何时在首页视图中输入 Model，代码编辑器都将指示模型的正确类型并提供 IntelliSense。

在视图中输入代码时，请记住以下几点：

- 要声明模型的类型，请使用@model(注意 m 是小写的)。
- 要与模型实例进行交互，请使用@Model(注意 M 是大写的)。

下面继续自定义首页视图。

(3) 在初始的 Razor 代码块中添加一条语句，为当前项声明字符串变量，在现有的<div>元素下添加新标记，以轮播方式输出类别和产品的无序列表，如下所示：

```
@using Packt.Shared
@model HomeIndexViewModel
@{
  ViewData["Title"] = "Home Page";
  string currentItem = "";
}

<div class="text-center">
  <h1 class="display-4">Welcome</h1>
  <p class="alert alert-primary">@DateTime.Now.ToLongTimeString()</p>
</div>

@if (Model is not null)
{
<div id="categories" class="carousel slide" data-bs-ride="carousel"
```

```
            data-bs-interval="3000" data-keyboard="true">
<ol class="carousel-indicators">
@for (int c = 0; c < Model.Categories.Count; c++)
{
    if (c == 0)
    {
        currentItem = "active";
    }
    else
    {
        currentItem = "";
    }
    <li data-bs-target="#categories" data-slide-to="@c"
      class="@currentItem"></li>
}
</ol>

<div class="carousel-inner">
@for (int c = 0; c < Model.Categories.Count; c++)
{
    if (c == 0)
    {
        currentItem = "active";
    }
    else
    {
        currentItem = "";
    }
    <div class="carousel-item @currentItem">
      <img class="d-block w-100" src=
        "~/images/category@(Model.Categories[c].CategoryId).jpeg"
        alt="@Model.Categories[c].CategoryName" />
      <div class="carousel-caption d-none d-md-block">
        <h2>@Model.Categories[c].CategoryName</h2>
        <h3>@Model.Categories[c].Description</h3>
        <p>
          <a class="btn btn-primary"
            href="/category/@Model.Categories[c].CategoryId">View</a>
          </p>
      </div>
    </div>
}
</div>
<a class="carousel-control-prev" href="#categories"
    role="button" data-bs-slide="prev">
    <span class="carousel-control-prev-icon"
      aria-hidden="true"></span>
  <span class="sr-only">Previous</span>
</a>
<a class="carousel-control-next" href="#categories"
   role="button" data-bs-slide="next">
   <span class="carousel-control-next-icon" aria-hidden="true"></span>
   <span class="sr-only">Next</span>
  </a>
```

```
    </div>
    }

<div class="row">
    <div class="col-md-12">
        <h1>Northwind</h1>
        <p class="lead">
          We have had @Model?.VisitorCount visitors this month.
        </p>
        @if (Model is not null)
        {
        <h2>Products</h2>
        <div id="product-columns">
          <ul class="list-group">
          @foreach (Product p in @Model.Products)
          {
            <li class="list-group-item d-flex justify-content-between
            align-items-start">
              <a asp-controller="Home" asp-action="ProductDetail"
                asp-route-id="@p.ProductId" class="btn btn-outline-primary">
                <div class="ms-2 me-auto">@p.ProductName</div>
                <span class="badge bg-primary rounded-pill">
                  @(p.UnitPrice is null ? "zero" : p.UnitPrice.Value.
                  ToString("C"))
                  </span>
              </a>
          </li>
        }
        </ul>
      </div>
      }
    </div>
</div>
```

在查看上面的 Razor 标记时，请注意以下几点。

- 很容易将静态 HTML 元素(如\<ul\>和\<li\>元素)与 C#代码混合在一起，以实现类别列表和产品列表的轮播效果。

- id 属性为 product-columns 的\<div\>元素使用了之前的自定义样式，因此这个\<div\>元素中的所有内容显示在三列中。

- 每个类别的\<img\>元素会在 Razor 表达式的周围使用圆括号，以确保编译器不将.jpeg 作为表达式的一部分，如下所示："~/images/category@(Model.Categories[c].CategoryID).jpeg"。

- 用于产品链接的\<a\>元素会使用标记助手生成 URL 路径。单击这些超链接，它们将由 HomeController 和 ProductDetail 操作方法处理。这个操作方法还不存在，但本章稍后将添加它。产品的 ID 将作为 id 路由段传递，如以下用于 Ipoh Coffee 的 URL 路径所示：https://localhost:5001/Home/ProductDetail/43。

下面看看自定义首页的效果。

(1) 启动 Northwind.Mvc 网站项目。

(2) 请注意，首页上有旋转的轮播效果，分别显示了类别、随机访客人数和三列的产品列表，如图 14.4 所示。

目前，单击任何类别或产品链接都会出现 404 Not Found 错误，下面看看如何传递参数，以便查看产品或类别的详细信息。

(3) 关闭 Chrome 浏览器，然后关闭 Web 服务器。

图 14.4　更新后的 Northwind MVC 网站的首页

14.3.5　使用路由值传递参数

传递简单参数的一种方法是使用默认路由中定义的 id 段。

(1) 在 HomeController 类中添加一个名为 ProductDetail 的操作方法，如下所示：

```
public IActionResult ProductDetail(int? id)
{
  if (!id.HasValue)
  {
    return BadRequest("You must pass a product ID in the route, for
    example, /Home/ProductDetail/21");
  }

  Product? model = db.Products.SingleOrDefault(p => p.ProductId == id);

  if (model is null)
  {
    return NotFound($"ProductId {id} not found.");
  }

  return View(model); // pass model to view and then return result
}
```

请注意以下几点：

- 这个方法使用了 ASP.NET Core 的"模型绑定"功能，自动对路由中传递的 id 与方法中的参数 id 进行匹配。

- 在方法内部检查 id 是否为 null。如果是，就调用 BadRequest 方法，返回 404 状态码和自定义消息以指明正确的 URL 路径格式。
- 否则，可以连接到数据库，并尝试使用 id 值检索产品。
- 如果找到产品，就将产品传递给视图；否则调用 NotFound 方法，返回 404 状态码和自定义消息，以指明在数据库中找不到具有指定 id 的产品。

(2) 在 Views/Home 文件夹中添加一个名为 ProductDetail.cshtml 的新文件(在 Visual Studio 中，其项模板的名称是 Razor View – Empty)。

(3) 修改这个文件中的内容，如下所示：

```
@model Packt.Shared.Product
@{
  ViewData["Title"] = "Product Detail - " + Model.ProductName;
}
<h2>Product Detail</h2>
<hr />
<div>
  <dl class="dl-horizontal">
    <dt>Product Id</dt>
    <dd>@Model.ProductId</dd>
    <dt>Product Name</dt>
    <dd>@Model.ProductName</dd>
    <dt>Category Id</dt>
    <dd>@Model.CategoryId</dd>
    <dt>Unit Price</dt>
    <dd>@Model.UnitPrice.Value.ToString("C")</dd>
    <dt>Units In Stock</dt>
    <dd>@Model.UnitsInStock</dd>
  </dl>
</div>
```

(4) 启动 Northwind.Mvc 项目。

(5) 当首页上显示产品列表时，单击其中一个产品，例如第二个产品 Chang。

(6) 留意浏览器的地址栏中的 URL 路径、浏览器中显示的页面标题以及产品详细信息页面，如图 14.5 所示。

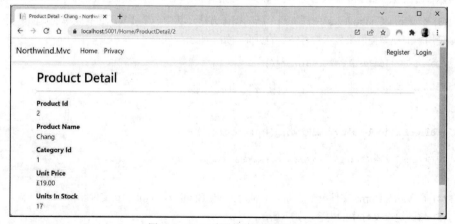

图 14.5　Chang 产品的详细信息页面

(7) 查看 Developer tools。

(8) 在 Chrome 的地址栏中编辑 URL，请求一个不存在的产品 ID，如 99，并注意 404 not Found 状态码和自定义错误响应。

(9) 关闭 Chrome，关闭 Web 服务器。

14.3.6 模型绑定程序

模型绑定程序是一种强大而简单的方法，能够根据 HTTP 请求中传入的值设置操作方法的参数，而且默认的绑定程序能给你带来很大的帮助。在使用默认路由标识了要实例化的控制器类和要调用的操作方法之后，如果操作方法具有参数，那么需要为这些参数设置值。

为此，模型绑定程序将查找 HTTP 请求中传递的参数值，作为以下任何参数的类型。

- **路由参数**，就像 id 一样，如以下 URL 路径所示：/Home/ProductDetail/2
- **查询字符串参数**，如以下 URL 路径所示：/Home/ProductDetail?id=2
- **表单参数**，如以下标记所示：

```
<form action="post" action="/Home/ProductDetail">
  <input type="text" name="id" value="2" />
  <input type="submit" />
</form>
```

模型绑定程序几乎可以填充以下任何类型：

- 简单类型，如 int、string、DateTime 和 bool。
- 由 class、record、struct 定义的复杂类型。
- 集合类型，如数组和列表。

下面通过示例来说明使用默认的模型绑定程序可以实现什么。

(1) 在 Models 文件夹中添加一个名为 Thing.cs 的类文件。

(2) 修改这个类文件中的内容以定义 Thing 记录，该记录包含两个属性，分别用于名为 Id 的可空数字和名为 Color 的字符串，如下所示：

```
namespace Northwind.Mvc.Models;

public record Thing(int? Id, string? Color);
```

(3) 在 HomeController.cs 中添加两个新的操作方法，其中一个会显示带有表单的页面，另一个则使用新的模型类型来显示带有参数的页面，如下所示：

```
public IActionResult ModelBinding()
{
    return View(); // the page with a form to submit
}

public IActionResult ModelBinding(Thing thing)
{
    return View(thing); // show the model bound thing
}
```

(4) 在 Views\Home 文件夹中添加一个名为 ModelBinding.cshtml 的新文件。

(5) 修改这个文件中的内容，如下所示：

```
@model Thing
@{
  ViewData["Title"] = "Model Binding Demo";
}
<h1>@ViewData["Title"]</h1>
<div>
  Enter values for your thing in the following form:
</div>
<form method="POST" action="/home/modelbinding?id=3">
  <input name="color" value="Red" />
  <input type="submit" />
</form>
@if (Model is not null)
{
<h2>Submitted Thing</h2>
<hr />
<div>
  <dl class="dl-horizontal">
     <dt>Model.Id</dt>
     <dd>@Model.Id</dd>
     <dt>Model.Color</dt>
     <dd>@Model.Color</dd>
  </dl>
</div>
}
```

(6) 在 Views/Home 中，打开 Index.cshtml，在第一个<div>中，显示当前时间之后，添加一个带有模型绑定页面链接的新段落，如下所示：

```
<p><a asp-action="ModelBinding" asp-controller="Home">Binding</a></p>
```

(7) 启动网站。

(8) 在首页单击 Binding。

(9) 请留意关于歧义匹配的未处理异常，如图 14.6 所示。

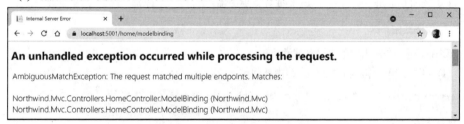

图 14.6　关于歧义匹配的未处理异常

(10) 关闭 Chrome 浏览器，然后关闭 Web 服务器。

1. 消除操作方法的歧义

尽管 C#编译器可通过签名的不同来区分这两种方法，但从路由 HTTP 请求的角度看，这两种方法潜在地匹配。需要使用一种特定于 HTTP 的方式来消除操作方法的歧义。

为此，可创建不同的操作名称，或者指定一种可用于特定 HTTP 谓词(如 GET、POST 或 DELETE)的方法。

(1) 在 HomeController.cs 中装饰第二个 ModelBinding 操作方法，以指示应将这个操作方法用于提交表单时处理 HTTP POST 请求，如下所示：

```
[HttpPost] // use this action method to process POSTs
public IActionResult ModelBinding(Thing thing)
```

 更多信息:

其他 ModelBinding 操作方法将隐式地用于所有其他类型的 HTTP 请求，如 GET、PUT、DELETE 等。

(2) 启动网站。

(3) 在首页上单击 Binding。

(4) 单击 Submit 按钮，注意 Id 属性的值是通过查询字符串参数进行设置的，Color 属性的值是在表单参数中设置的，如图 14.7 所示。

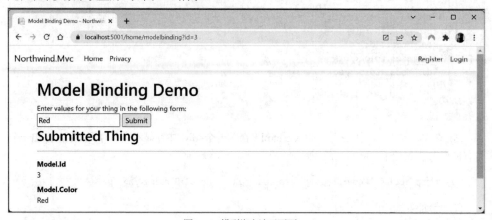

图 14.7 模型绑定演示页面

(5) 关闭 Chrome 浏览器，然后关闭 Web 服务器。

2. 传递路由参数

现在使用一个路由参数来设置属性。

(1) 修改表单操作，将值 2 作为路由参数传递，如下所示：

```
<form method="POST" action="/home/modelbinding/2?id=3">
```

(2) 启动网站。

(3) 在首页上单击 Binding。

(4) 单击 Submit 按钮，注意 Id 属性的值是在路由参数中设置的，而 Color 属性的值是在表单参数中设置的。

(5) 关闭 Chrome 浏览器，然后关闭 Web 服务器。

3. 传递表单参数

现在使用一个表单参数来设置属性。

(1) 修改表单操作，将值 1 作为表单参数传递，如下面突出显示的代码所示：

```
<form method="POST" action="/home/modelbinding/2?id=3">
    <input name="id" value="1" />
    <input name="color" value="Red" />
    <input type="submit" />
</form>
```

(2) 启动网站。

(3) 在首页上单击 Binding。

(4) 单击 Submit 按钮，注意 Id 和 Color 属性的值都是在表单参数中设置的。

最佳实践:

如果有多个同名参数，那么在模型自动绑定时，表单参数具有最高优先级，而查询字符串参数具有最低优先级。

14.3.7　验证模型

模型绑定的过程可能会导致错误。例如，如果模型已使用验证规则进行装饰，就会导致数据类型转换或验证错误。无论绑定了什么数据，任何绑定或验证错误都将存储在 ControllerBase.ModelState 中。

下面对模型绑定应用一些验证规则，然后在视图中显示无效的数据消息，它们用于说明如何处理模型状态。

(1) 在 Models 文件夹中打开 Thing.cs 类文件。

(2) 导入用于处理验证特性的名称空间，如下所示:

```
using System.ComponentModel.DataAnnotations;
```

(3) 使用验证特性装饰 Id 属性，将允许的数字范围限制为 1~10，并确保访问者提供颜色，添加一个新的 Email 属性，它带有一个用于验证的正则表达式，如下面突出显示的代码所示:

```
public record Thing(
    [Range(1, 10)] int? Id,
    [Required] string? Color,
    [EmailAddress] string? Email
);
```

(4) 在 Models 文件夹中添加一个名为 HomeModelBindingViewModel.cs 的新文件。

(5) 修改这个文件的内容，以定义带有属性的记录，这些属性用于存储绑定的模型、一个表示存在错误的标志和一个错误消息序列，如下面的代码所示:

```
namespace Northwind.Mvc.Models;

public record HomeModelBindingViewModel(Thing Thing, bool HasErrors,
    IEnumerable<string> ValidationErrors);
```

(6) 在 HomeController.cs 文件中，在处理 HTTP POST 的 ModelBinding 方法中，删除将 Thing 传递给视图的上一条语句，然后添加语句以创建视图模型的实例、验证模型并存储错误消息数组，然后将视图模型传递给视图，如下所示:

```
HomeModelBindingViewModel model = new(
    Thing: thing, HasErrors: !ModelState.IsValid,
    ValidationErrors: ModelState.Values
        .SelectMany(state => state.Errors)
        .Select(error => error.ErrorMessage)
);
return View(model);
```

(7) 在 Views\Home 文件夹中打开 ModelBinding.cshtml 文件。

(8) 修改模型类型的声明以使用视图模型类，如下所示：

```
@model Northwind.Mvc.Models.HomeModelBindingViewModel
```

(9) 添加<div>元素以显示任何模型验证错误，由于视图模型已更改因而更改 Thing 属性的输出，如下所示：

```
<form method="POST" action="/home/modelbinding/2?id=3">
    <input name="id" value="1" />
    <input name="color" value="Red" />
    <input name="email" value="test@example.com" />
    <input type="submit" />
</form>
@if (Model is not null)
{
  <h2>Submitted Thing</h2>
  <hr />
  <div>
    <dl class="dl-horizontal">
        <dt>Model.Thing.Id</dt>
        <dd>@Model.Thing.Id</dd>
        <dt>Model.Thing.Color</dt>
        <dd>@Model.Thing.Color</dd>
        <dt>Model.Thing.Email</dt>
        <dd>@Model.Thing.Email</dd>
    </dl>
  </div>
  @if (Model.HasErrors)
  {
    <div>
      @foreach(string errorMessage in Model.ValidationErrors)
      {
          <div class="alert alert-danger" role="alert">@errorMessage</div>
      }
    </div>
  }
}
```

(10) 启动网站。

(11) 在首页单击 Binding。

(12) 单击 Submit 按钮，注意 1、Red 和 test@example.com是有效值。

(13) 输入 Id 值 13，清空颜色文本框，删除邮箱地址中的@，单击 Submit 按钮，并注意出错消息，如图 14.8 所示。

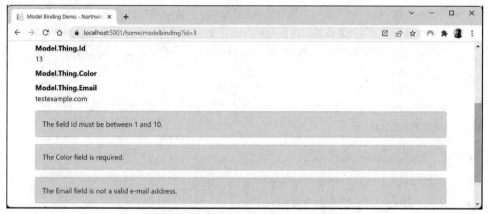

图 14.8 带有字段验证功能的模型绑定演示页面

(14) 关闭 Chrome 浏览器，然后关闭 Web 服务器。

最佳实践：

Microsoft 使用什么正则表达式实现 EmailAddress 验证属性？相关信息可查看以下链接：
https://github.com/microsoft/referencesource/blob/5697c29004a34d80acdaf5742de 699022c64ecd/
System.ComponentModel.DataAnnotations/DataAnnotations/EmailAddressAttribute.cs#
L54。

14.3.8 使用 HTML 辅助方法定义视图

在为 ASP.NET Core MVC 创建视图时，可以使用 Html 对象及其方法来生成标记。当微软在
2009 年第一次引入 ASP.NET MVC 时，要想以编写代码的方式呈现 HTML，必须使用这些 HTML
辅助方法。现代 ASP.NET Core 为了向后兼容，保留了这些 HTML 辅助方法，但还提供了标记助
手，它们在大部分场景中更容易读写。

一些有用的视图辅助方法如下。

- ActionLink：用于生成锚元素\<a>，锚元素包含指向指定控制器和操作的 URL 路径。例如
  Html.ActionLink(linkText: "Binding",actionName: "ModelBinding", controllerName: "Home")
  将生成\<a href="/home/modelbinding">Binding\</a>。可以使用锚标记助手\<a asp-action=
  "ModelBinding" asp-controller="Home">Binding\</a> 实现相同的结果。

- AntiForgeryToken：在\<form>元素中用于插入\<hidden>元素，当提交表单时，可验证
  \<hidden>元素包含的防伪令牌。

- Display 和 DisplayFor：使用显示模板为相对于当前模型的表达式生成 HTML 标记。我们
  已经有了用于.NET 类型的内置模板，自定义模板则可以在 DisplayTemplates 文件夹中创
  建。文件夹名称在区分大小写的文件系统中要区分大小写。

- DisplayForModel：用于为整个模型而不是单个表达式生成 HTML 标记。

- Editor 和 EditorFor：使用编辑器模板为相对于当前模型的表达式生成 HTML 标记。对于
  使用\<label>和\<input>元素的.NET 类型，有内置的编辑器模板，并且可以在 EditorTemplates
  文件夹中创建自定义模板。文件夹名称在区分大小写的文件系统中要区分大小写。

- EditorForModel：用于为整个模型而不是单个表达式生成 HTML 标记。
- Encode：用于将对象或字符串安全地编码为 HTML。例如，字符串"<script>"可编码为 "<script>"。通常不需要这样做，因为默认情况下可使用 Razor@符号对字符串进行编码。
- Raw：用来呈现字符串值而不必编码为 HTML。
- PartialAsync 和 RenderPartialAsync：用来为分部视图生成 HTML 标记。可以选择传递模型和视图数据。

14.3.9　使用标记助手定义视图

使用标记助手时，更容易让静态 HTML 元素变成动态元素。相比 HTML 辅助方法，这种标记更整洁，并且更容易阅读、编辑和维护。

但是，标记助手不能取代 HTML 辅助方法，因为有一些功能只能通过 HTML 辅助方法实现，例如，呈现包含多个嵌套标记的输出。标记助手也不能用在 Razor 组件中。因此，你必须学习 HTML 辅助方法，并在某些场景中将标记助手视为更优的可选项。

对于主要使用 HTML、CSS 和 JavaScript 的前端开发人员，标记助手特别有用，因为前端开发人员不需要学习 C#语法。标记助手在元素上使用的东西看起来就像是标准的 HTML 属性。如果代码编辑器支持，还可以从 IntelliSense 中选择属性的名称和值；Visual Studio 2022 和 Visual Studio Code 都支持这种功能。

例如，要呈现一个超链接，使其链接到一个控制器操作，可以使用如下所示的 HTML 辅助方法：

```
@Html.ActionLink("View our privacy policy.", "Privacy", "Index")
```

为了清晰表达该链接的工作方式，可以使用命名参数：

```
@Html.ActionLink(linkText: "View our privacy policy.",
  action: "Privacy", controller: "Index")
```

但是，对于大量使用 HTML 的开发人员来说，使用标记要更加清晰和整洁：

```
<a asp-action="Privacy" asp-controller="Home">View our privacy policy.</a>
```

上面的 3 个例子都会生成下面的 HTML 元素：

```
<a href="/home/privacy">View our privacy policy.</a>
```

14.3.10　跨功能过滤器

当需要向多个控制器和操作添加一些功能时，可以使用或定义作为特性类实现的过滤器。过滤器可应用于以下级别。

- 操作级：可通过使用特性装饰方法来实现。这只会影响控制器的一个方法。
- 控制器级：可通过使用特性装饰类来实现。这将影响控制器的所有方法。
- 全局级：将特性类型添加到 MvcOptions 实例的 Filters 集合中，当调用 AddControllersWithViews 方法时，可以用来配置 MVC，如下所示：

```
builder.Services.AddControllersWithViews(options =>
  {
```

```
    options.Filters.Add(typeof(MyCustomFilter));
  });
```

1. 使用过滤器保护操作方法

如果希望确保控制器的某个特定方法只能由某些安全角色的成员调用，就可以使用[Authorize]特性装饰方法，如下所示。

- [Authorize]：只允许经过身份验证(非匿名、登录)的访问者访问此操作方法。
- [Authorize(Roles = "Sales,Marketing")]：仅允许属于指定角色成员的访问者访问此操作方法。

下面看一个例子。

(1) 在 HomeController.cs 中，导入 Microsoft.AspNetCore.Authorization 名称空间。

(2) 向 Privacy 方法添加一个特性，只允许属于 Administrators 组/角色的登录用户访问，如下面突出显示的代码所示：

```
[Authorize(Roles = "Administrators")]
public IActionResult Privacy()
```

(3) 启动网站。

(4) 单击 Privacy，并注意你被重定向到登录页面。

(5) 输入邮箱和密码。

(6) 单击 Log in 并注意这条消息：Access denied – You do not have access to this resource。

(7) 关闭 Chrome 浏览器，关闭 Web 服务器。

2. 启用角色管理并以编程方式创建角色

默认情况下，ASP.NET Core MVC 项目中没有启用角色管理功能，所以在创建角色之前，必须先启用它，然后创建一个控制器，它将以编程方式创建 Administrators 角色(如果它还不存在)，并给该角色分配一个测试用户。

(1) 在 Program.cs 中，在 ASP.NET Core Identity 及其数据库的设置中，添加一个对 AddRoles 的调用，以启用角色管理，如下面突出显示的代码所示：

```
services.AddDefaultIdentity<IdentityUser>(
    options => options.SignIn.RequireConfirmedAccount = true)
    .AddRoles<IdentityRole>() // enable role management
    .AddEntityFrameworkStores<ApplicationDbContext>();
```

(2) 在 Controllers 中，添加一个名为 RolesController.cs 的空控制器类，并修改其内容，代码如下所示：

```
using Microsoft.AspNetCore.Identity; // RoleManager, UserManager
using Microsoft.AspNetCore.Mvc; // Controller, IActionResult

using static System.Console;

namespace Northwind.Mvc.Controllers;

public class RolesController : Controller
{
    private string AdminRole = "Administrators";
```

```csharp
private string UserEmail = "test@example.com";
private readonly RoleManager<IdentityRole> roleManager;
private readonly UserManager<IdentityUser> userManager;
public RolesController(RoleManager<IdentityRole> roleManager,
  UserManager<IdentityUser> userManager)
{
  this.roleManager = roleManager;
  this.userManager = userManager;
}

public async Task<IActionResult> Index()
{
  if (!(await roleManager.RoleExistsAsync(AdminRole)))
  {
    await roleManager.CreateAsync(new IdentityRole(AdminRole));
  }
  IdentityUser user = await userManager.FindByEmailAsync(UserEmail);

  if (user == null)
  {
    user = new();
    user.UserName = UserEmail;
    user.Email = UserEmail;

    IdentityResult result = await userManager.CreateAsync(
        user, "Pa$$w0rd");

    if (result.Succeeded)
    {
        WriteLine($"User {user.UserName} created successfully.");
    }
    else
    {
        foreach (IdentityError error in result.Errors)
        {
          WriteLine(error.Description);
        }
    }
  }

  if (!user.EmailConfirmed)
  {
    string token = await userManager
      .GenerateEmailConfirmationTokenAsync(user);

    IdentityResult result = await userManager
      .ConfirmEmailAsync(user, token);

    if (result.Succeeded)
    {
      WriteLine($"User {user.UserName} email confirmed successfully.");
    }
    else
    {
```

```
        foreach (IdentityError error in result.Errors)
        {
            WriteLine(error.Description);
        }
    }
}

if (!(await userManager.IsInRoleAsync(user, AdminRole)))
{
    IdentityResult result = await userManager.AddToRoleAsync(user,
    AdminRole);

    if (result.Succeeded)
    {
      WriteLine($"User {user.UserName} added to {AdminRole}
      successfully.");
    }
    else
    {
        foreach (IdentityError error in result.Errors)
        {
          WriteLine(error.Description);
        }
    }
}
return Redirect("/");
  }
}
```

请注意以下几点:

- 两个字段, 一个是角色名称, 另一个是用户电子邮件。
- 构造函数获取并存储已注册的用户和角色管理器依赖服务。
- 如果 Administrators 角色不存在, 则使用角色管理器创建。
- 我们试图通过电子邮件找到一个测试用户, 如果该用户不存在, 则创建它, 然后将它分配给 Administrators 角色。
- 由于网站使用 DOI, 因此必须生成一个电子邮件确认令牌, 并使用它来确认新用户的电子邮件地址。
- 成功消息和任何错误都写入控制台。
- 会自动跳转到首页。

(3) 启动网站。

(4) 单击 Privacy, 注意你被重定向到登录页面。

(5) 输入邮箱和密码(这里使用 mark@example.com)。

(6) 单击 Log in 并注意, 你将像以前一样被拒绝访问。

(7) 单击 Home。

(8) 在地址栏中, 手动输入 roles 作为相对 URL 路径, 如 https://localhost:5001/roles。

(9) 查看写入控制台的成功消息, 如下所示:

```
User test@example.com created successfully.
User test@example.com email confirmed successfully.
User test@example.com added to Administrators successfully.
```

(10) 单击 Logout，因为在登录后创建角色成员关系时，必须注销并重新登录以加载它们。

(11) 再次尝试访问 Privacy 页面，输入以编程方式创建的新用户的电子邮件，如 test@example.com，以及密码，然后单击 Log in，现在就可以访问该页面了。

(12) 关闭 Chrome 浏览器，然后关闭 Web 服务器。

3. 使用过滤器自定义路由

你可能希望为操作方法定义简化的路由而不是使用默认路由。

例如，为了显示隐私页面，目前需要以下 URL 路径来指定控制器和操作：https://localhost:5001/home/privacy。

可以使路由更简单，例如，使用 https://localhost:5001/private。

下面看看具体的做法。

(1) 在 HomeController.cs 中，为 Privacy 方法添加一个特性以定义简化的路由，如下面突出显示的代码所示：

```
[Route("private")]
[Authorize(Roles = "Administrators")]
public IActionResult Privacy()
```

(2) 启动网站。

(3) 在地址栏中输入以下 URL 路径：https://localhost:5001/private。

(4) 输入电子邮件和密码，单击 Log in，并注意简化的路径显示 Privacy 页面。

(5) 关闭 Chrome 浏览器，然后关闭 Web 服务器。

4. 使用过滤器缓存响应

为了缩短响应时间，提高可伸缩性，可以使用[ResponseCache]特性装饰方法来缓存由操作方法生成的 HTTP 响应。

可通过设置如下参数来控制响应的缓存位置和缓存时间。

- Duration：以秒为单位设置 max-age HTTP 响应头。通常的选择是 1 小时(3600 秒)和 1 天 (86 400 秒)。
- Location：ResponseCacheLocation 的可取值之一，其他可取值有 Any、Client 或 None，用于设置 cache-control HTTP 响应头。
- NoStore：如果为 true，就忽略 Duration 和 Location 参数，并把 cache-control HTTP 响应头设置为 no-store。

下面看一个例子。

(1) 在 HomeController.cs 中，为 Index 方法添加一个特性，在浏览器或服务器和浏览器之间的任何代理上缓存响应 10 秒，如下面突出显示的代码所示：

```
[ResponseCache(Duration = 10 /* seconds */,
  Location = ResponseCacheLocation.Any)]
public IActionResult Index()
```

(2) 在视图中，在首页打开 Index.cshtml，并在 Welcome 标题后添加一个段落，以长格式输出当前时间，以包含秒，如下所示：

```
<p class="alert alert-primary">@DateTime.Now.ToLongTimeString()</p>
```

(3) 启动网站。

(4) 注意首页上的时间。

(5) 单击 Register 以离开首页。

(6) 单击 Home 并注意首页上的时间是相同的，因为使用的是页面的缓存版本。

(7) 单击 Register。至少等 10 秒。

(8) 单击 Home 并注意时间现在已经更新。

(9) 单击 Log in，输入电子邮件和密码，然后单击 Log in。

(10) 注意首页上的时间。

(11) 单击 Privacy。

(12) 单击 Home 并注意页面没有被缓存。

(13) 查看控制台并注意解释缓存已经被覆盖的警告消息，因为访问者已经登录，在这个场景中，ASP.NET Core 使用防伪令牌，它们不应该被缓存，如以下输出所示：

```
warn: Microsoft.AspNetCore.Antiforgery.DefaultAntiforgery[8]
      The 'Cache-Control' and 'Pragma' headers have been overridden
and set to 'no-cache, no-store' and 'no-cache' respectively to prevent
caching of this response. Any response that uses antiforgery should not
be cached.
```

(14) 关闭 Chrome 浏览器，然后关闭 Web 服务器。

14.3.11　使用输出缓存

在某些方面，输出缓存类似于响应缓存。输出缓存能够在服务器上存储动态生成的响应，这样就不需要为另外一个请求重新生成响应。这能够提高性能。

1. 对端点使用输出缓存

下面在一个非常简单的示例中，将输出缓存应用到一些端点，确保输出缓存能够正常工作：

(1) 在 Northwind.Mvc 项目的 Program.cs 文件中，在 AddNorthwindContext 调用的后面添加语句，以添加输出缓存中间件，并覆盖默认的过期时间，将其改为 10 秒，如下面突出显示的代码所示：

```
builder.Services.AddNorthwindContext();

builder.Services.AddOutputCache(options =>
{
    options.DefaultExpirationTimeSpan = TimeSpan.FromSeconds(10);
});
```

最佳实践：

默认过期时间是 1 分钟。应该认真思考自己应该使用多长的过期时间。

(2) 在 Program.cs 中，在映射控制器的调用之前，添加语句以使用输出缓存，如下面突出显示的代码所示：

```
app.UseOutputCache();

app.MapControllerRoute(
    name: "default",
    pattern: "{controller=Home}/{action=Index}/{id?}");
```

(3) 在 Program.cs 中，在映射 Razor Pages 的调用之后，添加语句以创建两个简单的端点，让它们响应纯文本，其中一个端点不被缓存，另一个端点使用输出缓存，如下面突出显示的代码所示：

```
app.MapRazorPages();

app.MapGet("/notcached", () => DateTime.Now.ToString());
app.MapGet("/cached", () => DateTime.Now.ToString()).CacheOutput();
```

(4) 在 appsettings.Development.json 中，为输出缓存中间件添加一个 Information 日志级别，如下面突出显示的代码所示：

```
{
  "Logging": {
    "LogLevel": {
      "Default": "Information",
      "Microsoft.AspNetCore": "Warning",
      "Microsoft.AspNetCore.OutputCaching": "Information"
    }
  }
}
```

(5) 启动 Northwind.Mvc 网站项目，并调整浏览器窗口和命令提示符或终端窗口，以便能够同时看到它们。

(6) 在浏览器中，导航到 https://localhost:5001/notcached，注意命令行或终端中没有任何输出。

(7) 在浏览器中，多次单击 Refresh 按钮，注意时间总是会更新，因为它不是从输出缓存中提取的。

(8) 在浏览器中，导航到 https://localhost:5001/cached，注意控制台或终端窗口中输出了消息，指出你请求了缓存的资源，但输出缓存中现在没有任何内容，所以它现在缓存了输出，如下所示：

```
info: Microsoft.AspNetCore.OutputCaching.OutputCacheMiddleware[7]
      No cached response available for this request.
info: Microsoft.AspNetCore.OutputCaching.OutputCacheMiddleware[9]
      The response has been cached.
```

(9) 在浏览器中，多次单击 Refresh 按钮，注意时间没有更新，并且输出缓存消息会告诉你，值是从缓存中提取的，如下所示：

```
info: Microsoft.AspNetCore.OutputCaching.OutputCacheMiddleware[5]
      Serving response from cache.
```

(10) 继续刷新，10 秒后，注意输出到命令行或终端的消息指出，被缓存的输出已被更新。

(11) 关闭浏览器，然后关闭 Web 服务器。

2. 为 MVC 视图使用输出缓存

现在看看如何为 MVC 视图使用输出缓存：

(1) 在 Views\Home 文件夹的 ProductDetail.cshtml 文件中，添加一个<div>显示当前时间，如下所示：

```
<h2>Product Detail</h2>
<p class="alert alert-success">@DateTime.Now.ToLongTimeString()</p>
```

(2) 启动 Northwind.Mvc 网站项目，并调整浏览器窗口和命令提示符或终端窗口，以便能够同时看到它们。

(3) 在首页上向下滚动，然后选择一个产品。

(4) 在产品详细信息页面上，注意当前的时间，然后刷新页面，注意时间每秒都会更新。

(5) 关闭浏览器，然后关闭 Web 服务器。

(6) 在 Program.cs 中，在映射控制器的调用的末尾，添加对 CacheOutput 方法的调用，如下面突出显示的代码所示：

```
app.MapControllerRoute(
    name: "default",
    pattern: "{controller=Home}/{action=Index}/{id?}")
  .CacheOutput();
```

(7) 启动 Northwind.Mvc 网站项目，并调整浏览器窗口和命令提示符或终端窗口，以便能够同时看到它们。

(8) 在首页上向下滚动，选择一个产品，注意产品详细信息不在输出缓存中，所以会执行 SQL 命令以获取数据。然后，当 Razor 视图生成页面后，会把该页面存储到缓存中，如下所示：

```
info: Microsoft.AspNetCore.OutputCaching.OutputCacheMiddleware[7]
      No cached response available for this request.
dbug: 20/09/2022 17:23:02.402 RelationalEventId.CommandExecuting[20100]
(Microsoft.EntityFrameworkCore.Database.Command)

      Executing DbCommand [Parameters=[@__id_0='?' (DbType = Int32)],
CommandType='Text', CommandTimeout='30']
      SELECT "p"."ProductId", "p"."CategoryId", "p"."Discontinued",
"p"."ProductName", "p"."QuantityPerUnit", "p"."ReorderLevel",
"p"."SupplierId", "p"."UnitPrice", "p"."UnitsInStock",
"p"."UnitsOnOrder", "c"."CategoryId", "c"."CategoryName",
"c"."Description", "c"."Picture"
      FROM "Products" AS "p"
      LEFT JOIN "Categories" AS "c" ON "p"."CategoryId" =
"c"."CategoryId"
      WHERE "p"."ProductId" = @__id_0
      LIMIT 2
info: Microsoft.EntityFrameworkCore.Database.Command[20101]
      Executed DbCommand (7ms) [Parameters=[@__id_0='?' (DbType =
Int32)], CommandType='Text', CommandTimeout='30']
      SELECT "p"."ProductId", "p"."CategoryId", "p"."Discontinued",
"p"."ProductName", "p"."QuantityPerUnit", "p"."ReorderLevel",
"p"."SupplierId", "p"."UnitPrice", "p"."UnitsInStock",
"p"."UnitsOnOrder", "c"."CategoryId", "c"."CategoryName",
"c"."Description", "c"."Picture"
```

```
        FROM "Products" AS "p"
        LEFT JOIN "Categories" AS "c" ON "p"."CategoryId" =
"c"."CategoryId"
        WHERE "p"."ProductId" = @__id_0
        LIMIT 2
info: Microsoft.AspNetCore.OutputCaching.OutputCacheMiddleware[9]
        The response has been cached.
```

(9) 在产品详细信息页面中，注意当前时间，然后刷新页面，注意整个页面(包括时间和产品详细信息数据)是从输出缓存中提取的，如下所示：

```
info: Microsoft.AspNetCore.OutputCaching.OutputCacheMiddleware[5]
        Serving response from cache.
```

(10) 继续刷新，10 秒后，注意此时会从数据库重新生成页面，并显示当前时间。

(11) 在浏览器地址栏中，将产品 ID 修改为 1~77 的一个值，以便请求一个不同的产品。注意时间是最新的，说明为该产品 ID 创建了一个新的缓存版本，这是因为 ID 是相对路径的一部分。

(12) 刷新浏览器，注意时间已被缓存(整个页面也被缓存)。

(13) 在浏览器地址栏中，将产品 ID 修改为 1~77 的一个值，以便请求一个不同的产品。注意时间是最新的，说明为该产品 ID 创建了一个新的缓存版本，这是因为 ID 是相对路径的一部分。

(14) 在浏览器地址栏中，将产品 ID 改回之前的 ID，注意看到的仍然是缓存的页面，显示的时间是上一个页面第一次添加到输出缓存时的时间。

(15) 关闭浏览器，然后关闭 Web 服务器。

3. 根据查询字符串改变缓存的数据

如果相对路径中的值不同，则输出缓存机制会自动将请求视为一个不同的资源，并为每个请求缓存不同的副本，包括查询字符串参数的差异。考虑下面的 URL：

https://localhost:5001/Home/ProductDetail/12

https://localhost:5001/Home/ProductDetail/29

https://localhost:5001/Home/ProductDetail/12?color=red

https://localhost:5001/Home/ProductDetail/12?color=blue

这 4 个请求会有各自页面的缓存副本。如果查询字符串参数对于生成的页面没有影响，则这是一种浪费。

下面看看如何解决这个问题。我们首先禁用根据查询字符串参数值改变缓存的功能，然后实现一种使用查询字符串参数的页面功能：

(1) 在 Program.cs 中，在 AddOutputCache 的调用中，将默认过期时间增加到 20 秒，然后添加一条定义命名策略的语句，以禁用根据查询字符串参数改变缓存的功能，如下所示：

```
builder.Services.AddOutputCache(options =>
{
    options.DefaultExpirationTimeSpan = TimeSpan.FromSeconds(20);
    options.AddPolicy("views", p => p.VaryByQuery(""));
});
```

(2) 在 Program.cs 中，在为 MVC 调用的 CacheOutput 中，指定命名策略，如下所示：

```
app.MapControllerRoute(
    name: "default",
```

```
        pattern: "{controller=Home}/{action=Index}/{id?}")
    .CacheOutput("views");
```

(3) 在 ProductDetail.cshtml 中，修改输出当前时间的<p>，以基于 ViewData 字典中存储的值来设置警告样式，如下面突出显示的代码所示：

```
<p class="alert alert-@ViewData["alertstyle"]">
    @DateTime.Now.ToLongTimeString()</p>
```

(4) 在 Controllers 文件夹下的 HomeController.cs 文件的 ProductDetail 操作方法中，将查询字符串的值存储到 ViewData 字典中，如下所示：

```
public async Task<IActionResult> ProductDetail(int? id,
  string alertstyle = "success")
{
  ViewData["alertstyle"] = alertstyle;
```

(5) 启动 Northwind.Mvc 网站项目，并调整浏览器窗口和命令提示符或终端窗口，以便能够同时看到它们。

(6) 在首页上向下滚动，选择一个产品，注意警告的颜色会变为绿色，这是因为 alertstyle 的默认值是 success。

(7) 在浏览器的地址栏中，追加查询字符串参数?alertstyle=warning，注意它会被忽略，因为现在返回的是同一缓存的页面。

(8) 在浏览器地址栏中，将产品 ID 修改为 1~77 的一个值，以便请求一个不同的产品，并追加查询字符串参数?alertstyle=warning，注意警告现在显示为黄色，因为这个请求被当作一个新请求。

(9) 在浏览器的地址栏中，追加查询字符串参数?alertstyle=info，注意它会被忽略，因为现在返回的是同一缓存的页面。

(10) 关闭浏览器，然后关闭 Web 服务器。

(11) 在 Program.cs 中，在 AddOutputCache 调用下的 AddPolicy 调用中，将 alertstyle 设置为根据查询字符串参数发生变化的唯一命名参数，如下所示：

```
builder.Services.AddOutputCache(options =>
{
  options.DefaultExpirationTimeSpan = TimeSpan.FromSeconds(20);
  options.AddPolicy("views", p => p.VaryByQuery("alertstyle"));
});
```

(12) 启动 Northwind.Mvc 网站项目，重复上面的步骤，确认针对不同 alertstyle 值发出的请求有自己的缓存副本，但是其他任何查询字符串参数会被忽略。

还有其他许多方式可以改变输出缓存的缓存结果，并且 ASP.NET Core 团队计划在将来添加更多的功能。

14.4　查询数据库和使用显示模板

下面创建一个新的操作方法，可以向它传递一个查询字符串参数，并使用这个参数查询 Northwind 示例数据库中成本高于指定价格的产品。

前面的例子定义了一个视图模型，其中包含了需要在视图中呈现的每个值的属性。这个示例中有两个值，即一个产品列表和访问者输入的价格。为了避免必须为视图模型定义一个类或记录，将产品列表传递为模型，并将最高价格存储在 ViewData 集合中。

下面实现这个特性。

(1) 在 HomeController 类中导入 Microsoft.EntityFrameworkCore 名称空间，因为需要使用 Include 扩展方法以包括相关实体，参见第 10 章。

(2) 添加一个新的操作方法，如下所示：

```
public IActionResult ProductsThatCostMoreThan(decimal? price)
{
    if (!price.HasValue)
    {
        return BadRequest("You must pass a product price in the query string,
        for example, /Home/ProductsThatCostMoreThan?price=50");
    }

    IEnumerable<Product> model = db.Products
        .Include(p => p.Category)
        .Include(p => p.Supplier)
        .Where(p => p.UnitPrice > price);

    if (!model.Any())
    {
        return NotFound(
          $"No products cost more than {price:C}.");
    }

    ViewData["MaxPrice"] = price.Value.ToString("C");

    return View(model); // pass model to view
}
```

(3) 在 Views/Home 文件夹中添加新文件 ProductsThatCostMoreThan.cshtml。

(4) 修改这个文件中的内容，如下所示：

```
@using Packt.Shared
@model IEnumerable<Product>
@{
  string title =
    "Products That Cost More Than " + ViewData["MaxPrice"];
  ViewData["Title"] = title;
}
<h2>@title</h2>
@if (Model is null)
{
  <div>No products found.</div>
}
else
{
  <table class="table">
    <thead>
      <tr>
```

```
            <th>Category Name</th>
            <th>Supplier's Company Name</th>
            <th>Product Name</th>
            <th>Unit Price</th>
            <th>Units In Stock</th>
        </tr>
    </thead>
    <tbody>
    @foreach (Product p in Model)
    {
      <tr>
        <td>
            @Html.DisplayFor(modelItem => p.Category.CategoryName)
        </td>
        <td>
            @Html.DisplayFor(modelItem => p.Supplier.CompanyName)
        </td>
        <td>
            @Html.DisplayFor(modelItem => p.ProductName)
        </td>
        <td>
            @Html.DisplayFor(modelItem => p.UnitPrice)
        </td>
        <td>
            @Html.DisplayFor(modelItem => p.UnitsInStock)
        </td>
        </tr>
        }
        <tbody>
    </table>
}
```

(5) 在 Views/Home 文件夹中打开 Index.cshtml 文件。

(6) 在访客人数的下方、产品标题及产品列表的上方添加\<form\>元素，从而为用户提供用来输入价格的表单。然后，用户可以单击 Submit 按钮，调用操作方法，仅显示成本高于输入价格的产品:

```
<h3>Query products by price</h3>
<form asp-action="ProductsThatCostMoreThan" method="GET">
    <input name="price" placeholder="Enter a product price" />
    <input type="submit" />
</form>
```

(7) 启动网站。

(8) 在首页上，在表单中输入价格(如 50)，然后单击 Submit。

(9) 结果将显示成本高于所输入价格的所有产品，如图 14.9 所示。

(10) 关闭 Chrome 浏览器，然后关闭 Web 服务器。

图 14.9　成本高于 50 英镑的产品

14.5　使用异步任务提高可伸缩性

在构建桌面应用或移动应用时，可使用多个任务(及其底层线程)来提高响应能力，因为当一个线程忙于任务时，另一个线程可以处理与用户的交互。

任务及其线程在服务器端也很有用，特别是对于处理文件的网站，或从存储或 Web 服务中请求数据(可能需要一段时间才能响应)时。但它们对复杂的计算不利，因为这些计算会受 CPU 的限制，可以像平常那样对它们进行同步处理。

当 HTTP 请求到达 Web 服务器时，就从线程池中分配线程来处理请求。但如果线程必须等待资源，就阻止处理其他任何传入的请求。如果一个网站同时收到的请求数多于线程池中的线程数，其中一些请求将响应服务器超时错误 503 Service Unavailable。

被锁住的线程无法进行有效工作。它们可以处理其他请求，但前提是网站实现了异步代码。

每当线程在等待需要的资源时，就可以返回线程池并处理不同的传入请求，从而提高网站的可伸缩性。也就是说，增加网站可以同时处理的请求数量。

为什么不创建更大的线程池呢？在现代操作系统中，线程池中的每个线程都有 1 MB 大小的堆栈。异步方法使用的内存较少，并且消除了在线程池中创建新线程的需求，而创建新线程需要时间。向线程池中添加新线程的速度通常为每两秒添加一个，与在异步线程之间切换相比，时间有些太长了。

 最佳实践：
应使控制器的动作方法异步。

使控制器的操作方法异步

很容易就能使现有的操作方法异步。

(1) 在 HomeController.cs 中，将 Index 操作方法修改为异步的，等待调用异步方法获取类别和产品，如下面突出显示的代码所示：

```
[ResponseCache(Duration = 10, Location = ResponseCacheLocation.Any)]
public async Task<IActionResult> Index()
{
    _logger.LogError("This is a serious error (not really!)");
    _logger.LogWarning("This is your first warning!");
    _logger.LogWarning("Second warning!");
    _logger.LogInformation("I am in the Index method of the
    HomeController.");

    HomeIndexViewModel model = new
    (
        VisitorCount: Random.Shared.Next(1, 1001),
        Categories: await db.Categories.ToListAsync(),
        Products: await db.Products.ToListAsync()
    );

    return View(model); // pass model to view
}
```

(2) 以类似的方式修改 ProductDetail 操作方法，如下面突出显示的代码所示：

```
public async Task<IActionResult> ProductDetail(int? id)
```

(3) 在 ProductDetail 操作方法中，等待异步方法获取产品，如下面突出显示的代码所示：

```
Product? model = await db.Products
    .SingleOrDefaultAsync(p => p.ProductId == id);
```

(4) 启动网站。

(5) 注意网站的功能是相同的，但现在可以更好地扩展。

(6) 关闭 Chrome 浏览器，然后关闭 Web 服务器。

14.6　实践与探索

你可以通过回答一些问题来测试自己对知识的理解程度，进行一些实践，并深入探索本章涵盖的主题。

14.6.1　练习 14.1：测试你掌握的知识

回答下列问题。

(1) Views 文件夹中具有特殊名称 _ViewStart 和 _ViewImports 的文件有什么作用？

(2) ASP.NET Core MVC 默认路由中定义的三个段的名称是什么，代表什么，哪些是可选的？

(3) 默认的模型绑定程序会做什么？可以处理哪些数据类型？

(4) 在共享布局文件(如_layout.cshtml)中，如何输出当前视图的内容？

(5) 在共享布局文件(如_layout.cshtml)中，如何输出当前视图可以为其提供内容的段？当前视图如何为段提供内容？

(6) 在控制器的操作方法中调用 View 方法时，按照约定搜索视图时的路径是什么？

(7) 如何指示访问者的浏览器将响应缓存 24 小时？

(8) 即使自己没有创建 Razor Pages，也需要启用 Razor Pages，为什么？

(9) ASP.NET Core MVC 如何识别可以充当控制器的类？

(10) ASP.NET Core MVC 在哪些方面可使测试网站更容易？

14.6.2　练习 14.2：通过实现类别详细信息页面练习实现 MVC

Northwind.Mvc 项目的首页上会显示类别，但是当单击 View 按钮时，网站会返回 404 Not Found 错误。例如，对于以下 URL：

```
https://localhost:5001/category/1
```

请添加显示类别详细信息的页面以扩展 Northwind.Mvc 项目。

14.6.3　练习 14.3：理解和实现异步操作方法以提高可伸缩性

大约 10 年前，Stephen Cleary 为 MSDN Magzine 撰写了一篇优秀的文章，解释了为 ASP.NET 实现异步操作方法后对可伸缩性带来的好处。同样的原则也适用于 ASP.NET Core，甚至效果更好，因为与那篇文章中描述的旧版本的 ASP.NET 不同，ASP.NET Core 支持异步过滤器和其他组件。

可通过如下链接阅读相关文章：

```
https://docs.microsoft.com/en-us/archive/msdn-magazine/2014/october/async-programming-
introduction-to-async-await-on-asp-net
```

14.6.4　练习 14.4：对 MVC 控制器进行单元测试

控制器是运行网站业务逻辑的地方，所以使用单元测试来测试逻辑的正确性是很重要的，参见第 4 章。

为 HomeController 编写一些单元测试。

最佳实践：

可以通过以下链接阅读更多关于如何对控制器进行单元测试的内容：https://docs. microsoft.com/en-us/aspnet/core/mvc/controllers/testing。

14.6.5　练习 14.5：探索主题

可通过以下链接来阅读本章所涉及主题的更多细节：https://github.com/markjprice/cs11dotnet7/blob/main/book-links.md#chapter-14---building-websites-using-the-model-view-controller-pattern。

14.7　本章小结

本章学习了如何以一种易于进行单元测试的方式构建大型、复杂的网站，方法是通过注册和注入依赖服务(如数据库上下文和日志记录器)，并通过使用 ASP.NET Core MVC 更方便地管理程序员团队。你了解了：

- 配置
- 身份验证
- 路由
- 模型
- 视图
- 控制器

第 15 章将学习如何构建和使用将 HTTP 用作通信层的服务，也就是 Web 服务。

构建和消费 Web 服务

本章介绍如何使用 ASP.NET Core Web API 构建 Web 服务(也称为 HTTP 或 REST 服务),以及如何使用 HTTP 客户端消费 Web 服务,这些 HTTP 客户端可以是其他任何类型的.NET 应用,包括网站、桌面应用或移动应用。

本章假设读者已掌握第 10 章和第 12~14 章介绍的知识及技能。

本章涵盖以下主题:
- 使用 ASP.NET Core Web API 构建 Web 服务
- 记录和测试 Web 服务
- 使用 HTTP 客户端消费 Web 服务
- 实现 Web 服务的高级功能(在线小节)
- 使用最小 API 构建 Web 服务

15.1 使用 ASP.NET Core Web API 构建 Web 服务

在构建现代 Web 服务之前,我们先介绍一些背景知识。

15.1.1 理解 Web 服务缩写词

虽然 HTTP 最初的设计目的是使用 HTML 和其他资源发出请求,做出响应,供人们查看,但 HTTP 也很适合构建服务。

Roy Fielding 在自己的博士论文中描述了 REST(Representational State Transfer,具象状态转移)体系结构风格,他认为 HTTP 对于构建服务非常有用,因为 HTTP 定义了以下内容:

- 可唯一标识资源的 URI,如 https://localhost:5001/api/products/23。
- 对这些资源执行常见任务的方法,如 GET、POST、PUT 和 DELETE。
- 能够协商在请求和响应中交换的内容的媒体类型,如 XML 和 JSON。当客户端指定请求头(如 Accept:application/xml,*/*;q=0.8)时,就会发生内容协商。ASP.NET Core Web API 使用的默认响应格式是 JSON,这意味着其中一种响应头是 Content-Type:application/json;charset=utf-8。

Web 服务使用 HTTP 通信标准，因此它们有时被称为 HTTP 或 RESTful 服务。HTTP 或 RESTful 服务是本章要重点介绍的内容。

15.1.2 理解 Web API 的 HTTP 请求和响应

HTTP 定义了请求的标准类型和表示响应类型的标准代码。它们中的大多数都可用于实现 Web API 服务。

最常见的请求类型是 GET，用来检索由唯一路径标识的资源，还有一些额外选项(如什么媒体类型是可接受的)被设置为请求头，如 Accept，如下所示：

```
GET /path/to/resource
Accept: application/json
```

常见的响应包括成功和多种类型的失败，如表 15.1 所示。

表 15.1 状态码

状态码	描述
101 Switching Protocols	请求方请求服务器切换协议，并且服务器已经同意。例如，为了实现更高效的通信，从 HTTP 切换到 WS (WebSockets)是很常见的

103 Early Hints	用于传递一些提示，为客户端处理最终的响应做准备。例如，在为一个使用样式表和 JavaScript 文件的 Web 页面返回标准的 200 OK 响应之前，服务器可能先发送下面的响应：
	`HTTP/1.1 103 Early Hints`
	`Link: </style.css>; rel=preload; as=style`
	`Link: </script.js>; rel=preload; as=script`

200 OK	路径正确形成，资源被成功找到，序列化为可接受的媒体类型，然后在响应体中返回。响应头指定 Content-Type、Content-Length 和 Content-Encoding，如 GZIP
301 Moved Permanently	随着时间的推移，Web 服务可能会改变其资源模型，包括用于标识现有资源的路径。Web 服务可通过返回此状态码和具有新路径的响应头 Location 来指示新路径
302 Found	与 301 相似
304 Not Modified	如果请求包含 If-Modified-Since 头，那么 Web 服务可以用这个状态码来响应。响应体为空，因为客户端应该使用其缓存的资源副本
400 Bad Request	该请求无效，例如，为产品使用了一个需要整数 ID 的路径，但没有提供 ID 值
401 Unauthorized	请求有效，资源已找到，但客户端没有提供凭据或没有被授权访问该资源。例如，通过添加或更改 Authorization 请求头，重新验证身份可以启用访问
403 Forbidden	请求有效，资源已找到，但客户端没有权限访问该资源。重新验证身份无法解决该问题
404 Not Found	请求有效，但没有找到资源。如果稍后重复请求，可能会找到资源。要表示资源永远找不到，需返回 410 Gone
406 Not Acceptable	请求的 Accept 报头中只列出了 Web 服务不支持的媒体类型。例如，客户端请求 JSON，但 Web 服务只能返回 XML
451 Unavailable for Legal Reasons	美国的网站可能对来自欧洲的请求返回这个状态代码，以避免遵守通用数据保护条例 (GDPR)。这个数字是根据小说 Fahrenheit 451 选择的。在该小说中，书籍被禁止和焚烧
500 Server Error	请求有效，但是服务器端在处理请求时出错。稍后再试可能会有效
503 Service Unavailable	Web 服务繁忙，无法处理请求。稍后再试可能会有效

其他常见的 HTTP 请求类型包括 POST、PUT、PATCH 或 DELETE，用于创建、修改或删除资源。

要创建新资源，可以用包含新资源的请求体发出 POST 请求，代码如下所示：

```
POST /path/to/resource
Content-Length: 123
Content-Type: application/json
```

要创建新的资源或更新现有资源，可以发出 PUT 请求，在请求体中包含现有资源的全新版本，如果资源不存在，就创建它，或者如果它存在，就取代它(有时称为 upsert 操作)，如以下代码所示：

```
PUT /path/to/resource
Content-Length: 123
Content-Type: application/json
```

为了更有效地更新现有的资源，可以发出 PATCH 请求，在请求体中包含一个对象，该对象只包含需要更改的属性，代码如下所示：

```
PATCH /path/to/resource
Content-Length: 123
Content-Type: application/json
```

要删除现有的资源，可以发出 DELETE 请求，代码如下所示：

```
DELETE /path/to/resource
```

除了表 15.1 中显示的 GET 请求的响应，所有类型的创建、修改或删除资源的请求都有其他可能的公共响应，如表 15.2 所示。

表 15.2　其他可能的公共响应

状态码	描述
201 Created	新资源创建成功，响应头 Location 包含了它的路径，响应体包含了新创建的资源。立即用 GET 获取资源应该返回 200
202 Accepted	新资源不能立即创建，因此请求要排队，等待后续处理，立即用 GET 获取资源可能会返回 404。请求体可以包含指向某种形式的状态检查器的资源，或者对资源何时可用的估计
204 No Content	通常用于响应 DELETE 请求，因为在删除资源后在响应体中返回资源通常没有意义！如果客户端不需要确认请求是否正确处理，则此状态码有时用于响应 POST、PUT 或 PATCH 请求
405 Method Not Allowed	当请求使用了不支持的方法时返回。例如，设计为只读的 Web 服务可能显式地禁止 PUT、DELETE 等
415 Unsupported Media Type	当请求体中的资源使用 Web 服务不能处理的媒体类型时返回。例如，请求体包含 XML 格式的资源，但 Web 服务只能处理 JSON 格式的资源

15.1.3　创建 ASP.NET Core Web API 项目

下面构建一个 Web 服务，这个 Web 服务提供可以使用 ASP.NET Core 处理 Northwind 示例数据库中的数据，并且使数据可以供任何平台上的任何客户端应用程序使用，既可以发出 HTTP 请求，也可以接收 HTTP 响应。

(1) 使用自己喜欢的代码编辑器打开 PracticalApps 解决方案/工作区，然后添加一个新项目，如下所示。

- 项目模板：ASP.NET Core Web API / webapi
- 工作区/解决方案文件和文件夹：PracticalApps
- 项目文件和文件夹：Northwind.WebApi

> **更多信息：**
> 如果使用的是 Visual Studio 2022，则确认已选择了下列默认值。如果使用的是 Visual Studio Code 和 dotnet new 命令，则下面的值都是默认值，所以不需要在命令中使用开关：
>
> - Authentication Type：None
> - Configure for HTTPS：选中
> - Enable Docker：未选中
> - Use controllers (uncheck to use minimal APIs)：选中
> - Enable OpenAPI support：选中
> - Do not use top-level statements：未选中

在 Visual Studio Code 中，选择 Northwind.WebApi 作为 OmniSharp 的活动项目。

(2) 构建 Northwind.WebApi 项目。

(3) 在 Controllers 文件夹中，打开并查看 WeatherForecastController.cs，代码如下所示：

```
using Microsoft.AspNetCore.Mvc;

namespace Northwind.WebApi.Controllers;

[ApiController]
[Route("[controller]")]
public class WeatherForecastController : ControllerBase
{
  private static readonly string[] Summaries = new[]
  {
    "Freezing", "Bracing", "Chilly", "Cool", "Mild",
    "Warm", "Balmy", "Hot", "Sweltering", "Scorching"
  };

  private readonly ILogger<WeatherForecastController> _logger;

  public WeatherForecastController(
      ILogger<WeatherForecastController> logger)
  {
    _logger = logger;
  }

  [HttpGet(Name = "GetWeatherForecast")]
  public IEnumerable<WeatherForecast> Get()
  {
```

```
    return Enumerable.Range(1, 5).Select(index => new WeatherForecast
    {
        Date = DateTime.Now.AddDays(index),
        TemperatureC = Random.Shared.Next(-20, 55),
        Summary = Summaries[Random.Shared.Next(Summaries.Length)]
    })
    .ToArray();
  }
}
```

在查看上述代码时，请注意以下事项：

- 这里的 Controller 类继承自 ControllerBase 类。这相比 MVC 中使用的 Controller 类更简单，因为它没有像 View 这样的方法(通过将视图模型传递给 Razor 文件来生成 HTML 响应)。

- [Route]特性用来注册/weatherforecast 相对 URL，以便客户端使用该 URL 发出 HTTP 请求，这些 HTTP 请求将由控制器处理。例如，控制器将处理针对 https://localhost:5001/weatherforecast/的 HTTP 请求。一些开发人员喜欢在控制器名称之前加上 api/，这是在混合项目中区分 MVC 和 Web API 的一种约定。如果像这里这样使用[controller]，它会使用类名中 Controller 之前的字符，在本例中是 WeatherForecast。也可以简单地输入没有方括号的不同名称，如[Route("api/forecast")]。

> **最佳实践：**
> 像这样使用字面值字符串指定路由不是一种好方法。这里这么做，只是为了让示例保持简单。在实践中，更好的方法是定义一个包含字符串常量的静态类，然后使用该类中的常量。这样，如果将来需要修改路由，就可以在一个集中的位置进行修改。

- ASP.NET Core 2.1 引入了[ApiController]特性，以支持特定于 REST 的控制器行为，比如针对无效模型的自动 HTTP 400 响应。

- [HttpGet]特性用来在 Controller 类中注册 Get 方法以响应 HTTP GET 请求，可使用共享的 Random 对象返回一个 WeatherForecast 对象数组，其中包含随机温度和总结信息，例如用于未来五天天气的 Bracing 或 Balmy。

(4) 在 WeatherForecastController.cs 中，添加另一个 Get 方法，以指定预报应该提前多少天，具体操作如下：

1) 在原有 Get 方法的上方添加注释，以显示响应的 GET 和 URL 路径。

2) 添加一个带有整型参数 days 的新方法。

3) 剪切原有 Get 方法的实现代码并粘贴到新的 Get 方法中。之所以剪切，是因为我们需要将原方法的语句移到新方法中。

4) 修改新的 Get 方法，创建一个 IEnumerable，其中包含要求的天数，然后修改原来的 Get 方法，在其中调用新的 Get 方法并传递值 5。

代码如下所示：

```
// GET /weatherforecast
[HttpGet(Name = "GetWeatherForecastFiveDays")]
public IEnumerable<WeatherForecast> Get() // original method
{
    return Get(days: 5); // five day forecast
```

```
}

// GET /weatherforecast/7
[HttpGet(template: "{days:int}", Name = "GetWeatherForecast")]
public IEnumerable<WeatherForecast> Get(int days) // new method
{
  return Enumerable.Range(1, days).Select(index => new WeatherForecast
  {
      Date = DateTime.Now.AddDays(index),
      TemperatureC = Random.Shared.Next(-20, 55),
      Summary = Summaries[Random.Shared.Next(Summaries.Length)]
  })
  .ToArray();
}
```

更多信息:
请注意在[HttpGet]特性中，路由的模板模式{days:int}已将 days 参数约束为 int 值。

15.1.4　检查 Web 服务的功能

下面测试 Web 服务的功能。

(1) 如果使用的是 Visual Studio，在 Properties 中，打开 launchSettings.json 文件。注意，默认情况下，它会启动浏览器并导航到/swagger 相对 URL 路径，如下面突出显示的代码所示:

```
"profiles": {
  "http": {
    "commandName": "Project",
    "dotnetRunMessages": true,
    "launchBrowser": true,
    "launchUrl": "swagger",
    "applicationUrl": "http://localhost:5000",
    "environmentVariables": {
    "ASPNETCORE_ENVIRONMENT": "Development"
  }
},
  "https": {
    "commandName": "Project",
    "dotnetRunMessages": true,
    "launchBrowser": true,
    "launchUrl": "swagger",
    "applicationUrl": "https://localhost:5001;http://localhost:5000",
    "environmentVariables": {
      "ASPNETCORE_ENVIRONMENT": "Development"
  }
},
```

(2) 修改名为 http 和 https 的配置部分，将 launchBrowser 设置为 false。

(3) 对于 http 和 https 配置部分的 applicationUrl，将 HTTPS 的随机端口号更改为5001，将HTTP 的随机端口号更改为5000。

更多信息：
GitHub 上的解决方案被配置为使用端口 5002，因为本书后面将修改其配置。

(4) 启动 Web 服务项目。

(5) 启动 Chrome。

(6) 导航到 https://localhost:5001/，注意会得到 404 状态码响应。因为没有启用静态文件，也没有 index.html。另外，也没有配置了路由的 MVC 控制器。请记住，这个项目不是为人类查看和交互而设计的，所以这是 Web 服务的预期行为。

(7) 在 Chrome 浏览器中显示 Developer tools。

(8) 导航到 https://localhost:5001/weatherforecast，注意 Web API 服务应该返回一个 JSON 文档，其中包含 5 个随机天气预报对象，如图 15.1 所示。

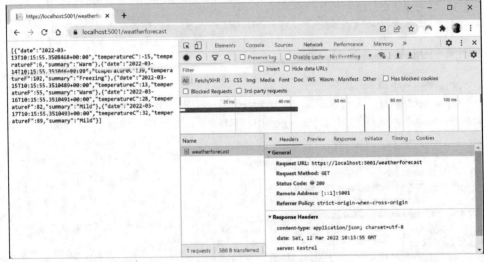

图 15.1　来自天气预报 Web 服务的请求和响应

(9) 关闭 Developer tools。

(10) 导航到 https:/localhost:5001/weatherforecast/14，注意请求两周天气预报时的响应包含 14 个预报对象。

(11) 关闭 Chrome 浏览器，然后关闭 Web 服务器。

15.1.5　为 Northwind 示例数据库创建 Web 服务

与 MVC 控制器不同，Web API 控制器并不通过调用 Razor 视图来返回 HTML 响应供人们在浏览器中查看。相反，它们使用内容协商与发出 HTTP 请求的客户端应用程序进行协商，在 HTTP 响应中返回 XML、JSON 或 X-WWW-FORM-URLENCODED 等格式的数据。

然后，客户端应用程序必须从协商的格式中反序列化数据。现代 Web 服务最常用的格式是 JSON，因为在使用 Angular、React 和 Vue 等客户端技术构建单页面应用程序(SPA)时，JSON 格式非常紧凑，可以与浏览器中的 JavaScript 在本地协同工作。

我们将引用第 12 章为 Northwind 示例数据库创建的 Entity Framework Core 实体数据模型。

(1) 在 Northwind.WebApi 项目中，为 SQLite 或 SQL Server 添加一个对 Northwind.Common. DataContext 项目的引用，如下所示：

```
<ItemGroup>
  <!-- change Sqlite to SqlServer if you prefer -->
  <ProjectReference Include="..\Northwind.Common.DataContext.Sqlite\
  Northwind.Common.DataContext.Sqlite.csproj" />
</ItemGroup>
```

(2) 在 Northwind.WebApi 项目中，全局地、静态地导入 System.Console 类。

(3) 生成 Northwind.WebApi 项目并修复代码中的任何编译错误。

(4) 打开 Program.cs 并导入用于 Web 媒体格式化器和共享 Packt 类的名称空间，代码如下所示：

```
// IOutputFormatter, OutputFormatter
using Microsoft.AspNetCore.Mvc.Formatters;
using Packt.Shared; // AddNorthwindContext extension method
```

(5) 在 Program.cs 中，在调用 AddControllers 之前添加一个语句来注册 Northwind 数据库上下文类(它是使用 SQLite 还是 SQL Server 取决于在项目文件中引用的数据库提供程序)，代码如下所示：

```
builder.Services.AddNorthwindContext();
```

(6) 在对 AddControllers 的调用中，添加一个带有语句的 lambda 块，将默认输出格式化器的名称和支持的媒体类型写入控制台，然后添加用于 XML 序列化的格式化程序，代码如下所示：

```
builder.Services.AddControllers(options =>
{
  WriteLine("Default output formatters:");
  foreach (IOutputFormatter formatter in options.OutputFormatters)
  {
    OutputFormatter? mediaFormatter = formatter as OutputFormatter;
    if (mediaFormatter is null)
    {
      WriteLine($" {formatter.GetType().Name}");
    }
    else // OutputFormatter class has SupportedMediaTypes
    {
      WriteLine(" {0}, Media types: {1}",
          arg0: mediaFormatter.GetType().Name,
          arg1: string.Join(", ", mediaFormatter.SupportedMediaTypes));
    }
  }
})
.AddXmlDataContractSerializerFormatters()
.AddXmlSerializerFormatters();
```

(7) 启动 Web 服务。

(8) 在命令提示符或终端中，注意有 4 个默认的输出格式化程序，包括将 null 值转换为 204 No Content 的格式化程序以及支持纯文本、字节流和 JSON 响应的格式化程序，如下所示：

```
Default output formatters:
   HttpNoContentOutputFormatter
   StringOutputFormatter, Media types: text/plain
   StreamOutputFormatter
   SystemTextJsonOutputFormatter, Media types: application/json, text/
json, application/*+json
```

(8) 关闭 Web 服务器。

15.1.6　为实体创建数据存储库

定义和实现数据存储库以提供 CRUD 操作是很好的实践。CRUD 这个首字母缩略词包括以下操作：

- C 代表创建(Create)
- R 表示检索(Retrieve)或读取(Read)
- U 表示更新(Update)
- D 代表删除(Delete)

下面为 Northwind 示例数据库中的 Customers 表创建数据存储库。Customers 表中只有 91 个客户，因此可在内存中存储整个表的副本，以提高读取客户记录时的可伸缩性和性能。

最佳实践：
在真实的 Web 服务中，应该使用分布式缓存，如 Redis(一种开源的数据结构存储，可以用作高性能和高可用的数据库、缓存或消息代理)。

这里将遵循现代的良好实践，使存储库 API 异步化。存储库 API 可使用 Controller 类通过构造函数参数注入技术进行实例化，因此下面创建一个新的 Controller 实例来处理每个 HTTP 请求。

(1) 在 Northwind.WebApi 项目中创建 Repositories 文件夹。

(2) 在 Repositories 文件夹中添加接口文件和类文件：ICustomerRepository.cs 和 CustomerRepository.cs。

(3) 在 ICustomerHistory.cs 文件中，为 ICustomerRepository 接口定义 5 个 CRUD 方法，如下所示：

```csharp
using Packt.Shared; // Customer

namespace Northwind.WebApi.Repositories;

public interface ICustomerRepository
{
    Task<Customer?> CreateAsync(Customer c);
    Task<IEnumerable<Customer>> RetrieveAllAsync();
    Task<Customer?> RetrieveAsync(string id);
    Task<Customer?> UpdateAsync(string id, Customer c);
    Task<bool?> DeleteAsync(string id);
}
```

(4) 在 CustomerRepository.cs 中，让 CustomerRepository 类实现上面定义的 5 个方法，记住，其中使用 await 的方法必须标记为 async，如下所示：

```csharp
using Microsoft.EntityFrameworkCore.ChangeTracking; // EntityEntry<T>
using Packt.Shared; // Customer
using System.Collections.Concurrent; // ConcurrentDictionary

namespace Northwind.WebApi.Repositories;

public class CustomerRepository : ICustomerRepository
{
    // Use a static thread-safe dictionary field to cache the customers.
    private static ConcurrentDictionary<string, Customer>? customersCache;

    // Use an instance data context field because it should not be
    // cached due to the data context having internal caching.
    private NorthwindContext db;

    public CustomerRepository(NorthwindContext injectedContext)
    {
        db = injectedContext;

        // Pre-Load customers from database as a normal
        // Dictionary with CustomerId as the key,
        // then convert to a thread-safe ConcurrentDictionary.
        if (customersCache is null)
        {
            customersCache = new ConcurrentDictionary<string, Customer>(
                db.Customers.ToDictionary(c => c.CustomerId));
        }
    }
    public async Task<Customer?> CreateAsync(Customer c)
    {
        // Normalize CustomerId into uppercase.
        c.CustomerId = c.CustomerId.ToUpper();
        // Add to database using EF Core.
        EntityEntry<Customer> added = await db.Customers.AddAsync(c);
        int affected = await db.SaveChangesAsync();
        if (affected == 1)
        {
            if (customersCache is null) return c;
            // If the customer is new, add it to cache, else
            // call UpdateCache method.
            return customersCache.AddOrUpdate(c.CustomerId, c, UpdateCache);
        }
        else
        {
            return null;
        }
    }

    public Task<IEnumerable<Customer>> RetrieveAllAsync()
    {
        // For performance, get from cache.
        return Task.FromResult(customersCache is null
            ? Enumerable.Empty<Customer>() : customersCache.Values);
    }
}
```

```csharp
public Task<Customer?> RetrieveAsync(string id)
{
  // For performance, get from cache.
  id = id.ToUpper();
  if (customersCache is null) return null!;
  customersCache.TryGetValue(id, out Customer? c);
  return Task.FromResult(c);
}

private Customer UpdateCache(string id, Customer c)
{
  Customer? old;
  if (customersCache is not null)
  {
    if (customersCache.TryGetValue(id, out old))
    {
      if (customersCache.TryUpdate(id, c, old))
      {
        return c;
      }
    }
  }
  return null!;
}

public async Task<Customer?> UpdateAsync(string id, Customer c)
{
  // Normalize customer Id.
  id = id.ToUpper();
  c.CustomerId = c.CustomerId.ToUpper();
  // Update in database.
  db.Customers.Update(c);
  int affected = await db.SaveChangesAsync();
  if (affected == 1)
  {
    // update in cache
    return UpdateCache(id, c);
  }
  return null;
}

public async Task<bool?> DeleteAsync(string id)
{
  id = id.ToUpper();
  // Remove from database.
  Customer? c = db.Customers.Find(id);
  if (c is null) return null;
  db.Customers.Remove(c);
  int affected = await db.SaveChangesAsync();
  if (affected == 1)
  {
    if (customersCache is null) return null;
    // Remove from cache.
```

```
        return customersCache.TryRemove(id, out c);
    }
    else
    {
        return null;
    }
    }
}
```

15.1.7　实现 Web API 控制器

对于返回数据(而不是 HTML)的控制器来说，有一些特性和方法非常有用。

对于 MVC 控制器，像/home/index/这样的路由指出了 Controller 类名和操作方法名，如 HomeController 类和 Index 操作方法。

对于 Web API 控制器，像/weatherforecast 这样的路由指出了 Controller 类名，如 WeatherForecastController。为了确定要执行的操作方法，必须将 HTTP 方法(如 GET 和 POST)映射到 Controller 类中的方法。

我们应该使用以下特性装饰 Controller 方法，以指示要响应的 HTTP 方法。

- [HttpGet]和[HttpHead]：响应 GET 或 HEAD 请求以检索资源，并返回资源及响应头，或者只返回响应头。

- [HttpPost]：响应 POST 请求，以创建新资源或执行服务定义的其他操作。

- [HttpPut]和[HttpPatch]：响应 PUT 或 PATCH 请求，可通过替换来更新现有资源或更新现有资源的某些属性。

- [HttpDelete]：响应 DELETE 请求以删除资源。

- [HttpOptions]：响应 OPTIONS 请求。

操作方法的返回类型

操作方法可以返回.NET 类型(如单个字符串值)，返回由类、记录或结构定义的复杂对象，或返回复杂对象的集合。如果注册了合适的序列化器，那么 ASP.NET Core Web API 会自动将它们序列化为 HTTP 请求的 Accept 头中设置的请求数据格式，如 JSON。

要对响应进行更多控制，可以使用一些辅助方法，这些辅助方法会返回.NET 类型的 ActionResult 封装器。

如果操作方法可根据输入或其他变量返回不同的类型，那么可以将返回类型声明为 IActionResult。如果操作方法只返回单个类型，但是状态码不同，可将返回类型声明为 ActionResult<T>。

最佳实践:

建议使用[ProducesResponseType]特性装饰操作方法，以指示客户端希望在响应中包含的所有已知类型和 HTTP 状态码。然后可以公开这些信息，以记录客户端应该如何与 Web 服务交互。可以把它想象为你的正式文档的一部分。稍后将介绍如何安装代码分析器，以便在不像这样装饰操作方法时发出警告。

例如，根据 id 参数获取产品的操作方法可使用三个特性进行装饰：一个用来指示响应 GET 请求并具有 id 参数，另外两个用来指示当操作成功时以及当客户端提供无效的产品 ID 时会发生什么，如下所示：

```
[HttpGet("{id}")]
[ProducesResponseType(200, Type = typeof(Product))]
[ProducesResponseType(404)]
public IActionResult Get(string id)
```

ControllerBase 类有一些方法，可以方便地返回不同的响应，如表 15.3 所示。

表 15.3　ControllerBase 类的一些方法

方法	说明
Ok	返回 200 状态码，其中包含要转换为客户端首选格式(如 JSON 或 XML)的资源。通常用于响应 GET 请求
CreatedAtRoute	返回 201 状态码，其中包含到新资源的路径。通常用于响应 POST 请求，以创建可以快速执行的资源
Accepted	返回 202 状态码，表明请求正在处理但尚未完成。通常用于响应对需要很长时间才能完成的后台进程的请求，如 POST、PUT、PATCH 或 DELETE 请求
NoContentResult	返回 204 状态码和空的响应体。通常在响应不需要包含被影响的资源时，用于响应 PUT、PATCH 或 DELETE 请求
BadRequest	返回带有可选消息字符串的 400 状态码
NotFound	返回能够自动填充 ProblemDetails 体(需要兼容 2.2 或更高版本)的 404 状态码

15.1.8　配置客户存储库和 Web API 控制器

现在，配置存储库以便可以从 Web API 控制器调用。

当 Web 服务启动时，为存储库注册范围确定的依赖服务，然后使用构造函数参数注入技术将其放入新的 Web API 控制器，以便与客户一起工作。

为了展示如何使用路由区分 MVC 和 Web API 控制器，下面对 Customers 控制器使用通用的 URL 前缀约定/api。

(1) 在 Program.cs 中，导入用于使用客户存储库的名称空间，如下所示：

```
using Northwind.WebApi.Repositories; // ICustomerRepository,
CustomerRepository
```

(2) 在 Program.cs 中，在调用 Build 方法之前添加一条语句，该语句将注册 CustomerRepository，以便在运行时作为一个限定范围的依赖项使用，如下所示：

```
builder.Services.AddScoped<ICustomerRepository, CustomerRepository>();
```

> **最佳实践:**
> 存储库使用的数据库上下文是一个注册为限定范围的依赖项。只能在限定范围的依赖项中使用其他限定范围的依赖项,因此不能将存储库注册为单例。参见以下链接:
> https://docs.microsoft.com/en-us/dotnet/core/extensions/dependency-injection#scoped。

(3) 在 Controllers 文件夹中添加一个名为 CustomersController.cs 的类文件。如果使用的是 Visual Studio 2022,则可以选择 MVC Controller – Empty 项模板。

(4) 在 CustomersController.cs 类文件中添加语句,定义 Web API 控制器类处理客户,如下所示:

```csharp
using Microsoft.AspNetCore.Mvc; // [Route], [ApiController], ControllerBase
using Packt.Shared; // Customer
using Northwind.WebApi.Repositories; // ICustomerRepository

namespace Northwind.WebApi.Controllers;

// base address: api/customers
[Route("api/[controller]")]
[ApiController]
public class CustomersController : ControllerBase
{
    private readonly ICustomerRepository repo;

    // constructor injects repository registered in Startup
    public CustomersController(ICustomerRepository repo)
    {
        this.repo = repo;
    }

    // GET: api/customers
    // GET: api/customers/?country=[country]
    // this will always return a list of customers (but it might be empty)
    [HttpGet]
    [ProducesResponseType(200, Type = typeof(IEnumerable<Customer>))]
    public async Task<IEnumerable<Customer>> GetCustomers(string? country)
    {
        if (string.IsNullOrWhiteSpace(country))
        {
            return await repo.RetrieveAllAsync();
        }
        else
        {
            return (await repo.RetrieveAllAsync())
            .Where(customer => customer.Country == country);
        }
    }

    // GET: api/customers/[id]
    [HttpGet("{id}", Name = nameof(GetCustomer))] // named route
    [ProducesResponseType(200, Type = typeof(Customer))]
    [ProducesResponseType(404)]
```

```csharp
public async Task<IActionResult> GetCustomer(string id)
{
  Customer? c = await repo.RetrieveAsync(id);
  if (c == null)
  {
    return NotFound(); // 404 Resource not found
  }
  return Ok(c); // 200 OK with customer in body
}

// POST: api/customers
// BODY: Customer (JSON, XML)
[HttpPost]
[ProducesResponseType(201, Type = typeof(Customer))]
[ProducesResponseType(400)]
public async Task<IActionResult> Create([FromBody] Customer c)
{
  if (c == null)
  {
    return BadRequest(); // 400 Bad request
  }
  Customer? addedCustomer = await repo.CreateAsync(c);
  if (addedCustomer == null)
  {
    return BadRequest("Repository failed to create customer.");
  }
  else
  {
    return CreatedAtRoute( // 201 Created
      routeName: nameof(GetCustomer),
      routeValues: new { id = addedCustomer.CustomerId.ToLower() },
      value: addedCustomer);
  }
}

// PUT: api/customers/[id]
// BODY: Customer (JSON, XML)
[HttpPut("{id}")]
[ProducesResponseType(204)]
[ProducesResponseType(400)]
[ProducesResponseType(404)]
public async Task<IActionResult> Update(
  string id, [FromBody] Customer c)
{
  id = id.ToUpper();
  c.CustomerId = c.CustomerId.ToUpper();
  if (c == null || c.CustomerId != id)
  {
    return BadRequest(); // 400 Bad request
  }
  Customer? existing = await repo.RetrieveAsync(id);
  if (existing == null)
  {
    return NotFound(); // 404 Resource not found
```

```
        }
        await repo.UpdateAsync(id, c);
        return new NoContentResult(); // 204 No content
    }

    // DELETE: api/customers/[id]
    [HttpDelete("{id}")]
    [ProducesResponseType(204)]
    [ProducesResponseType(400)]
    [ProducesResponseType(404)]
    public async Task<IActionResult> Delete(string id)
    {
        Customer? existing = await repo.RetrieveAsync(id);
        if (existing == null)
        {
            return NotFound(); // 404 Resource not found
        }
        bool? deleted = await repo.DeleteAsync(id);
        if (deleted.HasValue && deleted.Value) // short circuit AND
        {
            return new NoContentResult(); // 204 No content
        }
        else
        {
            return BadRequest( // 400 Bad request
                $"Customer {id} was found but failed to delete.");
        }
    }
}
```

在查看 Web API 控制器类时，请注意以下几点：

- Controller 类注册了一个以 api/开头的路由，并且包含控制器的名称，也就是 api/customers。
- 构造函数使用依赖注入来获得注册的存储库，以与客户一起工作。
- 有 5 个操作方法可以用来对客户执行 CRUD 操作——两个 GET 方法(一个针对所有客户，另一个针对单个客户)以及 POST(创建)、PUT(更新)和 DELETE 方法各一个。
- GetCustomer 方法可以传递带有国家名的字符串参数。如果没有传递参数，就返回所有客户。如果传递参数，就按国家过滤客户。
- GetCustomer 方法有一个被显式命名为 GetCustomer 的路由，因此可以在插入新客户后使用这个路由生成 URL。
- Create 和 Update 方法使用[FromBody]特性装饰 customer 参数，从而告诉模型绑定程序使用 POST 请求体中的值进行填充。
- Create 方法会返回使用了 GetCustomer 路由的响应，以便客户端知道如何在将来获得新创建的资源。我们正在匹配两个方法以创建并获得客户。
- 过去，Create 和 Update 方法需要检查在 HTTP 请求体中传递的客户的模型状态，如果无效，就返回包含模型验证错误细节的 400 Bad Request。因为这个控制器由[ApiController]装饰，它自动实现了这一点。

当服务接收到 HTTP 请求时，就创建控制器类的实例，调用适当的操作方法，以客户端首选的格式返回响应，并释放控制器使用的资源，包括存储库及数据上下文。

15.1.9 指定问题的细节

微软在 ASP.NET Core 2.1 及后续版本中添加的功能是用于指定问题细节的 Web 标准的实现。

在与 ASP.NET Core 2.2 或其更高版本兼容的项目中，在使用[APIController]特性装饰的 Web API 控制器中，操作方法返回 IActionResult，而 IActionResult 返回客户端错误状态码，即 4xx，因而操作方法会自动在响应体中包含 ProblemDetails 类的序列化实例。

如果想获得控制权，可以创建 ProblemDetails 实例并包含其他信息。

下面模拟糟糕的请求，需要把自定义数据返回给客户端。

(1) 在 Delete 操作方法的顶部添加语句，检查 id 是否与字符串"bad"匹配。如果匹配，就返回自定义的 problemDetails 对象，如下所示：

```
// take control of problem details
if (id == "bad")
{
  ProblemDetails problemDetails = new()
  {
    Status = StatusCodes.Status400BadRequest,
    Type = "https://localhost:5001/customers/failed-to-delete",
    Title = $"Customer ID {id} found but failed to delete.",
    Detail = "More details like Company Name, Country and so on.",
    Instance = HttpContext.Request.Path
  };
  return BadRequest(problemDetails); // 400 Bad Request
}
```

(2) 稍后将测试此功能。

15.1.10 控制 XML 序列化

在 Program.cs 文件中添加了 XmlSerializer，以便 Web API 服务可以在客户端请求时返回 XML 和 JSON。

然而，XmlSerializer 不能序列化接口，实体类需要使用 ICollection<T>来定义相关的子实体；否则，这将导致在运行时对 Customer 类及其 Orders 属性发出警告，如下所示：

```
warn: Microsoft.AspNetCore.Mvc.Formatters.XmlSerializerOutputFormatter[1]
An error occurred while trying to create an XmlSerializer for the type 'Packt.
Shared.Customer'.
System.InvalidOperationException: There was an error reflecting type 'Packt.
Shared.Customer'.
---> System.InvalidOperationException: Cannot serialize member 'Packt.
Shared.Customer.Orders' of type 'System.Collections.Generic.
ICollection'1[[Packt. Shared.Order, Northwind.Common.EntityModels,
Version=1.0.0.0, Culture=neutral, PublicKeyToken=null]]', see inner exception
for more details.
```

要将 Customer 序列化为 XML，可以通过排除 Orders 属性来阻止上述警告。

(1) 在 Northwind.Common.EntityModels.Sqlite 和 Northwind.Common.EntityModels.SqlServer 项目中，打开 Customers.cs 类文件。

(2) 导入下面的名称空间，以使用[XmlIgnore]特性：

```
using System.Xml.Serialization; // [XmlIgnore]
```

(3) 使用[XmlIgnore]特性装饰 Orders 属性，以在序列化时排除该属性，如下面突出显示的代码所示：

```
[InverseProperty(nameof(Order.Customer))]
[XmlIgnore]
public virtual ICollection<Order> Orders { get; set; }
```

(4) 如果使用的是 SQL Server，则在 Northwind.Common.EntityModels.SqlServer 项目的 Customers.cs 中，也用[XmlIgnore]装饰 CustomerTypes 属性。

15.2　解释和测试 Web 服务

通过让浏览器发出 HTTP GET 请求，就可以轻松地测试 Web 服务。为了测试其他 HTTP 方法，需要使用更高级的工具。

15.2.1　使用浏览器测试 GET 请求

下面使用 Chrome 浏览器测试 GET 请求的三种实现，分别针对所有客户、特定国家的客户以及使用唯一客户 ID 的单个客户。

(1) 启动 Northwind.WebApi Web 服务。

(2) 启动 Chrome 浏览器。

(3) 导航到 https://localhost:5001/api/customers，注意返回的 JSON 文档，其中包含 Northwind 示例数据库中的所有 91 个客户(未排序)，如图 15.2 所示。

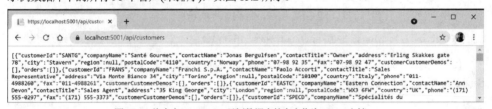

图 15.2　将来自 Northwind 示例数据库的客户作为 JSON 文档

(4) 导航到 https://localhost:5001/api/customers/?country=Germany，并注意返回的 JSON 文档，其中只包含德国的客户。

> **更多信息：**
> 如果返回的是空数组，那么应确保使用正确的大小写输入国家名，因为数据库查询是区分大小写的。例如，比较 uk 和 UK 的结果。

(5) 导航到 https://localhost:5001/api/customs/alfki，注意返回的 JSON 文档只包含名为 Alfreds Futterkiste 的客户。

与国家名不同，不必担心客户 id 值的大小写，因为在控制器类的代码中已将字符串规范化为大写形式。

但是，如何测试其他 HTTP 方法，比如 POST、PUT 和 DELETE 方法呢？如何记录 Web 服务，使任何人都容易理解如何与之交互?

为了解决第一个问题，可以安装名为 REST Client 的 Visual Studio Code 扩展。为了解决第二个问题，可以启用 Swagger，这是世界上最流行的记录和测试 HTTP API 的技术。下面首先来看看 Visual Studio Code 扩展都有哪些功能。

有许多测试 Web API 的工具，如 Postman。虽然 Postman 很流行，但我更喜欢 REST Client，因为它不隐藏实际上发生了什么。我觉得 Postman 使用了过多图形用户界面。但鼓励你探索不同的工具，并找到适合自己的工具。有关 Postman 的详情，请浏览 https://www.postman.com/。

15.2.2 使用 REST Client 扩展测试 HTTP 请求

REST Client 是一个扩展，它允许你发送任何类型的 HTTP 请求，并在 Visual Studio Code 中查看响应。即使更喜欢使用 Visual Studio 作为代码编辑器，安装 Visual Studio Code 来使用像 REST Client 这样的扩展也是很有用的。

1. 使用 REST Client 发出 GET 请求

首先创建一个用于测试 GET 请求的文件。

(1) 如果还没有安装由 Huachao Mao 提供的 REST Client(humao.rest-client)，那么现在就请在 Visual Studio Code 中安装。

(2) 在自己喜欢的代码编辑器中，打开 PracticalApps 解决方案/工作区，然后启动 Northwind.WebApi 项目 Web 服务。

(3) 在 Visual Studio Code 中，在 PracticalApps 文件夹中创建 RestClientTests 文件夹，然后打开该文件夹。

(4) 在 RestClientTests 文件夹中，创建一个名为 get-customers.http 的文件，并修改其内容以包含一个用于检索所有客户的 HTTP GET 请求，代码如下所示:

```
GET https://localhost:5001/api/customers/ HTTP/1.1
```

(5) 在 Visual Studio Code 中，导航到 View | Command Palette，输入 rest client，选择 Rest Client: Send Request 命令，然后按回车键，如图 15.3 所示。

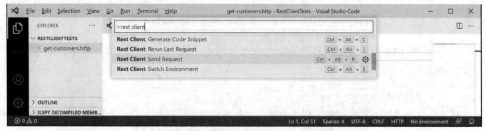

图 15.3　使用 Rest Client 发送 HTTP GET 请求

(6) 注意，响应现在垂直地显示在一个新的选项卡中，可通过拖放选项卡，将打开的选项卡重新设置为水平显示。

(7) 在 get-customers.http 中，输入更多的 GET 请求，将每个请求用###符号分隔，以获取不同国家的客户，使用客户的 ID 获取客户，如下所示:

```
###
GET https://localhost:5001/api/customers/?country=Germany HTTP/1.1
###
GET https://localhost:5001/api/customers/?country=USA HTTP/1.1
Accept: application/xml
###
GET https://localhost:5001/api/customers/ALFKI HTTP/1.1
###
GET https://localhost:5001/api/customers/abcxy HTTP/1.1
```

(8) 单击每个请求上方的 Send Request 链接发送请求；例如，GET 有一个请求头以 XML(而不是 JSON)的格式请求美国的客户，如图 15.4 所示。

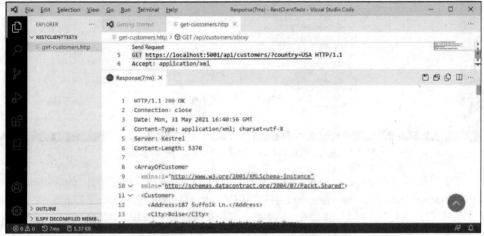

图 15.4　使用 REST Client 发送 XML 请求并获得响应

2. 使用 REST Client 发出其他请求

接下来，创建一个文件来测试其他请求，如 POST。

(1) 在 Visual Studio Code 中，在 RestClientTests 文件夹中，创建一个名为 create-customer.http 的文件，修改它的内容，定义一个 POST 请求来创建新客户，注意输入常见的 HTTP 请求时，REST Client 将提供智能感知功能，代码如下所示：

```
POST https://localhost:5001/api/customers/ HTTP/1.1
Content-Type: application/json
Content-Length: 266

{
    "customerID": "ABCXY",
    "companyName": "ABC Corp",
    "contactName": "John Smith",
    "contactTitle": "Sir",
    "address": "Main Street",
    "city": "New York",
    "region": "NY",
    "postalCode": "90210",
    "country": "USA",
```

```
      "phone": "(123) 555-1234"
   }
```

(2) 由于在不同的操作系统中有不同的行结束符，因此在 Windows、macOS 或 Linux 中，Content-Length 头的值是不同的。如果该值是错误的，那么请求将失败。要想确定准确的内容长度，请选择请求体，然后在状态栏中查看字符数，如图15.5 所示。

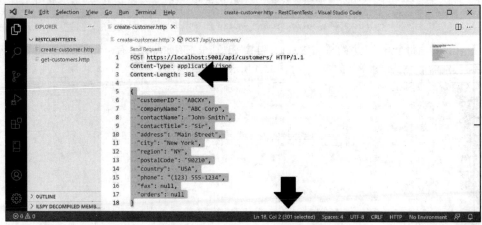

图15.5　在 Visual Studio Code 的状态栏中获取准确的内容长度

(3) 发送请求，并注意响应是 201 Created。还要注意，新创建客户的位置(即 URL)是 https://localhost:5001/api/customers/abcxy，并在响应体中包含新创建的客户，如图15.6 所示。

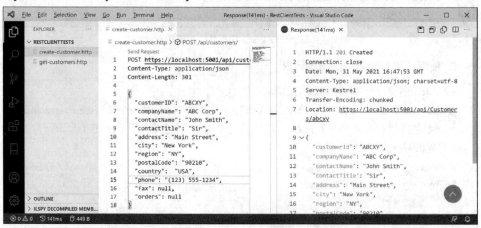

图15.6　通过 POST 到 Web API 服务来添加一个新客户

这里把创建下面描述的 REST Client 文件的任务留作练习：创建 REST Client 文件，测试更新客户(使用 PUT)和删除客户(使用 DELETE)的功能。对现有的客户和不存在的客户进行尝试它们。解决方案在本书的 GitHub 存储库中。

前面介绍了一种测试服务的快速且简单的方法来，这正是学习 HTTP 的好方法。对于外部开发人员，我们希望他们在学习并调用我们的服务时尽可能容易。为此，我们将启用 Swagger。

15.2.3　理解 Swagger

Swagger 最重要的部分是 OpenAPI 规范，OpenAPI 规范为 API 定义了 REST 风格的契约，并以人和机器可读的格式详细描述所有资源和操作，从而便于开发、发现和集成。

开发人员可以为 Web API 使用 OpenAPI 规范，以他们喜欢的语言或库自动生成强类型的客户端代码。

对于我们来说，另一个有用的特性是 Swagger UI，Swagger UI 能为 API 自动生成文档，并带有内置的可视化测试功能。

下面使用 Swashbuckle 包为 Web 服务启用 Swagger。

(1) 如果 Web 服务正在运行，请关闭 Web 服务器。

(2) 打开 Northwind.WebApi.csproj，注意 Swashbuckle.AspNetCore 的包引用，如下所示：

```
<ItemGroup>
    <PackageReference Include="Swashbuckle.AspNetCore" Version="6.2.3" />
</ItemGroup>
```

(3) 在 Program.cs 中，导入 Swashbuckle 的 SwaggerUI 名称空间，代码如下所示：

```
using Swashbuckle.AspNetCore.SwaggerUI; // SubmitMethod
```

(4) 在配置 HTTP 请求管道的部分，注意在开发模式下使用 Swagger 和 Swagger UI 的语句，并为 OpenAPI 规范 JSON 文档定义一个端点。添加代码以显式列出希望在 Web 服务中支持的 HTTP 方法，并更改端点名称，如下面突出显示的代码所示：

```
// Configure the HTTP request pipeline.
if (builder.Environment.IsDevelopment())
{
  app.UseSwagger();
  app.UseSwaggerUI(c =>
  {
    c.SwaggerEndpoint("/swagger/v1/swagger.json",
      "Northwind Service API Version 1");
    c.SupportedSubmitMethods(new[] {
      SubmitMethod.Get, SubmitMethod.Post,
      SubmitMethod.Put, SubmitMethod.Delete });
  });
}
```

15.2.4　使用 Swagger UI 测试请求

下面使用 Swagger UI 测试 HTTP 请求。

(1) 启动 Northwind.WebApi Web 服务项目。

(2) 在 Chrome 浏览器中导航到 https://localhost:5001/swagger，注意已发现和记录的 Web API 控制器 Customers 和 WeatherForecast 以及 API 使用的模式。

(3) 单击 GET/api/Customers/{id}，展开该端点，并注意客户 id 所需的参数。

(4) 单击 Try it out 按钮，输入 ALFKI 作为 id，然后单击 Execute 按钮，如图 15.7 所示。

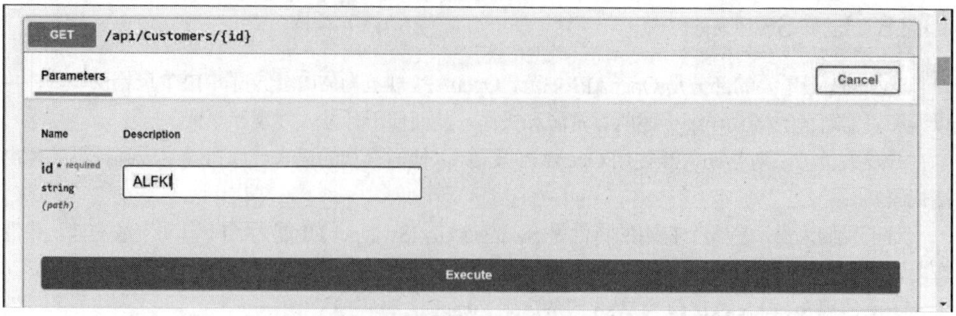

图 15.7　在单击 Execute 按钮之前输入客户 id

(5) 向下滚动页面，观察 Request URL、Server response 和 Code 信息，Details 部分包括 Response body 和 Response headers，如图 15.8 所示。

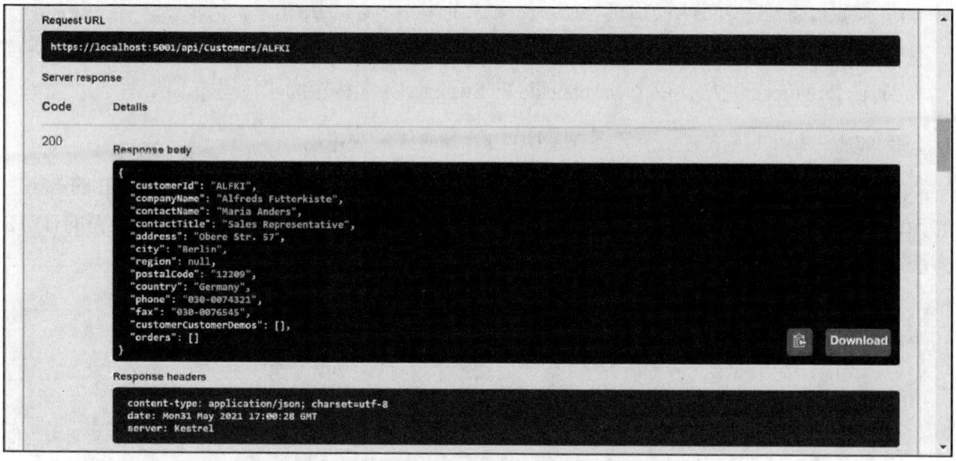

图 15.8　成功的 Swagger 请求中关于 ALFKI 的信息

(6) 回滚到页面顶部，单击 POST /api/Customers，展开该端点，然后单击 Try it out 按钮。

(7) 在 Request body 文本框内单击，修改 JSON，定义如下新客户：

```
{
    "customerID": "SUPER",
    "companyName": "Super Company",
    "contactName": "Rasmus Ibensen",
    "contactTitle": "Sales Leader",
    "address": "Rotterslef 23",
    "city": "Billund",
    "region": null,
    "postalCode": "4371",
    "country": "Denmark",
    "phone": "31 21 43 21",
    "fax": "31 21 43 22"
}
```

(8) 单击 Execute 按钮，观察 Request URL、Server response 和 Code 信息，Details 部分包括 Response body 和 Response headers，响应码 201 表示已成功创建了客户，如图 15.9 所示。

图 15.9　已成功创建客户

(9) 向上滚动到页面顶部，单击 GET /api/Customers，展开该端点，单击 Try it out 按钮，输入 Denmark 作为国家参数，然后单击 Execute 按钮，确认新客户已添加到数据库中。

(10) 单击 DELETE /api/Customers/{id}，展开该端点，单击 Try it out 按钮，输入 super 作为 id，单击 Execute 按钮，注意服务器返回的响应码为 204，表示删除成功，如图 15.10 所示。

图 15.10　成功删除客户

(11) 再次单击 Execute 按钮，注意服务器返回的响应码是 404，这表示客户不存在，响应体中包含了关于问题详细信息的 JSON 文件，如图 15.11 所示。

图 15.11　已删除的客户将不再存在

(12) 为 id 输入 bad，再次单击 Execute 按钮，注意服务器返回的响应码是 400，这表明客户确实存在，但未能删除(在本例中，这是因为 Web 服务在模拟这种错误)，响应体中包含了定制的问题细节的 JSON 文档，如图 15.12 所示。

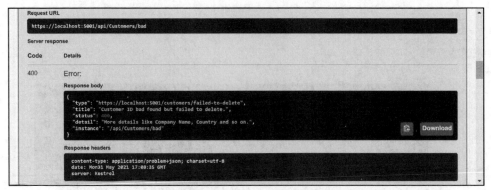

图 15.12 客户确实存在，但未能删除

更多信息：

在"指定问题的细节"小节中添加了代码来实现这种行为。在该节中，尝试了值为 bad 的 id，然后返回包含问题细节的一个问题请求。

(13) 使用 GET 方法确认新客户已从数据库中删除(之前在丹麦只有两个客户)。

更多信息：

作为练习，读者可以使用 PUT 方法来测试更新现有客户的操作。

(14) 关闭 Chrome 浏览器，然后关闭 Web 服务器。

15.2.5 启用 HTTP 日志记录

HTTP 日志记录是一个可选的中间件组件，它记录关于 HTTP 请求和 HTTP 响应的信息，包括以下内容：

- HTTP 请求信息
- 请求头
- 请求体
- HTTP 响应信息

这在 Web 服务的审计和调试场景中很有价值，但是要小心，因为它可能会对性能产生负面影响。还可能记录个人身份信息(PII)，这可能在某些管辖区导致合规问题。

可以设置如下日志记录级别：

- Error：只记录 Error 级别的日志
- Warning：记录 Error 和 Warning 级别的日志
- Information：记录 Error、Warning 和 Information 级别的日志
- Verbose：记录所有级别的日志

可以针对定义了日志记录功能的名称空间设置日志级别。嵌套的名称空间允许我们控制为哪个功能启用日志记录：

- Microsoft：包含 Microsoft 名称空间中的所有日志类型
- Microsoft.AspNetCore：包含 Microsoft.AspNetCore 名称空间中的所有日志类型

- Microsoft.AspNetCore.HttpLogging：包含 Microsoft.AspNetCore.HttpLogging 名称空间中的所有日志类型

下面看看 HTTP 日志记录的实际应用。

(1) 在 appsettings.Development.json 中，添加一个条目，将 HTTP 日志记录中间件设置为 Information 级别，如下面突出显示的代码所示：

```
{
  "Logging": {
    "LogLevel": {
      "Default": "Information",
      "Microsoft.AspNetCore": "Warning",
      "Microsoft.AspNetCore.HttpLogging.HttpLoggingMiddleware":
      "Information"
    }
  }
}
```

更多信息：

尽管 Default 日志级别可能被设置为 Information，但明确指定的配置具有更高优先级。例如，Microsoft.AspNetCore 名称空间中的任何日志记录系统使用 Warning 级别。Microsoft.AspNetCore.HttpLogging.HttpLoggingMiddleware 名称空间中的任何日志系统现在将使用 Information 级别。

(2) 在 Program.cs 中，导入使用 HTTP 日志记录的名称空间，如下所示：

```
using Microsoft.AspNetCore.HttpLogging; // HttpLoggingFields
```

(3) 在服务配置部分，添加一条语句来配置 HTTP 日志记录，代码如下所示：

```
builder.Services.AddHttpLogging(options =>
{
    options.LoggingFields = HttpLoggingFields.All;
    options.RequestBodyLogLimit = 4096; // default is 32k
    options.ResponseBodyLogLimit = 4096; // default is 32k
});
```

(4) 在 HTTP 管道配置部分，添加一条语句，在调用使用路由之前添加 HTTP 日志记录，代码如下所示：

```
app.UseHttpLogging();
```

(5) 启动 Northwind.WebApi Web 服务。

(6) 启动 Chrome。

(7) 导航到 https://localhost:5001/api/customers。

(8) 在命令提示符或终端中，注意请求和响应已被记录，如下所示：

```
info: Microsoft.AspNetCore.HttpLogging.HttpLoggingMiddleware[1]
      Request:
      Protocol: HTTP/1.1
      Method: GET
      Scheme: https
```

```
            PathBase:
            Path: /api/customers
            QueryString:
            Connection: keep-alive
            Accept: */*
            Accept-Encoding: gzip, deflate, br
            Host: localhost:5001

info: Microsoft.AspNetCore.HttpLogging.HttpLoggingMiddleware[2]
            Response:
            StatusCode: 200
            Content-Type: application/json; charset=utf-8
            ...
            Transfer-Encoding: chunked
```

(9) 关闭 Chrome 浏览器，然后关闭 Web 服务器。

15.2.6 W3CLogger 支持记录额外的请求头

W3CLogger 是一个中间件，它以 W3C 的标准格式写日志。使用它可以：

● 记录 HTTP 请求和响应的详细信息。
● 进行过滤，只记录请求和响应消息的指定头和部分。

警告：
W3CLogger 可能会降低应用程序的性能。

W3CLogger 与 HTTP 日志记录类似，所以本书不详细介绍它的用法。从以下链接可以了解关于 W3CLogger 的更多信息：https://learn.microsoft.com/en-us/aspnet/core/fundamentals/w3c-logger/。

在 ASP.NET Core 7 和更高版本中使用 W3CLogger 时，可以指定记录额外的请求头。只需要调用 AdditionalRequestHeaders 方法，并传入想要记录的头的名称，如下所示：

```
services.AddW3CLogging(options =>
{
    options.AdditionalRequestHeaders.Add("x-forwarded-for");
    options.AdditionalRequestHeaders.Add("x-client-ssl-protocol");
});
```

现在可以构建使用 Web 服务的应用程序了。

15.3 使用 HTTP 客户端消费 Web 服务

构建并测试 Northwind 服务后，下面学习如何使用 HttpClient 类及其工厂从任何.NET 应用程序中调用 Northwind 服务。

15.3.1 了解 HttpClient 类

消费 Web 服务的最简单方法是使用 HttpClient 类。然而，许多人以错误的方式使用 HttpClient 类，因为它实现了 IDisposable，而微软自己的文档也没有很好地使用它。有关这方面的更多讨论，请参阅 GitHub 存储库中的本书的相关链接。

通常，如果类实现了 IDisposable 接口，就应该在 using 语句中创建它，以确保能尽快被释放。但 HttpClient 类是不同的，因为它是共享的、可重入的，并且部分是线程安全的。

这个问题与如何管理底层网络套接字有关。底线是，应该为应用程序生命周期中使用的每个 HTTP 端点使用单个实例。这允许每个 HttpClient 实例拥有默认设置，默认设置十分适合它所处理的端点，同时能够有效地管理底层网络套接字。

15.3.2　使用 HttpClientFactory 配置 HTTP 客户端

微软意识到.NET 开发人员没有恰当地使用 HttpClient，因此在 ASP.NET Core 2.1 中引入了 HttpClientFactory，以鼓励开发人员采用最佳实践，这正是我们要使用的技术。

下面的示例使用 Northwind MVC 网站作为 Northwind Web API 服务的客户端。因为两者需要在 Web 服务器上同时托管，所以首先需要将它们配置为使用不同的端口号，如下所示：

- Northwind Web API 服务将使用 HTTPS 侦听端口 5002。
- Northwind MVC 网站将使用 HTTP 侦听端口 5000，使用 HTTPS 侦听端口 5001。

下面配置这些端口。

(1) 在 Northwind.WebApi 项目的 Properties 文件夹中，在 launchSettings.json 中，修改 https 配置部分的 applicationUrl 以使用端口 5002，如下所示：

```
"applicationUrl": "https://localhost:5002",
```

(2) 在 Northwind.Mvc 项目中，打开 Program.cs，并导入设置媒体类型头值的名称空间，如下所示：

```
using System.Net.Http.Headers; // MediaTypeWithQualityHeaderValue
```

(3) 在 Program.cs 中，在调用 Build 方法之前，添加一条语句以启用 HttpClientFactory，使指定的客户端使用端口 5002 上的 HTTPS 调用 Northwind Web API 服务，并请求 JSON 作为默认的响应格式，如下所示：

```
builder.Services.AddHttpClient(name: "Northwind.WebApi",
  configureClient: options =>
  {
    options.BaseAddress = new Uri("https://localhost:5002/");
    options.DefaultRequestHeaders.Accept.Add(
      new MediaTypeWithQualityHeaderValue(
      mediaType: "application/json", quality: 1.0));
});
```

15.3.3　在控制器中以 JSON 格式获取客户

下面创建一个 MVC 控制器操作方法，它：

- 使用工厂创建 HTTP 客户端
- 发出获取客户的 GET 请求
- 使用.NET 5 在 System.Net.Http.Json 程序集和名称空间中引入的扩展方法来反序列化 JSON 响应。

(1) 打开 Controllers/HomeController.cs 文件，声明如下字段以存储 HTTP 客户端工厂：

```
private readonly IHttpClientFactory clientFactory;
```

(2) 在构造函数中设置如下字段：

```
public HomeController(
  ILogger<HomeController> logger,
  NorthwindContext injectedContext,
  IHttpClientFactory httpClientFactory)
{
  _logger = logger;
  db = injectedContext;
  clientFactory = httpClientFactory;
}
```

(3) 创建如下新的操作方法以调用 Northwind Web API 服务，获取所有客户并将它们传递给视图：

```
public async Task<IActionResult> Customers(string country)
{
  string uri;

  if (string.IsNullOrEmpty(country))
  {
   ViewData["Title"] = "All Customers Worldwide";
   uri = "api/customers";
  }
  else
  {
   ViewData["Title"] = $"Customers in {country}";
   uri = $"api/customers/?country={country}";
  }

  HttpClient client = clientFactory.CreateClient(
    name: "Northwind.WebApi");

  HttpRequestMessage request = new(
    method: HttpMethod.Get, requestUri: uri);

  HttpResponseMessage response = await client.SendAsync(request);

  IEnumerable<Customer>? model = await response.Content
    .ReadFromJsonAsync<IEnumerable<Customer>>();

  return View(model);
}
```

(4) 在 Views/Home 文件夹中创建一个名为 Customers.cshtml 的 Razor 文件。

(5) 修改这个 Razor 文件以呈现客户，如下所示：

```
@using Packt.Shared
@model IEnumerable<Customer>

<h2>@ViewData["Title"]</h2>
```

```
<table class="table">
    <thead>
      <tr>
        <th>Company Name</th>
        <th>Contact Name</th>
        <th>Address</th>
        <th>Phone</th>
      </tr>
    </thead>
    <tbody>
      @if (Model is not null)
      {
        @foreach (Customer c in Model)
        {
          <tr>
            <td>
                @Html.DisplayFor(modelItem => c.CompanyName)
            </td>
            <td>
                @Html.DisplayFor(modelItem => c.ContactName)
            </td>
            <td>
                @Html.DisplayFor(modelItem => c.Address)
                @Html.DisplayFor(modelItem => c.City)
                @Html.DisplayFor(modelItem => c.Region)
                @Html.DisplayFor(modelItem => c.Country)
                @Html.DisplayFor(modelItem => c.PostalCode)
            </td>
            <td>
                @Html.DisplayFor(modelItem => c.Phone)
            </td>
          </tr>
        }
      }
    </tbody>
</table>
```

(6) 打开 Views/Home/Index.cshtml，在显示访客人数的代码下方添加如下表单，以允许访问者输入国家名并查看指定国家的客户：

```
<h3>Query customers from a service</h3>
<form asp-action="Customers" method="get">
    <input name="country" placeholder="Enter a country" />
    <input type="submit" />
</form>
```

15.3.4　启动多个项目

到现在为止，我们只是一次启动一个项目。现在，我们有了两个需要启动的项目，分别是一个 Web 服务和一个 MVC 客户端网站。在接下来的分步骤说明中，只会告诉你一次启动一个单独的项目，但你应该使用自己首选的任何技术来启动它们。

1. 如果使用的是 Visual Studio 2022

如果没有附加调试器，则 Visual Studio 2022 允许以手动的方式一个个启动多个项目，如下所示：

(1) 将解决方案的 Startup Project 设置为 Current selection。

(2) 在 Solution Explorer 中选择一个项目，其名称将加粗显示。

(3) 导航到 Debug | Start Without Debugging，或者按 Ctrl + F5。

(4) 根据需要，为任意多个项目重复步骤(2)和(3)。

如果需要调试项目，则必须启动 Visual Studio 2022 的多个实例。每个实例在进行调试时都能够启动一个项目。

按照下面的步骤，可以将多个项目配置为同时启动：

(1) 在 Solution Explorer 中，右击解决方案，然后选择 Set Startup Projects…，或者选择解决方案，然后导航到 Project | Set Startup Projects…。

(2) 在 Solution '<name>' Property Pages 对话框中，选中 Multiple startup projects，然后对于想要启动的任何项目，选择 Start 或 Start without debugging，如图 15.13 所示。

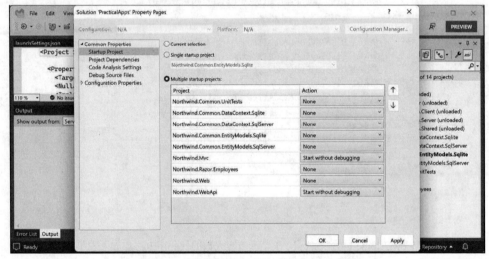

图 15.13　在 Visual Studio 2022 中选择启动多个项目

(3) 单击 OK。

(4) 导航到 Debug | Start Debugging 或 Debug | Start Without Debugging，或者单击工具栏中的等效按钮，启动选择的所有项目。

更多信息：
在以下链接，可以学习关于使用 Visual Studio 2022 启动多个项目的更多信息：
https://learn.microsoft.com/en-us/visualstudio/ide/how-to-set-multiple-startup-projects。

2. 如果使用的是 Visual Studio Code

如果需要在命令行使用 dotnet 启动多个项目，则可以编写一个脚本或批处理文件来执行多个 dotnet run 命令，或者打开多个命令提示符或终端窗口。

　　如果需要使用 Visual Studio Code 调试多个项目，则在启动第一个调试会话后，可以启动另外一个会话。当第二个会话开始运行后，用户界面将切换到多目标模式。例如，在 CALL STACK 中，可以看到两个项目有各自的线程，而调试工具栏将显示一个可下拉的会话列表，其中已选中活跃的会话。另外一种方式是在 launch.json 中定义复合的启动配置。

> **更多信息：**
> 通过以下链接可以学习关于使用 Visual Studio Code 进行多目标调试的更多信息：
> https://code.visualstudio.com/Docs/editor/debugging#_multitarget-debugging。

15.3.5　启动 Web 服务和 MVC 客户端项目

　　现在可以尝试用 MVC 客户端调用 Web 服务：

　　(1) 启动 Northwind.WebApi 项目。确认 Web 服务只侦听 5002 端口，如下所示：

```
info: Microsoft.Hosting.Lifetime[14]
  Now listening on: https://localhost:5002
```

　　(2) 启动 Northwind.Mvc 项目。确认网站只侦听 5000 和 5001 端口，如下所示：

```
info: Microsoft.Hosting.Lifetime[14]
  Now listening on: https://localhost:5001
info: Microsoft.Hosting.Lifetime[14]
  Now listening on: http://localhost:5000
```

　　(3) 启动 Chrome 浏览器。

　　(4) 在主页的客户表单中输入国家名，如德国、英国或美国，单击 Submit 按钮，注意列出的客户，如图 15.14 所示，其中显示了英国的客户。

图 15.14　位于英国的客户

　　(5) 在浏览器中单击 Back 按钮，清除输入的国家名，单击 Submit 按钮，结果将列出所有客户。

　　(6) 在命令提示符或终端中，请注意 HttpClient 输出了它发出的每个 HTTP 请求和它收到的每个 HTTP 响应，如下所示：

```
info: System.Net.Http.HttpClient.Northwind.WebApi.ClientHandler[100]
  Sending HTTP request GET https://localhost:5002/api/
```

```
customers/?country=UK
info: System.Net.Http.HttpClient.Northwind.WebApi.ClientHandler[101]
  Received HTTP response headers after 931.864ms - 200
```

(7) 关闭 Chrome 浏览器，然后关闭两个 Web 服务器。

15.4 为 Web 服务实现高级功能

这是本章的附加小节，可以在线阅读：https://github.com/markjprice/cs11dotnet7/blob/main/docs/bonus/advanced-features.md。

15.5 使用最小 API 构建 Web 服务

对于.NET 6，微软花费了大量精力为 C# 10 语言添加新特性，并简化了 ASP.NET Core 库，支持使用最小 API 创建 Web 服务。最小 API 支持使用最少量的代码来创建 HTTP API。

> **更多信息：**
> 本书的配套图书 *Apps and Services with .NET 7* 的第 9 章详细介绍了最小 API。

你可能还记得在 Web API 项目模板中提供的天气预报服务。它展示了如何使用控制器类和虚假数据返回五天的天气预报。下面使用最小 API 重新创建天气服务。

该服务将侦听端口 5003，并且只允许 GET 请求。

(1) 使用自己喜欢的代码编辑器打开 PracticalApps 解决方案/工作区，添加一个新项目，其定义如下所示。

- 项目模板：ASP.NET Core Web API / webapi
- 项目文件和文件夹：Minimal.WebApi
- 工作区/解决方案文件和文件夹：PracticalApps
- Authentication Type：None
- Configure for HTTPS：选中
- Enable Docker：未选中
- Use controllers (uncheck to use Minimal APIs)：未选中 / -minimal
- Enable OpenAPI support：选中
- Do not use top-level statements：未选中

> **警告：**
> 如果使用的是 Visual Studio 2022，则确保不要选中 Use controllers 复选框，以便能够使用最小 API。如果使用的是 Visual Studio Code 和 dotnet new 命令，则使用 --use-minimal-apis 或-minimal 开关。

在 Visual Studio Code 中，选择 Minimal.WebApi 作为 OmniSharp 的活动项目。

(2) 修改 Program.cs，如下所示：

```
var builder = WebApplication.CreateBuilder(args);

// Add services to the container.
// Learn more about configuring Swagger/OpenAPI at
// https://aka.ms/aspnetcore/swashbuckle
builder.Services.AddEndpointsApiExplorer();
builder.Services.AddSwaggerGen();

var app = builder.Build();

// Configure the HTTP request pipeline.
if (app.Environment.IsDevelopment())
{
    app.UseSwagger();
    app.UseSwaggerUI();
}

app.UseHttpsRedirection();

var summaries = new[]
{
    "Freezing", "Bracing", "Chilly", "Cool", "Mild", "Warm", "Balmy",
    "Hot", "Sweltering", "Scorching"
};

app.MapGet("/weatherforecast", () =>
{
  var forecast = Enumerable.Range(1, 5).Select(index =>
    new WeatherForecast
    (
        DateTime.Now.AddDays(index),
        Random.Shared.Next(-20, 55),
        summaries[Random.Shared.Next(summaries.Length)]
    ))
    .ToArray();
  return forecast;
})
.WithName("GetWeatherForecast");

app.Run();

internal record WeatherForecast(DateTime Date, int TemperatureC, string?
Summary)
{
  public int TemperatureF => 32 + (int)(TemperatureC / 0.5556);
}
```

注意以下几点。

- 在 Program.cs 的底部定义了一个名为 WeatherForecast 的记录，它有 3 个数据存储属性：Date、TemperatureC 和 Summary，还有一个计算属性 TemperatureF。
- 调用 MapGet，为针对相对路径/Weatherforecast 的 GET 请求注册了一个处理程序。它返回 5 个 WeatherForecast 实例，每个实例为 TemperatureC 和 Summary 属性使用了随机值。

- 没有 Controller 文件夹和控制器类。

最佳实践：
对于简单的 Web 服务，避免创建控制器类，而应该使用最小 API，将所有配置和实现都放到 Program.cs 文件中。

(3) 在 Properties 文件夹中，修改 launchSettings.json 的 https 配置部分，在 URL 中使用端口 5003 和相对 API 路径来启动浏览器，如以下突出显示的代码所示：

```
"profiles": {
  "http": {
    "commandName": "Project",
    "dotnetRunMessages": true,
    "launchBrowser": true,
    "launchUrl": "weatherforecast",
    "applicationUrl": "http://localhost:5000",
    "environmentVariables": {
        "ASPNETCORE_ENVIRONMENT": "Development"
    }
  },
  "https": {
    "commandName": "Project",
    "dotnetRunMessages": "true",
    "launchBrowser": true,
    "launchUrl": "weatherforecast",
    "applicationUrl": "https://localhost:5003",
    "environmentVariables": {
        "ASPNETCORE_ENVIRONMENT": "Development"
    }
  }
```

15.5.1 测试最小天气服务

在为服务创建客户端之前，先测试一下它是否以 JSON 格式返回预报。

(1) 启动 Minimal.WebApi Web 服务项目。

(2) 如果不使用 Visual Studio 2022，就启动 Chrome 浏览器，并导航到以下链接：https://localhost:5003/weatherforecast。

(3) 注意，Web API 服务应该返回一个 JSON 文档，其中一个数组包含 5 个随机天气预报对象。

(4) 关闭 Chrome 浏览器，然后关闭 Web 服务器。

15.5.2 向 Northwind 网站主页添加天气预报

最后，向 Northwind 网站添加一个 HTTP 客户端，这样它就可以调用天气服务，并在主页上显示天气预报。

(1) 在 Northwind.Mvc 项目的 Models 文件夹中，添加一个名为 WeatherForecast.cs 的类文件，如下所示：

```
namespace Northwind.Mvc.Models;

public record WeatherForecast(DateTime Date, int TemperatureC, string?
Summary)
```

```
{
    public int TemperatureF => 32 + (int)(TemperatureC / 0.5556);
}
```

(2) 在 Program.cs 中，在调用 Build 方法之前，添加一条语句，配置 HTTP 客户端调用端口 5003 上的最小服务，代码如下所示：

```
builder.Services.AddHttpClient(name: "Minimal.WebApi",
    configureClient: options =>
    {
        options.BaseAddress = new Uri("https://localhost:5003/");
        options.DefaultRequestHeaders.Accept.Add(
            new MediaTypeWithQualityHeaderValue(
            "application/json", 1.0));
    });
```

(3) 在 HomeController.cs 的 Index 操作方法中，在调用 View 之前，添加语句来获取和使用 HTTP 客户端，以调用天气服务获取天气预报并将其存储在 ViewData 中，代码如下所示：

```
try
{
    HttpClient client = clientFactory.CreateClient(
        name: "Minimal.WebApi");
    HttpRequestMessage request = new(
        method: HttpMethod.Get, requestUri: "weatherforecast");

    HttpResponseMessage response = await client.SendAsync(request);

    ViewData["weather"] = await response.Content
        .ReadFromJsonAsync<WeatherForecast[]>();
}
catch (Exception ex)
{
    _logger.LogWarning(
        $"The Minimal.WebApi service is not responding. Exception:
        {ex.Message}");

    ViewData["weather"] = Enumerable.Empty<WeatherForecast>().ToArray();
}
```

(4) 在 Views/Home 的 Index.cshtml 中，在顶部的代码块中从 ViewData 字典获取天气预报，如下面突出显示的代码所示：

```
@{
    ViewData["Title"] = "Home Page";
    string currentItem = "";
    WeatherForecast[]? weather = ViewData["weather"] as WeatherForecast[];
}
```

(5) 在第一个<div>中，在呈现当前时间之后，添加标记来枚举天气预报(除非没有天气预报)，并将它们呈现在一个表中，如下所示：

```
<p>
 <h4>Five-Day Weather Forecast</h4>
 @if ((weather is null) || (!weather.Any()))
```

```
{
    <p>No weather forecasts found.</p>
}
else
{
<table class="table table-info">
  <tr>
    @foreach (WeatherForecast w in weather)
    {
      <td>@w.Date.ToString("ddd d MMM") will be @w.Summary</td>
    }
  </tr>
</table>
  }
</p>
```

(6) 启动 Minimal.WebApi Web 服务项目。

(7) 启动 Northwind.Mvc 网站项目。

(8) 导航到 https://localhost:5001/，并注意天气预报，如图 15.17 所示。

图 15.17　Northwind 网站主页的 5 天天气预报

(9) 查看 MVC 网站的命令提示符或终端，并注意所输出的消息，提示一个请求在大约 83 ms 的时间内被发送到 api/weather 端点的最小 API Web 服务，输出如下所示：

```
info: System.Net.Http.HttpClient.Minimal.WebApi.LogicalHandler[100]
      Start processing HTTP request GET https://localhost:5003/
weatherforecast
info: System.Net.Http.HttpClient.Minimal.WebApi.ClientHandler[100]
      Sending HTTP request GET https://localhost:5003/weatherforecast
info: System.Net.Http.HttpClient.Minimal.WebApi.ClientHandler[101]
      Received HTTP response headers after 76.8963ms - 200
info: System.Net.Http.HttpClient.Minimal.WebApi.LogicalHandler[101]
      End processing HTTP request after 82.9515ms - 200
```

(10) 停止运行 Minimal.WebApi 服务，刷新浏览器，并注意，几秒钟后 MVC 网站主页出现，但没有天气预报，因为 Web 服务没有响应。

(11) 关闭 Chrome 浏览器，然后关闭 Web 服务器。

15.6　实践和探索

你可以通过回答一些问题来测试自己对知识的理解程度，进行一些实践，并深入探索本章涵盖的主题。

15.6.1　练习 15.1：测试你掌握的知识

回答以下问题：

(1) 对于 ASP.NET Core Web API 服务，要创建控制器类，应该继承哪个基类？

(2) 配置 HTTP 客户端时，如何指定 Web 服务的响应中的首选数据格式？

(3) 如何指定执行哪个控制器操作方法以响应 HTTP 请求？

(4) 调用操作方法时，为了得到期望的响应，应该做些什么？

(5) 列出 3 个方法，使得调用它们可以返回具有不同状态码的响应。

(6) 列出测试 Web 服务的 4 种方法。

(7) 为什么不将 HttpClient 封装到 using 语句中，以便在完成时释放(即使 HttpClient 实现了 IDisposable 接口)？应该怎么做？

(8) HTTP/2 和 HTTP/3 相较于 HTTP/1.1 的优势有哪些？

(9) 如何使用 ASP.NET Core 2.2 及更高版本，使客户端能够检测 Web 服务是否健康？

(10) 端点路由提供了哪些好处？

15.6.2　练习 15.2：练习使用 HttpClient 创建和删除客户

扩展 Northwind.Mvc 网站项目，让访问者可通过填写表单来创建新客户或搜索客户，然后删除客户。MVC 控制器应该调用 Northwind Web 服务来创建和删除客户。

15.6.3　练习 15.3：探索主题

可通过以下链接来阅读关于本章所涉及主题的更多细节：

https://github.com/markjprice/cs11dotnet7/blob/main/book-links.md#chapter-15---building-and-consuming-web-services

15.7　本章小结

本章主要内容：

- 如何构建 ASP.NET Core Web API 服务，任何平台上的可以发出 HTTP 请求并处理 HTTP 响应的应用程序都可以调用这种服务。
- 如何使用 Swagger 测试和记录 Web 服务 API。
- 如何有效地消费服务。
- 如何使用最小 API 构建一个基本的 HTTP API 服务。

下一章将学习如何使用 Blazor 构建用户界面。Blazor 是微软的一项组件技术，使开发人员能够使用 C#(而不是 JavaScript)为网站构建客户端单页面应用程序(SPA)，以及为桌面构建 PWA 或混合应用程序。

第16章
使用 Blazor 构建用户界面

本章介绍如何使用 Blazor 构建用户界面。我们将介绍 Blazor 的不同风格及优缺点。

你将学习如何构建 Blazor 组件，以便在 Web 服务器或 Web 浏览器中执行代码。当使用 Blazor 服务器托管时，可使用 SignalR 向浏览器发送用户界面所需的更新。当使用 Blazor WebAssembly 托管时，组件将在客户端执行代码，但必须通过 HTTP 调用来与服务器交互。

本章涵盖以下主题：
- 理解 Blazor
- 比较 Blazor 项目模板
- 使用 Blazor Server 构建组件
- 使用 Blazor WebAssembly 构建组件
- 改进 Blazor WebAssembly 应用程序(在线小节)

16.1 理解 Blazor

Blazor 允许使用 C#(而不是 JavaScript)来构建共享组件和交互式 Web 用户界面。2019 年 4 月，微软宣布 Blazor "不再是试验性的，我们承诺将其作为一个受支持的 Web UI 框架发布，包括支持在 WebAssembly 上的浏览器中运行客户端。" 所有现代浏览器都支持 Blazor。

16.1.1 JavaScript

传统上，任何需要在 Web 浏览器中执行的代码都是使用 JavaScript 编程语言或更高级别的技术编写的，这些技术可以将代码转换或编译成 JavaScript。因为所有的浏览器都已经支持 JavaScript 大约 20 年了，所以 JavaScript 已成为在客户端实现业务逻辑的最常用语言。

然而，JavaScript 确实存在一些问题。尽管它在表面上与 C#和 Java 等 C 风格语言有相似之处，但一旦深入挖掘，就会发现实际上它是非常不同的。它是一种动态类型的伪函数语言，使用原型(而不是类继承)来实现对象重用。它可能看起来像人类，但当你发现它实际上是斯库鲁人时，会大吃一惊。

如果可以在 Web 浏览器中使用与服务器端相同的语言和库，这不是很好吗？

> **更多信息:**
> 即使 Blazor 也不能完全取代 JavaScript。例如,浏览器的某些部分只能通过 JavaScript 访问。Blazor 提供了一个互操作服务,使得 C#代码和 JavaScript 代码之间能够相互调用。本书在线内容中的 Interop with JavaScript 小节介绍了相关信息。

16.1.2　Silverlight——使用插件的 C#和.NET

微软曾尝试使用名为 Silverlight 的技术来实现这个目标。当 Silverlight 2.0 在 2008 年发布时,C#和.NET 开发人员可以使用他们的技能来构建库和可视化组件,这些库和可视化组件可以通过 Silverlight 插件在浏览器中执行。

微软公司在 2011 年发布了 Silverlight 5.0,但苹果公司在 iPhone 上的成功以及史蒂夫·乔布斯对 Flash 等浏览器插件的憎恨最终导致微软放弃了 Silverlight。因为和 Flash 一样,Silverlight 也被 iPhone 和 ipad 禁止使用。

16.1.3　WebAssembly——Blazor 的目标

最近浏览器的发展给了微软再次尝试的机会。2017 年,WebAssembly Consensus 发布,现在所有主流浏览器都支持它: Chromium (Chrome、Edge、Opera、Brave)、Firefox 和 WebKit (Safari)。虽然 Internet Explorer 11 支持 Blazor 服务器,但不支持 Blazor WebAssembly。

WebAssembly (Wasm)是一种用于虚拟机的二进制指令格式,它提供了一种在网络上以接近本地速度运行用多种语言编写的代码的方式。Wasm 被设计为用于编译高级语言(如 C#)的可移植目标。

16.1.4　理解 Blazor 托管模型

Blazor 是一种带有多个托管模式的单一编程或应用模式。

- Blazor 服务器运行在服务器端,就像 Razor Pages 和 ASP.NET Core MVC 一样。正因为如此,我们编写的 C#代码可以完全访问业务逻辑可能需要的所有资源,而不需要进行验证。然后,可使用 SignalR 将 UI 更新发送给客户端。服务器必须保持到每个客户端的实时 SignalR 连接,并跟踪每个客户端的当前状态;因此,如果需要支持大量的客户端,Blazor 服务器的可伸缩性将降低。它最初是作为 ASP.NET Core 3.0 的一部分在 2019 年 9 月发布的。

- Blazor WebAssembly 在客户端运行,所以我们写的 C#代码只能访问浏览器中的资源,必须进行 HTTP 调用(可能需要认证)才能访问服务器上的资源。
  它最初是作为 ASP.NET Core 3.1 的扩展在 2020 年 5 月发布的,当时的版本是 3.2,由于是当前版本,因此 ASP.NET Core 3.1 的长期支持版本没有覆盖它。Blazor WebAssembly 3.2 版本使用了 Mono 运行时和 Mono 库;.NET 5 及后续版本使用 Mono 运行时和.NET 5 库。

- .NET MAUI Blazor App 又名 Blazor Hybrid,运行在.NET 进程中,使用本地互操作通道将其 Web UI 呈现为 Web 视图控件,并托管在.NET MAUI 应用中。它在概念上类似于使用 Node.js 的 Electron 应用。

这种多宿主模式意味着，经过仔细的规划，开发者可以一次性地编写 Blazor 组件，然后在 Web 服务器端、Web 客户端或桌面应用中运行它们。

16.1.5　理解 Blazor 组件

Blazor 用于创建用户界面组件，理解这一点非常重要。组件定义了如何呈现用户界面、如何响应用户事件、如何组合和嵌套，以及如何编译成 Razor 类库以进行打包和分发。

例如，要为电子商务网站上的产品评分提供一个用户界面，可以创建一个名为 Rating.razor 的组件，如下所示：

```
<div>
@for (int i = 0; i < Maximum; i++)
{
   if (i < Value)
   {
      <span class="oi oi-star-filled" />
   }
   else
   {
      <span class="oi oi-star-empty" />
   }
}
</div>

@code {
   [Parameter]
   public byte Maximum { get; set; }
   [Parameter]
   public byte Value { get; set; }
}
```

然后可以在网页上使用该组件，如下所示：

```
<h1>Review</h1>
<Rating id="rating" Maximum="5" Value="3" />
<textarea id="comment" />
```

代码可以存储在单独的名为 Rating.razor.cs 的代码隐藏文件中，而不是包含标记和@code 块的单个文件中。这个文件中的类必须是分部的，并且与组件具有相同的名称。

有许多内置的 Blazor 组件，包括用于设置元素的组件，如网页<head>部分中的<title>，还有大量用于常用目的的第三方组件。

未来，Blazor 可能不仅仅局限于使用 Web 技术创建用户界面组件。微软正在开展一项名为 Blazor Mobile Bindings 的实验，旨在允许开发人员使用 Blazor 构建移动用户界面组件。代替使用 HTML 和 CSS 来构建 Web 用户界面，该实验使用 XAML 和.NET MAUI 来构建跨平台的图形用户界面。

16.1.6　比较 Blazor 和 Razor

为什么 Blazor 组件使用.razor 作为文件扩展名呢？Razor 作为一种模板标记语法，允许混合使用 HTML 和 C#。支持 Razor 的旧技术则使用.cshtml 文件扩展名来表示 C#和 HTML 的混合。

Razor 语法可用于：

- 使用.cshtml 文件扩展名的 ASP.NET Core MVC 视图和分部视图。业务逻辑被分离到控制器类中，控制器类将视图视为模板，并将视图模型推入其中，最后输出到 Web 页面上。
- 使用.cshtml 文件扩展名的 Razor Pages。可将业务逻辑嵌入或分离到使用.cshtml.cs 文件扩展名的文件中，最后输出一个 Web 页面。
- 使用.razor 文件扩展名的 Blazor 组件。尽管布局可以用来封装组件，但最后输出的不是 Web 页面。@page 指令可以用来分配定义 URL 路径的路由，从而能够将组件作为页面进行检索。

16.2　比较 Blazor 项目模板

理解如何在 Blazor 服务器和 Blazor WebAssembly 托管模型之间做出选择的一种方法是弄清楚它们各自的默认项目模板之间的差异。

> **更多信息：**
> ASP.NET Core 7 为 Blazor 引入了一些"空"的项目模板。它们与本章将介绍的项目模板类似，但是不包含演示组件(天气服务中的 Counter 和 Fetch data)和 Bootstrap。它们仍然保留了一个基本的 Home 组件，所以严格来说并不是空的。在 Visual Studio 2022 中，项目模板的名称是 Blazor Server App Empty 和 Blazor WebAssembly App Empty。在命令行，它们的名称是 blazorserver-empty 和 blazorwasm-empty。

16.2.1　Blazor 服务器项目模板

下面看看 Blazor 服务器项目的默认模板。Blazor 服务器项目的默认模板和 ASP.NET Core Razor Pages 模板大体上是一样的，但增加了一些东西：

(1) 使用自己喜欢的代码编辑器打开 PracticalApps 解决方案/工作区，添加一个新项目，其定义如下所示。

- 项目模板：Blazor Server App/blazorserver
- 工作区/解决方案文件和文件夹：PracticalApps
- 项目文件和文件夹：Northwind.BlazorServer
- 其他 Visual Studio 选项：Authentication Type：None；Configure for HTTPS：选中；Enable Docker：未选中

在 Visual Studio Code 中，选择 Northwind.BlazorServer 作为 OmniSharp 的活动项目。

(2) 构建 Northwind.BlazorServer 项目。

(3) 打开 Northwind.BlazorServer.csproj，并注意它与 ASP.NET Core 项目相同，也使用了 Web SDK，并且针对的是.NET 7.0。

(4) 打开 Program.cs，并注意它几乎与 ASP.NET Core 项目相同。不同之处包括配置服务的部分及其对 AddServerSideBlazor 方法的调用，如下面突出显示的代码所示：

```
builder.Services.AddRazorPages();
builder.Services.AddServerSideBlazor();
builder.Services.AddSingleton<WeatherForecastService>();
```

(5) 还要注意配置 HTTP 管道部分，该部分添加了对配置 ASP.NET Core 应用程序的 MapBlazorHub 和 MapFallbackToPage 方法的调用。另外，ASP.NET Core 应用程序被配置为接收传入 Blazor 组件的 SignalR 连接，其他请求则被回退到名为_Host.cshtml 的 Razor Pages，如下面突出显示的代码所示：

```
app.UseRouting();

app.MapBlazorHub();
app.MapFallbackToPage("/_Host");

app.Run();
```

(6) 在 Pages 文件夹中，打开_Host.cshtml，并注意它设置了一个名为_Layout 的共享布局，渲染 App 类型的 Blazor 组件，在服务器上预渲染，如下所示：

```
@page "/"
@namespace Northwind.BlazorServer.Pages
@addTagHelper *, Microsoft.AspNetCore.Mvc.TagHelpers
@{
  Layout = "_Layout";
}

<component type="typeof(App)" render-mode="ServerPrerendered" />
```

(7) 在 Pages 文件夹中，打开名为_Layout.cshtml 的共享布局文件，如下所示：

```
@using Microsoft.AspNetCore.Components.Web
@namespace Northwind.BlazorServer.Pages
@addTagHelper *, Microsoft.AspNetCore.Mvc.TagHelpers

<!DOCTYPE html>
<html lang="en">
<head>
    <meta charset="utf-8" />
    <meta name="viewport"
        content="width=device-width, initial-scale=1.0" />
    <base href="~/" />
    <link rel="stylesheet" href="css/bootstrap/bootstrap.min.css" />
    <link href="css/site.css" rel="stylesheet" />
    <link href="Northwind.BlazorServer.styles.css" rel="stylesheet" />
    <component type="typeof(HeadOutlet)" render-mode="ServerPrerendered" />
</head>
<body>
  @RenderBody()

  <div id="blazor-error-ui">
    <environment include="Staging,Production">
      An error has occurred. This application may no longer respond until
      reloaded.
    </environment>
```

```
      <environment include="Development">
        An unhandled exception has occurred. See browser dev tools for
        details.
      </environment>
      <a href="" class="reload">Reload</a>
      <a class="dismiss">✕< /a>
    </div>

    <script src="_framework/blazor.server.js"></script>
</body>
</html>
```

当查看上述标记时，请注意以下事项。

- <div id="blazor-error-ui">用于显示 Blazor 错误。当错误发生时，Web 页面的底部将显示黄色的色条。

- blazor.server.js 的脚本块用于管理到服务器的 SignalR 连接。

(8) 在 Northwind.BlazorServer 文件夹中打开 App.razor，注意其中为当前程序集中的所有组件定义了如下路由器：

```
<Router AppAssembly="@typeof(App).Assembly">
  <Found Context="routeData">
    <RouteView RouteData="@routeData"
               DefaultLayout="@typeof(MainLayout)" />
    <FocusOnNavigate RouteData="@routeData" Selector="h1" />
  </Found>
  <NotFound>
    <PageTitle>Not found</PageTitle>
    <LayoutView Layout="@typeof(MainLayout)">
      <p>Sorry, there's nothing at this address.</p>
    </LayoutView>
  </NotFound>
</Router>
```

当查看上述标记时，请注意以下事项。

- 如果找到匹配的路由，就执行 RouteView，将组件的默认布局设置为 MainLayout，并将任何路由数据传递给组件。

- 如果没有找到匹配的路由，就执行 LayoutView，并渲染 MainLayout 的内部标记(在本例中，也就是一个简单的段落元素，用于告诉访问者此处没有任何内容)。

(9) 在 Shared 文件夹中打开 MainLayout.razor，注意其中定义了如下用于包含导航菜单(由本项目中的组件 NavMenu.razor 实现)的侧边栏 div 以及用于显示主要内容的 HTML 5 元素(如<main>和<article>)：

```
@inherits LayoutComponentBase

<PageTitle>Northwind.BlazorServer</PageTitle>

<div class="page">
  <div class="sidebar">
    <NavMenu />
  </div>
  <main>
```

```
    <div class="top-row px-4">
      <a href="https://docs.microsoft.com/aspnet/"
          target="_blank">About</a>
    </div>

    <article class="content px-4">
      @Body
    </article>
  </main>
</div>
```

(10) 在 Shared 文件夹中打开 MainLayout.razor.css，注意其中包含了用于组件的 CSS 独立样式。按照命名约定，这个文件中定义的样式的优先级高于在其他地方定义的、可能影响组件的样式。

(11) 在 Shared 文件夹中打开 NavMenu.razor，注意其中定义了 3 个菜单项：Home、Counter 和 Fetch data。这些是通过使用微软提供的名为 NavLink 的 Blazor 组件创建的，如下所示：

```
<div class="top-row ps-3 navbar navbar-dark">
  <div class="container-fluid">
    <a class="navbar-brand" href="">Northwind.BlazorServer</a>
    <button title="Navigation menu" class="navbar-toggler"
            @onclick="ToggleNavMenu">
      <span class="navbar-toggler-icon"></span>
    </button>
  </div>
</div>

<div class="@NavMenuCssClass" @onclick="ToggleNavMenu">
  <nav class="flex-column">
    <div class="nav-item px-3">
      <NavLink class="nav-link" href="" Match="NavLinkMatch.All">
        <span class="oi oi-home" aria-hidden="true"></span> Home
      </NavLink>
    </div>
    <div class="nav-item px-3">
      <NavLink class="nav-link" href="counter">
        <span class="oi oi-plus" aria-hidden="true"></span> Counter
      </NavLink>
    </div>
    <div class="nav-item px-3">
      <NavLink class="nav-link" href="fetchdata">
        <span class="oi oi-list-rich" aria-hidden="true"></span> Fetch
        data
      </NavLink>
    </div>
  </nav>
</div>

@code {
  private bool collapseNavMenu = true;

  private string? NavMenuCssClass => collapseNavMenu ? "collapse" : null;
```

```
    private void ToggleNavMenu()
    {
        collapseNavMenu = !collapseNavMenu;
    }
}
```

(12) 在 Pages 文件夹中打开 FetchData.razor，其中定义了一个组件，用于从注入的依赖天气服务中获取天气预报，并将它们呈现到一张表中，如下所示：

```razor
@page "/fetchdata"

<PageTitle>Weather forecast</PageTitle>

@using Northwind.BlazorServer.Data
@inject WeatherForecastService ForecastService

<h1>Weather forecast</h1>

<p>This component demonstrates fetching data from a service.</p>

@if (forecasts == null)
{
  <p><em>Loading...</em></p>
}
else
{
    <table class="table">
      <thead>
        <tr>
          <th>Date</th>
          <th>Temp. (C)</th>
          <th>Temp. (F)</th>
          <th>Summary</th>
        </tr>
      </thead>
      <tbody>
      @foreach (var forecast in forecasts)
      {
        <tr>
          <td>@forecast.Date.ToShortDateString()</td>
          <td>@forecast.TemperatureC</td>
          <td>@forecast.TemperatureF</td>
          <td>@forecast.Summary</td>
        </tr>
      }
      </tbody>
    </table>
}

@code {
  private WeatherForecast[]? forecasts;

  protected override async Task OnInitializedAsync()
  {
```

```
    forecasts = await ForecastService.GetForecastAsync(DateTime.Now);
  }
}
```

(13) 在 Data 文件夹中打开 WeatherForecastService.cs，注意 WeatherForecastService 不是 Web API 控制器类，而只是用于返回随机天气数据的普通类，如下所示：

```
namespace Northwind.BlazorServer.Data
{
  public class WeatherForecastService
  {
    private static readonly string[] Summaries = new[]
    {
      "Freezing", "Bracing", "Chilly", "Cool", "Mild", "Warm",
      "Balmy", "Hot", "Sweltering", "Scorching"
    };

    public Task<WeatherForecast[]> GetForecastAsync(DateTime startDate)
    {
      return Task.FromResult(Enumerable.Range(1, 5)
        .Select(index => new WeatherForecast
        {
          Date = startDate.AddDays(index),
          TemperatureC = Random.Shared.Next(-20, 55),
          Summary = Summaries[Random.Shared.Next(Summaries.Length)]
        }).ToArray());
    }
  }
}
```

理解 CSS 和 JavaScript 隔离

Blazor 组件通常需要提供自己的 CSS 来应用样式，或提供 JavaScript 来处理那些不能单纯用 C#来执行的活动，比如访问浏览器 API。为了确保这不会与站点级的 CSS 和 JavaScript 冲突，Blazor 支持 CSS 和 JavaScript 隔离。如果有一个名为 Index.razor 的组件，只需要创建一个名为 Index.razor.css 的 CSS 文件。此文件中定义的样式将覆盖项目中的任何其他样式。

16.2.2 理解到页面组件的 Blazor 路由

App.razor 文件中的 Router 组件支持路由到组件。用于创建组件实例的标记看起来像 HTML 标记，其中标记的名称是组件类型。可以使用元素将组件嵌入网页，例如，<Rating Stars="5" /> ，或者可以路由到组件，就像 Razor Pages 或 MVC 控制器那样。

1. 如何定义可路由的页面组件

要创建可路由的页面组件，将@page 指令添加到组件的.razor 文件的顶部，如下所示：

```
@page "customers"
```

前面的代码相当于一个用[Route]特性装饰的 MVC 控制器，代码如下所示：

```
[Route("customers")]
public class CustomersController
{
```

Router 组件在它的 AppAssembly 参数中专门扫描带有[Route]特性装饰的组件，并注册它们的 URL 路径。

任何单页组件都可以使用多个@page 指令来注册多个路由。

在运行时，页面组件与指定的任何特定布局合并，就像 MVC 视图或 Razor Pages 一样。默认情况下，Blazor Server 项目模板定义 MainLayout.razor 作为页面组件的布局。

最佳实践：
按照约定，将可路由的页面组件放在 Pages 文件夹中。

2. 如何导航 Blazor 路由

微软提供了一个名为 NavigationManager 的依赖服务，它可以理解 Blazor 路由和 NavLink 组件。NavigateTo 方法用于转到指定的 URL。

3. 如何传递路由参数

Blazor 路由可包含大小写不敏感的命名参数，通过使用[parameter]特性将参数绑定到代码块中的一个属性，你可以很容易地访问传递的值，如下面的标记所示：

```
@page "/customers/{country}"

<div>Country parameter as the value: @Country</div>

@code {
  [Parameter]
  public string Country { get; set; }
}
```

当参数丢失时，处理应该有默认值的参数的推荐方法是在参数后面加上"?"，并在 OnParametersSet 方法中使用空合并操作符，如下所示：

```
@page "/customers/{country?}"

<div>Country parameter as the value: @Country</div>

@code {
  [Parameter]
  public string Country { get; set; }

  protected override void OnParametersSet()
  {
    // if the automatically set property is null
    // set its value to USA
    Country = Country ?? "USA";
  }
}
```

4. 理解基组件类

OnParametersSet 方法是由组件继承的基类定义的，默认命名为 ComponentBase，代码如下所示：

```
using Microsoft.AspNetCore.Components;

public abstract class ComponentBase : IComponent, IHandleAfterRender,
IHandleEvent
{
    // members not shown
}
```

ComponentBase 有一些有用的方法，可以调用和覆盖这些方法，如表 16.1 所示。

表 16.1　ComponentBase 的一些方法

方法	说明
InvokeAsync	调用此方法以便在相关渲染器的同步上下文中执行函数
OnAfterRender, OnAfterRenderAsync	每次渲染组件后，覆盖这些方法来调用代码
OnInitialized, OnInitializedAsync	组件在渲染树中从它的父组件初始化参数后，覆盖这些方法来调用代码
OnParametersSet, OnParametersSetAsync	组件收到已分配给属性的参数和值后，覆盖这些方法来调用代码
ShouldRender	覆盖这个方法来指示是否应该渲染组件
StateHasChanged	调用这个方法来重新渲染组件

Blazor 组件可采用类似于 MVC 视图和 Razor Pages 的方式共享布局。可以创建一个.razor 组件文件，让它显式地从 LayoutComponentBase 继承，如下所示：

```
@inherits LayoutComponentBase

<div>
  ...
  @Body
  ...
</div>
```

基类有一个名为 Body 的属性，可以在布局中使用标记在正确位置渲染它。

在 App.razor 文件及其 Router 组件中设置组件的默认布局。要显式地设置组件的布局，使用 @layout 指令，如下所示：

```
@page "/customers"

@layout AlternativeLayout

<div>
  ...
</div>
```

5. 如何使用导航链接组件与路由

在 HTML 中，使用<a>元素来定义导航链接，如下所示：

```
<a href="/customers">Customers</a>
```

在 Blazor 中，使用<NavLink>组件，如下所示：

```
<NavLink href="/customers">Customers</NavLink>
```

NavLink 组件比锚定元素更好，因为如果它的 href 与当前位置 URL 匹配，会自动将类设置为活动的。如果 CSS 使用不同的类名，那么可以在 NavLink.ActiveClass 属性中设置类名。

默认情况下，在匹配算法中，href 是路径前缀，所以如果 NavLink 的 href 是/customers，如前面的代码示例所示，将匹配以下所有路径，并将它们都设置为 active 类样式。

```
/customers
/customers/USA
/customers/Germany/Berlin
```

为了保证匹配算法只匹配路径中的全部文本，换句话说，只有当路径的全部文本匹配、而不只是部分文本匹配时，才认为存在匹配，可将 Match 参数设置为 NavLinkMatch.All，代码如下所示：

```
<NavLink href="/customers" Match="NavLinkMatch.All">Customers</NavLink>
```

如果设置了 target 等其他属性，则将它们传递给生成的底层<a>元素。

16.2.3　运行 Blazor 服务器项目模板

前面介绍了项目模板和 Blazor 服务器特有的重要部分，下面启动网站并查看具体行为。

(1) 在 Properties 文件夹中，打开 launchSettings.json，修改 applicationUrl，为 HTTP 使用端口 5004，为 HTTPS 使用端口 5005，如下面突出显示的代码所示：

```
"profiles": {
  "http": {
    "commandName": "Project",
    "dotnetRunMessages": true,
    "launchBrowser": true,
    "applicationUrl": "http://localhost:5004",
    "environmentVariables": {
      "ASPNETCORE_ENVIRONMENT": "Development"
    }
  "https": {
    "commandName": "Project",
    "dotnetRunMessages": true,
    "launchBrowser": true,
    "applicationUrl": "https://localhost:5005;http://localhost:5004",
    "environmentVariables": {
      "ASPNETCORE_ENVIRONMENT": "Development"
    }
  }
},
```

(2) 选择 https 配置，并启动网站项目。

(3) 启动 Chrome，导航到 https://localhost: 5005/。

(4) 在左侧导航菜单中，单击 Fetch data，如图 16.1 所示。

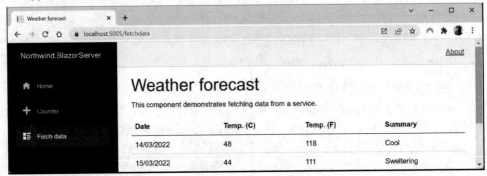

图 16.1　将天气数据抓取到 Blazor 服务器应用程序中

(5) 在浏览器地址栏中，将路由更改为/apples，并注意缺失的消息，如图 16.2 所示。

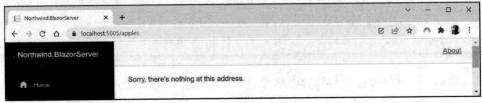

图 16.2　缺失的组件消息

(6) 关闭 Chrome 浏览器，然后关闭 Web 服务器。

16.2.4　查看 Blazor WebAssembly 项目模板

下面创建一个 Blazor WebAssembly 项目。请对照之前的 Blazor 服务器项目，相同的代码不再列出。

(1) 使用自己喜欢的代码编辑器向 PracticalApps 解决方案或工作区添加一个新项目，其定义如下所示。

- 项目模板：Blazor WebAssembly App/blazorwasm
- 项目文件和文件夹：Northwind.BlazorWasm
- dotnet new 开关：--pwa --hosted
- 工作区/解决方案文件和文件夹：PracticalApps
- Authentication Type：None
- Configure for HTTPS：选中
- ASP.NET Core hosted：选中
- Progressive Web Application：选中

在查看生成的文件夹和文件时，请注意生成了以下 3 个项目，如下所示：

- Northwind.BlazorWasm.Client 是 Northwind.BlazorWasm\Client 文件夹中的 Blazor WebAssembly 项目。
- Northwind.BlazorWasm.Server 是 Northwind.BlazorWasm.Server 文件夹中的 ASP.NET Core 项目网站，用于托管天气服务。天气服务的实现虽然可以与之前返回随机的天气预报相同，但这里却实现为适当的 Web API 控制器类。Server 项目文件包含对 Shared 和 Client 项目的引用，还包含用于在服务器端支持 BlazorWebAssembly 的包引用。

- Northwind.BlazorWasm.Shared 是 Northwind.BlazorWasm\Shared 文件夹中的一个类库。该文件夹包含天气服务模型。

文件夹结构简化了，只使用了 Client、Server 和 Shared 等短名称，而不是完整的项目名称，如图 16.3 所示。

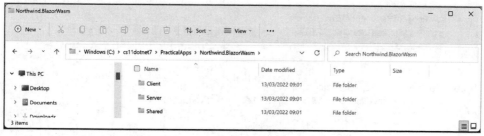

图16.3 Blazor WebAssembly 项目模板的文件夹结构

1. Blazor WebAssembly 应用程序的部署选择

可采用两种方法来部署 Blazor WebAssembly 应用程序：

- 可以只部署 Client 项目，把它发布的文件放在任何静态托管的 Web 服务器上。可以配置它以调用第 15 章创建的天气服务。
- 可以部署一个 Server 项目，该项目引用 Client 应用程序，托管天气服务和 Blazor WebAssembly 应用程序。该应用程序与任何其他静态资产都放在服务器网站的 wwwroot 文件夹中。

更多信息：

可以在以下链接中阅读有关这些选择的更多信息：https://docs.microsoft.com/en-us/aspnet/core/blazor/host-and-deploy/webassembly。

2. Blazor 服务器和 Blazor WebAssembly 项目的区别

现在来看看 Blazor 服务器和 Blazor WebAssembly 项目的区别。

(1) 在 Client 文件夹中，打开 Northwind.BlazorWasm.Client.csproj，注意它使用了 Blazor WebAssembly SDK，并引用了两个 WebAssembly 包和 Shared 项目，以及 PWA 支持所需的服务工作程序，如下所示：

```
<Project Sdk="Microsoft.NET.Sdk.BlazorWebAssembly">

  <PropertyGroup>
    <TargetFramework>net7.0</TargetFramework>
    <Nullable>enable</Nullable>
    <ImplicitUsings>enable</ImplicitUsings>
    <ServiceWorkerAssetsManifest>service-worker-assets.js
      </ServiceWorkerAssetsManifest>
  </PropertyGroup>


  <ItemGroup>
```

```
    <PackageReference Include=
      "Microsoft.AspNetCore.Components.WebAssembly"
      Version="7.0.0" />
    <PackageReference Include=
      "Microsoft.AspNetCore.Components.WebAssembly.DevServer"
      Version="7.0.0" PrivateAssets="all" />
  </ItemGroup>

  <ItemGroup>
    <ProjectReference Include=
      "..\Shared\Northwind.BlazorWasm.Shared.csproj" />
  </ItemGroup>

  <ItemGroup>
    <ServiceWorker Include="wwwroot\service-worker.js"
        PublishedContent="wwwroot\service-worker.published.js" />
  </ItemGroup>

</Project>
```

(2) 在 Northwind.BlazorWasm.Client 项目(在 Visual Studio 2022 中)或 Client 文件夹(在 Visual Studio Code 中)中打开 Program.cs，注意托管构建器将用于 WebAssembly 而不是服务器端的 ASP.NET Core。我们还注册了用于发出 HTTP 请求的依赖服务，这是 Blazor WebAssembly 应用程序十分常见的需求之一，如下所示：

```
using Microsoft.AspNetCore.Components.Web;
using Microsoft.AspNetCore.Components.WebAssembly.Hosting;
using Northwind.BlazorWasm.Client;

var builder = WebAssemblyHostBuilder.CreateDefault(args);
builder.RootComponents.Add<App>("#app");
builder.RootComponents.Add<HeadOutlet>("head::after");

builder.Services.AddScoped(sp => new HttpClient
  { BaseAddress = new Uri(builder.HostEnvironment.BaseAddress) });

await builder.Build().RunAsync();
```

(3) 在 wwwroot 文件夹中打开 index.html，注意用于支持离线工作的 manifest.json 和 service-worker.js 文件以及用于下载 Blazor WebAssembly 的所有 NuGet 包的 blazor.webassembly.js 脚本，如下所示：

```
<!DOCTYPE html>
<html>

<head>
  <meta charset="utf-8" />
  <meta name="viewport" content="width=device-width, initial-scale=1.0,
  maximum-scale=1.0, user-scalable=no" />
  <title>Northwind.BlazorWasm</title>
  <base href="/" />
  <link href="css/bootstrap/bootstrap.min.css" rel="stylesheet" />
  <link href="css/app.css" rel="stylesheet" />
```

```
    <link href="Northwind.BlazorWasm.Client.styles.css" rel="stylesheet" />
    <link href="manifest.json" rel="manifest" />
    <link rel="apple-touch-icon" sizes="512x512" href="icon-512.png" />
    <link rel="apple-touch-icon" sizes="192x192" href="icon-192.png" />
</head>

<body>
  <div id="app">Loading...</div>

  <div id="blazor-error-ui">
    An unhandled error has occurred.
    <a href="" class="reload">Reload</a>
    <a class="dismiss">✕< /a>
  </div>
  <script src="_framework/blazor.webassembly.js"></script>
  <script>navigator.serviceWorker.register('service-worker.js');</script>
</body>

</html>
```

(4) 在 Pages 文件夹中打开 FetchData.razor，注意其中的标记与 Blazor 服务器的相似，只不过注入的依赖服务用于发出 HTTP 请求，如下面突出显示的代码所示：

```
@page "/fetchdata"
@using Northwind.BlazorWasm.Shared
@inject HttpClient Http

<PageTitle>Weather forecast</PageTitle>

<h1>Weather forecast</h1>

...

@code {
  private WeatherForecast[]? forecasts;

  protected override async Task OnInitializedAsync()
  {
    forecasts = await
      Http.GetFromJsonAsync<WeatherForecast[]>("WeatherForecast");
  }
}
```

(5) 在 Northwind.BlazorWasm.Server 项目的 Properties 文件夹中，在 launchSettings.json 文件中修改 applicationUrl，为 HTTP 使用端口 5006，为 HTTPS 使用端口 5007，如下面突出显示的代码所示：

```
"profiles": {
  "http": {
    "commandName": "Project",
    "dotnetRunMessages": true,
    "launchBrowser": true,
    "applicationUrl": "http://localhost:5006",
    "environmentVariables": {
```

```
      "ASPNETCORE_ENVIRONMENT": "Development"
    }
  "https": {
    "commandName": "Project",
    "dotnetRunMessages": true,
    "launchBrowser": true,
    "applicationUrl": "https://localhost:5007;http://localhost:5006",
    "environmentVariables": {
      "ASPNETCORE_ENVIRONMENT": "Development"
    }
  },
```

(6) 使用 https 配置启动 Northwind.BlazorWasm.Server 项目。记住，这是一个 ASP.NET Core 网站，它托管了 Blazor WebAssembly 客户端应用程序项目。

(7) 注意，该应用程序的功能与之前相同，但 Blazor WebAssembly 组件代码是在浏览器中执行的，而不是在服务器上执行的。天气服务在 Web 服务器上运行。Blazor WebAssembly 应用程序在每次想要获得天气预报时会发送 HTTP 请求。

(8) 关闭 Chrome 浏览器，然后关闭 Web 服务器。

3. Blazor 服务器和 Blazor WebAssembly 项目的相似之处

下面的.razor 文件与 Blazor 服务器项目中的.razor 文件相同：

- App.razor
- Shared\MainLayout.razor
- Shared\NavMenu.razor
- Shared\SurveyPrompt.razor
- Pages\Counter.razor
- Pages\Index.razor

16.3 使用 Blazor 服务器构建组件

本节将使用 Blazor 服务器构建一个组件，以列出、创建和编辑 Northwind 示例数据库中的客户。

通过下面的步骤来创建这个组件：

(1) 创建一个 Blazor 服务器组件，使其渲染通过参数传入的国家的名称。

(2) 使其不只是一个组件，也是一个可路由的页面。

(3) 实现对数据库中的客户执行 CRUD 操作需要的功能。

(4) 重构该组件，使其能够用于 Blazor 服务器和 Blazor WebAssembly。

16.3.1 定义和测试简单的 Blazor 服务器组件

我们将把新的组件添加到现有的 Blazor 服务器项目中。

(1) 在 Northwind.BlazorServer 项目(不是 Northwind.BlazorWasm.Server 项目)中，将一个名为 Customers.razor 的新文件添加到 Pages 文件夹中。在 Visual Studio 中，项模板为 Razor Component。

最佳实践:
组件文件名必须以大写字母开头,否则会出现编译错误!

(2) 添加一些语句,输出 Customers 组件的标题并定义一个代码块,该代码块定义了一个属性来存储国家的名称,如下面突出显示的代码所示:

```
<h3>Customers @(string.IsNullOrWhiteSpace(Country)? "Worldwide" : "in " +
Country)</h3>

@code {
  [Parameter]
  public string? Country { get; set; }
}
```

(3) 在 Pages 文件夹的 Index.razor 组件中,在文件底部添加语句以实例化 Customers 组件两次,一次将 Germany 作为 Country 参数,另一次不设置国家,如下所示:

```
<Customers Country="Germany" />
<Customers />
```

(4) 启动 Northwind.BlazorServer 项目。

(5) 启动 Chrome,导航到 https://localhost:5005/,并注意 Customer 组件,如图 16.4 所示。

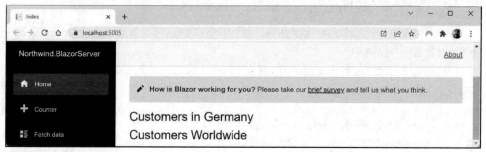

图 16.4　两个 Customers 组件,一个组件的 Country 参数设置为 Germany,另一个没有设置

(6) 关闭 Chrome 浏览器,然后关闭 Web 服务器。

16.3.2　将组件转换成可路由的页面组件

将组件转换成一个可路由的页面组件(路由参数是国家)很简单。

(1) 打开 Pages 文件夹,找到 Customers.Razor 组件,在文件顶部添加一条语句,用一个可选的国家路由参数来注册/customers 作为它的路由,如下所示:

```
@page "/customers/{country?}"
```

(2) 在 Shared 文件夹中,打开 NavMenu.razor,在现有列表项元素的底部,为可路由页面组件添加两个列表项元素,以分别显示全球和德国的客户(都使用人像图标),如下所示:

```
<div class="nav-item px-3">
  <NavLink class="nav-link" href="customers" Match="NavLinkMatch.All">
    <span class="oi oi-people" aria-hidden="true"></span>
```

```
   Customers Worldwide
 </NavLink>
</div>
<div class="nav-item px-3">
 <NavLink class="nav-link" href="customers/Germany">
   <span class="oi oi-people" aria-hidden="true"></span>
   Customers in Germany
 </NavLink>
</div>
```

> **更多信息：**
>
> 为客户菜单项使用了人像图标。可通过以下链接查看其他可用的图标：
> https://iconify.design/icon-sets/oi/。

(3) 启动 Northwind.BlazorServer 项目。

(4) 启动 Chrome，导航到 https://localhost: 5005/。

(5) 在左侧导航菜单中，单击 Customers in Germany，注意国家名称已正确传递给页面组件，并且该组件使用与其他页面组件(如 Index.razor)相同的共享布局。还要注意 URL：https://localhost:5005/customers/Germany。

(6) 关闭 Chrome 浏览器，然后关闭 Web 服务器。

16.3.3 将实体放入组件

得到了组件的最小实现，就可以为组件添加一些有用的功能了。下面使用 Northwind 数据库上下文从数据库中获取客户。

(1) 在 NorthwindBlazorServer.csproj 中，为 SQL Server 或 SQLite 添加如下用于引用 Northwind 数据库上下文项目的语句：

```
<ItemGroup>
 <!-- change Sqlite to SqlServer if you prefer -->
 <ProjectReference Include="..\Northwind.Common.DataContext.Sqlite
 \Northwind.Common.DataContext.Sqlite.csproj" />
</ItemGroup>
```

(2) 构建 Northwind.BlazorServer 项目。

(3) 在 Program.cs 中，导入用于使用 Northwind 数据库上下文扩展方法的名称空间，代码如下所示：

```
using Packt.Shared; // AddNorthwindContext extension method
```

(4) 在 Program.cs 中，在调用 Build 之前添加一条语句，在依赖服务集合中注册 Northwind 数据库上下文，代码如下所示：

```
builder.Services.AddNorthwindContext();
```

(5) 在项目文件夹中，打开 _Imports.razor，导入用于使用 Northwind 实体的名称空间，这样在构建 Blazor 组件时就不需要再单独导入名称空间了，如下所示：

```
@using Packt.Shared @* Northwind entities *@
```

更多信息:
_Imports.razor 文件只适用于.razor 文件。如果使用代码隐藏.cs 文件来实现组件代码，那么必须单独导入名称空间，或者使用全局 using 来隐式导入名称空间。

(6) 在 Pages 文件夹的 Customers.razor 中，注入 Northwind 数据库上下文并输出一个包含所有客户的表，如下所示:

```
@using Microsoft.EntityFrameworkCore @* ToListAsync extension method *@
@page "/customers/{country?}"
@inject NorthwindContext db

<h3>Customers @(string.IsNullOrWhiteSpace(Country)
    ? "Worldwide" : "in " + Country)</h3>

@if (customers is null)
{
<p><em>Loading...</em></p>
}
else
{
<table class="table">
  <thead>
    <tr>
      <th>Id</th>
      <th>Company Name</th>
      <th>Address</th>
      <th>Phone</th>
      <th></th>
    </tr>
  </thead>
  <tbody>
@foreach (Customer c in customers)
{
    <tr>
      <td>@c.CustomerId</td>
      <td>@c.CompanyName</td>
      <td>
        @c.Address<br/>
        @c.City<br/>
        @c.PostalCode<br/>
        @c.Country
      </td>
      <td>@c.Phone</td>
      <td>
        <a class="btn btn-info" href="editcustomer/@c.CustomerId">
        <i class="oi oi-pencil"></i></a>
        <a class="btn btn-danger" href="deletecustomer/@c.CustomerId">
        <i class="oi oi-trash"></i></a>
      </td>
    </tr>
}
  </tbody>
```

```
</table>
}

@code {
  [Parameter]
  public string? Country { get; set; }

  private IEnumerable<Customer>? customers;

  protected override async Task OnParametersSetAsync()
  {
    if (string.IsNullOrWhiteSpace(Country))
    {
      customers = await db.Customers.ToListAsync();
    }
    else
    {
      customers = await db.Customers.Where(c => c.Country ==
      Country).ToListAsync();
    }
  }
}
```

（7）启动 Northwind.BlazorServer 项目。

（8）启动 Chrome，导航到 https://localhost: 5005/。

（9）在左侧导航菜单中，单击 Customers in Germany，注意一个包含客户信息的表将从数据库加载并呈现在网页中，如图 16.5 所示。

图 16.5　德国的客户列表

（10）在浏览器的地址栏中，将 Germany 修改为 UK，注意客户表被过滤为只显示英国的客户。

（11）在左侧导航菜单中，单击 Customers Worldwide，注意客户表没有用任何国家进行过滤。

（12）在左侧导航菜单中，单击 Home。注意，将 Customer 组件用作页面上的嵌入式组件时，它也能正常工作。

（13）单击任何编辑或删除按钮，并注意它们会返回一条消息：sorry, there's nothing at this address(对不起，这个地址没有任何东西)。因为我们还没有实现相应的功能。另外，注意用于编辑客户的链接，它使用包含 5 个字符的 Id 来标识客户：https://localhost:5005/editcustomer/ALFKI。

(14) 关闭 Chrome 浏览器，然后关闭 Web 服务器。

16.3.4 为 Blazor 组件抽象服务

目前，Blazor 组件直接通过调用 Northwind 数据库上下文来获取客户，这种方式在 Blazor 服务器上工作得很好，因为组件是在服务器上执行的。但是，Blazor 组件不能在 Blazor WebAssembly 中运行。

为此，下面创建一个本地依赖服务，以便更好地重用 Blazor 组件。

(1) 在 Northwind.BlazorServer 项目中，在 Data 文件夹中添加一个名为 INorthwindService.cs 的文件(Visual Studio 项目中的项模板是 Interface)。

(2) 在 INorthwindService.cs 中，为抽象 CRUD 操作的本地服务定义契约，如下所示：

```
namespace Packt.Shared;

public interface INorthwindService
{
    Task<List<Customer>> GetCustomersAsync();
    Task<List<Customer>> GetCustomersAsync(string country);
    Task<Customer?> GetCustomerAsync(string id);
    Task<Customer> CreateCustomerAsync(Customer c);
    Task<Customer> UpdateCustomerAsync(Customer c);
    Task DeleteCustomerAsync(string id);
}
```

(3) 在 Data 文件夹中添加一个名为 NorthwindService.cs 的文件，修改其中的内容——通过使用 Northwind 数据库上下文来实现 INorthwindService 接口，如下所示：

```
using Microsoft.EntityFrameworkCore;

namespace Packt.Shared;

public class NorthwindService : INorthwindService
{
    private readonly NorthwindContext db;

    public NorthwindService(NorthwindContext db)
    {
        this.db = db;
    }

    public Task<List<Customer>> GetCustomersAsync()
    {
        return db.Customers.ToListAsync();
    }

    public Task<List<Customer>> GetCustomersAsync(string country)
    {
        return db.Customers.Where(c => c.Country == country).ToListAsync();
    }

    public Task<Customer?> GetCustomerAsync(string id)
```

```
    {
        return db.Customers.FirstOrDefaultAsync
          (c => c.CustomerId == id);
    }

    public Task<Customer> CreateCustomerAsync(Customer c)
    {
        db.Customers.Add(c);
        db.SaveChangesAsync();
        return Task.FromResult(c);
    }

    public Task<Customer> UpdateCustomerAsync(Customer c)
    {
        db.Entry(c).State = EntityState.Modified;
        db.SaveChangesAsync();
        return Task.FromResult(c);
    }

    public Task DeleteCustomerAsync(string id)
    {
      Customer? customer = db.Customers.FirstOrDefaultAsync
        (c => c.CustomerId == id).Result;

      if (customer == null)
      {
        return Task.CompletedTask;
      }
      else
      {
          db.Customers.Remove(customer);
          return db.SaveChangesAsync();
      }
    }
  }
}
```

(4) 在 Program.cs 中，在调用 Build 之前添加一条语句，用于将 NorthwindService 注册为实现 INorthwindService 接口的临时服务，如下所示：

```
builder.Services.AddTransient<INorthwindService, NorthwindService>();
```

更多信息：

临时服务是为每个请求创建一个新实例的服务。通过以下链接可以阅读关于服务的不同生存期的更多信息：https://docs.microsoft.com/en-us/dotnet/core/extensions/dependencyinjection#service-lifetimes。

(5) 在 Pages 文件夹中打开 Customers.razor，删除注入 Northwind 数据库上下文的指令，并添加注入 Northwind 服务(已注册)的指令，如下所示：

```
@inject INorthwindService service
```

(6) 在 Customers.razor 中，修改 OnParametersSetAsync 方法以调用服务而不是 Northwind 数据库上下文，如下面突出显示的代码所示：

```
protected override async Task OnParametersSetAsync()
{
  if (string.IsNullOrWhiteSpace(Country))
  {
    customers = await service.GetCustomersAsync();
  }
  else
  {
    customers = await service.GetCustomersAsync(Country);
  }
}
```

(7) 启动 Northwind.BlazorServer 网站项目，以确认是否保留了与之前相同的功能。

(8) 关闭 Chrome，然后关闭 Web 服务器。

到目前为止，组件只是提供了客户的一个只读的表格。接下来，我们将扩展该组件，使其支持完整的 CRUD 操作。

16.3.5　使用 EditForm 组件定义表单

微软为构建表单提供了一些现成的组件，下面使用它们提供创建、编辑和删除客户的功能。

微软提供了 EditForm 组件和一些表单元素(如 InputText)，从而方便了在 Blazor 中使用表单。EditForm 可以通过设置模型来绑定对象，对象具有用于自定义验证的属性和事件处理程序，我们还可以从模型类中识别标准的微软验证特性，如下所示：

```
<EditForm Model="@customer" OnSubmit="ExtraValidation">
  <DataAnnotationsValidator />
  <ValidationSummary />
  <InputText id="name" @bind-Value="customer.CompanyName" />
  <button type="submit">Submit</button>
</EditForm>

@code {
  private Customer customer = new();

  private void ExtraValidation()
  {
    // perform any extra validation
  }
}
```

作为 ValidationSummary 组件的替代方案，我们可以使用 ValidationMessage 组件在单个表单元素的旁边显示一条消息。

16.3.6　构建共享的客户详细信息组件

下面创建一个共享组件来显示客户的详细信息。它只是一个组件，不是一个页面。

(1) 在 Northwind.BlazorServer 项目中，在 Shared 文件夹中，创建一个名为 CustomerDetail.razor 的新文件(Visual Studio 2022 中项模板被称为 Razor 组件)。

(2) 修改其中的内容——定义一个表单以编辑客户的属性，如下所示：

```
<EditForm Model="@Customer" OnValidSubmit="@OnValidSubmit">
  <DataAnnotationsValidator />
```

```html
    <div class="form-group">
      <div>
        <label>Customer Id</label>
        <div>
          <InputText @bind-Value="@Customer.CustomerId" />
          <ValidationMessage For="@(() => Customer.CustomerId)" />
        </div>
      </div>
    </div>
    <div class="form-group ">
      <div>
        <label>Company Name</label>
        <div>
          <InputText @bind-Value="@Customer.CompanyName" />
          <ValidationMessage For="@(() => Customer.CompanyName)" />
        </div>
      </div>
    </div>
    <div class="form-group ">
      <div>
        <label>Address</label>
        <div>
          <InputText @bind-Value="@Customer.Address" />
          <ValidationMessage For="@(() => Customer.Address)" />
        </div>
      </div>
    </div>
    <div class="form-group ">
      <div>
        <label>Country</label>
        <div>
          <InputText @bind-Value="@Customer.Country" />
          <ValidationMessage For="@(() => Customer.Country)" />
        </div>
      </div>
    </div>
    <button type="submit" class="btn btn-@ButtonStyle">
      @ButtonText
    </button>
</EditForm>

@code {
  [Parameter]
  public Customer Customer { get; set; } = null!;

  [Parameter]
  public string ButtonText { get; set; } = "Save Changes";

  [Parameter]
  public string ButtonStyle { get; set; } = "info";

  [Parameter]
  public EventCallback OnValidSubmit { get; set; }
}
```

16.3.7　构建创建、编辑和删除客户的组件

现在，可以创建 3 个可路由的页面组件，让它们使用前面的共享组件：

(1) 在 Northwind.BlazorServer 项目的 Pages 文件夹中，创建一个名为 CreateCustomer.razor 的文件。

(2) 修改其中的内容——使用 CustomerDetail 组件创建新客户，如下所示：

```razor
@page "/createcustomer"
@inject INorthwindService service
@inject NavigationManager navigation

<h3>Create Customer</h3>

<CustomerDetail ButtonText="Create Customer"
                Customer="@customer"
                OnValidSubmit="@Create" />

@code {
  private Customer customer = new();

  private async Task Create()
  {
     await service.CreateCustomerAsync(customer);
     navigation.NavigateTo("customers");
  }
}
```

(3) 在 Pages 文件夹中打开 Customers.razor。在<h3>元素之后添加一个<div>元素，这个<div>元素带有一个按钮，用于导航到创建客户的页面组件，如下所示：

```razor
<div class="form-group">
   <a class="btn btn-info" href="createcustomer">
   <i class="oi oi-plus"></i> Create New</a>
</div>
```

(4) 在 Pages 文件夹中创建一个名为 EditCustomer.razor 的文件并修改其中的内容——使用 CustomerDetail 组件编辑并保存对现有客户所做的更改，如下所示：

```razor
@page "/editcustomer/{customerid}"
@inject INorthwindService service
@inject NavigationManager navigation

<h3>Edit Customer</h3>

<CustomerDetail ButtonText="Update"
                Customer="@customer"
                OnValidSubmit="@Update" />

@code {
  [Parameter]
  public string CustomerId { get; set; } = null!;

  private Customer? customer = new();
```

```
protected async override Task OnParametersSetAsync()
{
  customer = await service.GetCustomerAsync(CustomerId);
}

private async Task Update()
{
  if (customer is not null)
  {
    await service.UpdateCustomerAsync(customer);
  }
}
}
```

(5) 在 Pages 文件夹中创建一个名为 DeleteCustomer.razor 的文件并修改其中的内容——使用 CustomerDetail 组件显示即将被删除的客户，如下所示：

```
@page "/deletecustomer/{customerid}"
@inject INorthwindService service
@inject NavigationManager navigation

<h3>Delete Customer</h3>

<div class="alert alert-danger">Warning! This action cannot be undone!
</div>

<CustomerDetail ButtonText="Delete Customer"
                ButtonStyle="danger"
                Customer="@customer"
                OnValidSubmit="@Delete" />

@code {
  [Parameter]
  public string CustomerId { get; set; } = null!;

  private Customer? customer = new();

  protected async override Task OnParametersSetAsync()
  {
    customer = await service.GetCustomerAsync(CustomerId);
  }

  private async Task Delete()
  {
    if (customer is not null)
    {
      await service.DeleteCustomerAsync(CustomerId);
    }

    navigation.NavigateTo("customers");
  }
}
```

16.3.8　测试客户组件

现在可以测试客户组件，说明如何使用它来创建、编辑和删除客户。

(1) 启动 Northwind.BlazorServer 网站项目。

(2) 启动 Chrome，导航到 https://localhost: 5005/。

(3) 导航到 Customers Worldwide，单击+ Create New 按钮。

(4) 输入一个无效的 Customer Id，如 ABCDEF。离开文本框，并注意验证消息，如图 16.6 所示。

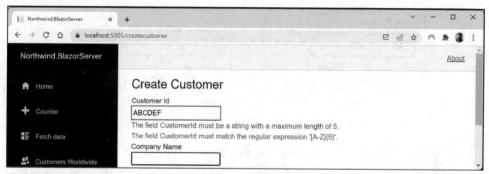

图 16.6　创建一个新客户并输入无效的客户 Id

(5) 将 Customer Id 更改为 ABCDE，为其他文本框输入值，如 Alpha Corp、Main Street 和 USA，然后单击 Create Customer 按钮。

(6) 当客户表出现时，向下滚动到页面底部以查看新客户。

(7) 在 ABCDE 客户行上，单击 Edit 图标按钮，更改地址，如改为 Upper Avenue，然后单击 Update 按钮，并注意客户记录已被更新。

(8) 在 ABCDE 客户行上，单击 Delete 图标按钮。可以看到警告消息，单击 Delete Customer 按钮，注意该客户记录已被删除。

(9) 关闭 Chrome 浏览器，然后关闭 Web 服务器。

16.4　使用 Blazor WebAssembly 构建组件

下面使用 Blazor WebAssembly 实现相同的功能，这样就可以清楚地看出 Blazor 服务器和 Blazor WebAssembly 之间的关键区别。

因为是在 INorthwindService 接口中抽象本地依赖服务，所以我们能够重用这个接口以及所有的组件和实体模型类，只需要重写 NorthwindService 类的实现，不是直接调用 NorthwindContext 类，而是在服务器端调用客户 Web API 控制器，如图 16.7 所示。

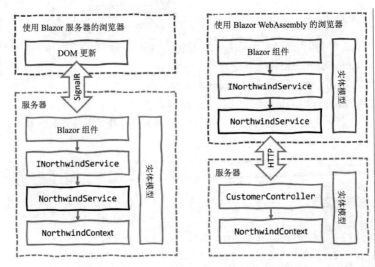

图 16.7 比较 Blazor 服务器和 Blazor WebAssembly 的区别

16.4.1 为 Blazor WebAssembly 配置服务器

首先，需要一个 Web 服务，客户端应用程序可以调用它来获取和管理客户。如果完成了第 15 章，Northwind.WebApi 服务项目就有可以使用的客户服务。然而，为了使本章更加独立，下面在 Northwind.BlazorWasm.Server 项目中构建一个客户 Web API 控制器。

警告：

与以前的项目不同，共享项目(如实体模型和数据库)的相对路径引用都需要向上移动两个层级，如"..\..\"，因为我们有了额外的一层文件夹：Server、Client 和 Shared。

(1) 在 Server 项目/文件夹中打开 Northwind.BlazorWasm.Server.csproj。添加语句，为 SQL Server 或 SQLite 引用 Northwind 数据库上下文项目，如下所示：

```
<ItemGroup>
  <!-- change Sqlite to SqlServer if you prefer -->
  <ProjectReference Include="..\..\Northwind.Common.DataContext.Sqlite
  \Northwind.Common.DataContext.Sqlite.csproj" />
</ItemGroup>
```

(2) 构建 Northwind.BlazorWasm.Server 项目。

(3) 在 Server 项目/文件夹中，打开 Program.cs 并添加一条语句来导入名称空间，用于使用 Northwind 数据库上下文扩展方法，如下所示：

```
using Packt.Shared; // AddNorthwindContext extension method
```

(4) 在 Program.cs 中，在调用 Build 之前添加一条语句，为 SQL Server 或 SQLite 注册 Northwind 数据库上下文，如下所示：

```
// if using SQL Server
builder.Services.AddNorthwindContext();
```

```
// if using SQLite
builder.Services.AddNorthwindContext(relativePath: Path.Combine("..",
".."));
```

(5) 在 Server 项目的 Controllers 文件夹中创建一个名为 CustomersController.cs 的文件，并在其中添加语句以定义 Web API 控制器类和与以前类似的 CRUD 方法，如下所示：

```
using Microsoft.AspNetCore.Mvc; // [ApiController], [Route]
using Microsoft.EntityFrameworkCore; // ToListAsync, FirstOrDefaultAsync
using Packt.Shared; // NorthwindContext, Customer

namespace Northwind.BlazorWasm.Server.Controllers;

[ApiController]
[Route("api/[controller]")]
public class CustomersController : ControllerBase
{
  private readonly NorthwindContext db;

  public CustomersController(NorthwindContext db)
  {
    this.db = db;
  }

  [HttpGet]
  public async Task<List<Customer>> GetCustomersAsync()
  {
    return await db.Customers.ToListAsync();
  }

  [HttpGet("in/{country}")] // different path to disambiguate
  public async Task<List<Customer>> GetCustomersAsync(string country)
  {
    return await db.Customers
      .Where(c => c.Country == country).ToListAsync();
  }

  [HttpGet("{id}")]
  public async Task<Customer?> GetCustomerAsync(string id)
  {
    return await db.Customers
      .FirstOrDefaultAsync(c => c.CustomerId == id);
  }

  [HttpPost]
  public async Task<Customer?> CreateCustomerAsync
    (Customer customerToAdd)
  {
    Customer? existing = await db.Customers.FirstOrDefaultAsync
      (c => c.CustomerId == customerToAdd.CustomerId);

    if (existing == null)
    {
      db.Customers.Add(customerToAdd);
```

```
      int affected = await db.SaveChangesAsync();

      if (affected == 1)
      {
        return customerToAdd;
      }
    }
    return existing;
}

[HttpPut]
public async Task<Customer?> UpdateCustomerAsync(Customer c)
{
  db.Entry(c).State = EntityState.Modified;

  int affected = await db.SaveChangesAsync();

  if (affected == 1)
  {
      return c;
  }
  return null;
}

[HttpDelete("{id}")]
public async Task<int> DeleteCustomerAsync(string id)
{
    Customer? c = await db.Customers.FirstOrDefaultAsync
      (c => c.CustomerId == id);

    if (c != null)
    {
      db.Customers.Remove(c);
      int affected = await db.SaveChangesAsync();
      return affected;
    }
    return 0;
  }
}
```

16.4.2　为 Blazor WebAssembly 配置客户端

我们还可以重用 Blazor 服务器项目中的组件。这些组件是相同的，可以复制它们，只需要对用于抽象 Northwind 服务的本地实现进行更改即可。

(1) 在 Client 项目中打开 Northwind.BlazorWasm.Client.csproj，添加语句，为 SQL Server 或 SQLite 引用 Northwind 实体模型库项目(不是数据库上下文项目)，如下所示：

```
<ItemGroup>
  <!-- change Sqlite to SqlServer if you prefer -->
  <ProjectReference Include="..\..\Northwind.Common.EntityModels.Sqlite\
  Northwind.Common.EntityModels.Sqlite.csproj" />
</ItemGroup>
```

(2) 构建 Northwind.BlazorWasm.Client 项目。

(3) 在 Client 项目中打开_Imports.razor，导入 Packt.Shared 名称空间，从而使 Northwind 实体模型类型(如 Customer 和 Order)在所有 Blazor 组件中可用，如下所示:

```
@using Packt.Shared @* Customer, Order, and so on *@
```

(4) 在 Client 项目中，打开 Shared 文件夹中的 NavMenu.razor，为全球客户和法国客户添加 NavLink 元素，如下所示:

```
<div class="nav-item px-3">
  <NavLink class="nav-link" href="customers" Match="NavLinkMatch.All">
    <span class="oi oi-people" aria-hidden="true"></span>
    Customers Worldwide
  </NavLink>
</div>
<div class="nav-item px-3">
  <NavLink class="nav-link" href="customers/France">
    <span class="oi oi-people" aria-hidden="true"></span>
    Customers in France
  </NavLink>
</div>
```

(5) 将 CustomerDetail.razor 组件从 Northwind.BlazorServer 项目的 Shared 文件夹复制到 Northwind.BlazorWasmClient 项目的 Shared 文件夹。

(6) 将以下可路由的页面组件从 Northwind.BlazorServer 项目的 Pages 文件夹复制到 Northwind.BlazorWasmClient 项目的 Pages 文件夹中:

- CreateCustomer.razor
- Customers.razor
- DeleteCustomer.razor
- EditCustomer.razor

(7) 在 Client 项目中创建 Data 文件夹。

(8) 将 Northwind.BlazorServer 项目的 Data 文件夹中的 INorthwindService.cs 文件复制到 Client 项目的 Data 文件夹中。

(9) 在 Client 项目的 Data 文件夹中添加一个名为 NorthwindService.cs 的文件，修改其内容，可通过使用 HttpClient 调用客户的 Web API 服务来实现 INorthwindService 接口，如下所示:

```
using System.Net.Http.Json; // GetFromJsonAsync, ReadFromJsonAsync
using Packt.Shared; // Customer

namespace Northwind.BlazorWasm.Client.Data;

public class NorthwindService : INorthwindService
{
  private readonly HttpClient http;

  public NorthwindService(HttpClient http)
  {
    this.http = http;
  }
```

```
public Task<List<Customer>> GetCustomersAsync()
{
  return http.GetFromJsonAsync
    <List<Customer>>("api/customers")!;
}

public Task<List<Customer>> GetCustomersAsync(string country)
{
    return http.GetFromJsonAsync
      <List<Customer>>($"api/customers/in/{country}")!;
}

public Task<Customer?> GetCustomerAsync(string id)
{
  return http.GetFromJsonAsync
    <Customer>($"api/customers/{id}");
}

public async Task<Customer>
  CreateCustomerAsync (Customer c)
{
  HttpResponseMessage response = await
    http.PostAsJsonAsync("api/customers", c);

  return (await response.Content
    .ReadFromJsonAsync<Customer>())!;
}

public async Task<Customer> UpdateCustomerAsync(Customer c)
{
    HttpResponseMessage response = await
      http.PutAsJsonAsync("api/customers", c);

    return (await response.Content
      .ReadFromJsonAsync<Customer>())!;
}

public async Task DeleteCustomerAsync(string id)
{
  HttpResponseMessage response = await
    http.DeleteAsync($"api/customers/{id}");
}
}
```

(10) 在 Program.cs 中，导入 Packt.Shared 和 Northwind.BlazorWasm.Client.Data 名称空间。

(11) 在 Program.cs 中，在调用 Build 之前添加一条语句以注册 Northwind 依赖服务，如下所示：

```
builder.Services.AddTransient<INorthwindService, NorthwindService>();
```

16.4.3 测试 Blazor WebAssembly 组件和服务

现在可以启动 Blazor WebAssembly 服务器托管项目，测试组件是否与调用客户 Web API 服务的抽象 Northwind 服务一起工作。

(1) 在 Server 项目/文件夹中，启动 Northwind.BlazorWasm.Server 网站项目。

(2) 启动 Chrome，显示 Developer Tools 并选择 Network 选项卡。

(3) 导航到 https://localhost: 5007/。

(4) 选择 Console 选项卡，注意 Blazor WebAssembly 已经将.NET 程序集加载到浏览器缓存中，它们占用了大约 10.65 MB 的空间，如图 16.8 所示。

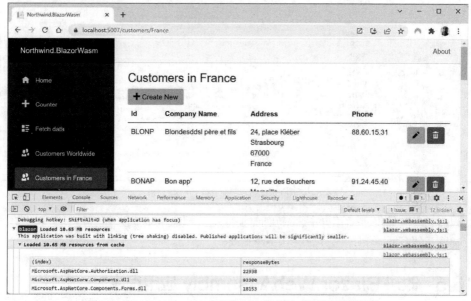

图 16.8　Blazor WebAssembly 已经将.NET 程序集加载到浏览器缓存中

(5) 选择 Network 选项卡。

(6) 在左侧导航菜单中单击 Customers Worldwide，注意 HTTP GET 请求以及包含所有客户的 JSON 响应，如图 16.9 所示。

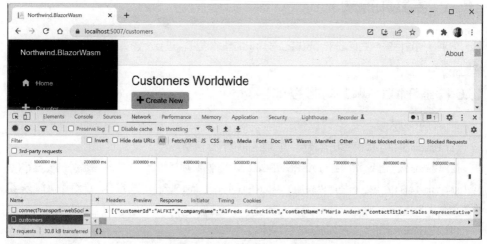

图 16.9　HTTP GET 请求以及包含所有客户的 JSON 响应

(7) 单击+ Create New 按钮，像前面那样完成表单，然后单击 Add Customer 以添加新客户，注意发出的 HTTP POST 请求，如图 16.10 所示。

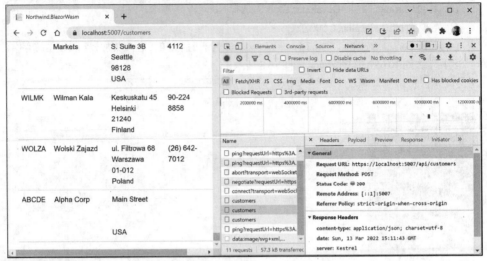

图 16.10　用于添加新客户的 HTTP POST 请求

(8) 重复前面的步骤，编辑并删除新创建的客户，注意 Network 列表中的请求。

(9) 关闭 Chrome 浏览器，然后关闭 Web 服务器。

16.5　改进 Blazor WebAssembly 应用程序

这是本章的附加小节，可以在线阅读：https://github.com/markjprice/cs11dotnet7/blob/main/docs/bonus/improving-wasm-apps.md。

16.6　实践和探索

你可以通过回答一些问题来测试自己对知识的理解程度，进行一些实践，并深入探索本章涵盖的主题。

16.6.1　练习 16.1：测试你掌握的知识

回答以下问题：

(1) Blazor 提供了哪两种托管模型？它们之间有什么区别？

(2) Blazor 服务器网站项目与 ASP.NET Core MVC 网站项目相比，需要哪些额外的配置？

(3) Blazor 的优点之一是可以使用 C#和.NET(而不是 JavaScript)来实现客户端组件。Blazor 组件需要使用 JavaScript 吗？

(4) 在 Blazor 项目中，App.razor 文件有什么作用？

(5) 使用<NavLink>组件有什么好处？

(6) 如何将值传递给组件？

(7) 使用<EditForm>组件有什么好处？

(8) 当设置了参数时，如何执行一些语句？

(9) 当组件出现时，如何执行一些语句？

(10) Blazor 服务器项目和 Blazor WebAssembly 项目在初始化时有哪两个关键区别？

16.6.2　练习 16.2：通过创建乘法表组件进行练习

在 Northwind.BlazorServer 项目中，创建一个可路由的页面组件，使其基于名为 Number 的参数来呈现乘法表，并使用两种方式测试这个组件。

首先，在 Index.razor 文件中添加组件的实例，如下所示：

```
<timestable Number="6" />
```

其次，在浏览器的地址栏中输入路径，如下所示：

```
https://localhost:5005/timestable/6
```

16.6.3　练习 16.3：通过创建国家导航项进行练习

在 Blazor 服务器项目中，在共享的 NavMenu 组件中，调用客户的 Web 服务来获取国家名称列表，并对它们进行循环，为每个国家创建一个菜单项。

例如：

(1) 在 Northwind.BlazorServer 项目的 INorthwindService.cs 中，添加下面的代码：

```
List<string?> GetCountries();
```

(2) 在 NorthwindService.cs 中，添加下面的代码：

```
public List<string?> GetCountries()
{
  return db.Customers.Select(c => c.Country)
    .Distinct().OrderBy(country => country).ToList();
}
```

(3) 在 NavMenu.razor 中，添加下面的代码：

```
@inject INorthwindService northwind

...

@foreach(string? country in northwind.GetCountries())
{
  string countryLink = "customers/" + country;

  <div class="nav-item px-3">
    <NavLink class="nav-link" href="@countryLink">
    <span class="oi oi-people" aria-hidden="true"></span>
    Customers in @country
```

```
        </NavLink>
    </div>
}
```

> **更多信息：**
>
> 不能使用<NavLink class="nav-link" href="customers/@c">，因为 Blazor 不允许在组件
> 中组合 text 和@Razor 表达式。这就是为什么在上面的代码中，创建了一个局部变
> 量来进行测试，生成国家 URL。

16.6.4 练习 16.4：探索主题

可通过以下链接阅读本章所涉及主题的更多细节：

https://github.com/markjprice/cs11dotnet7/blob/main/book-links.md#chapter-16---building-user-interfaces-using-blazor

16.7 本章小结

本章主要内容：

- 如何构建在 Blazor 服务器中托管的 Blazor 组件。
- 如何构建在 Blazor WebAssembly 中托管的 Blazor 组件。
- 这两种托管模型之间的一些关键区别，比如应该如何使用依赖服务管理数据。

在后记中，我将推荐一些图书，你可以通过阅读它们更加深入地理解 C#和.NET。

第**17**章
结　语

我想让本书不同于市面上的其他书，阅读它是一种轻快且有趣的体验，每个主题都充满实战演练。

本结语部分介绍了 C#和.NET 学习之旅的下一步。

C#和.NET 学习之旅的下一步

对于你想要了解，但是本书中没有篇幅介绍的主题，希望 GitHub 存储库中的说明、好的练习技巧和链接能够为你指明方向：

https://github.com/markjprice/cs11dotnet7/blob/main/book-links.md

17.1.1　使用设计指南来完善技能

前面学习了使用 C#和.NET 进行开发的基础知识，你可以通过学习更详细的设计准则来提高代码的质量。

早在.NET Framework 时代，微软就出版过一本关于.NET 开发各个领域最佳实践的图书。这些建议仍然适用于现代.NET 开发。

该图书涵盖以下主题：

- 命名指南
- 类型设计指南
- 成员设计指南
- 可扩展性设计
- 异常设计指南
- 使用指南
- 常见的设计模式

为了使指南尽可能容易地遵循，这些建议被简单地贴上"做""考虑""避免"和"不做"的标签。

微软在以下链接中提供了有关该书的摘录：

https://docs.microsoft.com/en-us/dotnet/standard/design-guidelines/

强烈建议查看所有的指南，并将它们应用到代码中。

17.1.2　本书的配套图书

我撰写了另外一本图书，帮助你在学习旅途中继续前行，所以可以把它作为本书的配套图书。

本书针对 Web 开发，介绍了 C#、.NET 和 ASP.NET Core 的基础知识。而本书的配套图书介绍了更加具体的主题，如国际化、保护数据和应用、集成测试和改进性能，以及使用 OData、GraphQL、gRPC、SignalR 和 Azure Functions 来构建服务。你将学习如何使用 Blazor 和.NET MAUI来为网站、桌面应用和移动应用构建图形用户界面.

图 17.1 总结了两本图书讨论的重要主题。

1. C#语言，包括新的 C# 11
特性、面向对象编程以及
调试和单元测试
2. .NET 库，包括数字、文
本和集合，文件 I/O，以及
使用 EF Core 7 处理数据
3. 使用 ASP.NET Core 7
和 Blazor 开发网站和 Web
服务

基础知识

1. 介绍更多的.NET 库，如国
际化、多任务和安全性
2. 使用 SQL Server 和 Azure
Cosmos DB 介绍更多关于数
据的知识
3. 使用最小 Web API、
OData、GraphQL、gRPC、
SignalR 和 Azure Functions 介
绍更多关于服务的知识
4. 使用 ASP.NET Core
MVC、Razor、Blazor 和.NET
MAUI 介绍更多关于图形用
户界面的知识

实际应用

图 17.1　学习 C#和.NET 的配套图书

要查看我在 Packt 出版的所有图书的列表，可以访问下面的链接:

https://subscription.packtpub.com/search?query=mark+j.+price

17.1.3　可以让学习更深入的其他图书

如果寻找我的出版商出版的其他涉及相关主题的书，有很多书可供选择。我推荐 Harrison Ferrone 的 *Learning C# by Developing Games with Unity 2021*，该书可作为学习 C#的图书的有益补充。在本书出版后，该书可能会有一个新的版本，所以请多加留意。

还有很多书更深入地介绍了 C#和.NET，如图 17.2 所示。

在位于以下链接的 GitHub 存储库中，也可以找到 Packt 出版的相关图书的列表:

https://github.com/markjprice/cs11dotnet7/blob/main/book-links.md#learn-from-otherpackt-books

最后，祝愿读者在学习 C#和.NET 项目的过程中一切顺利!

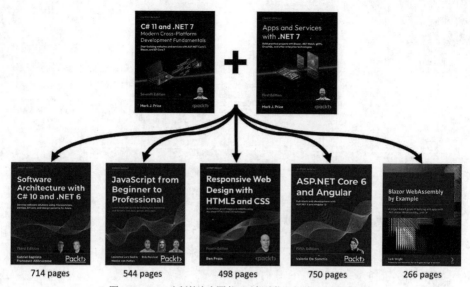

图 17.2 Packt 出版的许多图书可以帮助你深入学习 C#和.NET